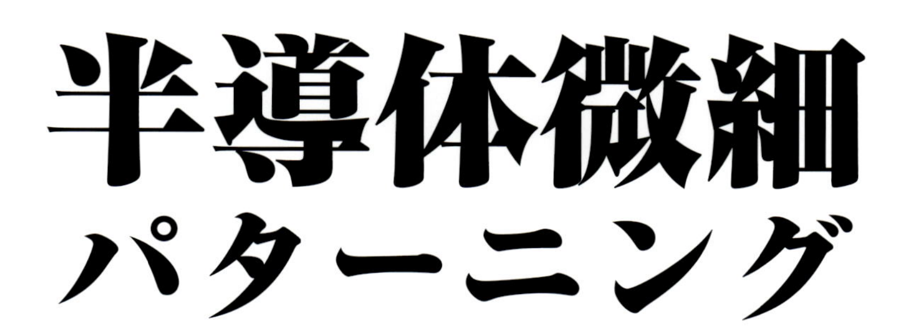

半導体微細パターニング

限界を超えるポスト光リソグラフィ技術

監修　岡崎　信次

NTS

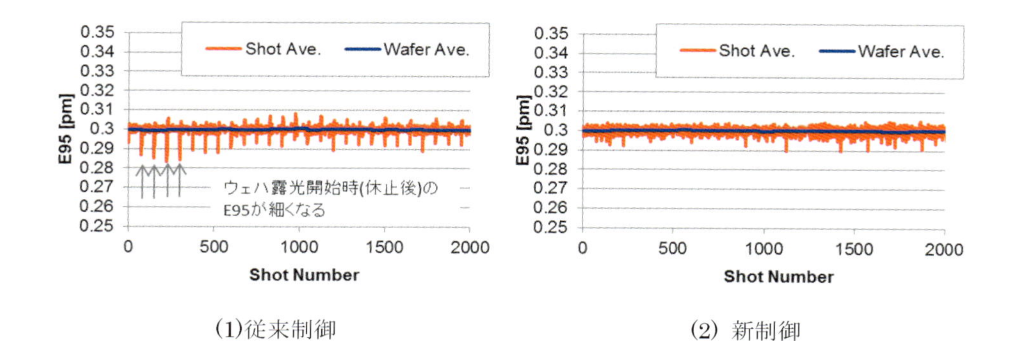

(1)従来制御　　(2) 新制御

図 10　ウェハ露光時のスペクトル変化（p.28）

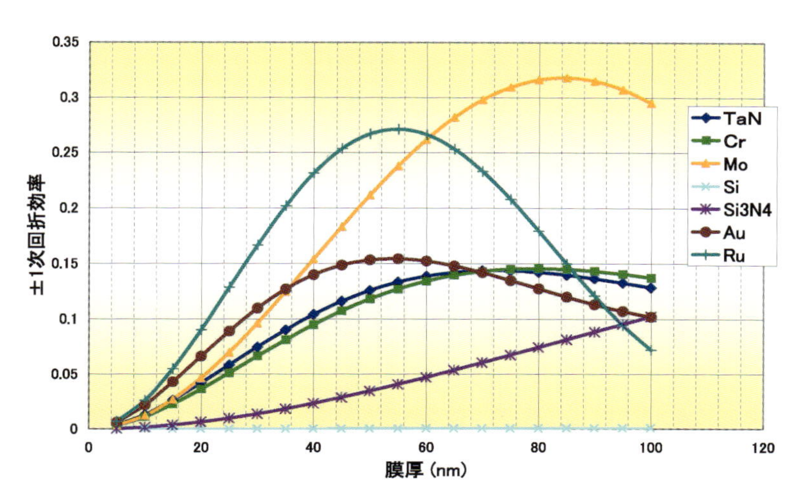

図 7　透過型回折格子の吸収体に用いることが可能な各種金属材料について，
吸収体膜厚を変えたときと±1 次光の回折効率計算結果（p.91）

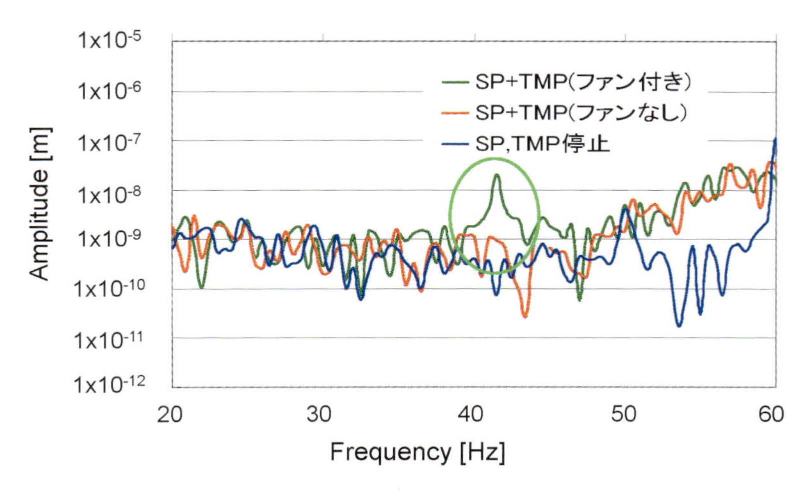

図 11　振動低減を施した後の透過型回折ステージとレジストサンプルステージ間の
上下方向の振動スペクトル測定結果差分（p.93）

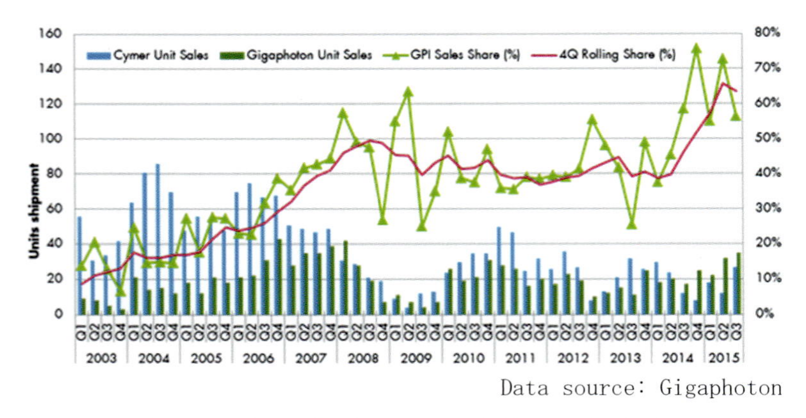

Data source: Gigaphoton

図３　リソグラフィ用エキシマレーザー世界シェア推移（p.98）

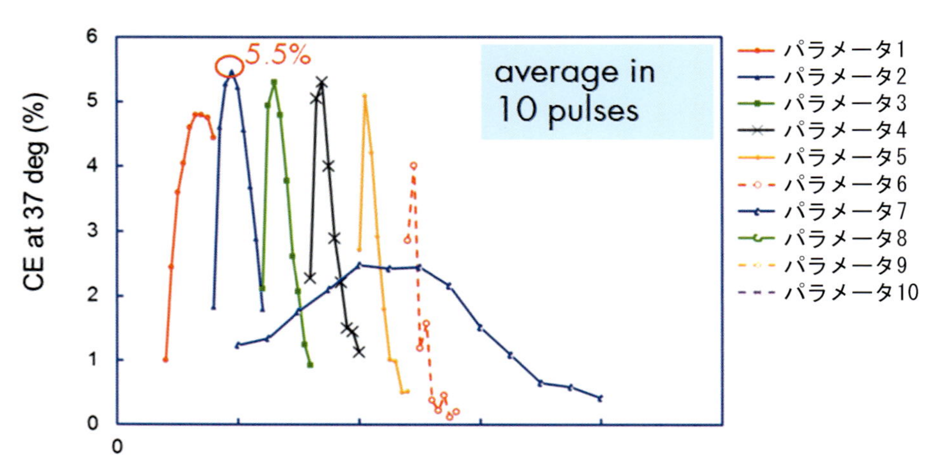

図６　EUV 変換効率（EUV 光 /CO_2 レーザー）（p.102）

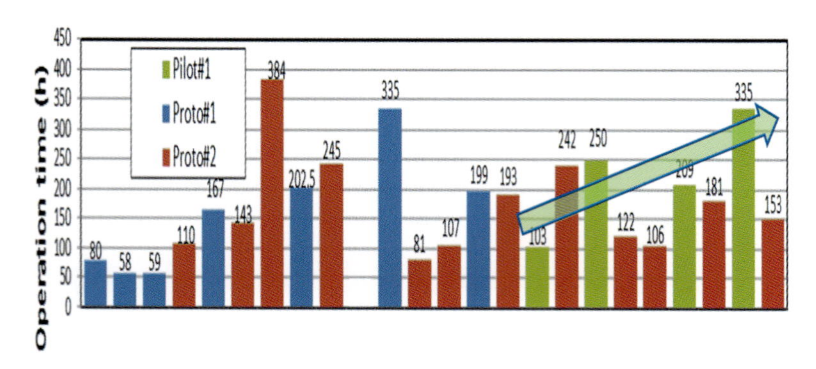

図８　ドロップレット連続生成時間の推移（p.103）

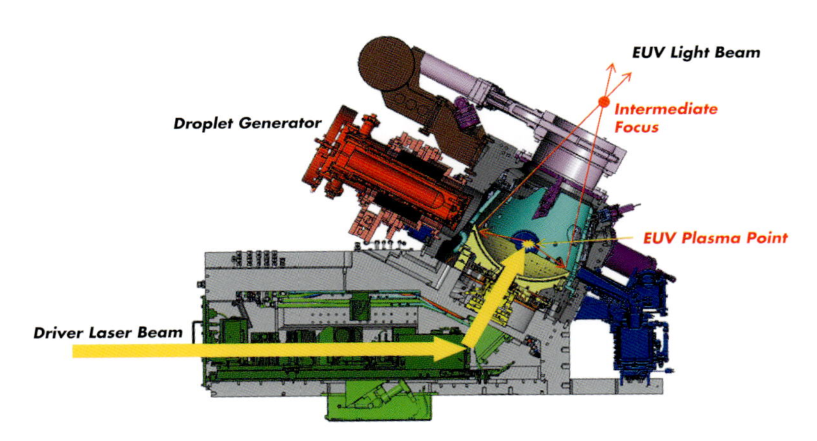

図 19　EUV チャンバシステム断面構造（p.107）

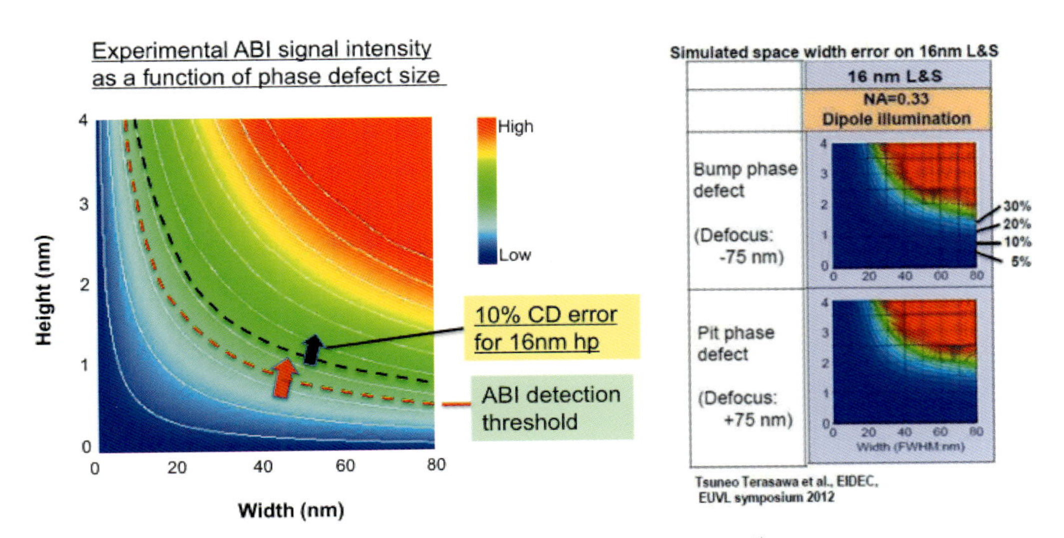

図 5　位相欠陥の EUV 露光による CD 変動と ABI 検査感度[7]（p.118）

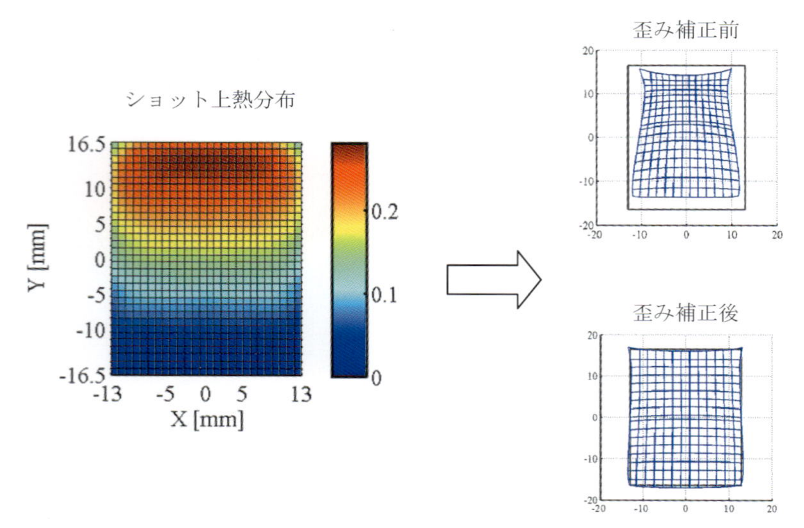

図９　高次補正システム（p.148）

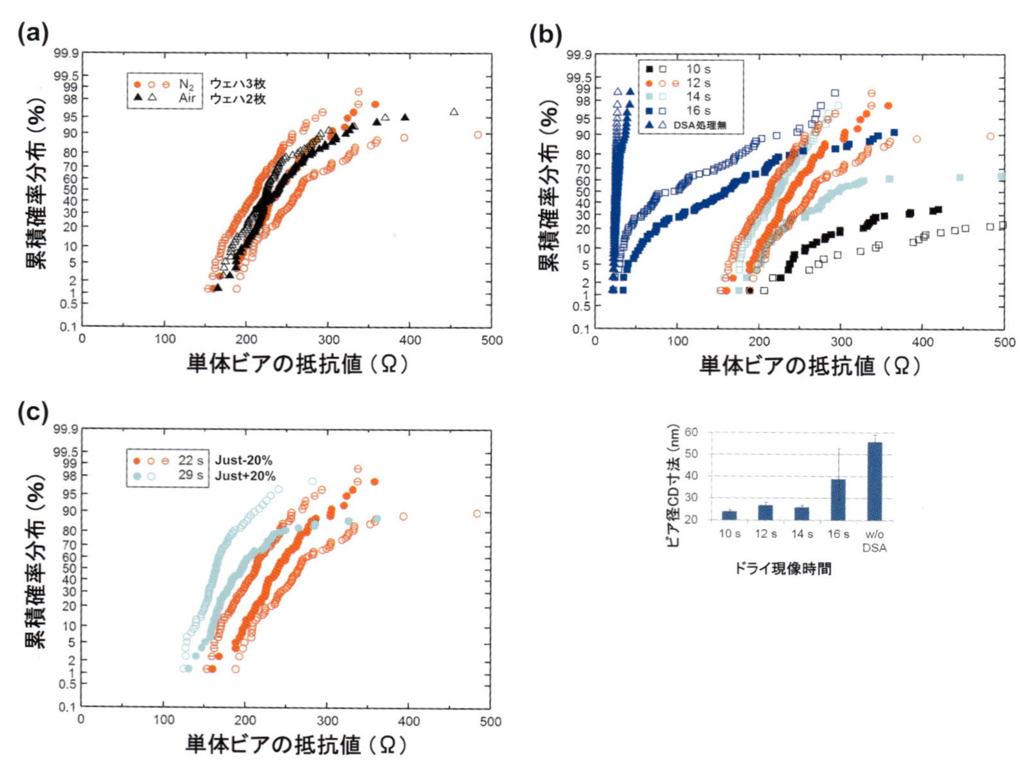

図９　ビア抵抗値のウェハ面内ばらつき評価による，プロセス条件の最適化（p.250）
(a)相分離アニール雰囲気の影響　(b)ドライ現像時間の影響とビア径比較　(c)酸化膜の加工時間の影響

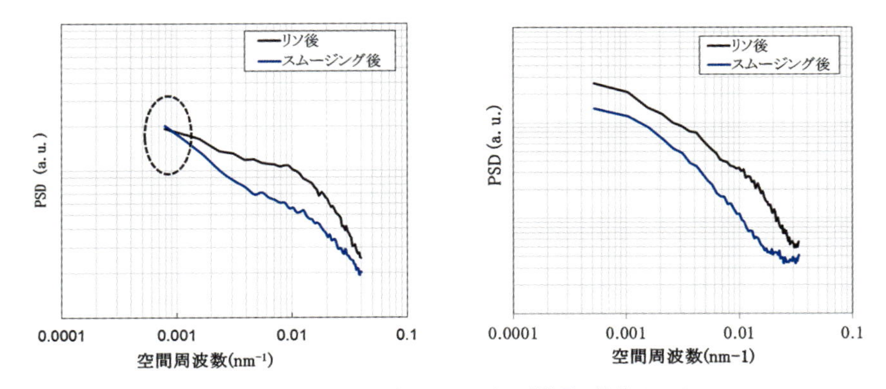

図 17　PSD チャート上のスムージング効果の比較（p.302）

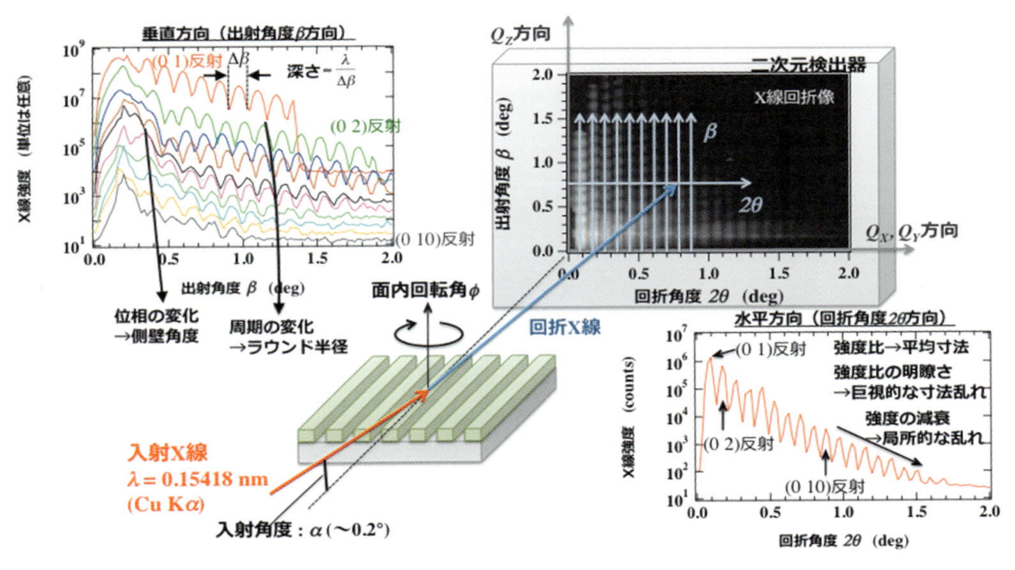

図 4　微小角入射 X 線小角散乱の測定配置と取得データの解釈（p.356）

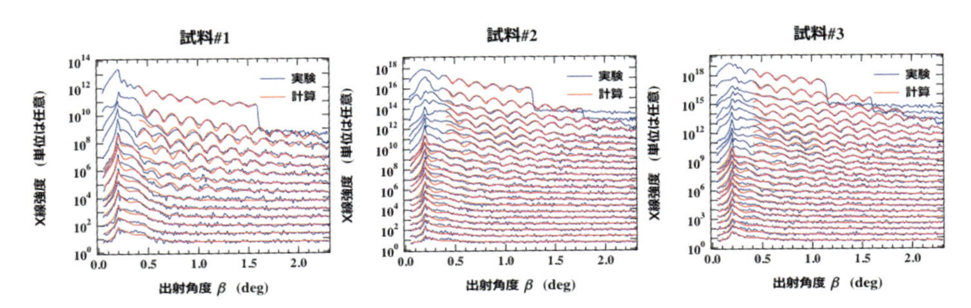

図 6　SiO_2 テンプレートの出射角度方向の微小角入射 X 線小角散乱の解析（p.358）

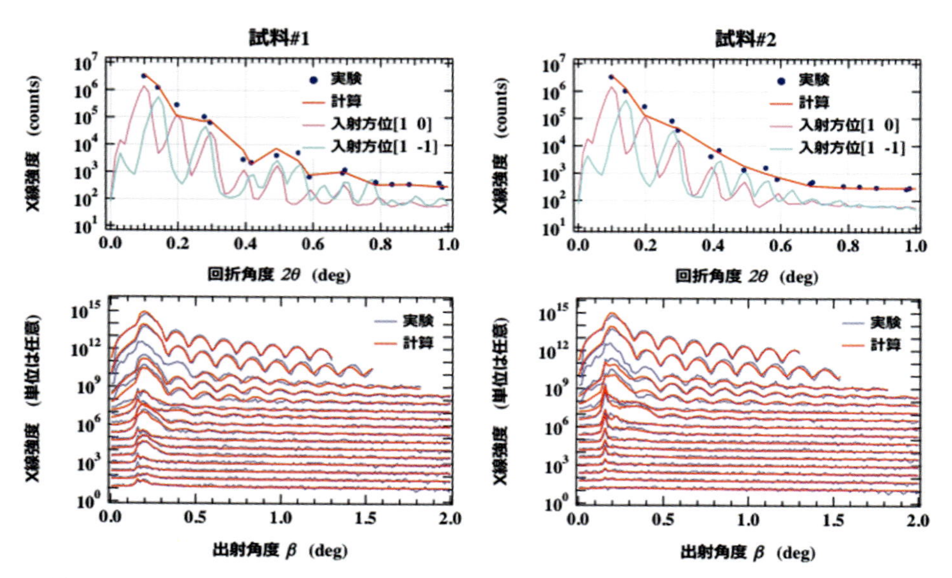

図８　レジストホールパターンの微小角入射Ｘ線小角散乱解析（上段：水平面内の回折強度データ，下段：出射角度方向の干渉縞）(p.359)

▶ 監修者・執筆者一覧 ◀

監修者

岡崎　信次	元　ギガフォトン株式会社　技術顧問

執筆者（執筆順）

岡崎　信次	元　ギガフォトン株式会社　技術顧問
柴崎　祐一	株式会社ニコン半導体装置事業部開発統括部　統括部長 / フェロー
松永　　隆	ギガフォトン株式会社知的財産部　執行役員知的財産部長
太田　　毅	ギガフォトン株式会社レーザ開発部　担当部長
渋谷　眞人	東京工芸大学工学部　教授
林　　直也	大日本印刷株式会社ファインオプトロニクス事業部　フェロー
斉藤　康子	エーエスエムエル・ジャパン株式会社ブライオン部門　マネジャー
石原　　直	東京大学大学院工学系研究科　上席研究員
宮崎　順二	エーエスエムエル・ジャパン株式会社テクノロジーデベロップメント センター　ディレクター
渡邊　健夫	兵庫県立大学高度産業科学技術研究所極端紫外線リソグラフィ 研究開発センター　所長 / センター長 / 教授
溝口　　計	ギガフォトン株式会社　代表取締役副社長 /CTO/ 研究部長
斎藤　隆志	ギガフォトン株式会社 EUV 開発部　常務執行役員 EUV 開発部長
山崎　　卓	ギガフォトン株式会社 EUV 開発部　副部長
笑喜　　勉	HOYA 株式会社ブランクス事業部第 2 技術開発部　Principal
小寺　　豊	凸版印刷株式会社総合研究所　課長
東木　達彦	東芝メモリ株式会社メモリ技術研究所プロセス技術研究開発センター　技監
森本　　修	キヤノン株式会社光学機器事業本部半導体機器第三 PLM センター 半導体機器 NGL24 設計室　室長
法元　盛久	元　大日本印刷株式会社研究開発センター　主幹研究員
河野　拓也	東芝メモリ株式会社メモリ技術研究所プロセス技術研究開発センター プロセス技術開発第二部プロセス技術第二グループ　グループ長
中川　　勝	東北大学多元物質科学研究所　教授
小林　幸子	東芝メモリ株式会社
山田　章夫	株式会社アドバンテストナノテクノロジー事業本部
中山田憲昭	株式会社ニューフレアテクノロジー描画装置技術部　参事
山下　　浩	株式会社ニューフレアテクノロジー描画装置技術部ビーム制御技術グループ 参事

永原　誠司　東京エレクトロン株式会社 CTSPS BU　シニアマネージャー/ チーフサイエンティスト

東　　　司　株式会社先端ナノプロセス基盤開発センターDSA 研究グループ　部長

清野由里子　東芝メモリ株式会社メモリ技術研究所プロセス技術研究開発センター プロセス技術開発第二部プロセス技術第二担当　参事

上野　　巧　信州大学ファイバーイノベーション・インキュベータ　特任教授

下畠　孝二　富士フイルム株式会社エレクトロニクスマテリアルズ事業部　技術担当部長

成岡　岳彦　JSR 株式会社精密電子研究所半導体材料開発室　主任研究員

中川　恭志　JSR 株式会社精密電子研究所半導体材料開発室　研究員

鳥海　　実　境界科技研　所長

八重樫英民　東京エレクトロン株式会社パターニングソリューションプロジェクト チーフエンジニア

野尻　一男　ラムリサーチ株式会社　取締役 / フェロー

杉本　有俊　株式会社日立ハイテクノロジーズ電子デバイスシステム事業統括本部 コーポレートアドバイザ

白崎　博公　玉川大学名誉教授

大田　昌弘　株式会社島津製作所分析計測事業部 X 線 / 表面ビジネスユニット プロダクトマネージャー

伊藤　義泰　株式会社リガクX線研究所　主任技師

江刺　正喜　東北大学マイクロシステム融合研究開発センター　センター長 / 教授

戸津健太郎　東北大学マイクロシステム融合研究開発センター　准教授

鈴木裕輝夫　東北大学マイクロシステム融合研究開発センター　助手

小島　　明　東北大学マイクロシステム融合研究開発センター　研究員

池上　尚克　東北大学マイクロシステム融合研究開発センター　研究員

宮口　　裕　東北大学マイクロシステム融合研究開発センター　研究員

越田　信義　東京農工大学大学院工学府　特別招へい教授

寒川　誠二　東北大学流体科学研究所 / 原子分子材料高等研究機構　教授

▶ 目 次 ◀

第４章　マスク技術とSMO技術

第１節　フォトマスク技術　　林　直也

第２節　SMO（Source Mask Optimization）技術　　斉藤　康子

第Ⅱ編　ポスト光リソグラフィ技術

第１章　次世代リソグラフィ技術動向　　石原　直

第２章　EUVリソグラフィ技術

第１節　EUV露光装置技術　　宮崎　順二

第2節 EUV 干渉露光

渡邊 健夫

第3節 EUV 光源技術

溝口 計，斎藤 隆志，山崎 卓

第4節 EUV ブランクス作製技術

笑喜 勉

第5節 マスク技術

小寺 豊

第３章　ナノインプリント技術

第１節　量産化に向けたナノインプリント技術　東木　達彦

第２節　ナノインプリント装置技術　森本　修

第３節　ナノインプリント・テンプレート技術　法元　盛久

第４節　ナノインプリントプロセス技術　河野　拓也

第5節 ナノインプリント材料技術

中川 勝

第6節 ナノインプリントリソグラフィシミュレーション技術

小林 幸子

第4章 電子線描画技術と装置開発

第1節 可変成形ビーム型電子線描画装置

山田 章夫

第2節 マルチビーム型電子線描画装置

中山田 憲昭, 山下 浩

第５章　誘導自己組織化（DSA）技術

第１節　DSA 技術の概要　　永原　誠司

第２節　ラインアンドスペース対応 DSA 技術　　東　司

第３節　ホール対応 DSA 技術　　清野　由里子

第Ⅲ編　レジスト材料技術

第１章　レジスト材料の開発動向　　上野　巧

第２章　化学増幅型レジスト材料技術

第１節　DUV リソグラフィー用対応フォトレジスト材料技術　下畠　孝二

第２節　EUV リソグラフィ用フォトレジスト技術　成岡　岳彦，中川　恭志

第３章　金属含有型レジスト材料技術　鳥海　実

第Ⅳ編　マルチパターニング技術

第１章　マルチパターニングの技術動向

八重樫　英民

第２章　マルチパターニングにおける デポジション技術とエッチング技術

野尻　一男

第Ⅴ編　計測評価技術

第１章　CD-SEM 技術

杉本　有俊

第２章　スキャトロメトリ（光波散乱計測）

白﨑　博公

第３章 走査型プローブ顕微鏡技術 大田 昌弘

第４章 X 線小角散乱法を用いた寸法および形状計測技術 伊藤 義泰

第Ⅵ編 その他応用技術

第１章 MEMS 技術の微細パターニングへの応用

江刺 正喜, 戸津 健太郎, 鈴木 裕輝夫, 小島 明
池上 尚克, 宮口 裕, 越田 信義

第２章 最近の超先端エッチング技術の概要 —原子層レベル超低損傷高精度エッチング— 寒川 誠二

※本書に記載されている会社名，製品名，サービス名は各社の登録商標または商標です。なお，本書に記載されている製品名，サービス名等には，必ずしも商標表示（Ⓡ，TM）を付記していません。

序　論

半導体微細パターニング技術とリソグラフィ

元　ギガフォトン株式会社　岡崎　信次

1 はじめに

半導体集積回路の発展によって，我々の生活は，ここ数十年で大きく変貌した。50 年以上前，家庭における電子機器と言えば，ラジオとテレビ程度であり，通信機器と言えば電話であった。またオフィスに於いても，ワープロや計算機は未だ無く，一部の大企業で大型計算機が使われている程度であった。これに対し現在では，当時の大型計算機を遥かにしのぐ計算能力を持ったパソコンが，一般家庭でも当たり前のように使われ，計算能力ばかりか通信機能を持ち，それも掌の乗るような大きさのスマートフォンを，一般の人が自由に使えるようになっている。これを実現した技術の一つが，半導体技術である。

2 微細化の指針とその効果

51 年前の 1965 年 4 月，インテルの創始者の一人である Gordon Moore 氏が，まだ Fairchild 社の研究開発研究所に居た時代に，Electronics 誌で半導体技術の発展の方向性を示した論文を発表した[1)]。いわゆるムーアの法則の提案である。**図 1** に Moore 氏が描いた図を示す(矢印は岡崎が加筆)。この図では，年月の経過と共に微細加工技術が進むことで，チップ上にのる半導体素子の数が増加し，トランジスタ 1 個当たりのコストが低減できることを示した。このコスト低減によって，コンピュータが家庭に広く行き渡ることも，論文の中の図で予測している。

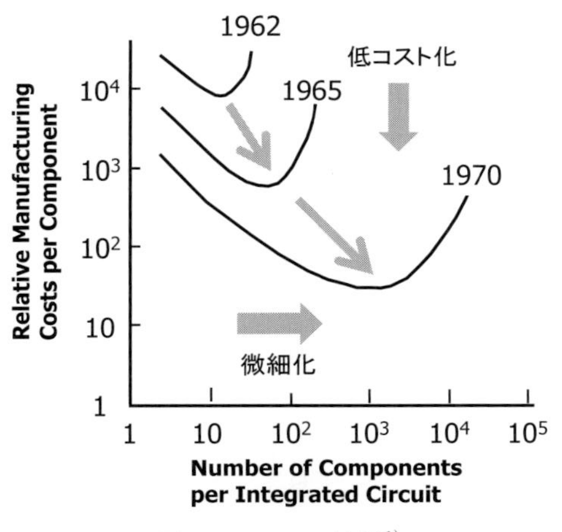

図 1　ムーアの法則[1)]

半導体集積回路における最小加工寸法の推移と，マイクロプロセッサーのクロック周波数の変化を**図 2** に示す[2)]。この図にあるように，素

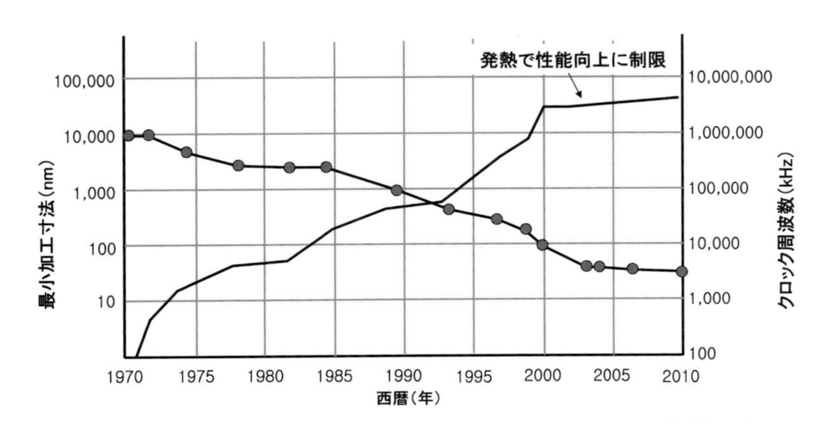

図 2　最小加工寸法の微細化とマイクロプロセッサのクロック周波数向上

子の最小寸法は縮小を続けているが，クロック周波数は，熱的な制限によってここ数年飽和傾向となっている。しかし，システム側からは，さらに早い処理速度が要求され，マルチコアと呼ばれる方式で，並列処理による，処理速度の高速化が続いている。この結果，チップ上のトランジスタの数は，今なお増え続けている。

一方微細化によって恩恵を受ける最大の点は，コストである。微細化に伴うトランジスタ1個当りのコストの変化と，トランジスタ数の増加を**図3**に示す[2)]。この図にあるように，微細化と共にトランジスタ1個当りのコストは，10の8乗分の1と激減した。このコスト低減が，前述の超高性能機器の一般家庭への普及をもたらした原動力である。寸法が10 μm レベルから10 nm レベルと10の3乗分の1に微細化しており，面積的には，10の6乗分の1になっている。勿論，微細化すなわちリソグラフィ技術以外のプロセス技術や，デバイス技術，ウエハサイズの拡大，チップサイズの拡大なども，コスト低減には貢献しているが，10の8乗分の1の内，面積縮小が10の6乗分の1と大きく貢献したことは明白である。このムーアの法則は，技術的と言うより経済的な意味合いが強い。当時，リソグラフィ技術としてはコンタクト露光技術が用いられていた。ここでは，必ずしも明確な微細化のガイドラインはなく，材料技術等の発展によるプロセス技術の進展がこれを支えていた。

これに対し，1974年に発表されたIBMのRobert Dennard氏によるScaling理論は，**図4**に示すようにMOS FETの微細化に対する明確な技術的指針を与えた[3)]。この時代，リソグラフィ技術にも大きな変化が生じていた。すなわちコンタクト露光技術から，投影露光技術，それも縮小投影型露光技術が開発され，微細化への指針が明確となった。ここでは，レーリーの式で示されるように解像度が露光波長，投影光学系の開口数(NA)で与えられる。このレー

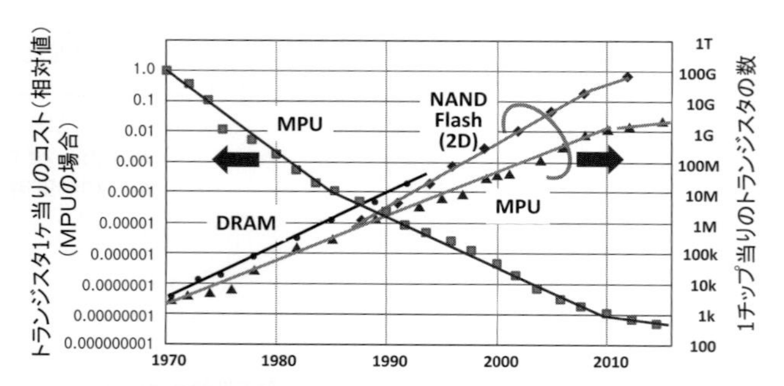

図3　集積回路1チップ当りのトランジスタ数増大とMPUにおけるトランジスタ1ヶ当りのコスト低下

Device or Circuit Parameter	Scaling Factor
Device dimension tox	1/k
Doping concentration	k
Voltage V	1/k
Current I	1/k
Capacitance εA/t	1/k
Delay time/circuit VC/I	1/k
Power dissipation/circuit VI	1/k
Power density VI/A	1

GATE　t_{ox}=1000 Å　N^+　N^+　L　5 μ　N_A = 5 x 10^{15}/cm^3

GATE　t_{ox}=200 Å　N^+　N^+　1 μ　N_A = 2.5 x 10^{16}/cm^3

図4　DennardのScaling理論[3)]

リーの式を次に示す[4]。

$$R = k_1 \cdot \lambda / NA \tag{1}$$

ここで，Rは解像度，λは露光波長，NAは投影光学系の開口数，k_1はレジスト材料や露光方式により決まる比例定数である。この式から，Rすなわち解像度を向上させるには，光学系の開口数を大きく，露光波長を短く，比例定数k_1を小さくすれば良いことがわかる。

このように，デナードのScaling理論と，レーリーの式による解像度向上のガイドラインが明確になった結果，本格的な微細化が可能になった。この微細化が，ムーアの法則を実現させ，半導体集積回路の高集積化，高性能化，低コスト化と低消費電力化を同時に実現する原動力になった。

ここでは，様々なプロセス技術，デバイス技術の発展が高集積化を支えたが，中でもリソグラフィ技術の発展がその中心となった。このリソグラフィ技術は，露光装置技術，光源技術，レジスト技術，マスク技術とこれを支えるマスク製作技術や，加工したパターンの計測評価技術等のインフラ技術からなる総合技術である。またレジストパターンを基板に転写するドライエッチング技術も，微細化へは大いに貢献した。さらに最近は，後述するマルチパターニング技術と言う形で，微細加工の中心技術となっている。

3　光リソグラフィ技術の発展とその限界

この50年以上，半導体集積回路の加工に用いられてきたリソグラフィ技術は，光リソグラフィ技術である。しかし，光リソグラフィ技術は何度もその解像度限界に突き当たり，これを高NA化や短波長化，解像度向上技術の導入等で乗り越えてきた歴史がある[5)-7)]。ところが近年，光リソグラフィ技術に於いては，高NA化，短波長化の限界に達し，また様々な解像度向上技術の適用も試みられているが，実際の解像度はここ数年向上していない。

一方，半導体デバイス側からは，微細化の継続が求められており，これを打開するために，マルチパターニング技術と呼ばれる技術が導入され，デバイス側からの微細化要求に何とか応じているという状況である[8)9)]。この技術は，大きくピッチスプリット型マルチパターニング技術と，サイドウォールスペーサー型マルチパターニング技術に分けられる。

前者のピッチスプリット型の例を，基本となるダブルパターニング技術で説明する。まず隣り合うパターンを2色に色分けし，これを**図5**(a)に示すように，別々の層のパターンに分割する。分割できない場合は，一部パターン形状を修正して，分割する。工程フローを同図(b)に示す。まずSi基板上に被加工層，犠牲層を形成し，その上にレジストを塗布した基板を準備する。まず1層目のパターンを露光，現像し，これをスリミングする（パターン寸法を小さくする事を言う）。ここで得られたパターンをまず犠牲層に転写し，再びレジストを塗布して2層目のパターンを露光・現像する。ここでは，第1層のパターンに対して，第2層のパターンを，精度よく重ね合せる必要が有り，重ね合せ精度の高精度化が非常に重要となる。ここでも得られたパターンをスリミングする。最後に第2層のレジストパターンおよび第1層で加工した犠牲層パターンをマスクに下地の被加工層をエッチングすることで，微細な加工が実現でき

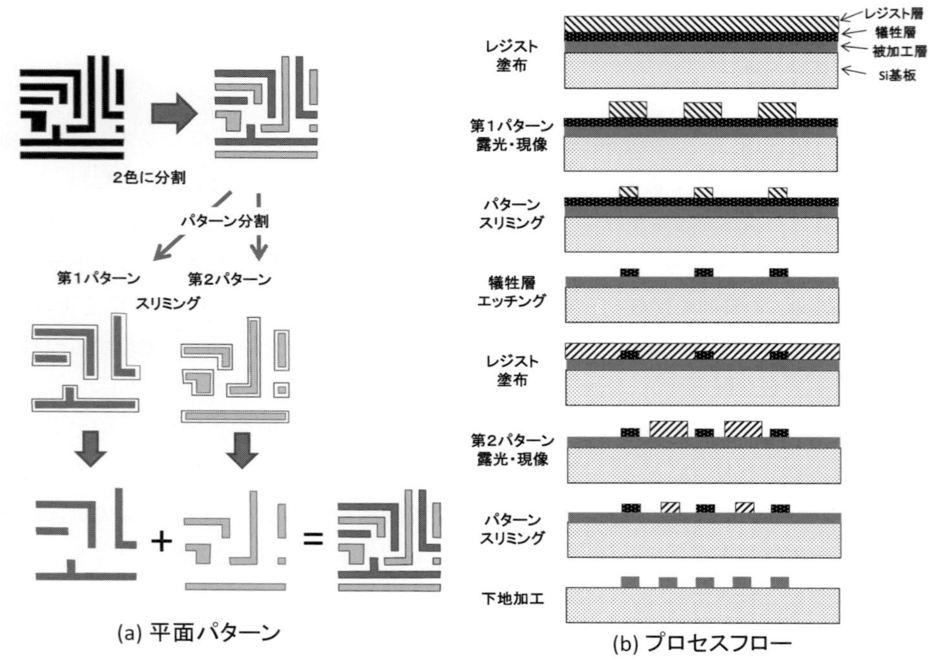

図５　ピッチスプリット型ダブルパターニングの説明

る。この技術の特徴は，従来通り２次元のパターンに適用できるという点であるが，重ね合せ精度やスリミング精度がパターン寸法(パターン間隔)に大きく影響することが課題となる。ここで示した工程は，ダブルパターニング法の簡単な工程例の一つであり，様々な方式が実際には使われている。また，この考え方を繰り返すことで，クワドルプルパターニング技術や，オクタプレットパターニング技術等，より微細な加工も可能となる。

次いで後者のサイドウォールスペーサ型の例も，ダブルパターニング技術で説明する。この方式は，ラインアンドスペースのような単純な形状のパターンへの適用に適している。まず，**図6**に示すように従来技術で加工可能な，寸法，ピッチのパターンを形成する。次いでこのパターンをスリミングし，レジスト寸法１に対しスペースの寸法が比率で３になるようにする。次いで，転写層となるスペーサ膜を被着する。ここでサイドウォール膜厚を，レジストパターンの寸法と同じになるように調整する。次に，全面エッチングを行い，スペース部分，レジスト上部のスペーサ膜を除去する。この結果，基板上には最初のレジストパターンと，その周囲にサイドウォール膜が残った状況となる。ここで元のレジスト膜を除去すると，基板上にはサイドウォール膜だけが残り，その寸法，ピッチは，最初のレジストパターンの寸法，ピッチの半分となる。その後不要なサイドウォール部分をトリミング露光を行い，エッチングして除去する事で，所望のパターンを得ることができる。この技術の特徴は，微細な領域での重ね合せ露光が必要でないため，重ね合せ精度の向上が必ずしも必要でないことにある。この場合も，上記に示した考え方を繰り返すことで，クワドルプルパターニング技術，オクタプレットパターニング技術へと微細化を進める事が可能である。

これらの例で示したように，マルチパターニング技術は，微細なパターンやピッチが，従来

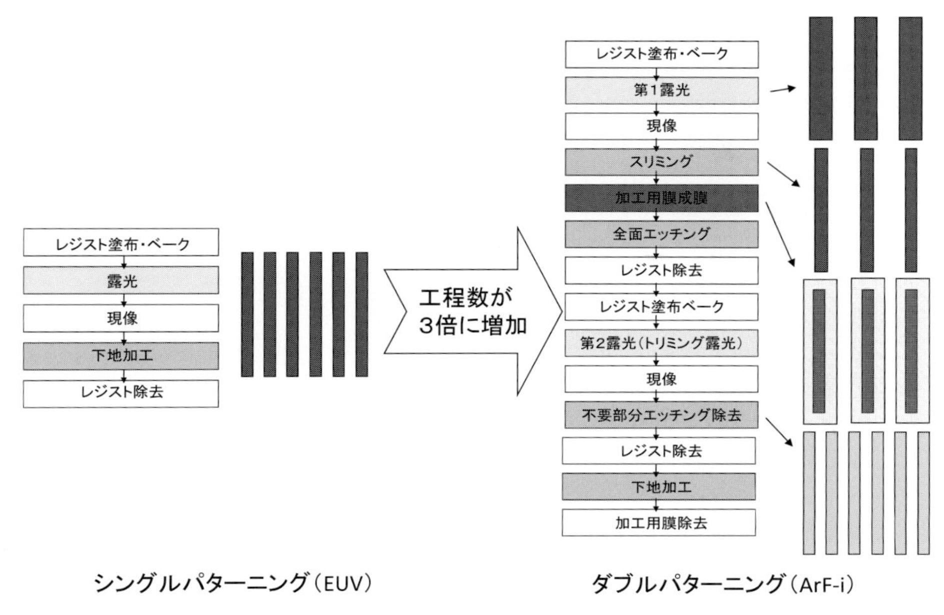

図６　サイドウォールスペーサ型ダブルパターニングの説明

の技術で形成できるという利点はあるものの，工程が非常に複雑となり，製造コストが非常に高くなるという課題を抱えている。さらに前者のピッチスプリット型では，露光装置の重ね合せ精度が全体のパターン縮小を左右するため，露光装置の重ね合せ精度向上が非常に重要となる。

4　ポスト光リソグラフィ技術と今後の展開

一方ポスト光リソグラフィ技術として，様々なNext Generation Lithography（NGL）技術の取り組みも進んでいる。EUVリソグラフィ技術，電子線描画技術に代表されるMask Less Lithography（ML2）技術，ナノインプリントリソグラフィ（NIL）技術，Directed Self Assembly（DSA）技術と呼ばれる技術等がそれである[10)-13)]。電子線描画技術は，ウエハへの加工だけではなく，マスク製作にも広く使われ，マスク描画技術として，１つの技術体系を形成している[14)15)]。電子線描画技術の課題は，その描画速度が遅いということで，半導体の量産適用は，なかなか実現していない。マスク描画においても，課題は同じで，最近では１日でマスク１枚を描画できないような最先端の複雑なマスクも多い。これを解決するため，様々なマルチビーム化の動きが進められている[16)17)]。このマルチビーム技術によると，従来描画時間が非常に長くなって対応できなかったような，複雑なパターンが要求されるILT[18)]（Inverse Lithography Technology）対応のマスクも，短時間に描画が可能になるため，この技術が新たなリソグラフィ技術の改革につながる可能性も有りそうである。

また，半導体微細加工技術として発展してきた技術は，MEMSを初めとする様々な加工技術に展開されている。本書では，こういった応用技術も含め，リソグラフィ技術の最先端の開発状況を紹介する。

文　献

1) G. E. Moore：*Electronics*, **38**, 8 114(1965).

2) http://download.intel.com/pressroom/kits/IntelProcessorHistory.pdf

3) R. H. Dennard et al.：*IEEE J. Solid State Circuit* SC-9, **5** 256(1974).

4) 例えば久保田宏著：光学，岩波書店(1964).

5) 堀内他：第 32 回 応物学会 講演予稿集，294(1985).

6) M. D. Levenson et al.：*IEEE Trans. ED*-29, 1828(1982).

7) 渋谷眞人：日本特許，No.62-50611(1987).

8) S. D. Hsu et al.：Proc. of SPIE, 4691, 476(2002).

9) C. Bencher et al.：Proc. of SPIE, 7973, 79730K(2011).

10) 木下他：第 47 回応用物理学関係連合講演会　講演予稿集，2, 322(1986).

11) H. C. Pfeiffer and J. Vac.：*Sci. Technol.*, **12**, 1170(1975).

12) S. Y. Chou et al.：*Appl. Phys. Lett.*, **67**, 3114(1995).

13) D. B. Millward et al.：Proc. of SPIE, 9423, 942304(2015).

14) D. R. Herriott et al.：*IEEE ED*-22, **7**, 385(1975).

15) S. Okazaki et al.：*Jap. J. Appl. Phys.*, **19**, 51(1980).

16) E. Platzgummer et al.：Proc. of SPIE, 8166, 816622(2011).

17) 松本裕史：NGL Workshop　講演予稿集(2016).

18) E. Hendrickx et al.：Proc of SPIE, 6924, 69240L(2008).

第Ⅰ編

光リソグラフィ技術

第１章　露光装置

株式会社ニコン　柴﨑　祐一

1　光露光装置概要

露光装置について解説した本はこれまでにも多く出版されており，一般の書店で入手することが出来る。それらの既存書物との重複を避けるため，またこの本に想定される読者層の専門性を考慮し，ここでは敢えて，露光装置の技術変遷も含めた非常に基本的な部分については割愛し，専門用語も含めて既知のものとして扱っている。代わりに比較的新しい話題，ArF 液浸露光方式出現以降に重みを増した技術課題について手厚く記述することに務めた。また，露光装置にはステップ＆リピートタイプとスキャナタイプがあるが，ここでは圧倒的に主流であるスキャナを前提に解説する。

1.1　露光装置の役割

「露光装置」は，露光装置である以前に「半導体製造装置」である。半導体とはここでは半導体集積回路のことであり，露光装置はその製造工程において使用される数多の装置の中の１つである。しかしながら集積回路各部の寸法をいかに微細に出来るか，寸法精度・位置精度をいかに上げられるかは露光装置の仕様によってほぼ決まると言っても過言ではなく，決定的に重要な役割を担う。また，露光装置はレイヤー毎に使用され出番も多い上，露光動作はウェーハ枚葉の処理となり，処理能力の大小は工場全体の生産性に大きな影響を与える。生産する半導体製品の仕様(性能)と生産コストの鍵を握るのが露光装置なのである。

露光装置の役割はその名が示す通り，集積回路各レイヤーの設計図が刻み込まれたレチクルと呼ばれるガラス基板の縮小投影像を，シリコンウェーハ面に塗布されたレジスト上に投影露光することである。その意味では一種の縮小コピー機のようなものとも言える。原紙はレチクル，用紙はウェーハである。ただしコピー機と大きく異なり，その解像度と精度において信じられないほどの数字が要求される。更にそれを非常に高速な動作の中で達成させなければならない。どのくらいかと言えば，最先端の ArF 液浸露光装置の限界解像度は 38 nm，下層レイヤーに対する重ね合わせ精度は 2 nm を下回る。1 時間に処理するウェーハの枚数＝スループットは 300 mm ウェーハで 250 枚を超える。ステップ＆スキャン動作を行うステージの加速度は，ウェーハステージで 4 G，レチクルステージで 16 G を超え，このような激しい機械動作の中で nm オーダの位置決め動作を実現している。

なかなかピンとこない数字ではあるが，このような数字を達成するためには通常の感覚では全く無視できるような因子に対しても配慮しなければならない。1/1000 K の温度，1 gf の外乱すらも無視できない。装置自身を周囲の振動や温度変化から防御することは無論のこと，装置自身が発生する機械的外乱，熱的外乱に対処するためのメカニズム，温調機構，センサーや制御システムを備え，システムとして非常に複雑なものとなっており，しばしば「人類史上最も精密な機械」などと称される。

1.2　露光装置の構成

一般的なスキャン露光装置の大まかな構成を**図1**に示す。実際の構成は装置毎に異なる部分もあるが，基本的な骨格は共通と言って良い。装置は機械的にも機能的にも，複数のモジュールに明確に分離されたモジュラー構造になっており，独立にメンテナンスしたり，性能向上のためにモジュール毎にアップグレードしたりすることが可能となっている。数学で言えば直交化された行列のように，モジュール間の性能的な相互作用が極力小さくなるように設計上の配慮がなされている。このことは最終的に nm レベルの精度を追及していく時に重要な要件となる。

装置の中核を成す投影レンズ，ステージの位置やウェーハ計測を行うセンサー類などはそれを搭載するメインボディごとアクティブ防振台により支持され，周囲のあらゆる機械的外乱から隔離される。レチクル・ウェーハを搭載し，高精度かつ激しく動き回るレチクル・ウェーハステージは，投影レンズとの相対位置を電磁気力により直接制御される。そのため外部との機械的カップリングは非常に小さく，振動絶縁されている。一方でステージを駆動する際には激しい駆動反力が発生する。これを極力モジュール内部で閉じて消滅させるための反力処理機能を内蔵している。照明系や搬送系など振動に対する要件が比較的緩いモジュール群は，装置全体の骨格に対し直接マウントされる。これらのモジュール群は高精度な環境チャンバー内に守られる。他にも光源であるレーザーを始め，温空調機，様々なアンプ類など多くの機器が必要だが，それらはサブファブと呼ばれる工場の下層階に設置され，メインフロアとライフラインで接続される。

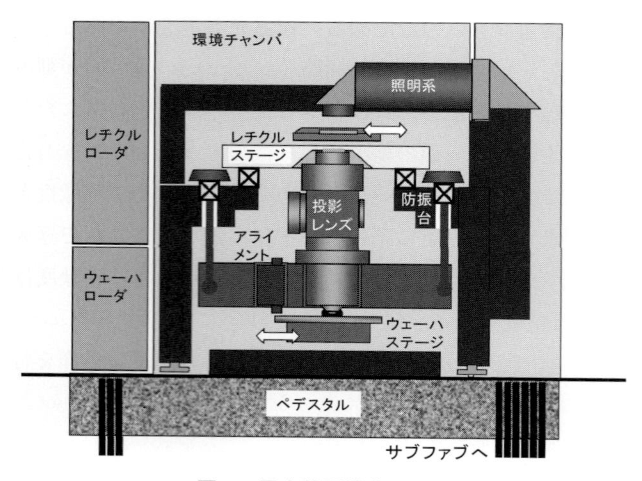

図1　露光装置構成の概略

2　露光装置を構成する技術

露光装置には非常に多くの技術分野が関連するが，中でも背骨となっているのが結像・光学技術と精密位置決め技術である。これら二つのコア技術分野の周辺を，機械工学，物理工学，情報処理・・あらゆる分野の最先端技術が様々な形で支えている。

2.1　結像・光学技術

2.1.1　限界を迎えた短波長化・高NA化

レチクル面上をレーザー光で照明する照明光学系と，レチクルパターンを通過した回折光をウェーハ面に結像させる投影光学系(投影レンズ)は露光装置の心臓部であり，解像力は主にこの部分で決まる。解像度は有名なレーリーの式：$k\lambda/NA$ によって支配され，露光波長が短いほど，投影レンズの開口率NAが大きいほど解像度は高くなる。半導体集積化の歴史は，露光装置の高解像度化の歴史と共にあり，短波長化，高NA化の歴史であった。しかし2010年前後以降，光露光機における短波長化と高NA化はついにその物理限界に達し，それ以降はこの観点においては進歩が止まっている。少なくとも近い将来において，この状況が変わることはないと思われる。光源はArFエキシマレーザー193 nm，NAは1.35である。NAが1を超えているのは，ウェーハ面と投影レンズ先端の間を純水で満たす「液浸技術」を採用していることによる。ArFレーザーを超える短波長光源としてのF2レーザー157 nmや，水を上回る屈折率を有する液体の採用が一時期検討されたが，諸問題あり実用化には至っていない。

なお，解像度を決める要素としては，波長とNAの他に，照明光学系に関わるものがある。レーリーの式におけるkを小さくすることに寄与する要素であり，限りある解像力を限界まで引き出すために，こちらの技術も目覚ましい進展を遂げている。古くから用いられている輪帯照明や二極照明と言った変形照明技術に加え，偏光を駆使した照明や，近年ではフリーフォーム照明と言って，生産するデバイスパターンに対し，コンピュータシミュレーションにより最適化された複雑な照明形状が用いられるようになった。露光装置側ではこういったフリーフォーム照明形状を生成できるような照明光学系が採用されるようになっている。特にパターン形状が2次元的で複雑なLogicデバイスにおいては，マスクにおける近接効果補正とこのフリーフォーム照明を組み合わせて最適な結像結果を得るような取り組みがなされている。これをSMO(Source Mask Optimization)と呼び，デバイスの開発段階から計算機技術を駆使して行われている。

2.1.2　投影レンズ

(1)　光学設計

最先端の液浸露光装置に搭載される投影レンズは，既述のように波長193 nmのArFエキシマレーザーを光源とし，NAはほぼ実用上の限界と言える1.35である。光学系としては途中に数か所の反射面を有する反射屈折光学系が用いられている。レンズ鏡筒の直径は500 mm以上，総重量は1 tを軽く上回る。単純にレチクル像を1/4に縮小してウェーハ上に投影するだけの光学系に，何故これほどの巨大で複雑な光学系が必要なのかと言えば，それはその投影を極めて正確に，原版のパターンに忠実に行う必要があるからであり，光学的に言えば収差やディストーションを極限まで抑え込むためである。総合波面収差はゼロコンマ数 nmRMS，ディストーションも 1,2 nm レベルであり，これはフィールドサイズ 26 mm 幅に対し，50 ppb 程度である。東京–沼津間の距離 100 km に対して 5 mm のずれという割合になる。このようなスペックを実現しようとすると，何枚ものレンズやミラーを組み合わせる必要があり，自ずとこのような構成・サイズとなってしまうのである。多数の非球面レンズや特殊なコートも使用される。反射屈折光学系においては，かつては様々なコンセプトの設計案が提唱された。見方によって一長一短はありながら，結果としてドイツの ZEISS と日本のニコンがそれぞれの設計解で NA1.35 の投影レンズを実用化している。両者とも詳細な光学仕様は明らかにしていないものの，反射ミラーの使い方に特徴があることは明らかである。

⑵　生産技術

一般的な工業製品と比較すると，露光装置用投影レンズの生産工程は性質が大きく異なる。一般的な工業製品は，各部品の公差が管理されていて，それらを組み立てれば良品が完成するように設計されているのが普通だ。製造過程や完成時に調整があるとしてもあまり大がかりになることは無い。しかし投影レンズで同様のことを実現するには，部品や各工程における組立精度が何桁も乖離しており，現実的には不可能である。それ故製造過程においては，高度な計測と微調整が繰り返し行われている。使用するガラス，研磨されたレンズ面，全て個体差がある。それらを補償するように精密な部品計測データ，組立後の収差データを元に調整が繰り返され，最終的に良品となる。この過程においてキーとなるのが，調整の収束性である。思惑通りに収差が追い込まれていくためには，正確な計測技術と調整機構，熱や機械的外乱を遮断し再現性に優れた鏡筒メカが欠かせない。

⑶　外乱の遮断とダイナミック補正機構

製造段階で完璧な状態に追い込まれた上で露光機本体に搭載された投影レンズであっても，その後もその状態を維持するためには様々な仕掛けが必要である。露光機は実稼働中も含め多くの外乱・変動にさらされる。輸送や設置の過程で加わる振動や温度変化，構造的なストレス，稼働開始後もクリーンルーム内の温度変動や時には地震も発生する。まずそれらの外乱から投影レンズを守るために，レンズ自身や装置内の随所に温度を一定に保つための温空調や断熱構造，レンズ内部の窒素パージ，機械的に外乱を遮断するためのキネマティック構造等が採用されている。それでも長期に渡り僅かな変動が発生することは避けがたいため，それらを検知し自動で修正できる計測システムや電動の調整機構を備えている。

露光中に発生する動的な外乱に対しても対処しなければならない。投影レンズに照射される露光光の一部は熱に変わり，時々刻々変化する収差やディストーションを生じる。同様に，レチクルにおいても露光光の吸収が発生し，石英ガラスレチクルの熱膨張を引き起こす。現在の要求精度においてこれらの影響は甚大で，露光中にこれをダイナミックに補正することは必須である。投影レンズ内には高精度に上下チルト出来る電動機構を備えたレンズ素子群が存在し，これらを適切に駆動することによって補正を行うことが可能になっている。最もゆっくり

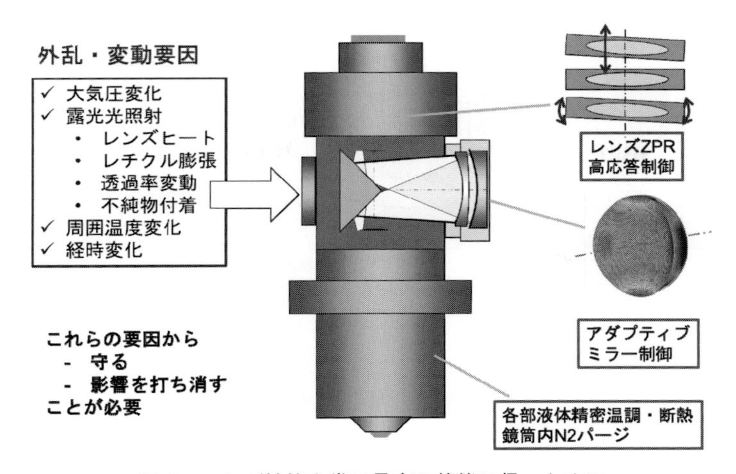

図2　レンズ性能を常に最高の状態に保つために

とした変動は大気圧変動であり，大気圧をモニターしながら常に補正が行われている。一方で最も高速な補正動作はレチクル形状の補正であり，1スキャン動作(数十 ms)中にレンズの倍率やディストーションを複雑に変化させる必要がある。このためには極めて応答の良い高精度なレンズ姿勢制御技術が求められる(**図2**)。

さらにニコンの最新露光装置においては，すばる望遠鏡に搭載されたような，ミラー面を機械的に自在に変形させ収差を制御するアダプティブオプティクスも採用され，時間遅れの無い理想的な熱収差補正が可能となっている。

2. 1. 3　液浸露光技術

液浸による解像度(NA)向上は顕微鏡の世界では既存の技術であった。しかしマニュアル操作で静止観察する顕微鏡と異なり，ウェーハとレンズが高速で相対運動する上，全てを自動かつ高速に稼働させなければならない露光装置において，液浸は当初あまり現実的な選択肢と見られていなかった。しかし，当時検討されていたF2光学系の行き詰まりとともに注目を浴びた液浸露光の選択肢は，急速に開発が進み一気に実用化されてしまった。液浸露光における主たる三つの技術的ポイントについて簡単に説明しておきたい(**図3**)。

(1)　ステージ動作に対する液浸水の保持

投影レンズとウェーハステージの間に挟まれている液浸水の周囲空間との境界は自由界面である。この水の振舞は巨視的には弾性体のようにすら見えるが，完全な純水の流水であり，水の供給・回収の水量バランス，ステージや液浸ノズルの設計仕様，そしてステージ動作とのバランスで姿を変化させつつも，概ねその形・大きさを保ち続けているに過ぎない。ステージ動作は数百 mm/s，加速度は数Gと水保持の観点で極めて厳しい動的外乱であり，適切な配慮無しでは容易に引きちぎれてウェーハ上が水滴だらけになり，露光欠陥を多発してしまう。液浸水の保持はステージの高速化と共に，液浸実用化十年以上経った今尚，容易ではない技術課題である。

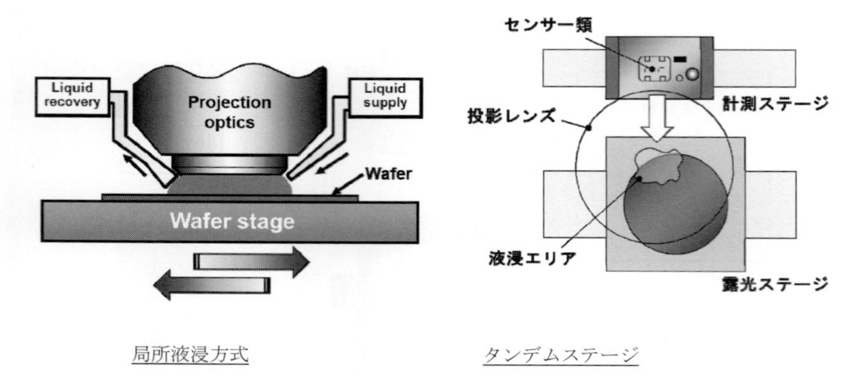

局所液浸方式　　タンデムステージ

図３　液浸露光システム

(2)　ウェーハ交換動作への対処

ウェーハ交換時にはレンズ下からステージが完全に退避し，ウェーハ交換位置まで移動しなければならない。最初に選択された方法はウェーハ交換の度に水の供給を止め，水を残らず回収，ステージが戻ってきたら水流を再開するという方法だった。しかしこれではスループットが壊滅的に悪化し，量産装置としては成立しない。そこで考えられた方法は，ステージを複数用意し，ウェーハ交換中はもう一つのステージ上面で液浸水を受け止めておくことで，水流を止めることなく処理が継続できるというものだ。ニコンはこのもう一つのステージ(計測ステージ)に投影レンズの計測機能等を搭載し，ウェーハ交換中に投影レンズキャリブレーションの並行実施を可能とし，液浸におけるスループット低下防止と総合性能向上を両立させた(タンデムステージ)。

(3)　液浸起因ディフェクト，気化熱，振動といった副作用への対処

水を供給・回収し，その周囲は大気にさらされているという状況では，大なり小なり気化熱が発生することは避けられない。露光点周囲で大きな温度変動が発生すると，様々な形での精度悪化が発生する。また，ストローで最後の一滴まで飲み干そうとした時のノイズを想像して頂ければわかる通り，水の回収行為はそのままでは振動問題も引き起こす。激しいステージの動きや，主としてウェーハエッジ部の段差等はしばしば液浸水中にバブルを巻き込む。このバブルが露光エリアに迷い込めば，即座に露光欠陥＝ディフェクトにつながる。ウェーハエッジ部のレジストやトップコートは剥がれやすく，長期的には液浸水ノズルを汚染させパーティクル源となる。液浸露光システムにはこのように，解像度の向上と引き換えに，実に多くの克服しなければならない副作用が存在する。

これらの副作用に適切に対処するために，多くの工夫と改良が繰り返された。ステージ動作の高速化，ディフェクト抑制基準の厳格化に伴い，液浸技術にも更なる進化が要求される。この過程において，温度も含めて液浸水の挙動を予測する流体シミュレーション技術は欠かせない。流体計算上は，自由界面の複雑なリアルタイム動作シミュレーションとなり，世間でも一般的な手法が構築されていない分野である。テストベンチでの評価，可視化を効率よく組み合わせ，膨大な実験と計算を擦り合わせながら開発が進められる。

2.2　精密位置決め技術

露光機にとって，結像性能と並び重要なのがステージの位置決め性能である(位置決めと言っても，スキャン露光機の場合ステージは動きながら露光するので，実際には時々刻々の位置と理想的な軌道からのずれが極力少なくなるように動かすことを「位置決め性能」と言っている)。ステージが所望の位置から水平にずれれば重ね合わせ精度が，垂直方向にずれればフォーカス精度が劣化する。カメラでの撮影と異なり，露光機においてはピント合わせと位置合わせはステージの仕事である。投影レンズによって結像されたレチクルパターン像の位置に，ウェーハ上の所望の位置が合致するように，ステージが合わせに行く。スキャン露光機においては，ステージの位置・姿勢は6自由度全てに対して制御され，ウェーハの微妙な凹凸トポグラフィに対しても像面がベストフィットするよう，傾斜も含めて高応答に制御される。またスキャン露光においてはレチクルステージがウェーハステージの4倍の速度で動き，投影像とウェーハステージが等速で同期するように制御される。この制御精度を同期精度と言い，重ね合わせ・解像度双方に影響する重要な性能指標である。

ステージの制御は，何に対して行われるのだろうか？　我々が車を運転する時は，人間が道路や障害物を目で認識して，障害物を避け，所望の道路に沿うように時々刻々修正を加えながら運転操作を行う。これに対し露光装置のステージ制御は，このような目標物＝ウェーハを認識しつつのリアルタイム制御ではなく，事前にウェーハ下地の位置・グリッド(複数のアライメントマークの位置)，表面のトポグラフィを，特定の基準・座標系に対して正確に計測しておき，露光時は座標系だけを頼りにステージを制御する。自動車で言えば，地図データとGPSだけを頼りにした自動操縦である。GPSの精度が悪かったり地図データに誤りがあったりしたら直ちに事故を起こしてしまう。すなわちステージを「正しく」制御するということは，「ステージの動かし方の決定(計画の立案)」と「ステージをその通りに動かす(計画の実行)」ことの二つの要素から成り立っていると言える。前者は「ウェーハの位置や凹凸の正確な計測」のことであり，後者は「時々刻々のステージ位置の正確な計測」と「正確なステージ制御」のことを指す。以下，これら3つの要件のうちの2つについて順に説明する(ステージ制御については純粋に機械工学と制御工学の分野の話であり，本稿では紙面の都合で割愛する)。

2.2.1　ウェーハ位置・凹凸の計測

ウェーハがステージに対してどのように搭載されているか，どのようなグリッドを有しているかは，ウェーハ下地に刻み込まれた複数のアライメントマークの位置を，投影レンズと並列に搭載されている顕微鏡で観察することで同定される。一方凹凸＝トポグラフィについては，多数の斜入射光をレジスト表面で反射させ，反射光を検出することでレジスト面の高さを光学的に検知する。これらの計測をウェーハ全面に渡り必要なサンプリング密度で行うことで，ウェーハの状態を露光前に把握してしまい，露光動作の計画を立てる。

このやり方自体は古くから採用されているものだが，最先端プロセスにおいて特に難しくなっているのが，プロセスウェーハにおける計測騙されの問題である。アライメントマークは，ウェーハプロセスにおいてダメージを受け，断面が非対称になったり，上に積まれたレイヤーの影響で見えづらくなったり，様々な観察阻害要因にさらされる。また，光学顕微鏡で検出するアライメントマークの線幅はデバイスパターンよりはるかに太いため，マークの中心がデバイスの真の位置を正しく代表しないという問題も顕在化している。これらに対処するため，装置側では顕微鏡のNAを拡大したり収差を改善したり，照明光の波長分布や輝度の改善，カメラの高画素化，S/N向上等々様々な工夫を行ってきている。一方で凹凸計測における問題の一例としては，レジスト表面からの主たる反射光に対し，僅かながら下地からの反射光が存在し，その影響で計測値が騙されることがある。またウェーハエッジ付近では断面形状がダレているため，その形状を正確に捕捉できるセンサー系が要求される。対策としてはやはり検出光学系の収差の向上，光源スペクトルの最適化が行われてきている。また，エッジ捕捉性能を上げるためにセンサーをより密に配置するといった改善も行われている。

ウェーハ計測は一般に，時間をかけて入念に行うほど精度は向上する。一方，計測は露光に先立って行われるため，時間をかけるほどウェーハ処理のサイクルタイムが増大し生産性が悪化する。このトレードオフに対する一つの解として，「ツインウェーハステージシステム」がオランダのASML社により実用化されている。これは，ウェーハステージを装置内に2つ有し，片方のステージが露光している間にもう一つのステージがウェーハ計測動作を並行に行うというものである。露光終了後2つのステージ位置を入れ替え，次のウェーハ処理を行う。こうすることで計測時間を含むオーバーヘッドの一部を露光時間の裏に隠すことが出来る。実用化当初は2ステージ間のグリッドマッチングを管理することの煩雑さが指摘されたが，工場側のオートメーションと連携した補正システムが洗練されるにつれ，ユーザー側の負担も軽減し広く浸透するようになった。

別な方法として，ニコンはシングルステージの長所をそのままに計測時間を著しく短縮させるシステム“Stream Alignment”を採用している(**図4**)。アライメント顕微鏡を一列に5眼配列し，更にその傍に300 mm径を一気に計測できるトポグラフィ計測光学系を配置。これにより，ステージがウェーハ交換を済ませ投影レンズ下に戻って行くその道すがらの数秒で計測を完了することが可能となった。全くコンセプトの異なる二つの方法であるが，どちらも計測精度と処理能力のトレードオフに対処しほぼ同等の処理能力を実現している。

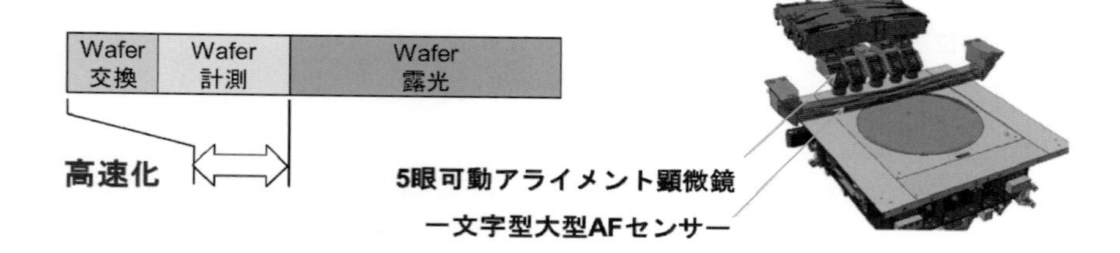

✓ 5本のアライメント顕微鏡
　ショットマップに合わせて間隔も可変
✓ 直径をカバーする大型AFセンサー
✓ Wafer交換往復動作時の短時間で計測終了

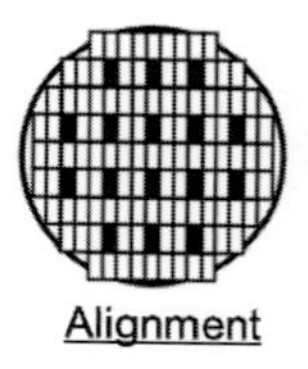
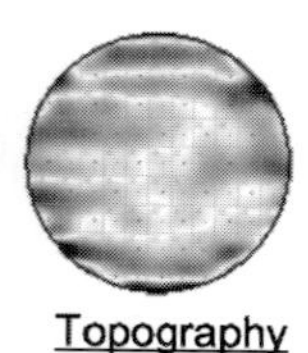

Alignment　Topography

図4　Stream Alignment

2.2.2　ステージ位置の計測

露光装置のステージ位置計測は古くからレーザー干渉計が使われてきた。高い分解能，優れた計測リニアリティから，ある意味精密位置決めの定石とも言える。しかし液浸露光が実用化され重ね合わせやフォーカス精度要求がいよいよ高まるにつれ，干渉計計測における空気揺らぎの影響が相対的に深刻化した。ステージがスキャン動作を行うことに伴う数Paの圧力変動や数mKの空気温度変動が計測誤差を生む。空調の強化や補正を駆使しても数nmの誤差が残留し，次第に限界を迎えるようになった。代わって用いられるようになったのが，リニアエンコーダである。エンコーダは，基板上に刻んだ凹凸等の周期的パターン＝回折格子にレーザーを照射し，その回折光による干渉縞の強弱を測定することで，センサーヘッドと基板との相対変位を計測する一種の小型干渉計とも言える。この方式の長所は，その光路長の短さ故，空気揺らぎの影響をほとんど受けないことである。センサーヘッドも比較的コンパクトで応用範囲が広い。分解能の良さは干渉計同等と言って良い。一方，計測リニアリティは回折格子の制作精度に支配され，レーザー干渉計の反射ミラー(移動鏡)に比べるとかなり劣る。このため，リニアリティをいかに上手に補正するかがエンコーダを使いこなす上で一つの鍵となる。またリニアエンコーダは，ガイド付きの1軸ステージとは相性がいいが，ウェーハステージのようにXY両方に大きくストロークし，かつ微小ながら6自由度全ての方向に動作するステージに対しては設計上の配置が極めて難しい。しかし，このような難点を踏まえてもなお，空気揺らぎの克服が何にも増して優先する事態となり，ニコン・ASMLほぼ同時にウェーハステージの位置決めにエンコーダ採用に踏み切ったことは興味深い。

エンコーダ計測をウェーハステージに適用する際の考え方として，センサーヘッドを動き回るステージ側に搭載する手法と，静止している装置本体側に搭載する手法がある(**図5**)。前者はセンサーヘッドの数が最小限で済む一方で，回折格子はステージストロークを包括する巨大なものが必要となる。これに対し後者は回折格子の面積は比較的小さく済むが，守備範囲を切り替えていく使い方となり，多数のセンサーヘッドが必要となる。どちらが良いかは一概には言えないが，この選択は装置構成全体に影響を及ぼすものであり，単なるセンサーとしてのエンコーダの問題にとどまらない。また，このようなセンサーヘッド・回折格子は，構成・仕様・品質とも露光装置向けに特別に開発されたものが用いられ，装置競争力を差別化する重要な要素技術である。

エンコーダが採用された前後の機種で，重ね合わせ精度やフォーカス精度は約半分に劇的に改善した。その後も更に精度改善が進んでいるが，主たる技術上の挑戦は，「空気揺らぎの克

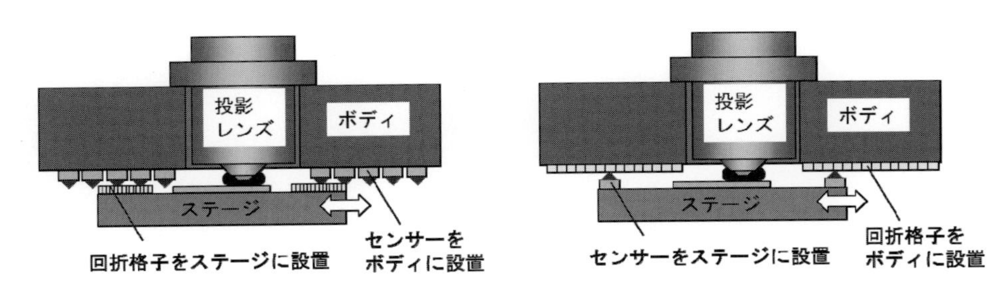

図5　エンコーダ計測系の2通りの実施形態

服」から「ステージ本体・回折格子の温度変化による変形や長期的な変化をいかに抑制，あるいは補正するか」に移行した。重ね合わせ精度は既に1 nm台中盤に差し掛かっており，もはや伸び代を見つけ出すことすら困難な領域に入ってきている。

3　今後の光露光装置に求められるもの

露光装置を光露光装置に限定して捉えた場合，装置単体での解像度の進歩はもはや停止している。以降，露光装置によるチップコスト低減への寄与は，ひたすら重ね合わせ精度とスループットの向上でもたらされてきたと言っても過言ではない。この流れは，EUVやその他のNGL(次世代リソ)技術が経済的妥当性をもって広く用いられるようにならない限りまだ続く(続かざるを得ない)ものと思われる。しかし経済性を考える時，今後は僅かな重ね精度やスループット向上をもたらすために必要な装置コストが加速度的に上昇してくることも考慮しなければならない。その場合，光露光機のイノベーションもまた経済的な事情で頭打ちにならざるを得ない。単純に装置の性能競争だけではない，別な発想が求められるようになろう。

そのような兆しは，昨今活発になりつつある，プロセスウェーハの計測技術を駆使して重ね合わせを向上させようとする取り組みの中に見ることが出来る。本文の中でも記したように，ウェーハを事前に計測し，どのような露光をすべきかの計画を立てる部分にはまだ改善すべき内容が多く残されている。工場のホスト側と連携し，膨大なデータを駆使して，露光精度を統計的な手法で向上させようという取り組みも本格化するだろう。露光装置を工場の中の一要素として包括的に扱う流れがこれまで以上に加速してきている。

露光装置には，単なるハードウェアとしての性能に加え，工場とのデータのやり取り，アプリケーションの開発，オンラインシステムの構築など，広い分野で顧客と連携し，様々な価値を提供していくことが求められるようになっていくだろう。

第2章　エキシマレーザ光源

ギガフォトン株式会社　松永　隆　　ギガフォトン株式会社　太田　毅

1　はじめに

現在，光リソグラフィに用いられている光源としては，水銀ランプ，KrF(フッ化クリプトン)エキシマレーザ，ArF(フッ化アルゴン)エキシマレーザが実用化されている。このうち，KrFエキシマレーザは1990年代後半に250 nmハーフピッチから，またArFエキシマレーザは2000年代初め頃に130 nmハーフピッチから光リソグラフィ用の量産用光源に適用され始めた[1]。その後，ArFエキシマレーザは，液浸や多重露光といったプロセスの改良により適用プロセスを延命され[2)3)]，最近では22 nmハーフピッチのクリティカルプロセスにも適用されている。本章では，半導体デバイス量産の主要製造装置のひとつとして位置付けられているArFエキシマレーザを中心に，光リソグラフィ用光源としてのエキシマレーザの特長と，そこに使われている技術について解説する。

2　光リソグラフィにおけるエキシマレーザ光源

光リソグラフィに使われる光源にとって重要な性能は，波長，出力，スペクトル幅が挙げられる。エキシマレーザ光源のこれらの性能は，半導体デバイスの微細化や高スループット化の要求の高まりに合わせて改善されてきた。以下に，光源の基本性能とリソグラフィ性能の関係を述べる。

2.1　解像度と波長

光リソグラフィにおける解像度Rは，レーリー(Rayleigh)の式と呼ばれる式(1)で表される。

$$R = k_1(\lambda)/NA \tag{1}$$

ここで，k_1はk_1ファクタと呼ばれるリソグラフィのプロセス性能を表す定数，λは光源の波長，NA(Numerical Aperture)は投影レンズの大きさを表す開口数である。この関係式から，プロセスの高解像化，即ち解像度Rの値を小さくするためには，λの低減，即ち光源の短波長化が効果的であることがわかる。実際には，水銀ランプ(i線/波長365 nm)，KrFエキシマレーザ(波長248 nm)，ArFエキシマレーザ(波長193 nm)と，光源の波長は短くなる方向で推移してきた。

2.2　高出力化

一般にウェハの生産性を表すスループットは，高感度レジストプロセスの場合，露光機のスキャンスピードによって制限されるが，レジスト感度がそれほど高くない場合には時間当たりのドーズ量，即ち光源の出力によって制限される。このため，スループット改善を目的として，エキシマレーザ光源の高出力化が進められてきた。この経緯を**図1**に示す。

初期の量産に使われたKrFエキシマレーザは出力10Wでスタートしたが，現在では50Wに高出力化されている。これらのKrFエキシマレーザは全て，レーザ発振チャンバが1台搭載されたシングルチャンバタイプである。一方でArFエキシマレーザはKrFエキシマレーザよりも発振効率が低く，2000年代になっても出力は20W程度で停滞していた。しかし，リソグラフィの主力光源が短波長のArFエキシマレーザに移行するにつれて高出力化の要求が高まり，これに応える形でインジェクションロック方式やMOPA方式といった，2台のレーザ発振チャンバを用いたツインチャンバタイプの高出力ArFエキシマレーザが開発された[4)5)]。これにより，その後のArFエキシマレーザの出力は飛躍的に増大し，現在では最大120Wのものが実用化されている。

2.3　スペクトル狭帯域化

光リソグラフィ用光源のもう一つの特長として，波長スペクトルの狭帯域化が挙げられる。波長によって光学レンズの屈折率が変わるため，光源の波長スペクトルの広がり分だけレンズ軸上に焦点位置が広がってしまう(色収差)。即ち，ウェハ面上の投影像がボケてしまうため，これを抑制するために光源の波長スペクトルの狭帯域化が図られてきた。この経緯を**図2**に示す。

1990年代前半，E95の値はイントラキャビティ狭帯域化方式の採用により飛躍的に小さくなった。E95はスペクトル純度とも呼ばれ，光エネルギの95％が占める波長スペクトル幅で定義される。この指標は露光結果との対応関係が良好であることから，従来から使われていたピーク値の半値幅をスペクトル幅として定義した半値全幅(FWHM)に代わって使われている。イントラキャビティ狭帯域化方式の採用後も設計的な改善で狭帯域化は進められ，最新のKrFエキシマレーザではE95の値は0.5pmである。この値は狭帯域化をせず

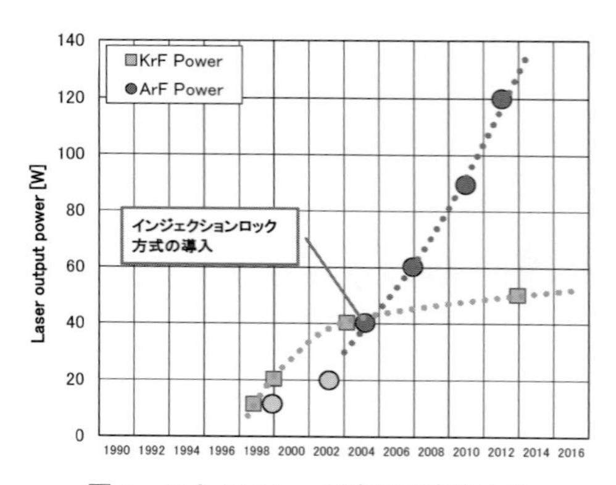

図1　エキシマレーザ光源の高出力化

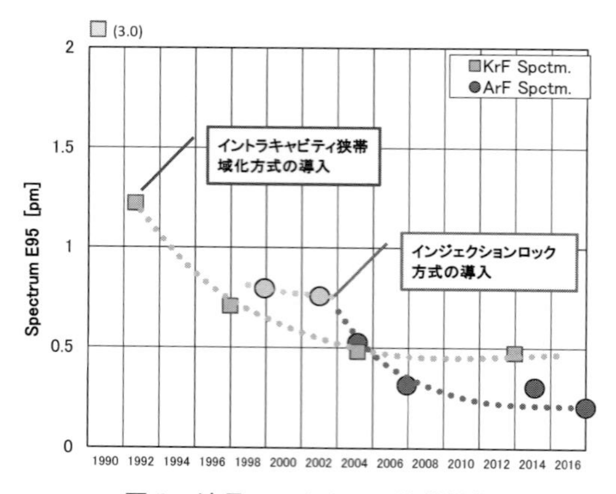

図2　波長スペクトルの狭帯域化

に通常発振させた場合の約300分の1に相当する。一方で狭帯域化はレーザ共振器内で発生した光の波長を選別することになるため，原理的にレーザ発振効率を低下させる。このため，前述した高出力化とトレードオフの関係にあり，出力の問題を抱えていたArFエキシマレーザのE95は2000年代前半まで0.75 pm付近で停滞していた。その後，ツインチャンバ方式の採用で波長スペクトルを狭帯域化する部分と，それを増幅して高出力化する部分の機能が独立すると，さらなる狭帯域化が進み，最新のArFエキシマレーザではE95＝0.3 pmの装置が実用化されている。

3　ArFエキシマレーザの基本技術

3. 1　エキシマレーザの原理

光リソグラフィ用に実用化されているのは，放電励起希ガス-ハライドエキシマレーザに分類されるレーザで，その発生原理を**図3**に示す。Ar，Kr，Xeなどの不活性ガス(R)は反応性に乏しく，通常は他の原子と化合物を作りにくい原子である。しかし，これが放電によって励起され，イオン化されると反応性が著しく増加し，FやClなどのハロゲン原子(X)と結合し，励起状態のみ存在する分子(RX^*)即ちエキシマを形成する。エキシマは紫外光を自然放出または誘導放出するとすぐに基底状態に落ち，解離して元の状態(R＋X)に戻る。この時，励起状態のエネルギ準位E_1と基底状態のエネルギ準位E_0の差のエネルギに相当する性質の光子が放出される。この光子の波長λは式(2)で表される，ただし，hはプランク定数，cは真空中の光速度である。ArFエキシマレーザの場合，発生する光の波長は193 nmになる。

$$E_1 - E_0 = hc/\lambda \tag{2}$$

エキシマ(R＋X)の下順位は解離順位であるため，下順位の寿命は非常に短く，レーザ発振に必要な反転分布が容易に実現でき，効率の良い短波長光を発生できる。

3. 2　インジェクションロック技術

図4に，光リソグラフィ用光源の高出力化の手法として実用化されているツインチャンバ方式を示す。このうち，MOPA(Master Oscillator Power Amplifier)方式は構成が簡便なため，さまざまなレーザに利用されていたが，安定性・効率の点で問題があった。一方，増幅用チャンバにも光共振器を搭載することを特長とする，インジェクションロック(Injection Lock)方式は原理的に高安定，高効率であることが知られていたが，コヒーレンスが高く，リソグラフィ用光源には不向きとされてきた。しかし，光共振器の改良によるコヒーレ

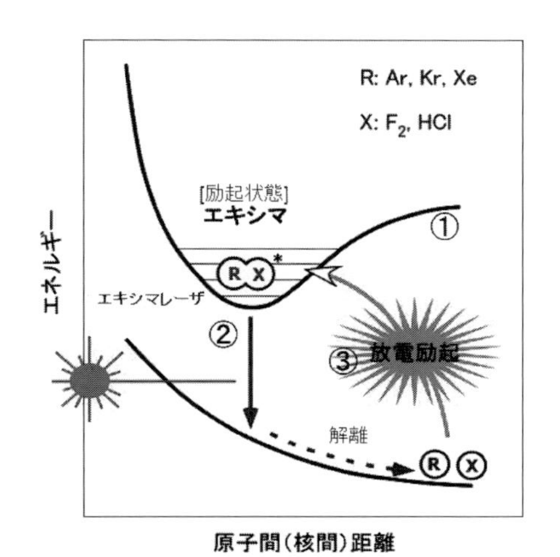

図3　エキシマレーザの発生原理

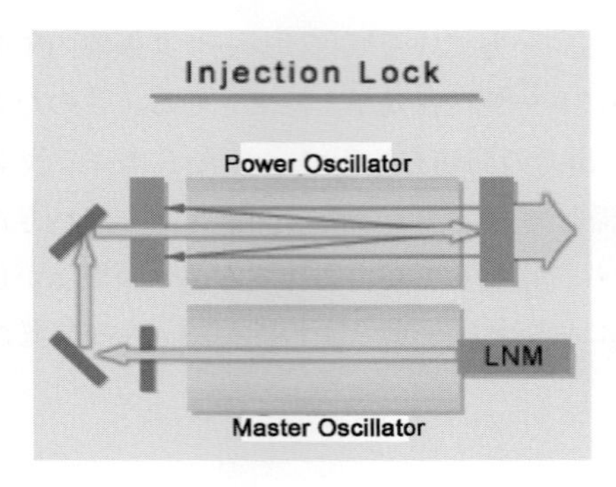

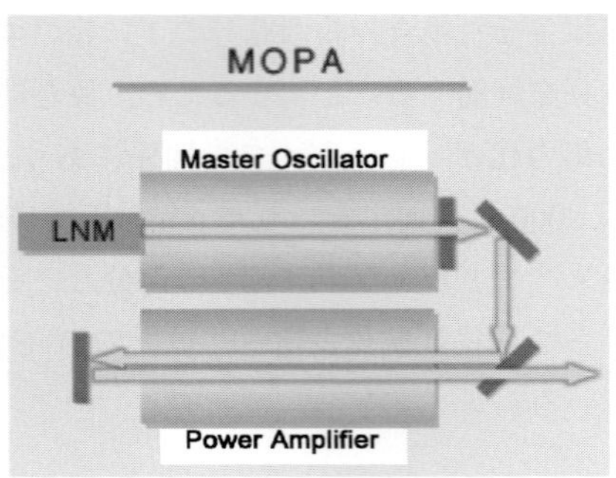

図4　ツインチャンバシステム

ンス低下技術の開発によりこの課題は克服され，光リソグラフィ用光源としては世界初のインジェクションロック方式 ArF エキシマレーザが 2003 年に実用化された[4]。

インジェクションロック方式の動作は，まずマスターオシレータにより，スペクトル幅の狭い光を発生させる。発生した光は，光搬送系を介して共振器を搭載した増幅用チャンバ，即ちパワーオシレータに導かれ，タイミングを合わせて放電を開始したパワーオシレータにより増幅され，出力鏡から最終レーザ光として放出される。

増幅用チャンバに光共振器があることで光の生成効率が高く，注入光のエネルギに対して十分飽和した出力特性を得ることができるため，出力光エネルギは，狭帯域化された注入光のエネルギ変化の影響を受けにくく安定である。また，マスターオシレータは，次に述べるイントラキャビティ方式により波長スペクトルの狭帯域化を行っているため，1 パルスの中でも時間経過に従って出力光のスペクトル幅が狭くなっていく性質を持つ。そのため，MOPA のように狭帯域化光の一部を増幅する方式ではパワー増幅器に注入するタイミングのずれが，出力光のスペクトル幅の変動にダイレクトにつながるが，インジェクションロック方式では，パワーオシレータで光共振が持続している間に注入された狭帯域化光のスペクトル幅の値が平均化されて出力光に反映されるため，スペクトル幅は注入タイミングの影響を受けにくく安定である。

3. 3　イントラキャビティ狭帯域化技術

光リソグラフィ用光源で用いられているイントラキャビティ狭帯域化技術を**図5**に示す。光共振器は通常の全反射ミラーの代わりに，スリット，プリズム，回折格子で構成される。放電チャンバで生成された光の波長は，エキシマの励起状態と基底状態のエネルギ準位の差で決まるが，取り得るエネルギ準位に幅があるため，生成される光の波長もある広がりを持っている。今，取り出したい光の波長を λ_2，それより短い波長を λ_1，長い波長を λ_3 とする。これらの光は回折格子でそれぞれの波長に応じた角度に回折され，さらにプリズムによる拡大効果により角度差が増幅される。これらの光学素子は幾何学的に λ_2 の光だけがスリットを通過して放電チャンバに戻れるように設計されている。そのために，光が回折格子と出力ミラー間を往復するにつれて，共振器内に生き残る光の波長は λ_2 だけになっていく。さらに，その結果，時間経過とともに放電チャンバでは波長 λ_2 による誘導放出が支配的になり，発生する光もまた波

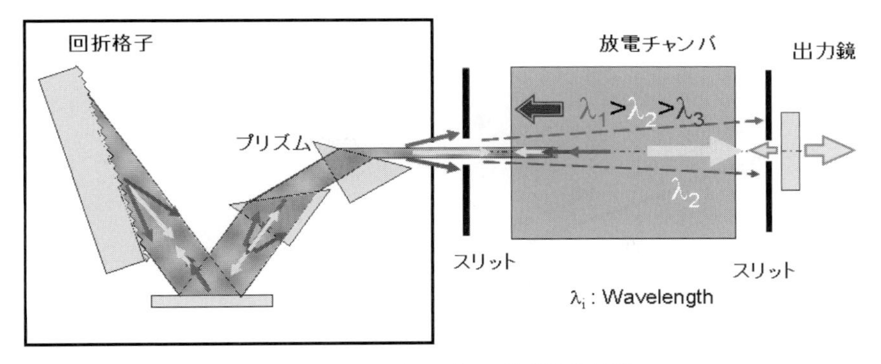

図5　イントラキャビティ狭帯域化技術

長 λ_2 に加速度的に収斂されていく。このため，非常に効率良く波長スペクトルを狭帯域化できることを特長とする。

4　最新技術動向

微細化を牽引する代表的なデバイスは，Logic，DRAM，NAND Flash であり，**図6**に示すように年々パターンルールが小さくなっている。しかし，2008年以降，ArF エキシマレーザ液浸露光装置の開口数 NA は 1.35 のままで停滞している。そのため，サブ 10 nm，シングル nm のパターンルールを達成する手段として，DP(Double Patterning)，QP(Quadruple Patterning)といった多重露光技術が採用されている。しかし，複雑化した多重露光プロセスは技術面でもコスト面でも課題が多い。そのため，最新の光リソグラフィ用エキシマレーザはこれらの多重露光への性能上の対応が必須であるとともに，トータルコスト低減への貢献も期待されている。本稿では多重露光に対するエキシマレーザの性能改善とコストダウンに貢献するグリーン技術について解説する。

4. 1　多重露光への対応

多重露光プロセスでは解像性能，オーバーレイ精度，スループットなどの主性能に対し課題があり，それぞれ露光装置側，光源側で対応する必要がある。ArF エキシマレーザは出力エネルギ，スペクトル幅といった基本性能以外に，それらの精度や安定性の向上が必要である。多重露光プロセスの課題と光源性能の関係を**表1**にまとめる。

4. 2　波長安定化，スペクトル幅安定化技術

サブ 10 nm，シングル nm のリソグラフィプロセスに対応するため ArF エキシマレーザは波長制御精度の向上，スペクトル幅制御精度の向上が求められている[6)7)]。

図7は波長変化とスペクトル幅変化が露光機のフォーカスや結像性能に与える影響を示している。中心波長が変化すると，フォーカスが変化し，像コントラストに変化が生じる。また結像位置も変化するため像コントラストだけでなくオーバーレイにも変化が生じる。多重露光になり波長安定性への要求は年々厳しくなっており，2004年から2015年にかけてほぼ2倍の

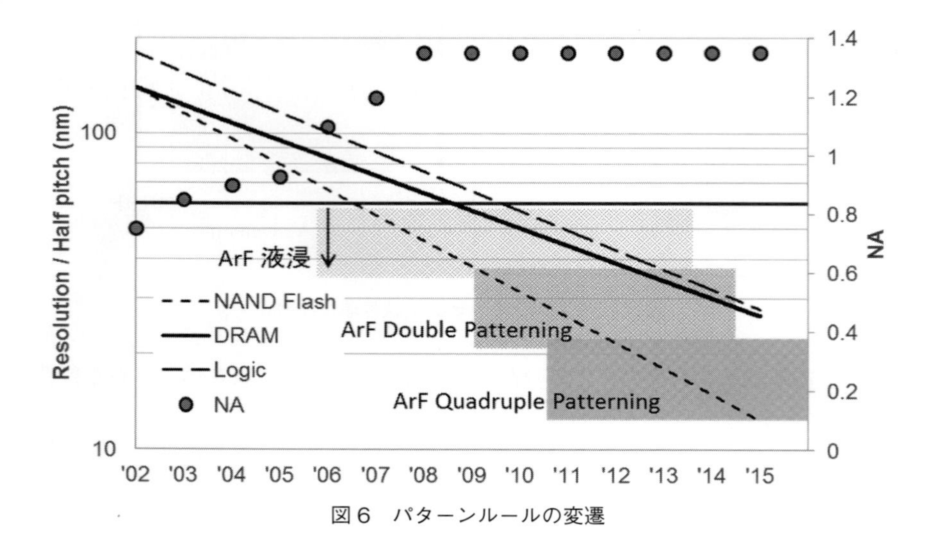

図６　パターンルールの変遷

表１　多重露光プロセスへの光源の対応

リソの主性能	手段/問題点	露光装置対応	光源の対応
解像性能	成膜と Etching による解像性能向上	CD 安定性	波長制御精度向上 スペクトル幅制御精度向上
オーバーレイ精度	位置合わせ制御精度向上	Distortion 制御	波長制御精度向上
スループット	工程数増加に伴う生産性低下	装置の高速化 稼働率向上	高出力化 レーザ出力の安定性
その他	世界的な希ガス不足		希ガス使用量削減

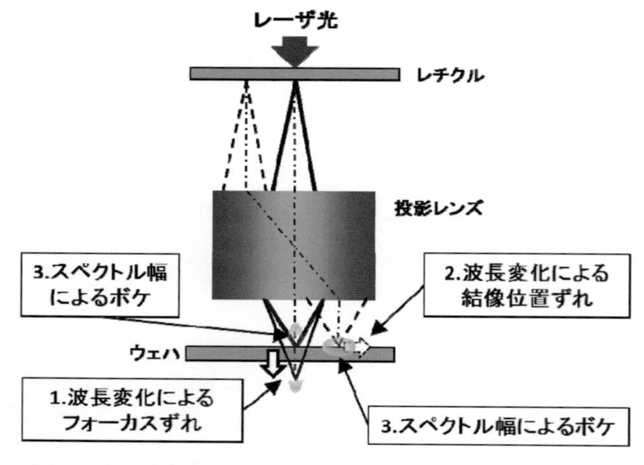

図７　波長変化とスペクトル幅変化が露光機のフォーカスや
結像性能に与える影響

安定性が要求されている(**図8**)[7]。

スペクトル幅の変化は像のぶれ量の変化を生じ，結像位置でのぼけ量を変化させる。スペクトル幅は，イントラキャビティ方式の採用やインジェクションロック方式の導入により狭帯域化が進んでいるが，液浸や多重露光ではスペクトル幅の狭帯域化だけでなく，一定値に保つ安定性も求められるようになってきている[2]。そのためにはスペクトル幅を精度良く計測し，スペクトル幅を制御する機構が必要となる。**図9**にスペクトル幅可変機構の原理を示す。スペクトル幅可変機構は共振器内に配置された光学素子のうち2つの光学素子の間隔を変えることによって実現されている。図9の上段がスペクトル制御を行っていない場合を示している。レーザの共振器内に平行平板の光学系を配置した場合，光学素子へ入射したレーザ光は平面波のまま透過する。平面光は共振器内の回折格子へ入射し，波長 λ_1 を回折する。これに対し，図9下段に示すように光学素子を分離させレーザ光を透過させることにより，レーザ光は平面波から球面波へと変化し回折格子へ入射する。この場合，異なる波長 λ_1，λ_2，λ_3 が回折され，出力されるスペクトル幅は太くなる。このように2つの光学素子の間隔を調整しスペクトル幅を可変させる機能をスペクトル幅制御系に組み込むことで，放電状態や温度変化に伴うスペクトル幅変化を補償し，高いスペクトル幅安定性を実現している[6)7]。多重露光ではさらにウェハ毎のばらつきを抑えるだけではなく，1ウェハ内のショット毎のばらつきを抑えることも重要になってきている。**図10**(1)はウェハ露光時のスペクトルの変化を示しており，ウェハ毎の平均は一定値に制御できていることが分かる。一方ショット平均はウェハ露光の先頭部分でス

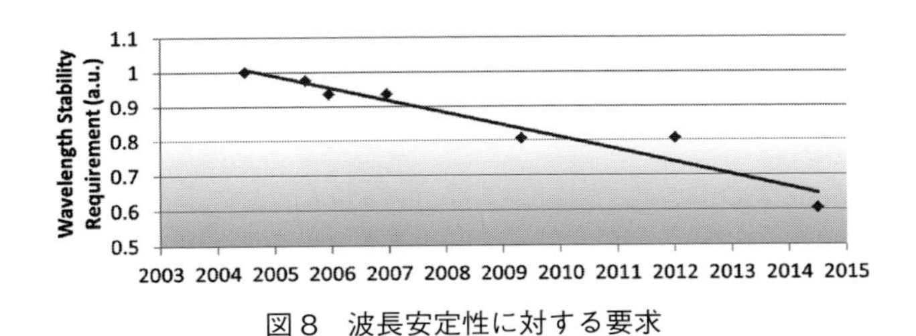

図8　波長安定性に対する要求

図9　スペクトル幅制御技術

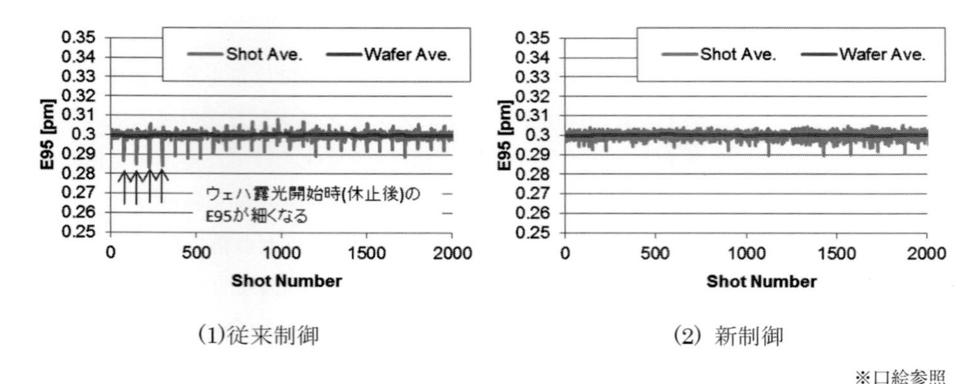

(1)従来制御　　(2) 新制御

※口絵参照

図10　ウェハ露光時のスペクトル変化

ペクトル幅が変化している。これはウェハ露光時，ウェハを交換するときや1ウェハ内のショット間でレーザが発光しない時間が存在し，その間のレーザ内部の温度変化が休止直後のスペクトル幅に変化を生じさせるためである。多重露光ではこの部分についても安定性の向上が必要であり，そのため新しいスペクトル幅制御および制御機構を導入することでその要求に応えている(図10(2))[8]。

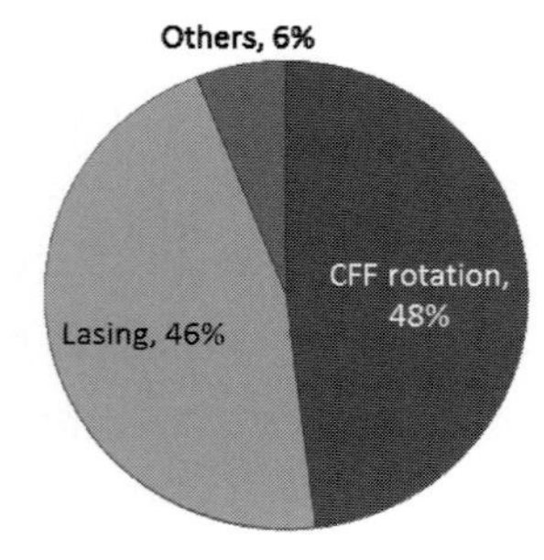

図11　エキシマレーザの電気消費量の構成

4.3　グリーン技術

多重露光は露光プロセス数の増加もあり，これまで以上にユーティリティコスト含めたトータルコスト低減が重要となってきている[9]。エキシマレーザのユーティリティコストは電力，レーザガス，冷却水などがあり，その中でも特に電力およびレーザガスコストが大半を占めている。

エキシマレーザの電力消費量の構成は**図11**に示すように，その90%以上をガス循環させるためのCFF(クロスフローファン)と放電だけで消費している。電力を低減させるためにはこの2つをいかに低減させるかが課題である。**図12**はレーザチャンバの断面図を示しており，一対の電極と予備電離電極，それらを絶縁するための絶縁材およびガスを循環させるCFFで構成されている。ガス流速が不足すると異常放電が生じ，エネルギ安定性の悪化等の原因となる。電力低減のために放電回路見直し・絶縁の強化により低流速で異常放電が起きないようにすることでCFFの低回転数運転を実現し，多重露光用ArFエキシマレーザは全体で約19%の使用電力削減が図られている[10]。

ArFエキシマレーザはレーザガスとしてArとF_2を用いるが，バッファガスとして希ガスであるNeが必要であり，レーザガスの約96%はNeである(**図13**)。ArFエキシマレーザでは，ガス使用量を削減するためにガス注入量を運転状態に応じて最適化してNeの消費を削減するガス制御技術(**図14**)を適用し，従来の約50%までガス削減が図られている[6][8]。また，レーザ内部の光路をパージするために一部Heも用いられている。近年，世界的に希ガスが供給不足に陥った時期があり，希ガスの使用量削減が求められている。

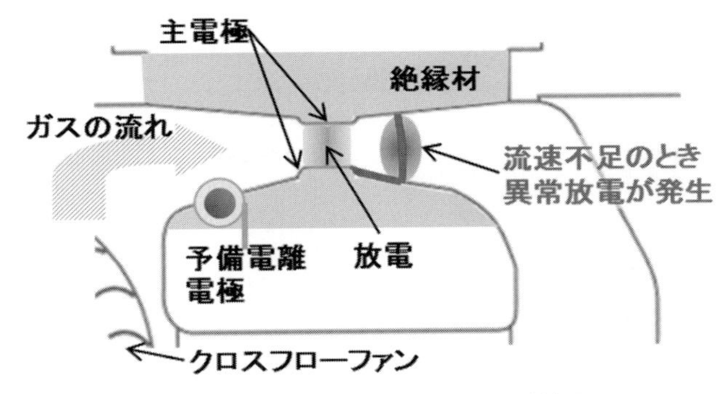

図12　エキシマレーザのチャンバ断面

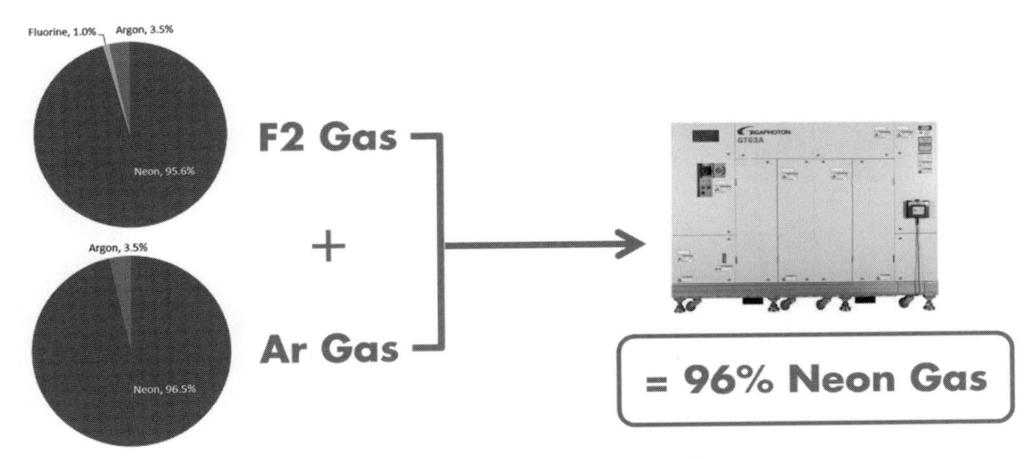

図13　ArF エキシマレーザのガス組成

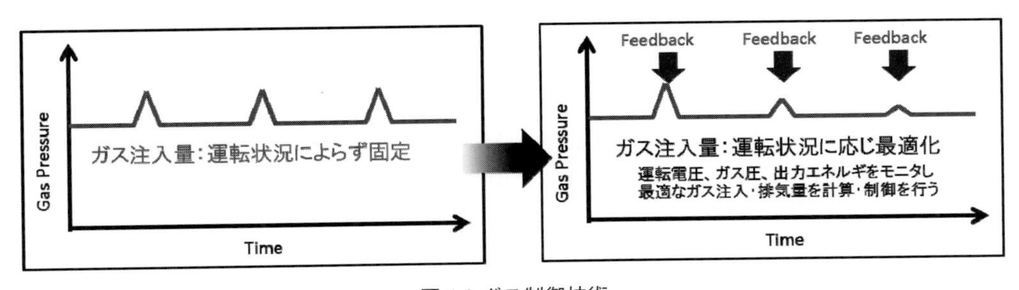

図14 ガス制御技術

5　最新多重露光プロセス対応 ArF エキシマレーザ　GT64A

ギガフォトンでは多重露光プロセスに対応した ArF エキシマレーザ GT64A を開発した（**図15，表2**）。この装置は，多重露光プロセスに必要な高い光性能・安定性を，「環境負荷低減」をコンセプトに極限まで抑制したトータルオペレーションコストで実現している[8)]。最先端の半導体量産体制を支えるため，性能と効率の最大化を目指し開発された GT64A は，インジェクションロック方式を採用した GT プラットフォームの6世代目にあたり，GT プラット

表2　ArF エキシマレーザ GT64A の主仕様

	GT63A	GT64A
発振波長	193 nm	193 nm
平均出力	60 − 90 W	60 − 90 W
パルスエネルギー	10.0 − 15.0 mJ	10.0 − 15.0 mJ
発振周波数	6,000 Hz	6,000 Hz
スペクトル幅(E95)	0.30 pm	0.25 pm
E95 安定性		
Wafer 平均	300 fm ± 30 fm	300 fm ± 5 fm
Shot 平均	−	300 fm ± 5 fm
Neon 消費量	200 kL/year	100 kL/year
Helium 消費量	80 kL/year	0 kL/year

フォームの優れたツインチャンバー・アーキテクチャー，出力コントロールアルゴリズムとビームアライメントテクノロジーを引き継ぐ事で，高い光性能・安定性を達成すると共に，世界トップクラスの信頼性，リカバリータイムとモジュール寿命を提供している。また，さらなる装置性能向上だけでなく，電気，ガス等の設備コストを極限まで抑制しトータルオペレーションコスト削減への要望に応えるとともに社会的な趨勢でもある環境に与えるマイナスの影響を抑制している。

図15　ArF エキシマレーザ GT64A

6　おわりに

エキシマレーザは既に光リソグラフィ用光源として高い信頼性を備え，20年以上，半導体微細パターニング技術を支えてきた。今後，一部のクリティカルレイヤーのパターニングはEUV 光源に置き替わっていくと思われるが，当分の間，半導体量産工場の主要製造装置という位置付けは変わらないであろう。そのような中で，さらなる光性能の改善だけではなく，生産コストの低減，環境への配慮などに向けた技術や，歩留まり改善のためのシステムとの連携といった量産用製造装置としてのさらなる進化が期待されている。

文　献

1) T. Saito, T. Matsunaga, K. Mitsuhashi, K. Terashima, T. Ohta, A. Tada, T. Ishihara, M. Yoshino, H. Tsushima, T. Enami, H. Tomaru and T. Igarashi : "Ultra-narrow bandwidth 4-kHa ArF excimer laser for 193-nm lithography", SPIE, 4346(2001).

2) T. Suzuki, K. Kakizaki, T. Matsunaga, S. Tanaka, Y. Kawasuji, M. Shimbori, M. Yoshino, T. Kumazaki, H. Umeda, H. Nagano, S. Nagai, Y. Sasaki and H. Mizoguchi : "Ultra line narrowed injection lock laser light source for hyper NA ArF immersion lithography tool", SPIE, 6520-75(2007).

3) M. Yoshino, H. Nakarai, T. Ohta, H. Nagano, H. Umeda, Y. Kawasuji, T. Abe, R. Nohdomi, T. Suzuki, S. Tanaka, Y. Watanabe, T. Yamazaki, S. Nagai, O. Wakabayashi, T. Matsunaga, K. Kakizaki, J. Fujimoto and H. Mizoguchi："High-power and high-energy stability injection lock laser light source for double exposure or double patterning ArF immersion lithography", SPIE, 6924-199(2008).
4) O. Wakabayashi, T. Ariga, T. Kumazaki, K. Sasano, T. Watanabe, T. Yabu, T. Hori, K. Kakizaki, A. Sumitani and H. Mizoguchi："Beam quality of a new-type MOPO laser system for VUV laser lithography", SPIE, 5377(2004).
5) Vladimir B. Fleurov, Daniel J. Colon, Daniel J. W. Brown, Patrick O' Keeffe, Herve Besaucele, Alexander I. Ershov, Fedor Trintchouk, T. Ishihara, Paolo Zambon, R. J. Rafac and A. Lukashev："Dual-chamber ultra line-narrowed excimer light source for 193-nm lithography", SPIE, 5045(2003).
6) T. Kumazaki, T. Ohta, K. Ishida, H. Tsushima, A. Kurosu, K. Kakizaki, T. Matsunaga and H. Mizoguchi："Green solution：120 W ArF immersion light source supporting the next generation multiple-pattering lithography", SPIE, 9426(2015).
7) T. Ohta, K. Ishida, T. Kumazaki, H. Tsushima, A. Kurosu, K. Kakizaki, T. Matsunaga and H. Mizoguchi："120 W ArF Laser with high wavelength stability and efficiency for the next generation multiple-patterning immersion lithography", SPIE, 9426(2015).
8) K. Ishida, T. Ohta, H. Miyamoto, T. Kumazaki, H. Tsushima, A. Kurosu, T. Matsunaga and H. Mizoguchi："The ArF laser for the next-generation multiple-patterning immersion lithography supporting green operations", SPIE, 9780(2016).
9) H. Umeda, H. Tsushima, H. Watanabe, S. Tanaka, M. Yoshino, S. Matsumoto, H. Tanaka, A. Kurosu, Y. Kawasuji, T. Matsunaga, J. Fujimoto and H. Mizoguchi："Ecology and high-durability injection locked laser with flexible power for double-patterning ArF immersion lithography", SPIE, 7973(2011).
10) H. Tsushima, H. Katsuumi, H. Ikeda, T. Asayama, T. Kumazaki, A. Kurosu, T. Ohta, K. Kakizaki, T. Matsunaga, and H. Mizoguchi："Extremely-long life and low-cost 193 nm excimer laser chamber technology for 450 mm wafer multi-patterning lithography", SPIE, 9052(2014).

第3章　超解像技術，位相シフト技術と変形照明技術

東京工芸大学　渋谷　眞人

1　はじめに

半導体の微細化は，縮小投影露光装置の投影レンズの高 NA 化(NA：Numerical Aperture, 開口数)，露光波長(λ)の短波長化，超解像技術といわれる位相シフトマスク，変形照明によって達成されてきた。その他にも，レジストプロセスの改良により像に要求されるコントラストが低減され，実効的に微細化に貢献している。また CMP(Chemical Mechanical Polishing)の導入により投影レンズに要求される焦点深度が浅くなり，同じく微細化に寄与している。ここでは，超解像技術である位相シフトマスク技術，変形照明技術の基本的な考え方を主に述べる[1)2)]。

2　投影露光装置光学系の基本的構成と結像

2.1　基本的構成と機能

位相シフトマスク，変形照明を述べる前に，縮小投影露光装置光学系の基本的構成と結像の基本について述べる。**図1**に基本構成を示す。光源，照明光学系(コンデンサーレンズ)，マスク(物体)(2, 30 年前は縮小投影の時にはレチクルと言っていたと思うが，現在はマスクという言葉しか使わないようである)，縮小投影レンズ(reduction projection optics)，及びウエファ(像面)から成っている。縮小投影レンズは絞りを挟んで前群レンズと後群レンズから成り立っている。

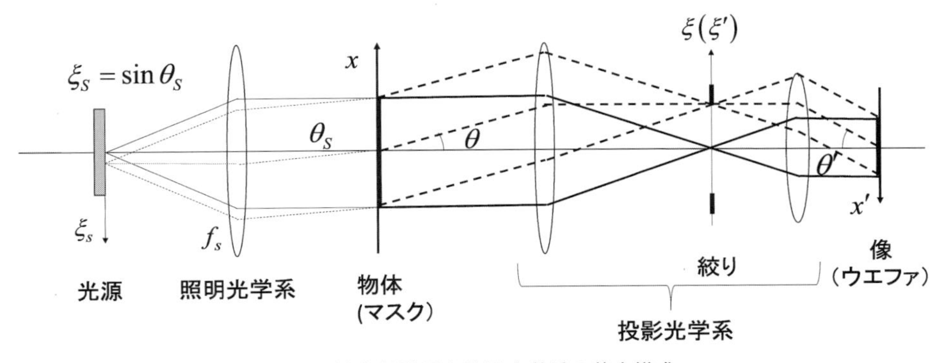

図1　縮小投影露光装置光学系の基本構成

光源の異なる2点から放射される光は互いにインコヒーレントとする。インコヒーレントとは互いの位相(差)がバラバラということである(時間的にランダムに変化するということである)。コヒーレントを「可干渉な」と訳すこともあるが，それは二つの光源から出た光の位相が揃っているときには，このふたつの光源からの光を干渉させたときに，いつでも同じ干渉状態となり，時間平均をとっても綺麗な干渉パターンが見えるからである。しかし，位相差がランダムといっても瞬間瞬間を考えれば綺麗な干渉パターンができているわけであり，「可干渉な」と訳すのは必ずしも適切ではないように思う(たとえば「揃合的な」というような訳が考えられるのではないだろうか。)。

このように，異なる2点から出てくる光は干渉が見られないので，まず一つ一つの点光源からの照明による像強度分布を考え，それらを全て加え合わせれば像強度分布が求まることになる。(なお，レーザ光源から，インコヒーレントな面光源を作るために，実際は様々な工夫が為されている。)

光源の一点から出た光は照明系を通過した後で，平面波としてマスクを照明する。マスクによって様々な回折平面波が作られ，投影レンズを通過して像面に平面波として入射する。レンズを通過した全ての平面波の和として振幅分布がもとまり，その絶対値の二乗が強度分布となる。光源上の各点による強度分布を，全て加えることで最終的な強度分布が求まる。

2.2　結像式

2.1で述べた考え方を定式化する。簡単のため光源，マスク，像面を一次元として扱う(紙面内のみで考える)。

光源上の一点からの平面波は光軸にθ_Sの角度を為してマスクを照明する(Sは光源，sourceの意味)。**図2**を参照して，原点を基準とすると場所xは原点$x=0$に比べて光路長差$x\cdot\xi_S$だけ遅れて照明され，位相としては，$(2\pi/\lambda)x\cdot\xi_S$だけ遅れて照明される。よってマスク面上の照明光振幅は，

$$\exp(-i\frac{2\pi}{\lambda}x\cdot\xi_S) \tag{1}$$

とかける。ここで，$\xi_S=\sin\theta_S$は照明光の進行方向の光軸に垂直方向への方向余弦である。(照明平面波の振幅は単位の大きさとしている。実際には照明光の振幅はξ_Sに依る。) λは露光波長である。また，光波の振動の時間項は$\exp(i2\pi\omega\cdot t)$としている。

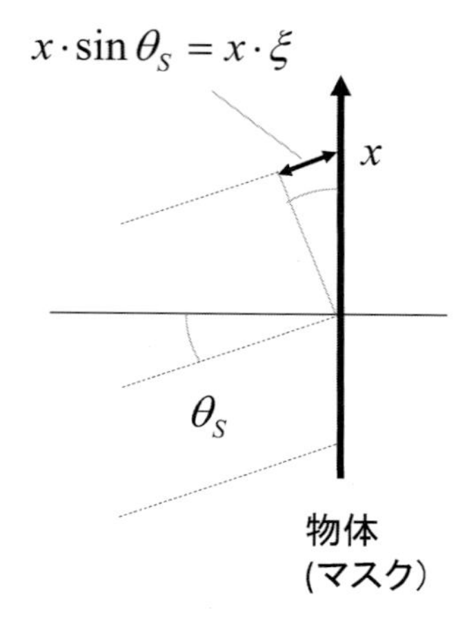

図2　平面波による物体(マスク)の照明

物体の振幅透過率$T(x)$は様々な正弦波の重ね合わせで書くことができる。$T(x)$は必ずしも実数ではないので，複素フーリエ成分の重ね合わせで書くと

$$T(x)=\int d\nu\,\tilde{T}(\nu)\exp(-i2\pi x\cdot\nu) \tag{2}$$

と書ける。(2)式の被積分関数の意味を考えるこの$\exp(-i2\pi x\cdot\nu)$は空間周波数がνの成分であるが，これ自体の物理的意味を

考えると，場所xに比例した位相差$2\pi x \cdot \nu$を示している。すなわち，**図3**に示すように，クサビ(屈折率は無限に大きく，クサビ頂角は無限に小さい)と同じ作用を意味している。照明する平面波が垂直に入ると，クサビの直後には$\tilde{T}(\nu) \cdot \exp(-i2\pi \cdot x \cdot \nu)$の振幅分布が生じる。$x=p=1/\nu$ずれると光路差が$\lambda$つくことから分かるように，進行方向の光軸に垂直方向の方向余弦$\sin\theta$が$\sin\theta=\lambda/(1/\nu)=\lambda\nu=\lambda/p$を満たす平面波となって出て行くことになる。物体の空間周波数νは，フーリエ座標そのものであるが，光線の方向余弦$\xi=\sin\theta$と対応するのである。これは光学系の結像を扱う上で，非常に重要な意味を持っている。

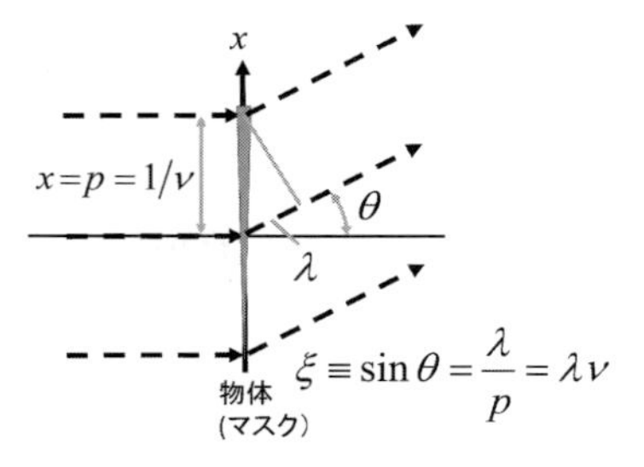

図3　クサビによる平面波の偏向

$p=1/\nu$は周期パターンのピッチを意味しており，実際的には**図4**に示すように周期pで穴の開いた回折格子に対応する。ただし図4では，0次光，±1次光，±2次項…が発生する。このように実際の物体の振幅透過率は様々な指数関数の和で表される。

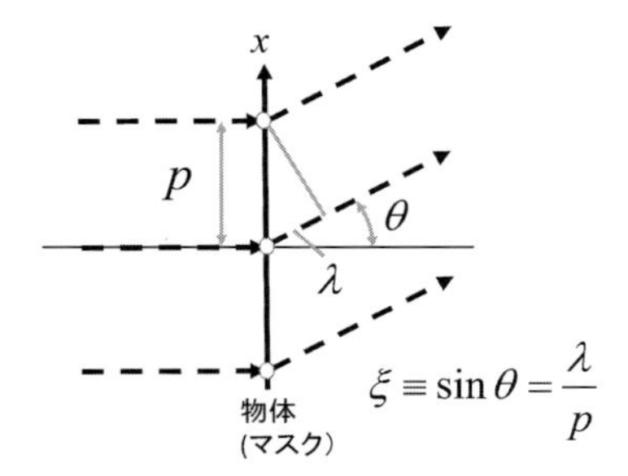

図4　周期パターンによる平面波の回折

マスクの振幅透過率の成分として，$\exp(-i2\pi x \cdot \nu)$とその複素共役$\exp(i2\pi x \cdot \nu)$の二つしかないとすると，それらを加えて$2\cos(2\pi x \cdot \nu)$と，正弦波的に透過率の変化する周期パターンを表すことになる。このマスクに照明光が垂直に入射したならば，二つの回折光だけが作られるが，これは4節で述べる位相シフトマスクの原理そのものである(なお，もしも上下逆向きのクサビが並べて置かれたときには，光路差が足されるので，$\exp(-i2\pi x \cdot \nu) \cdot \exp(i2\pi x \cdot \nu)=1$となって何もないのと同じになっており，矛盾はない。)。

図5に示すように，斜め照明光のときには，クサビの直後には

$$\begin{aligned}\tilde{T}(\nu) \cdot \exp(-i2\pi x \cdot \nu) \cdot \exp(-i(2\pi/\lambda)x \cdot \xi_S) &= \tilde{T}(\nu) \cdot \exp(-i(2\pi/\lambda)x \cdot (\lambda\nu+\xi_S)) \\ &= \tilde{T}(\nu) \cdot \exp(-i(2\pi/\lambda)x \cdot \xi)\end{aligned} \tag{3}$$

という振幅分布が作られる。それゆえ方向余弦が$\xi=\nu+\xi_S$の方向に進む射出平面波が生じることになる。

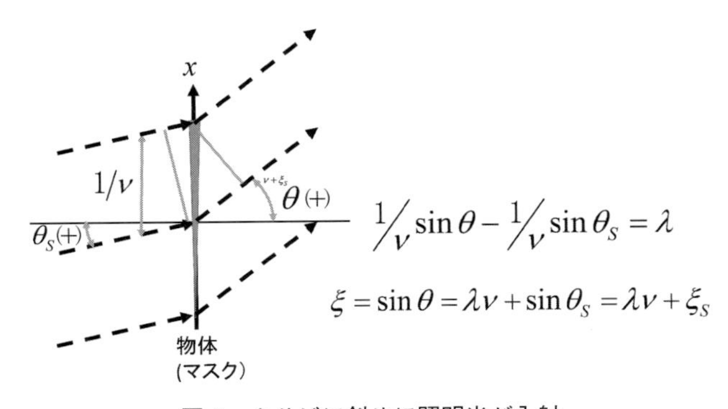

図5　クサビに斜めに照明光が入射

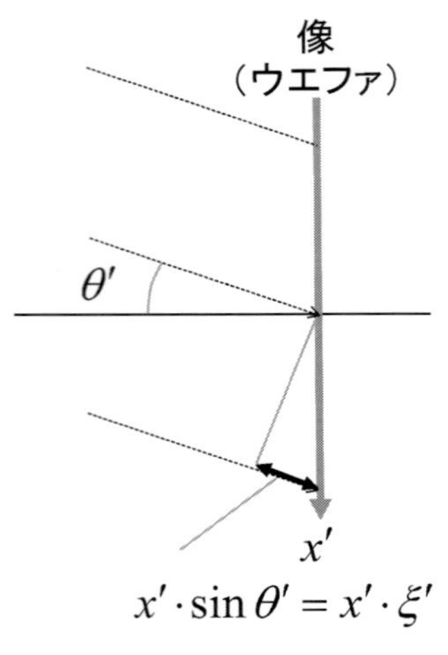

図6　像面に入射する平面波

図1に示してあるように，この平面波は，投影レンズの絞り上に集光する。絞りの内側に集光した周波数成分のみが像面に平面波として到達する。また，波面の遅れ進みである波面収差 $W(\xi)$ の影響を受けるので，瞳関数と呼ばれる関数 $G(\xi)=\exp(-i(2\pi/\lambda)W(\xi))$ が乗じられることになる。さらに，像空間での平面波の進行方向の光軸方向余弦 ξ' は結像倍率 β によって，$\xi'=\sin\theta'=(1/\beta)\sin\theta=\xi/\beta=(\xi_S+\lambda\nu)/\beta$ となる。（なほ，絞りの最周辺を通る光線の物体面でなす方向余弦が物体側開口数 $NA=|\sin\theta|$ であり，像面で同様に $NA'=|\sin\theta|$ が像側開口数で，結像横倍率は $|\beta|=|\sin\theta/\sin\theta'|$ と表される。伝達する全ての平面波の進行方向の光軸方向余弦の物空間と像空間とでの比が常に β とならないと，物体の周期によって結像倍率が変わってしまう事を意味している。収差の良く補正された（顕微鏡対物やカメラなどの）光学系では，この比がほぼ厳密に β に一致しており，この条件を（アッベの）正弦条件という。また，像の面積は物体の面積の β^2 倍となるので平面波の振幅は $1/|\beta|$ 倍となる。それゆえ，照明平面波の方向余弦が ξ_S，物体の空間周波数 ν/λ の成分により，像面上に届く平面波が像面（ウエファ面）に作る振幅は**図6**を参照して，

$$U(x,\nu,\xi_S)=\frac{1}{\beta}\tilde{T}(\nu)\cdot G(\lambda\nu+\xi_S)\exp\left(-i(2\pi/\lambda)x\cdot\frac{(\lambda\nu+\xi_S)}{\beta}\right) \tag{4}$$

となる。

強度はこの絶対値の2乗である，光源の強さを $S(\xi_S)$ と置いて光源面で積分すれば，

$$\begin{aligned}I(x)&=\int S(\xi_S)d\xi_S\left|\int d\nu U(x,\nu,\xi_S)\right|^2\\&=\int S(\xi_S)d\xi_S\int\frac{1}{\beta}\tilde{T}(\nu_1)\cdot G(\lambda\nu_1+\xi_S)\exp\left(-i(2\pi/\lambda)x\cdot\frac{(\lambda\nu_1+\xi_S)}{\beta}\right)d\nu_1\int\frac{1}{\beta}\tilde{T}^*(\nu_2)\cdot G^*(\lambda\nu_2+\xi_S)\exp\left(i(2\pi/\lambda)x\cdot\frac{(\lambda\nu_2+\xi_S)}{\beta}\right)d\nu_2\\&=\frac{1}{\beta^2}\int S(\xi_S)d\xi_S\iint d\nu_1d\nu_2\tilde{T}(\nu_1)\tilde{T}^*(\nu_2)\cdot G(\lambda\nu_1+\xi_S)G^*(\lambda\nu_2+\xi_S)\exp\left(-i2\pi x\cdot\frac{(\nu_1-\nu_2)}{\beta}\right)\end{aligned} \tag{5}$$

を得る。$\exp(-i2\pi x\cdot(\nu_1-\nu_2)/\beta)$ と，その ν_1 と ν_2 を入れ替えた $\exp(-i2\pi x\cdot(\nu_2-\nu_1)/\beta)$ とを加えると，$2\cos(2\pi x\cdot(\nu_1-\nu_2)/\beta)$ となり二光束で作られた干渉縞の干渉成分（AC 成分）を表している（2光束干渉では DC 成分も生じる。それは $\exp(-i2\pi x\cdot(\nu_1-\nu_1)/\beta)=1$ や $\exp(-i2\pi x\cdot(\nu_2-\nu_2)/\beta)=1$ に対応する。）。分母の β から分かるように，結像倍率分だけパターンピッチが変化している。

以上の計算で，スカラー結像の像強度分布は完全に求めることができる。フーリエ変換で表されるので，フーリエ結像論とも呼ばれる。波長分布を考慮するには，波長強度のウエイトを考えて加え合わせればよい。なほ，この表現以外にも，物体面（マスク面上）の空間的コヒーレンスを直接扱う方法や，TCC（Transmission Cross Coefficient）を用いる表式もある[3)-6)]。

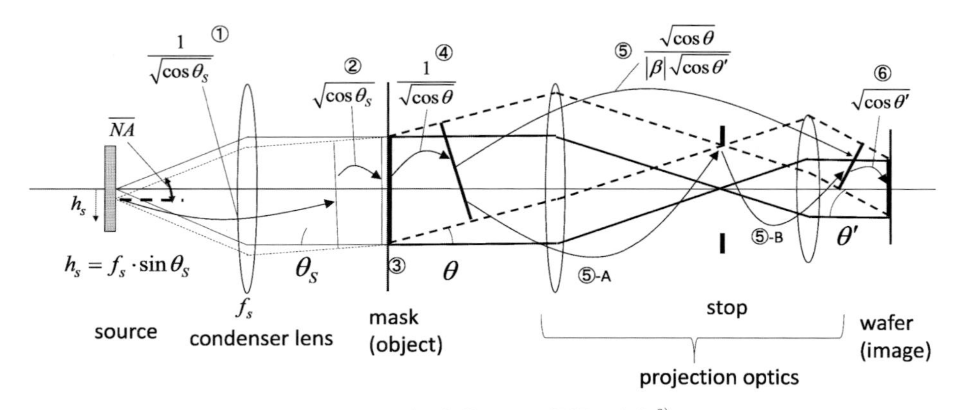

図７　平面波の伝搬とその振幅の変化[8)]

2.3　波面の伝播における振幅分布の変化

波面の伝播における振幅分布の変化を考慮しても，厳密なスカラー理論が成り立つことを**図７**を参照して確認しておく。

説明が天下り的になるが，照明光学系の各点から等しい$\overline{NA}$(開口数)で放射された光が，マスク面上の同じ視野を照明するようにすると，基本的に物体直前の空間では光束幅が$\cos\theta_S$だけ狭くなるので，平面波の振幅は$1/\sqrt{\cos\theta_S}$倍となる。しかし，像面上に傾いて入るので面積が$1/\cos\theta_S$だけ広くなり，振幅は$\sqrt{\cos\theta_S}$倍となり，これらはキャンセルされる。物体(マスク)の直後にはフーリエ成分に相当した振幅分布が作られるが，斜めに伝達するときには波面の幅が$\cos\theta$倍狭くなり，振幅が$1/\sqrt{\cos\theta}$倍となる。投影レンズを通過するときには，波面の幅が$|\beta|^2\cos\theta'/\cos\theta$倍狭くなり，振幅は$\cos\theta/(|\beta|\cos\theta')$となる。さらに平面波が像面(ウエファ)に入射するときに$1/\cos\theta'$だけ広くなるので，平面波の振幅は$\sqrt{\cos\theta'}$倍となる。これらは全体として打ち消しあい，H. H. Hopkinsが提唱したフーリエ結像論が厳密に成り立つ[7)8)]。

3　変形照明技術(斜入射照明法)

光学系の解像力は多くの場合弱回折近似で議論されてきた。それは，0次光が回折光に比べて十分大きいと仮定し，像は0次光(直接光)と回折光の干渉で基本的に決まるという考え方である。

照明光が光軸に平行な照明光だけ(いわゆるコヒーレント照明)のときを考える。光軸に平行な照明だけの場合，回折光が投影レンズを通るかどうかで決まるので，回折光が最も周辺を通った場合に最も細かい像が作られることになる。像面での開口数をNA'とすれば，最も細かいピッチは$p'=\lambda/NA'$となり，空間周波数は$\nu=NA'/\lambda$となる。

光源が物体面でなす開口数をNA_Sとしたとき，NA_S/NAをコヒーレンスファクターと呼びσで表す(σ値とも呼ぶ)。コヒーレント照明のときは$\sigma=0$である。光源の大きさが有限のときには，**図８**から分かるように光源の一番端からの照明にたいして，その直接光と，投影レンズの絞り周辺を通る回折光とが像面で干渉したときに作られるパターンが最も細かなパターンである。**図９**から分かるように，最も細かい像のピッチができているときには，p'

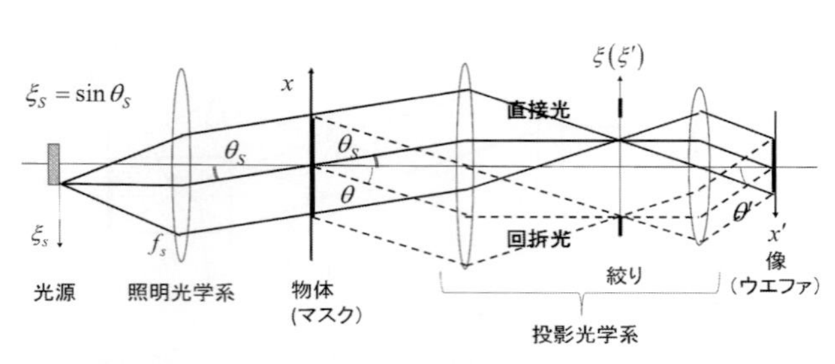

図８　斜め照明によるもっとも細かいパターンの形成

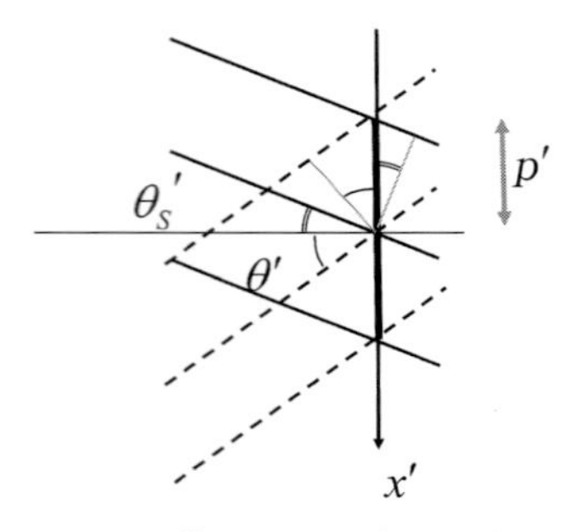

図９　像面で２光束が干渉

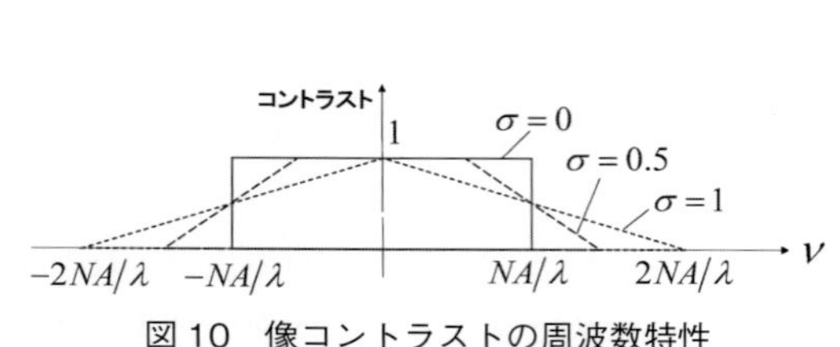

図 10　像コントラストの周波数特性

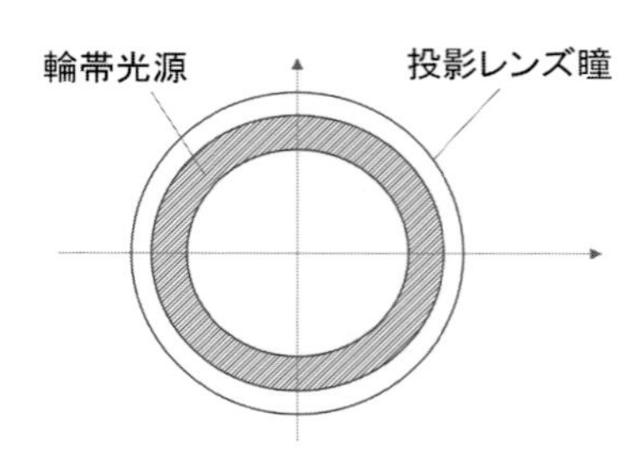

図 11　輪帯光源形状

$(|\sin\theta'|+|\sin\theta'_S|)=\lambda$ となる。$|\sin\theta'_S|=\sigma|\sin\theta'|$ なので，最も細かいパターンについて，$\nu'=\dfrac{1}{p'}=(1+\sigma)\dfrac{NA'}{\lambda}$ となる。しかしながら，光源の内側にある点からの照明光については，回折光が投影レンズを通過しないので，DC 成分だけが像面に作られ，コントラストの低下になる。

このように σ 値によって解像限界が変化し，またその解像限界でのコントラストも変化することになる。**図 10** には σ 値が 0，0.5，1 の 3 つの場合についてコントラストの特性を示している。実際のレンズは円形開口であり，それを考慮すると，σ が 0.5 と 1 のときは曲線状に修正される。

円形光源の中心部を取り除くことで，コントラストの低下を少なくすることができる。これが輪帯照明法で，最初の変形照明技術である[9]。投影レンズの開口数に対する，照明光源分布を**図 11** に示す。変形照明技術は全て光軸付近の照明を取り除いているので，斜入射照明法（OAI：Off Axis Illumination）とも呼ばれる。

実際の半導体回路パターンは上下方向あるいは左右方向に繰り返すパターンが多くある。たとえば上下方向に伸びて左右方向に繰り返していくパターンによって左右方向に照明光が回折された場合，**図 12**(a)に示すように輪帯光源の上下の部分は回折光が通らず結像に有効ではない。そこで，図 12(b)に示すようにその部分を削除したものが 4 極照明と呼ばれるものである[10)11)]。

この 4 極照明では，投影光学系の開口数をフルに利用しているわけではない。そこで，**図 13**(a)に示すように光源形状を配置することが考えられる。これを十字極照明と呼ぶ。ただし。例えば左右方向への回折が生じたときには，上下の光源部分は役に立たないので，コントラストの低下が生じる。

十字極照明におけるコントラスト低下が問題となるときには図 13(b)に示す 2 極照明と呼ば

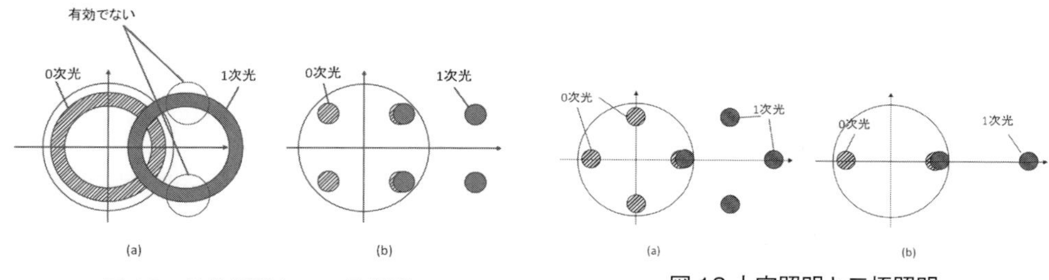

図12　輪帯照明と四ツ目照明

図13 十字照明と三極照明

れる照明法も使われる。当然のことであるが，この場合には上下あるいは左右のどちらかの方向に繰り返す周期パターンにしか有効ではない。さらには，2極照明によって細かな繰り返しパターンだけをつくり，その一部を切り取る(トリミングする)ことで回路パターンを生成することも行われている。

4　位相シフトマスク技術

4.1　位相シフトマスク技術

変形照明法も，図10に示す解像限界表すグラフでも，直接光(0次光)と回折光の干渉でパターが作られることが基本となっている。しかしながら，結像を像面(ウエファ)から見たら，**図14**に示すように，投影レンズの一番上からの光と一番下からの光で干渉したときに，もっとも細かな周期パターンが作られることがわかる。すなわち，$\sigma = 0$の場合でも最も細かい周期パターンのピッチは$2NA/\lambda$となる。

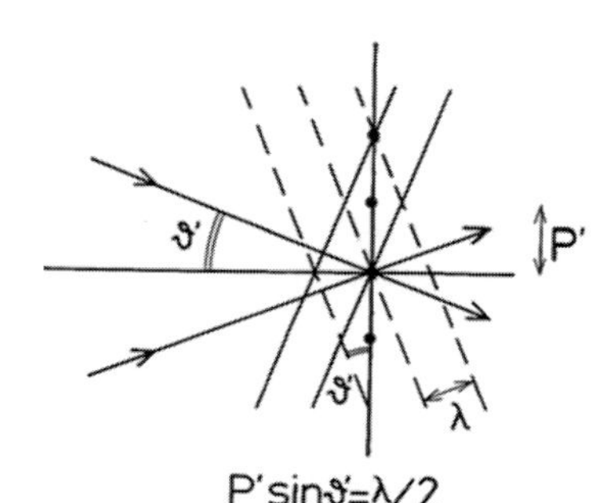

図14　瞳の上下端から来る光の2光束干渉によって最小ピッチのパターンが作られる

さらに既に2.2で述べたが，マスクの振幅透過率を$2\cos(2\pi x \cdot \nu)$と正弦波的に透過率の変化する周期パターンとし，$\sigma=0$のコヒーレント照明をすると，二つの回折光だけが作られるので，コントラストも高くなり，原理的には1となる。正弦波的に変化するマスクは困難であるが，**図15**に示すように，白黒の白の1つ置きに位相差πが生じるように位相シフターを設ければ，直接光(0次光)が発生せず，細かいパターンのときには±1次回折光だけが投影レンズを透過してパターンが作られる。これが位相シフトマスク技術であり，Levenson型あるいはLevenson-Shibuya型と呼ばれる[12)-15)]。また，実際のマスク構造としては，**図16**のように掘り込む方法が主に採用されている。このとき(a)のタイプでは掘り込み部分の壁で散乱反射された光が悪さをするので，(b)や(c)の構造が望ましい。また，そのほかに

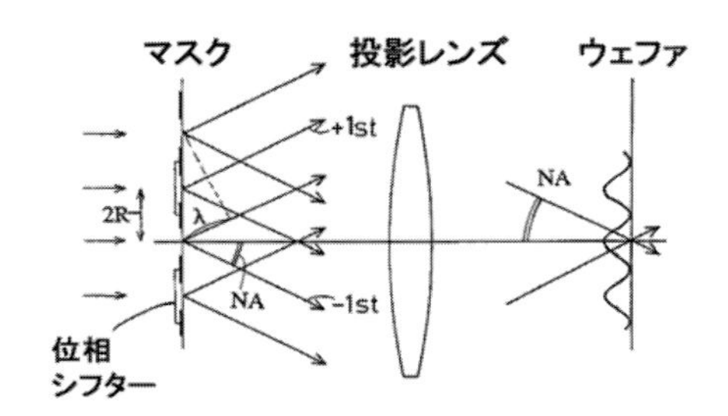

図15　位相シフトマスクの原理

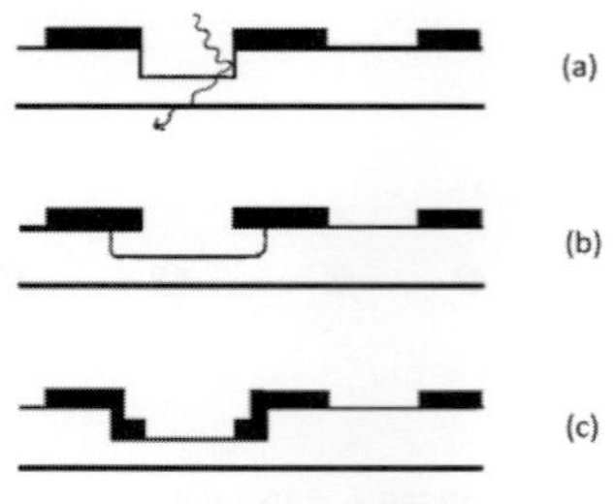

図16　掘り込み型位相シフトマスク

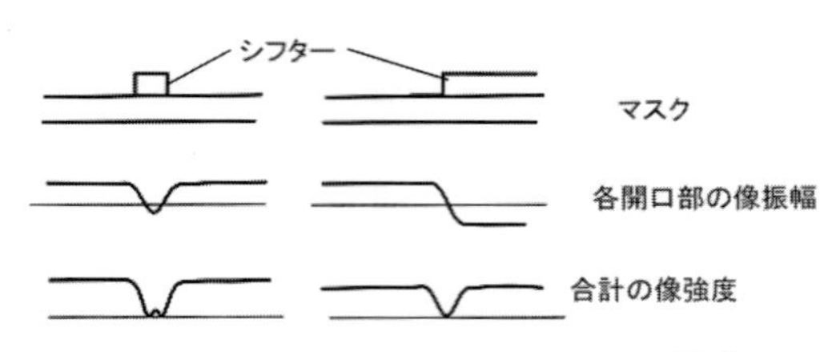

図17　シフターのみによるパターン形成

も様々な構造の位相シフトマスクが使われており，例えば図17には遮光部を用いずにシフターだけで孤立ライン像を形成できる方法を示す[1)2)14)15)]。

位相シフトマスク法では，細かなパターンが結像できるだけでなく，深度が深いことも特徴である。図18に示すように，±1次光は光軸に対して対称である。それゆえ完全にコヒーレントな照明($\sigma=0$)のときには，ピントがずれても全く同じパターンが高コントラストで作られることになる。パターンのピッチが変わってもこの状況は変わらず，どのようなピッチにおいても位相シフトマスクの像は深度が深くなる(原理的には無限)。

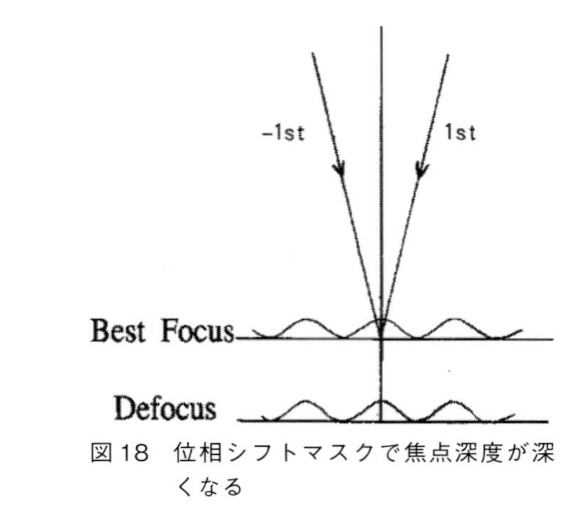

図18　位相シフトマスクで焦点深度が深くなる

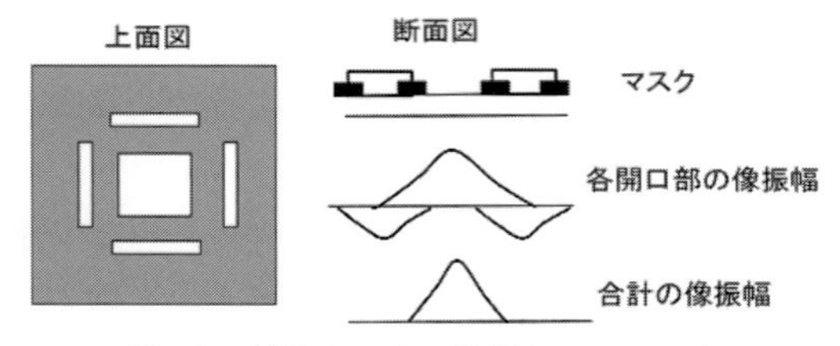

図19　補助シフター位相シフトマスク

一方変形照明法では，あるパターンピッチにおいて0次光と1次光が光軸に対称であれば，焦点深度は深くなる。しかしながら，ピッチが変わると，1次光の進行方向が変わり，対称でなくなり，焦点深度は深くならない。このように，深度はある特定の(高解像な)ピッチに対してだけ深くなり，他のピッチでは深くならない。

4.2　補助シフターとハーフトーン位相シフトマスク

孤立パターンを鋭く結像する方法として，位相シフターをパターンの脇に置く方法がある。像振幅分布は回折によって拡がってしまうが，これを打ち消すために，図19に示すように，回折パターンの強いところに補助シフターと呼ばれるπ位相が異なる補助開口部を設けることで，くっきりした像を再生することができる[16)]。

この方法をさらに改良したのがハーフトーン位相シフトマスクと呼ばれるものである[17)]。マスクの遮光部全体を，数%の透過率として，透過部に対して位相がπずれるようにしたものであり，微細化への大きな貢献をし，本来の位相シフトマスク実用化への橋渡しにもなったと考えられる。

本稿の範疇外になるかもしれないが，照明のコヒーレンスも考慮して補助開口部を設ける1つの方法について簡単に触れる[18)]。補助シフターの考え方の延長とも考えられるので参考になると考える。2.2では，照明による物体面上の任意の2点間のコヒーレンスについては直接ふれないで，結像の式を導出したが，照明光源形状によってマスク面上の2点間の(空間的)コヒーレンスが決まる(van Cittert-Zernikeの定理[3)-6)])。これを利用したのが変形照明という事もできる。2点間のコヒーレンスとは2点から出てくる光の相対的な位相差の平均値を意味するわけで，例えば位相差が常に一定ならその位相差をϕとして$\exp(-i\phi)$である。バラバラなら，平均してゼロになる。一方，補助シフターでは平行光束照明(コヒーレント照明)が基本で，所望のパターンと補助シフターはいつも同位相で照明され，それゆえ出てくる光の相対位相差180度も一定であるので，所望のパターンのだらだらした裾野を打ち消すことができた。今，光軸上に置かれた所望のパターンとそこから距離x離れた点との空間的コヒーレンスを考える。さらに投影レンズのマスク面上で換算した点像振幅分布により作られる，光軸中心の点パターンのX離れた点における振幅を考える。この両者の積を考え，この値が大きいところに補助開口を設ける。この積が正であれば位相が同じ，負であればπ位相のずれた補助開口を設ける。この結果，補助開口によって所望のマスクパターン上の振幅が強められることになるというのが基本的な考え方である。

マスクパターンと複雑な変形照明の双方を同時に最適化することで解像性能を上げるという第4章で述べられるSMO(Source Mask Optimization)技術の，直截的手法と考えられる。

文　献

1) 渋谷眞人：「7章超解像光リソグラフィ」，「超解像の光学」河田聡編，学会出版センター(1999).
2) 岡崎信次，鈴木章義，上野巧：「はじめての半導体リソグラフィ技術」，工業調査会(2003).
3) 小瀬輝次：「フーリエ結像論」，共立(1979).
4) 鶴田匡夫：「応用光学Ⅰ」，培風館(1990).
5) M. Born and E. Wolf："Principles of Optics" Cambridge University Press(1959).
6) 渋谷眞人，大木裕史：「回折と結像の光学」，朝倉(2005).
7) H. H. Hopkins："Image formation with coherent and partially coherent light," *Photogr. Sci. Eng.*, **21**(3), 114-123(1977).
8) M. Shibuya, A. Takada and T. Nakashima："Theoretical study for aerial image intensity in resist in high numerical aperture projection optics and experimental verification with one-dimensional patterns", *J. Micro/Nanolith. MEMS MOEMS*, **15**(2), 021206(Apr-Jun 2016).
9) 堀内敏行，鈴木雅則：「輪帯光源絞りを用いた光露光解像限界の追求」応用物理学関係連合講演会29a-H-4，東京，青山学院大学(1985).
10) N. Shiraishi, S. Hirukawa, Y. Takeuchi and N. Magome："Proc. SPIE, 1674, 741(1992).
11) M. Noguchi et al.：Proc. SPIE, 1674, 92(1992).
12) M. D. Levemson, N. S. Viswanathan and R. A. Simpson："Improving resolution in photolithography with a phase-shifting mask," *IEEE Trans. Electron Devices*, ED-29, 1826 (1982).
13) 渋谷眞人：「被投影原版」公開昭57-62052(1982)，公告昭62-50811，特許番号1441789.

14) 福田宏，岡崎信次：「超解像光リソグラフィ」光学，**19**，5，290(1990).
15) 岡崎信次：「位相シフト技術」光学，**20**，8，488(1991).
16) T. Terasawa et al.：Proc. SPIE, 1088, 25(1989).
17) T. Terasawa, N. Hasegawa, H. Fukuda and S. Katagiri: J. J. A. P. **30**, 2991(1991).
18) K. Yamazoe, Y. Sekine, M. Kawashima, M. Hakko, T. Ono and T. Honda："Resolution enhancement by aerial image appreoximation with 2D-TCC", Proc. SPIE, 6730, 67302H(2007).

第1節　フォトマスク技術

大日本印刷株式会社　林　直也

1　はじめに

半導体デバイス製造には半世紀以上にわたって光リソグラフィが用いられており，そこで使用されるフォトマスクは非常に効率の良いパターン転写の手段として位置づけられている。例えば，現在主流に用いられているフォトマスクは6 inchサイズの合成石英ガラス上のほぼ100 mm角領域に半導体デバイスのパターンが形成されているが，そのパターンの持つデータを制御単位となる1 nmのピクセル単位で表せば1×10^{16}(1京，10ペタ)ビットと膨大な情報になるが，これを一瞬で転写することが可能だからである。

そのため，これまでも半導体デバイスパターンを光や電子線などを用いて，直接ウェハに描画する手法も考案されてきたが，この高効率ゆえにフォトマスクを用いる方式がいまだに半導体量産工程では主流となっている[1)]。**図1**にペリクルを付与した半導体用フォトマスクを示す。

フォトマスクは，使われるリソグラフィ光源の波長への対応，露光光源とパターン形状の最適化，光強度だけでなく位相を利用することでの解像性の向上など，関連する技術は広い範囲で存在するが[2)]，これらは他の章も参照いただくとして，ここでは主にフォトマスクの基本的な技術内容を紹介することにする。

2　フォトマスクの成り立ち

フォトマスクはトランジスターの時代から半導体デバイスのパターン転写手段として用いられてきているが，当初はエマルジョンマスクと言われるガラス基板やフィルム上に銀塩パターンを形成する，いうなれば写真のフィルムと同じ材料，技術を用いて立ち上げられた。その用途としては半導体デバイスに限らず，プリント回路基板や，カラーテレビ用のシャドーマスクパターン転写など，半導体デバイス分野以外の部材の量産加工にも用いられてきている。

図1　フォトマスク（ペリクル付き）

一方，当初のリソグラフィは直接フォトマスクと半導体基板を密着させて露光するコンタクト露光方式が用いられたため，樹脂で形成されているエマルジョンマスクは転写を繰り返すことでのダメージがあり，フォトマスクの寿命の点で課題を有していた。そこで，パターンの微細化対応と同時に，物理的な強度を高めるため，金属材料をパターン化するハードマスクの開発が進められ，実用となった。

また，フォトマスクと半導体基板であるシリコンウェハの間を空けて直接の接触を避けるプロキシミティ露光や，フォトマスクとウェハの間に光学レンズを配する縮小投影露光，およびウェハのサイズなどに合わせて，フォトマスクのサイズやパターンを形成する金属薄膜材料が開発，実用化されてきている。

以下では，この金属薄膜を用いたフォトマスクについて述べる。

3　フォトマスクの構造

フォトマスクは基本的にはパターンを支持する基板と，パターンを形成する薄膜の組み合わせ構造で成り立っている。

フォトマスクは基本的には透過する光の強度を用いてパターン転写を行うので，その基板は用いられる光に対して透明であることが求められる。よって，半導体デバイス製造用途ではガラス基板が用いられ，その材質は光源波長とコストを考慮して選択される。

一方，次世代のリソグラフィとして実用化が進められているEUVL(Extreme Ultraviolet Lithography，極端紫外リソグラフィ)では，反射光学系となるため，フォトマスクも反射層と吸収層の組み合わせで構成される。また，近年開発，実用化が進むNIL(Nano Imprint Lithography，ナノインプリント)では，いわゆるスタンプとしての3次元構造のパターンが形成される。NILについては「第2編　第3章　ナノインプリント技術」に詳しいので参照されたい。

パターン形成される金属薄膜としては，金属クロム，MoSi材料，Ta材料，などが用いられる。また，パターン表面からの反射による迷光を防ぐために，上記金属膜の表面に低反射金属膜を付加したり，パターン加工時のエッチング特性を補強するためのハードマスク膜を付加したりすることがある。

また，光の位相効果を用いてパターンの解像性やコントラストを改善する位相シフトマスクでは，位相を制御する位相シフト層を設ける。

これらのフォトマスクの基板と金属薄膜層の概略構造については，**図2**に示す。

4　フォトマスク製造工程

フォトマスクの製造工程は**図3**に示すフローと，それに先立って行われるパターンデータ準備に沿って行われる。

透過型フォトマスク

反射型フォトマスク（EUVマスク）

透過型 layer	Material/Layer（透過型）	Material/Layer（EUV）	EUV layer
absorber layer / phase-shift layer	AR-Cr, MoSi / MoSiX	AR-TaN	absorber layer
		CrN / -	buffer layer
		Si / Ru	capping layer
substrate	Qz		
		Mo-Si (40 pairs)	reflective layer
		LTEM	substrate
		CrN	back side film

図２　フォトマスクの構造

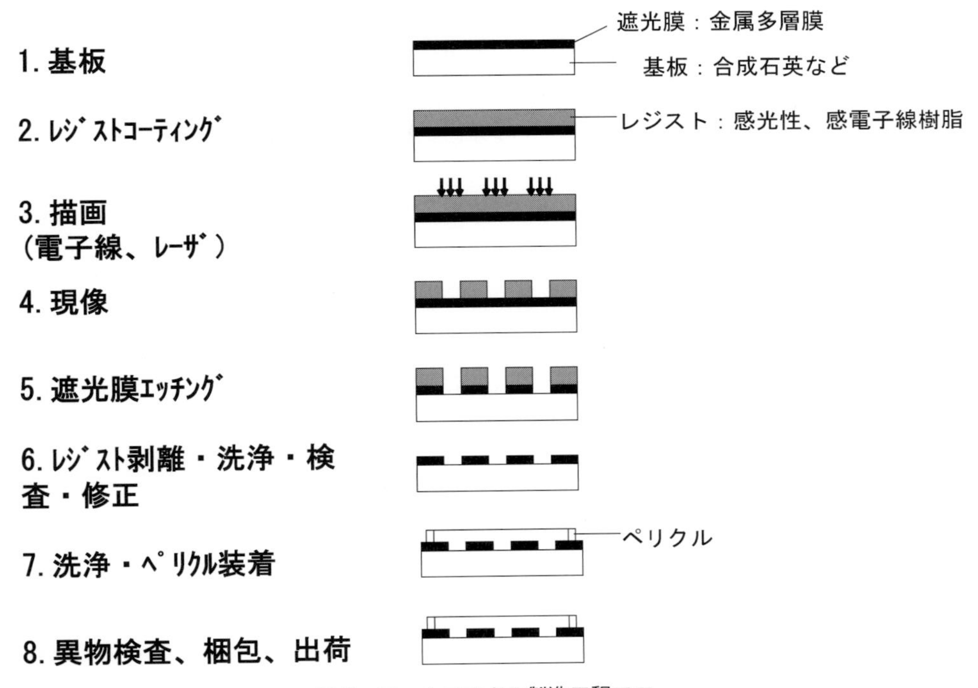

図３　フォトマスクの製造工程フロー

4.1　フォトマスクパターンデータ準備

フォトマスクのパターンデータは，**図４**に示すフローに従って，半導体デバイスの設計データから，描画方式に適合したデータ方式に変換される。この工程で，パターン精度や，ウェハへの転写特性を最適化するための種々の処理が行われる。その中には，フォトマスク作製時のプロセスバイアス補正，ウェハ転写時の光近接効果補正，描画装置内部のデータフォーマットへの変換，などが含まれる。詳細は次節の「SMO 技術」を参照願いたい。

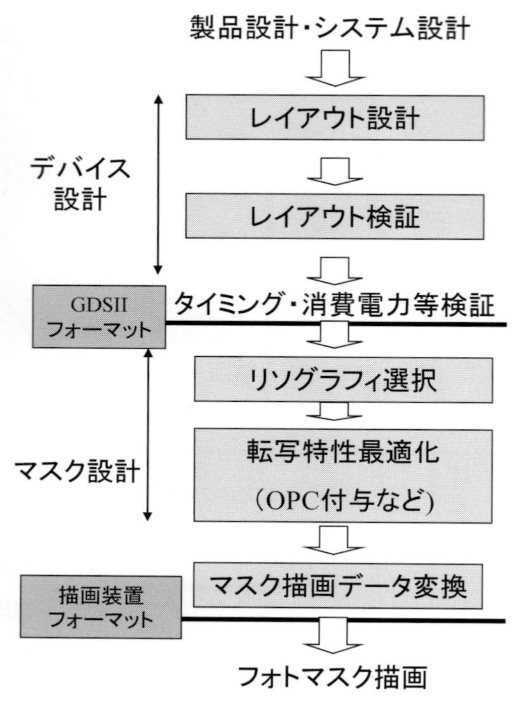

図4　フォトマスクデータ処理フロー

4.2　フォトマスクブランク準備

前に触れたガラス基板と金属薄膜により構成されるフォトマスク基板に，パターン描画に用いられる感光材料(レジスト)を塗布したフォトマスクブランクを描画のために準備する。

フォトマスク基板は，ガラス基材から切り出されたガラス基板を研磨し洗浄して，欠陥が無いことを確認した後に，所望の金属膜を主にスパッタリング方式でその表面に付着させる。この金属膜にもピンホールなどの欠陥が無いことを確認し，感光材料を塗布する。また，電子ビーム描画を行う場合，電子による帯電とそれに伴う電子ビーム変動を抑えるために，感光材料の上に導電性材料を塗布する場合もある。

感光材料はパターン描画方式や，所望のトーンによって選択され，主に回転塗布方式で基板上に付与される。その材料としては，有機高分子樹脂に感光性基を付与した物が主流であるが，高い解像性や下地の金属膜のエッチング特性を得るために低分子樹脂や無機材料を用いるタイプも検討されている。トーンについては，露光部分の感光材料が現像によって除去されるポジ型，逆に露光部分が現像後に残るネガ型に大別される。

主な感光材料について**表1**に示す。

4.3　パターン描画

パターン描画はパターンデータに基づいて，主に整形された電子ビームを高速で走査することで行われる。目的とするパターン寸法によっては，レーザ光を用いたより高速な描画方式も採用されている。

また，近年では半導体デバイスの高集積化に伴うパターンデータ量の増加に対応して描画時間を改善するために，マルチビーム方式の描画装置も実用化されようとしている。**表２**に主なフォトマスク描画方式を示す。**図５**に現在主流で用いられている可変矩形ビーム方式と，今後実用化されるマルチビーム方式の電子ビームマスク描画装置の概略図を示す。詳細は「第２編　第４章　電子線描画技術と装置開発」を参照されたい。

表１　フォトマスク用感光材料

露光方式	ポジ／ネガ	反応機構	現像方式	特徴
電子ビーム	ポジ	主鎖切断	溶剤現像	高解像
		化学増幅	アルカリ水溶液現像	高感度
	ネガ	架橋	溶剤現像	高エッチング耐性
		化学増幅	アルカリ水溶液現像	高感度
レーザ	ポジ	ジアゾナフトキノン／ノボラック	アルカリ水溶液現像	高エッチング耐性

表２　フォトマスク描画方式

露光方式	走査方式	ビーム形状	ビーム本数	加速電圧・光源波長	主な供給元
電子ビーム	ベクタ方式	可変矩形	1	50 KeV	ニューフレア JEOL
	ラスタ方式	円形固定	約26万	50 KeV	IMS Nanofabrication ニューフレア
レーザ	ラスタ方式	円形固定	数十本	248 nm	Applied Materials
	マイクロミラーアレイ方式	円形固定	約100万	257 nm	Mychronic

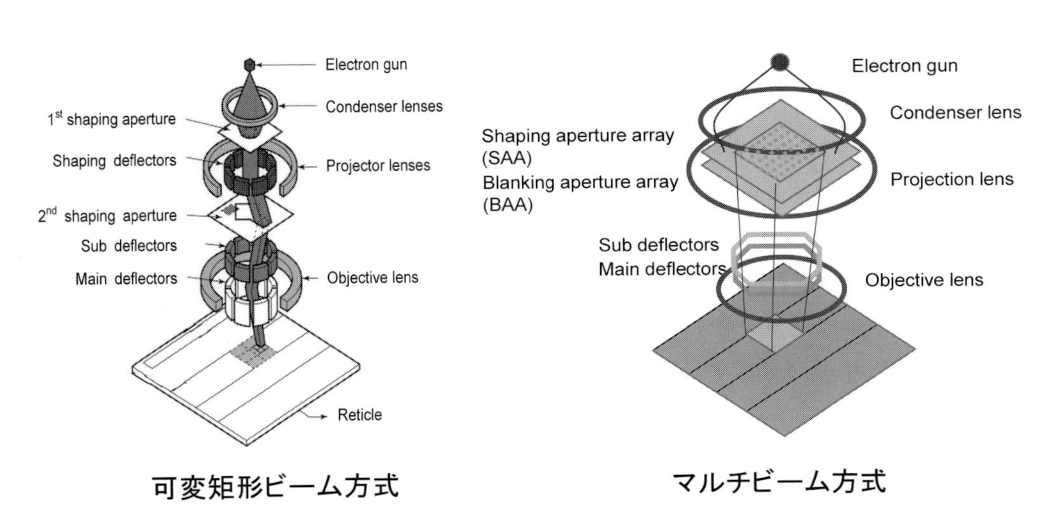

図５　電子ビームマスク描画装置（ニューフレアテクノロジー提供）

4.4　ベーク，現像

描画されたブランクは，感光材料の現像により，所望のパターンが得られる。感光材料によっては現像前に加熱処理を行って，感光材料の化学反応によるパターン化が必要なものもあり（化学増幅型レジスト），現像後の感光材料の乾燥も含め，ベーク処理が行われる。

4.5　エッチング

現像により現出した感光材料によるパターンを，フォトマスクの金属薄膜に転写するために，エッチングを行う。金属薄膜の種類や，パターン寸法などによって，エッチング方式はウェットエッチングとドライエッチングがある。

ウェットエッチングは，金属クロムをエッチングする方法として永く使われてきているが，エッチング前後の寸法シフトが大きいため，微細なパターンに対しては寸法精度管理が難しく，最近はドライエッチングが主に用いられている。

また，MoSi 薄膜や，位相シフト膜，石英基板，などの薬液による高精度なウェットエッチングが困難な材料にもドライエッチング方式が使われている。

4.6　洗浄

パターン加工されたフォトマスクは，不要となった感光材料やプロセス工程で付着した異物を取り除くため，精密に洗浄される。この洗浄方式にもウェットとドライの両方式がある。

ウェット洗浄は，酸，アルカリ，機能水，純水，などの薬液を順次使って，フォトマスク表面の有機物や不要物を除去する。これらの薬液の供給と同時に，超音波や高圧流，ブラシスクラブなどの補助的な機能を用いることも一般的に行われている。

4.7　検査，計測

フォトマスクに要求される検査，計測項目を大別すると，欠陥検査，寸法計測，位置精度計測，がある。

4.7.1　欠陥検査

マスク上に発生する欠陥を大別すると，パターン欠陥と異物に分類される。何れもウェハ転写時に半導体デバイスの性能に致命的な影響を与え，歩留り低下に直結するため，無欠陥であることを要求される。そのため，以下に述べるような手法を用いてフォトマスク全面の欠陥検査が行われる。

パターン欠陥検査は設計されたパターン以外の欠陥（ウェハ転写時に半導体デバイスの性能に影響を与える遮光膜の残り，欠けなど）を検出するもので，検出方式は，①隣り合ったチップ同士を比較する Die to Die 検査，②設計データとマスクを比較する Die-to-Database 検査，③フォトマスクパターンと，光学シミュレーションによるウェハ上への転写像を比較する Die-to-Model 検査，に分けられる。Die-to-Die 検査はメモリなどのマルチチップマスクに，Die-to-Database 検査や Die to Model 検査は主にロジックなどのシングルチップマスクや設計データとの照合に用いられる。

なお欠陥規格値は，欠陥サイズで規格化する場合もあるが，ウェハへの転写影響を考慮した規格設定が一般的になってきている。ウェハ転写影響度の規格は寸法変動の範囲が±4～10％程度が適用されている。

異物検査は，パターン面に存在する異物や，パターン面への異物落下を防ぐ為に装着されているペリクル面或いはマスク裏面に付着する異物を検出する検査がある。手法としては，主にレーザ光による散乱光を検出する方式が取られている。一方，半透明状，または高さがほとんどなく光の散乱が少なく検出しづらいが，ウェハに転写されてしまう異物については，反射光と透過光を同時に検出し差信号により異物を検出する方式や，欠陥検査時に透過・反射の同時検査を行い主に反射信号で異物を検出する方式が実用化されている。課題としては，パターンの微細化や微細な補助パターン，OPC の適用によりパターン欠陥検査と同様，解像力の向上や擬似欠陥の低減などが求められている。これらの検査装置の概要を**表３**に示す。

検査装置に対しては，微細化に向けた検査波長の短波長化や分解能の向上（小ピクセル化），或いは転写イメージベースでの検査対応，さらにはデータ補正誤差低減や S/N 改善などによる検出感度の向上はもちろんのこと，超解像技術（位相シフト /OPC）対応，生産面で重要な高スループット化等，多様な要求項目が増えてきている。これらの課題を解決するため膨大な開発リソースがかかり，装置価格が高騰する要因になってきているのが現状である。デバイス開発を遅延させないように，今後ともデバイスメーカ，装置メーカ，国などの共同開発も積極的に活用し，開発をさらに推し進める必要がある。

4.7.2　寸法計測

フォトマスク上の形成されたデバイスパターンの寸法測定方式としては主に光学方式と SEM 方式がある。また，3 次元的な形状を含めて計測する手段として AFM 方式もある。これらは計測対象の寸法サイズや要求される寸法精度に応じ使い分けがされている。

一般的に計測機の測定再現性はフォトマスクパターンへの要求精度の 1/4～1/5 が必要であるが，最近は測定再現性 0.1 nm 以下が必要となっている。

現在主流となっている SEM 方式では，高い測定再現性と計測スピードが要求される。測定再現性向上の為には，チャージアップとコンタミネーションの課題があったが，チャンバー内へのガス導入によるコンタミネーション及びチャージアップの低減，或いは収差補正機能レン

表３　フォトマスク外観検査方式

検査方式	形式	特徴	主な装置供給元
パターン欠陥検査	Die-to-Die	隣り合うチップの比較検査	KLA-Tencor ニューフレア レーザーテック
	Die-to-Database	チップ設計データとの比較検査	KLA-Tencor ニューフレア
	Die-to-Model	チップ設計データの転写イメージとの比較検査	Applied Materials
異物検査	散乱光	ブランク / マスク上の異物検査	レーザーテック KLT-Tencor

ズの搭載による分解能向上等の各装置メーカの独自技術の採用により，課題をクリヤーしている。また，計測スピード向上の観点ではステージ精度向上やパターンマッチング技術により自動測定が可能となり，大幅に計測スピードの改善が計られた。一方，プロセス過程におけるレジスト像の測長ではチャージアップの影響により再現性が悪化する懸念があり，さらなるチャージアップ低減の開発が必要となっている。

AFM方式は，AFMの原理を用いて測長する方式であり，高NAリソグラフィやEUVリソグラフィ対応のフォトマスクの断面形状保証が必要となる場合に用いられるようになってきた。今後は，操作性向上，精度改善，スループット改善を期待するところである。

寸法均一性の要求は，近年特に厳しくなっており，マスク面内を多点測定する方法が採用されている。今後はマスク面内のクリティカル部分を自動抽出するCADツールの充実と，高速に自動測定する装置開発が望まれるところである。

表4に主な寸法測定方法の一覧を示す。詳細は「第5編　計測評価技術」を参照されたい。

4.7.3　位置精度計測

一般的に位置精度測定の再現性は，寸法測定精度と同様に要求精度の1/4～1/5が必要とされている。最新装置は，短波長化，フォーカス精度向上，高分解能レーザ干渉計の適用や測定環境の外乱低減等の機能を取り入れ，要求される精度に対応している。

また，マルチパターニングの採用により，要求される小パターンや実パターンの位置精度測定機の精度機能の要求が高くなっているため，従来は位置精度測定専用パターンの測定で検査を実施していたが，メインチップ近傍や実パターンを直接測定できる機能が求められるようになってきた。

4.7.4　その他の計測技術

マスクパターンのWafer上への光学投影像を求める転写シミュレーション顕微鏡，位相シフトマスクの位相差，透過率を計測する位相差測定装置や透過率測定装置がある。

転写シミュレーション顕微鏡は，マスクパターンをウェハに転写した投影像の光強度やCDを得る事のできる装置で，マスクの生産現場では主に後述する修正部の確認用途に使用される。転写シミュレーション装置では，露光装置と同じNA，σの条件を設定してマスクパターンがウェハ上にどのように転写されるかを評価，解析する事が可能であり，修正箇所の判定に

表4　フォトマスク計測方式

計測方式	形式	計測項目	特徴	主な装置供給元
電子ビーム	CD-SEM	パターン寸法	微小寸法の高精度計測	Advantest ホロン
スタイラス	AFM	パターン寸法・形状	3次元形状も含めたパターン寸法計測	Veeco
光・レーザ	シミュレーション顕微鏡	パターン寸法	転写像でのパターン寸法計測	Carl Zeiss
	レーザ干渉計	パターン位置	マスク全面のパターン位置計測	KLT-Tencor Carl Zeiss

は欠かす事のできない技術となっている。上記用途の他に，転写像でのCD測定・解析への応用も検討されており，またマスク用材料の開発にも有効なツールとして認識されている。

4.8　修正技術

修正技術は，マスク製造中に発生した欠陥をウェハ転写で影響がない状態に修復する技術である。無欠陥のマスクを供給するためには，修正技術の向上がキーテクノロジーになっている。所望のパターンに対して，余分な遮光膜欠陥の除去を行う黒欠陥修正と，所望パターンの欠け部分に遮光膜を形成する白欠陥修正とがある。また，現状の修正技術としては，レーザ照射による修正，AFM技術を応用したスクラッチ方式，荷電粒子(FIB, EB)を用いる方式に大別され，材質や欠陥が存在するパターン線幅，或いは欠陥の種類・サイズによって最適な修正方式や手法が選択される。**表５**に代表的な修正技術を示す。

4.8.1　黒欠陥修正

黒欠陥修正は，欠陥部にレーザを照射して，余分な遮光膜残りを昇華させるレーザリペアと，Focused IonBeam(FIB)やElectron Beam(EB)によるガスアシストエッチング(GAE)が主流で，AFM探針を使用して物理的に削るスクラッチ方式も実用化されている。

EBによるGAEは，ビームサイズがFIBより小さいためFIB以上に微細加工が可能であり，また粒子質量がより軽い事で修正部へのダメージが低減されている。今後は，各マスク材質に対する加工安定性向上が重要な課題となる。

AFM技術を応用したスクラッチ方式は，高い修正精度に加え高さ方向の制御性にも優れている。これにより追加修正が容易になり修正不足のリカバーが可能になった，或いは従来では修正困難であった異物の除去も可能になったという利点が生まれた。

4.8.2　白欠陥修正

前述のFIBのガス変更が白欠陥修正の主流であったが，EBでも同様に白欠陥修正が可能となっている。また，ハーフトーン型位相シフトマスクにおいては，透過率をコントロールした修正膜のデポ膜形成技術が実用化されている。

4.9　ペリクル付与

ペリクルはフォトマスクのハンドリング中や，ウェハ露光中にフォトマスク表面への異物付着を防止するために，枠に露光波長に対して透明なフィルムを張った部材であり，フォトマス

表５　フォトマスク修正方式

修正方式	形式	対象欠陥	特徴	主な装置供給元
荷電ビーム	イオンビーム	黒・白欠陥	微小欠陥修正	日立ハイテクノロジーズ
	電子ビーム	黒・白欠陥	微小欠陥修正	Carl Zeiss
メカニカル	AFM	黒・白欠陥	3次元形状修正	RAVE
レーザ光	YAGレーザ	黒欠陥	安価，高速	レーザーフロントテクノロジーズ

ク表面に接着剤などで固定して用いられる。フォトマスクに付着する異物はこの膜の表面に留まるため，パターン表面の焦点位置から充分離れ，ウェハ上には結像しなくなる。

ペリクル膜の材料はリソグラフィ光源に合わせて，セルロース系やフッ素樹脂系の薄膜が用いられており，透過率は99％以上となっている。

一方，次世代リソグラフィとして期待されているEUVLでは，その波長である13.5 nmに対して透明な有機材料は存在せず，薄膜化したポリシリコンやカーボン系などの材料がその候補として検討されている。しかし，90％以上の透過率を得るのは難しく，ペリクル膜による吸収によってリソグラフィのスループットが低下すること，吸収されたエネルギーによるペリクル膜の耐久性，などが大きな課題となっている。今後の材料開発に期待したい。

4. 10　最終検査，出荷

上記の工程でペリクルが付与されたフォトマスクは，最終的にペリクル下に封じ込まれた異物が無いか，などを含めた欠陥検査を行い，無欠陥であることを確認した上で出荷搬送用のケースに格納されて出荷される。

5　フォトマスクの課題と今後

フォトマスクは述べてきたように長い歴史の中で多くの改善や技術開発に支えられて半世紀以上，半導体デバイス製造におけるリソグラフィのキー技術として確立されてきた。今後の技術面での課題としては，マルチパターニングの採用によるフォトマスク精度への要求厳格化，次世代リソグラフィであるEUVLやNILに対応した技術開発，同時に関連する周辺技術や装置開発も継続して進める必要があり，開発費用も増大していることが挙げられる。一方，フォトマスクの市場から観ると，大手の半導体メーカの内作部門のシェアーが近年増加して既に6割程度を占めており，フォトマスク関連装置のサプライヤーも寡占化してきたことで，広く開発メンバーを集めた技術開発スキームの構築が難しくなってきている実態もある。また，半導体デバイスのスケーリング鈍化が見えてきていること，IoTに代表されるカスタマイズされた多品種のデバイスの市場が拡大していることなどから，これまで以上に製造コストや効率を重視した技術開発も必要になってきている。

そこで，これまで半導体デバイスを主導してきた先端デバイス市場だけでなく，多様なデバイスの開発から量産までをサポートしていくパターニングソリューションが求められ，それに対するフォトマスク技術もデータ処理，材料なども含め，多様化していくと考える。その際には，関連する材料，装置，ソフトウェアなどのベンダーと共に，半導体デバイスを戦略的に扱う国家レベルの活動が望まれる。

文　献

1) S. Okazaki：High resolution optical lithography or high throughput electron beam lithography, The technical struggle from the micro to the nano-fabrication evolution, *Microelectronic Engineering*, **133**, 23-35(2015).

2) 田邉功，竹花洋一，法元盛久：フォトマスク-電子部品製造の基幹技術，東京電機大学出版局(2011 年 4 月).

第2節　SMO（Source Mask Optimization）技術

エーエスエムエル・ジャパン株式会社　斉藤　康子

1　SMO とは

SMO（Source Mask Optimization）とは，露光照明形状とマスクパターン形状とを同時に最適化する，いわゆる計算機リソグラフィー（Computational Lithography）技術の 1 つである。

パターンの微細化が進む中，解像性を高めるために必要とされる超解像技術や変形照明技術の重要性が高まって来たことについては，別章で述べられるところであるが，露光照明の開発と，補助パターン（SRAF（Sub-Resolution Assist Features）あるいは SRIF（Sub-Resolution Inverse Features））を発生させたり，メインパターンを OPC（Optical Proximity Correction）で補正したり，というマスクパターンの開発とは，従来直列のフローで実施されていた。すなわち，まず照明形状を固定し，その照明を用いてプロセス・ウィンドウを最大化するようにマスク形状を補正する，というアプローチである（**図 1**）。

テクノロジー・ノードが 40 nm を切って以降，人手に拠る照明形状の最適化は，ますます困難になってきた。例えば，露光時の露光裕度（EL：Exposure Latitude）を向上させるためには開口数（NA：Numerical Aperture）を上げることが有効だが，NA を上げると焦点深度（DoF：Depth of Focus）が落ちる，という様なトレードオフが発生する。また，露光装置メーカ各社により自由な形状の照明を実現できる仕組みが開発されてから，特に 28 nm ノード以降では，より広いプロセス・ウィンドウを得るために自由形状照明（フリーフォーム照明）が使用される様になってきたが，制約が非常に小さい，つまり光をどの強度でどの位置に置くかという組み合わせが無限に近い状態で，最適な照明形状を見出すことは，人手ではほぼ不可能と言える。また，図 1 の従来フローでは，初期の補助パターン生成は技術者の経験と勘に頼るところが大きかったが，複雑な変形照明形状を想定した場合，過去の経験のみに基づいて最適な補助パターンの配置を考えることは困難になる。そこで，計算機リソグラフィー技術を活用して，シミュレーションにより照明形状とマスク形状を最適化することになる。

さらに，最大限のプロセス・ウィンドウを得られる照明形状は，マスク形状にも依存する。特に，補助パターンの配置位置と照明形状の相関関係は非常に高い。その為，究極の最適化技術として，照明形状とマスクパターンの同時最適化が提案された。

SMO 技術は，既存の露光機及び製造プロセスを利用して，最小限の投資により露光解像性を高め，微細化を進めると共に歩留まりを上げる効果があるため，28 nm ノード以降では標準的に導入されている手法である。

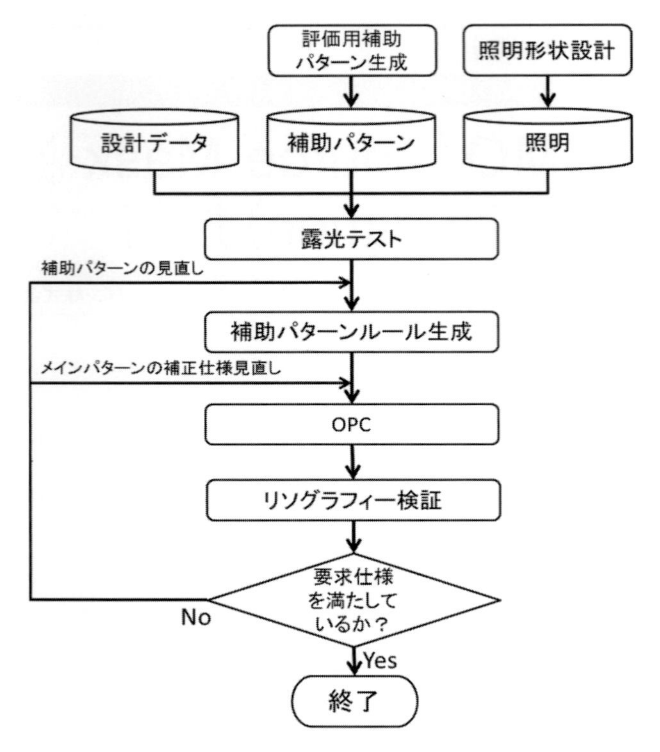

図1　従来の照明とマスク形状の開発フロー

2　ASML の SMO 技術

以降，ASML Brion の SMO 技術に特化して説明する[1)2)]。

2.1　DOE と FlexRay

最初に，照明の種類について簡単に説明する(**図2**)。ASML の液浸露光装置に搭載されている照明系は，従来の DOE(Diffractive Optical Element)という，光の回折効果を利用してレーザービームを整形し，所望の照明形状を得る為のユニットを使う方法と，微小ミラーアレイにより任意光源形状をリアルタイムに形成するプログラマブル照明系 FlexRay とがある。DOE には，コンベンショナル(丸)，輪帯，四極，二極などの形状が標準的に用意されているライブラリ DOE と，ユーザ毎に任意の照明形状を特注設計できるカスタム DOE がある。DOE は，FlexRay と比較して製造制約が大きく，照明形状の自由度が多少低い。

2.2　初期の SMO フロー

開発当初の SMO は，真の意味での照明形状とマスク形状の「同時」最適化ではなく，照明形状最適化とマスク形状最適化を交互に繰り返すフローであった。これを反復フローと呼ぶ(**図3**)。最初に，正規化イメージ・ログ・スロープ(NILS：Normalized Image Log Slope)，プロセス・ウィンドウの評価基準，マスク・エラー要因などをコスト関数として使用し，照明

照明系種類	ライブラリDOE	カスタムDOE	FlexRay
照明形状例			
特徴	標準的に用意されているライブラリから形状を選択するのみで使用できる	自由度の高い照明形状を作成できるが、設計制約はFlexRayより大きい	ほぼ自由形状の照明をリアルタイムで形成できる

図 2　ASML 露光機の照明系種類

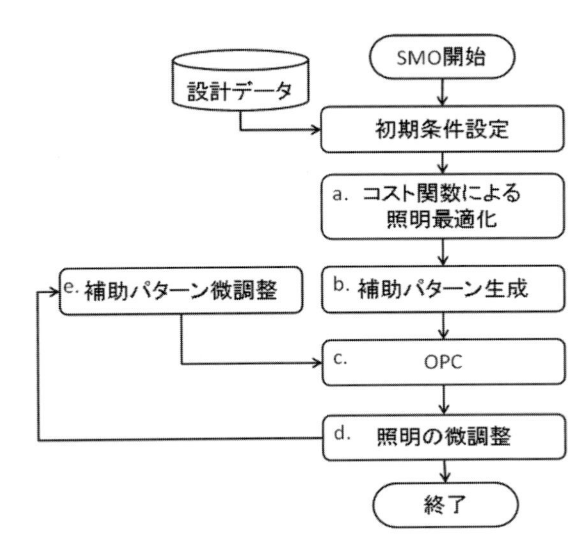

図 3　反復フロー

の最適化を行う (図 3a)。次に，最適化された照明を使用して，補助パターンを生成し (図 3b)，OPC を掛ける (図 3c)。その後照明形状を微調整し (図 3d)，必要であれば微調整後の照明を使用して，補助パターン及び OPC を再調整する (図 3e, c) というループを繰り返すことが出来る。

しかし，照明形状とマスク形状，特に補助パターンの配置は，強い相関関係を持つ変数であるため，この反復アプローチにおいては，結果が局所最適化に終わり，真に最適な結果が得られない危険性があった。最初に得られた照明形状をベースにしてマスク形状が決まってしまうため，理想のマスク形状であれば得られたかもしれない照明候補を除外することになってしまうのである。この問題を克服するために，新たな手法が開発された。

2. 3　照明とマスクの同時最適化手法

新たな同時最適化手法においては，コスト関数として，式(1)の通り EPE(Edge Placement

Error)を使用する。EPEとは，目標(ターゲット)パターンのエッジと，実際の出来上がり，あるいはシミュレーションしたパターンのエッジとのずれを指す(**図4**)。

$$CF = \min_{pw} \max_{x} w(pw, x) \| EPE(pw, x) \| \tag{1}$$

ここに，CFはコスト関数，pwはユーザが指定するプロセス・ウィンドウ(フォーカスとドーズ(露光量))の最適化範囲，xはターゲット・デザイン上の評価点である。最適化の目標は，様々なプロセス・ウィンドウ条件下で，評価点におけるEPEの最悪値を最小化することである。

各評価点には，重要度に応じて w(pw, x)で重み付けを変更することができる。この計算式の利点は，コスト関数が，パターン寸法(CD：Critical Dimension)に影響するEPEと直接的な関連を持っている点である。

このコスト関数は，必然的に，解像度を上げる役目を果たす他のコスト関数を包含する。例えば，複数ドーズ条件に渡ってEPEを最小化することは，転写イメージのエッジでのNILSを最大化することと等価である。これは，最適化時のプロセス条件に，ドーズの調整範囲を設定することで達成できる(**図5**)。

マスク誤差増幅要因(MEEF：Mask Error Enhancement Factor)は，最適化時に考慮すべき，最も重要なパラメータの一つである。EPEコスト関数は，ドーズ，フォーカスに次ぐ最

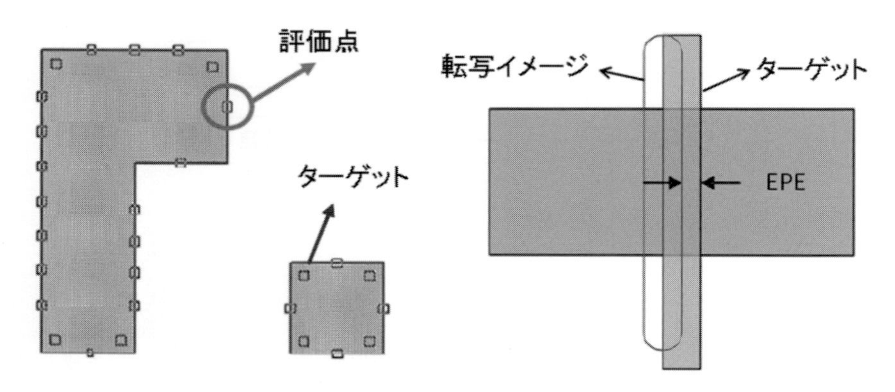

図4　評価点とEPE

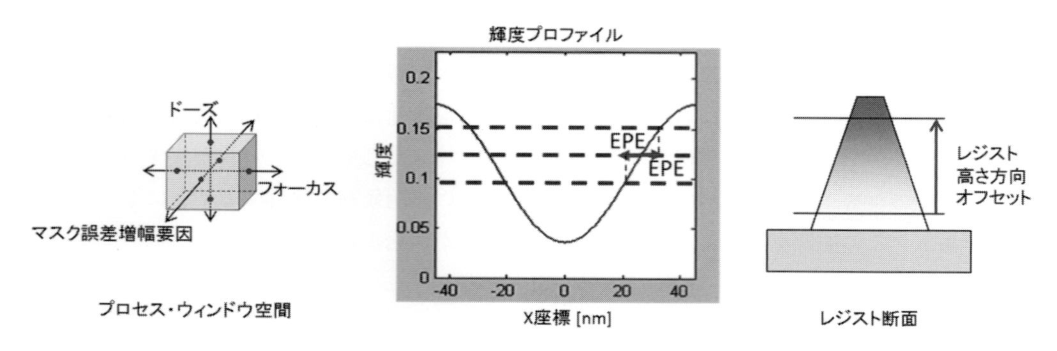

図5　プロセス条件，EPEとレジスト高さ

適化時プロセス条件の3次元軸として，直接的にマスク誤差を取り込むことができる。また，通常ウェハ上のCDは，レジスト断面のボトム付近を測定するが，これだけではレジスト・トップ付近の細りや欠けを見ることはできない。レジスト・トップ付近に十分な幅が無いと，エッチング後のCDが希望通りに仕上がらない。レジストの高さ方向オフセットを条件に追加し，レジスト・トップ付近のCDも考慮しながら最適化することで，レジスト断面形状に対しても最適化が可能となる。

全プロセス条件下で全評価点の最大EPEを最小にする事(ミニマックス法)が最も望ましい方法ではあるが，これは計算技術上非常に負荷の高い処理になる。ミニマックス法の一つの良い近似手法としては，Lpノルムと呼ばれる，有限次元ベクトル空間におけるものの大きさを表す代表的な式を利用し，EPEの合計を最小化する方法がある[3)]。

$$CF = \sum_{pw} \sum_{x} w(pw, x) \, \| EPE(pw, x) \|^{p} \tag{2}$$

理論上は，pが無限大に近づくと式(2)はミニマックス法と等価となる。しかし，pの増大は演算のオーバーフローを招き，現実的にはpを無限大に近づける演算は実現不可能である。ASMLでは，オーバーフローを発生させず，かつプロセス・ウィンドウを改善できる，現実的なノルム値を多数の実験より導き出している。

2.4　同時最適化フロー

図6に，CTM(Continuous Transmission Mask)を利用した同時最適化フローを示す。これ

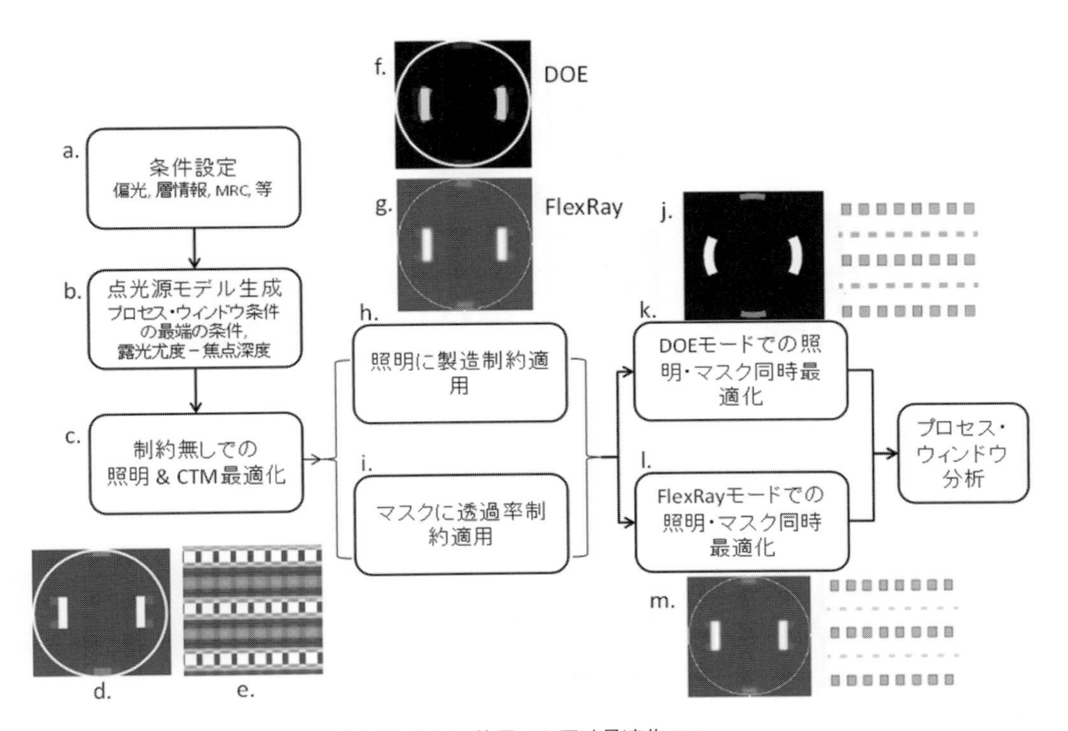

図6　CTMを使用した同時最適化フロー

を，CTM フローと呼ぶ。CTM とは，マスクの透過率を連続的な階調値で表現した，いわゆるグレートーン・マスクである。図中に，強い制約を必要とする DOE 用の照明と，自由度の高い Flex Ray 用の照明の両方の参考図を掲載した。

最初に，レジストの層情報，照明の種類(DOE か FlexRay によるフリーフォームか)，偏光条件，マスク製造制約(MRC：Mask manufacturability Rule Check)及びプロセス条件などの，必要なパラメータの設定を行う(図 6a)。これらのパラメータは最適化フロー全体で利用される。次に，ユーザが指定したプロセス・ウィンドウ条件の最端の条件における，点光源モデルを生成する(図 6b)。ここで，ユーザは，ある EL における目標 DoF を設定することができる。図 6c から，先に生成した点光源を利用して，制約を設けないフリーフォーム照明と CTM による同時最適化を開始する。前項で述べたコスト関数が使用される。ここでの唯一の制約は，マスクと照明の透過率の物理的な上下限のみである。制約を設けない為，このステージでの最適化は，最大限の可能な解の候補から，実現し得る最高のプロセス・ウィンドウと MEEF とを得る様に働く。結果として，理想の照明と CTM が得られる(図 6d, e)が，これらはそのままでは製造することはできない。照明については露光機の照明系毎の製造制約を適用し(図 6f, g, h)，マスクについては使用するマスクの透過率制約を適用して(図 6-i)，グレートーンからポリゴン形状へと変換する。同時に，補助パターンの候補を抽出する。最後に，露光機に搭載できる照明形状と，MRC を考慮した製造可能なマスク形状になるまで，初期ステージと同じコスト関数を使用して同時最適化を行う(図 6j, k, l, m)。 照明とマスク形状に，実際に製造可能な制約を適用する際に，同時に最適化することは，非常に重要である。なぜなら，図 6d

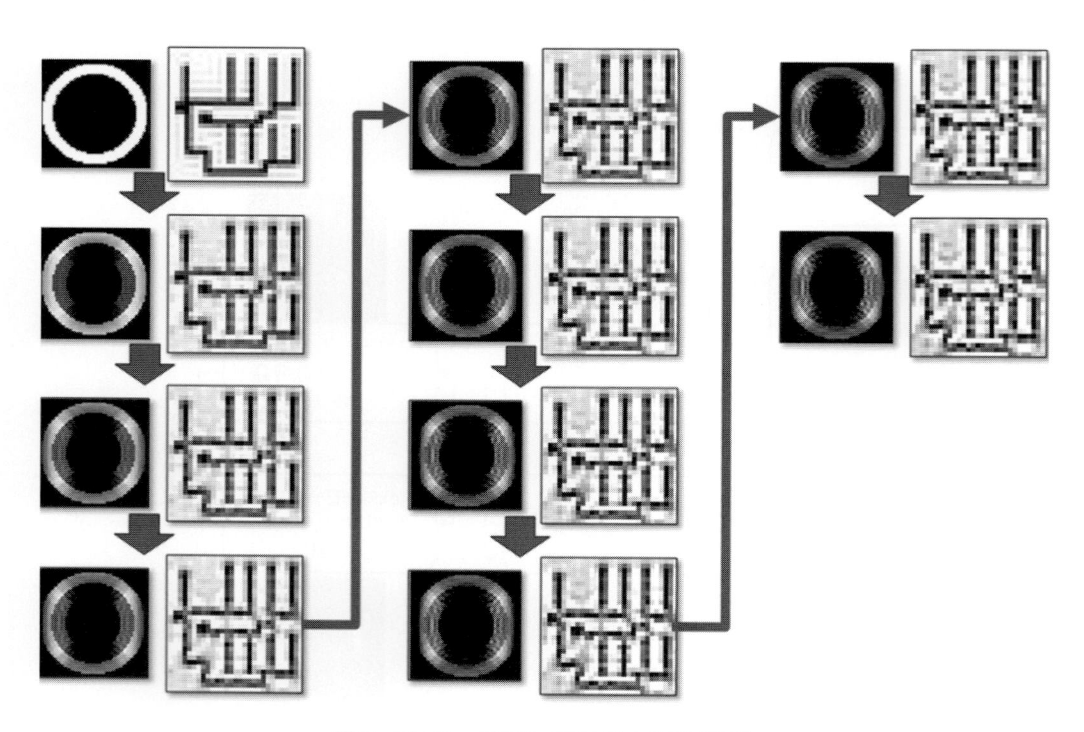

図 7　FlexRay 照明と CTM による最適化例

と図6f, gとの差でわかる通り，照明もマスクも，製造制約を適用することにより，元々の理想形状から変形されてしまう為である。2. 2項の末尾で述べた通り，照明形状とマスク形状は強い相関関係を持つため，例えば照明だけを変形し，その後にマスク形状だけを最適化しても，最適解が得られる保証はない。

図からわかる通り，DOE照明に比べて，FlexRay照明はより理想系に近い形状を保持できている。その為，製造制約適用によるプロセス・ウィンドウへの悪影響はFlexRay照明の方が少なく，MEEFも低減できる。

参考までに，FlexRay照明とCTMによる初期照明(最適化前)から最適終了までの変化を，**図7**に示す。

2. 5　最適化結果検証

Flashデバイスの，5 xnmテクノロジー・ノードのコンタクトレイヤーを用いて，2. 2項で紹介した初期の反復フローと，最終的な同時最適化フローとの差を検証した。

まず，反復フローによる結果を**図8**に示す。

注目すべきは，メインパターンの水平方向には，補助パターンを置くスペースがほとんどないという点である。逆に，垂直方向の配置は準孤立であり，回折光を増強させるために補助パターンを置くスペースは潤沢にある。

反復フローの評価においては，照明もマスクも1度だけ最適化を行った。最適化後の照明は，X軸照明のサイズが広く，Y軸照明のサイズが狭い四極照明(C-Quad)となった。補助パターンはメインパターンの完全に外側に千鳥に配置された。プロセス・ウィンドウとして，EL 10%においてDoF 110 nmが得られた。

同時最適化フローについては，**図9**に示す方法を用い，ノミナル条件，±5%ドーズ範囲，±50 nmフォーカス範囲を含む，複数のプロセス・ウィンドウ条件において最適化を行った。結果は**図10**に示す。

図10の一番上の結果は，制約無しの照明とCTMを使用した同時最適化結果である。導出された照明は，4箇所の弱い照明がY方向に存在する，X方向の極端な二極照明(di-pole)となった。最適化されたCTMには，反復フロー(図8)と同様に市松模様の補助パターン候補が見られる。メインパターンのコンタクトホール間隔がX軸方向にはほとんどマージンが無いことから，この結果は妥当だと言える。結果として，水平方向のCDは照明の最適化時に最適化され，垂直方向のCDはマスク形状に補助パターンを追加することにより最適化される。こ

照明	マスク	プロセス・ウィンドウ
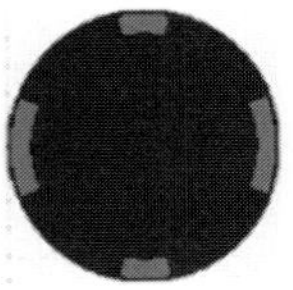		110nm DoF @ 10% EL

図8　反復フローによる最適化結果

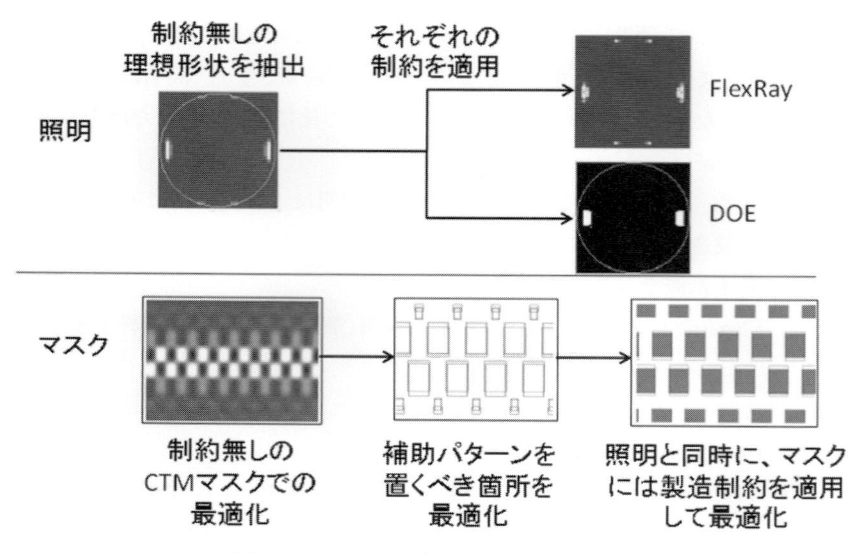

図９　CTM 同時最適化フローの評価方法

制約	照明	マスク	プロセス・ウィンドウ
照明、マスク共に制約無し	制約無し	CTM	220nm DoF @ 10% EL
照明に、FlexRayの制約を適用し、上記CTMより6%透過率マスクを抽出し、MRC制約を適用	FlexRay	6%透過率	190nm DoF @ 10% EL
照明に、DOEの二極照明制約を適用し、マスクには上記と同様6%透過率とMRC制約を適用	DOE	6%透過率	170nm DoF @ 10% EL

図 10　CTM 同時最適化フローによる最適化結果

の検証においては，反復フローと同時最適化フローとの差は照明形状により顕著に表れたが，同時最適化フローによるプロセス・ウィンドウは，EL 10%において DoF が 220 nm と，反復フローの 2 倍近い改善が得られた。

3　フルチップへの適用

コスト関数の説明で，計算機処理時間を短縮するアルゴリズム上の工夫について述べたが，それでもなお，同時最適化は非常に重い演算処理を必要とする。SMO をフルチップに適用することは非現実的であり，実際には限定的に選択された切り出しパターン(クリップ)にのみ適用する。加えて，最適化時にプロセス・ウィンドウを最大化しようと動く為に，考慮すべきクリップ数を増やすにつれ，SMOが生成するマスク形状は非常に複雑になりがちである。

DRAMやFlashなどのメモリ系デバイスでは，コアとなるセル形状に注目してSMOを掛ければ良い。ところが，ロジック系デバイスは繰り返しが少ない為，特徴的なデザインを網羅するようなパターンをクリップとして集め，SMOを掛けることになる。但し，クリップ数が多くなると処理時間が膨大になる。

SMOをフルチップに適用するためには，2つの条件を達成しなければならない。一つは，選択されたクリップが，フルチップを考慮する上で必要十分な組み合わせであること。もう一つは，マスク複雑度は最小限にしつつ，生成された照明形状がフルチップにおいても要求プロセス・ウィンドウを達成できること，である[4)]。

3.1　フルチップ処理のフロー

図11に，実デバイス開発に適用可能なフルチップ処理のフローを示す。ここでのポイントは，パターン・セレクション機能を使用してSMOに入力するクリップ数を減らしていることと，従来の補助パターン生成及びOPC処理とSMOとを統合していることである。

パターン・セレクション機能は，SMOの処理時間を最適化するために開発された。複数のクリップをパターン・セレクションに入力すると，入力されたクリップ全ての回折光パターン(diffraction pattern)を最も効率良く網羅できる様な，クリップのサブセットを自動的に選び

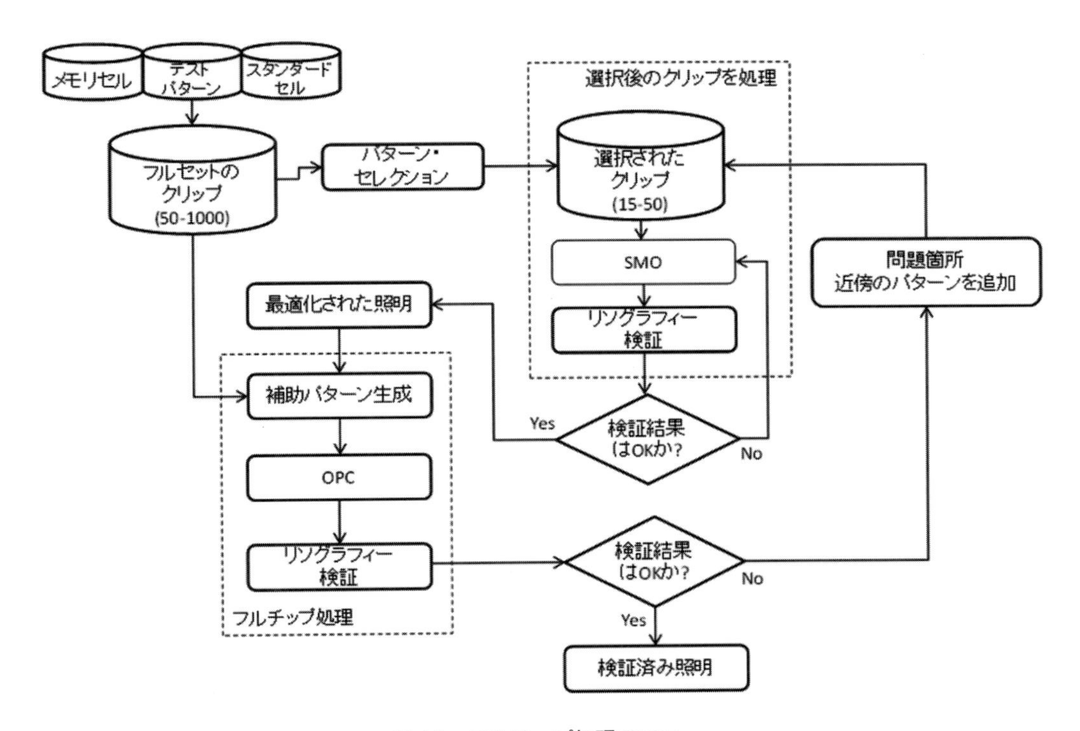

図11　フルチップ処理のフロー

出す。本機能を使用することにより，実プロセス開発に使用される，メモリーセル，テストチップやロジックパターンなどの，数百から数千の考慮すべきクリップを，照明の最適化精度を落とさずに，SMO が現実的な処理時間で終了する程度の代表的なクリップ数に減らすことができる。

その後，最適化された照明を使用して，補助パターン生成及び OPC 処理をフルチップに掛ける。SMO への入力クリップの選択が妥当であれば，照明はフルチップ内の代表的なパターンに対して最適化されているはずであり，その照明を使用したマスク補正結果は，SMO の結果と同等になることが期待できる。マスク補正後のリソグラフィー検証で問題(ホットスポット)が検出された場合には，問題の箇所のクリップを追加して，再度 SMO から実行し直すこともできる。

3. 2　検証結果

以下に，図 11 のフローを適用した 2 つの結果を示す。

最初のテストケースは，22 nm テクノロジー・ノードのロジック・コンタクトレイヤである。パターン・セレクション前の総クリップ数は 38 個。SRAM，寸法と間隔を振ったテストパターンやランダム・ロジックパターンを含む。パターン・セレクションにより，クリップ数はわずか 6 個に減らすことができた。**図 12** には，処理時間と，EL 5%における DoF の比較結果を示す。左から，38 クリップ全てを使用した場合，パターン・セレクション後の 6 クリップのみを使用した場合と，従来手法の人手に拠り重要性が高いと思われるクリップを選択した場合である。従来手法においては，SRAM と密な間隔のパターンが選択された。パターン・セレクション機能により，DoF をほとんど劣化させずに，SMO の処理時間を 80%程度短縮で

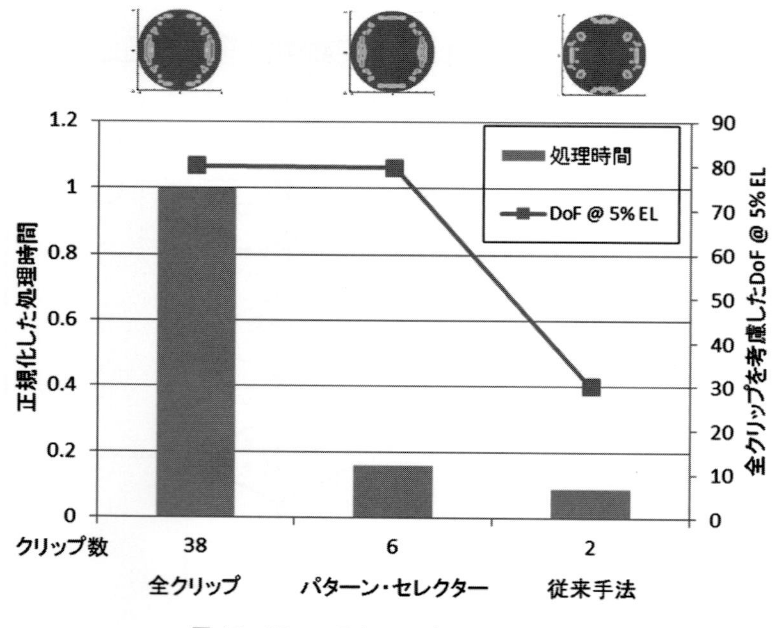

図 12　22 nm テクノロジー・ノードの例

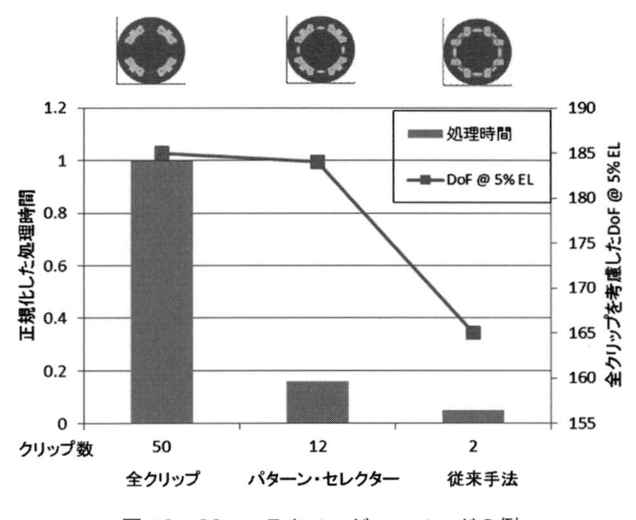

図13　30 nm テクノロジー・ノードの例

きたことがわかる。従来手法では，SMOの処理時間は短縮できたものの，DoFが大きく悪化している。パターン・セレクション機能が，単にクリップ数を削減するだけではなく，照明の最適化に必要な重要クリップを効率良く選択できていることがわかる。

2つ目のテストケースでは，30 nmのテクノロジー・ノードのクリップを50個使用した。パターン・セレクション機能により，クリップ数は12個に削減された。比較する従来手法では，同じくSRAMと密な間隔のパターンの2クリップを選択した。**図13**に結果を示す。この結果からも，パターン・セレクション機能が，効率良くクリップを選択できていることがわかる。

4　まとめ

以上述べた通り，SMOの目的は，パターンの微細化に伴い難しくなってきたプロセス・ウィンドウのマージンを確保し，歩留まりを向上させることにある。

また，ASMLのSMOの特徴としては，以下が挙げられる。

① 照明とマスクの同時最適化により，より理想に近い最適化結果が得られる。
- ・CTMとフリーフォーム照明とを使用した，照明とマスクの同時最適化が可能。
- ・MRCを考慮した，メインパターンと補助パターンの同時最適化が可能。
- ・従来のフォーカス，ドーズを基準としたプロセス・ウィンドウに加え，マスク誤差や，CDを計測するレジストの形状を考慮した最適化条件が設定可能。

② ASMLの露光装置の照明系を考慮した照明最適化が可能。

③ フルチップに適用するための，パターン・セレクション機能や，最適化後の照明を補助パターン生成およびOPC処理に利用できる統合環境が整っている。

文　献

1) R. Socha et al.：Simultaneous Source Mask Optimization(SMO), SPIE, 5853(2005).

2) S. Hsu et al.：An Innovative Source-Mask co-Optimization(SMO)Method for Extending Low k1 Imaging, SPIE, 7140(2008).

3) A. Antoniou and W. Lu：Practical Optimization：Algorithms and Engineering Applications, Springer (2007).

4) M. Tsai et al.：Full-chip source and mask optimization, SPIE, 7973(2011).

第Ⅱ編

ポスト光リソグラフィ技術

第1章　次世代リソグラフィ技術動向

東京大学　石原　直

1　次世代リソグラフィ技術とは

1965年にインテルの創業者の一人であるゴードン・ムーアが半導体チップ集積度の発展を予測したいわゆる「ムーアの法則」を発表[1]してから半世紀が経過した。今も，半導体LSIは，「集積度は3年で4倍になる」というムーアの法則に従って発展を続けている。この一本調子の発展は，1972年にロバート・デナードが，「MOSトランジスタは基本構造を保ったまま寸法を比例的に縮小していくことにより安定した高性能化が可能である」ことを理論的に示した「スケーリング則[2]」に支えられてきた。「デバイス構造寸法の比例縮小」，つまり「微細化」が集積化の主たるイネイブラーであるということは，半導体LSIの発展を設計技術・製造技術の側面から支え続けたのが，微細加工の基盤技術たる「リソグラフィ技術」であることを意味しているのである。

「リソグラフィ技術」は半導体LSIの生産を支えるとともに，ムーアの法則に則った微細化トレンドに対応するため，常に安定した製造のための現用技術のブラッシュアップと次世代のための新技術開発を進めてきた。半導体LSIの生産にはこれまでずっと光リソグラフィが使われてきたことから，「次世代のための新技術」を本編の標題のように「ポスト光リソグラフィ」と呼んだり，本章の標題のように文字通り「次世代リソグラフィ技術，Next Generation Lithography, NGL」と呼んでいる。

本稿では次世代リソグラフィ技術として，次の4つの技術について述べている。

- EUVリソグラフィ技術
- 電子線描画技術
- ナノインプリント技術
- DSA（Directed Self-Assembly）技術

前2者は，「露光技術」に分類されるパターン形成技術であり，第Ⅰ編の光リソグラフィ技術の先を担う次世代露光技術を扱っている。通常，露光技術の解像力は露光波長をドミナントな支配要因として論じられることから，**図1**に，これら露光技術における解像力について，それぞれの露光波長における理論的な解像限界をマッピングしてある[3]。図からわかるように，光リソグラフィの露光波長に対して，EUVリソグラフィは約1桁，電子線リソグラフィは4～5桁も短い波長帯を使って解像力の向上をねらい，それぞれの波長帯において解像力支配要因とそれに基づいた解像性能向上の技術開発が行われてきたことが読み取れる。技術開発に関す

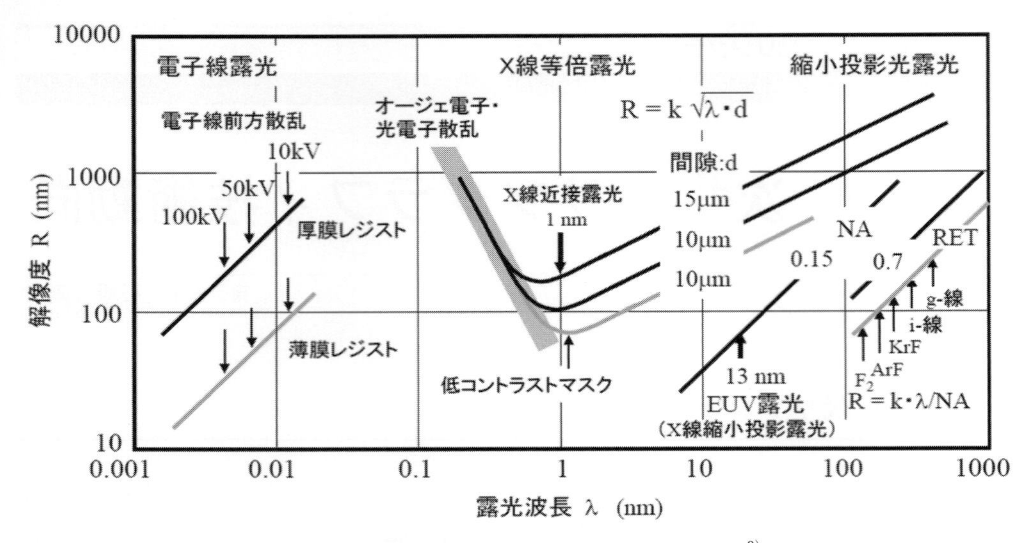

図１　半導体露光技術における露光波長と解像力[3)]

る体系的理解の参考にしていただきたい。

また，後２者は，露光プロセスを伴わない微細パターニング手法である。「ナノインプリント」は，歴史的には「型加工」や「インプリント」の流れを汲む加工法の超微細化であり，低コストで実現可能な微細パターニング技術として期待を持って研究されている。DSA 技術は，化学分野の「ミクロ相分離」という自己組織化現象をパターニングに応用しようとする試みで，リソグラフィ技術と組み合わせて使うことにより超高分解能を実現できるポテンシャルを有している。

2　EUV リソグラフィ技術

EUV リソグラフィ技術の源流には，等倍 X 線露光技術の投影露光への展開という流れと，光リソグラフィ技術の短波長化による解像力向上の流れがある。

等倍 X 線リソグラフィは 1972 年の H. I. Smith らの発表[4)]に端を発している。波長 1 nm 程度の軟 X 線を光源に，重金属の X 線吸収体の 1：1 マスクパターンをプロキシミティ方式(近接露光方式)でウエハに転写する技術である。初期の電子線励起型 X 線源からの特性 X 線を用いる方式からシンクロトロン放射光を用いる方式に進化してから，1990 年代後半には，光リソグラフィの限界を超える高い解像力・精度とそれなりのスループットを持った次世代リソグラフィ技術として有望視されるようになった。しかしながら半導体 LSI 量産用の露光技術として見たとき，現用の光リソグラフィ用のフォトマスクから 1：1 サイズの重金属パターンをメンブレンで支える X 線マスクへの変更が必要，何台もの露光装置でシンクロトロン光源を共用する必要があるなどの特殊性から，すんなりと製造工場に導入されることはなかった。

しかしながら一方で，シンクロトロン放射光を使った露光技術の研究分野では，光リソグラフィにおける露光方式と同様の「X 線縮小投影露光法」のフィージビリティスタディが並行して進められており，実に1986年という早い時期に，木下らから，露光中心波長13 nmのシンクロトロン放射光を使ったX線縮小投影露光によるパターン形成が報告[5]されている。「X線縮小投影露光法」は2000年を過ぎてから「EUVリソグラフィ」と呼ばれるようになり，以来，世界で活発な技術開発が行われて今日の状況に至っている。

波長13.5 nmを用いるEUVリソグラフィは，極端な短波長を用いるため，レーリーの式からみて低いNAでも高い解像力が得られることが最大のメリットである。理論上は，NA＝0.25で線幅32～22 nm，0.35で16 nm，0.4以上なら10 nm以細という解像力が得られる計算となることから，超微細パターン露光技術として大きな期待が寄せられている。

露光方式としては光リソグラフィ技術の延長線上の縮小投影露光技術でありながら，技術的には光リソグラフィ技術から大きな飛躍がある。13.5 nmとい短波長のEUV光では，殆どの物質で透過率がゼロ(屈折率が1)であることから透過型のマスクや屈折レンズが使えないため，マスクや縮小投影光学系には表面に多層膜を堆積した反射型マスクや多層膜反射ミラーが用いられる。また，同じ理由からEUV光では真空中露光となるため，縮小投影光学系，位置決め機構，マスク，ウエハのハンドリング機構などは真空中で動作させる。他にも，マスクやウエハの保持，防塵対策，マスク面でのシャドウイング効果対策など数多くの特殊な技術的課題を抱えている。

このような困難さを抱える技術体系であることから，フィージビリティ確認以降のしばらくは地道な基礎研究が行われていた。21世紀に入ったころから光リソグラフィの限界議論の高まりに呼応して，半導体LSI製造への導入を目指したEUV露光技術の本格的な研究開発が世界を巻き込んだ体制で推進されることになった。上に述べたようにEUVリソグラフィに固有な技術課題は，露光光学系用ミラーやマスクのための極薄多層膜の形成，低収差の反射光学系の設計とミラーの作製，マスクブランクスやマスクパターンの欠陥検査，レジストの形状精度を維持したままの超高感度化，EUV光源の大出力化などであり，いずれも極限的な精度，機能，性能の実現を目指した高度な技術開発が推進されている。

3　電子線描画技術

電子線リソグラフィは，電子ビームリソグラフィ，Electron Beam Lithography，E-beam Lithography，EB Lithographyなどいろいろな呼称がある。加速されて高いエネルギーを持った電子線がレジストに照射されると，電子はレジスト高分子と架橋(重合)あるいは主鎖切断(分解)といった反応を起こす。この反応を利用してレジスト内には電子線の照射パターンに応じた潜像が形成され，これを現像することによってレジスト材料の微細パターンを形成する。解像力は照射された電子のレジスト内での広がり(飛程)で決まるため，原理的に非常に高い解像力が得られる。ちなみに，電子線としての波長は極めて短いため光リソグラフィのように回折現象が解像力を制限することはない。このため，電子線描画技術は半導体LSIの微細パターンの創成・形成手段として多くの微細パターニングに活用されている。

まず，電子線描画技術は他の多くのリソグラフィ技術と違って図形の電子データに基づくパターン生成(generate)機能を有していることから，半導体LSI用のマスクパターン描画に当初から現在に至るまで本技術が使われている。また，ウエハ上に直接パターン形成を行う電子線直接描画技術についても技術開発が行われており，マスクを使わないことからマスクレスリソグラフィ(ML：Maskless Lithography)とも呼ばれている。

これらのパターン描画において解像力自体は上述のように何の問題もないが，半導体LSIのような高密度に配置されたパターンの描画においては，形状精度の確保に注意が必要である。形成されるパターン形状は露光量(ドーズ)による堆積エネルギーの分布で決まるが，加速電子のレジスト内やシリコン基板内で散乱(前方散乱，後方散乱)によりエネルギーは設計パターンをはみ出して堆積され，形成パターン形状に乱れを引き起こす。この現象は近接効果(proximity effect)と呼ばれるが，その影響を排除して描画パターンの形状精度を確保するために様々な近接効果補正技術が開発されている。

一方，電子線描画技術の大きな課題は，その一筆書き方式からわかるようにパターン描画がシリアル処理であるためにパターン形成に長時間を要することである。つまり，電子線描画装置の弱点はスループットの低さであり，その弱点克服，つまり「高速化」が電子線描画装置開発の歴史そのものである。

当初の電子線描画装置はポイントビーム(Point Beam)方式で開発がスタートした。電子線の解像性能を最大限に引き出せる方式がポイントビームであることから分解能向上の技術開発は継続的に行われ，今も数ナノメートルという超高分解能をねらったポイントビーム電子線描画装置の開発が進められている。

高速描画を狙った技術開発としては，まず，可変成形ビーム(VSB, Variable Shaped Beam)方式が検討され，高速描画をねらった装置が開発されてきた。具体的には2枚の成形アパーチャの相対位置を制御して任意の四角形を形成し，その四角形を一度に露光する方式である。さらに，成形アパーチャとして転写パターン付きステンシルマスクを用いるセルプロジェクション(CP：Cell Projection)方式も開発されてきた。転写パターンが形成されたセルをアパーチャ部に配置し，これをショットごとに一括転写する方法で高速化をねらっている。さらに近年は，超並列描画をコンセプトとするマルチビーム方式やマルチカラム方式などが提案されている。例えば，カラム内にアパーチャアレイを配置して電子線を数千から数万本に分け(最近は100万本を超える提案もある)，これらの多数ビームで並列描画を行うシングルカラム・マルチビーム方式の描画装置が幾つか開発されている。また，電子源，レンズ，偏向器を具備したカラムを複数セット用意し，複数カラムで並列描画を行うマルチカラム方式，さらに個別カラムにセル方式を採用したマルチカラムセル描画方式の研究開発がも行われている。

4　ナノインプリント技術

ムーアの法則に則って一本調子で微細化が進展していた1980～90年代の半導体リソグラフィ技術分野では，ウエハの大口径化に伴う露光装置の大型化，パターン形成の精度・分解能の向上に応じた装置・部品類の高度化に伴って，リソグラフィに要するコスト増大が大きな問題となっていた。深刻になりつつあったリソグラフィコスト問題の解決策の一つの方法として期待を集めたのがナノインプリント技術である。1995年にS. Y. Chouらがシリコン上に形成したsub-25 nmのパターンをPMMA薄膜に転写した[6]ことがきっかけとなって，「ナノインプリントリソグラフィ（Nanoimprint lithography，NIL）」に注目が集まった。パターン形成の原理から分るように，露光光源や縮小投影光学系（オプティックス）が不要なことから，低コストでありながら高い解像力が期待できる微細パターン形成技術として有力視され，以来，世界中で活発な研究開発が展開されている。

ナノインプリントリソグラフィ技術は大きく二つの方法に分けられる。一つ目は，上記の当初の提案の「熱ナノインプリント法」で，熱可塑性樹脂の薄膜にナノ構造を持った型（モールド，テンプレート，マスク等の呼び方あり）を押付けながら，加熱・充填・冷却・離型のプロセスによって微細パターンを形成する。この手法の解像力については，その後，10 nm以下のパターンを比較的容易に転写できることが示されたことから，ナノインプリントプロセス自体にはほぼ解像限界が無く，極微細パターンが形成されたモールドさえ入手できれば，光リソグラフィより簡便，かつ安価な装置により極微細構造が形成できるとされた。

しかしながら，この様な熱サイクルプロセスでは，過熱・冷却に要する時間のためのスループットの低下，温度差による寸法変化，熱膨張によるアライメント精度の低下などの問題を抱えている。これらの問題を解決するために開発された方法が，もう一つの「光ナノインプリント法（UVナノインプリント法）」である。低粘度の光硬化樹脂を基板に塗布しておき，石英ガラス等のUV光に透明なモールドでプレス，UV照射で樹脂を硬化させ，離型することで微細パターンを得る手法である。UV照射のみでパターン転写が出来るため，熱サイクルに較べてスループットが高い，温度変化による寸法変化が起こらない，モールドを透過する光を使ったアライメントが可能であるなどの利点を有している。

極微細パターン形成性能と高いスループット確保の見通しがついたことから，既に半導体LSI製造プロセスへの導入を狙った装置開発も進んでいる。半導体リソグラフィ工程に適用する装置では光ステッパと同じようにステップアンドリピート方式が採用されており，UV照射を繰り返すことからステップアンドフラッシュ方式と呼ばれる半導体リソグラフィ用の装置開発が進展している。

このように，安価な半導体リソグラフィ技術として提案された「ナノインプリント技術」は，まずDVDやBDなどの光ディスク基板上の記憶パターン作製への適用などから応用が広がり，半導体リソグラフィプロセスへの適用も視野にはいりつつある。型加工を原理とすることからわかるように，モールドさえできれば段差の付いた構造の形成が可能であるという特長を活かして，まずはダマシン工程への適用が検討されている。このように，ナノインプリント技術の特長を活かせるレイヤーへの適用から始めて，順次，適用範囲を拡大していくものと思われる。

5　DSA（Directed Self-Assembly）技術

半導体微細パターニングは主に「露光技術」というトップダウン手法に頼ってきたが，加工サイズが露光光の回折限界に迫るに従って，技術的にもコスト的にも限界が議論されるようになってきた。このような状況の中，物質が自身の特性として自発的に構造を形成する「自己組織化現象」を応用するボトムアップアプローチがナノテク開発と相俟って注目されるようになった。近年，高分子ブロック共重合体がナノサイズの規則的ドメイン（ミクロドメイン）を形成するミクロ相分離現象をパターニングに応用する研究が活発化している。一般的な自己組織化材料としては，それぞれが親水性と疎水性を持つポリスチレン（PS）とポリメタルメタクリレート（PMMA）を組み合わせ，スピンコートによる薄膜塗布，加熱・冷却という共重合プロセスにおいてミクロ相分離を起こさせることで，両ポリマー鎖の分子量で決まる周期構造を形成する技術である。半導体 LSI のパターン形成への応用については，所望のパターンを得るためにあらかじめ設けたテンプレート等で自己組織化過程を制御するところから，Direct Self-Assembly（DSA）と呼んでいる。リソグラフィによるテンプレート作製（トップダウン）と自己組織化（ボトムアップ）を組み合わせるところから，典型的なトップダウン・ボトムアップ融合技術といえるであろう。

パターンの配置，配列，整列の制御法としては大きく二つの方法が研究されている。一つは，あらかじめ設けたテンプレート構造により自己組織化を空間的に拘束，制御する「グラフォエピタキシー法」である。基板上にリソグラフィなどで数十 nm 程度の溝を形成しておき，その内部で起こるミクロ相分離を溝の壁面で拘束することによりミクロドメインの配列，整列を行う方法である。もう一つは，高分子ブロック共重合体の分子鎖と基板との化学的な相互作用を使って自己組織化を制御する方法で，「ケミカルレジストレーション法」と呼んでいる。あらかじめ基板上に疎水性・親水性など表面化学状態の異なる領域をパターン化して配置しておき，基板上でミクロ相分離によって形成されるミクロドメインを，化学作用によって基板表面の化学パターンに沿って配列，整列させる方法である。それぞれの拘束用テンプレートの形状・構造や化学パターンとして，溝，円形，方形，三角形，窪み，ポストなど，色々な形を用いることにより，多様な微細パターンを形成する研究が活発に行われている。

なお，以上の説明からわかるように，DSA は単独で半導体 LSI のパターン形成に用いるのではなく，他のリソグラフィ技術と組み合わせて解像力を上げる為に使われることになる。現在はまだパターン形成の基礎特性に関する基礎研究の段階にあるが，他の手段と合わせ用いることにより半導体 LSI 用の超微細パターン形成に応用が広がっていくものと思われる。

文　献

1）G. E. Moore：Coming more components onto integrated circuits, *Electronics Magazine*, **38**, 8（1965）.

2）R. Dennard et al.：Design of ion-implanted MOSFETs with very small physical dimensions, *IEEE J. Solid State Circuits*, SC-9, **5**, 256-268, Oct.（1974）.

3）岡崎信次，鈴木章義，上野功：はじめての半導体リソグラフィ技術，11，技術評論社（2012）.

4）D. L. Spears and H. I. Smith：X-ray lithography-A new high resolution replication process, *Solid State Technol.*, **15**, 7, 21-26（1972）.

5）木下，金子，武井，竹内，石原：第 47 回応用物理学会，X 線縮小投影露光の検討（その 1），28-ZF-15（1986）.

6）S. Y. Chou et al.：Imprint of sub-25 nm vias and trenches in polymers, *Appl. Phys. Lett.*, **67**, 3114（1995）.

第1節　EUV 露光装置技術

エーエスエムエル・ジャパン株式会社　宮崎　順二

1　はじめに

光リソグラフィの微細化は，Rayleigh の式で知られように，露光波長の短波長化，投影光学系の開口数(NA)の高 NA 化，そしてプロセスファクタの改善によりなされてきた。現在，微細工程に用いられる露光波長 193 nm での NA は，液浸露光技術の実用化により，空気中での限界の 1 を超え，水を使った液浸の限界である NA＝1.35 に達している。

さらに短い露光波長として，一気に 13.5 nm の EUV 光まで短波長化することが 1986 年に木下らによって提案された[1)]。2006 年にフルフィールド(33×26 mm)，NA＝0.25 の試作露光機がベルギーの IMEC とニューヨーク州立大学アルバニー校の二ヶ所の研究機関に納入され，EUV レジストの開発やデバイスの試作[2)3)]など EUV リソグラフィの開発が本格的に始まった。その後，2011 年より新しく設計された NA＝0.25 の光学系を搭載した ASML 社製量産試作機 NXE：3100 の半導体各社へ納入が開始され，半導体メーカでの EUV リソグラフィの開発が加速された。

一方，半導体の微細化は衰えることなく続いており，プロセスファクタは，ダブルパターニング技術を用いることで 0.25 以下の値が実用化されている。さらに今後の微細化には，ダブルパターニングの限界を超えて，3 回 4 回と露光⇔エッチングを繰り返すマルチパターニングが必要となる。EUV リソグラフィを用いることで波長は 1/14 になり，一方 NA は量産機の NA＝0.33 は液浸の NA＝1.35 に比べて 1/4 となるので解像力は約 1/3 となり，これらのパターンを 1 回の露光で形成することが可能となる。

例えば先端ロジックプロセス(10 nm ノード)では，液浸露光を用いたマルチパターニングの適用が必須となっている。**図 1** に示した配線工程の例では，ひとつの配線層を光露光で 3 回に分けて露光，エッチングを行っている[4)]。しかしながら，2 次元のパターンは本来のデザインに比べて，明らかにパターン形状の忠実度が劣化している。このため前後の工程との位置ずれが問題となる。一方 EUV を用いた場合は，設計どおりのパターン形状が得られることがわかる。コンタクトホールのパターンでも，先端ロジックでは 4 回露光 / エッチングが必要なデザインが EUV では一回の露光で形成することが出来る[5)]。またマルチパターニングでは個々の露光の重ね合わせ精度がパターン間の寸法に影響するため，非常に高い重ね合わせの精度が必要となり各露光間の重ね合わせ制御が問題となる。

一方，自己整合型ダブルパターニング(側壁プロセスを用いてピッチを半分にする技術)を適

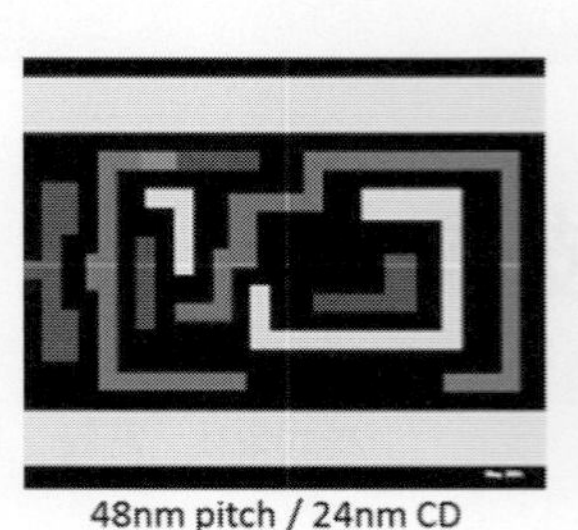

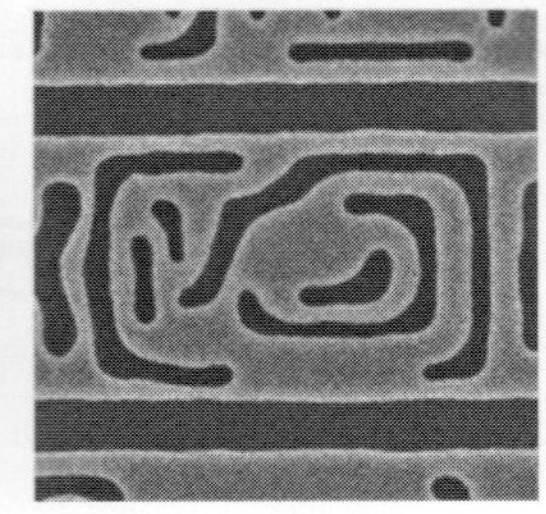

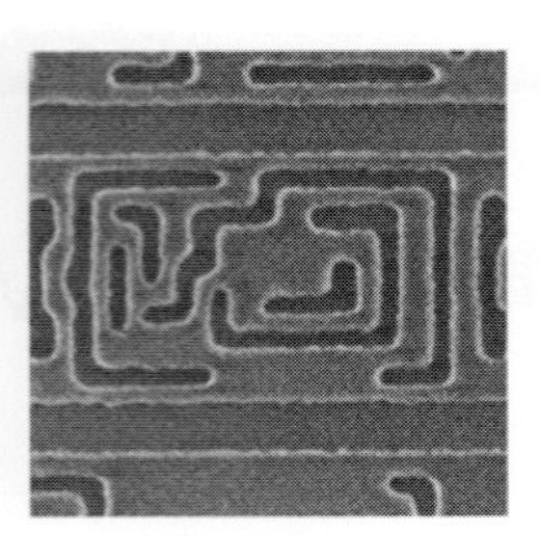

図１　液浸リソグラフィによるマルチパターニング(３回)と EUV を用いたシングル露光によるロジックパターン形成例[4)]

用して配線を１次元で形成する手法も実用化されている[6)]。ただ，この場合も一次元の配線をカットするため別途リソ工程が必要となる。先端ロジックではこのカット工程も３回の露光／エッチングを要する。よって寸法制御，重ね合わせ制御の問題は同様に発生する。

ロジックでは，このようなデザインルールの厳しい工程が多数存在するため，全体の工程数の増加により，コストの増加，工期の長期化などの大きな問題に直面している。EUV リソグラフィはこれらの問題を解決する技術として実用化に向けた開発が進んでいる。

2　装置概要

2.1　システムデザイン

13.5 nm という波長の EUV 光は，ほとんどの物質に吸収されるという特性を持つ。そのため，従来波長のように透過型光学系を用いることができない。そこで Mo/Si を多層に積層したブラッグ反射を用いたミラーを使って光学系を形成する必要がある。また空気も EUV 光を吸収してしまうため，装置内は真空に保たなければならない。

EUV の露光装置も基本的には液浸と同様の露光システムであり，ステージ周りやセンサーなど基本となる技術は共通である。一方，EUV の装置は真空装置である点で，液浸等の従来の装置と大きく異なっている。そのため例えばステージでは真空中でのステージ位置や振動の制御，熱のコントロールなどの技術が新たに必要となる[7)]。また，装置内の真空は，非常に高いレベルでクリーンに保つ必要がある。一般に光学部品は，X 線や EUV 光に露光されると，カーボンが付着したり，ミラー表面の Mo/Si 多層膜が酸化することが知られている。例えば１～3 nm のカーボン層，1 nm の表面酸化によりミラーの反射率が 1% 劣化する。このため，ハイドロカーボンや H_2O は非常に低い濃度に制御されなければならない。ケーブルやセンサーなどの部品からのアウトガス，レジストからのアウトガスなどに対して対策が必要となる。このため装置内はいくつかの真空モジュールに分けられ，投影光学系など特にコンタミネーションに対して重要な部品は別モジュールに区分けされている[8)]。

2.2　光学系

EUV露光装置の一般的な光学系の例を**図2**に示した[9)]。照光学明系，投影光学系，そしてマスクもすべて反射型光学系となっている。

投影光学系は6枚のミラーを組み合わせたデザインのものが使われている。光学系の開口数NAは，試作機ではNA＝0.25であったが，量産機では，同じ6枚ミラーであるが，より高NAのNA＝0.33のデザインが採用されている。EUVミラーの表面は，非常に高い面精度で仕上げる必要がある。これは表面の精度が収差やフレアに影響するためである。面精度の各空間周波数帯での結像への影響を**図3**に示した[10)]。空間周波数が低い領域はFigureと呼ばれ，収差の原因となる。MSFRと呼ばれる中間的空間周波数成分は，フレアー発生の原因となる。フレアは波長の自乗に反比例して大きくなるので，特に重要である。また高い空間周波数にあたるHSFRはミラーの反射率に影響する。これらの面精度を70～100 pm以下の精度で仕上げ

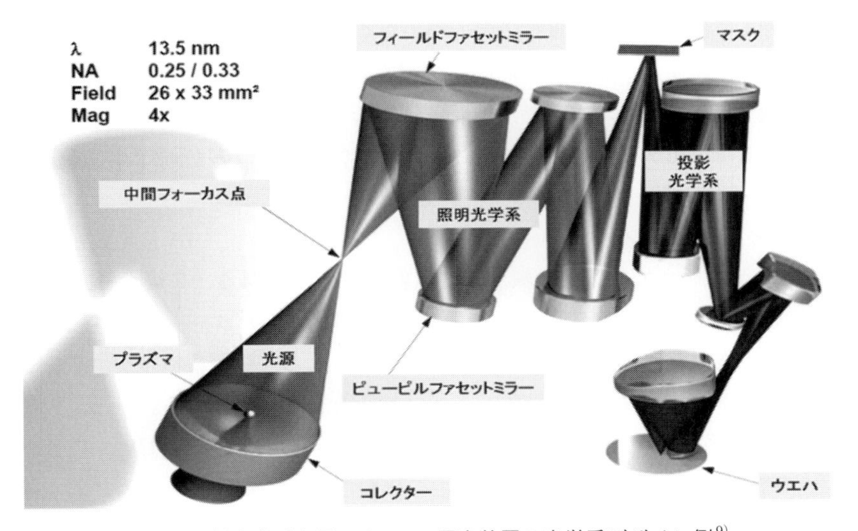

図2　反射光学系を用いたEUV露光装置の光学系デザイン例[9)]

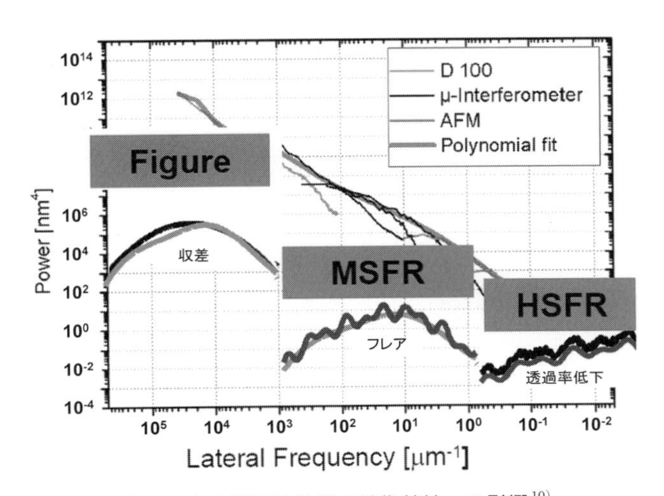

図3　各空間周波数帯の結像特性への影響[10)]

る必要がある。200 mm 径のミラーで 70 pm のラフネスを達成するということは，例えると，2000 km で 7 mm，つまり北海道から九州の直径のエリアで 7 mm 以内の高低差を達成するのと同等であり，如何に高精度なミラー製造技術が使われているかがわかる[11]。

2. 3　照明光学系

図 2 で示したように，反射光学系では，マスクへの入射光と反射光の干渉を避けるため，マスクは 6 度の傾斜(主光線入射角度 CRA)を持った光で照明される。また EUV 露光システムにおいても変形照明が適用可能な照明系が用いられている。これは，**図 4** に示したように，露光フィールド形状を作るフィールドファセットミラーと照明形状を作るピューピルファセットミラーの組み合わせからなる照明系により実現されている[12]。フィールドファセットミラーでは，円弧型の露光フィールド形状を形成し，ピューピルファセットミラーで照明形状を形成する。現行の NXE：3300/3350 では，Pupil Fill Ratio(照明全面に対する，変形照明の照明面積の割合)が約 30％であり，その範囲で照度の損失なく，照明形状を最適化することが可能である。輪帯照明や 4 眼照明，ダイポール照明などが標準で使用できる。さらに強い変形照明が使えるように，次世代機 NXE：3400 では，照度損失なく Pupil Fill Ratio を 20％まで小さくすることが可能な新しい照明系が開発され，さらなる解像性能の改善が可能となる。

2. 4　シャドウイングとフレア

先に述べたように，マスクは主光線が 6 度傾斜して照明される。このため，**図 5** のようにマスクの遮光膜の厚みの影響でシャドウイングが発生する[13]。パターンの方向によりシャドウイングが発生する方向としない方向があるため，転写される寸法に縦横差が生じる。これを補正するため，マスク上でパターン寸法のバイアス補正を行う必要がある。

EUV の投影光学系は約 4％のフレアがある。また EUV レジストは DUV 光にも感度を持つため，DUV のフレアも考慮する必要がある。これらのフレアの影響もマスク上で補正する必

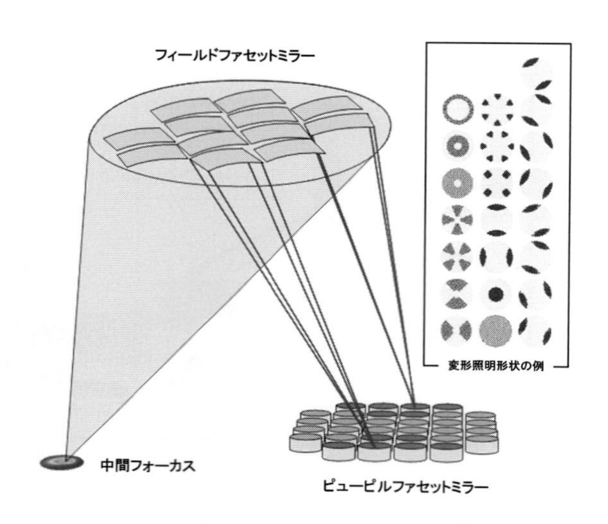

図 4　変形照明対応の照明光学系[12]

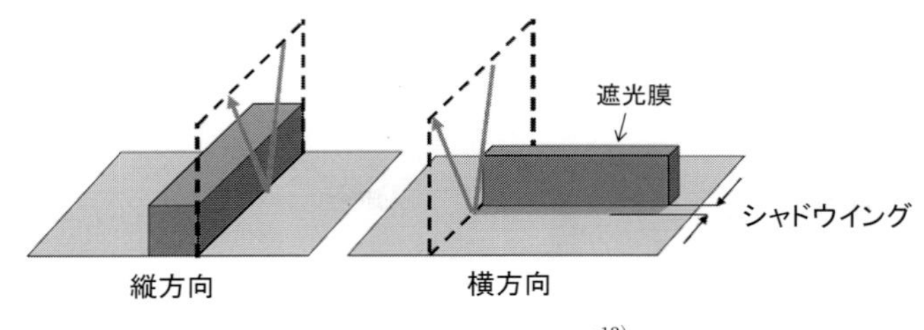

図5 シャドウイング[13]

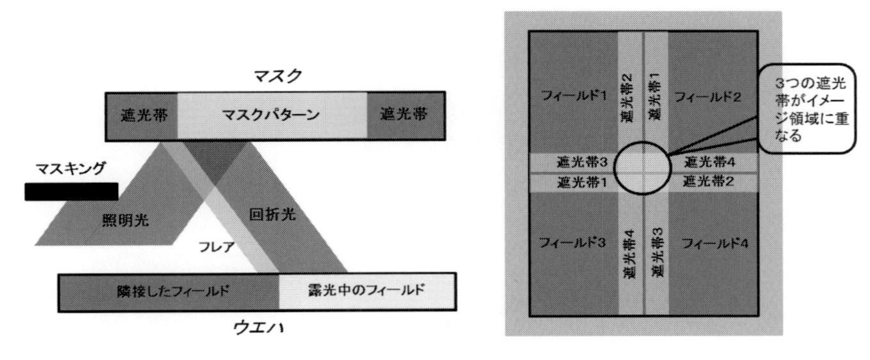

図6 露光ショット端部でのフレア多重露光[14]

要がある[14]。フレアは，マスクから反射された光より発生するため，マスク上の開口パターンで強く発生し，遮光パターンでは小さい。このためパターンの密度によって変化し，マスク内で一定ではない。そこでパターン密度に基づいてマスク面内のフレアーマップを作成して補正を行う。特に，露光ショット端では**図6**に示したように隣接ショットと重なって露光されるエリアが発生する。マスクの遮光膜や露光装置のマスクマスキング部材からも反射が発生するためである。このため，マスク遮光帯や装置のマスクマスキング部材の低反射化の技術開発も進んでいる[15][16]。

2.5 マスク上発塵とペリクル

次にEUV装置内の欠陥，パーティクル特性について述べる。**図7**にはレチクル交換を含めた1回の露光シーケンスで発生する欠陥数の改善トレンド示した[17]。装置内のパーティクル欠陥は年々大きく改善しており，2015年の時点で<0.001個/cm^{2}を達成している。パーティクルの発生源の撲滅，パーティクルが装置内の重要なエリアに混入しないような対策と合わせて，欠陥の発生しないマスクケースなど外部からの欠陥の進入を極力抑えるなど更なる欠陥レベルの改善を進めている。

一方，マスク面へのパーティクル付着を避けるため通常の光露光ではペリクルが用いられており，EUV用ペリクルの開発も平行して進められている[18][19]。EUVでは簡単に取り外し可能なペリクルが用いられる(**図8**)[20]。これは，EUV露光光を透過し，かつマスクのパターン検査に使用される紫外線や電子ビームを透過するペリクル膜材料がないため，マスク検査時にペリクルを取りはずことができるようにするためである。

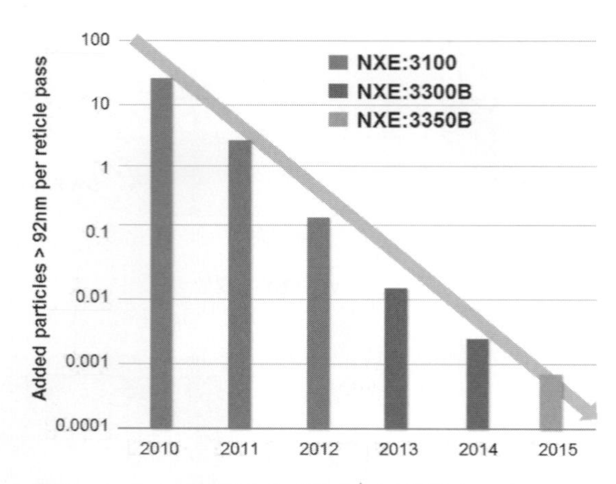

図７　レチクル交換を含めた１回の露光シーケンスで発生する欠陥数[17]

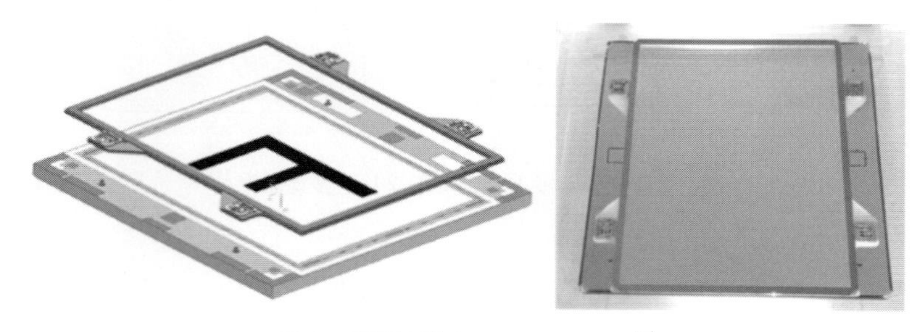

図８　着脱可能な EUV ペリクル[20]

ペリクル膜には，高い透過率と透過率均一性のほかにも，熱特性，機械強度，EUV 耐光性などいろいろな特性を同時に満たすことが求められる。EUV 光に対して十分な透過率を得るためには，膜は数 10 nm レベルの薄膜が必要となる。さらに照射時には膜の温度が数 100 度にもなるため，耐熱性，熱放射率も重要である。また，真空へ減厚する際や逆に大気圧に戻す際に圧力差によりペリクル膜にたわみが発生し，他の部材に接触して膜が破損する恐れがあるため，そのような圧力差でも大きくたわまない機械的強度も必要である。

3　装置性能

3. 1　レンズ性能

ここでは，最新の EUV 露光システム ASML 社製 NXE：3300/3350 の性能について述べる。**図 9** には各世代の投影光学系の収差とフレアを示した[21]。図から明らかなように NXE：3300/3350 では，前世代の NXE：3100 と比べて収差は約 1/3 の 0.25 nm 程度に，またフレアも 20%程度改善されて 4%程度となっている。

3. 2　露光性能

実際にウエハ露光した際の 16 nm のライン＆スペースと 20 nm の孤立抜きパターンの寸法

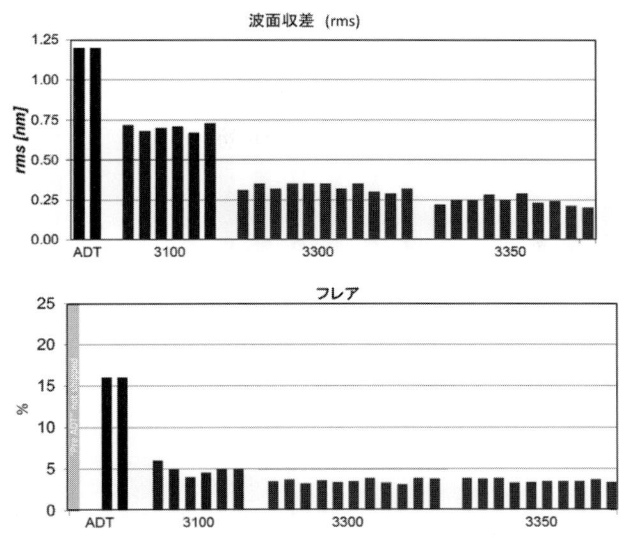

図9　投影光学系の収差とフレア。各バーは個々のレンズのデータを示す[21]

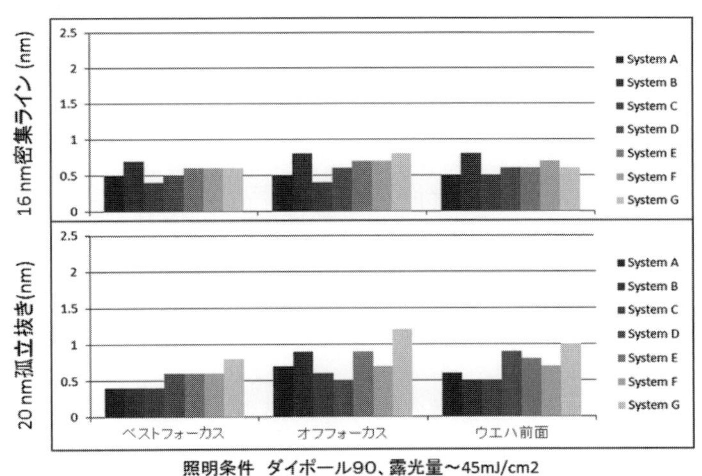

図10　16 nm 密集ラインと 20 nm 孤立ラインの寸法均一性[17]

均一性について装置 7 台分のデータを**図 10** に示した[17]。16 nm ライン＆スペース，20 nm 孤立抜きパターンともに 1 nm 以下の寸法均一性がウエハ全面で安定して得られている。

また重ね合わせとフォーカス均一性のデータを**図 11** に示す[17]。同じく 7 台分の装置のデータを示した。すべての装置で装置単体の重ね合わせで 1.5 nm 以下を達成している。また理想格子に対するマッチングのデータでも 2.5 nm 以下を達成していることがわかる。またフォーカス均一性についても，10 nm 以下の値を達成しており，非常に高い精度をもつことが判る。

SRAM，ロジックなどの実デバイスでは 2 次元パターンのパターンが用いられている。実際にロジックの配線層の 2 次元パターンを露光した例を**図 12** に示した[22]。焦点深度 120 nm と十分なプロセスマージンが確保されており，EUV の実デバイスパターンでの有効性が実証さ

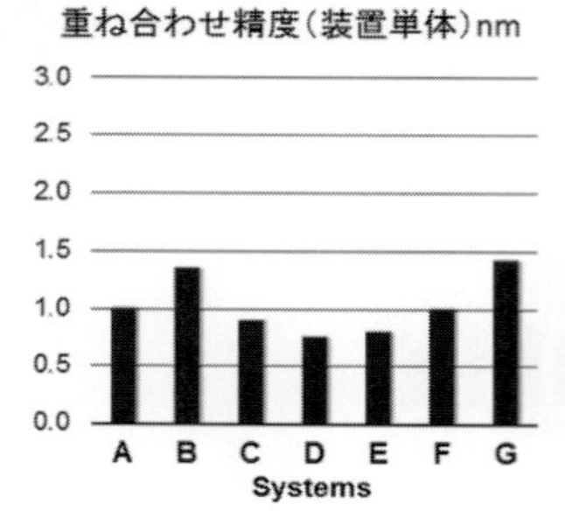

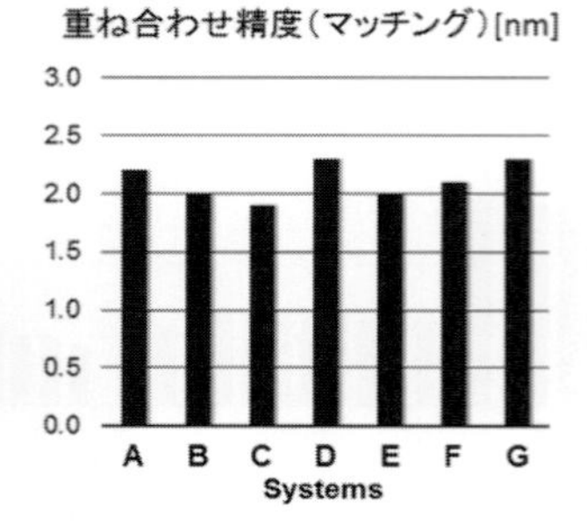

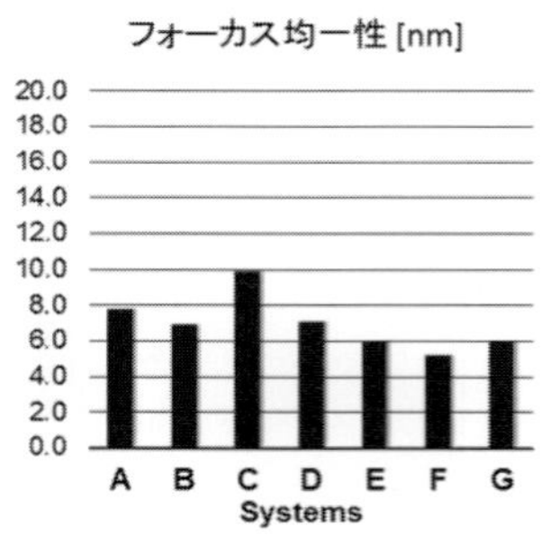

図 11　重ね合わせ精度とフォーカス均一性[17)]

れている。

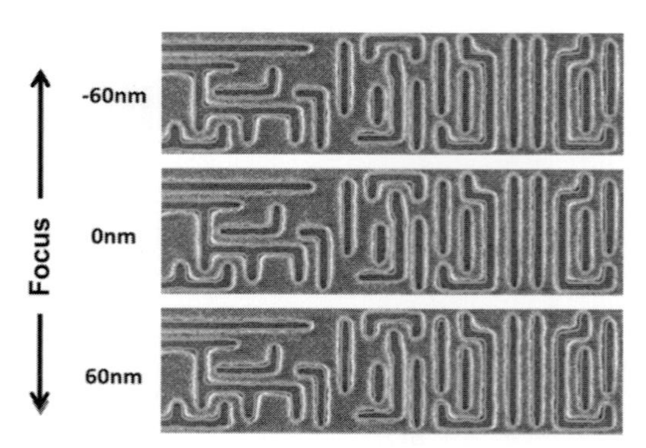

図 12　ロジック配線を形成した場合の焦点深度[22)]

3. 3　生産性

生産性向上のため，光源の出力の向上を始め，装置稼動率，装置本体のスループット向上など多く項目の改善を多方面から進めている。

スループットに関しては現在光源出力 125 W の装置で 85 枚 / 時を達成しており，つぎの目標として 125 枚 / 時を目指して開発を進めている。光源の高出力化と共に，装置本体でもウエハやマスクの交換時間の短縮などのオーバーヘッド時間の短縮，光学系の透過率の改善によるウエハ面照度の改善なども合わせて行っている。

また，装置の稼働率の向上には，光源のメンテナンスの頻度や時間の短縮も重要である。光源のコレクターミラーの寿命向上と交換時間の短縮化，また錫(Sn)の供給源であるドロップレットジェネレータへの錫の補充の短時間化，交換期間の延長などを重点的に行っている。稼働率は現時点で 1ヶ月平均で 90％以上，一日あたりの処理枚数として 1500 枚以上(連続 3 日間の平均)を達成している。今後はさらに安定してこれらの性能を維持できるよう，装置の安定性の改善を進めている[23)]。

4　将来の高 NA EUV 露光システム

4. 1　高 NA 光学系におけるマスク倍率

さらなる半導体の微細化を支えるために，高 NA 投影系を搭載した将来露光システムの開発も進められている。

先にも述べたように，EUV の反射光学系では，入射光と回折光を分離するために，マスクへの入射角度にオフセットが必要であり，NA＝0.33，マスク倍率(Mag)4 倍のシステムでは，主光線入射角(CRA)は6度となっている。

高NAの光学系ではいくつかの光学デザインの選択肢が考えられる。これを**図13**に示した[24)]。まず同じマスク倍率を保つために，CRAを大きくして，同じマスク倍率を保つ方法がある。この場合，マスクへのCRAが大きく，かつ照明入射光の角度の広がりが大きくなる。よってマスクやミラーの多層反射膜の反射率を広い角度で一定に保つ必要があるが，このようなミラーの開発は非常に困難である。そこで，倍率を大きくしてマスク側のNAを小さくすることで，CRAを小さく保つ方法がある。例えば倍率を8倍とすることで，6度のCRAを保つことができる。この場合，問題点として従来と同じ6インチマスクでは露光面積が1/4と小さくなる。このためエハ一枚当たりの露光ショット数が4倍となり装置スループットへの影響が大きい。マスクの面積を4倍に大きくすることで露光フィールドサイズを保つことも可能であるが，このような大型マスクの作成も現実的ではない。

これらの問題を解決する案としてアナモーフィック光学系が検討されている[24)25)](**図14**)。

アナモーフィック光学系とは，X方向とY方向で異なる倍率をもつ光学系であり，映画フィルムでワイドスクリーンを撮影・再生を行う場合などに用いられている手法である。露光システム上でスキャン方向は倍率8倍とし，CRAを6度に保つ。一方，スリット方向は入射光，反射光の重なりがないので，従来の4倍を保つ。これにより，露光フィールドサイズは，スキャン方向が半分になるので，面積が1/2となる。これによりスループットへの影響を最小限に抑えることが可能となる。

マスク上への光線の入射角度の広がりを**図15**に示した[26)]。Y倍率を4倍とすると，入射角

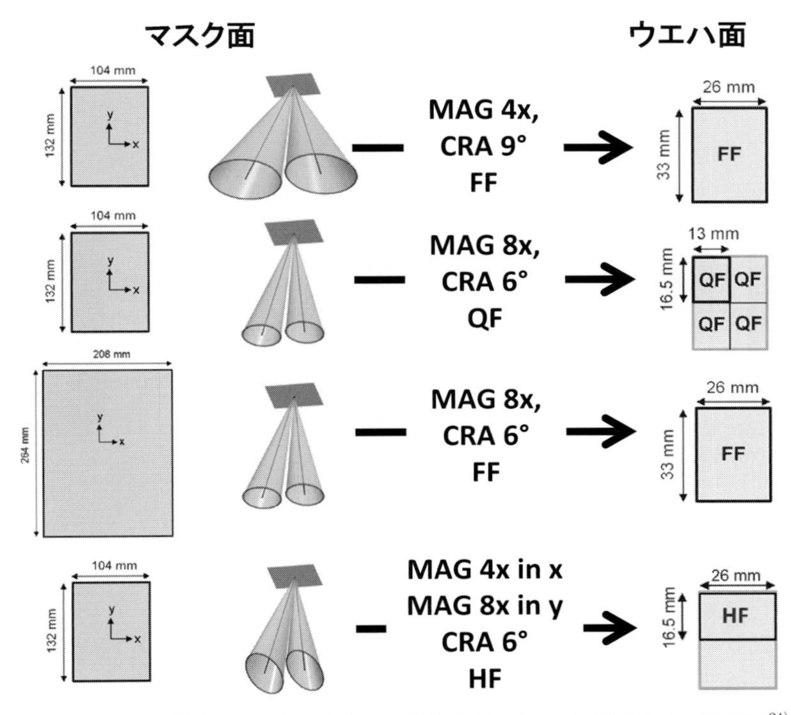

図13　高NA光学系のマスク倍率とマスクサイズ，ウエハ面露光サイズの関係[24)]

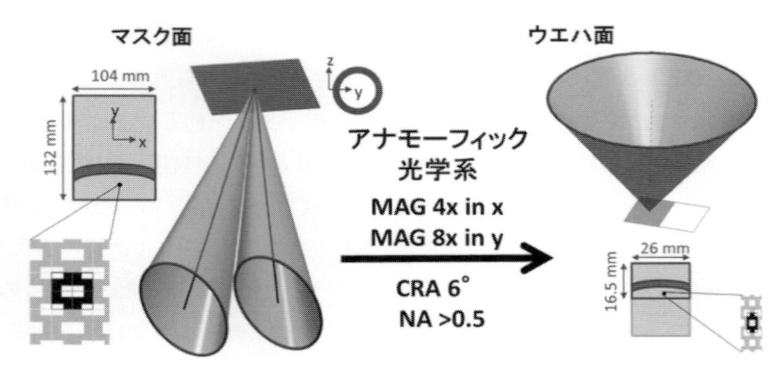

図 14　アナモーフィック光学系[24)]

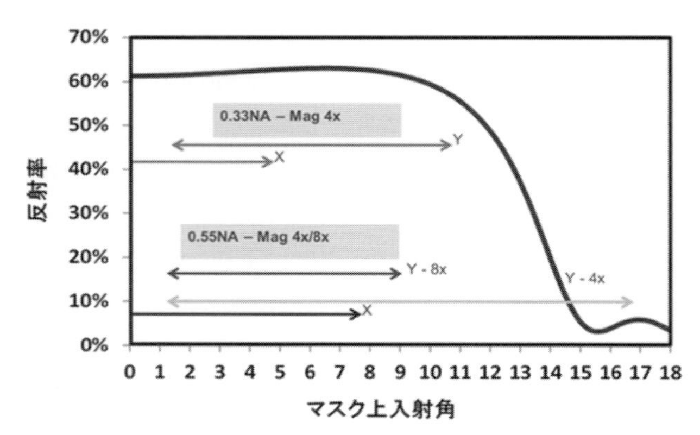

図 15　マスク上入射角と MoSi 多層膜の反射率[26)]

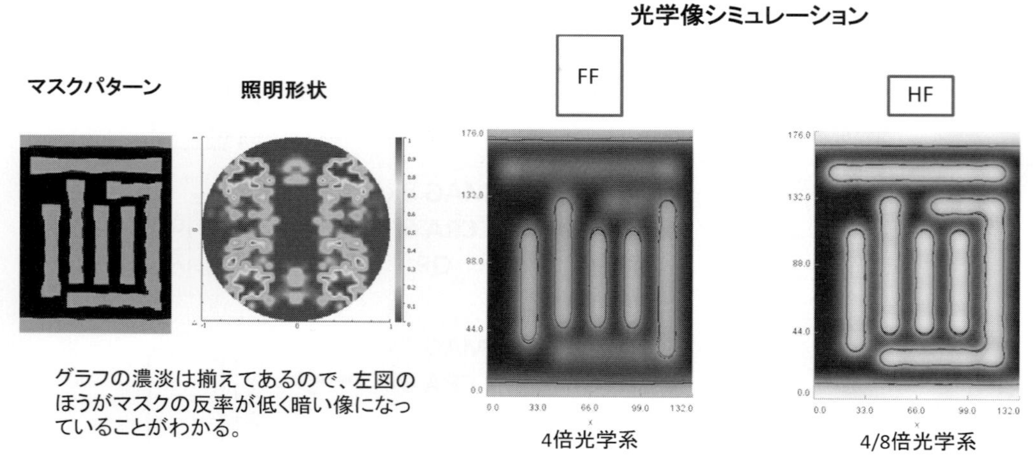

図 16　アナモーフィック光学系による結像シミュレーション[25)]

は最大約 17 度となり，マスク面の反射率が著しく低下する。一方，X4/Y8 の倍率とすることで，NA＝0.33 の場合よりも最大入射角を小さくすることができる。

アナモーフィック光学系とすることで，マスクのシャドウイングの影響も軽減することができる。**図 16** には，XY4 倍の場合と X4/Y8 倍の場合の光学像シミュレーション結果を示した。4 倍光学系では，シャドウイングが発生しない縦線では紺トラスが十分なコントラストが得られるが，シャドウイングが発生する横線は十分はコントラストが得られず，高 NA 化の効果が十分得られないことが判る。一方 X4/Y8 倍光学系では縦線，横線ともに十分コントラストが得られることが判る。

4. 2　投影光学系

投影光学系のミラーにも広い入射角で一定でかつ高い反射率が求められる。高 NA 光学系では，より広い角度の光が入射するため，このようなミラーの特性を保つことが難しく，アポダイゼーション(投影光学系の瞳面透過率分布)が大きくなるという問題が発生する。NA＞0.5 の NA を達成するには，対策案として，6 枚ミラーのままで，レンズの中心に開口部を設けてに光束を通す，オブスキュレーション光学系か 8 枚光学系が考えられる。ミラーを 8 枚に増やす場合は，多層膜ミラーの反射率は最大でも約 70％であるため，ミラーを 2 枚追加することで，全体の透過率が約半分に低下してしまうという問題点がある。

一方オブスキュレーション光学系は，瞳中心が遮蔽されるため，瞳中心を回折光が通るような特定のピッチのパターンでコントラストの低下が発生する。ただしこの問題は光学系のデザイン，照明形状最適化により影響は最小限に抑えることが可能である。よって**図 17** に示したように NA＞0.5 では，オブスキュレーション光学系が実用的なデザインとなる。

4. 3　システム

露光装置本体では，ウエハあたりのショット数が 2 倍に増えることによるスループットの低下を補うため，ウエハスキャンステージの加速度を 2 倍に，レチクルステージは 4 倍の加速度などの高速ステージシステムや光源の高出力化と組み合わせることで，NA＝0.33 の装置よりも高いスループットを目指したシステムの開発が行われている[26]。

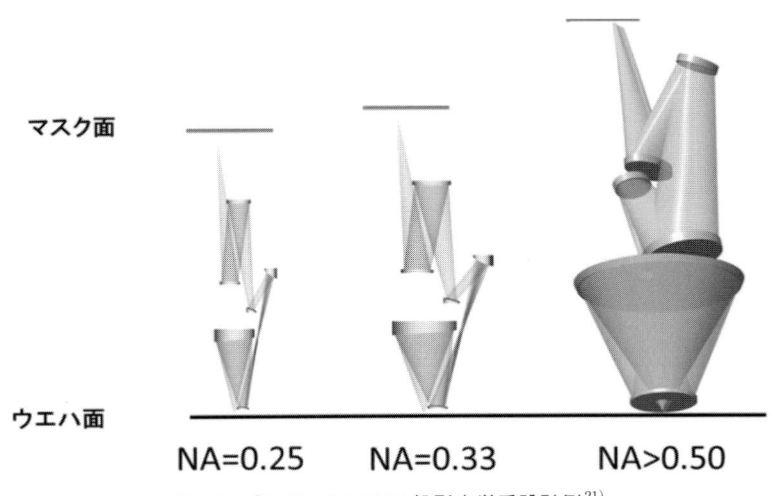

図 17　各 NA での EUV 投影光学系設計例[21]

文　献

1) 木下博雄他：第 47 回応用物理学会学術講演会予稿集，322(1986).
2) A. Veloso et al.：*IEDM Tech. Dig.*, **2008**, 861(2008).
3) A. Veloso et al.：*IEDM Tech., Dig.*, **2009**, 301(2009).
4) T.-B. Chiou et al：MNC 2016 Digest 11A-9-1(2016).
5) J. Chen：2015 Int. Symp on EUVL(2015).
6) M. Colburn：2015 Int. Symp on EUVL(2015).
7) Hans Meiling et al.：Proc of SPIE, 4688, 52(2002).
8) N. Harned et al.：Proc of SPIE, 6517, 651706,(2007).
9) O. Conradi et al.：2011 Int. Symp on EUVL(2011).
10) P. Kuerz et al.：2008 Int. Symp on EUVL(2008).
11) P. Kuerz et al.：2010 Int. Symp on EUVL(2010).
12) 森崎健史：次世代リソグラフィワークショップ(NGL2016)(2016).
13) E. V. Setten et al.：2010 Int. Symp on EUVL(2010).
14) N. Davydova et al.：Proc. of SPIE, 8522 852206(2012).
15) Y. Kodera et al.：Proc. SPIE. 9776, 977615,(2016).
16) J. McNamara：2016 Int. Symp on EUVL(2016).
17) A. Pirati et al.：Proc. SPIE, 9776, 97760A(2016).
18) C. Zoldesi et al.：Proc. SPIE, 9048, 90481N(2015).
19) D. Brouns：Proc. SPIE, 9985, 99850A(2016).
20) P. Janssen：2015 Int. Symp on EUVL(2015).
21) W. Kaiser：2015 Int. Symp on EUVL(2015).
22) E. V. Setten et al.：2014 Int. Symp on EUVL(2014).
23) C. Smeet et al.：2016 Int. Symp on EUVL(2016).
24) T. Heil et al.：2015 Int. Symp on EUVL(2015).
25) J. V. Schoot et al.：2016 Int. Symp on EUVL(2016).
26) J. V. Schoot et al.：Proc. SPIE, 9776, 97761I(2016).

第２節　EUV 干渉露光

兵庫県立大学　**渡邊　健夫**

1　はじめに

半導体国際ロードマップによると，2020 年には 10 nm の微細加工が，さらに，2025 年には 7 nm の微細加工が要求されている。この中で，極端紫外線リソグラフィー(EUVL)技術が最も期待されている次世代半導体微細加工技術である。半導体量産に向けての EUVL の技術課題は，① EUV 光源開発，② EUV レジスト開発，③ EUV マスクの開発である。この中で，EUV レジストの課題は，高解像，高感度，低 line edge roughness(LER)，低アウトガスを有する EUV レジストの開発である。シリコンウェハ上に転写されるレジストの LER は，露光光学系のフレアや収差，並びにマスクの吸収体の LER に影響される。そこで，EUV レジストの材料そのものの評価を行うには，露光光学系のフレアや収差およびマスクのエラーの無い条件で，レジストのパタン形成を行う必要がある。EUV 光による干渉露光系は，露光光学系もマスクを用いないので，EUV レジストの材料そのものが有する解像度・LER を高い精度で評価が可能である。

また，EUV 露光機である NXE-3350B は，16 nm 仕様であり，チャンピオンデータの紹介を除いてそれ以下のパタン形成評価を系統的に評価することが困難である。このため，EUV レジストそのものの解像性および LER の評価を目的に，EUV 干渉露光系の開発がスイス放射光施設[1]および兵庫県立大学のニュースバル放射光施設[2)3)]で進められてきた。

2　EUV 干渉露光

2. 1　干渉露光の特徴とその原理

兵庫県立大学高度産業科学研究所が所有するニュースバル放射光施設の長尺アンジュレータ(LU：Long Undulator)を光源に用いている[2)3)]。**図１**にこの LU の写真を示す。このアンジュレータは全長が 10.8 m で国内最大級である。ここから発生する 13.5 nm の波長の EUV 光フラックスは一般的な放射光光源である偏向電磁石から発生する EUV 光フラックスに比べ

図１　10.8 m 長の長尺アンジュレータの写真

て1,000倍程度強く，またLUから発生する光はコヒーレントな光である。ニュースバル放射光施設の場合には，LUから発生する放射光のコヒーレント長は1 mm程度であり，偏向電磁石のそれに比べて約33倍程度長いコヒーレント長を有する。後で述べるように，透過型回折格子を用いた二光束や四光束EUV干渉露光の場合には，回折光を用いるので微細パタン形成では長いコヒーレント長を有する光源が必須である。ニュースバル放射光施設のBL09Bビームラインに構築した干渉露光系を図2に示す[4)-6)]。干渉露光は，ビームライン，透過型回折格子，レジストを塗布したウェハからなる。

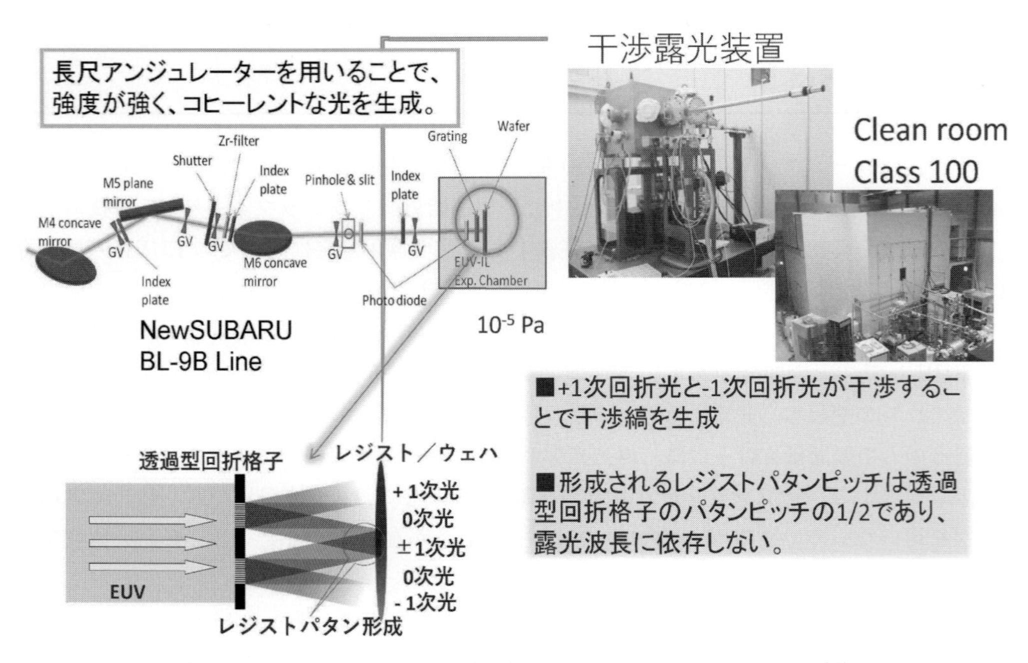

図２　ニュースバル放射光施設に構築されているEUV干渉露光系[4)-6)]

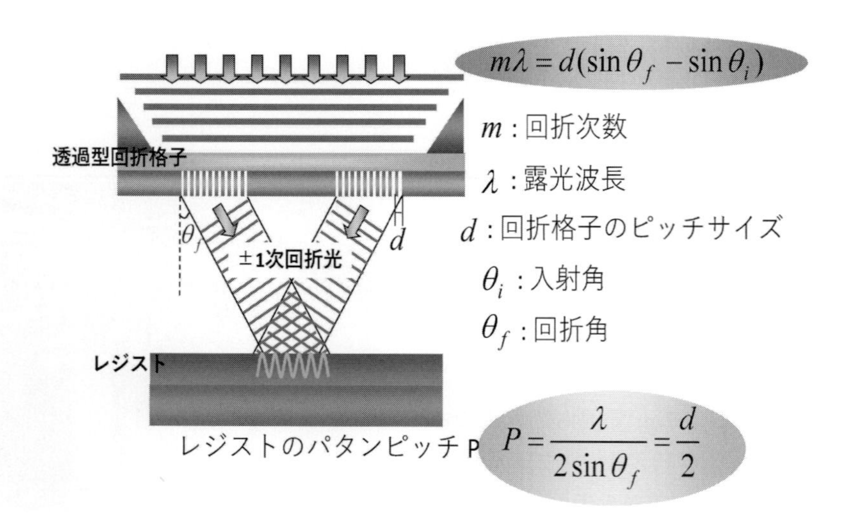

図３　二光束干渉露光の原理

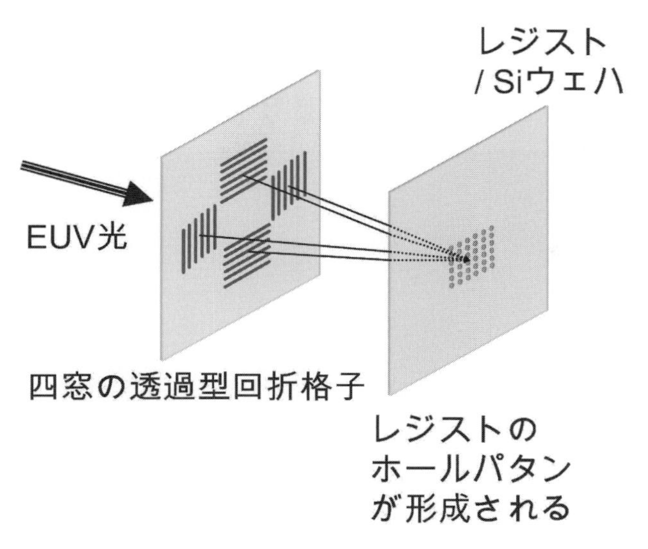

図4　四光束干渉露光の原理

図3に EUV 光による二光干渉露光の原理を示す。メンブレン領域中の回折格子パタン部の輪郭を以降は「窓」と呼ぶことにする。この干渉露光系では二つの窓を有する透過型回折格子を用いる。EUV 光が一つの窓の回折格子に照射されると 0 次光，−1 次光，並びに +1 次回折光が生成される。そして，それぞれの窓の回折格子の −1 次光と +1 次光が干渉する位置で透過型回折格子の倍周期の干渉フリンジが生成される。このように干渉する位置で回折格子のピッチの半分の大きさのレジストパタンが形成される。

次に，**図4**に EUV 光による四光束干渉露光の原理を示す。この干渉露光系では四つの惑を有する透過型回折格子を用いる。この場合，レジストのホールパタン寸法は，透過型回折格子のピッチの $\sqrt{2}/2$ 倍である。

2.2　透過型回折格子

ニュースバル放射光施設の EUV 干渉露光では，透過型回折格子とレジストを塗布したウェハ間の距離が約 1.2 mm である[4)-6)]。**図5**に示すように，この程度の距離でも，フレネル回折が影響し，干渉露光によるレジストパタン形成の妨げになる。これは，窓の輪郭がウェハのレジスト面上にフレネル回折すると，レジストパタン形成時に必要な回折光による干渉縞に影響を与えるため，高いコントラストでレジストパタンが形成できない。このため，透過型回折格子の窓のサイズを最適化する必要がある。一つの窓の x 方向の大きさを 30 μm とした場合，窓の y 方向の大きさを 50 mm，100 mm，200 mm，並びに 300 mm としたときの窓の x 方向中心でのフレネル回折による EUV 光光強度分布を，それぞれ**図6**(a)，(b)，(c)，(d)に示す。

図6は，窓の y 方向の大きさを大きくすることでフレネル回折の影響が低減することができることを示している。x 方向の窓の大きさおよび y 方向の窓の大きさの最適化を図った結果，透過型回折格子の一つの窓の大きさを x 方向および y 方向でそれぞれ 50 μm と 150 μm とする設計を採用した。そして，以下に示すプロセスにより，透過型回折格子の製作を進めた。さら

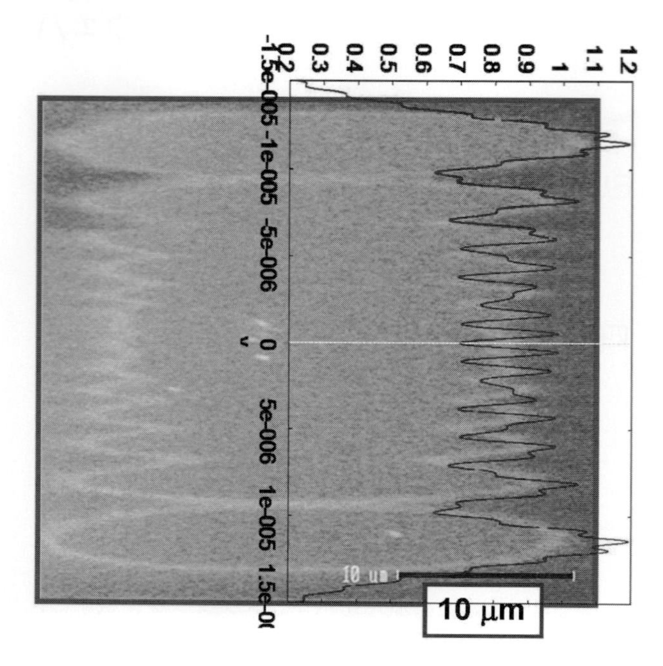

図５　フレネル回折の影響

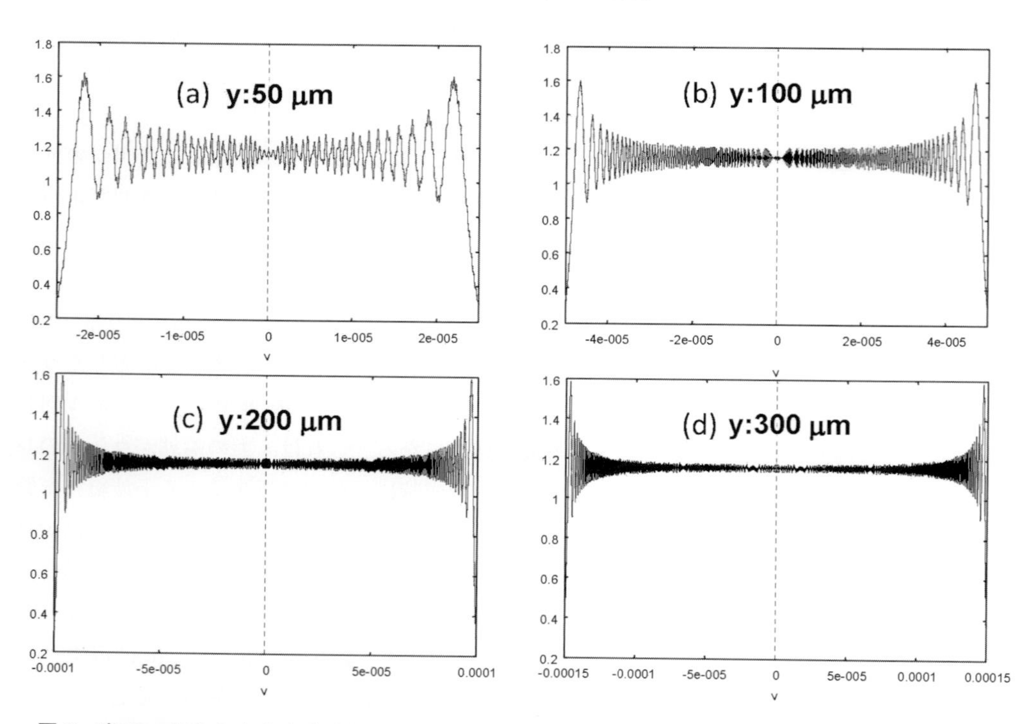

図６　窓の *x* 方向の大きさを 30 μm に固定し，窓の *y* 方向の大きさが(a) 50 μm，(b) 100 μm，(c) 200 μm，(d) 300 μm のときの，窓の *x* 方向中心で *y* 方向のレジスト面上の EUV 光光強度分布

に，透過型回折光子の吸収体材料と回折効率の関係についても調べた。**図7**に各種金属材料の膜厚に対する回折効率の違いを示す。この結果から，ニュースバル放射光施設のEUV干渉露光では，TaNが透過型回折格子の吸収体材料に用いられている。

次に，**図8**に透過型回折格子の製作プロセスを示す[7)-9)]。透過型回折格子は，厚み100 nmの低応力のSiNのメンブレン上に，TaNの回折格子のL/Sパタンを形成している。このプロセスは，①透過型回折格子の基板としてシリコン基板上に低応力のSiN基板を用いる。②こ

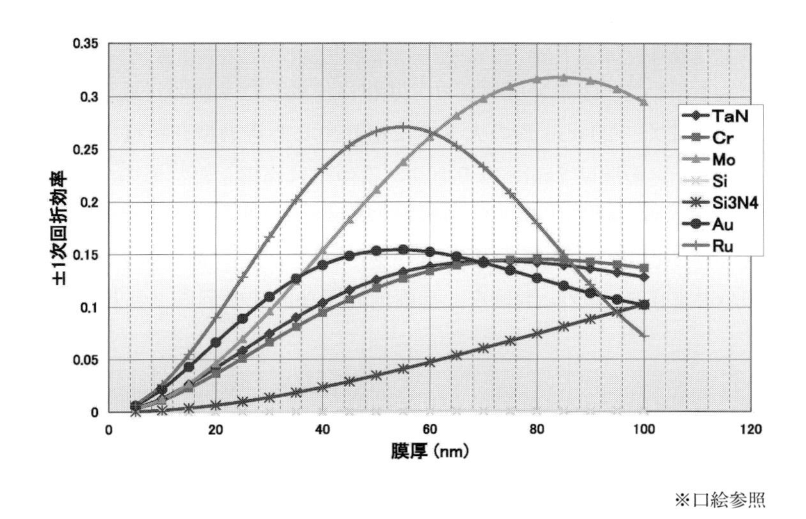

※口絵参照

図7　透過型回折格子の吸収体に用いることが可能な各種金属材料について，吸収体膜厚を変えたときと±1次光の回折効率計算結果

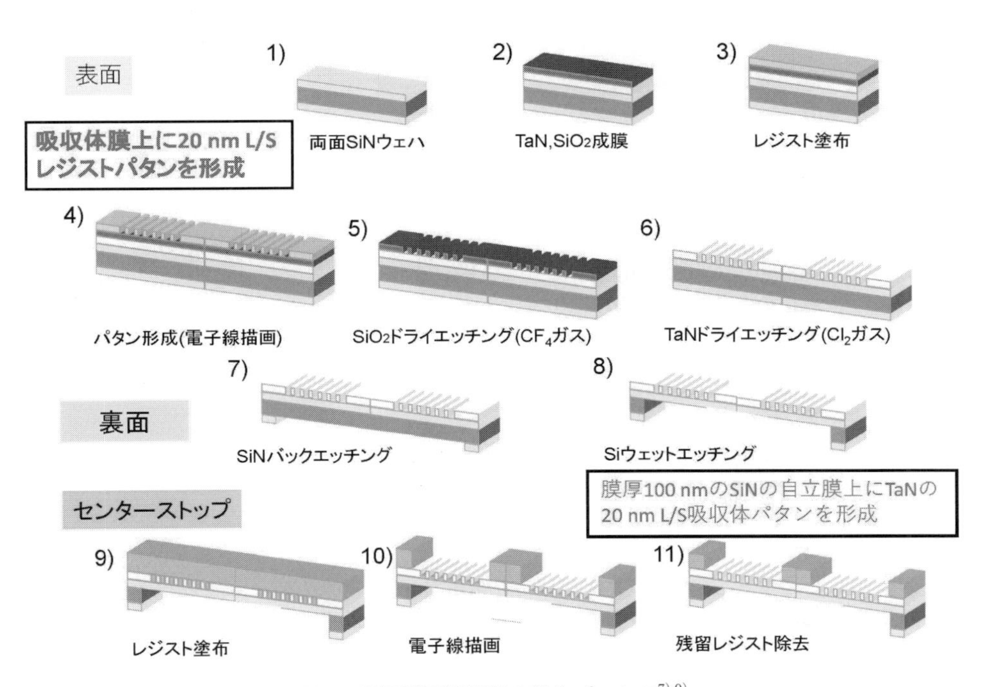

図8　透過型回折格子の製作プロセス[7)-9)]

の基板上にTaNおよびSiO_2を製膜する。③この上にレジストを塗布する。④電子線露光を施し，L/Sパタンを形成する。⑤このレジストをマスクにCF_4ガスを用いて，SiO_2のドライエッチングを施す。⑥このSiO_2をハードマスクにしてCl_2ガスによりTaNのドライエッチングを施し，回折格子のTaNのL/Sパタンを形成する。⑦裏面のSiNのドライエッチングを施す。⑧これをマスクにKOHの水溶液を用いてシリコン基板の裏面のエッチングを施し，TaNの回折格子パタンを有するSiNのメンブレンを形成する。⑨0次回折光を完全に遮光することを目的に，2 μm程度の膜厚でレジストを塗布する。⑩レジストパタンを電子線露光で形成し，⑪透過型回折格子の製作が完了する。

以上のプロセスを用いて，4インチシリコン基板に作成した9個の透過型回折格子の全体写真を**図9**(a)に示す。また，20 mm角の大きさに切り出した透過型回折格子の写真を図9(b)に示す。SiNのメンブレン領域は2 mm角であり，この中に作成した二窓の光束用透過型回折格子と四窓の透過型回折格子の写真を，それぞれ図9(c)と9(d)に示す。1つの窓の大きさはともに50 mm×300 mmとしてこの中に回折格子のL/Sパタンが形成されており，図9(c)と図9(d)に回折格子吸収体のL/Sパタン数値を，括弧内に干渉露光で形成されるL/Sパタンの大きさを示す。

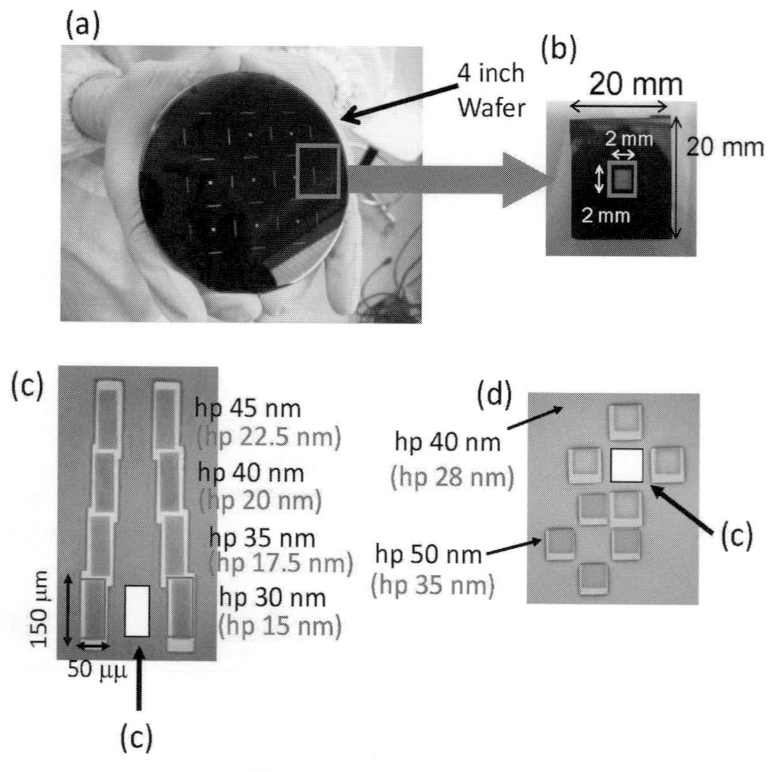

(a)4インチシリコン基板上に作成した9個の透過型回折格子の全体写真，(b)20 mm角の大きさに切り出した透過型回折格子の写真，並びに(c)二窓の光束用透過型回折格子および(d)四窓の透過型回折格子の写真

図9　製作した透過型回析格子

2.3　透過型回折格子とレジストサンプルウェハ間の振動

EUV 干渉露光では，透過型回折格子とレジストサンプルウェハ間の振動低減が課題であった。この振動を低減する前後での，ウェハ上に形成されるレジストパタンの違いを**図 10** に示す。図 10(a)および図 10(b)に示すように，振動を抑制する前では，ライン・アンド・スペースパタンおよびホールパタン共に，パタンが転写出来ていない。しかしながら，振動を低減する

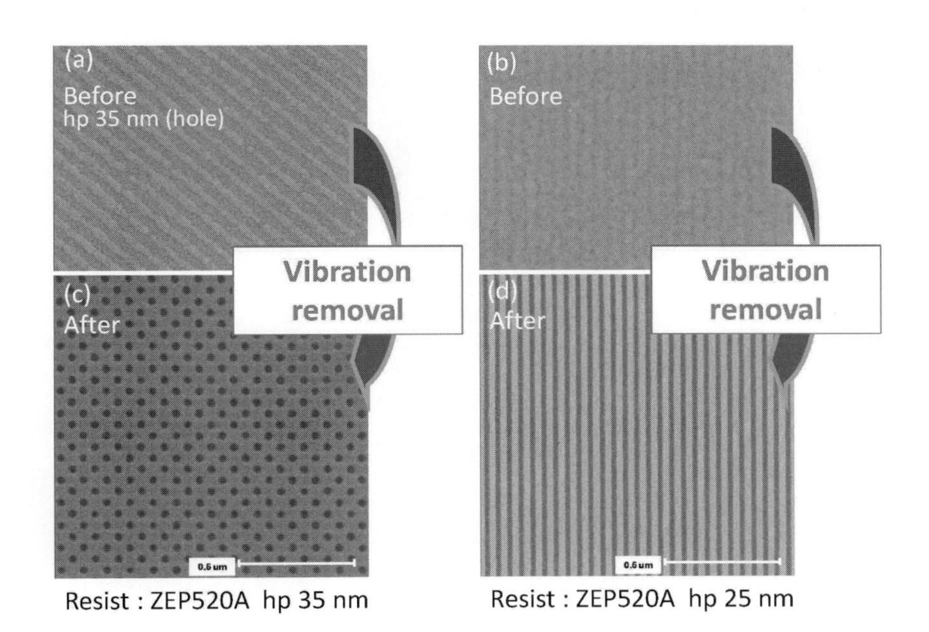

図 10　振動対策前の EUV 干渉露光により形成した(a)ライン・アンド・スペースおよび(b)ホールのレジストパタン，並びに振動対策後の EUV 干渉露光により形成した(c)ライン・アンド・スペースおよび(d)ホールのレジストパタン

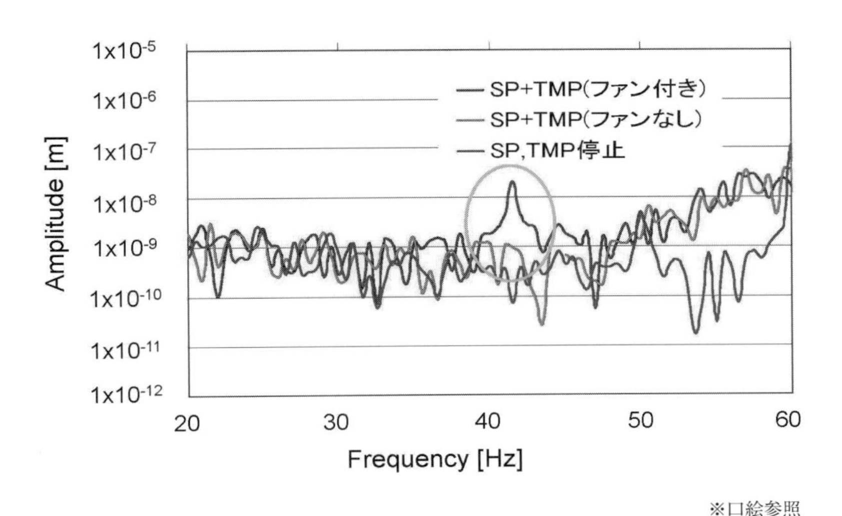

※口絵参照

図 11　振動低減を施した後の透過型回折ステージとレジストサンプルステージ間の上下方向の振動スペクトル測定結果の差分

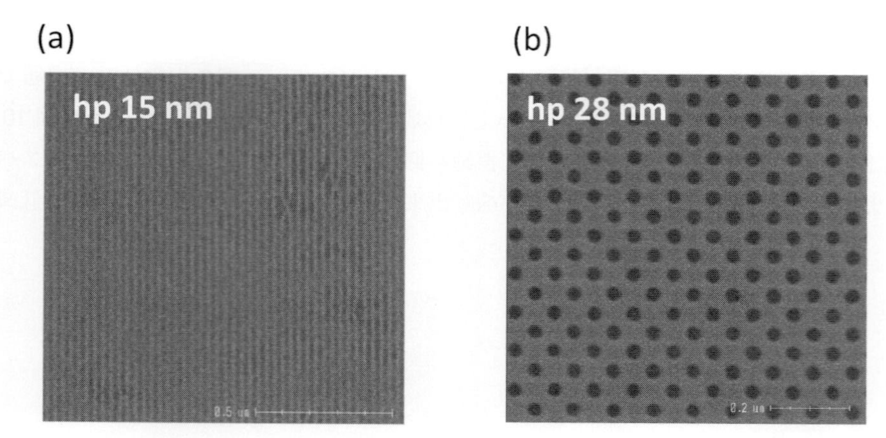

図12　(a)30 nm L/S の透過型回折格子を用いた二光束干渉露光系によりウェハ上に形成した 15 nm ライン・アンド・スペースのレジストパタン，(b)40 nm L/S の透過型回折格子を用いた四光束干渉露光系によりウェハ上に形したレジストの 28 nm のホールパタンの形成結果

ことで，図 10(c)と 10(d)示すように，それぞれライン・アンド・スペースおよびホールパタンがきれいに形成できている。

振動を低減するには，透過型回折格子用および 4 インチウェハステージ用に剛性の高い真空中ステージを設計した。さらに，これまで使用していた空気ばね式の除振台を，御影石でできた架台に交換した[10]。これにより，30 nm あった最大振動振幅を 1 nm まで低減することができた。このときの振動スペクトルを**図 11** に示す。パタン形成に大きく影響する 50 Hz までの振動帯域で 1 nm 以下まで振動を低減できている。これにより，sub 10 nm 以下のパタン形成が可能となっている。

図13　スイス放射光施設の EUV 干渉露光で形成されたピッチ 22 nm で 10 nm ライン幅を有するレジストパタン[12]

2. 4　干渉露光によるパタン形成

先に述べたように，図 2 に示すようにこの干渉露光装置をニュースバル放射光施設の BL-9 ビームラインに構築した。光源には，図 1 に示す 10.8 m 長のアンジュレーター(LU)を用いているため，コヒーレント長が長く且つ強度も高いので，露光領域全面に良好な微細なパタン形成が可能である。

この透過型回折格子は兵庫県立大学で製作されている。**図 12**(a)に示すように，30 nm L/S の二つの窓の透過型回折格子を用いた二光束干渉露光により，非化学増幅金属レジストで 15 nm L/S のパタン形成を，また，図 12(b)に示すように，28 nm L/S を有する四つの窓の透過型回折格子を用いた四光束干渉露光法により，非化学増幅系レジストで 28 nm のホールパタン形成を確認している[10]。さらに，この干渉露光系を用いて，各種 EUV レジストの評価が進められている。神奈川大学との共同研究では Noria 型レジストで 15 nm のパタン形成を[11]，その他，化学増幅系レジストでも 15 nm のパタン形成を確認している。

スイス放射光施設では，Sn を含む金属レジストを用いて EUV 干渉露光系により，**図 13** に示すように 22 nm のレジスト膜厚で 10 nm のパタン形成を実現している[12]。その後，+/−2 次光による干渉露光で 8 nm のパタン形成に成功している。

3　まとめ

EUV 干渉露光法は露光光学系やマスクを用いないので，レジスト材料のそのものの解像度および LER の評価が可能であり，これまで，露光機に先行して微細パタン形成が進められ，EUV レジストの開発に貢献してきた。今後も，EUV 干渉露光により，量産機の露光機に先行したレジスト評価が進められることで，レジスト開発期間の短縮を図るとともに開発の効率向上を進めることで，レジスト開発に要するコスト削減が期待できる。

謝　辞

兵庫県立大学高度産業科学技術研究所のスタッフおよび学生に EUV リソグラフィーの研究を支援して頂いたことに感謝する。また，干渉露光系の開発の一部は科研費基盤研究 B の支援により実施した。その他，種々試料の提供を頂いたまたは有益な議論を頂いた，レジスト材料メーカ，半導体メーカ等の多くの方々に感謝する。

文　献

1) H. H. Solak："Nanolithography with coherent extreme ultraviolet light," *J. Phys. D：Appl. Phys.*, **39**, R171(2006).

2) A. Ando, S. Amano, S. Hashimoto, H. Kinoshita, S. Miyamoto, T. Mochizuki, M. Niibe, Y. Shoji, M. Terasawa, and T. Watanabe："VUV and soft x-ray light source "NewSUBARU", Proc. of the 1997 Particle Accelerator Conference, 757(1998).

3) S. Hashimoto, A. Ando, S. Amano, Y. Haruyama, T. Hattori, J. Kanda, H. Kinoshita, S. Matsui, H. Mekaru, S. Miyamoto, T. Mochizuki, M. Niibe, Y. Shoji, Y. Utsumi, T. Watanabe, and H. Tsubakino："Present status of synchrotron radiation facility "NewSUBARU", *Trans. Materials Research Soc. Japan,* **26**, 783(2001).

4) Y. Fukushima, N. Sakagami, T. Kimura, Y. Kamaji, T. Iguchi, Y. Yamaguchi, M. Tada, T. Harada, T. Watanabe, and H. Kinoshita："Development of extreme ultraviolet interference lithography system," *Jpn. J. Appl. Phys.*, **49**, 06GD06(2010).

5) Y. Fukushima, Y. Yamaguchi, T. Kimura, T. Iguchi, T. Harada, T. Watanabe, and H. Kinoshita："EUV interference lithography for 22 nm node and below," *J. Photopolymer Sci. Technol.*, **23**, 673(2010).

6) Y. Fukushima, Y. Yamaguchi, T. Iguchi, T. Urayama, T. Harada, T. Watanabe, and H. Kinoshita："Development of interference lithography for 22 nm node and below," *Microelectronic Engineering,* **88**, 1944(2011).

7) Y. Yamaguchi, Y. Fukushima, T. Iguchi, H. Kinoshita, T. Harada, and T. Watanabe："Fabrication process

of EUV-IL transmission grating," *J. Photopolymer Sci. Technol.*, **23**, 681(2010).

8) Y. Yamaguchi, Y. Fukushima, T. Harada, T. Watanabe, and H. Kinoshita："Transmission grating fabrication for replicating resist patterns of 20 nm and below," *Jpn. J. Appl. Phys.*, **50**, 06GB10(2011).

9) T. Fukui, H. Tanino, Y. Fukuda, T. Watanabe, H. Kinoshita, and T. Harada："Development of transmission grating for EUV interference lithography of 1x nm hp," *J. Photopolym. Sci. Technol.*, **28**, 525 (2015).

10) T. Urayama, T. Watanabe, Y. Yamaguchi, N. Matsuda, Y. Fukushima, T. Iguchi, T. Harada, and H. Kinoshita："EUV interference lithography for 1x nm," *J. Photopolymer Sci. Technol.*, **24**, 155(2011).

11) H. Kudo, N. Niina, T. Sato, H. Oizumi, T. Itani, T. Miura, T. Watanabe, and H. Kinoshita："Extreme ultraviolet(EUV)-resist material based on Noria(water wheel-like macrocycle)derivatives with pendant alkoxyl and adamantyl ester groups," *J. Photopolym. Sci. Technol.*, **25**, 587(2012).

12) E. Buitago, O. Yildrim, R. Fallica, A. Frommhold, C. Verspaget, N. Tsugama, R. Hoefnagels, G. Rispens, M. Meeuwissen, M. Vockenhuber, and Y. Ekinci：Proceedings of UVL Symposium 2015, Maastricht, Oct. 5-7 (2015).

第3節　EUV光源技術

ギガフォトン株式会社　溝口　計　ギガフォトン株式会社　斎藤　隆志　ギガフォトン株式会社　山崎　卓

1　はじめに

ここ十年の日本の半導体製造産業の退潮にも関わらず，世界の半導体需要は今も年率約4%で着実な拡大を遂げている。半導体の微細加工技術の心臓部である縮小投影露光装置のリソグラフィ工程は180 nm以降KrFエキシマレーザーが，100 nm以降ではArFエキシマレーザーが量産装置として使用され，続く65 nm以下の最先端量産ラインではArF液浸(Immersion)リソグラフィ技術が使用されている。また45 nmノード以降では，現在主力の32 nm，22 nmのNANDフラッシュメモリの量産ラインでは，ArF液浸リソグラフィにダブルパターンニング技術を実現する露光装置が導入され半導体が量産されている。それに続く16 nmでは，かっては13.5 nmの極端紫外光(EUV)をつかうEUVリソグラフィが本命とされていたが，光源出力の問題から量産技術の選択からはずされ(2012年)，現在ではArF液浸リソグラフィにマルチパターニングを組み合わせた導入が始まっている。2016年現在，リソグラフィ用エキシマレーザーの市場規模は，800億円/年を超え着実に成長を遂げている。

さて液浸露光技術は装置の対物レンズとウエハの間を屈折率の大きな液体を満たし，見かけの波長を短くし解像力を上げ，焦点深度を大きくする。液浸による解像力と焦点深度は，次式で表されレーリー(Rayleigh)の式と呼ばれる。すなわち；

$$\text{Resolution} = k_1(\lambda/n)/\sin\theta \tag{1}$$

$$\text{DOF} = k_2 \cdot n\lambda/(\sin\theta)^2 \tag{2}$$

k_1，k_2：experimental constant factor，n：屈折率，λ：波長

しかしながら，1回の露光ではこの式中のk_1値を0.25以下に下げる事はできない。そこで2回露光技術が注目を集め実際に用いられてきた。**図1**に2回露光の基本的な方式の一例を示す。1回目の露光で形成したパターンの空間周波数を2倍にするのはマルチプルパターニング技術[2]といわれ，最近は三回露光，四回露光までもが最先端工程へ導入検討されている。

現在，量産工場ではArF液浸露光および多重露光工程に挟帯域ArFエキシマレーザー[2]が使用されている。ギガフォトン社ではArFリソグラフィ用光源“GTシリーズ”を量産している。2004年に独自のインジェクションロック方式のArFレーザーGT40Aをギガフォトン社から製品化し，その後GT60Aを2005年にリリースして以来，120 W出力のGT64Aにまで

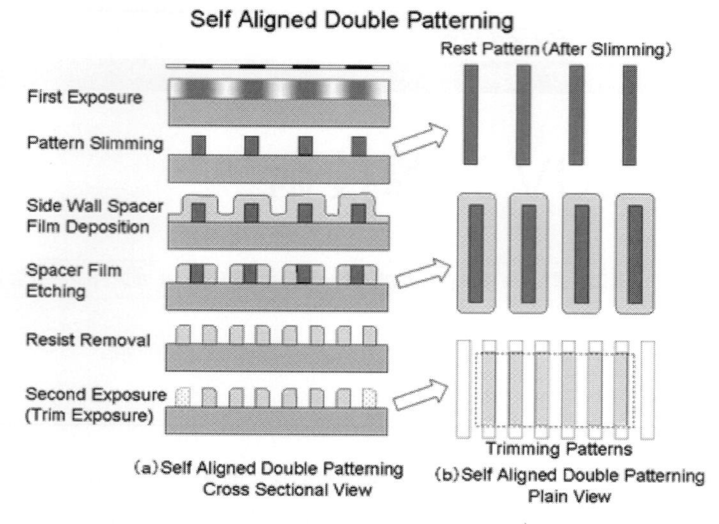

図１　２回露光パターン技術の例[1)]

進化し続けている[3)](**図2**)。“GTシリーズ”は，登場が遅れているEUVを尻目に高い稼動実績(Availability＞99.6%)がエンドユーザから高く評価されている。2015年末現在，世界の主要ユーザーで400台以上の累積出荷実績を有する。ギガフォトン社はリーマンショック以来の日本の半導体産業の退潮で伸び悩んできたが，最近は省エネ性能の優位性が海外ユーザーにも高く評価され，2014年度の通年世界シェア52%，2015年度63%を越えた(**図3**)。ギガフォトン社は世界一のエキシマレーザー出荷台数の光源メーカーに成長した。一方で最先端市場では多重露光では

図２　量産用 ArF エキシマレーザ GT64A

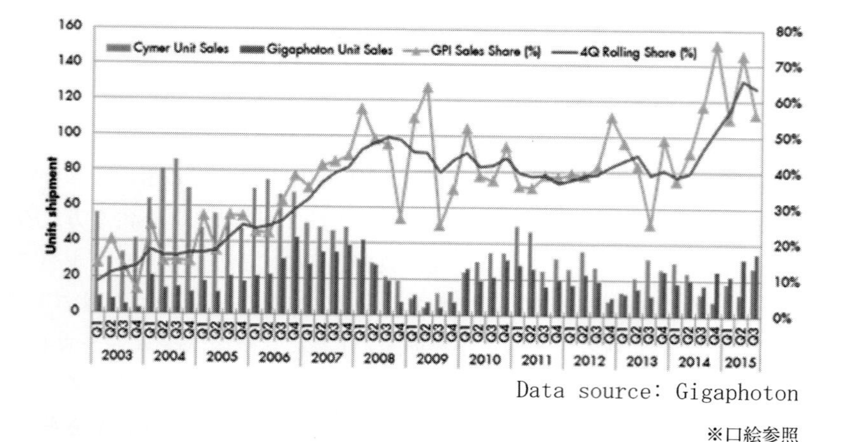

Data source: Gigaphoton

※口絵参照

図３　リソグラフィ用エキシマレーザー世界シェア推移

プロセスが複雑化し，トランジスタコストの上昇からEUV露光技術の登場が熱望されている。

2　EUVリソグラフィ

2.1　EUVリソグラフィと開発の経緯

波長13.5 nmのEUV光は反射光学系(反射率68%程度)による縮小投影を用いたリソグラフィで1989年にNTTの木下ら[4]により提唱された日本発の技術である。NA＝0.3程度の反射光学系を使って20 nm以下の解像力を実現でき，究極の光リソグラフィのともいわれている(**図4**)。ただし13.5 nm光は気体によって強く吸収され高真空または希薄な高純度ガスの封入された容器内でしか伝播しない。さらにミラー反射率が68%しかないため，11枚系のミラーで高NAの縮小投影を行うと1.4%しか露光面に届かない。量産では300 mmウエハで100 WPH(Wafer Per Hour)以上の生産性を実現するには光源は250 W以上の出力が必要とされる。

EUVリソグラフィは光源の出力がネックとなり登場が遅れている。しかしその波及効果の大きさから，次の世代の10 nmノード以降での本命技術として現在も世界的に大きな研究開発費が投じられている。光源波長，光学系のNAと解像度の関係を(**表1**)に示す。現在はNA＝

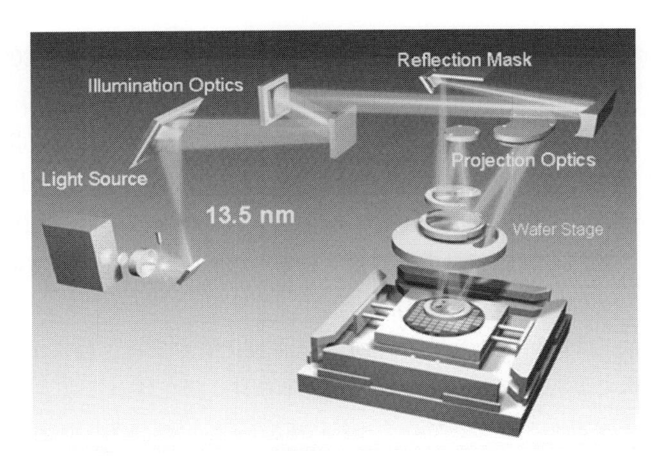

図4　EUVリソグラフィ露光装置の概念図

表1　液浸露光技術の波長，屈折率と解像力

	R(K1＝0.4) nm	n	medium	λ/n nm	NA	Power
KrF dry	124	1	Air	248	0.8	40
ArF dry	103	1	Air	193	0.75	45
F_2 dry	84	1	N_2	157	0.75	−
ArF immersion	57	1.44	H_2O	134	1.35	90
EUV(λ＝13.6 nm)	18	1	Vacuum	13.6	0.3	＞250
EUV(λ＝13.6 nm)	9	1	Vacuum	13.6	0.6	＞500
EUV(λ＝6.7 nm)	4.5	1	Vacuum	6.7	0.6	＞1000

0.3の光学系と13.5 nmの波長を組み合わせることで18 nm程度の解像力が得られる。NA＝0.55以上の次世代投影光学系の開発も進められ，光量ロスが少なく縦横倍率の異なるAnamorphic opticsが提案され開発が進められている。ただし次世代では微細化に伴うレジスト感度低下などのシステム要求から，500 W以上が必要とされている[5)]。将来は6.7 nm近傍の波長の1000 W程度の光源とNA＝0.6の光学系との組み合わせが実現できれば5 nm以下の解像も可能とされる(表1)。

2. 2　世界の露光装置開発と市場の現況

現在世界のEUVリソグラフィの最先端量産用露光装置開発はオランダのASML社主導のもとに進んでいる。初期(2000年頃)には小フィールドの露光装置が各露光装置メーカーで試作されたが，2006年にASML社が開発したフルフィールドのα-Demo-Toolが現在に繋がる本格的露光装置であった。光源に10 W級(設計値)の放電プラズマ光源を搭載し，欧州のIMECおよび米国SEMATECHのAlbany研究所などに納入された[6)]。2009年からはASML社は100 W光源(設計値)を搭載したEUVβ機NXE-3100を開発した[7)]。この装置にはEXTREME社製のDPP光源を搭載した1台とCymer社製LPP光源を搭載した5台の計6台が出荷された。当初100 W光源の搭載を目指し量産の先行機の実現を目指したが，2012年時点で光源出力は7～10 Wの出力に低迷しEUVリソグラフィ量産性検証のボトルネックとなった。

2013年EUVγ機NXE-3300では250 W(設計値)のEUV光源を搭載し200 WPH以上の生産性を目指したが[8)]，光源は当初10 Wレベルの稼働で，ASMLからは2015年までに80 W以上に光源を改良する計画が公表されTSMC社[9)]，Intel社[10)]で2014年後半に改造が行われ80Wの模擬運転に成功したと報告されてた。さらに2015年にようやくフィールドで80 Wレベルの改良とそれによる稼働が複数のユーザー先で実現され，1000 WPD(Wafer Per Day)の達成が報告された。さらに2016年現在では露光装置メーカーの実験室で125 W運転で1500 WPDのチャンピオンデータの達成も報告されている[11)]。

他方で光源メーカーはビジネスの遅れでEUV光源開発費が嵩み，経営が圧迫され厳しい状況にある。EUVβ機で先行したCymer社は2013年6月に開発費が嵩みASML社に買収された。さらにα-Demo-Toolで先行していたEXTREME社は2013年5月にその煽りで解散となった。Gigaphoton社は2012年から単独での本格的な開発を進めているが，未だ開発フェーズで製品化は道半ばである。光源メーカーは文字通り激動の“Death Valley”の中にあると言えよう。

3　高出力EUV光源の開発の経緯とコンセプト

図5にギガフォトンのEUV光源の概念図を示す。現在はこの方式の優れた特性が認められ，世界の高出力EUV光源の主流の方式となった。EUV光を効率よく発生させるには，黒体輻射の原理より約300,000 Kのプラズマを生成する必要がある。このプラズマを生成するため，これまで2つの方式でアプローチがなされてきた。

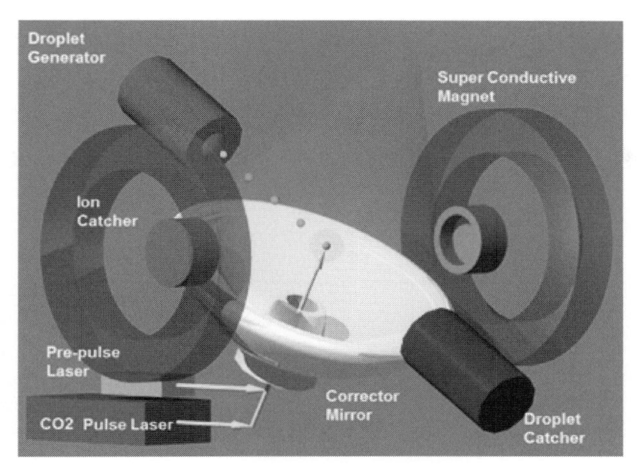

図5　ギガフォトン社EUV光源のコンセプト

すなわち，1つはパルス放電を用いたDischarge Produced Plasma方式[12)]，もう一つはパルスレーザをターゲットに照射するLaser Produced Plasma方式である。世界では1990年台末から米国でEUVLLC[13)]，欧州のFraunhofer研究所等の機関で研究が開始された。

我が国では2002年より研究組合極端紫外線露光技術研究開発機構(EUVA)が組織されEUVリソグラフィの露光装置技術および光源技術の開発がスタートした。筆者らもこれに参画し当初からターゲット物質にパルスCO_2レーザを照射し高温プラズマを発生させるスキームをテーマとして追求してきた[14)]。また2003年からスタートした文科省リーディングプロジェクトの九州大学岡田教授の測定結果[15)]をきっかけに，筆者らは2006年から本命になる技術と確信しドライバーレーザにCO_2レーザを用いたLPP方式の優れた性能を予見するデータを確認して，この方式を開発してきた。CO_2レーザシステムには信頼性が確立した産業用のCW-CO_2レーザを増幅器として用いた独自のMOPAシステムを採用している。すなわち発振段の高繰り返しパルス光(100 kHz，15 ns)を，複数のCO_2増幅器により増幅している[16)]。ターゲットはSnを融点に加熱して，20 μm程度の液体Snドロップレットの生成技術の安定化を行ってきた。EUV集光ミラーは，プラズマ近傍に設置され，EUV光を露光装置の照明光学系へ反射集光する。このプラズマから発生する高速イオンによるミラー表面の多層膜のスパッタリング損傷が発生するが，独自の磁場を用いたイオン制御で，その防止・緩和を行っている。

4　最近の高出力EUV光源開発の進展

4.1　変換効率の向上

YAGレーザとCO_2レーザを時間差を置いてSnドロップレットに照射するダブルパルス法により生成プラズマのパラメータを最適化したところ高い変換効率(＞3%)が得られることを柳田らは実験的に見出した[17)]。この結果は西原らのグループの理論計算の結果と変換効率で良く説明できた[18)]。さらに2012年にはプリパルスレーザのパルス幅の最適化を行い画期的な約50%の効率改善を実現した。すなわち，これまでパルス幅約10 nsのプリパルスを約10 psのパルスに変更してCO_2レーザパルスで加熱することで変換効率が3.3%から4.7%に向上した。さらに最近では5.5%の変換効率も実験的に検証された(**図6**)。これは世界最高記録で画期的なデータである。製品レベルでこの効率が実現できれば，平均出力21 kWパルスCO_2レーザで250 WのEUV出力が，40 kWパルスCO_2レーザでEUV 500 Wが達成できることになる[19]。

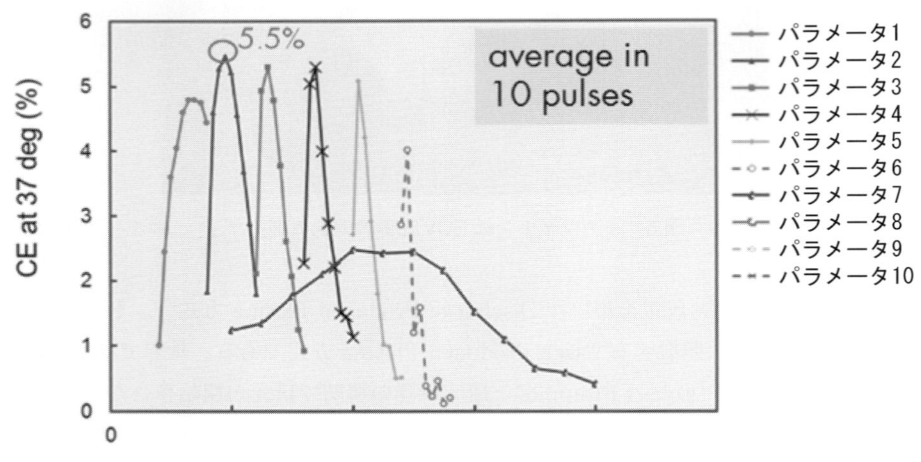

図6　EUV変換効率(EUV光/CO_2レーザー)

4. 2　高出力CO_2レーザの開発[20)21)]

250 WのEUV出力を達成するために2011年度と2012年度NEDOの支援の元で三菱電機㈱との共同プロジェクトを実施し，ギガフォトン製のパルスオシレータと三菱電機製の4段増幅器を組み合わせ100 kHz，15 nsのパルスで20 kWを超えるCO_2レーザ増幅器の出力が実証された(**図7**)。

この成果をもとに，この増幅器を実用レベルに仕上げて2014年に高出力のCO_2レーザーの増幅実験が行われた。その試験結果によれば，従来10 kWで制限されていた出力が，2倍の20 kWまで改善できている。さらに多波長のCO_2レーザーの発振線を使った増幅実験で増幅効率が10～15%改善され，Proto#2装置にて23 kWの発生に成功した。現在は，この増幅器を4台直列に並べたシステムがPilot装置のドライバーレーザーとして開発中である(第5項)。

図7　CO_2増幅実験装置(三菱電機㈱提供)

4. 3　ドロップレットジェネレータ

ターゲットには，ドロップレット(液滴)ターゲット方式を採用している(**図8**)。まず，錫を融点(231.9℃)以上に加熱し，液化する。これ

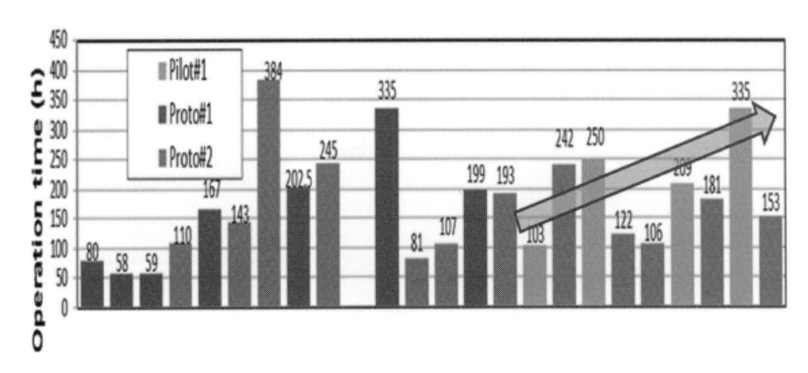

※口絵参照

図8　ドロップレット連続生成時間の推移

を吐出することによって，ドロップレットターゲットをプラズマ生成位置に供給している。安定にドロップレットターゲットを供給するために，多くの技術改善を行ってきた。その結果最近は，直径 約20 μm のドロップレットターゲットを100 kHzで生成しドロップレットスピードで90 m/sで生成し運転時間で200時間以上，位置安定性に優れたドロップレットターゲットを生成できるようになった。

図9　コレクタミラー周辺の構造

4.4　磁場デブリミチゲーション技術[22)]

錫液滴にプリパルスレーザ光が照射し炭酸ガスレーザー光が照射されEUV発光する。その後磁場によりガイドされた錫イオンが磁力線に沿って排出される（**図9**）。現在，前節で述べた10 psのプリパルスに CO_2 レーザを組み合わせるとイオン化率が99％以上に改善できることが計測の結果証明されている。実際の装置試験を行ってみると，集光ミラー周辺部には磁気ミラーのイオン収集部からの逆拡散によるSnのデポジションが観測されている（**図10**）。

一方でエッチングガスの流路の制御でEUV発生試験の集光ミラー位置でのデブリが桁違いに改善されることがシミュレーションで確認された（**図11**）。

すでに10 WレベルL出力のProto＃1号機では，3日間に渡るEUV光照射部へのEUV光の伝送にも成功している。

4.5　EUV光源装置プロト＃2による高出力実験[23)24)]

2002年以来，これまでギガフォトン社ではEUV光源の実験装置を数々試作し技術の改良を進めてきた，2007年にはETS機，2012年にはProto＃1号機（**図12**），2014年からはProto＃2号機（**図13**）を稼働させてきた。現在は，このProto＃2号機を使って高出力光源技術の開発を進めてきた。2015年からは，高出力実験と並行させて製品化を目指したPilot＃1号機の開発を進めている（**表2**）。

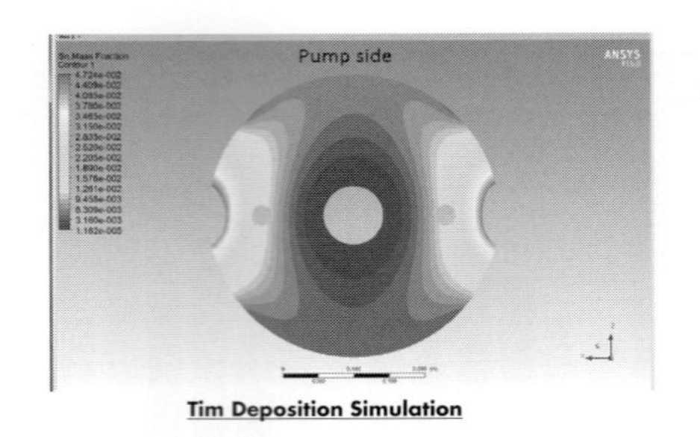

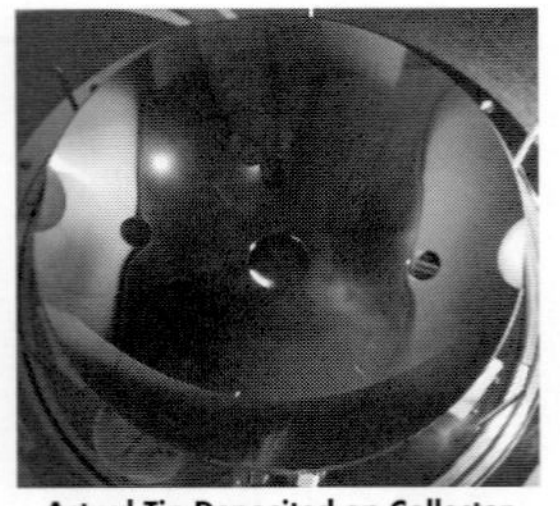

図 10　EUV ミラー部の Sn 汚損データー

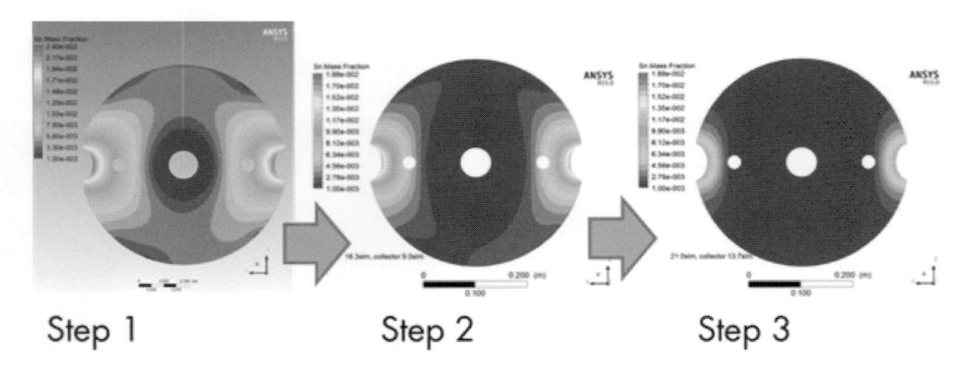

図 11　イオン捕集器からの逆拡散の改善

図 12　EUV 光源装置　Proto＃1 号機

図 13　EUV 光源装置　Proto＃2 号機

図 14 に，Proto＃2 号機の出力の改良の経緯と Pilot＃1 号機の性能の現状を示した。2015 年以降エンジニアリング技術の改良と共に急速に出力データが改善されていることが見て取れる。

2016 年 6 月には 250W を超える運転に短時間ではあるが成功した(**図 15**)。オープンループでは 301 W(in Burst)の出力を発生させ，フィードバックをかけ光量を安定化させたクローズループで 256 W の運転に成功した。またこの時点で，高出力運転にもかかわらず変換効率 Ce＝4.0％が実現されている。ただし Proto＃2 装置の制約から運転の Duty Cycle は 50％であった。

表2　ギガフォトン社EUV光源試作装置の諸元

Operational Specification Concept		Pilot＃1 HVM readiness	Proto＃2 Power scaling	Proto＃1 Proof of concept
Target Performance	EUV Power	250 W	>100 W	25 W
	CE	4%	3.5%	3%
	Pulse rate	100kHz	100 kHz	100 kHz
	Output angle	62° upper (matched to NXE)	62° upper (matched to NXE)	Horizontal
	Availability	>75%	1 week operation	1 week operation
Technology	Droplet generator	<20 μm	20 μm	20-25 μm
	CO_2 laser	27 kW	20 kW	5 kW
	Pre-pulse laser	picosecond	picosecond	picosecond
	Debris mitigation	>3 month	10 days	validation of magnetic mitigation in system

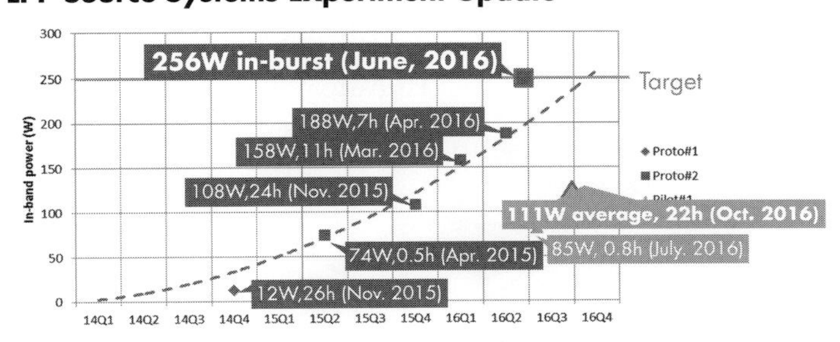

図14　ギガフォトン社EUV光源装置の出力データ推移

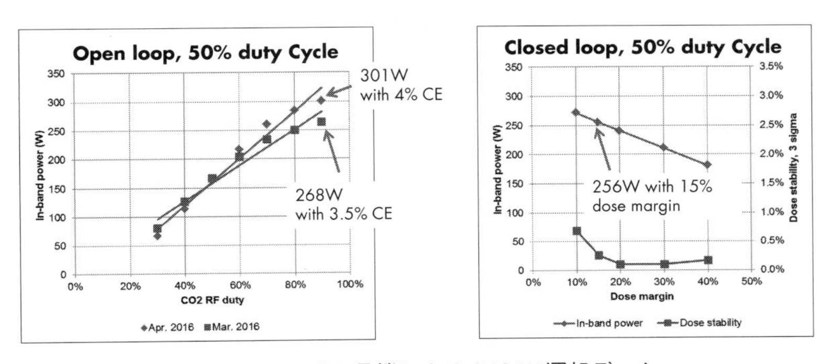

図15　Proto＃2号機による250 W運転データ

また同じProto＃2号機のシステム試験のデータでEUV 出力 158-132W(in Burst)で露光動作を模擬したDuty＝40-50%での約120時間連続で安定した発光データ(3σ<0.5%)が確認されている(**図16**)。

5　EUV光源パイロットシステムの開発[24)]

ギガフォトン社では2017年の12 nmノード以降の量産工場向け250 W(@I/F)のEUV光源

Proto #2: Power Data (Mar. 3-17, 2016)

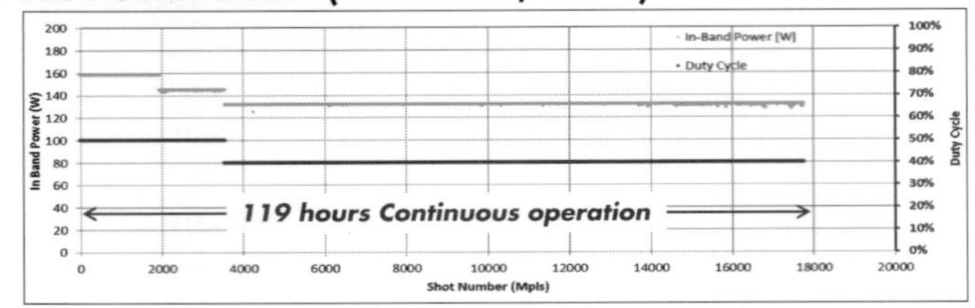

Result:

In-band power:	158W-132W
Operation time:	119 h
Number of Pulse:	>17.8 Bpls
Dose stability3σ:	< 0.19 %

Condition:

Repetition rate:	100kHz
Duty:	40/50% *
Average power:	79W-52W
With dose control mode	

* 10 kpls on/0.15 or 0.1s off

図 16　Proto＃2　EUV 光源の長時間運転データ

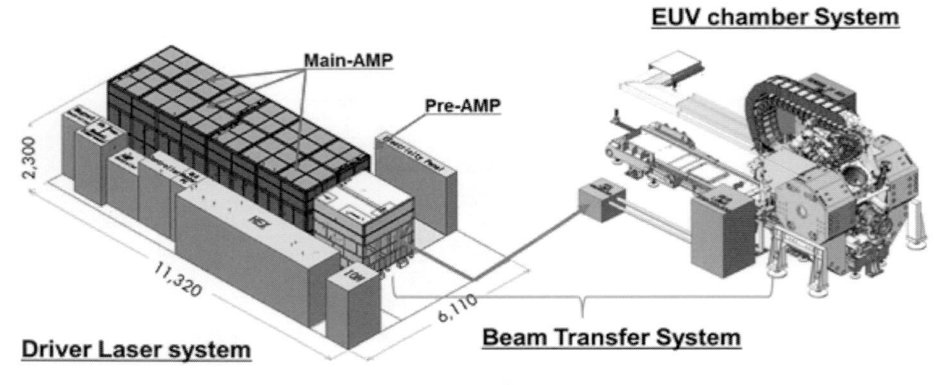

図 17　250 WEUV 光源装置 GL200E-Pilot

の実現とその量産化を目指し開発を進めている。**図 17** に商品型パイロット機(Gigaphoton GL200E-Pilot)の概観を示す。サブファブと呼ばれる階下スペースにプリパルスレーザ光とメインプラズマ加熱用の CO_2 レーザが配置され，クリーンルーム階に EUV 発生用のチャンバが配置されるように設計されている。EUV 発生用チャンバと露光装置とは光学的に結合されている。この内部で Sn ドロップレットにレーザ光を照射し EUV 光を発生させる。現在ギガフォトン平塚事業所で建設終え，2016 年 9 月からの本格稼働を始めた。以下本装置の概要と最新データを紹介する。

5. 1　EUV チャンバシステム

図 18 に EUV チャンバシステムの外観を示す。写真から見て取れるように，1 対の超電導磁石の間に EUV を発生させる真空チャンバが挿入された構造になっている。人間のサイズからそのおおよその大きさが推定できると思う。

図 19 に真空チャンバの断面図が示されている。図中赤色で塗られている部分が錫のターゲットを供給するドロップレットジェネレータ，青く塗られている部分がドロップレットキャッチャである。ドロップレットジェネレータで 100 kHz，20 μm の錫のドロップレットが

生成・供給され，プラズマ化されなかったターゲットがドロップレットキャッチャで回収される。真ん中の白い半球上の構造物がEUV光を集める集光ミラーで，その中央部に穴が開いておりその穴から集光ミラーの焦点位置に供給されたターゲットをレーザでプラズマ化し発光させる。プラズマから発せられた光は集光ミラーで集められもう1つの焦点である，Intermediate Focusと呼ばれる点に集められる。発生したプラズマは超電導磁石が作る磁場でイオンキャッチャの方向へガイドされる。このEUVチャンバ全体はレーザービームを集光するユニットの上に配置され，全体はメンテナンス時に引き出せるようにレールの上に載っている。

チャンバ全体は高真空状態が保持できる構成になっている。運転時には低圧の水素ガスを流して，イオンキャッチャで捕集できなかったものをエッチングしてガス化し排気して処理し，内部を清浄に保つように設計されている。

5.2　ドライバーレーザシステム

ドライバーレーザシステムのパース図と外観を**図20**に示した。ドライバーレーザー部はメンテナンススペースも含め約11 m×6 m×2.3 m[h]と非常に大きいが，大半はCO_2レーザーの後段の4アンプが大半を占めている。プリパルスとCO_2のシードパルスを生成するCO_2-OSC部は1.7 m×1.7 m×2 mにまとまられている。またCO_2レーザ増幅システム全体の構成は**図21**に示す。シードパルスはQCLレーザーを使って構成し，中段は小型のCO_2ガスレーザー，後段は産業用として確立した板金加工用のCO_2レーザーを用い信頼性を高めている。

図18　EUVチャンバシステム　外観

後段のCO_2レーザーは4項でも説明し

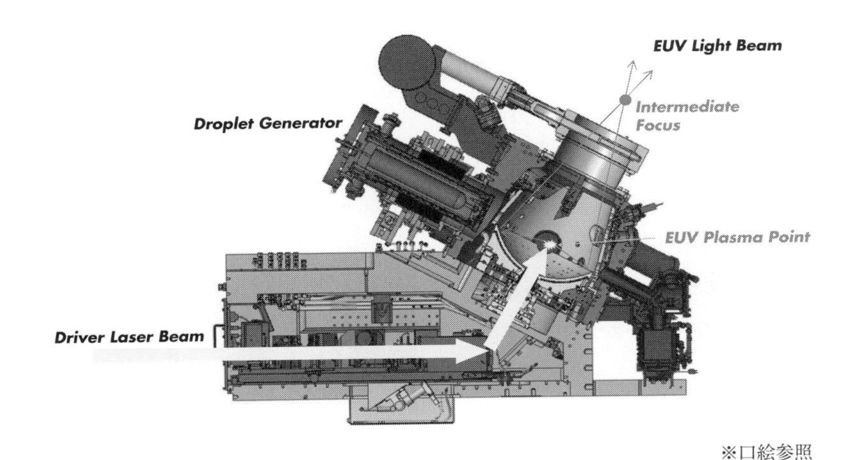

※口絵参照

図19　EUVチャンバシステム断面構造

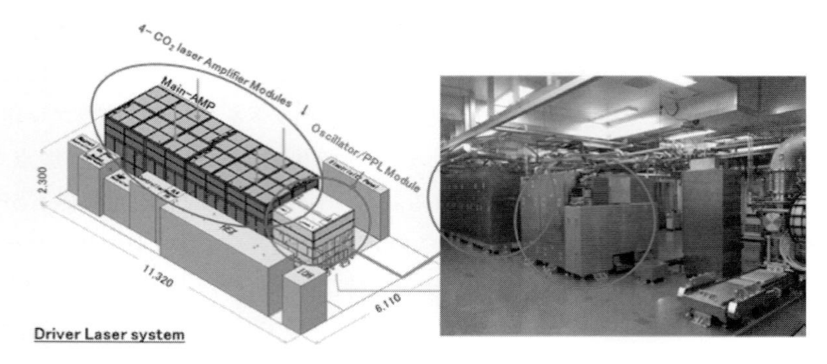

図 20　ドライバレーザーシステム(全体外観)

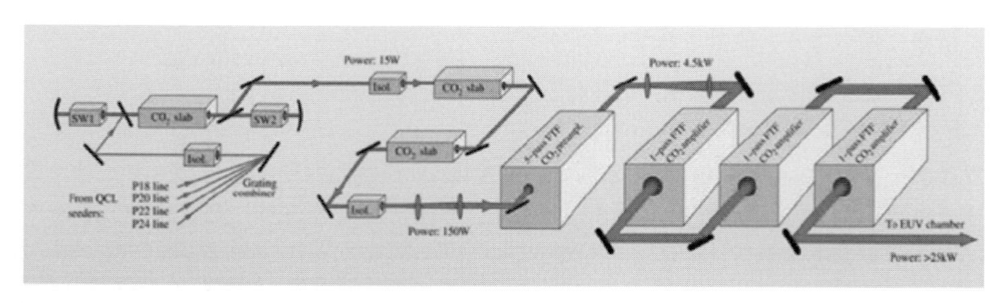

図 21　ドライバレーザーシステム(CO_2 レーザー)[25]

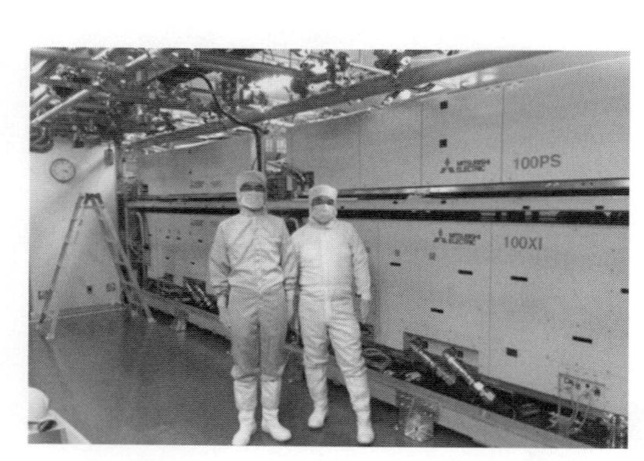

図 22　CO_2 レーザー最終増幅器部　外観

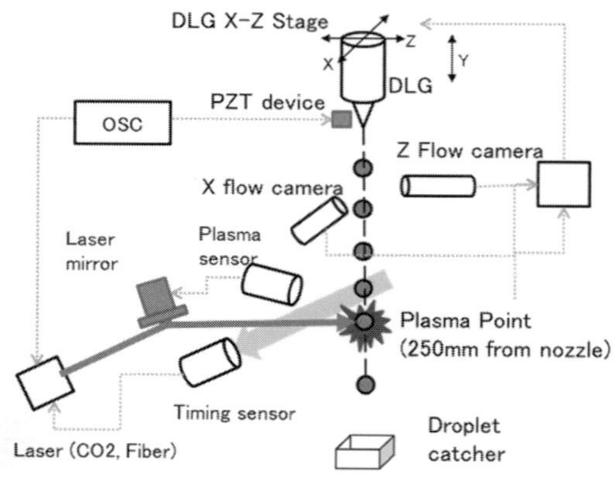

図 23　シューティングシステム構成

た，三菱電機で本応用に特化して開発された増幅ユニット 4 台を使って構成されている[26]。**図 22** に外観図を示す。写真の人間の大きさと比べてその大きさが想像できると思う。

5. 3　ターゲットシューティングシステム

図 23 にドロップレットターゲットに

図 24　EUV 光源運転操作部　外観

レーザービームを照射してプラズマを生成するためのシューティングシステムの構成を示す。ドロップレットジェネレータは真空中でX-Zステージにマウントされ，生成されたドロップレットの軌跡はX, Zのフローカメラで計測され，仮想的なプラズマ点で常に同じ点にターゲットが通るようにステージが制御されている。またタイミングを正確に制御するためにドロップレットの間隔が計測され，それにパルスレーザー光のタイミングとビームの集光位置を同期させて時間的にも空間的にも正確にシューティングを行っている。その制御状況をリアルタイムで監視しながら運転を行っているEUV光源運転操作部の写真を**図24**に示す。

5. 4　最新の試験結果

これらのPilot＃1機のハードウエアを使って得た運転データの一例を**図25**に示す。EUV出力105 W(in Burst)，平均出力100 Wの約5時間連続でDuty＝95%の高デューティ運転かつCE＝5%の高効率運転で安定した発光データ(3σ＜0.5%)が確認されている(図25)。100 Wレベルの高出力運転でCE＝5% 運転は世界最高レベルの運転といえよう。

またCE＝5% 運転を実現するために2012年の小型実験装置による実験，2016年初めからProto＃2号機による実験に基づく数々のエンジニアリング上の改良を加えてきた。その経緯を含めて示したのが**図26**である。小型実験装置の実験から5%程度のCEが実現できる可能性が示唆されていた。その後高出力装置での実験では最初3%程度のCEしか実現できていなかったが，プリパルスレーザーの改良，シューティング制度の改良でProto＃2号機で4%が可能になった。さらにPilot＃1号機ではドライバーレーザーの改良を加えた結果5%のCEが実現できるようになった。

EUV光源プラズマの発光メカニズムについてはシミュレーションによる研究の精度を高めるために，プラズマのパラメータ(電子密度，温度，イオン密度，温度)を直接計測する試みもなされ，プラズマ内のこれらパラメータの計測により更なる高効率化の可能性の検討が試みられている。今後の研究の進展を期待したい[27]。

	Performance
Conversion Efficiency	4.9%
Power (average at IF)	111W
Duty Cycle	95%
Power (in band)	117W
Operation Pulse Number	3.8Bpls
Operation Time	22hrs
Dose Margin	25%
CO_2 Power	9.5kW
Pulse Rate	50kHz
Pulse Duration	~10ns
Availability (4 week average)	17%

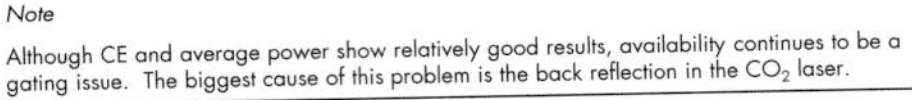
Note
Although CE and average power show relatively good results, availability continues to be a gating issue. The biggest cause of this problem is the back reflection in the CO_2 laser.

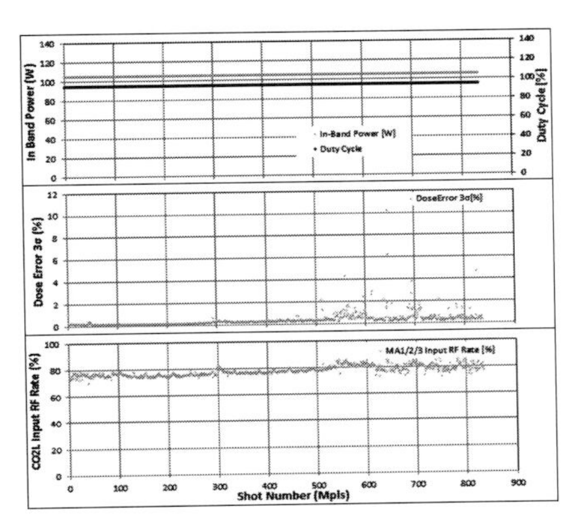

図25　Pilot＃1号機の最新運転データ

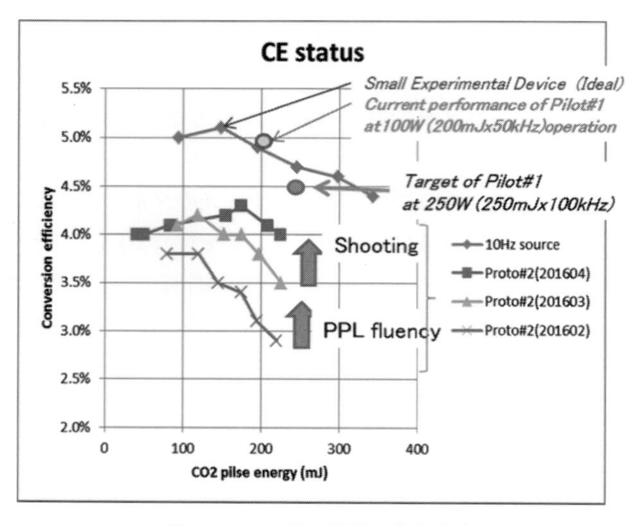

図 26　Pilot＃1 号機の変換効率

6　おわりに

これまで述べてきたように，EUV 開発は民間主体の努力で，EUV リソグラフィの半導体量産工場への本格導入は“If”から“When”で議論される時代となった。今後は EUV 光源も，短時間の輝度性能だけでなく Duty，Availability そしてランニングコストで議論される時代になってきた。本稿で述べてきたデータを時間の推移順に並べた**表３**で EUV 光源装置の現状の到達点のまとめとしたい。

一方で将来のさらなる短波長光源への展開が世界の原子分光学の研究者と企業のコラボレーションで行われている。毎年 11 月 Dublin で開催される EUV 光源ワークショップでは，短波長領域での多層膜の探索が行われ 6.7 nm 領域で高い反射率の多層膜の可能性が欧州の露光装置メーカから提案された[28]。さらに Gd，Tb などで CO_2 レーザによる EUV 発光実験で約 2% の高効率発光が実験的に確認され[29]，さらに高い効率の可能性も示されている。また最近の新しい動きとしては自由電子レーザを使った kW 級の EUV 光源によるリソグラフィの提案が欧米を中心に検討が始まっている[30]。

表３　運転データと開発目標まとめ

	2016 Mar.	2016 Jun.	2016 Aug.	2016 Sep.	2016 Sep.	2016 Dec.
	Proto＃2	Proto＃2	Proto＃2	Proto＃2	Pilot＃1	Pilot＃1 target
Power (av.)	79-52 W	128 W	62-99 W	101 W	100 W	250 W
Duty Cycle	40-50%	50%	50-80%	95%	95%	100%
Power (in Burst)	158-132 W	256 W	115-124 W	106 W	105 W	250 W
Dose Margine	40%	15%	30-35%	30%	30%	30%
Power (open loop)	221-184 W	301 W	177 W	151 W	150 W	325 W
Conv. Eff (CE)	3.5	4.0%	4.0%	3.8%	5.0%	4.5%
Operation time	119 h	–	56 h	49 h	5 h	>1000 h
Rep. Rate	100 kHz	100 kHz	50 kHz	50 kHz	50 kHz	100 kHz
CO_2 Laser Power	15 kW	20 kW	13 kW	11.9 kW	9.1 kW	25 kW

謝　辞

EUV光源開発の一部は2003年から2010年にわたりNEDO「極端紫外線(EUV)露光システムの基盤技術研究開発」の一部としてEUVAにてなされ，2009年以降の高出力CO_2レーザシステムの開発はNEDO「省エネルギー革新技術開発事業」による補助金を受けて平成21～23年度および23～24年度に，また「NEDO戦略的省エネルギー技術革新プログラム」において25～27年度「高効率LPP法EUV光源の実証開発」の一部として研究開発を実施している。ここに記し研究を支えていただいている関係機関および関係機関の皆様に感謝の意を表します。またEUV光源開発に携わる弊社社員諸氏の昼夜を分かたぬ努力に感謝します。

文　献

1) 岡崎信次：「先端リソグラフィの技術動向」，クリーンテクノロジー，3, 19, 1-6(2009).
2) O. Wakabayashi, T. Ariga, and T. Kumazaki et al.：Optical Microlithography XVII, SPIE, 5377(2004). [5377-187]
3) H. Miyamoto, T. Kumazaki, H. Tsushima, A. Kurosu, T. Ohta, T. Matsunaga and H. Mizoguchi：“The next-generation ArF excimer laser for multiple-patterning immersion lithography with helium free operation” Optical Microlithography XXIX, Proceedings of SPIE 9780 [9780-1L](2016).
4) H. Kinoshita et al.：*J. Vac. Sci. Technol.*, B7, 1648(1989).
5) W. Kaiser：“EUV Optics：Achievements and Future Perspectives”, 2015 EUVL Symposium(2015. Oct. 5-7, Maastricht, Nietherland).
6) J. Zimmerman, H. Meiling and H. Meijer et al.：“ASML EUV Alpha Demo Tool Development and Status” SEMATECH Litho Forum(May 23, 2006).
7) J. Stoeldraijer, D. Ockwell and C. Wagner：“EUVL into production-Update on ASML's NXE platform” 2009 EUVL Symposium, Prague(2009).
8) R. Peeters and S. Lok et al.：“ASML's NXE platform performance and volume Introduction” Extreme Ultraviolet(EUV)Lithography IV, Proc. SPIE 8679[8679-50](2013).
9) Jack J. H. Chen, TSMC：“Progress on enabling EUV lithography for high volume manufacturing” 2015 EUVL Symposium(5-7 October 2015, Maastricht, Netherlands).
10) M. Phillips：Intel Corporation “EUVL readiness for 7 nm” 2015 EUVL Symposium(5-7 October 2015, Maastricht, Netherlands).
11) B. Turkot：Intel Corporation：“EUVL Readiness for High Volume Manufacturing”, 2016 EUVL symposium(24-26, Oct. 2016, Hiroshima, Japan).
12) U. Stamm et al.：“High Power EUV sources for lithography”, Presentation of EUVL Source Workshop October 29, 2001(Matsue, 2001).
13) C. Gwyn：“EUV LLC Program Status and Plans”, Presentation of the 1st EUVL Workshop in Tokyo (2001).
14) 遠藤彰：「極端紫外リソグラフィー光源の装置化技術開発」，レーザー研究，**32**, 12. 757-762(2004).
15) H. Tanaka et al.：*Appl. Phys. Lett*, **87** 041503(2005).
16) A. Endo et al.：Proc. SPIE 6703, 670309(2007).
17) T. Yanagida et al.：“Characterization and optimization of tin particle mitigation and EUV conversion efficiency in a laser produced plasma EUV light source” Proc. SPIE 7969, Extreme Ultraviolet Lithography II(2011).
18) K. Nishihara et al.：*Phys. Plasmas*, **15** 056708(2008).
19) H. Mizoguchi：“High CE technology EUV source for HVM” Extreme Ultraviolet(EUV)Lithography IV,

Proc. SPIE 8679[8679-9](2013).

20) Y. Tanino, J. Nishimae et al.：“A Driver CO_2 Laser using transverse-flow CO_2 laser amplifiers”, Symposium on EUV lithography(2013.10.6-10.10, Toyama, Japan).

21) K. M. Nowak, Y. Kawasuji and T. Ohta et al.：“EUV driver CO_2 laser system using multi-line nano-second pulse high-stability master oscillator for Gigaphoton's EUV LPP system”, Symposium on EUV lithography(2013.10.6-10.10, Toyama, Japan).

22) H. Mizoguchi et al.：“High CE Technology EUV Source for HVM” Extreme Ultraviolet(EUV) Lithography IV, Proc. SPIE8679[8679-9](2013).

23) H. Mizoguchi, H. Nakarai, T. Abe, K. M. Nowak, Y. Kawasuji, H. Tanaka, Y. Watanabe, T. Hori, T. Kodama, Y. Shiraishi, T. Yanagida, T. Yamada, T. Yamazaki, S. Okazaki and T. Saitou：“Performance of new high-power HVM LPP-EUV source” Extreme Ultraviolet(EUV)Lithography VII, Proc. SPIE9776 (2016).

24) H. Mizoguchi：“Development of 250 W EUV Light Source for HVM Lithography”, 2016 EUVL symposium(24-26, Oct. 2016, Hiroshima, Japan).

25) T. Suganuma, H. Hamano, T. Yokoduka, Y. Kurosawa, K. Nowak, Y. Kawasuji, H. Nakarai, T. Saito and H. Mizoguchi：“High power drive laser development for EUV Lithography”, 2016 EUVL symposium(24-26, Oct. 2016, Hiroshima, Japan).

26) K. Yasui, N. Nakamura, J. Nishimae, M. Naruse, K. Sugihara and M. Matsubara,：“Stable and scalable CO_2 laser drivers for high-volume-manufacturing extreme ultraviolet lithography applications” 2016 EUVL symposium(24-26, Oct. 2016, Hiroshima, Japan).

27) G. Soumagne：“Comparison between Thomson scattering Measurements and plasma simulation results for a EUV lithography source plasma” 2016 EUVL symposium(24-26, Oct. 2016, Hiroshima, Japan).

28) V. Banine et al.：“Opportunity to extend EUV lithography to a shorter wavelength”, Symposium on EUV lithography, Brussels, Belgium(2012).

29) K. Koshelev：“Experimental study of laser produced gadorinium plasma emitting at 6.7 nm”, International workshop on EUV sources(Nov. 13-15, 2010, Doublin. Ireland).

30) E. Hosler：“Free-electron Laser Extreme Ultraviolet Lithography：Considerations for High-Volume Manufacturing”, 2014 EUVL Symposium(2014. Oct. 27-29, Washington D.C., USA).

第４節　EUV ブランクス作製技術

HOYA株式会社　笑喜　勉

1　はじめに

EUV リソグラフィは，16 nm hp(hp：ハープピッチ)以降のリソグラフィ技術として有望視され，量産に向けた開発が鋭意進められている。EUV リソグラフィ技術の実用化のためには，高精度・無欠陥マスクの実現が不可欠となる。

EUV リソグラフィ用のマスク(EUV マスク)の構造と主要な要求特性を**図１**に示す。光源となる EUV 光(13.5 nm)は，すべての材料を吸収するため，透過型のマスクは実現できず，EUV 光を反射する多層膜を用いた反射型のマスクとなる。EUV マスクは，EUV 光を効果的に反射させるために，Mo(モリブデン)と Si(シリコン)を積層した多層膜による屈折率差による多重干渉を利用した反射基板と，その上に EUV 光を遮光させる吸収体パターンが形成された構成となっている。マスク作製工程(吸収体エッチングやマスクパターン修正)で多層膜を保護するために，キャップ層が吸収体と多層膜の間に挿入され，キャップ層としては，マスク工程で優れた耐性を有する Ru(ルテニウム)が有効に使われている。吸収体は，Ta(タンタル)系の材料がマスクの総合的なパターニング特性に優れており，幅広く使われている。ガラス基板には，露光中の熱歪みを最小限に抑えるために，ゼロ膨張ガラスと呼ばれる低熱膨張ガラス材料(LTEM：Low Thermal Expansion Material)が使用されており，露光中，マスクは，裏面

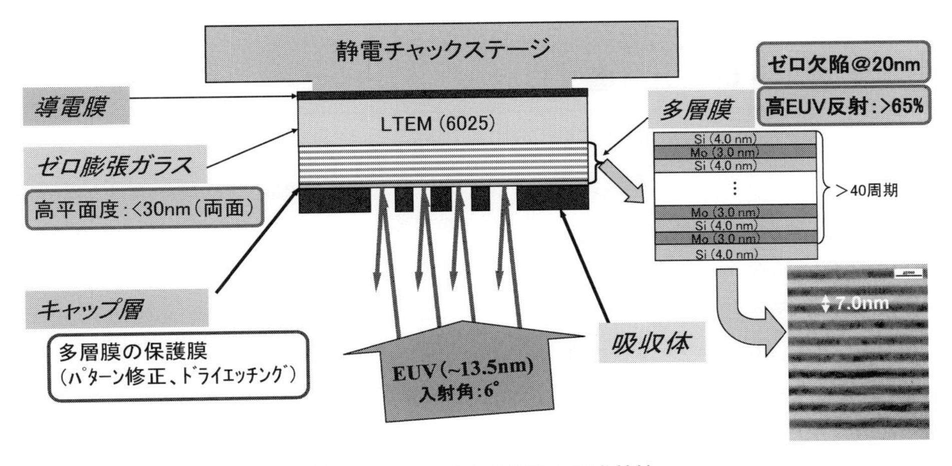

図１　EUV マスクの構造と要求特性

に形成した導電膜(例えば窒化クロム：CrN)を介し，静電チャックステージに固定される。露光光は，マスクへの入射光と反射光を分離するために，マスク面に6度の角度で入射される。パターン形成前の基板をマスクブランクス(マスク基板)と呼び，ガラス基板を研磨し(サブストレート)，その後，多層膜とキャップ層，吸収体層，裏面膜と順次成膜し，最後にEB(Electron Beam：電子線)レジストをコートする工程で製作されている。

EUVマスクブランクスに対する重要な課題として，①高平面度ガラス基板(<30 nmPV，両面)，②ゼロ欠陥多層膜(20 nm感度)，③高EUV反射率(>65%)が挙げられ，いずれもEUV露光特有の要求であり，現行の光学マスクブランクスと比べても，非常に厳しい特性が要求されている。本稿では，EUVブランクス作製技術の最新の状況と開発課題を報告する。

2　ガラス基板材料

光リソグラフィ用マスク(フォトマスク)は，透過型で，ガラス基板としてg線(436 nm)及びi線(365 nm)露光の時代には，ソーダライムガラスやアルミノシリケートガラスなどが用いられてきたが，KrF(248 nm)，ArF(193 nm)などDUV露光に用いるフォトマスクでは，低熱歪みと露光波長域での高透過率を達成するために，合成石英が使用されている。EUVマスクは，熱歪みを最小限に抑えるために，石英よりさらに熱膨張率の小さいガラスが要求されており，ゼロ膨張ガラスと称して，TiO_2をドープしたSiO_2ガラスがEUVマスク用として一般的に使用されている。

熱膨張係数(Coefficient of Thermal Expansion：CTE)は，SEMIスタンダード[1]では，0±5 ppb/℃(温度領域：19～25℃)が要求されている。石英ガラスは，500 ppbの熱膨張係数を有し，TiO_2ドープSiO_2ガラスは，合成石英と同じCVD法により，TiO_2を7%程度ドープし，TiO_2が有する負の熱膨張特性を利用して，熱膨張をゼロ近くに制御したアモルファスガラスであり，密度，ヤング率，屈折率は，合成石英と近い特性を有している。このようなゼロ膨張ガラスとして，コーニング社と旭硝子㈱が製品供給を行っており，いずれのガラスとも，CTEが5 ppbの特性を実現できることが報告されている[2)3)]。

3　サブストレート研磨プロセス

ここでは，EUVマスク用のサブストレートへのフラットネス要求と研磨工程によるフラットネス品質と課題を紹介する。**表1**にITRS2011(International Technology Roadmap for Semiconductor)[4]において16 nm hp(DRAM)で要求されるマスク基板のフラッチネスをフォトマスクとEUVマスクについて示す。フォトマスクでは，フラットネスは，主に露光時の焦点深度に起因し，マスク表面のみで規定され，68 nmPV(Peak to Valley)が必要となる。一方，EUVマスクは，18 nmPVのフラットネスが両面で要求されている。

焦点深度による影響は，オプティカル露光と同程度に存在するが，**図2**に示したようにマスク面のフラットネスエラー(d)が露光によるウエハ面での位置ずれ(IPE)に強く影響を及ぼす。これは，斜め(6°)入射に起因したEUV露光特有の現象で，IPEとdの関係は，IPE＝d×

表1　EUV マスクとフォトマスクのフラットネス要求

	16 nmhp	
	フォトマスク	EUV マスク
フラットネス表面 in 142×142 mm	68 nm	18 nm
フラットネス裏面 in 142×142 mm		18 nm

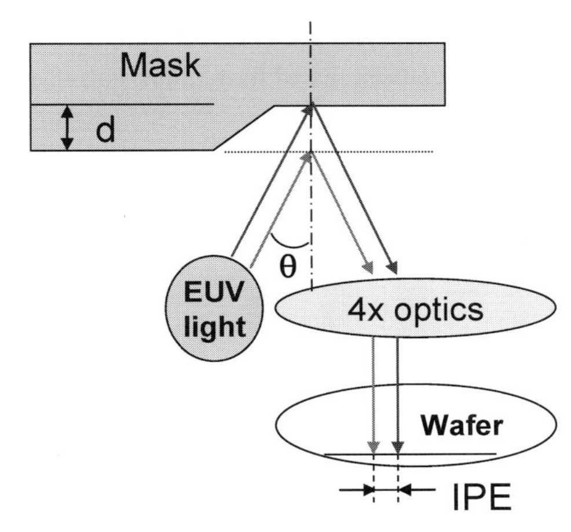

図2　マスクフラットネスと位置ずれの関係

$\tan\theta/M$ となり，ここで M は倍率，θ は EUV 光の入射角度である。

例えば，入射角度が 6 度，倍率が 4 倍(M＝4)のとき，18 nm のフラットネスエラーは，ウエハ面で，約 0.47 nm の位置ずれが生じる。このような位置ずれは，重ね合わせ精度(Overlay)の悪化を引き起こすことになり，実際，ウエハ上での Overlay 要求は，3.4 nm で，マスクの位置ずれ(Image placement)は，1.9 nm が要求されており，EUV マスクのフラットネス要求値(18 nmPV)は，露光プロセスに必要な重ね合わせ精度から振り分けたマスク起因の位置ずれ要求値より規定されている。さらに，EUV マスクは，裏面を静電チャックで保持し，裏面が基準面となるため，裏面も表面と同等のフラットネスが要求されている。

次に実際の研磨工程によるサブストレートのフラットネス特性の現状品質を紹介する。現行のフォトマスク用ガラス基板は，量産性の高いマルチワーク研磨法を用い，複数の基板を両面同時に研磨している。しかしながら，この方法は，基板面内及び基板間の研磨レートを均一に制御することに限界があり，基板面内で 100 nm 以下のフラットネスを再現良く製作することは困難となる。そこで，EUV マスク用ガラス基板の作製のために，局所研磨技術を適用している。局所研磨は，NC(Numerical Control：数値制御)による修正加工とも呼ばれ，基板のフラットネスデータを使い，基板への加工条件(加工スポット，加工時間など)を精密に制御する方法であり，加工方法は，イオンビーム法，メカニカル研磨，プラズマエッチングなどが，主には光学ミラーへの応用として実績がある。

図3に EUV マスク用のガラス基板の局所研磨法適用によるフラットネスの改善推移を示す[5]。各年の平均フラットネス品質は，局所研磨を含めた研磨工程の改良に伴い，着実に改善が進んでおり，また，2013 年からは，露光機メーカーである ASML 社より提案されている実際の露光エリアに近い品質エリア(Quality Area)が採用され，30 nm レベルの品質を達成している。また，ベスト品質は，20 nm 以下のフラットネスが製作できる状況だが，理想的な要求である 18 nm を保証して安定製作することは容易でなく，一方で，フラットネスに起因するマスク上の位置ずれをマスク工程でフラットネスデータを基に補正する技術が開発されている[6]。このような補正技術により，30 nm 程度以上のフラットネス品質を許容できる可能性が

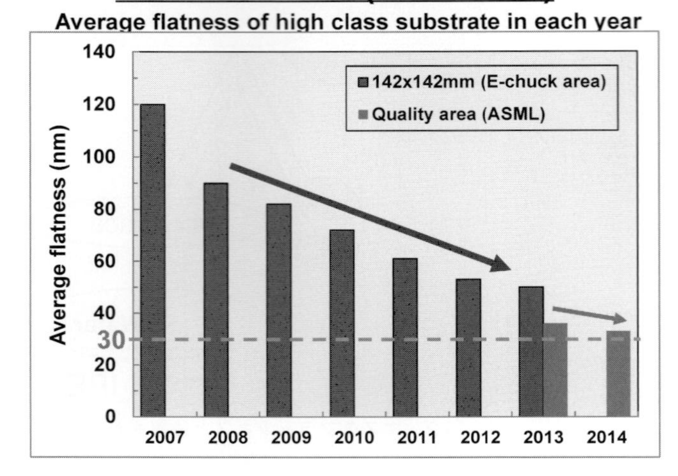

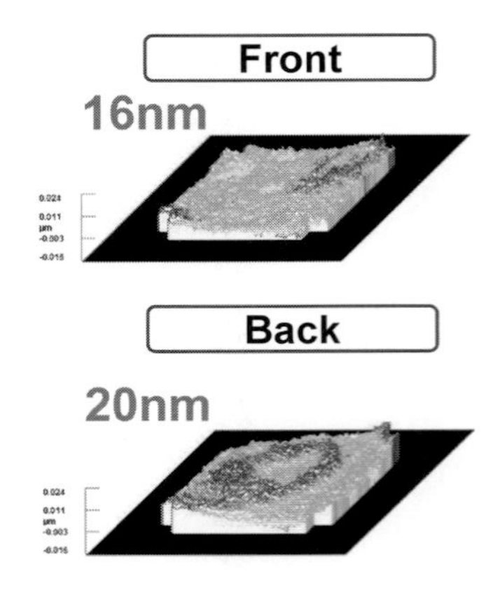

図３　局所加工前後のガラス基板のフラットネスの推移と典型的なフラットネス(鳥瞰図)[5)]

ある。さらには，局所研磨プロセスは，加工レートが遅く，既存プロセスと比べると明らかな生産性の低下があり，実用的には，高スループット化と低コスト化も今後の重要な課題となっている。また，フラットネスの計測は，レーザー干渉法が用いられ，繰り返し精度や参照面の精度に進展があり，30 nm 以下の高精度計測が可能となっているが，絶対値基準や基板の保持などに起因した不確かさが，10 nm 程度はあり，30 nm フラットネスの絶対値保証という面では，必ずしも十分でなく，フラットネス計測の高精度化と計測の標準化(絶対値の保証)に課題が残る。

4　多層膜

多層膜は，スパッタリング法によりガラス基板上に Si と Mo を 40 対(周期)積層し，最上層に Ru 膜(キャップ層)を形成した構成である。Ru は，EUV 光に対して透過率の高い材料の 1 つであるが，Ru 形成による吸収(EUV 反射率低下)は避けられない。そこで，多層膜からの反射率の低下を最小限にするために，マスク工程で耐久性を確保できる 2.5 nm 厚の Ru 層を採用している。

典型的な Ru キャップ付多層膜の EUV 領域の反射率スペクトルを**図４**に示す。多層膜は，EUV 光での反射率スペクトルの中心値(中心波長)を露光機の光学ミラーの波長特性に合わせることで，露光時のウエハ面の光量が最大化する。具体的には，中心波長は，±0.02 nm 以下に制御する必要があり，中心波長は，多層膜の周期長(Mo 層と Si 層のトータル膜厚)とガンマ値(周期長に対する Mo 層の膜厚比)に相関があり，Si と Mo の膜厚を精密に制御することにより，諸望の中心波長に調整することができる。

例えば，中心波長が 13.5 nm の場合，周期長はおよそ 7.0 nm であり，中心波長を ±0.02 nm で制御するには，周期長を ±0.01 nm(7 nm ± 0.15%)という高精度な膜厚制御が要求される。現状は，スパッタリングレートの精密制御により，要求品質を満たす多層膜が製作能な状況にある。また，EUV 波長域での中心波長の他に重要な反射率特性として，ピーク反射率があり，基板面内（露光領域内で）で0.3％以下の均一性も要求されている。ピーク反射率は，露光プロセスにおける露光光量のウエハ面への到達強度に影響し，即ち，スループットに寄与する重要なパラメーターとなる。ピーク反射率は，周期数，Mo/Si 界面の拡散層膜厚，表面粗さ，キャップ層材料と膜厚などに影響し，この中で界面の拡散層の低減化が高反射率化に最も効果的である。光学ミラーにおいて Mo/Si 界面への拡散防止層（例えば，B_4C 膜）を挿入して反射率を上げることが報告されているが，このような方法は，マスク材料の場合，欠陥品質やスループットの劣化を招くため，光学ミラーよりは，ピーク反射率を上げることは難しい状況にある。しかしながら，膜質の改善などにより，ピーク反射率や面内均一性のさらなる向上を進めていく必要がある。

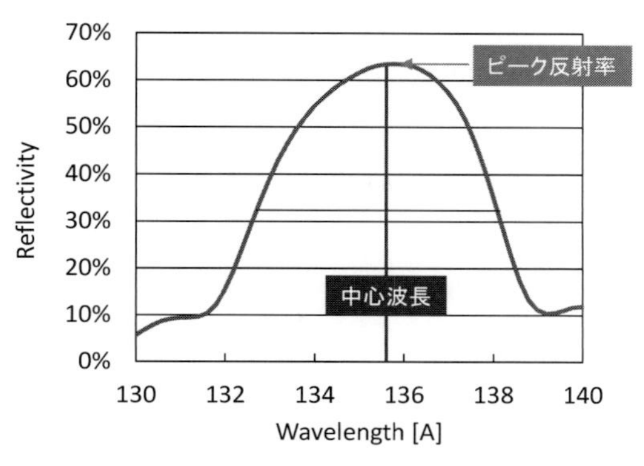

図4　Ru-多層膜の EUV 反射率スペクトル

多層膜ブランクスの欠陥は，132×132 mm の最大露光エリアでゼロが要求されている。対象となる欠陥サイズは，ITRS2011 によれば，16 nm hp で 26 nm（PSL 粒子サイズ）となっており，ゼロ欠陥の要求は，多層膜欠陥を修正することが困難であることによる。多層膜基板には，いろいろな欠陥が存在するが，主に，振幅欠陥と位相欠陥に分かれている。振幅欠陥は，多層膜上あるいは膜中の異物で，多層膜の反射を阻害する欠陥となる。位相欠陥は，基板上の微小な凹凸欠陥に起因した多層膜の凹凸欠陥であり，周期性（反射率性能）を維持し，微小な高さの変動が多層膜に存在するタイプで，シミュレーション結果によれば，数 nm レベル以下の欠陥でも，180° の位相変化が発生する位相欠陥として，露光時の転写パターンの寸法を変動させる。このような欠陥高さによる位相変化は，露光波長に強く依存するため，EUV 露光（13.5 nm）は，現行の ArF 露光（193 nm）と比べて波長が短いため，20 倍程度の低い高さが位相欠陥となる。

例えば，**図5**の右図に示したように，線幅の 10％の変動を許容すると，60 nm 幅で 1 nm 高さの欠陥がクリティカルな位相欠陥となり[7]，多層膜ブランクスの欠陥は，いかにこの位相欠陥を減らすかが重要となる。また，このような微小な欠陥サイズの検出を目標に欠陥検査機開発も進められている。60 nm 幅で 1 nm 高さの欠陥は，粒子径として 20 nmSEVD（Sphere Equivalent Volume Diameter）サイズに相当すると見積もられており，通常，フォトマスクブランクスの欠陥検査は，光学式の欠陥検査機を用いる。

例えば，コンフォーカル（共焦点）を用いた明視野検査は，微小な欠陥に感度が高く，高感度なブランクス欠陥検査として知られている。現在，市販されている検査機の中では，M8350 検査機（レーザーテック製）が，35 nm（PSL サイズ）という高い感度を有している[8]。このような光学式検査機は，多層膜だけでなく，ガラス基板も同様な感度で検査を行うことができ，また，KLA-Tencor は，高感度な光学式検査機（Teron Phasur）を開発している[9]。この検査機は，

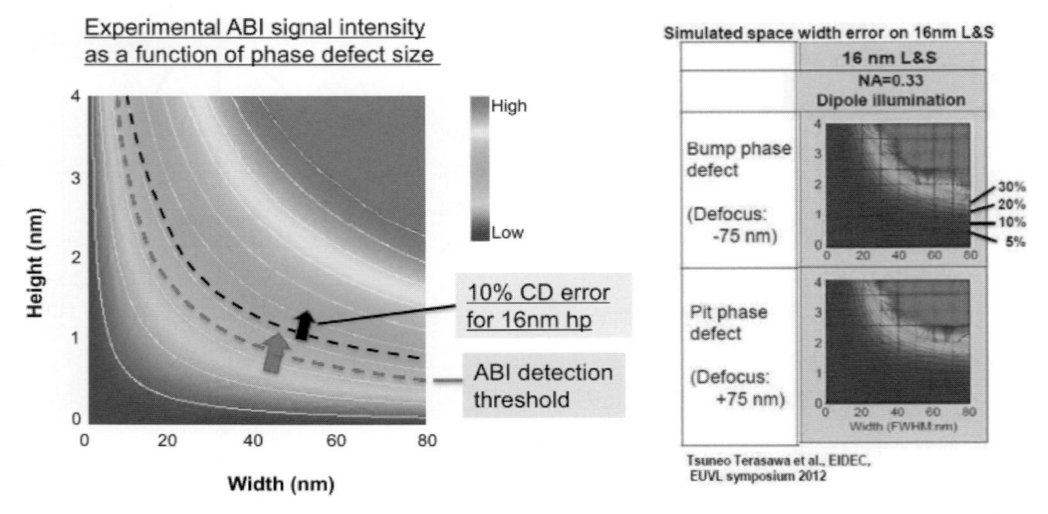

※口絵参照

図5　位相欠陥のEUV露光によるCD変動とABI検査感度[7)]

193 nmのレーザーを用い，独自のアルゴリズムにて微小な位相欠陥を高感度に検出でき，23 nmSEVDの検出感度を有している。光学検査は，光の波長に応じた進入深さに違いはあるが，膜表層部のみの凹凸の異物を検出するため，膜中やサブストレート近傍の欠陥源にて，膜表面に凹凸を発生させない欠陥に対しては，感度がない課題をもつ。EUV露光は，EUV光が多層膜に深く侵入して反射する構造となるため，EUV光(露光光：Actinic光)を用いた欠陥検査機が必要となる。そこで，暗視野方式のEUV検査機がMIRAIプロジェクトで開発され[10)]，続いて，Seleteプロジェクト(2007年～2011年)でフルフィールド検査を実証し，さらにEIDECプロジェクト(2011年～2015年)にて，レーザーテックに開発委託をして，ABI(Actinic Blank Inspection)装置の完成に至っている。ABIは，図5の左図に示したように，16 nmSEVD(1.1 nm高さ×40 nm幅に相当)の感度を保有し，16 nmhpプロセスに必要となる欠陥検査感度を満たしていることが実証されている。

次に多層膜ブランクスの欠陥品質の現状を紹介する。ブランクスの欠陥低減改善活動は，欠陥検査機で検出された欠陥について，欠陥種を特定するために分析し，その発生原因を解明し，その原因を改善するためにプロセスにフィードバックする欠陥低減化サイクルを実行している。多層膜ブランクスには，いろいろな種類の欠陥が存在するが，典型的な欠陥の断面TEM像を**図6**に示した。膜中に発生する異物は，典型的な振幅欠陥となり，微小バンプ欠陥において，欠陥の根源がガラス上や膜中に存在し，粒状異物である欠陥や数nm程度以下の高さの低い欠陥がガラス上に存在している。また，ピット欠陥として，ガラス上のピットがそのまま多層膜上に引き継がれているような欠陥も存在している。このようなガラス表面に起因した欠陥は，割合として多いのが現状だが，膜中(成膜起因の)異物，膜表面の異物も数多く存在し，これらの欠陥要因を特定し，それぞれ対策を講じることで欠陥低減化が進められてきている。

図7に各欠陥サイズでのベスト品質の推移を示す[11)]。これまでに光学検査にて，60 nm感度の検査にて，ゼロ欠陥を達成し，その後，Teron Phasur検査機を用い，25 nm感度及び

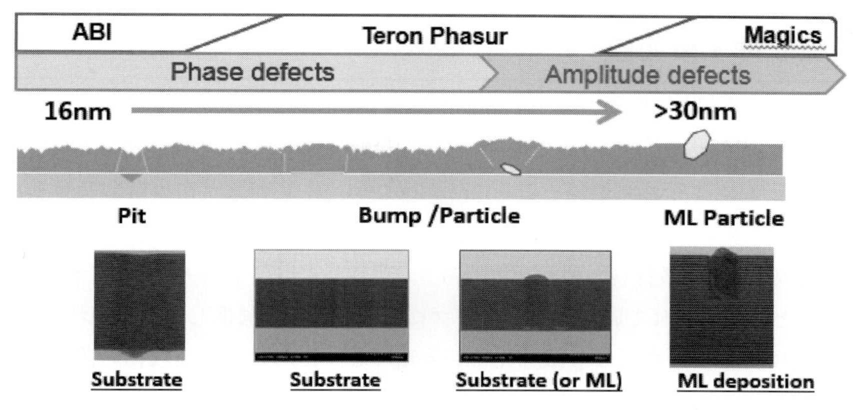

図6　多層膜ブランクスの典型的な欠陥の断面TEM像[11)]

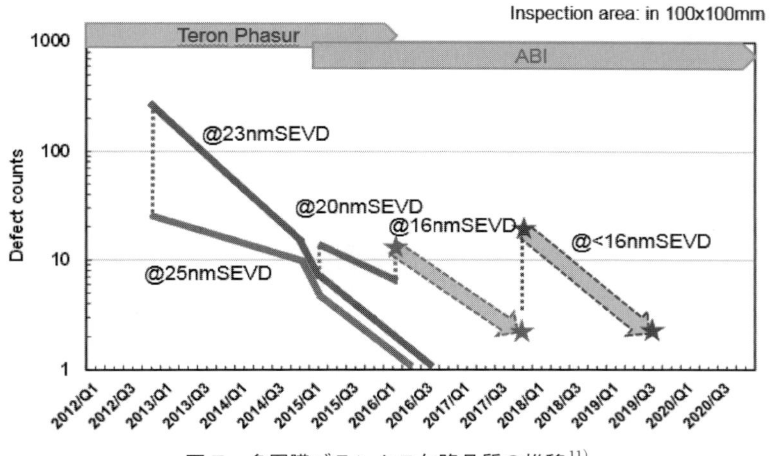

図7　多層膜ブランクス欠陥品質の推移[11)]

23 nm感度による欠陥低減化に展開し，主にガラス基板研磨プロセスの改良と多層膜成膜プロセスの改良により，ゼロ個を実現している。このように，多層膜ブランクスの欠陥低減化は，ここ3年で大いなる進展を示しているが，量産で必要となる20 nm以下の欠陥で，ゼロ個を達成するためには，引き続き欠陥の要因を明確にし，プロセスの改善化を進めていく必要がある。同時に，残存した多層膜ブランク欠陥を吸収体パターン下に配置して，露光に影響しないように回避するプロセス(Defect Mitigation Process)の開発も進んでいる[12)]。このような工程を適用することで，例えば10個程度の欠陥があっても，マスク工程でゼロ欠陥を得ることが可能になる。この工程の実現には，ブランクス上にフィディーシャルマーク(Fiducial Mark)と呼ぶ基準のマークを形成し，欠陥を高精度に管理する工程の準備が必要となり，フィディーシャルマークの形成技術開発と高精度な欠陥位置の検査が課題となる。例えば，30 nmの欠陥を16 nmhpのパターン(マスク上で64 nmライン)に隠すために，20 nm(3σ)の位置再現性が必要となる。EIDECのプロジェクトにおいて，ABI検査が20 nmの検出再現性を実証しており，今後フィディーシャルマーク付きのブランクスを用い，マスク工程でのブランクス欠陥回避工程を通して，ゼロ欠陥マスクの実現を進めていくことになる。

5　吸収体・裏面膜

吸収体材料には，EUV 光で高吸収な材料で，かつ微細加工性やマスク洗浄に対する耐久性などが必要となる。さらには，マスク修正やマスク検査に適用できる材料設計(構成)も要求されており，フォトマスクの遮光体である Cr(クロム)も EUV マスク用の吸収体材料に使用できるが，Ta(タンタル)は，Cr より吸収が高く，微細加工性に優れることから，EUV マスク用吸収体としては，Ta 系材料が使われている[13)]。具体的には，TaN やアモルファス材料である TaBN[14)]などが開発されている。16 nmhp プロセスへの量産に関しては，現状の Ta 系材料が使える見込であるが，さらなる微細化(13 nmhp 以降)ためには，吸収体の薄膜化が求められており，ニッケル(Ni)など新たな材料開発も進められている[15)]。また裏面膜は，露光時の静電チャックにおける要求より，100 Ω以下の導電性が必要で，これまでに窒化クロム(CrN)が広く使われてきたが，より静電チャック性能を改善する観点より，Ta 系の材料(TaB)の適用も検討されている[11)]。

6　まとめ

EUV マスクブランクスは，ゼロ膨張ガラス，反射多層膜，キャップ層と吸収体，裏面膜で構成され，16 nmhp 以降のデバイス量産に向けた開発が進められている。ゼロ膨張ガラスは，熱膨張特性などの素材面は，実用的なレベルに達している。ガラス基板の研磨特性は，30 nm フラットネスが技術的には安定製作可能なレベルにあるが，理想的な要求の 18 nm フラットネスの安定製作には，研磨工程開発が課題となる。同時に，フラットネスの緩和のためのマスク工程での補正技術の実用化が期待されている。多層膜ブランクスの欠陥検査は，光学検査において 23 nm 感度が実現し，また EUV 光を用いた検査機(ABI)において，16 nm 感度が実現して，16 nmhp プロセスで要求される感度を有する検査機が準備できている。多層膜ブランクスの欠陥品質は，23 nm サイズ以上でゼロ個を達成し，ここ数年で大幅な改善を実現しているが，20 nm 以下のサイズにおけるゼロ欠陥には，さらになるプロセスの改善が必要となる。また，残存する微小欠陥を吸収体パターン下に配置する欠陥回避工程の実現のために，欠陥の高精度管理のためのフィディーシャルマーク作製も必要となる。吸収体材料は，Ta 系の膜において，マスクプロセスや露光プロセスに適用できる特性を実現している。

以上のように，EUV ブランクスは，優れた材料が開発され，課題となっていたフラットネス及び欠陥品質は，着実に改善が進んでいる。しかしながら，EUV リソグラフィの量産のためには，実験的な露光結果や各種補正技術を考慮した EUV ブランクスの実用的なスペック作りも必要である。

文　献

1)　SEMI P37-1109 "Specification for Extreme Ultraviolet Lithography Substrates and Blanks" See http://www.semi.org

2) Corning：https://www.corning.com/jp/jp.html
3) AGC：http://www.agc.com/products/summary/1189843_832.html
4) International Technology Roadmap for Semiconductors, 2011(ITRS2011)；
http:/www.itrs.net/Links/2011Update/FinalToPost/08_Lithography2011Update.pdf(as updated)
5) T. Onoue et al.：EUVL Symposium(2015).
6) S. Raghunathan et al.：Proc. SPIE, 7488(2009).
7) H. Miyai et al.：EUVL Symposium(2014).
8) Lasertec：http://www.lasertec.co.jp/
9) S. Stokowski et al.：Proc. of SPIE, 7636(2010).
10) T. Terasawa et al.：Proc. SPIE, 5446, 804(2004).
11) T. Onoue et al.：EUVL Symposium(2016).
12) J. Burns et al.：Proc. of SPIE, 7823(2010).
13) G. Zhang et al.：Proc. SPIE, 4889, 1092(2002).
14) T. Shoki et al.：Proc. SPIE, 4754, 94(2002).
15) Y. Ikebe et al.：EUVL Symposium(2016).

第５節　マスク技術

凸版印刷株式会社　小寺　豊

1　EUV マスクの構造

EUV マスク用ブランク・EUV マスクの仕様に関しては，米国のコンソーシアム SEMATECH(Semiconductor Manufacturing Technology)が主体となり，様々な技術検討，標準化の試みが行われ，その結果は SEMI から 2002 年に SEMI スタンダードの P38 として初版が発行された。しかしながら，2010 年の投票の結果，正式に取り下げとなっている[1]。

その後，EUV 露光装置を製造している ASML 社が露光装置側からの EUV マスクに対する要求をまとめている。

これらの仕様や要求をもとに，現在一般的となっている EUV マスクの構造断面図を**図１**に示す。ダークフィールドマスクであれば，EUV 光を反射すべき部分の吸収膜を選択的に除去した形態である。

EUV 露光装置内では，露光光はマスクに対して６度傾いた方向から入射して，吸収膜の開口領域で多層反射膜によって６度傾いた方向へ反射される。開口部から反射された露光光は，投影光学系により 1/4 に縮小されてウェハ上に露光される。

このように，EUV 光はマスクに対して斜め入射する為，パターン寸法が小さくなると吸収膜のパターンが壁となって露光光が遮られてしまい，露光特性が悪くなる問題がある。この現象は，斜影効果(Shadowing Effect)と呼ばれる。吸収膜を薄くすれば斜影効果は低減されるが，吸収膜が存在する限りは斜影効果が発生する上，吸収膜を薄くすると，吸収膜表面からの EUV 光の反射率が上がるため，いずれにしても露光への悪影響が出る。そこで，近年では，**図２**に示すような，吸収膜を備えない，掘り込み型のマスク構造も提案されている[2)-4)]。

本構造の EUV マスクであれば，通常の吸収膜付き EUV マスクと異なり，斜影効果が根本

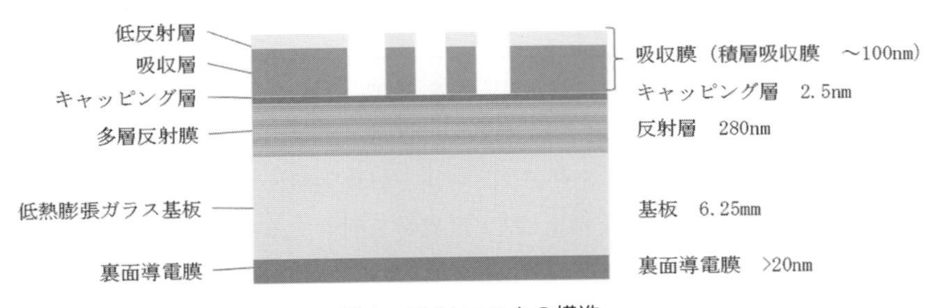

図１　EUV マスクの構造

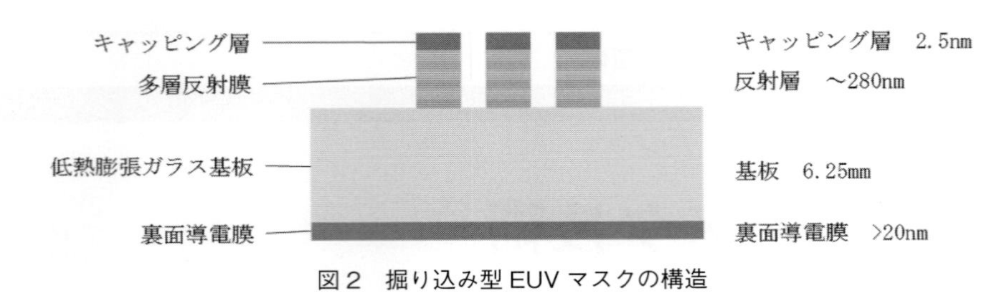

図2　掘り込み型EUVマスクの構造

的に起きない構造である為，パターンのX方向Y方向の寸法ばらつきなど気にする必要がなく，また，ブランク構造も多層反射膜の上層は通常のブランクのように吸収膜である必要もない。その一方，厚みのある多層反射膜を垂直性高くエッチングで掘り込む必要があり，パターン寸法が小さくなるにつれてアスペクト比が高くなる事から，プロセスや洗浄に対する物理的な耐久性が課題となると考えられる。

2　EUVマスクの製造工程

図3に一般的なEUVマスクの製造プロセスを示す。EUVマスクは光マスクと比較すると多層反射膜や裏面導電膜があるなど，構造上の違いが多く見られるが，製造プロセスは，基本的に光マスクの製造プロセスと同様であると考えて良い。

まず，EUVマスク用ブランクを用意する。これにレジストをコートし，EB(Electron Beam：電子ビーム)描画装置を用いてマスクパターンを描画する。次に，現像を行い，描画部のレジストを除去する。現像が終わったら，エッチングにより吸収膜を選択除去する。光マスクの場合には，遮光膜が通常CrやMoSiであるのに対し，EUVマスクの吸収膜にはTa系材料が使用されている為，CrやMoSi用エッチング条件そのままでは掘り込む事が難しい。また，異なる材質のエッチングを行う事による異物の懸念もある事から，Ta系材料専用のエッチング装置を使用する事が望ましい。最後に残ったレジストを剥膜し，洗浄する事によってEUVマスクが完成する。

光マスクでは，マスク完成後パターン面上にペリクルを装着してから出荷するのが一般的であるが，EUVマスク用ペリクルは開発中であり，実現した場合には光マスクと同様にペリクル装着工程を経て出荷される事になると考えられる(EUVマスク用ペリクルについては後述)。

3　EUVマスクの遮光帯

EUVマスクの吸収膜は，理想的にはEUV光を100%吸収する事が望ましいが，実際には1%～3%程度EUV光を反射してしまう。イメージフィールド内でも吸収膜パターンから同程度のEUV光が反射されており，イメージフィールド外周領域からの反射が問題となる。光マスクの場合には，該当する領域は，例えばCr遮光帯を配置するなどして，透過する露光光を完全に遮断する事が可能であるが，EUVマスクの場合には遮光膜として機能すべき吸収膜からEUV光が反射する為，本来完全に遮光され，光学的に黒であるべき領域から漏れ光が発生

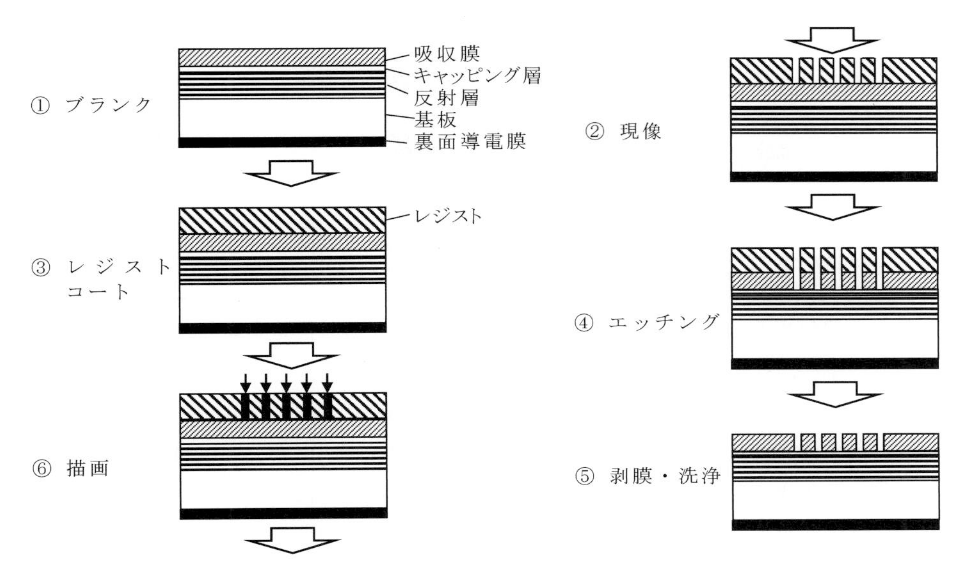

図3　EUVマスク製造プロセス

している事になる。露光機内では，イメージフィールド外周にREMA(Reticle Masking)ブレードと呼ばれる露光光を遮光する物理的なシャッターが配置されるため，理想的にはイメージフィールド外周は光学的に黒になるはずであるが，実際にはREMAブレードの効果があるのは遮光帯領域の外側半分程度であるため，イメージフィールドに近い領域からは僅かに露光光が反射されてしまう[5)]。イメージフィールドはウェハ上に隣り合わせに次々と露光されていくが，その際，ウェハを最大限に使用するため，フィールドとフィールドのすき間は極めて狭くなるように露光される。その結果，**図4**に示すように，イメージフィールド外周の遮光帯領域からの漏れ光が隣のフィールドにオーバーラップ露光され，ウェハ上に露光されたパターン寸法が変動してしまう問題がある。特に，イメージフィールドの四隅に関しては，隣り合った3つの領域からの漏れ光がオーバーラップして露光されるため寸法変動量が大きくなる傾向がある[6)-9)]。

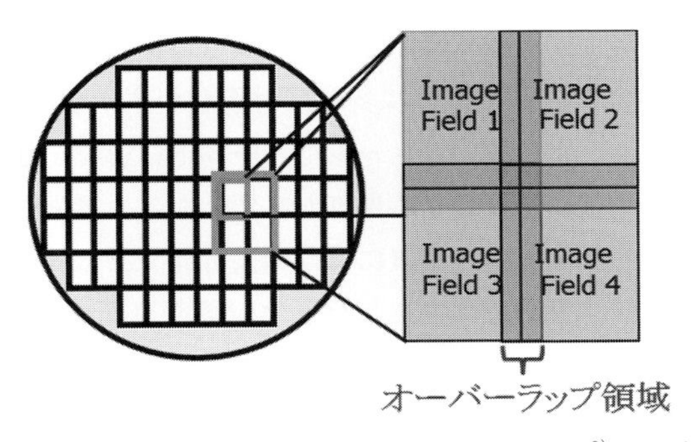

図4　遮光帯領域のオーバーラップ露光[9)]

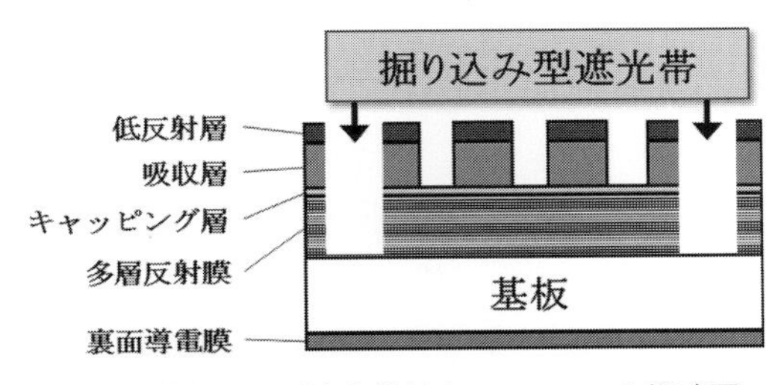

図5　掘り込み型遮光帯付きEUVマスク概略図

そこで，遮光帯領域を光学的に黒にする為の手法が提案されているが[10)]，現在最も現実的，かつ効果的な手法は，**図5**に示すような掘り込み型の遮光帯であると考えられる。EUV光は空気を含め，あらゆる物質に吸収される性質があるため，基本的には多層反射膜がなければマスクから反射されることはない。したがって，掘り込み型遮光帯においては，吸収膜と多層反射膜をエッチングで掘り込み，完全に除去する事により，EUV 光を基板内部に吸収させ，遮光帯領域からの反射を大幅に低減する事が可能となる[6)-9)]。

4　EUV マスクの欠陥

光マスクと比較すると，EUV マスクは 80 層を越える多層膜構造を有し非常に複雑であるため，必然的に EUV マスクで発生する欠陥のメカニズムも光マスクよりも複雑なものとなる。

図 6 に EUV マスクで発生しうる欠陥種類の概念図を示す[11)]。

パターン面では光マスクの欠陥と同じように突起(吸収膜残り)や欠け(吸収膜剥がれ)のような外観欠陥が発生する可能性がある。これらの欠陥種に関しては，基本的に光マスクで発生する欠陥と同様のメカニズムであり，EB(Electron Beam：電子ビーム)修正装置，FIB(Focused Ion Beam：収束イオンビーム)修正装置，レーザー修正装置，メカニカル修正装置など，既存の欠陥修正装置により修正が可能である。異物に関しては，多層反射膜表面に異物があると，露光光が異物に吸収されてしまう為除去が必要である。また，掘り込み型遮光帯を付してある場合には，遮光帯に多層反射膜がわずか数層でも残っていると露光光が反射され，この光がウェハ上の隣のイメージフィールドに影響を与える可能性がある為，イメージフィールドと同等の検査感度による保証が必要となる。遮光帯上の欠陥に関しては上述の外観欠陥と同様に，既存の欠陥修正装置により除去可能である。

マスク裏面に関しては異物付着や裏面表面の凹凸欠陥が発生する可能性がある。EUV マスクは露光装置内で静電チャックにより裏面を吸着して保持される為，静電チャックにマスクを吸着した際にマスク裏面に異物が存在すると，**図 7** のように異物を基点としてマスクが変形する可能性がある。その結果，マスクで反射される露光光がマスクの変形により歪められるため，パターンの重ね合わせずれが生じるなど，ウェハ上のパターンに悪影響を及ぼす。また，裏面の異物が静電チャックを介して別のマスクに付着し，同様のエラーを引き起こす可能性がある事も報告されている[12)]。

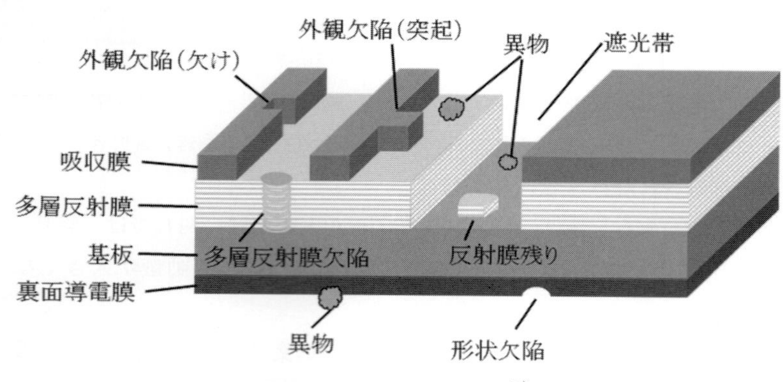

図 6　EUV マスクの欠陥[11)]

パターン面の欠陥に関しては，上述の吸収膜の欠陥のみならず，多層反射膜中に埋め込まれたブランク欠陥も問題となる。一般的に，多層反射膜中の欠陥に関しては，ブランクメーカーにて保証されて納入されるのが理想的である。しかし，多層反射膜は80層，最表面のキャッピング層も含めれば81層から構成されているため製造工程も複雑であり，近年欠陥個数は大幅に減少してはいるものの，無欠陥ブランクとなると入手は困難であると考えられる。したがって，マスク製造に使われるEUVブランクには少なからず転写に影響を与えるような欠陥が存在する可能性がある。

多層反射膜は，強度や方向を含め露光光を均一に反射する必要がある。しかし，多層反射膜成膜時に，基板上に凹凸があったり異物が存在したりすると，多層膜が均一に成膜されないため，局所的に多層反射膜に歪みが生じる。この歪みは多層膜の積層により若干緩和され，ブランク最表面ではわずかな凹凸となって現れるが，露光光は多層反射膜内部まで透過して反射される為，この凹凸で反射された露光光には周辺と比較するとわずかな位相差が生じる。その為，干渉効果により局所的に反射光強度が弱められる。つまり，このような欠陥箇所がマスクパターンの開口部に存在すると，パターンからの露光光強度が弱くなる為，ウェハ上でパターン寸法変動やブリッジ欠陥を引き起こす事になる。

多層反射膜中の欠陥は，吸収膜の欠陥のように直接的に修正する事が困難であることから，欠陥が転写に影響を及ぼさないようにするために，いくつかの手法が提案されている。

例えば欠陥が反射光に与える影響が小さい場合，Compensation Repairと呼ばれる手法が提案されている[13)-15)]。この手法では，あらかじめ欠陥の形状，パターンとの位置関係を把握した上で，欠陥周辺の吸収膜パターンをどの程度削れば欠陥による減衰分を補完して転写への影響をなくす事ができるか転写シミュレーションを行う。このシミュレーション結果に基づき，EB修正装置等を用いて吸収膜パターンをエッチングして欠陥による影響を打ち消す。

ただし，この手法はわずかな影響しか引き起こさない欠陥には有効であると考えられるが，複数のパターンに対して影響を及ぼすような欠陥に対しては適用が難しい。そこで，このような影響の大きな欠陥に対しては，**図8**に示すような欠陥を吸収膜下に隠す手法(Defect Mitigation)が提案されている[16)-18)]。

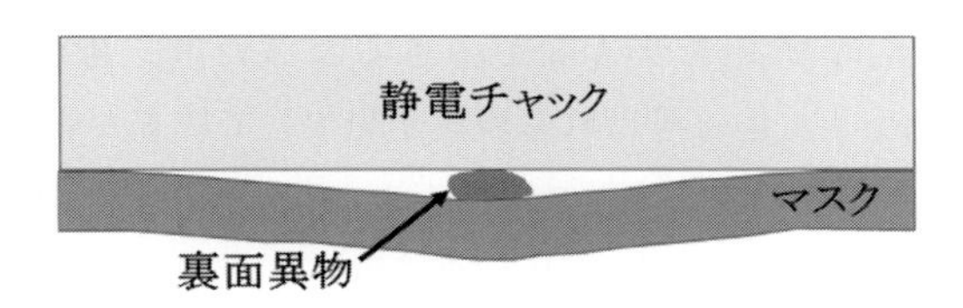

図7　EUVマスク裏面異物によるマスクの変形

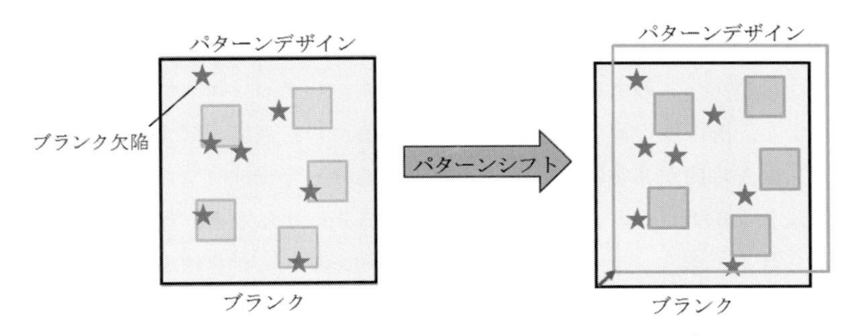

図8　パターンシフトによるブランク欠陥回避手法[16)]

この手法においては，シミュレーションソフトウェアにより，マスク上に描画するパターンとブランク欠陥の位置を重ね合わせ，ブランクを回転(Blank Rotation)したり，パターンの描画位置をずらしたり(Pattern Shift)する事により，すべての欠陥を吸収膜パターンの下に隠すために必要なブランク向き，パターンのずらし量を算出する。この計算結果に基づいてブランクにパターンを描画する事により，欠陥の影響を回避する事が可能となる。ただし，本手法においては，欠陥の個数が多くなれば当然吸収膜パターン下に隠せない欠陥の数は増えてくるため，ブランク欠陥個数は極力少ない事が望ましい。

5　EUV マスクの欠陥検査

前章で述べた通り，EUV マスクの転写特性に影響を与える欠陥は多岐にわたる。しかし，基本的にはパターン欠陥，多層反射膜欠陥の 2 種類の欠陥がもっとも重要な欠陥であると考えられる。多層反射膜欠陥に関しては，前述の通りブランクメーカーで保証されている事が望ましいが，最終的にはウェハに影響を与えないかどうかをマスク製造工程で保証する必要がある。

光マスク検査においては，最近では DUV 光(Deep UV：遠紫外光)による透過光と反射光による検査が同時に行われるのが一般的となっている。しかし，前述の通り，EUV マスクは反射型マスクであるため透過光検査ができないために，反射光検査のみで保証する必要がある。検査に用いる光の波長は以下の 3 種類が考えられる。

まず一般的なのは DUV 波長($\lambda \sim 193$ nm)による検査である。この検査波長は，先端の ArF 露光用マスク検査にも用いられており，光マスク用検査装置と兼用での使用が可能である。光マスクであれば，透過部，遮光部それぞれの透過率，反射率の違いから，これら二つの膜質を比較的容易に分離して視認することができるが，EUV マスク検査においては吸収膜と多層反射膜の DUV 光に対する反射率が比較的近い為，パターンが小さくなるにつれてパターンのコントラストが小さくなったり，画像の白黒が反転するトーンリバーサル(Tone Reversal)と呼ばれる現象が発生して検査が難しい場合がある[19]。これらの現象は物理的な現象である為，光マスク検査のようにパターンの白黒を明確に分離する事自体が難しくなっている。そこで，各 DUV 検査装置メーカーは偏光や変形照明などの照明方法を用いることにより，欠陥信号のコントラストを上げる工夫を行っている。

別の検査手法としては SEM(Scanning Electron Microscope：操作型顕微鏡)の原理を用いた EB(Electron Beam：電子ビーム)検査(EB 検査)がある[20)-22]。EB 検査の利点は，DUV 検査で述べたようなパターンのトーンの問題は関係なく，パターンエッジを比較して検査ができる事である。また，解像度の高い電子ビームを用いるため，高倍率による高感度検査が可能である。ただし，検査時間が非常に長いという難点があり，今後検査時間を短くする為には，光源である電子銃をマルチビーム方式やマルチカラム方式にするなど，難易度の高い開発が必要であると考えられる。また，そもそも SEM はパターンのエッジを抽出する手法であり，多層反射膜欠陥のような，高さ変化が緩やかで極めて小さな欠陥に対してはエッジ抽出ができないため，欠陥を視認して検出する事は困難である。したがって，本検査手法を用いる場合にはブランク検査結果との複合的な検査工程の構築が必要であると考えられる。

最後に挙げられるのは露光光と同じEUV光を用いた検査(Actinic Pattern Inspection)である[23]。本手法の場合，検査波長が露光波長と一緒である為，DUV光検査で発生するようなパターンのトーン変化の問題は発生しない。また，EUV光は多層反射膜内部まで浸透して反射する為，パターン欠陥のみならず，多層反射膜内部の欠陥に対しても検査感度を有すると期待される。

本手法の最大の難点は，露光装置と同様に検査用のEUV光源の開発であると考えられる。露光装置用光源と比較してパワーは必要ないが，明るさや長期安定性等，検査に必要な性能が満たされている必要がある。また，これまでの光マスク用検査装置が透過光学系を用いた検査装置であったのに対し，EUV光を用いた検査装置は，露光装置と同様に，反射光学系である必要があり，光マスク用検査装置とは根本的に異なる技術であるため，開発コストも膨大である。したがって，残念ながら本手法を用いた検査装置は現段階では実現していない。今後EUVリソグラフィー技術が半導体製造手法として広く使用されるようになった時にはActinic欠陥検査装置が実現するものと期待されるが，高額な装置はマスクコストに直結するため，技術面のみならず，コスト面からもどの検査手法を用いて欠陥保証すべきかを熟慮する必要がある。

6　EUVマスクの欠陥保証

欠陥検査にて検出された欠陥は，ウェハへの転写性を考慮した対応が必要である。非常に小さな欠陥の場合には，特に修正をする事無くともウェハ上のパターンに影響はない場合もあるが，転写してウェハ上のパターンに影響を及ぼす場合には，欠陥を修正した上で，欠陥修正箇所が転写に影響しない事を確認してから出荷する必要がある。これは光マスク，EUVマスク共に必要な工程となる。

これまで，光マスクの保証にはCarl Zeiss社(独)製光学シミュレーターAIMS™(Aerial Image Measurement System)が用いられている。AIMS™は，露光装置の光学系を模した観察光学系を備え，ウェハ露光時の照明条件を用いてマスクの欠陥箇所や欠陥修正箇所を観察する事により，欠陥や修正箇所のウェハ転写性を予測する装置である。しかし，前述の通りEUVマスクは反射型マスクであり，波長も異なることから，これまでの装置構造ではEUVマスクには適用できない。

そこで，EUVマスク用の光学シミュレーターの開発が行われている。2010年に米国のコンソーシアムSEMATECHは，EUVマスク関連の欠陥検査修正技術開発を目的としたEMI(EUV Mask Infrastructure)プログラムを立ち上げた。このEMIプログラムの開発項目の一つがEUVマスク用のEUV－AIMS™であり，4社のSEMATECH会員企業がこのプロジェクトに参加して，2011年よりCarl Zeiss社が開発を行っている[24)-26)]。

EUVマスク保証技術は，EUV露光技術の実用化に必ず必要となる技術である事から，今後の開発動向が注目される。

7　EUV マスク用ペリクル

EUV 光は空気を含め，全ての物質に吸収されてしまう特性がある。したがって，EUV マスクにペリクルを装着すると，ペリクル膜によって EUV 光が吸収されてしまうため，EUV マスクにはペリクルを装着できないとされていた。特に EUV マスクは反射型マスクである為，マスクにペリクルが装着されていると，露光光はペリクルを通過し，マスク表面で反射して再びペリクルを通過してウェハに露光される。つまり，露光光はペリクルを 2 度通過する事になる為，露光光のエネルギーが大幅に減衰してしまう。例えば，ペリクルの EUV 光透過率が 90% だとした場合，2 度のペリクル通過により，トータルの透過率は 90%×90%＝81% と言う事になる。

また，EUV マスクは，搬送や保管の際には大気圧下に置かれると考えられるが，露光装置内では高真空環境下に置かれる。したがって，マスクが露光装置にロード / アンロードされるたびに気圧が大きく異なる環境を出入りする為，マスクを搬送するたびに異物付着の可能性があると言える。そのため，ペリクルを装着しなくても，搬送や保管のみならず，露光装置へのロード / アンロード時に，マスク表面に異物が付着しないようにする目的で Dual Pod と呼ばれる特殊な EUV マスク専用のケースの開発も行われた[27)-28)]。

前述の通り，EUV マスクは露光装置内で静電チャックによってマスク裏面が接触した状態で保持されるため，定期的にマスクを洗浄する必要がある。従来の光マスク用ペリクルは接着剤によってマスク上に接着する形態であり，マスクの洗浄が必要になった場合には，ペリクルを剥がして，固着した接着剤を除去する為に通常よりも強い洗浄を行う必要がある。同様の形態を EUV マスク用ペリクルに適用すると，度重なるペリクル貼り換え作業によりマスク寿命が短くなる恐れがある。

以上のような理由により，EUV マスク用ペリクルの形態自体が決まらなかった事もあり，これまで EUV 露光装置を保有する半導体メーカーは，ペリクルを使用せずに露光評価を行ってきた。

EUV マスク用ペリクルに関しては，2006 年に最初の報告がされている[29)]。この EUV マスク用ペリクルは，EUV 光の透過率が比較的高い特性を持つ Si の薄膜をハニカム構造のメッシュがサポートする構造のペリクル膜(メンブレン)であった。この構造のペリクル膜開発は，その後ペリクルメーカーによって継続されたが[30)]，製品化されるレベルまでには至らなかった。

しかし，複数のデバイスメーカーから，露光中に EUV マスクのパターン面上に異物が付着するという問題が報告された事から，再び EUV マスク用のペリクル開発が加速した。2013 年から EUV 露光機を製造する ASML 社が EUV マスク用ペリクルの開発を開始しており，現在複数の企業，コンソーシアムによって開発が行われている。

現在 ASML 社が開発中のペリクルは，従来の光マスク用ペリクルのような接着剤を用いない，機械的に着脱可能な機構を備えた構造になっている[31)32)]。この構造によれば，マスク表面に Stud と呼ばれるペリクルの固定具を接着し，ペリクルフレームに設けられた Fixture と呼ばれる構造により Stud を挟み込みペリクルを固定する仕組みとなっている。その為，ペリクルフレームはマスク表面と接触しておらず，ペリクルとマスク表面の間には僅かに隙間が生じる為，この隙間を通じて空気の出入りが行われる。

現在開発されているペリクル膜(メンブレン)の材質にはいくつかの候補材料がある。前述の通り，ペリクル膜にはEUV光透過率が高いことが望まれるが，その為にはペリクル膜を薄くする必要がある。同時に搬送／ハンドリング時の衝撃や気圧の変化に対する耐久性も求められるため，様々な要求を同時に満たす材料を選択する必要がある。

現在ASML社が開発している膜はpSi(ポリシリコン)製のペリクル膜である。しかし，pSi膜は耐熱性が低い事から，高出力光源に対応した次世代材料の検討も始められている。また，ベルギーのコンソーシアムIMEC(Interuniversity Micro Electronics Center)はカーボンナノ材料を用いた開発を行っている[33]。

このように，現在複数の企業，コンソーシアムによってEUVマスク用ペリクルの開発が試みられている。ASMLはペリクル開発と合わせて装置の異物低減を行っている事から，EUV露光技術が量産適用される時期にはこれらの技術によってEUVマスクインフラが整うものと期待される。

文　献

1) SEMI Standard P38：
http://ams.semi.org/ebusiness/standards/SEMIStandardDetail.aspx?ProductID=211&DownloadID=1654
2) K. Takai et al.："Patterning of EUVL binary etched multilayer mask" Proc. SPIE, 8880, 88802M(2013).
3) K. Takai et al.："Process capability of etched multilayer EUV mask" Proc. SPIE, 9635, 96351C(2015).
4) N. Iida et al.："Etched multilayer EUV mask fabrication for sub-60 nm pattern based on effective mirror width" Proc. SPIE, 9984, 99840C(2016).
5) R. Jonckheere et al.："Defectivity evaluation of EUV reticles with etched multilayer image border by wafer printing analysis" Proc. SPIE, 9658, 96580H(2015).
6) N. Davidova et al.："Impact of an etched EUV mask black border on imaging and overlay" Proc. SPIE, 8522, 852206(2012).
7) N. Davidova et al.："Impact of an etched EUV mask black border on imaging. Part II" Proc. SPIE, 8880, 888027(2013).
8) N. Fukugami et al.："Black border with etched multilayer on EUV mask" Proc. SPIE, 8441, 84411K(2012).
9) Y. Kodera et al.："Novel EUV Mask Black Border and its Impact on Wafer Imaging" Proc. SPIE, 9776, 977615(2016).
10) T. Kamo et al.："EUVL practical mask structure with light shield area for 32 nm half pitch and beyond" Proc. SPIE, 7122, 712227(2008).
11) K. Seki et al.："ENDEAVOUR to Understand EUV Buried Defect Printability" Proc. SPIE, 9658, 96580G(2015).
12) R. Jonckheere et al.："Towards reduced impact of EUV mask defectivity on wafer" Proc. SPIE, 9256, 92560L(2014).
13) R. Jonckheere et al.："The door opener for EUV mask repair" Proc. SPIE, 8441, 84410F(2012).
14) L. Pang et al.："EUV multilayer defect compensation(MDC) by absorber pattern modification – Improved performance with deposited material and other Progresses" Proc. SPIE, 8522, 85220J(2012).

15) L. Pang et al.："EUV multilayer defect compensation (MDC) by absorber pattern modification, film deposition, and multilayer peeling techniques" Proc. SPIE, 8679, 86790U (2013).
16) M. Lawliss et al.："Repairing native defects on EUV mask blanks" Proc. SPIE, 9235, 923516 (2014).
17) Pei-Yang Yan et al.："EUVL Multilayer Mask Blank Defect Mitigation for Defect-free EUVL Mask Fabrication" Proc. SPIE, 8322, 83220Z (2012).
18) Y. Negishi et al.："Using pattern shift to avoid blank defects during EUVL mask fabrication" Proc. SPIE, 8701, 870112 (2013).
19) BC Cha et al.："Requirements and Challenges of EUV mask inspection for 22 nm HP and beyond" 2011 International Symposium on Extreme Ultraviolet Lithography (2011).
20) T. Shimomura et al.："Native pattern defect inspection of EUV mask using advanced electron beam inspection system" Proc. SPIE, 7823, 78232B (2010).
21) M. Hatakeyama et al.："Development of Novel Projection Electron Microscopy (PEM) system for EUV Mask Inspection" Proc. SPIE, 8441, 844116 (2012).
22) R. Hirano et al.："Extreme ultraviolet patterned mask inspection performance of advanced projection electron microscope system for 11 nm half-pitch generation" Proc. SPIE, 9776, 97761E (2016).
23) O. Khodykin et al.："Progress towards Actinic Patterned Mask Inspection" 2015 International Workshop on EUV Lithography (2015).
24) U. Stroessner et al.："AIMS™ EUV：Status of Concept and Feasibility Study" 2010 International Symposium on Extreme Ultraviolet Lithography (2010).
25) A. Garetto et al.："Status of the AIMS™ EUV Project" Proc. SPIE, 8522, 852220 (2012).
26) A. Garetto et al.："AIMS™ EUV First Light Imaging Performance" Proc. SPIE, 9235, 92350N (2014).
27) J. Torczynski et al.："Particle-contamination analysis for reticles in carrier inner pods" Proc. SPIE, 6921, 69213G (2008).
28) K. Ota："Evaluation Results of a New EUV Reticle Pod based on SEMI E152" Proc. SPIE, 7636, 76361F (2010).
29) Y. Shroff et al.："EUV Pellicle Development for Mask Defect Control" Proc. SPIE, 6151, 615104 (2006).
30) S. Akiyama et al.："Realization of EUV pellicle with single crystal silicon membrane" 2010 International Symposium on Extreme Ultraviolet Lithography (2010).
31) C. Zoldesi et al.："Progress on EUV Pellicle development" Proc. SPIE, 9048, 90481N (2014).
32) D. Brouns et al.："NXE Pellicle：offering a EUV pellicle solution to the industry" Proc. SPIE, 9776, 97761Y (2016).
33) I. Pollentier et al.："EUV lithography imaging using novel pellicle membranes" Proc. SPIE, 9776, 977620 (2016).

第１節　量産化に向けたナノインプリント技術

東芝メモリ株式会社　東木　達彦

1　はじめに

半導体メモリへの要求品質はビット容量あたりのコストダウンのみならず，ビックデータ等を扱うデータサーバーの要求品質から読み込み書き込みスピード，長期記憶保持，大容量，小電力という性能向上が求められている。懸る要求品質を満足するために３次元メモリが開発され量産が開始された。ハードディスクドライブ(hard disk drive, HHD)は転送速度を高めるためには並列処理能力を高める必要があるが，ドライブ数の増加で不要な容量が必要となりコスト高になりやすい。一方，半導体素子メモリを用いた記憶装置であるストレージ(特に，ディスクドライブ)として扱うソリッドステートドライブ(solid state drive, SSD)は，ハードディスクに対して大幅に転送速度が向上している。

現在，SSD はビットコストではなくパフォーマンス向上が導入価値となっているもの，SSD のビットあたりの単価は HDD に比べて高い状況である。このビットコスト高騰の一因は半導体加工の複雑化及び困難化に伴うプロセスコスト高騰にある。このプロセスコスト高騰の一要因がリソグラフィをはじめとしたデバイスパターニングコストの高騰である。

ここでは低コストパターニングを実現するナノインプリントリソグラフィ(nano imprint lithography：以下 NIL と略記)技術に関して紹介する。

2　NAND フラッシュメモリの概要

NAND フラッシュメモリの構造は，**図１**に示すような Si ウエハ上に MOS(metal-oxide-semiconductor)を形成したプレーナ型 MOS で，フローティングゲート(Floating Gate＝浮遊ゲート：以下 FG と略記)を絶縁させた構成のものが主流である。FG はコントロールゲート電極と Si 基板との間に非常に薄い SiO_2 等の膜で絶縁して配置する。FG は電荷を貯めることでメモリ情報とする。FG に電荷を貯めるには，ドレインとコントロールゲートに高電圧をかけて Si 基板と FG の間では非常に薄い SiO_2 などの絶縁膜内に電子が量子トンネル効果で移動する。電荷は FG 電源を切っても保存されるので，不揮発性メモリと呼ばれている。メモリ動作はドレインとコントロールゲートに高い電圧をかけると，電子は酸化膜を越えて FG へ注入することで行う，消去動作はドレインに高電圧をかけて FG 内の電子をドレインに引き抜くことで行われる。このようにメモリの消去はワード単位で一挙に行われることからフラッシュと呼

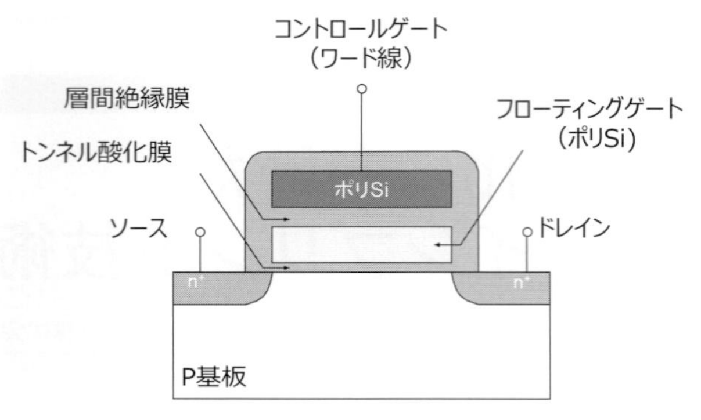

図１　NAND フラッシュメモリの構造

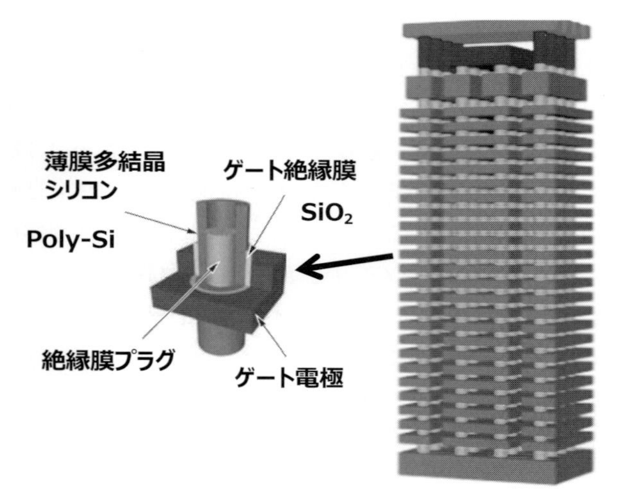

図２　３次元構造の NAND フラッシュメモリの構造

ばれている。

フラッシュメモリは微細化により集積度を上げてきた。しかし，隣接するビットとの間隔が 15 nm 程度に狭くなると，隣接するセル同士が電気的な干渉が発生し，セル・トランジスタの閾値電圧シフトや，ビット間混信が起こりやすくなる。このため，NAND フラッシュの微細化は 15 nm 程度が限度で，それ以上の微細化は困難であるといわれている。従来の NAND フラッシュメモリは，Si ウエハ上に MOS を形成するため２次元 NAND とも言われた。これに対して積層して MOS を積む方法が，2007 年の VLSI Tech. IEEE において，㈱東芝より BiCS (Bit Cost Scalable)[1] と 呼ばれる３次元構造の NAND フラッシュメモリとして発表された。

３次元構造の NAND フラッシュメモリの構造を**図２**に示す。Si 基板上に，SiO2/Poly-Si の層を連続的に積層する。積層数は，多いほどビット数が多くなる。平板状の Poly-Si は，MOS のコントロール電極になり，SiO_2 はその間の絶縁物となる。その積層膜の上から下までコンタクトホールをエッチングする。ホールの開口寸法を小さくできると BiCS のチップを縮小することができるが，コンタクトホールを光リソグラフィの解像限界が 50 nm 程度なので従来の光リソグラフィではコンタクトホールの微細化が限界を迎えている。

3　次世代リソグラフィの選択

光リソグラフィは形成するデバイスパターンの微細化要求に応じて主に光の波長の短波長化とレンズの口径を大きくする高NA(numerical aperture：開口数)化の開発が進められてきた。しかし，193 nmの波長を用いたArFエキシマレーザ露光装置は短波長化や高NA化に関しては物理限界を迎えている。現在では光リソグラフィを複数回重ねてパターニングを実行するマルチパターニングが量産工場で使用されるようになった。しかし，マルチパターニング技術に即したパターニング設備導入コストは巨額となり，微細化＝コストダウンという従来の構造が破綻してきた。

このような背景の中，EUVL(extreme ultra violet)はマルチパターニングを廃止して少ない回数のリソグラフィで低コスト化を実現する次世代のリソグラフィとして期待されていた。しかし，安定した高出力光源開発の遅延，装置価格，生産性の観点から特にメモリラインでの量産装置適用は未だ難しかった。このように低コストなパターニングが希求される背景から，我々はテンプレートに描画されたデバイスパターンを直接ウエハに転写するNILの研究開発を進めてきた[2)3)]。

NILはデバイスパターン原版であるナノスケールのテンプレート(スタンパーとも呼ばれる)を使った押印(インプリント)技術である。NILは，1995年にプリンストン大学のChou教授が熱インプリントで10 nmのレジストパターンを転写した報告[3)]があり，また2000年にテキサス大学のWillson教授らが半導体デバイスに適用可能なNIL技術を報告[4)]している。東芝では2005年から半導体デバイスにおけるNIL技術応用の開発を進めてきた。

NILの手法には，熱インプリント，圧着インプリント，光硬化材料を用いた光NILなどの方式がある。半導体デバイスパターンは，デバイスパターンの形状が複雑なためインプリントした後に残るレジスト膜厚(residual layer thickness：以下RLTと略記)を一定にする必要がある。光硬化型インクジェットNIL方式[5)]は紫外線硬化樹脂をデバイスパターン情報に基づいてを基にドロップレットの形でウエハ上に配置する方式であり，半導体製造用のNILとして採用された。この光インクジェットNILのプロセスフローは**図3**に示すように，①シリコン基板上に紫外線を照射すると固まる紫外線硬化樹脂をデバイスパターンの形状に応じてインクジェットでドロップレット状に滴下し，②レジスト上にテンプレートを押印し，③紫外線を照射して紫外線硬化樹脂を硬化させた後，④型を剥がす(離型)することで，パターン形成を行う。

NILはテンプレートとウエハが接触するプロセスなので，ウエハ上パーティクルなどによるテンプレート破損のリスクがある。このため，あらかじめ複数のレプリカテンプレートを作成しておく。**図4**にテンプレートの製造プロセスを示す。パターンレイアウト情報に従って電子ビームマスク描画装置によってマスターテンプレートを製造後，レプリカテンプレートをレンプリカテンプレート用のNIL装置で製造し，レプリカテンプレートを用いてウエハ上にNILを行う。

NILは光リソグラフィやEUVリソグラフィで採用されている縮小投影露光技術ではなく，テンプレートをシリコンウエハ上に直接等倍転写する技術である。このため，NILを製造技術として成立させるためには，重ね合わせ精度向上，欠陥低減などにおいて多くの課題がある。

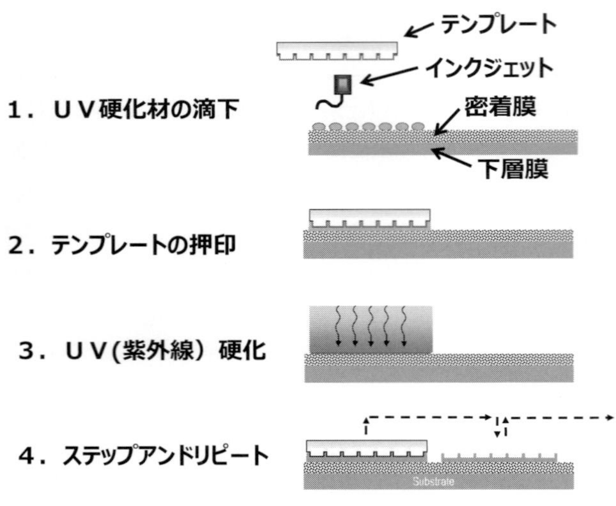

図３　紫外線硬化剤を用いた光 NIL 方式のプロセスフロー

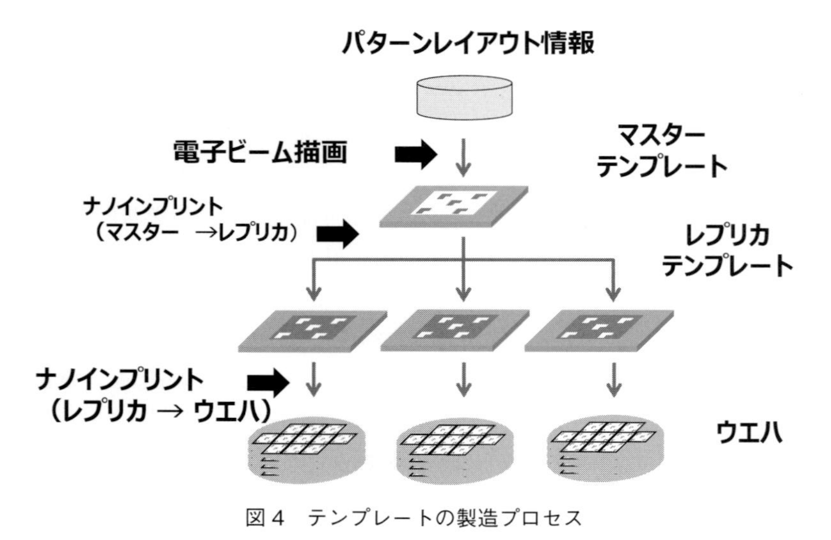

図４　テンプレートの製造プロセス

それらの課題克服の指針と最新の NIL 性能を本報では述べる。

4　ナノインプリントのアライメント技術とオーバーレイ精度向上

半導体製造プロセスでは，イオン注入，拡散，酸化，膜堆積，リソグラフィ，エッチングといった多くのステップから成っている。これらのステップを経て，個々の回路要素(トランジスタ，ダイオード，キャパシタ，抵抗)を形成する。このプロセスの流れの中で，微細な回路パターンを描画したマスクはリソグラフィ工程毎に製作される。このように半導体素子の製造にはマスク数十枚が使用される。この時，マスクの数だけ順次ウエハ上に重ね合わせ露光が行なわれる。この工程はあたかも浮世絵を作成するプロセスに似ている。浮世絵は複数の版木で複数の色を重ね合わせていく版画であるが，各版木の位置が正確に重ならないと色がずれて絵にならない。同じ事が半導体リソグラフィで起こる。この複数の工程を重ね合わせてパターニングする技術はアライメント(alignment)と呼ばれている。

リソグラフィにおけるアライメント及び重ね合わせ工程を**図5**に示す。NIL装置にウエハが挿入された後，ウエハの位置をアライメントし，NIL工程を経てウエハ交換を行なう。ここでは，アライメントとはNIL装置がウエハ位置を計測する行為をいい，位置を計測するために形成されたマークをアライメントマーク，このアライメントマーク(alignment mark)を計測する機構をアライメントセンサー(alignment sensor)という。そしてアライメント後にパターンを転写した結果，第k層目のマスクで形成された工程と第k＋1層目のマスクで形成された層の相対的ずれ量を重ね合わせ誤差といい，その精度を重ね合わせ精度(overlay accuracy)という。この重ね合わせ精度を計測することを重ね合わせ計測(overlay measurement)という。

一般の光露光装置などでは，オフアクシスアライメントと呼ばれる投影レンズとは別の光軸(off-axis)を持ったアライメントマーク検出光学系によってウエハマークの座標を予め測定し，その後ウエハをL(ベースライン)だけ移動させて露光を行なっている。アライメントマークは**図6** 1)に示す様にウエハ内で選択されたショットに配置されたマーク誤差(inter field error)を計測し，最小二乗近似などでウエハ内のアライメント誤差を予測し補正座標を決定する。その補正座標情報からウエハステージを位置決めして重ね合わせ誤差が最小になるように露光転写を行う。このようにオフアクシスアライメントで計測された位置情報を用いて転写する方法をグローバルアライメントという。このグローバルアライメントにおけるマスク位置情報はオフアクシスアライメントとは別のマスクアライメント光学系で位置決めされる。マスクアライメントは露光光を用いることが多いので，マスクアライメントと露光光軸は一致するためオンアクシスアライメントとも呼ばれる。

オフアクシスアライメントは露光光軸とは異なる原点を持つため，オンアクシスとオフアクシス間の距離(ベースラインという)をあらかじめ測定しておく。オフアクシスアライメントの安定化は露光装置ボディの熱ドリフト，振動など熱的，機械的な誤差によって発生するベース

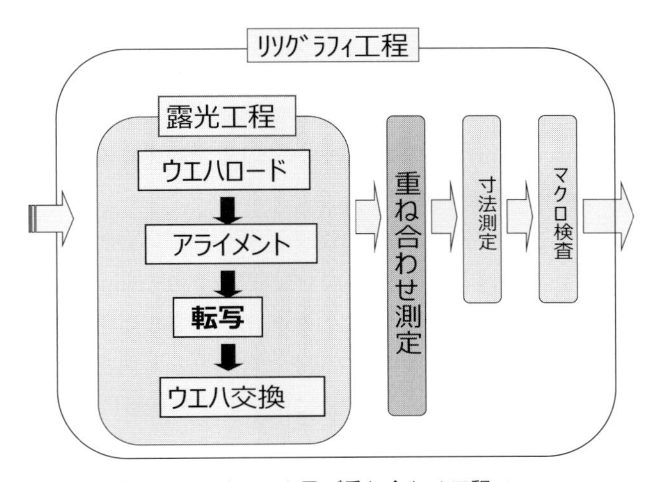

図5　アライメント及び重ね合わせ工程フロー

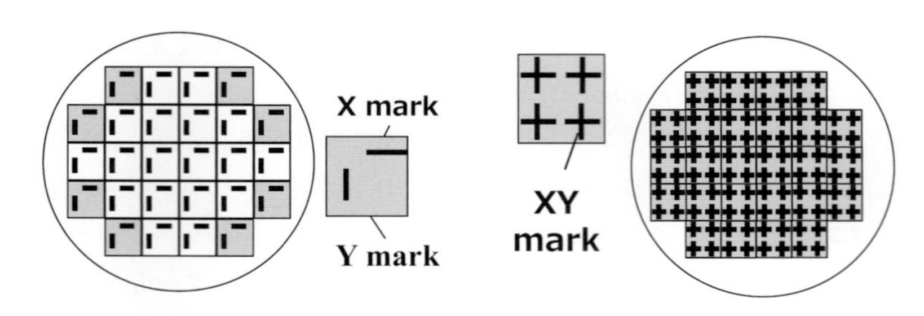

1）グローバルアライメント　　2）ダイバイダイアライメント

図6　グローバルアライメントとダイバイダイアライメント

ライン誤差をいかに低減させるかにかかっている。この問題を解決するためにウエハ上のアライメントマークとマスクアライメントとを投影レンズを通して直接位置決めするスルーザマスク（through the mask：以下 TTM と略す）アライメントが過去に光露光装置において複数提案されたことがあった。TTM アライメントはマスクとウエハを直接位置決めできるので，アライメントを行なう時のステージ位置と露光を行なう時のステージ位置が同じあり，アライメント計測精度は環境や外乱などの影響が受けにくい利点がある。しかし，TTM アライメントは，光リソグラフィではアライメント光がレンズを通過する必要がありアライメント光がブロードな波長幅を持つと，露光光の波長に最適設計されたレンズの色収差の影響を受けるため，アライメント光学系の設計が困難という課題があった。そのため，光リソグラフィ露光装置の TTM アライメント光は HeNe レーザ（波長 633 nm）などの単色アライメント光が選択されたがマーク段差部での多重干渉の影響で測定誤差が発生しやすいなどの課題があった。そのために現在では光露光装置での TTM アライメントはほとんど使われていない。

ところがナノインプリントの場合，光リソグラフィにおいて TTM アライメント設計を困難にしていた投影レンズが無いため，TTM アライメント光学系はブロードバンドの波長を用いた設計が可能になった。この TTM アライメントマスク上のマークとウエハ上の全てのショットで直接アライメントが可能である。また，NIL の TTM アライメンは転写動作のスループット落とすことなく，全てのショットでマスクとウエハの位置決めが可能である。このようなアライメント手法は図6 2）に示す様にダイバイダイアライメントと呼ばれている。NIL ではアライメント光学系はショット内の複数点を計測できるように配置されているので，TTM アライメントはショット内の歪情報を観察できる。ショット内の歪情報は，マスク製造上の歪（registration や image placement などと呼ばれている）や光露光装置のレンズ歪誤差であり，TTM アライメントはそれらの誤差の補正が可能である。

最近では3次元メモリの出現で膜の多層化が進み，膜の内部応力誤差からショット内で重ね合わせ誤差が発生しやすい。このような重ね合わせ誤差を EPE（edge placement error）と呼ばれることもあり，ArF マルチパターニングでの微細化の大きな阻害要因になっている。NIL の TTM アライメントは全ショットでスループットと呼ばれる時間当たりの生産処理枚数を落とすことなくアライメントが可能であり，EPE に対する課題克服に関しても期待できる技術である。

5　欠陥低減とナノディフェクトマネージメント

NILの欠陥は**図7**に示す様に大きくランダム欠陥と繰り返し欠陥に分類される。ランダム欠陥は主に未充填欠陥，倒壊欠陥，引き抜き欠陥でありNILを取り巻く環境，材料起因でランダムに発生する欠陥で，繰り返し欠陥は主にパーティクルなどテンプレートに付着した欠陥やテンプレート自身の欠陥によって発生する。これらの欠陥は，未充填欠陥，倒壊欠陥，引き抜き欠陥，パーティクル欠陥，テンプレート欠陥などに分類される。欠陥の発生メカニズムと対策の詳細は第4節　ナノインプリントプロセス技術を参照願いたい。これらの欠陥の中でNILの欠陥低減の中の大きな課題はテンプレート欠陥であると筆者は考える。テンプレート欠陥はテンプレート自身に発生する欠陥で，主にテンプレート製造時に発生する欠陥である。この欠陥は現在のNIL欠陥の主要因であり，欠陥低減にはテンプレート自身の欠陥低減技術のみならず機構，欠陥の検査，洗浄技術，レジスト材料，エッチング加工技術などの革新が求められる。

特にテンプレート欠陥低減は，パターン解像度向上とのトレードオフにある。マスク及びリソグラフィの微細化におけるレジストは化学増幅型レジストが使われてきたが，20 nmハーフピッチ以下になるとレジスト中の酸素分子濃度やレジストポリマーの構造起因でエッチングに対する耐性が著しく悪化する。例えば，**図8**に示す様にテンプレート上のレジストは電子ビーム描画装置によって14 nmハーフピッチのラインアンドスペースが形成できるがエッチングを施すとレジストはエッチングによってダメージを受けて欠陥が多発してしまう。この課題を克服するために，**図9**に示す様に耐エッチング性を考慮した新レジストプロセスの開発や，テンプレート上で多数回の露光を行うテンプレート上マルチパターニング技術，自己組織化技術(DSA：directed self-assembly)などの開発を進めている。自己組織化技術をテンプレートの10 nmハーフピッチ以下のパターニングに応用したDSAオンテンプレート例[6]を**図10**に示す。DSAはウエハ上の微細化技術として精力的に開発が進められているが，テンプレート上

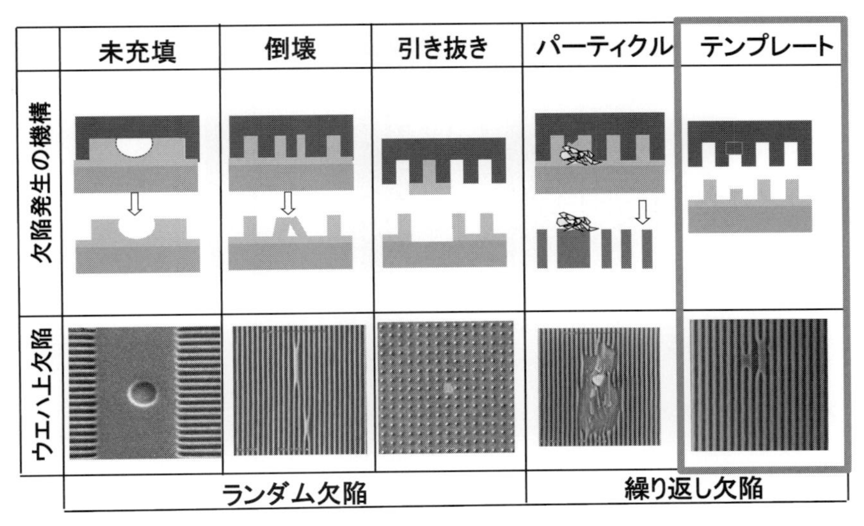

図7　NILの欠陥の分類

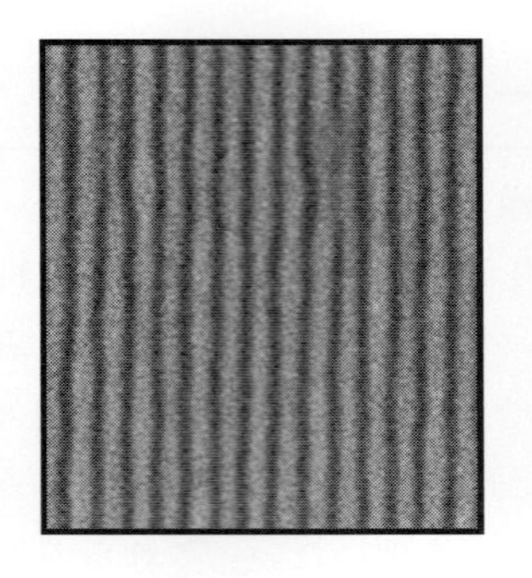

(1) テンプレート上
レジスト解像後

14nm hp

(2) テンプレート上
エッチング後

14nm hp

図８　レジストのエッチング体制

HP 25nm　20nm　15nm　10nm

レジスト（化学増幅型、非化学増幅型、ネガ）

耐エッチング性を考慮した
新レジストプロセス

テンプレート上マルチパターン

テンプレート上DSA

図９　今後のテンプレートパターンの微細化ロードマップ

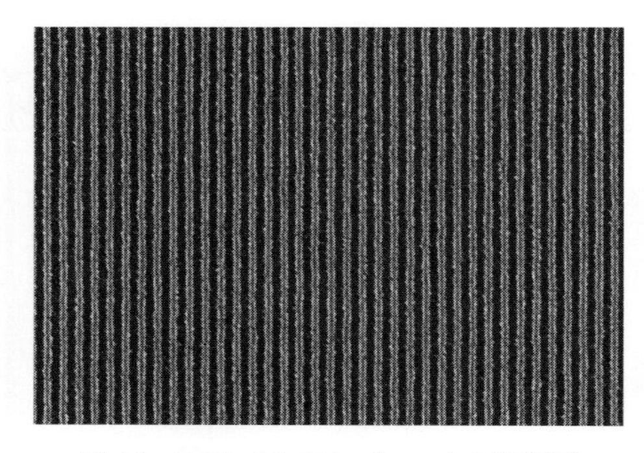

図10　DSA オンテンプレートの評価例

パターニングへの適用への期待が大きい。

6　おわりに

NILは高品質の微細パターンを安価に形成することが容易であり，現時点で，実際の半導体デバイスへの量産適用が始まろうとしている。量産化の実現には，欠陥低減，重ね合わせ精度の向上など安定した要求品質の実現が必要であり，その鍵を握っているのは主にテンプレート性能である。NILの今後の進化はテンプレート製造技術革新に負うところが大きい。欠陥を検査し，欠陥を発生させない材料，装置を開発し，欠陥発生の被害を最小限にとどめるためにはナノディフェクトマネージメント（Nano Defect Management；以下NDMと略す）を世界的規模で連携を押し進める必要がある。このため，NILにおいては今後のテンプレートパターン描画を行う電子ビーム描画装置，レジスト材料，加工，検査，修正技術などのマスクインフラ技術の革新が必要である。本報告では，主にメモリデバイス適用のNIL技術を紹介したが，更なる欠陥低減技術を深化させたNDM技術開発を発展させることで，ロジックデバイスやセンサーデバイス等のNIL適用も可能である。

ともあれ，今後のNIL技術の展開には装置，材料，検査計測，デバイスメーカの密接な連携が不可欠であることは言うまでもない。

文　献

1)　H. Tanaka et al.：“Bit Cost Scalable Technology with Punch and Plug Process for Ultra High Density Flash Memory” Proc. of VLSI Technology (2007).

2)　T. Higashiki et al.：“Nanoimprint lithography and future patterning for semiconductor devices,” *J. Micro/Nanolith. MEMS MOEMS*, **10**(4), 043008 (2011).

3)　中杉哲郎ほか：“光ナノインプリントリソグラフィ 東芝レビュー，**67**, 4, 41 (2012).

4)　S. Y. Chou, et al.：“Sub-10 nm imprint lithography and applications” *J. Vac. Sci. Techol.*, B**15**, 2897-2904 (1997).

5)　T. Baiely et al.：“Step and flash imprint lithography：Template surface treatment and defect analysis.” *J. Vac. Sci. Techol.*, B**18** 3572-3577 (2000).

6)　S. Morita et al.：Proc. of SPIE, 1, 9777 97770K (2016).

第2節　ナノインプリント装置技術

キヤノン株式会社　森本　修

1　はじめに

前節では，半導体微細パターニング技術分野におけるナノインプリントリソグラフィの有効性や展望が示されている。本節では，NAND Flash メモリや DRAM などの先端デバイスの量産適用に向け開発されているナノインプリント装置システムの紹介，技術開発の進捗状況について紹介する。

2　ナノインプリント装置開発の歴史

2001年に創立された Molecular Imprints 社は，半導体製造装置において後述の J-FIL※(Jet and Flash Imprint Lithography※)技術を提唱，導入し，インプリント方式による微細パターン転写の可能性を示した。幾つかの半導体デバイスメーカに対し，Imprio シリーズ(**図1**)をリリースし，サンプルウェハの作成に成功している。

その後，キヤノン㈱が Molecular Imprints 社との協業を開始し，2014年に試作装置の開発を経て，デバイスメーカとの共同検討用ナノインプリント装置 FPA-1100 NZ2(**図2**)をリリー

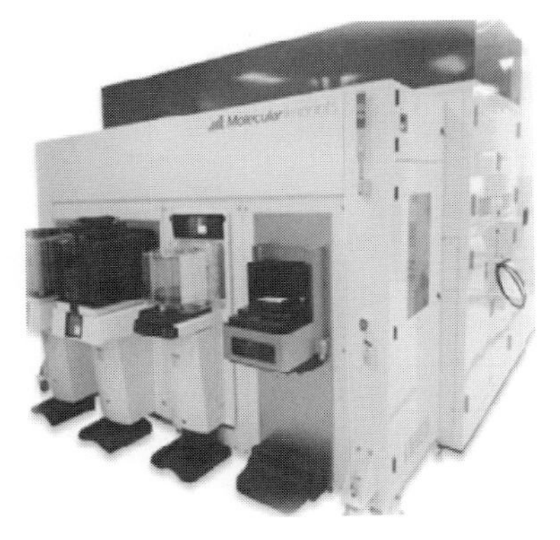

図1　450 mm ウェハ対応ナノインプリント装置 Imprio 450

図2　ナノインプリント装置 FPA-1100 NZ2

※　J-FIL，Jet and Flash Imprint Lithography は Molecular Imprints 社の登録商標です。

スしている。同年，Molecular Imprints, Inc. の半導体製造装置部門をキヤノン㈱が買収し，Canon Nanotechnologies, Inc. として更に装置開発を加速させてきた。さらに，複数のインプリントヘッドを有する，世界初のクラスタ型リソグラフィ装置 FPA-1200 NZ2C を開発中である。

3　半導体ナノインプリント装置の仕組み

3. 1　装置の構成

図 3 にナノインプリント装置のシステムの概略を示す。ウェハを搭載し平面方向にステップ駆動可能なウェハステージ，モールドであるマスクを保持し，ウェハに対向して Z 駆動することで押印動作を実現するインプリントヘッド，レジストを吐出するためのディスペンサ，マスクとウェハ上のショットとの直接位置合わせを行うためのアライメントシステム，レジスト硬化用 UV 光を照射する照明光学系，また，押印状況を観察するためのスプレッドカメラを備える。

従来リソ工程に用いられていた縮小投影型露光装置(以下，フォトリソ装置と略す)に比べると，複雑な光源・照明光学系・投影光学系を必要としないため，シンプルな構成となっている。ゆえに，装置の設置面積のコンパクト化が容易であり，前述の FPA-1200 NZ2C では，インプリントヘッドを 4 セット結合させたクラスタ型装置を実現させようとしている。

3. 2　J-FIL 方式

図 4 を用いて，半導体ナノインプリント装置で採用されている，J-FIL 方式による装置の処理シーケンスを説明する。インプリントヘッドに搭載されたマスク(原版)のパターンをウェハ上に転写する過程を示している。

まず図中①に示したように，ウェハの転写領域(ショット)上に，低粘度の UV 光硬化材料からなるレジスト樹脂を塗布する。インクジェットの要領で，ディスペンサからレジスト樹脂を吐出しながら，ウェハステージをスキャン駆動させることによって，所望の領域に，所望の量

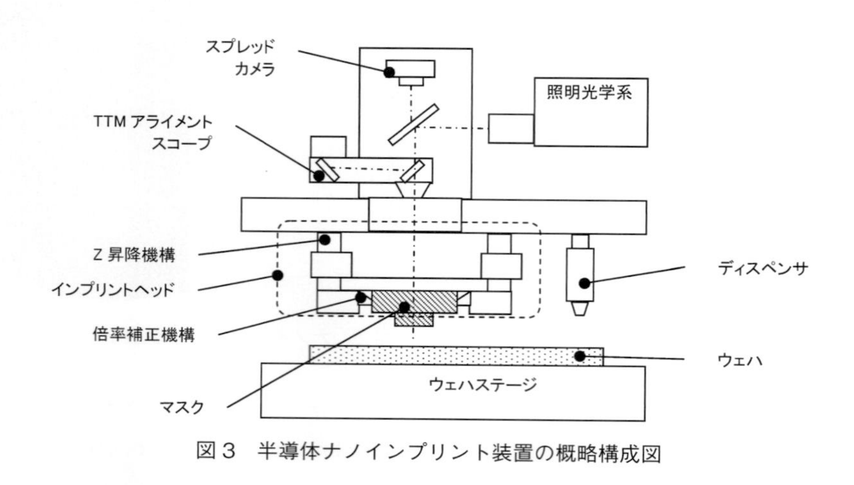

図 3　半導体ナノインプリント装置の概略構成図

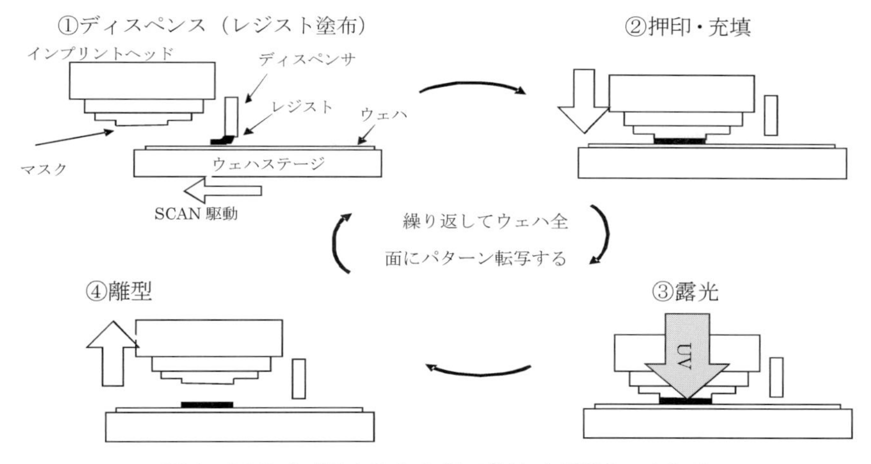

図4　J-FIL方式によるナノインプリント処理シーケンス

のレジスト樹脂を塗布することが可能である。②では，インプリントヘッドを降下させ，吐出されたレジスト樹脂上にマスクの型を押し当てる。樹脂を型全体に行き渡らせるための充填時間が経過した後，③でレジスト樹脂を硬化させるためのUV光で樹脂を硬化する。その後，④でインプリントヘッドを上昇させ，マスクを樹脂から引き剥がす離型動作を行う。

このようにして，1ショット分の処理が完了し，マスクのパターンがウェハ上の樹脂に転写される。この工程をステップ&リピートで繰り返す事により，ウェハ全面にパターンを順次転写していく事が可能となる。

J-FIL方式は，ウェハ全面に一括でレジストを塗布する方式に比べ，各ショットのレジスト塗布量を細かく調整できる点において優れている。転写したいパターンの粗密に合わせてレジスト塗布量を調整することで，押印後のレジスト残留膜厚，RLT(Residual Layer Thickness)を適切にコントロール可能である。また，充填中にアライメント計測，および補正駆動を行う事が容易であるため，一括塗布方式に比べオーバレイ性能面でも有利と言える。

4　ナノインプリント装置の性能

ナノインプリント方式は，高精細なパターンを忠実に再現できる点においてフォトリソ方式に比べて優位である一方，従来のフォトリソ装置になかった新たな性能課題を解決していく必要がある。本項では，ナノインプリント装置の性能指標，課題とその改善について述べる。

4.1 欠陥低減

ナノインプリント装置内で発生する欠陥について，発生の原因ごとに分類して説明する。

4.1.1　硬化前に発生する欠陥

前節で説明したように，J-FIL方式では，レジスト樹脂をウェハ面上に塗布した後，マスクとレジスト樹脂とを接触(押印)させ，マスクのパターンに樹脂が行き渡るように充填を行う

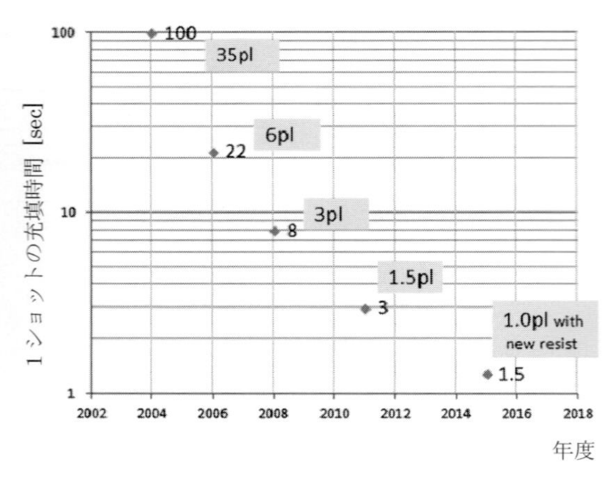

図５　ドロップ量と充填時間の改善

が，この押印，充填のコントロールが，硬化前に発生する欠陥に大きな影響を及ぼす。充填時間が不十分な場合，パターンの隅々までレジスト樹脂が充填されず，レジスト未充填による欠陥が発生するまた，インプリントヘッドを急速に下降して，一気にマスクとレジストを接触させてしまうと，パターン内に気泡を発生させてしまう。

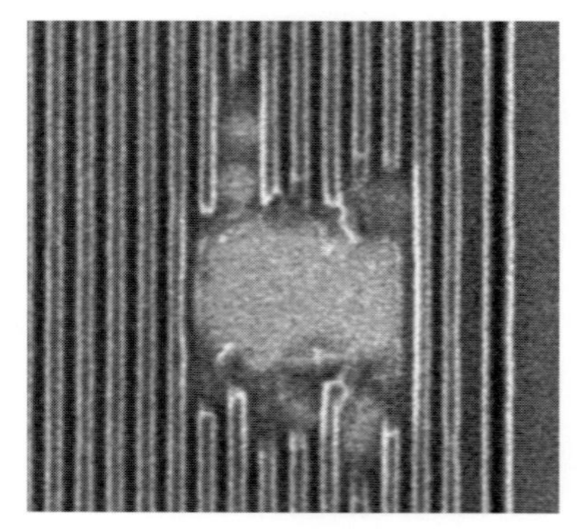

図６　硬化後に発生する欠陥

押印・充填時間を充分確保することで，未充填欠陥を低減することは可能であるが，処理時間とのトレードオフとなる。ナノインプリント装置では，インプリントヘッド駆動プロファイルの最適化，レジスト材料の粘度低減，ディスペンサ吐出ドロップ径の小型化等の改善により，充填性を高めつつ処理時間短縮を実現している。**図５**は，ディスペンサ改良およびレジスト材料の改善による，吐出ドロップの少量化の過程と，充填時間の短縮の関係を示している[1)]。本稿執筆時点では，1.0 pl のドロップ量で 1.5 秒の充填時間を達成している。

4.1.2　硬化後に発生する欠陥

図４に示したインプリントシーケンス中，離型工程④でインプリントヘッドを上昇させマスクを引き剥がす際，ウェハ上に形成された樹脂パターンがウェハに充分定着していない，あるいは樹脂パターンが裂けてマスク側に密着してしまうと，所望のパターンが形成されず欠陥となってしまう(**図６**)。

ナノインプリント装置では，マスク・ウェハの吸着圧力や，離型時の姿勢，速度などを細かく制御することで，離型時のレジスト剥がれを防止している。また，材料面でも密着層の強度，均一性の改善，及びレジスト樹脂の粘性改善，離型力低減等に取り組み，硬化後欠陥の発生を防止している。

4.1.3　パーティクル

ナノインプリント装置において，パーティクルは大敵である。パーティクルを噛み込んでインプリントを行ってしまうと，噛み込んだショットで欠陥が発生してしまうだけでなく，以後のショットでも繰り返し欠陥が発生してしまい，マスク交換が必要になってしまう。ナノインプリントにおけるランニングコストを削減する上で，ナノインプリント装置内でのパーティクル制御は重要である。

パーティクルの侵入経路として，レジスト内に混入するケースと，装置内外で発生した塵埃がインプリント空間に侵入するケースとが考えられる。前者に対して，ナノインプリント装置では，レジスト循環システム内で濾過を行う事により，レジスト液中の数nmレベルのパーティクルまで除去している。後者，特に装置内で発生するパーティクルを低減させるため，各ユニットに使われている部材の表面加工が重要である。強度，重量，加工容易性など利点が多いセラミック部材は，ナノインプリント装置内でも様々な箇所に使用されている。一方，セラミック部材は，**図7**上部のグラフの如く，時間を置いてもパーティクルを発生し続ける性質を有する。キヤノンが開発した表面処理(研磨，コーティング，熱処理)を施した結果，図下部のグラフに示すように大幅なパーティクル低減を実現できた[2)]。

また，装置空間内に浮遊しているパーティクルに対しても，インプリントエリア内に侵入できないよう，局所的な空調の最適化(**図8**)を施している[3)]。

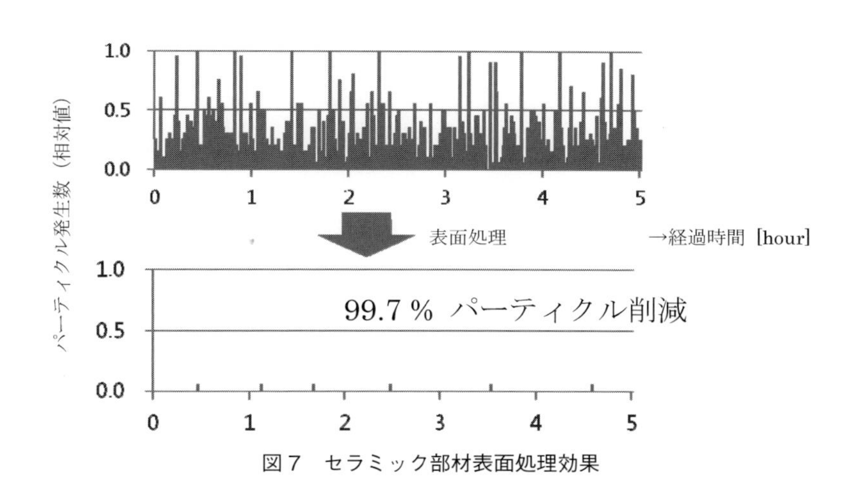

図7　セラミック部材表面処理効果

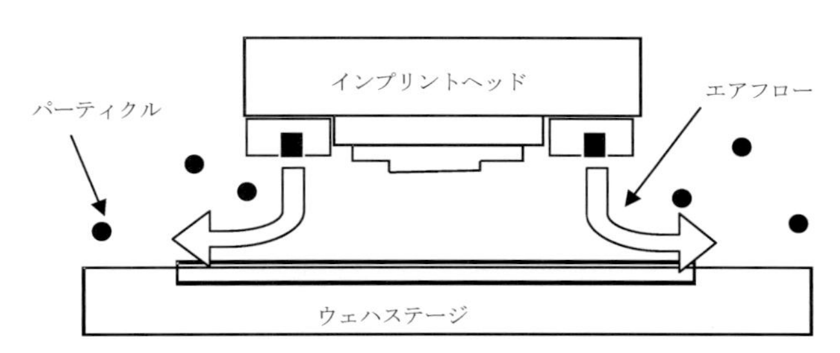

図8　インプリントヘッド周辺の局所的空調最適化の例

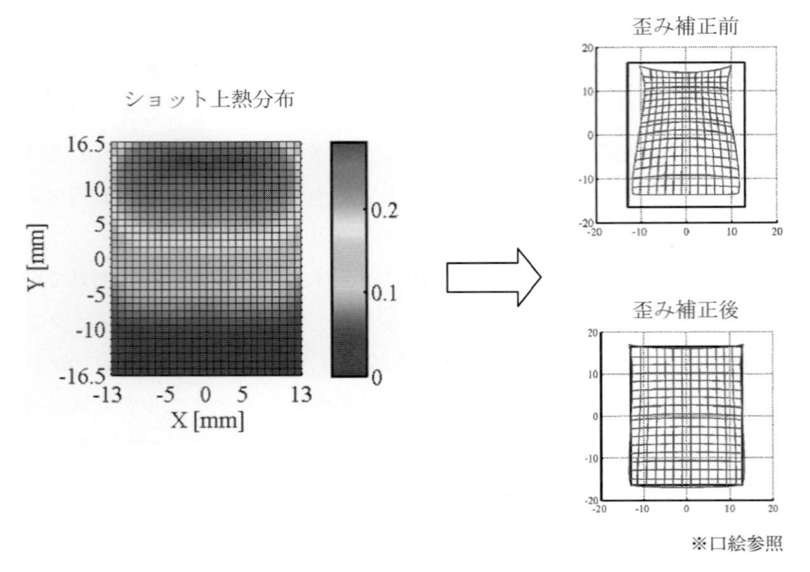

図９　高次補正システム

4.2　オーバーレイ

従来のフォトリソ装置では，ウェハ内の複数のサンプルショットで計測を行って配列格子を推定する，グローバルアライメント方式が採用されていた。ナノインプリント装置では，押印処理に先立ってグローバルアライメントを実施しても，押印によるマスクの不可観測な変形が生じ，ランダムな位置ずれが発生するため，nm オーダーでの正確な位置合わせが困難である。よって，押印中にずれを測定し，位置合わせ可能なシステムが必要である。

図３のシステム構成図中に示したTTM(Through The Mask)アライメントスコープは，マスク上に形成されたアライメントマークとウェハ上に形成されたアライメントマークとを同時に観察し，1 nm 以下の精度でずれを計測可能な光学系である。押印，充填中に，マスクとウェハの相対位置ずれを検出しつつ，リアルタイムにずれ補正を行うことにより，良好な位置合わせが可能である。ショットの並進ずれ，回転誤差については，充填中のウェハステージ駆動で補正を行う。ショット倍率誤差については，マスク側面に応力を加えて変形させる倍率補正機構により補正を行う。

フォトリソ装置と異なり，投影光学系やスキャニングステージを有していないため，ナノインプリント装置においてショットの高次形状歪みを補正する事は困難と考えられていた。しかし，キヤノンは，ウェハ上のショットに熱分布を与えて，ショットの高次歪みを補正する高次補正システムを開発している[3]。**図９**に熱補正のシミュレーションを行った結果を示す。実際のナノインプリント装置上でのテストにおいても，高次補正システムと前述の倍率補正機構とを組み合わせて，良好な補正結果が得られている。

4.3　スループット

先に述べたように，ナノインプリント方式においては，レジストがマスクパターンに充填される時間を充分に確保することが欠陥低減において重要である。実際に図4に示したナノインプリント処理シーケンスにおいて，大部分の時間を②の押印・充填処理が占めている。ディスペンサ，レジスト材料の改良で，充填時間は年々短縮されているが，ナノインプリント装置のシステム構成を変更する事で生産性を更に向上させる方式が考案されている。

4.3.1　クラスタシステム

ナノインプリント装置は，フォトリソ装置(特にEUVL装置)と比較して，装置構造がシンプルで，設置面積を小さく実現できる。図3に示したナノインプリント装置の仕組み1セット(これをインプリントステーション，あるいは単にステーションと呼ぶ)を複数セット並べたクラスタ構成のシステムを構築すれば，単位面積当たりの生産性を向上させることができる。FPA-1200 NZ2C(図2)は4台のステーションに対して，同時にウェハ処理を行わせる事で，シングルステーションの装置に比べて4倍の生産能力を実現可能である。4ステーション構成のクラスタ装置であっても，EUVL装置に比して，同等，あるいはより小さい設置面積にすることができる。

4.3.2　マルチフィールドインプリント

現状，ナノインプリントのマスクには，従来フォトリソ装置のレチクルと同様に，1フィールドのパターンが形成されている(**図10**(a))。ナノインプリント方式は等倍転写なので，6インチのマスクサイズ上に，サイズ26 mm×33 mmのフィールドパターンを複数セット形成することが可能である。例えば，図10(b)のように，4フィールド分のパターンが形成されたマスクを用いて，1回のインプリント動作で4フィールドを転写できれば，生産性を飛躍的に向上できる。マルチフィールドインプリントの実現に向け，アライメント補正能力，欠陥低減能力の向上など，ナノインプリント装置のさらなる改良が進められている。

4.4　デバイス製造コスト

ナノインプリント方式の利点として，パターン忠実性に優れた描画性能と，システムが比較的安価に実現できる点が挙げられる。前項までに説明した装置性能が向上すれば，微細化パ

(a) 通常のナノインプリントマスク

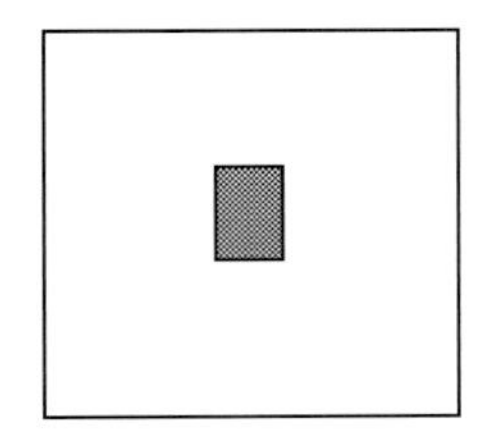

152mm角の石英基板上に
26mm×33mm のフィールドを1個分形成

(b) マルチフィールドマスク

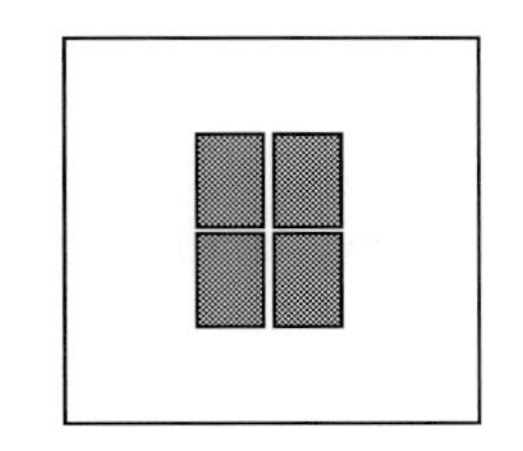

152mm角の石英基板上に
26mm×33mm のフィールドを複数形成

図10　マルチフィールドマスク

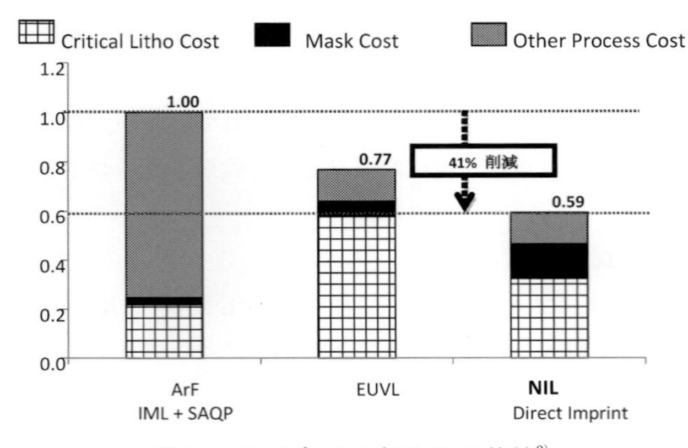

図 11　リソプロセス毎の CoO 比較[2)]

ターンの製造コストを，EUVL を含めた他のフォトリソ方式よりも更に低く抑える事が可能である。

図 11 は，15 nm L&S ハーフピッチパターンを形成するための CoO(Cost of Ownership) をリソ方式毎に試算したグラフである。ArF 液浸露光装置を用いたマルチパターニング方式(SAQP：Self Aligned Quadruple Process)と比較して，ナノインプリント方式はリソ以外のプロセスを簡略化できるメリットがあり，40% 以上 CoO を改善可能である。また，EUVL と比較しても，装置コストを低減できるため，リソ工程に掛かるコストを低減できる。

5　マスク複製装置

ナノインプリントで用いられるパターンマスクは，インプリントを重ねると消耗を避けられない。ナノインプリント方法におけるデバイス製造コストを削減するには，マスクの高寿命化はもちろん，安価なマスク複製の実現が重要である。EB 直描＋エッチングで作成されたマスクは高価なため，このマスクをマスター(版元)とし，ナノインプリント方式でレプリカマスクを複製する，ナノインプリントマスク複製装置(以下，マスク複製装置)を用いることで，安価なマスクの供給が可能となっている。

マスク複製装置は，半導体ナノインプリント装置と同様のシステム構成で実現できる。キヤノンは，FPA-1100NZ2 をベースとした，マスク複製装置 FPA-1100NR2 を開発している。

ウェハ基板へのインプリントに比べて，転写イメージの形状歪み(ディストーション)に対する要求精度が厳しいため，押印処理時の力制御，マテリアル温度制御，インプリントヘッドの姿勢等について，更なる改善を施している。

6　ナノインプリント装置の今後

ナノインプリント方式におけるパターン設計の自由度，パターン転写忠実性の高さは，今後の各種半導体製造プロセスの微細化に対して有用であるといえる。また，EUVL 方式，ある

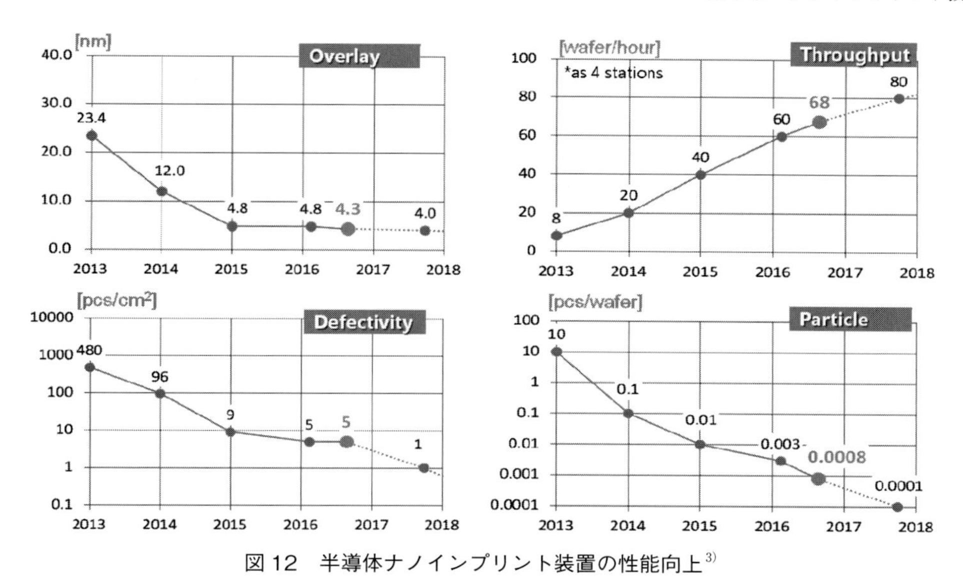

図12　半導体ナノインプリント装置の性能向上[3)]

いは，SAQP等のArF液浸による多重露光方式に比べても，CoOを低減できる。

ナノインプリント装置の性能は，年を追う毎に飛躍的に向上している。**図12**に性能進捗状況を示す。図中，本稿執筆時点での性能は，FPA-1200NZ2Cで達成した数値である。現時点でNAND Flashメモリ，DRAMといった冗長回路を有するデバイスの量産プロセスに対し，ナノインプリントを適用可能な性能レベルを達成しつつある。

欠陥，パーティクルの更なる低減を進めていけば，回路の冗長性が比較的低いロジック系のプロセスに対しても将来的にナノインプリントを導入することが可能である。

ナノインプリントの性能向上には，装置の改良のみではなく，マスク，プロセス，材料の改善・最適化が重要であり，半導体メーカ，マスクメーカ，材料メーカ，装置メーカが緊密に連携して性能向上に取り組んでいる。

文　献

1) T. Ito et al.："Nanoimprint System for High Volume Semiconductor Manufacturing；Requirement for Resist Materials", ICPST-33, 42(2016).
2) T. Takashima et al.："Nanoimprint System Development and Status for High Volume Semiconductor Manufacturing", SPIE 2016 Advanced Lithography, 2(2016).
3) T. Iwanaga："Nanoimprint System Development and Status for High Volume Semiconductor Manufacturing", Micro and Nano Engineering 2016 Scientific Program(2016).

第３節　ナノインプリント・テンプレート技術

元　大日本印刷株式会社　法元　盛久

1　テンプレートとは

ナノインプリントリソグラフィ(以下 NIL と記す。)において，光リソグラフィで原版として使用されるフォトマスクに対応するものがテンプレートであり，モールドあるいはスタンパーと呼ばれることもある。NIL の解像性は主にテンプレートによって決まると言われており，テンプレート製造は NIL のキー技術の１つである。フォトマスクとテンプレートを比較すると，基板材料はどちらも石英ガラスであり，外形サイズも一般には 6025 基板と呼ばれる，面積が 6 インチ角で厚さが 6.35 mm(0.25 インチ)のもので同じである。外形サイズが同じであるのは，テンプレート製造にフォトマスク製造設備の活用を考慮した結果である。フォトマスクでは半導体回路パターンが遮光膜である金属薄膜をエッチングして形成されているのに対して，テンプレートでは半導体回路パターンが石英基板表面の凹凸形状で形成されている。

ウエハ工程で用いられる NIL では，**図 1** に示すように石英マスターテンプレートから NIL プロセスを用いて複製されたレプリカテンプレートが使用される。これはテンプレートとシリコンウエハがインプリントレジストを介して接触することに起因するテンプレートの寿命を考慮した結果であり，テンプレートコストの低減が目的である。

図 2 にテンプレート製造プロセスフローを示す。マスターテンプレートのパターニングにはフォトマスク描画用の電子線描画装置が用いられ，レプリカテンプレートにはレプリカプロセス専用のナノインプリント装置が用いられる。石英のエッチングには，石英を掘り込んだレベンソン型位相シフトマスクの製造で開発済みのドライエッチング技術を適用している[1)]。す

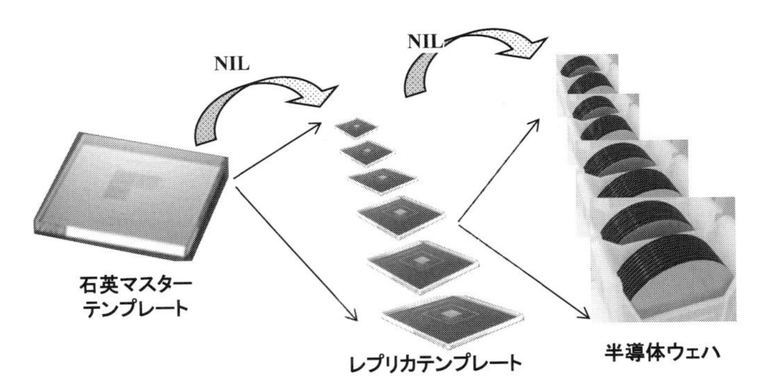

図１　半導体リソグラフィにおけるテンプレートの使われ方

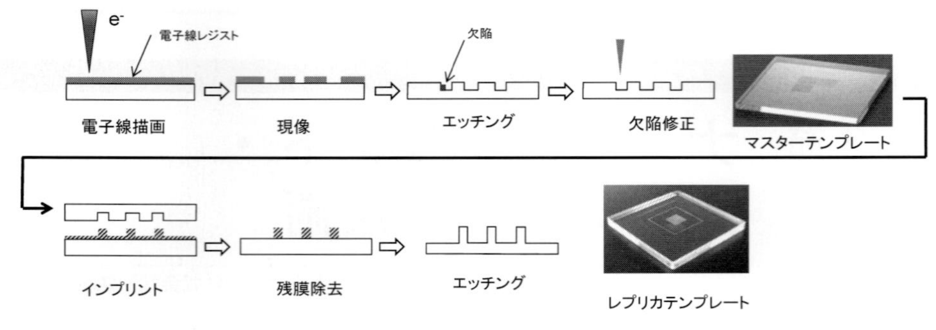

図２　テンプレート製造プロセスフロー図

なわち，テンプレート製造の基本は半導体フォトマスクの製造で培った電子線リソグラフィと石英ドライエッチング技術であり，そこにレプリカ NIL 技術を組み合わせたプロセスとなっている。

テンプレート品質の３要素(欠陥，位置精度，寸法精度)はフォトマスクと同じである。本稿ではマスターおよびレプリカテンプレートの製造の主な課題である，微細パターン形成，欠陥制御，位置精度，そして寸法精度を中心に解説する。フォトマスクについては，第Ⅰ編第４章第１節「フォトマスク技術」を参照して頂きたい。

2　マスターテンプレート技術

縮小投影露光用フォトマスクと異なるのは，フォトマスクではウエハ上のパターン寸法の４倍体であるのに対して，テンプレートでは等倍であることである。そのために，マスターテンプレート開発の初期段階(2000 年代)では，我々は解像性能に優れる加速電圧が 100 kV のスポットビーム型電子線描画装置(100 kV-SB)を使用していた[2)]。100 kV-SB を用いれば**図３**に示すように，ハーフピッチ(hp)で 20 nm 以下のパターン形成が当時でも可能であり，ナノインプリントリソグラフィの実証実験に用いた。しかしスループットが悪いなどの問題があり，現在では実用化に向けてフォトマスク用に開発されている，加速電圧 50 kV の可変成形ビーム型電子線描画装置(50 kV-VSB)を用いている。

マスターテンプレート製造における最大の課題は hp20 nm 以下のパターン形成であり，高解像電子線レジストプロセスが必要となる。そのために ZEP520A(日本ゼオン社製)に代表される従来型レジストと，低温現像などの処理プロセスの改善による対応が行われており[3)]，さらには高解像電子線レジスト材料の開発も行われている。マスク描画装置の解像性の改善も行われており，最近ではマルチビーム型電子線描画装置が注目されている。電子線描画技術については，第Ⅱ編第４章「電子線描画技術と装置開発」を参照して頂きたい。さらなる微細パターン形成の候補として，ウエハプロセスで実用化されている側壁プロセスも考えられ，さらには自己組織化プロセス適用の可能性もある。

等倍であることの長所はパターン形成領域が小さいことである。縮小投影露光の転写領域サイズは 26 mm×33 mm であるので，４倍体のフォトマスクではパターン形成領域は 104 mm×

132 mm 程度となり，6025 基板のほぼ全域をカバーすることになるが，マスターテンプレートのパターン形成領域は 26 mm×33 mm で良い。寸法均一性や位置精度なども等倍であるために仕様値は厳しくなるが，パターン形成領域は狭くなるので寸法と面積の両方を考慮すると，これらの品質項目についてはフォトマスクと同程度の困難度とも考えられ，ここでは詳しくは述べないこととする。マスターテンプレートはフォトマスク同様に無欠陥であることが必要である。よって外観検査で検出された欠陥は，石英基板をドライエッチングで掘り込んだ後に，たとえば石英の残存欠陥は触針式のマスク欠陥修正装置などを用いて修正される。

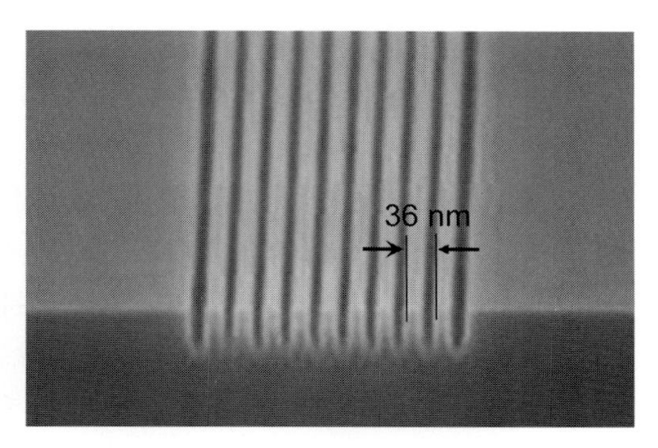

図3　電子線リソグラフィで形成した石英マスターテンプレートの hp18 nm の断面 SEM 写真

3　レプリカテンプレート技術

3. 1　レプリカ NIL 技術

レプリカテンプレートは図2の下段に示したように NIL 技術を用いて製造される。レプリカ NIL には前節で述べられたようにレプリカ専用の装置が開発されており，我々もその装置を 2010 年に導入して開発を行ってきた[4]。レプリカ NIL に用いるナノインプリント技術は，基本的にはウエハ工程で使用されるナノインプリント技術と同じであり，紫外線硬化樹脂材料(以下 NIL レジストと記す。)をインクジェット方式でレプリカ石英基板に，パターン密度に応じた量をマスターテンプレートと接触する領域のみに滴下しインプリントを行う。ウエハ工程で使用されるナノインプリント技術と大きく異なるのは次の3点である。

① スループット：ウエハ工程では単位時間あたりのウエハ処理枚数を多くする必要があり，毎時 1000 回以上の高いスループットが要求されるが，レプリカプロセスでは毎時数回でよい。スループットの制約が緩いことは充填(フィリング)時間や紫外線照射時間の制約が緩和され，欠陥密度低減の観点では大きな利点である。

② 基板剛性：ウエハ工程では厚い石英テンプレートから薄い Si ウエハに転写されるが，レプリカプロセスでは厚い石英基板から石英基板への転写となる。この違いは離型時における基板の撓みに影響するので，欠陥制御の観点からは好ましくない条件となる。

③ アライメント：高精度のアライメントが不要であり，これはインプリント装置の構成をシンプルにする。

これらの違いを考慮して，レプリカ専用のナノインプリント装置は設計されている。同様に NIL レジストもレプリカ専用にチューニングされたものが用いられている。

ナノインプリントではエッチングする領域にも必ずレジスト残膜が存在する。よって，その部分のレジストをアッシング処理で除去した後に，基板石英をドライエッチングで掘り込んで石英の凹凸形状を形成する。

3. 2　レプリカ NIL レジスト

レプリカ用に最適化された NIL レジストが用いられる。NIL レジストについては本章第 5 節「ナノインプリント材料技術」に詳しいので，ここではウエハ工程 NIL との比較の観点でポイントを記載する。テンプレート材料は両者とも石英で同じであるが，転写側の材料が異なる。ウエハプロセスでは転写表面は一般には有機多層膜が形成されているが，レプリカ NIL では表面は金属ハードマスク層である。接着性向上のために表面処理が行われるが，そのプロセスを含めた材料最適化が必要である。また金属ハードマスク材料とのエッチング選択比を確保する必要から，紫外線照射後のドライエッチング耐性を高くする必要がある。ただし高スループットが不要であることから，充填性や紫外線硬化性に関しては緩和される。

3. 3　テンプレート品質

3. 3. 1　欠陥

レプリカテンプレートのほとんどの欠陥はインプリント工程起因であり，その欠陥分類は基本的には第Ⅱ編第 3 章第 1 節の図 6 の内容と同じである。無充填(ノンフィル)欠陥はテンプレートを接触させた後のレジスト流体の広がりが十分でないことに起因する。この欠陥はパターン密度に起因する NIL レジストの広がり不足などに起因する。テンプレート欠陥はマスターテンプレートに起因する欠陥である。欠陥修正により欠陥がないマスターテンプレートを製造しても，レプリカインプリント工程でマスターに欠陥が生じる場合がある。引き抜き(プラグ)欠陥は硬化したレジストがマスター側に引き抜かれることに起因する欠陥である。

筆者らは 2010 年にレプリカ NIL 装置を導入し，2011 年から欠陥密度の低減に取り組んできた。当初の欠陥密度は 100 k 個 /cm^2 程度と非常に大きかったが，欠陥モードの分類と欠陥発生原因の丁寧な解析を行い，その結果に基づく対策を進めてきた。たとえば引き抜き欠陥では**図 4** に示したように二つのモードがある。図 4(1)に示した剪断欠陥では突形状の先端がマス

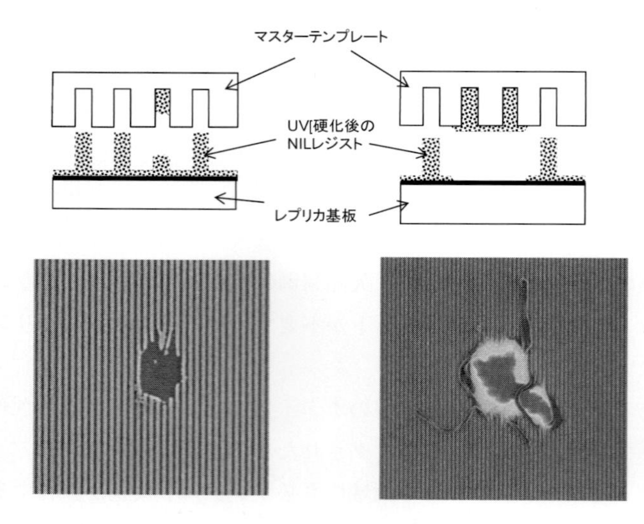

(1) 剪断欠陥のレジストSEM写真　　(2) 剥離欠陥のレジストSEM写真

図 4　引き抜き欠陥の二つのモード

ターテンプレート側に持っていかれる。この対策としては，離型性を高める，あるいは紫外線硬化後のNILレジストの機械的強度を強くする，などが考えられる。一方，図4(2)に示した剥離欠陥では紫外線硬化後のレジスト膜がレプリカ基板界面からマスターテンプレート側に持っていかれており，レプリカ基板との接着力を強くする必要がある。

無充填欠陥低減に対しては，レジスト滴下位置やNILレジストとマスターテンプレート表面の界面制御の最適化が重要である。1つの対策を行うことによって桁単位での欠陥低減が実現することもあり，2015年初めの時点での欠陥密度は0.9個/cm^2になっている[5)]。欠陥仕様は対象寸法が小さくなると厳しくなり，それによって欠陥密度が悪化するが，丁寧な解析と対策を行うことで微細パターンになった場合でも欠陥品質の確保は可能と考えている。

3.3.2　位置精度

レプリカテンプレートの位置精度評価で，我々はレプリカテンプレート上の転写領域のコーナー部分に大きな歪が発生していることを見出した。マスターテンプレートにはそのような大きな歪は発生しておらず，インプリント工程で生じていると考えた。コーナー部の歪の解析のために，コンタクトと離型時のシミュレーションを行った。**図5**にそのシミュレーションモデルと結果を示す[5)]。このシミュレーションでは，レプリカ基板の転写領域端はステップ構造を有しているが，これはウエハプロセスでのステップ・アンド・リピートモードの転写に対応するためである。このメサ構造とも呼ばれるステップ構造が，転写領域コーナー部の歪の原因であることが判明した。

インプリントでは2種類の力が存在している。1つはマスターとレプリカの両方に作用する外部からの力でインプリント装置に起因している。もう1つの力は内部に起因する力で，マスター基板とレプリカ基板間に生じている。この力はレジスト流体に起因する毛細管力に由来する。図5(2)のコンタクト時は水平方向の応力が内側方向に作用し，図5(3)の離型時では外側方向に作用している。この両方の力のバランスが取れるようにすることがポイントとなる。た

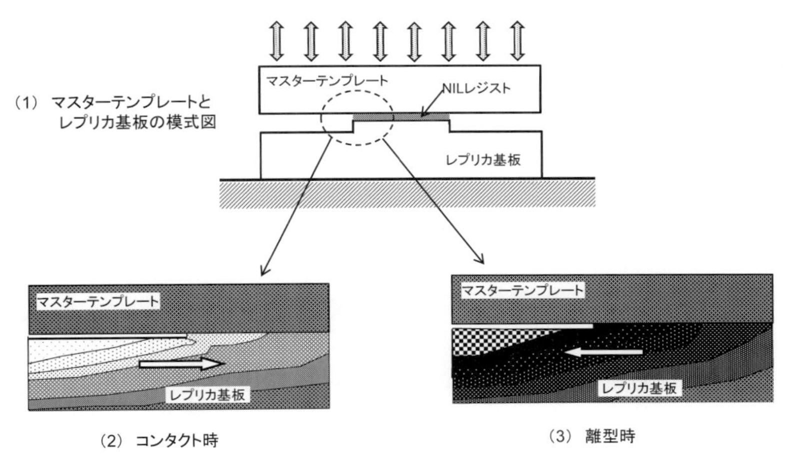

図5　レプリカインプリント時のレプリカ基板メサコーナー部に働く内部応力のシミュレーション結果

表１　位置精度の改善結果

		マスター	レプリカ	
			改善前	改善後
位置精度	X	1.13	2.32	2.00
3σ(nm)	Y	1.82	2.92	2.48
位置精度の残留成分分布図				

だし毛細管力の値は，レジスト材料の特性，基板の表面特性，およびマスターテンプレートのパターンサイズと密度，などで決まるため，その制御は非常に困難である。実際には実験的にこれらの応力が小さくなる条件を求め，転写装置からの力の最適化を行った。その結果，**表１**に示すようにレプリカテンプレートの残留歪を x 方向で 2.00 nm，y 方向で 2.48 nm にすることができ，フィールドコーナー部の歪を大きく低減することができた。なお中央部の歪もこの一連の最適化で同時に低減されたが，このメカニズムは判明していない[5]。

3. 3. 3　寸法精度

レプリカテンプレートの寸法均一性は，マスターテンプレートの寸法均一性およびエッチング均一性に支配される。その他の要因で最も重要な要因は，レジストの残膜厚(以下 RLT(Residual Layer Thickness)と記す。)均一性である。**図６**に RLT バラツキと寸法変動の関係を示した。ナノインプリントプロセスではテンプレートと転写基板が接触することはなく，両者の間に必ず NIL レジストが残留する。基板をエッチングするためには基板を露出する必要があり，通常酸素アッシングでエッチバックする。図６の A 部に比較して B 部では RLT が小さくなっている。このように RLT に差があると図６(2)に示すように，B 部の基板が露出した時点で A 部ではまだ露出しておらず，(3)に示す状態までエッチバックする必要がある。パターン凸部のレジスト側壁角度は 90 度より小さいので，a に比較して b

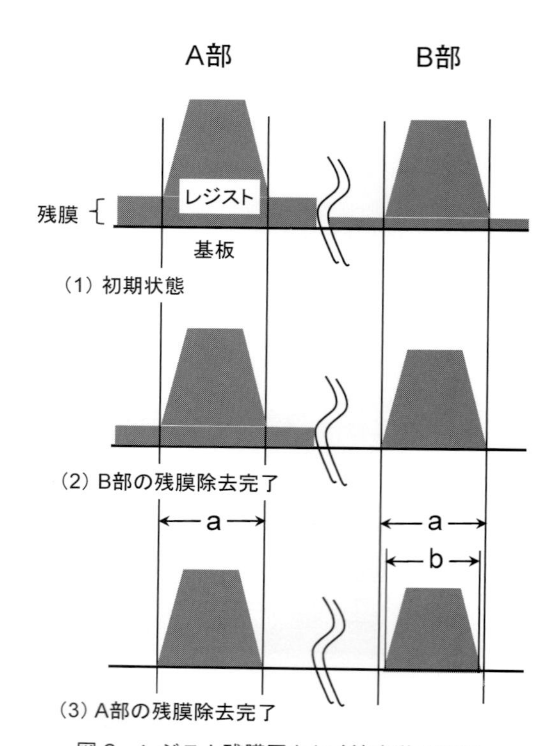

図６　レジスト残膜厚さと寸法変動の関係

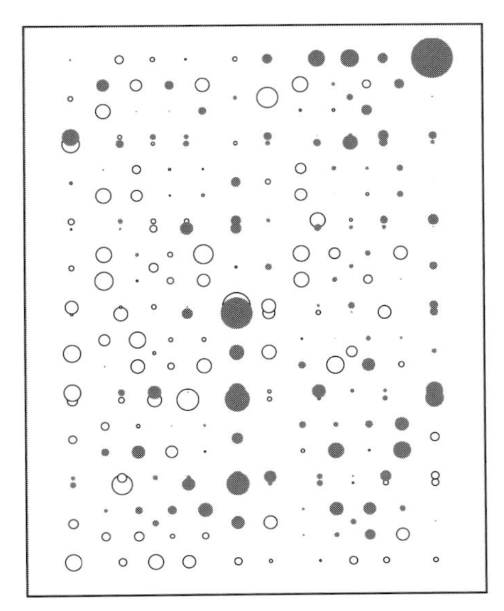

図7　寸法精度分布の例

は小さくなる。RLTを薄くすることがバラツキ低減の観点からは望ましいが，一般には10 nm程度より小さくすることは困難と言われている。このRLTバラツキは，基板の平坦度，設計パターンのレイアウト(パターン密度分布)，マスターテンプレートとレプリカ基板のコンタクト時の力分布や界面状態分布，などに起因する。これらの要因を最適化することでRLT均一性を改善することができる。

最小RLTは設計寸法にかかわらないと考えられるので，RLTバラツキの影響は設計寸法の微細化に伴って，その影響は大きくなる。2015年初めの時点では，**図7**に示すように寸法均一性は3σで1.5 nmが実現できている[5]。

3. 3. 4　テンプレート品質のまとめ

表2に2015年初頭のレプリカテンプレート品質をまとめた。欠陥密度の目標値は冗長ビットを有するメモリデバイスで許容されると考えられている値であり，寸法均一性と位置精度の目標値は国際半導体技術ロードマップ(ITRS)のインプリントテンプレートの要求仕様から引用した値である[6]。いずれの項目も目標値を達成している。

今後，要求品質は微細化などでさらに高くなることが予想されるが，これまでのレプリカNILプロセス開発で獲得した各種のノウハウを反映しながら，現在開発中の次世代レプリカ専用のインプリント装置の適用，およびNILレジストの改善，などで対応していく予定である。

表2　品質改善状況(目標と現状)

仕様項目		目標値	現状値
欠陥密度	(個/cm^2)	1.0	0.9
寸法均一性	(3σ；nm)	2.2	1.5
位置精度	(3σ；nm)	2.5	2.5

4　まとめ

NIL テンプレートの品質についてまとめた。ナノインプリントは接触プロセスであるため，電子線リソグラフィを用いて製造された高品質のマスターテンプレートからナノインプリントを用いて複製された複数のレプリカテンプレートをウエハプロセスで使用する方式が提唱されている。そのレプリカテンプレートの品質の殆どは，ナノインプリントプロセスに起因するものである。

位置精度に関するナノインプリントプロセスの工程能力はパターンサイズの影響をそれほど受けないが，これまでの経験で寸法精度および欠陥密度については大きな影響を受けることが判明している。ナノスケールの領域における界面物性は，従来の知見とは異なった挙動を示すことが示唆されており，物理・化学的な解析と材料，装置およびプロセス条件のナノスケール領域を意識した最適化を精力的に進めていく必要がある。それらの改善を進めることで，半導体リソグラフィへの適用が可能になると考えている。

文　献

1)　S. Murai et al.：Proc. SPIE, 4186, 890(2000).

2)　T. Hiraka et al.：Proc. SPIE, 6730, 67305P-1(2007).

3)　H. Kobayashi et al.：Proc. SPIE, 8441, 84411B-1(2012).

4)　http://www.dnp.co.jp/news/1227070_2482.html

5)　K. Ichimura et al.：*J. Micro/Nanolith. MEMS MOEMS*, **15**(2), 021006-1(2016).

6)　ITRS 2013 Edition Lithography(JEITA 訳), 5.8 章, 24 頁, 図 LITH8

第４節　ナノインプリントプロセス技術

東芝メモリ株式会社　河野　拓也

1　はじめに

これまで，半導体デバイスの微細化に伴い，光リソグラフィプロセス開発はレーリーの式に基づき露光波長の短波長化と露光装置の投影レンズのNA(Numerical Aperture：開口数)の拡大に努めてきた。近未来で要求される微細化の発展を満足するためには13.5 nm等の極端紫外光光源(EUV)と反射光学系を有するEUV露光装置が必要になるなど，露光装置価格が高騰化してきている。半導体プロセスコストはリソグラフィコストが大きな割合を占めており，この露光装置コストの増大は無視できない。

一方，半導体デバイスメーカからは既存の液浸露光装置(NA1.35，ArFエキシマレーザ光源波長193 nm)を使い，複数回のリソグラフィと加工工程を組み合わせたマルチパターンニングプロセス(SADP，SAQP等)により微細化を実現する提案がなされている。本プロセスは複雑な工程が必要となり工程数が増加するために，半導体プロセスコストの増大は避けられない。微細化と低コスト化を満足し，実用化に最も近いリソグラフィプロセスとしてナノインプリントリソグラフィ(nanoimprint lithography，以下NIL)が挙げられる。本稿では実際に半導体デバイス製造に適用するためのNILプロセス技術を紹介する。

2　NILの概要

NILは上に述べたとおり微細化と低コスト化を両立できる技術として期待されている。NILはナノスケールのパターンが形成され型を押印(インプリント)してウェハ上に転写する技術である。本技術については1995年にプリンストン大学のChou教授が熱インプリントで10 nmのレジストパターンを転写[1]したことを，また2000年にはテキサス大学のWillson教授が半導体デバイスに適用可能な光ナノインプリント技術[2]を報告している。さらに，2003年以降ITRS(International Technology of Semiconductors：国際半導体技術ロードマップ)[3]に次世代リソグラフィ技術としてナノインプリントが登場し，これをきっかけとして半導体プロセスへ応用するための研究が本格化した。ナノインプリントの特徴は解像力とパターン品質の高さ，そして装置の低コスト化が可能となる点である。ここではレジストドロップ方式の光ナノインプリントプロセスを紹介する。

光ナノインプリント露光のフローを**図１**に示す[4]。はじめにシリコン基板上のパターニング

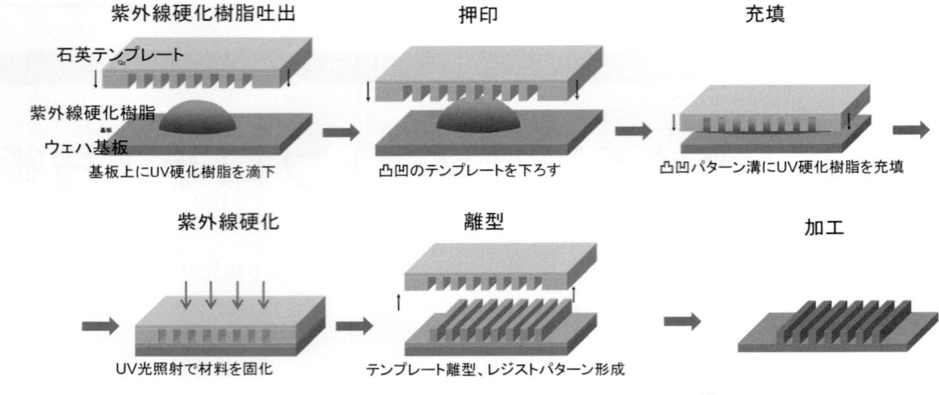

図1　光ナノインプリントリソグラフィフロー[4)]

する領域に紫外線硬化樹脂(以下レジスト)を滴下し，そこに“テンプレート”と呼ばれる紫外線を透過する石英の型を押し当てる。するとテンプレート上に形成されている微細な回路パターンの溝に，紫外線硬化樹脂が毛細管力により充填される。そのときに下地層と当該NIL工程層とのアライメント(位置合わせ)が必要となるが，NILでは予め下地層に形成されたウェハアライメントマークとテンプレート上に形成されているテンプレートアライメントマークとを相互参照することでアライメントが実行される。その後，紫外線を照射し，紫外線硬化樹脂を硬化させた後にテンプレートを剥がす(離型)ことでパターンを形成する。NILは光リソグラフィやEUVリソグラフィで採用されている投影レンズ光学系やミラー光学系で縮小転写する技術ではなく，テンプレートを直接接触させることにより，等倍転写する技術である。従って，基本的なNIL性能はテンプレート品質に依存するところが大きいが，光リソグラフィのように投影光学系がないため，像性能に寄与するレンズ収差誤差の影響を考慮しなくても良いメリットがあり，また装置を簡素化できるので低コスト装置を実現できる可能性がある。

3　光ナノインプリントの基本性能

3.1　転写性能

光NILによるレジストパターン転写例を**図2**に示す[4)]。これまでに最小線幅16 nmでエッジラフネスが約2 nmのレジストパターンを形成することができており，エッジラフネスは従来技術の1/2程度を実現している。これはテンプレートのエッジラフネスと同程度であり，テンプレート形状を忠実に転写するナノインプリントの特徴をよく示している。

線幅28 nmのレジストパターンにおけるウェハ面内の寸法均一性を評価した結果を**図3**に示す[5)]。ウェハ面内寸法均一性は$3\sigma=0.5$ nm(12点/ショット×20ショット/ウェハ)であり，現像プロセス工程がないNILでは高精度なパターン転写が可能となる。

また，**図4**に示すように縦横のラインアンドスペースパターンのみならず，ピッチの狭いコンタクトホール等，光リソグラフィの光学系で実現が困難なパターンであってもNILプロセスを用いることによりパターン忠実性の良いパターン形成が可能となる[6)]。

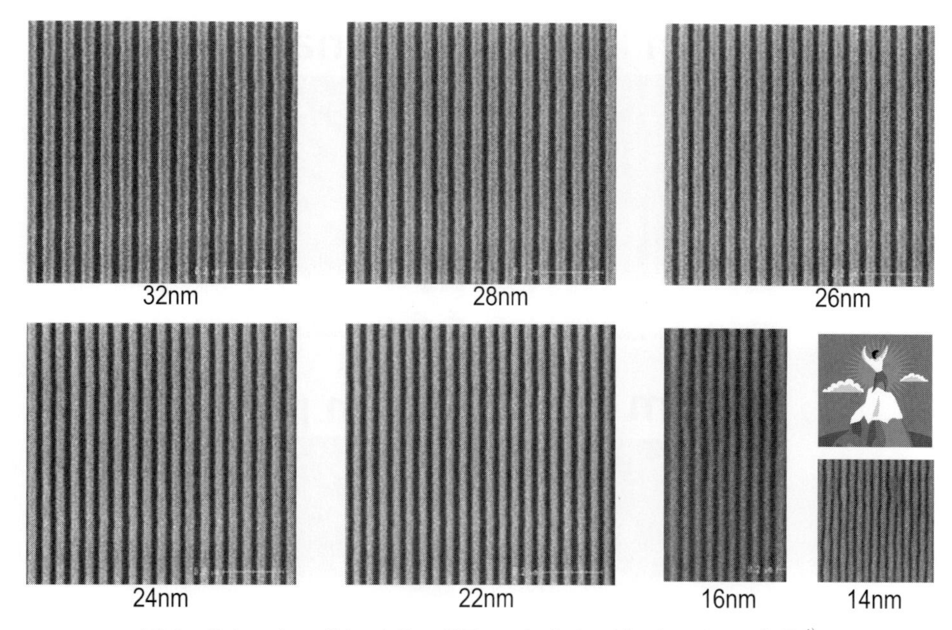

図２　光ナノインプリントリソグラフィによるレジストパターン転写[4)]

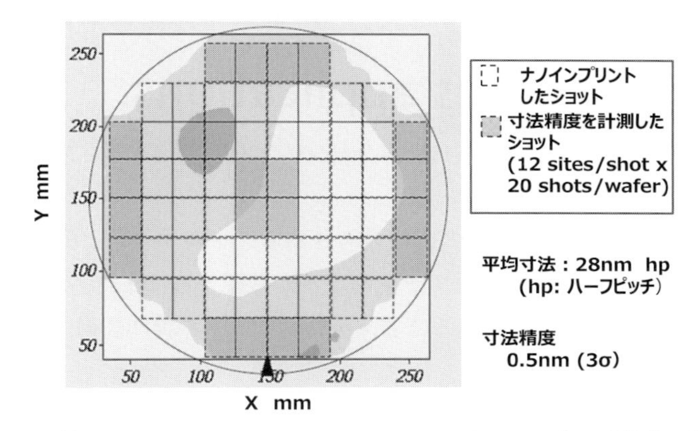

図３　線幅 28 nm のレジストパターンにおけるウェハ面内の寸法均一性[5)]

3. 2　ナノインプリントにおける欠陥

光ナノインプリントはテンプレートと紫外線硬化樹脂が塗布されたウェハとが接触するプロセスであるために，パターン忠実性が高い反面欠陥が発生しやすく，また等倍転写であることから形成されるパターンに致命的な影響を与える可能性が無視できない。そのため欠陥低減が光 NIL の最大の課題であると言える。光 NIL で発生する欠陥は第３章第１節の図７で示すように，未充填欠陥(non-fill)，パターン倒壊欠陥(collapse)，引き抜き欠陥(plug)，及びテンプレート欠陥に大別される[6)]。

未充填欠陥はテンプレートとウェハの間に残存する気泡であり，レジストのテンプレートパターンへの充填が不十分な状態で紫外線硬化すると気泡が残りパターン欠陥が発生する[7)]。充填が不十分な要因としては，レジストそのものの充填性能(所定の時間内に充填が完了するか

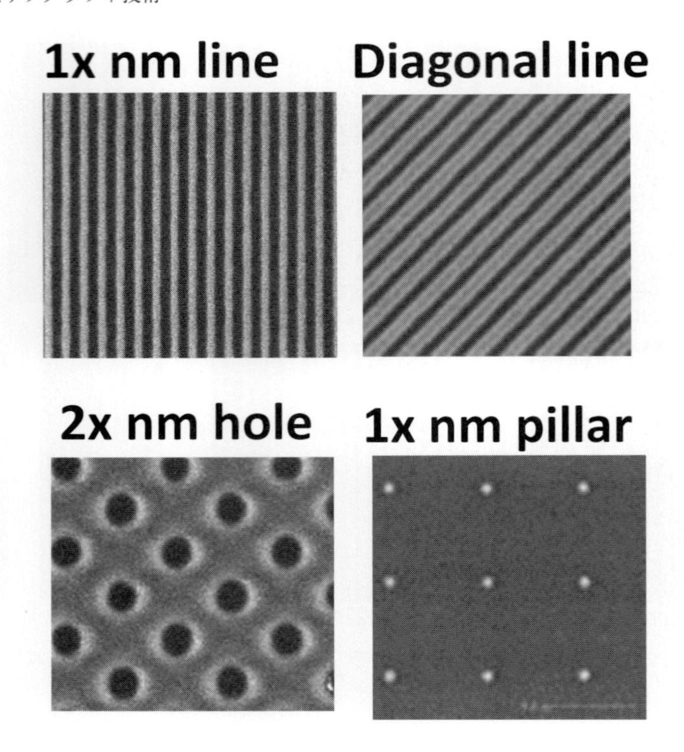

図４　さまざまなナノインプリントリソグラフィによる転写パターン[6)]

否か)に左右されるだけでなく，レジストに含有されるメタルイオンと樹脂の構成成分であるカルボニル酸が結合した分子を核としてナノバブルが残留すること[8)]，パターンレイアウトに対してレジスト滴下位置が不適切であること，テンプレートの押印制御が不適切であることなどが考えられる。

パターン倒壊や引き抜き欠陥はパターンが微細化するにつれてレジストパターンの強度が低下するため，より本質的な欠陥である。これらの欠陥は処理速度とトレードオフの関係にある。例えば，処理能力を優先して早く離型するとパターン倒壊や引き抜き欠陥の発生確率は高まる。パターン倒壊は，高速に離型するとパターン同士が振動し接触しあうことで発生し，離型欠陥はパターンが高速で離型することで発生する大きな摩擦力(離型力)に対し，レジスト引っ張り剛性が不足することで発生すると考えられる。今後，処理能力を向上しながら欠陥低減を図ることが重要であり，例えば装置の離型制御方法の工夫やレジストに含まれる離型剤の改善，レジストの剛性向上に寄与するレジスト材料設計などにより離型プロセスに起因するパターン倒壊や引き抜き欠陥を低減することが求められる。

一方，テンプレート欠陥はテンプレートの製造過程で発生するものとウェハ上に乗っかった数 100 nm 以上のパーティクルもしくは下層工程で形成されてしまった突起物がある状態で押印することでテンプレートパターンを破壊してしまうものとに分類される。前者の改善にはテンプレート上でウェハに転写される等倍パターンサイズでの欠陥検査及びパターン修正技術が必要となり，後者の回避にはNIL装置部材からの発塵や，離型欠陥発生時にテンプレートパターン溝に残留した硬化したレジストが剥がれて，ウェハ上に落下することで生じるレジスト異物や，他のプロセス装置や検査装置から持ち込まれたパーティクル等を除去する技術が不可欠となる。以上述べてきたように，NIL欠陥はインプリントプロセス，レジスト性能，テンプレートの相互作用により発生するため，プロセス全体最適化が重要な鍵となる。

3.3　重ね合わせ性能

光NILを積層構造の半導体デバイス製造に適用するには，下層工程で形成されたパターンとの重ね合わせ精度が重要となる。**図5**に一般的な光露光装置とNIL装置のアライメント方法の違いを示す。光露光装置では縮小投影レンズとは別に用意されたオフアクシス顕微鏡によりウェハ基板上に形成された複数のアライメントマークを計測し，計測した位置からウェハおよびチップの歪みを露光前に算出(グローバルアライメント方式)する。次にウェハ歪みやチップ歪みを低減する方向に投影レンズ歪みの補正やウェハおよびレチクルステージ走査の補正をして重ね合わせ露光を行う。これに対して，光NIL装置には投影レンズがない。テンプレートとウェハがレジストを介して接触した状態で，テンプレート上に形成されたアライメントマークとウェハに形成されたアライメントマークとの位置合わせ補正を，ダイレクトにチップ毎に実施して重ね合わせ露光するTTM(Through The Mask)ダイバイダイアライメント方式を採用している。**図6**により詳細なNILアライメントシステムを示す。アライメント計測は4つのアライメント顕微鏡により，テンプレートにレジストが充填された状態でなされる。アライメント顕微鏡はテンプレート上の四隅のマークとウェハ上の露光ショットの四隅のマークとの相対的なズレを検出し，計測された結果に基づいてウェハステージが所望の位置に移動するとともに，テンプレートを歪ませて，ずれを補正した上で露光(紫外線照射)が開始される[9)]。NILは光露光装置に対して補正ノブが少ないといわれているが，NILは投影レンズによる歪み

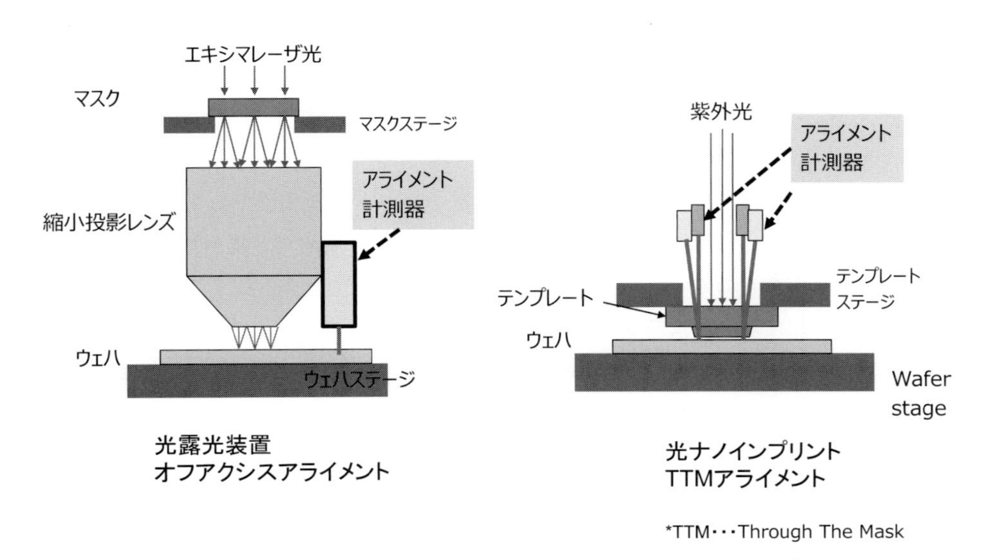

図5　光露光装置とナノインプリント装置アライメントの違い[9)]

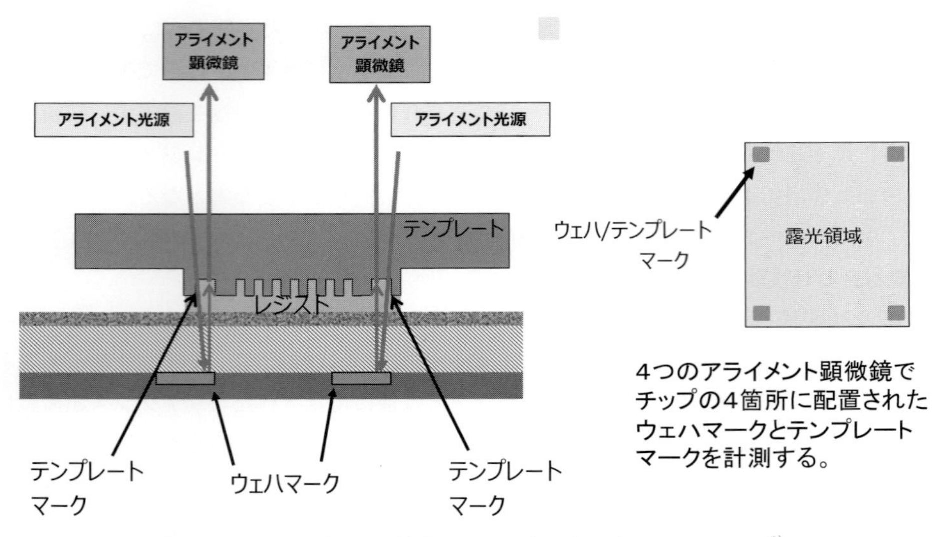

図６　ナノインプリント装置の TTM ダイバイダイアライメント[9)]

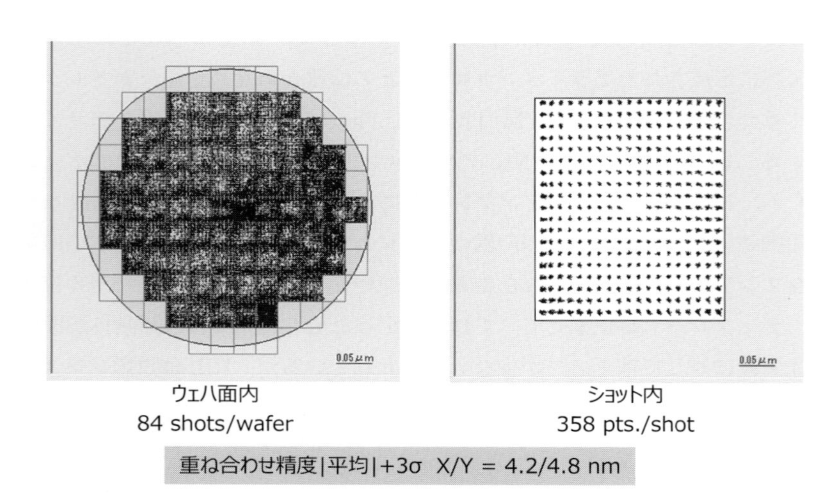

図７　ナノインプリント露光の重ね合わせ精度[9)]

(収差)を考慮する必要がない。その上，高精度な電子ビーム描画装置でテンプレートパターンを描画することで，チップ内絶対位置誤差(イメージプレースメント誤差)を $3\sigma \leqq 3$ nm 程度まで抑制することができるため，チップ内あわせ誤差を最小化できる。またダイバイダイアライメント方式を採用することでウェハ面内の特にチップ間誤差を低減できる。さらにチップ内の高次誤差成分を補正する機構の提案もなされており[10)]，将来の NIL 重ね合わせ精度は従来の光露光装置と同等以上の精度を実現できると考えられる。

光ナノインプリントにおける重ね合わせ精度を**図７**に示す[9)]。これは NIL で形成した下層ウェハに対し，NIL で重ね合わせ露光をした結果である。重ね合わせ精度(平均 $+3\sigma$)で 5 nm 以下という良好な結果が得られている。また，光露光装置で形成した下層ウェハに対し，NIL で重ね合わせしたミックスアンドマッチ露光した結果では，重ね合わせ精度(平均 $+3\sigma$)で

7 nm 以下という結果も得られている。このことから，チップ内およびチップ間誤差を上記技術により最小化することで上記 NIL-to-NIL<5 nm 同等の合わせ精度が得られると期待される。

3.4　ナノインプリントの処理能力

光 NIL におけるレジストのウェハへの塗布は，主にスピンコーティングする方式とインクジェット吐出する方式に分類される。半導体メモリデバイスの配線層で代表される数十 nm～十数 nm オーダーの微細なラインアンドスペースパターンに関して，テンプレート上パターンへのレジストの高い充填性(充填のしやすさや充填速度)を実現するためには一般的にはインクジェット吐出方式が良いとされる。

インクジェット吐出方式の場合にはパターンの疎密等に応じて必要な位置にのみレジストを滴下することで，レジストがテンプレートのパターン溝へ効率良く充填され，特に2項で論じた未充填を低減することが可能となる。また，NIL 工程の処理時間のうちテンプレートパターン溝へのレジストの充填時間に占める割合は大変に大きく，NIL 処理時間を短縮するためには充填時間を短縮する技術開発が不可欠である。

レジストの充填性を向上させるためには，①テンプレート表面および下地に対して親和性の高いレジストを用いること，②パターンレイアウトに適したレジスト液滴位置とすること，③①，②以外の手法で充填中の泡を素早く消失すること，の3点が重要である。②の例としては滴下されたレジストの広がりのパターンレイアウト依存性が示される報告がなされており，将来的には，レジスト充填性が向上する NIL パターン設計手法(DFI：Design for imprint)の確立が必要である[11]。③の例としては，レジスト充填時に高凝集性ガス(PFP ガスや CTFP ガス)を使用することで充填時間を短縮できるなどの報告がなされており[12][13]，さらなる研究の進展が期待される。

一方，スピンコーティング方式はインクジェット吐出時間を短縮できる等，インクジェット方式に対してさらなる塗布工程における処理能力向上が期待できるが，反面密パターンの押印では隣接ショットへ押し出される余剰レジストが発生するためこれに対処する技術，また紫外光照射領域外への漏れ光による隣接ショットの紫外線硬化が発生しやすく，これを抑制する技術が必要となる。

4　光ナノインプリントを成功させるための周辺技術

NIL を大量生産向けのデバイス製造プロセスに適用する場合，平坦なウェハ基板ではなく，種々の凸凹を有する基板への押印となる。なぜならば，複数の工程を経てきたウェハはさまざまなショット内段差や膜応力によるウェハ反り，ウェハ最外周部のベベル形状などを有するためである。このような凸凹を有するプロセスウェハに対して，NIL プロセスを適用する場合，接触プロセスであるが故に押印時にテンプレートはウェハ凸凹の影響を直接的に受け，各種パターニング性能への影響が大きいと懸念される。そのため，ウェハプロセスに対応したウェハの前処理など，NIL プロセスを支援するプロセスが必要となる。また，テンプレートは UV 硬

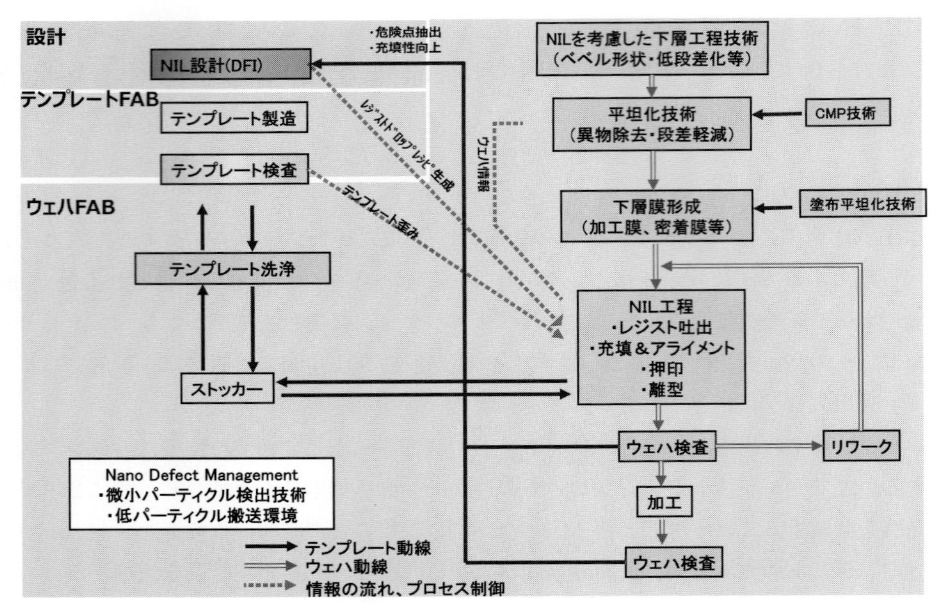

図８　ナノインプリントリソグラフィ工程と周辺プロセスフロー

化樹脂と接触するために定期的な洗浄工程が必要になる。さらにNIL性能を十分に引き出し，維持するためのウェハならびにテンプレート検査技術が必要となる。**図８**にNIL工程を中心としたNILを支援するプロセスフローの例を示す。

4.1　平坦化プロセス

NILはウェハとテンプレートがレジストを介して接触するプロセスであるが故に，インプリント時に下地段差が存在すると，加工後の寸法ばらつきの増大やあわせ精度の悪化を招く懸念がある。以下に詳細を説明する。まず前者については押印時の段差凸部および凹部のレジスト残膜(RLT：Residual Layer Thickness)厚さが均一でない場合は，加工後の寸法ばらつきが増大する可能性がある(**図９**-(a))。後者については，特にベベル部において大きな段差が生じやすく，ショット内に局所的歪みが発生する(図９-(b))[8]。アライメント駆動(ウェハ駆動およびテンプレート歪み補正)はレジストが充填した状態で実施するが，このときに下地段差によりレジスト残膜が局所的に薄い領域が存在する。このとき，薄膜化されたレジストにおいてレジスト分子の構造化によりレジスト粘度が上昇し[14]，その結果アライメント補正のウェハステージ駆動時に局所的に存在する薄膜領域においてウェハとテンプレート間に大きなせん断応力が発生することにより，ショット内歪み(テンプレート歪み)が発生すると考えられる。上記課題を解決するためには下地段差を軽減することが重要である。

一例として予め下層工程において大きな段差を形成しないプロセスを構築するか，積極的に段差を軽減するCMPプロセス等を付加するなどを検討する必要がある。また，NIL工程より前の工程で付着したパーティクルなどの凸異物は押印時のテンプレート破壊の原因となるため，上記の下地平坦化に併せて凸異物の除去工程が必要となる。以上述べたとおり，段差平坦

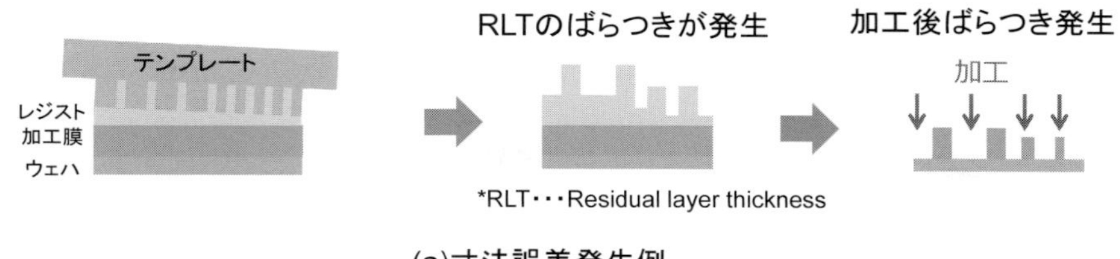

(a)寸法誤差発生例

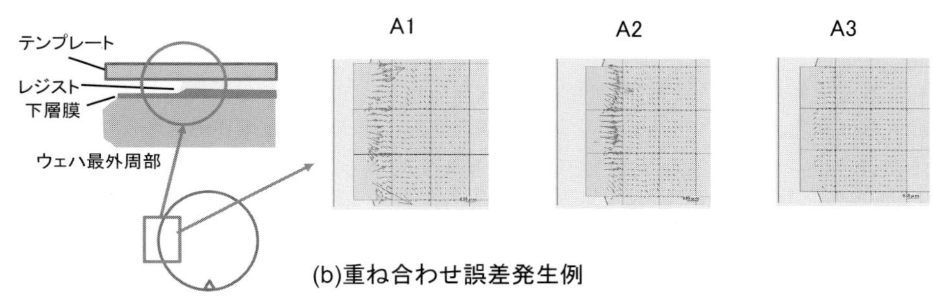

(b)重ね合わせ誤差発生例

図9　ナノインプリントリソグラフィによる寸法誤差，重ね合わせ誤差の要因

化ならびに異物除去工程の付加によりNILプロセス性能向上が期待される。その一方で工程数・コストの増大につながるために，より低コストなプロセス装置の実現が必要である。

4.2　下層膜形成プロセス

リソグラフィ工程後の加工工程用の加工膜の塗布形成は，光リソグラフィかNILかに関わらず，平坦に塗布されることが要求される。加工膜は，たとえ下地段差がなかったとしても，下地に形成されているパターンの被覆率が急変する領域等で塗布平坦性が悪化する可能性がある。特にNILではこの塗布平坦性の悪化が4.1で論じた下地段差同様に無視できなくなる。そのため，NILプロセスを考慮して，加工耐性に加え，より平坦塗布性能を向上した加工膜材料の開発が期待される。

下層膜形成後は，NIL工程前に，NILの紫外線硬化樹脂をウェハ下層膜に密着させるための密着膜を形成させる必要がある。紫外線硬化樹脂の密着性が悪い場合は，引き抜き欠陥の原因となるので下層膜に対する塗布密着性能を十分考慮した密着膜の選択が重要である。

4.3　ナノインプリント性能を向上させる技術

NILの性能を最大限に引き出すためには従来の光露光にはなかった技術を適用する必要がある。レジストをウェハに滴下する工程では，テンプレート情報(パターンの被覆率，パターン方向性，テンプレート溝の深さ)，レジスト特性(揮発量など)，ウェハ段差情報等を考慮して，紫外線硬化樹脂を滴下する位置や量を制御する必要がある。そのため，予め上記情報を考慮したレジストドロップレシピを生成するシステムが必要となる。レジストドロップレシピはNILの充填性やRLTのばらつきに大きく影響を与え，レジストドロップレシピの不備は，前者は未充填欠陥，後者は加工寸法ばらつきの原因となる。またレジスト充填および離型工程において高スループットと低欠陥を両立するため，充填性が良く離型性の良いレジスト材料開発が必須である。さらに，未充填欠陥や引き抜き欠陥を抑制し高速で押印・離型を行うために，高度な装置制御技術が要求される。アライメント工程では下地ウェハの歪みやテンプレートの描画位置情報に加え，4. 1で論じたせん断応力を考慮したアライメント補正制御システムの構築が必要となる。これに加えて，押印前にウェハ不良チップ生成やテンプレート破壊につながるウェハ上パーティクルを簡易かつ高速にモニターし回避する技術の実現が望まれる。

4. 4　テンプレートマネジメントシステム

NILのテンプレートは押印離型を繰り返すことにより，レジストがテンプレートパターン溝に付着する可能性があり，付着したレジストは定期的に除去する必要がある。除去する手法としてはテンプレートに真空紫外光(VUV光)を照射してレジスト有機成分を除去する方法や硫酸過水などを使ったケミカル洗浄，超音波や二流体ノズル等による物理洗浄などさまざまな手法が提案されているが，これらのうち，テンプレートパターンの破壊やパターン寸法・形状の変化を極力抑制する洗浄手法を選択する必要がある。またテンプレートに付着した欠陥をモニターするウェハ・テンプレート検査技術と，洗浄タイミングもしくはテンプレート破壊によるテンプレート破棄を判断するテンプレートマネジメントシステムが必要となる。

また，今後テンプレート洗浄や破壊によるテンプレート交換頻度が多くなると，代替テンプレートが必要になってくる。ここで，同じデザインでも代替テンプレートの個体間差，特に寸法・形状，位置精度誤差を考慮しプロセスにフィードバックする仕組みを構築する必要がある。例えば，寸法・形状はドロップレシピの修正，位置精度はアライメント補正値の変更する仕組みが必要となる。上記から，テンプレートマネジメントシステムと連携してNILプロセスを制御するNILトータルマネジメントシステムを構築することがナノインプリントを成功に導く鍵になる。

5　おわりに

NILは低コストに微細なパターンを形成できる技術として大いに期待されるが，半導体メモリデバイス製造向けのリソグラフィ性能としては，高スループット，低欠陥，高精度寸法および合わせ精度を全て満たすことが求められる。これらの性能を満たすためにはNILプロセスを十分に理解したNILウェハプロセスの構築と，ウェハプロセスとテンプレートプロセスを連携させ，NILプロセスを支援するトータルマネージメントシステムの構築が重要となる。特に，NILの構成技術であるNIL材料，装置，テンプレート製造プロセス技術の向上はもとより，パーティクル欠陥検査技術，平坦化・異物除去装置技術，洗浄技術，CIM・APC技術等のインフラ技術のイノベーションに期待したい。将来，インフラ技術が整備されることで，デバイス適用範囲の拡大やバイオや医療，新素材等，半導体分野以外のパターンニング技術応用への展開の可能性が高まると予測される。

文　献

1) S. Y. Chou et al.：Sub-10 nm imprint lithography and applications, *J. Vac. Sci. Techol.*, **B15**, 2897-2904 (1997).

2) T. Baiely et al.：Step and flash imprint lithography：Template surface treatment and defect analysis, *J. Vac. Techol.*, **B18**, 3572-3577(2000).

3) Lithography Exposure Tool Potential Solutions for NAND Flash Devices(ITRS 2011 Edition(JEITA 訳) 23, Figure LITH3B).

4) 河野拓也："光ナノインプリントとシリコンフォトニクスへの期待" ㈳電子情報通信学会，第128回微小光学研究会／第19回シリコンフォトニクス研究会(2013).

5) T. Higashiki et al.："Nanoimprint Lithography for Semiconductor Devices and Future Patterning Innovation." Proc. SPIE, 7970, 9, 797003. 1-797003. 6(2011).

6) M. Hatano et al.："NIL defect performance toward high volume mass production", Proc. SPIE, 9777, 97770B-6(2016).

7) I. Yoneda et al.："A study of filling process for UV nanoimprint lithography using a fluid simulation." Proc. SPIE, 7271, 2, 72712A-1-72712A-7(2009).

8) T. Higashiki et al.："Device fabrication using nanoimprint lithography and challenges in nano-defect management", Proc. SPIE, 9777, 9777-4(2016).

9) K. Fukuhara et al.："Overlay improvement lithography for 1x-nm patterning" *J. Vac. Sci. Technol.*, B34, 06K405(2016).

10) T. Takashima et al.：Proc. SPIE, 9777, 977706(2016).

11) S. Kobayashi et al.："Design for nanoimprint lithography：total layout refinement utilizing NIL process simulation", Proc. SPIE, 9777, 977708(March 22, 2016).

12) H. Hiroshima："Quick Cavity Filling in UV Nanoimprint Using Pentafluoropropane." *JJAP*, **47**, 6, 5151-5155(2008).

13) S. Kenta et al.："Bubble-Free and High-speed UV Nanoimprint Lithography using condensable Gas with Very Low global warming potential.", MNC2015, 12D-4-3.

14) 伊東駿也，川崎健司，粕谷素洋，鷲谷隆太，島崎譲，栗原和枝，宮内昭浩，中川勝，：「シリカ表面間と離型層修飾表面間でのヒドロキシ基含有ジアクリレートモノマーの粘度」，第64回高分子討論会，3001(2015).

第５節　ナノインプリント材料技術

東北大学　中川　勝

1　はじめに

米国 Austin にある Texas 大学の S. V. Sreenivansan, C. G. Willson 両教授により開発された技術に基づき創設された Molecular Imprint Inc.(MII) 社は，ナノインプリント技術を基軸としたナノパターニング・システムの市場と技術をリードしてきた。MII 社の半導体事業を 2014 年 4 月にキヤノンが買収して Canon Nanotechnologies Inc.(CNT) が設立された。2015 年 2 月に開催された国際会議 The International Society for Optics and Photonics(SPIE) の Advanced Lithography のセッションで，キヤノンと東芝による発表があり，日本の半導体関連メーカがナノインプリント技術を基に半導体量産を目指すニュースリリースやプレス発表が相次いだ。本原稿を執筆している 2016 年には，東芝が NAND フラシュメモリの量産にナノインプリント技術を採用し，2017 年には量産開始か，という報道までなされている。

本書名は，『半導体微細パターニング』であるので，本稿では，半導体微細加工を志向したナノインプリントリソグラフィに係わる材料と技術を取上げて概説する。光学用途の機能性の高分子や樹脂の成形を目的としたナノインプリント技術，様々なデバイス応用を目指した基板加工を目的としたナノインプリントリソグラフィ技術に関する材料・プロセス技術は成書をご参照願いたい[1)2)]。室温・低圧力の成形プロセスである光ナノインプリントリソグラフィで扱われる光硬化性液体を主軸に，基板への塗布方法に分類してその特徴を説明する。また，レジスト成形に重要な役割を果たす離型促進材料，ドライエッチングプロセスで重要な平坦化材料・プロセスについても触れる。最後に，2020 年までに研究開発が求められるシングルナノメートルでのパターニングに向けた材料開発の状況を述べる。

2　光硬化性液体

一般には，「フォトポリマー」，「光硬化性樹脂」と呼ばれることが多い。元来，「樹脂」という単語は，天然に，特に植物に生じたやに状の物質を意味し，樹脂を傷つけると出る樹液が揮発成分を失った後の固体を示す。水に溶けにくいが，アルコール等の有機溶剤に溶けやすく，溶媒の揮発後は薄膜となって残る高分子化合物が具体例である。故に，ここではモールドの微細パターン空隙への充填に必要な流動性をもつ液体で，光照射で開始剤の光化学反応により重合反応が進行して固体となる性質を意味して，「光硬化性液体」と称する。光照射により固体化した合成樹脂を，ここでは「硬化樹脂」と以下記す。

光硬化性液体に含まれる必須成分は，光重合開始剤とモノマー（オリゴマー）である。光硬化性液体から硬化樹脂に光ナノインプリント法で成形する場合には，基板への硬化樹脂の密着性の向上を目的とした密着促進成分，モールドから硬化樹脂の離型性の向上を目的とした離型促進成分，などを添加することもある。市販の光硬化性液体は，添加剤が構造非開示の場合が多く，学術研究には不向きな面もある。成形プロセスの実用化には，化学メーカと成形装置メーカの強力な連携が必要である。光硬化性液体に関して，国内の化学関連企業では，東京応化工業，東洋合成工業，ダイセル，富士フイルム，DIC，旭硝子，JSR などからの特許出願が比較的多くある。国外では，マイクロレジスト社からの特許出願が目立つ。

2.1　インクジェット塗布プロセスに適する光硬化性液体

モールド表面にある微細な凹パターンに光硬化性液体を充填する場合，パターン密度の粗密さがモールドの領域ごとに違うと，充填に必要な光硬化性液体の体積も異なる。過剰に存在する光硬化性液体は，成形後の残膜厚の不均一さをもたらすため，モールドの一定領域ごとに光硬化性液体の体積を精密に制御する必要がある。液体の体積を精密制御する方法として，インクジェットディスペンサーから液体を吐出して基板上に配置する液滴の数で体積を制御する方法がある。開発当時は，Step and Flash Imprint Lithography（S-FIL）[3)4)]と名付けられていたが，現在では，Jet and Flash Imprint Lithography（J-FIL）[5)]と呼ばれている。キヤノンが開発した光学アライメント機能を搭載した次世代半導体露光装置（インプリント装置）にはこのJ-FIL が採用されて，東芝により量産試験が進行している[6)]。モールドの材料には，寸法や光学アライメントの精度のために線膨張係数と光学歪みが小さく，光硬化性液体の硬化を行う紫外線の透過性が高い，合成シリカ（業界では石英と呼ぶことが多い）が用いられている。

マルチノズルタイプのインクジェットで吐出される液滴の液量は数 pL から数十 pL で，取り扱える液体の粘度は約 1 から 100 mPa s であるとされており，5～20 mPa s 程度の光硬化性液体が主流に用いられていると考えられる。低粘性のため，モールド凹部や基板との空隙への充填時間が短く，高速での in-liquid 状態での下部基板と上部モールドとの位置合わせ（アライメント）が可能である。故に，キヤノンや東芝により半導体向け量産に適した方法として鋭意検討が進められている。現在，FPA-1200NZ2C 装置により 26×33 mm 角サイズで step-and-repeat 方式で繰り返し成形して，12 inch（300 mm）ウエハ上に毎時 60 枚の速度でレジストパターンを成形できるまでに至っている[7)]。

光硬化性液体には，高速硬化の性能が必要である。インクジェットに適する低粘性の光硬化性液体には，基板上に吐出された液滴状態で，含有成分の一部が揮発して構成成分の組成変化が起こらない必要がある。光照射による成形後の硬化樹脂には，モールドからの離型の時に離型エネルギーが小さい方がより好ましく，モールドへの応力歪み発生によるナノパターンの破損が小さいとされている。硬化樹脂パターンの一部がモールドに引き剥がされる欠陥（引き剥がれ欠陥，pull-out defect）を解消するために，光硬化性液体には，基板への密着を促進する成分やモールド表面からの離型を促進する成分が添加剤として加えられている。モールドにあるパターンと硬化樹脂の成形体との寸法誤差を低減するためにも，光硬化性液体には，10％未満の硬化収縮率が小さなものが好ましい[8)-10)]。

S-FILの発明者の一人であるC. G. Willson教授らによれば，主成分の重合性モノマー，酸素反応性イオンエッチング耐性を付与するためのシリコンまたはシロキサン含有モノマー，硬化樹脂の力学強度や耐熱性を付与するための架橋剤分子，光重合開始剤，離型を促すフルオロ基含有の界面活性剤分子などが含まれている[11)]。光ラジカル重合系において，反応活性な2-(perfluorododecyl)ethyl acrylateや反応不活性なmethyl perfluorooctanoateなどの添加による硬化樹脂の表面弾性率の低下や界面破壊エネルギーの低下により，モールドと硬化樹脂の付着力を減少させる検討もなされている[12)-14)]。step-and-repeat方式のJ-FILでは，モールドと基板間のみに光硬化性液体を存在させることができるので，アクリレートモノマーを主成分とした光硬化性液体を硬化させる光ラジカル重合系の他に，ビニルモノマーを主成分とした光硬

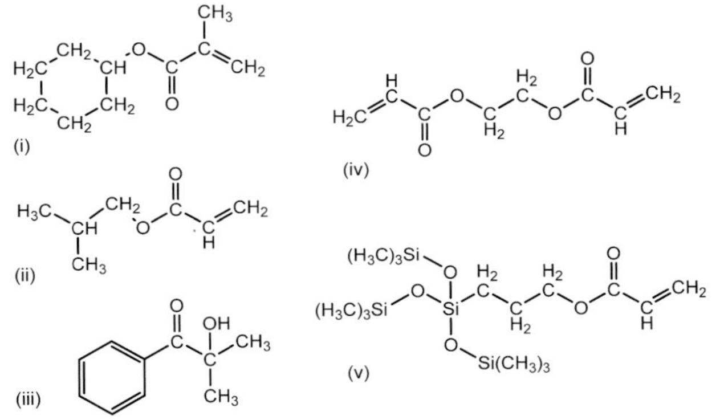

(ｉ)cyclohexyl methacrylate(28 wt%)，(ii)isobutyl acrylate(20 wt%)，(iii)2-hydroxy-2-methyl-1-phenyl-1-propane (2 wt%；photoinitiator)，(iv)ethyleneglycol diarylate(20 wt%，crosslinker)，(ｖ)acryloxypropyl-tris(trimethylsiloxy)silane(30 wt%)，(vi)fluorinated surfactant(1-5 wt%，未開示)

図1　光ラジカル重合系の光硬化性液体の組成の例[11)]

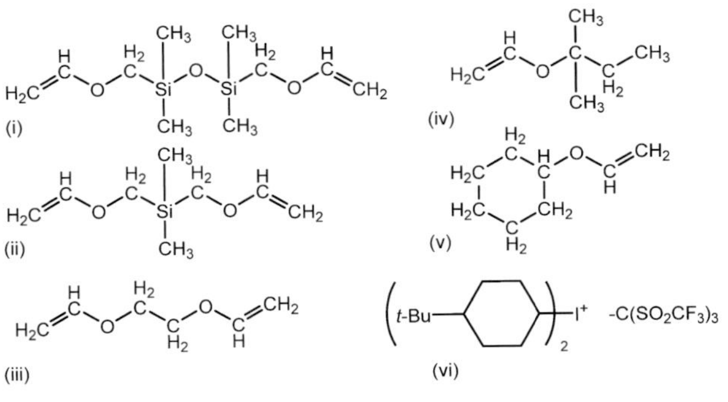

(ｉ)1,1,3,3-tetramethyl-1,3-bis(vinyloxymethyl)disiloxane，(ii)dimethyl-bis(vinyloxymethyl)silane，(iii)ethylene glycol divinyl ether，(iv)*t*-pentyl vinyl ether，(ｖ)cyclohexyl vinyl ether，(iv)4,4-bis-(*t*-butylphenyl)iodonium tris(trifluoromethanesulfonyl)methide(photo acid generator)

図2　光カチオン重合系の光硬化性液体の組成の例[11)]

化性液体を硬化させる光カチオン重合系も利用できる。前頁に，光ラジカル重合系(**図 1**)と光カチオン重合系(**図 2**)の光硬化性液体の組成例を示す。

2.2　スピン塗布プロセスに適する光硬化性液体

スピン塗布を光硬化性液体の成膜にも使うことができる。有機溶剤のような低粘性の光硬化性液体には不向きで，高粘度の光硬化性液体では有機溶剤や反応性希釈剤で希釈し，スピン回転数により膜厚を調節する。主剤モノマーと光重合開始剤の必須成分の他に，基板との密着性を向上させる成分，離型性を促進させる成分，スピン塗布の液膜を安定に保つための成分などが添加される。膜厚 100 nm では成膜できても，膜厚 30 nm になると成膜状態が不安定化することがある。基板側の表面エネルギーを表面処理により調節して安定化させることもできる。溶剤等の希釈剤を使用した場合，プリベーク時に溶剤だけでなく蒸気圧の高いモノマーも揮発して成分の組成が変わることに注意を要する。step-and-repeat 方式での硬化樹脂パターンの成形では，光カチオン重合系は不向きで，光ラジカル重合系が用いられる。光カチオン重合系では，光酸発生剤からの酸が拡散して未露光部も硬化することがあるためである。一方，光ラジカル重合系では，未露光部の光硬化性の塗膜が大気に暴露されていれば，ラジカル重合の酸素阻害が起こる。それ故，光カチオン重合系は，枚葉式の一括露光に適している。

光ラジカル重合系において，反応活性にない tridecafluoro-1,1,2,2-tetrahydrooctanol や，反応活性な長鎖フルオロアルキル含有アクリル酸エステルを光硬化性液体に混合すると離型エネルギーが低下することが示されている[15)16)]。基板上に液膜を形成させたとき，上述のような離型促進成分として働く界面活性分子を気液界面に偏在させる指標として，2 成分の液体の相分離が起こるか判断する指標となる溶解度パラメータを用いることができる[16)]。同じ長さのフルオロアルキル鎖からなる CF_3 基末端アクリレートと CHF_2 基末端アクリレートを混合して離型促進成分として低粘性の光硬化液体に添加すると，単独の添加に比べかなり低いフルオロ基含有量で poly(ethylene terephthalate)並みの低い表面自由エネルギーを示す硬化樹脂膜が形成され，清浄な表面からなるシリカモールドで成形できる[17)](**図 3**)。一方，プリベークを要する溶剤で希釈した高粘性の光硬化性液体では，プリベークの際，気液界面に偏在している界面活性分子の揮発により，離型促進効果が激減する。揮発性が僅少の高分子成分の添加により離型エネルギーを低下させることができる[18)]。

基板をリソグラフィするためにモールド凹部の深さと同等の薄いスピン塗布膜を成形しようとすると，モールド凹部に存在した気泡が基板とモールドの間に捕捉され，光硬化性液体がモールドの微細パターン等に充填されていない，不充填欠陥(non-fill defect)が頻繁に起こる。この問題は，成形時に捕捉された気体の圧力上昇により容易に液体に凝縮する易凝縮性ガス雰囲気下で成形することで解決される[19)]。代替フロン HFC-245fa と呼ばれる 1,1,1,3,3-pentafluoropropane(PFP)は，1.5 気圧で気体から液体に凝縮する。成形雰囲気が，大気，ヘリウム，PFP の順に，光硬化性液体の充填時間が短くなることが示されている[20)]。300 μm 角のモールド凹部への充填が，大気下では 10 秒以上経過しても完了しないのに対し，PFP 下では，0.6 秒程度になり，フループットに直結する高速充填に役立つ。20 nm サイズのモールド凹部への充填時間は，μs オーダーであることがシミュレーションにより見積もられている[21)]。

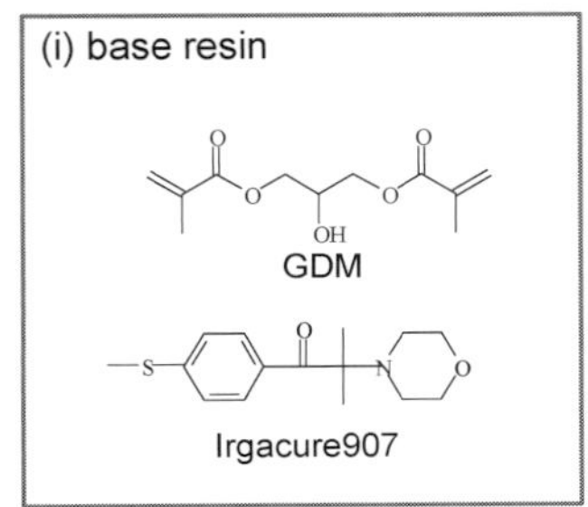

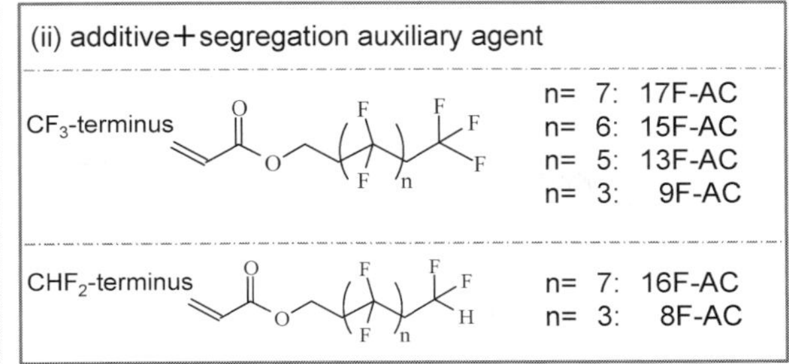

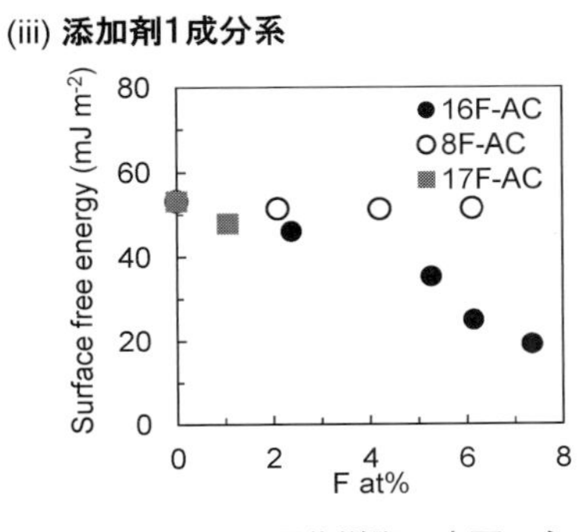

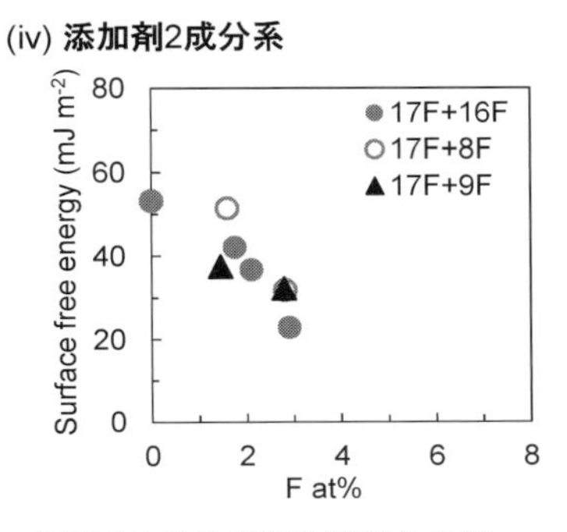

図3　硬化樹脂の表面エネルギーを低下させる光硬化性液体の例
(i)ベースとなるモノマーと光重合開始剤の化学構造，(ii)フルオロアルキル基含有アクリレートの添加剤の化学構造，(iii)各種添加剤を1成分のみ加えた硬化樹脂薄膜の表面自由エネルギーと硬化樹脂内のフッ素原子の含有量との関係，(iv)添加剤2成分を同時に添加した場合の硬化薄膜の表面自由エネルギーと硬化樹脂に含まれるフッ素原子の量との関係

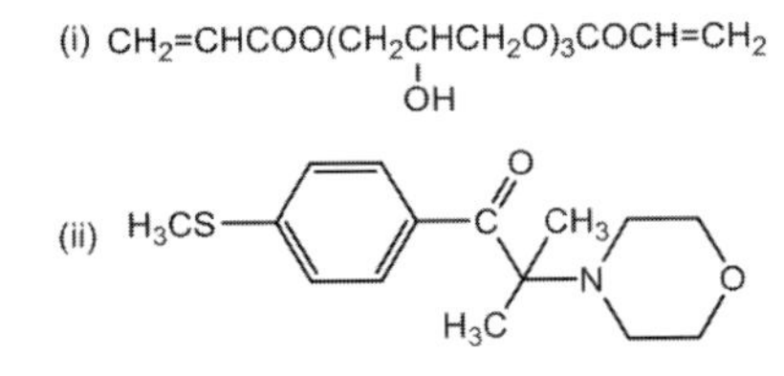

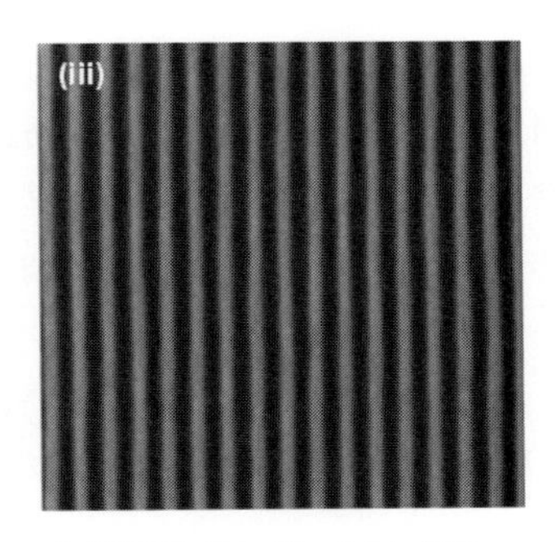

図4　(i)PFPガスの吸収量が僅少なモノマーの化学構造式の例，(ii)成形に利用した光重合開始剤の化学構造式，(iii)22 nm line-and-spaceで成形した硬化樹脂の走査型電子顕微鏡像

モールドにあるパターン密度の粗密に応じて残膜の厚さを均一化する方法として，モールドの凹部の深さを2段階にした容積均一化モールドが提案されている[22]。スピン塗布の液膜をPFP雰囲気下で成形[23]することで，離型力の低下[24]，光硬化性液体の粘度の低下[25]，充填時間の短縮化[26]，モールドの汚染防止効果[27]の利点が見出されている。一方で，硬化収縮の増大[28]，硬化樹脂のパターン形状への影響[29][30]の副作用もある。気体のPFPが特定範囲の溶解度パラメータを示すモノマー等に吸収されること[31]が示され，PFP吸収量が僅少なモノマーを使用することで硬化樹脂パターンの形状特性を大幅に改善できる[32](**図4**)。エッチング耐性

の高い，高粘度の光硬化性液体を扱うことができるため，メタル等のハードマスクなしで直接シリコンをドライエッチングにより加工できる光硬化性液体も開発されている[33)34)]。2016年にモントリオール議定書により，先進国では代替フロンも2020年までに全廃することが決まった。代替フロンであるPFP(HFC-245fa)に替わる*trans*-1,3,3,3-tetrafluoropropene(TFT)を利用する成形プロセスが開発され，形状特性に優れた硬化樹脂の成形も実証されている[35)]。

2.3　孔版印刷塗布プロセスに適する光硬化性液体

低粘度の光硬化性液体を扱えるインクジェットに対して，1,000～500,00 mPa sの高粘度の液体を液滴配置できる孔版印刷法(スクリーン印刷法)が提案されている[36)37)](**図5**)。汎用のスクリーン印刷では，ステンレスメッシュの支持体にネガ型等の感光性フォトポリマーを成膜してマスク露光によりペーストを塗布するための貫通孔を形成する。フォトポリマーの貫通孔の真下にステンレスのワイヤが存在すると，吐出できない部分が生まれ，基板上の任意の位置に光硬化性液体の液滴を配置するには難があった[36)]。近年のレーザー加工の進歩と相まって，ポリイミドなどのエンジニアリングプラスチックの自己支持膜への貫通孔の形成が可能となり，数μmからのレーザー穴あけ加工が行える[38)]。孔径10μmのポリイミド孔版から，1滴の光硬化性液体の液滴の体積が0.1 pL程度で基板上に配置することが示されている[37)](**図6**)。孔径10μm，ピッチ30μmの正方格子の液滴配置においても，スピン塗布に比べて，残膜厚均一化を改善することが示されている[36)]。スピン塗布の液膜では，モールド凹部の充填で過剰となった光硬化性液体の体積分が，基板とモールドのナノギャップで流動できなくなる。一方で，液滴配置では，モールドと基板間に空隙があり，過剰な体積分の光硬化性液体が容易に長距離で移動できるため，残膜厚の均一化がもたらされるのであろう。

成形雰囲気ガスの気泡のかみ込みを防止するために，易凝縮性ガスや液体中の拡散係数が大きいヘリウム雰囲気下での光ナノインプリント成形の検証が進められている。扱える粘度範囲が広いため，各種ドライエッチングに耐性を示すレジスト材料を光硬化性液体のフォーミュ

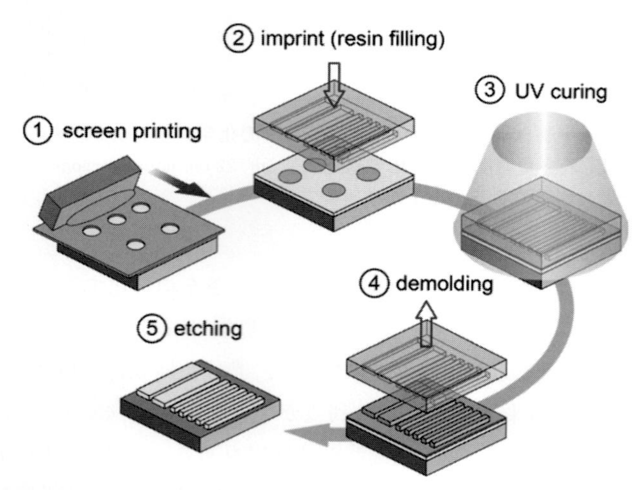

図5　孔版印刷とナノインプリントリソグラフィを組合せた
Print and Imprint 法の概念図

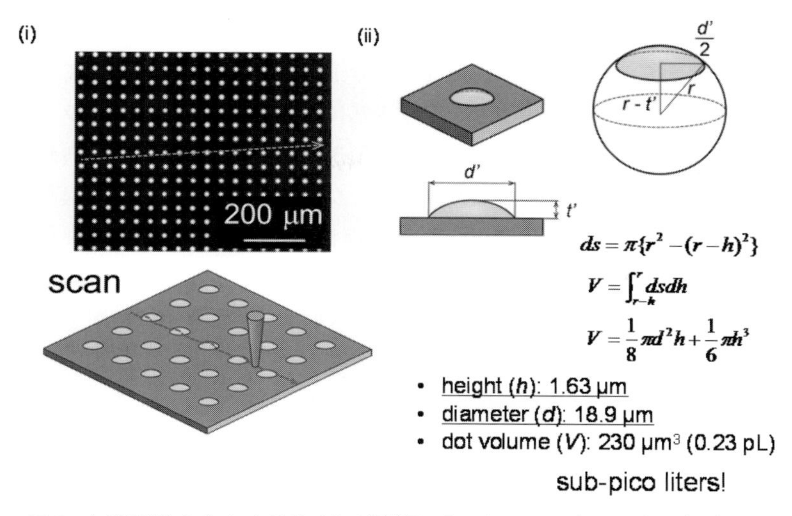

図６　(i)貫通孔を有するポリイミド孔版によりシリコンウエハ上に印刷配置された光硬化性蛍光液体の蛍光顕微鏡写真（上）と光照射により硬化させた液滴の高さを触針式表面粗さ計で計測する様子を表した図，(ii)基板上の球欠の体積を求める式

レーションで調節しやすい利点がある。また，高粘性の光硬化性液体に含まれるモノマーは，一般に蒸気圧が僅少なので，0.1 pL の微小な液滴配置を基板上に行っても３時間以上，液滴形状に変化がなく，ウエハサイズだけでなく，大型ディスプレイでの塗布工程にも有利となるであろう。スピン塗布に比べて，希釈剤を使用しないで塗布できるので工程における揮発性有機物の管理にも利点がある。

3　その他の機能性材料

3. 1　離型層形成物質

電子線リソグラフィで作製するモールドのコストは，半導体プロセスだけでなく，他の製造プロセスでも，製品価格に直結するので，１枚の原版のモールドから最低 10,000 shots の成形ができることが望ましい。原版モールドが例えば 1,000 万円であるとすると，1 shot 当たりのモールドコストは，1,000 円であり，半導体応用には高価であり，採用することは難しいであろう。原版モールドから光ナノインプリントリソグラフィで，子供にあたる子モールドを 10,000 個作製して，さらに，１つの子モールドから孫にあたるレジストパターンを 10,000 個作製できれば，１つのパターンに対するモールドコストは 0.1 円となる。ナノインプリント技術では，モールドのパターンサイズとレジストとなる硬化樹脂パターンのサイズが等倍であるために，モールドの作製コストが非常に大きい。それ故，繰返し成形が可能な限り続く，光硬化性液体の開発だけでなく，モールドの離型を促進する離型層形成物質の研究開発も重要である。

硬化樹脂とシリカモールドとの間の界面付着に関する研究が広く行われ，モールドのシリカ表面への化学気相表面修飾による自己組織化単分子膜の形成とその効果が研究されてきた[39)-41)]。モールドの表面エネルギーを低下させて，硬化樹脂との付着力を減少させるために，フルオロアルキル基から構成させる自己組織化単分子膜(FSAM)が使用されてきた。反応性のクロロシリル基が水と反応してヒドロキシシリル基になり，シリカ表面のシラノール基と縮合して，強固な共有結合を介して自己組織化単分子膜が形成されていると考えられている。

筆者らも，反応性基がトリメトキシシリル基で，フルオロアルキル鎖長が異なるシランカップリング剤を用いて，シリカ表面に化学気相表面修飾を施し，市販の光硬化性液体(Toyo Gosei, PAK-01)の硬化樹脂からの剥離試験を行った[23)42)]。その結果，tridecafluoro-1,1,2,2-tetrahydrooctyltrimethoxysilane(FAS13)が分子レベルで平滑な離型分子層を形成でき，離型力の繰返し特性に優れることを示した。一方で，パーフルオロオクタン酸(PFOA；C7F15COOH)や PFOA の前駆体や類縁物質が，人工化学物質で，生体蓄積性の高い物質であることから，スチュワードシップ・プログラムの自主規制により 2015 年末には全廃することが決まっており，長鎖のフルオロアルキル基の使用に制限がある。代替物質として，sp^3 軌道からなる炭素を多く含む非晶質カーボンや水素化非晶質カーボンなどの，diamond-like carbon(DLC)も機械的強度，低摩擦力，高透明性，化学的安定性から研究されている[43)-45)]。数 nm の均一な成膜がシリカモールド表面に行えるかが鍵となるであろう。現状，離型分子層が分子レベルで欠陥なく均一に凹凸のあるシリカモールド表面に形成されているか，モールド全面の広範囲にわたり確認する検査法が皆無であることから，光硬化性液体の中に，離型促進成分として添加剤分子を加え，繰返し離型性に富む光硬化液体の開発の方が主流になるのではないかと筆者は考える。また，硬化樹脂の成形後に残存する有機物成分や，モールドに付着した硬化樹脂の一部を取り除き，シリカモールドの再生を容易にする，溶剤可溶型の光硬化性液体の開発も進められている[46)47)]。

3. 2　Reverse-tone プロセス用平坦化材料

電子線リソグラフィによるシリカモールドの作製を考えた場合，ドライエッチングで掘り凹形状にする領域の面積は，レジストマスクで保護されて加工されない領域の面積に対して小さいことが多い。故に，電子線描画時間の短縮のためにポジ型電子線レジスト[48)49)]が好まれる。平坦なシリカ表面に凹状パターンが刻まれた原版モールドから成形された硬化樹脂は凸形状で，これをレジストマスクに使えば，子モールドは反転した凸形状になる。凸形状のモールドでの成形は，ピラー構造等の成形時の破損が起こりやすく，欠陥マネジメントにかなりの労力が必要となる。また，元の凹形状を作製するには二度の光ナノインプリントリソグラフィ工程が必要になる。

一方で，凹状の原版モールドから一度で同じ凹状の子モールドを複製できるのが，reverse-tone プロセスである。基板上に光硬化性液体により第 1 層目を成形して，エッチング耐性の高いレジスト層を塗布して平坦化した第 2 層目を形成させる。第 1 層目より第 2 層目に酸素反応性イオンエッチングに対するレジスト耐性を十分にもたせることで，第 1 層目を優先的にドライエッチングにより除去する。フルオロ基含有ガスでの反応性イオンエッチングにより残存する第 2 層目をレジストマスクとして利用するため，原版と同じ凹形状の子モールドが作製できる。第 1 層目の光硬化性液体に酸素エッチング耐性を持たせるためのシリコン含有モノマーを使用しなくてよく，乾式の活性酸素種による光酸素酸化や，湿式の酸化力のある強酸洗浄によるモールドの再生が容易になることも利点である。第1層目を直接レジストマスクに用いるプロセスでは，残膜除去のbreak-throughエッチング等の際に，エッチングが等方的に進行することに由来するレジストパターンが三角形状になることも回避できる。スピン塗布で第2層目を成膜する場合，パターンの粗密に依存しない塗膜の平坦性，酸素やフルオロ基含有ガスの反応性イオンエッチングに十分に耐えるレジスト材料が必要になる。15 mPa sの低粘度，5.1%の小さな硬化収縮率，ポリジメチルシロキサン骨格を含むエッチング耐性に優れたレジスト材料が提案されている[50)]。第1層目のパターンサイズが小さくなるにつれて，第2層目をスピン塗布して硬化させたときに，平坦性が保てない場合がある。第1層目が離型性に富むため，第2層目が硬化した時に空隙ができたりすることがある。また，硬化収縮により，第1層の凹部に充填した第2層目が凹むこともある。筆者らは，第2層目の平坦化に平滑なシリカモールドで成形することを提案している。酸素反応性イオンエッチングに対して選択比5を示す，シリコンフリーな光硬化性液体で，reverse-toneプロセスを検証することができた[51)]。更なるreverse-tone用レジスト材料の開発が必要である。

4　シングルナノ成形に向けた光硬化性液体

Sub-20 nmの基礎研究や量産化研究が進行する中，2020年に向けて，sub-11 nmのパターニングの実証研究も進められている。ヘリウムイオンビーム照射による有機無機ハイブリッド材料のモールド作製や，原子層堆積法によりアルミナを堆積させて線幅を狭くしたモールドの作製が行われ，光硬化性液体の成形などが実証されている[52)-54)]。筆者らは，陽極酸化アルミナの多孔質膜に炭素被覆して，平均孔径20 nm程度の細孔を作製し，光硬化性液体の成形を検討した。モノマーの化学構造に依存した充填挙動が観察され，20 nm近傍ではモールド界面に支配されるモノマーの充填挙動が存在することが示唆された[55)]。0.1 nmの分解能で位置を制御できる共振ずり測定や表面力測定により，ナノギャップでのモノマーの構造化がシリカ表面でもおこることがわかってきた[56)]。光硬化性液体の充填だけでなく，アライメント時の応力発生などにも影響を及ぼしそうである。また，モノマーが構造化された領域と，バルク粘度と同程度の領域が共存すれば，光重合による硬化樹脂の物性も大きく異なることが予想され，引き剥がれ欠陥の抑制に関する研究にも役立ちそうである。

今後，表面力測定[57)]や共振ずり測定[58)]に基づく，光硬化性液体の組成[59)60)]に関する研究が重要になるであろう。筆者らは，最近，電子線ポジ型レジストをマスクにして，ハードマスクのクロム層をアルゴンイオンミリングでbreak-throughエッチングして，フルオロ基含有ガスで反応性イオンエッチングを施すことで，直径7 nm，深さ20 nmのシリカモールドの作製に成功した[61)]。光硬化性液体の光ナノインプリント成形にも成功している[62)]。

文　献

1) B. D. Gates, Q. Xu, M. Stewart, D. Ryan, C. G. Willson and G. M. Whitesides：*Chem. Rev.*, **105**, 1171(2005).

2) 松井真二，平井義彦：ナノインプリント技術，電子情報通信学会編，コロナ社(2014).

3) C. G. Willson and M. E. Colburn：US Patent, US6334960 B1.

4) M. Colburn, S. Johnson, M. Stewart, S. Damle, T. C. Bailey, B. Choi, M. Wedlake, T. Michaelson, S. V. Sreenivasan, J. Ekerdt and C. G. Willson：*Proc. SPIE-Int. Soc. Opt. Eng.*, **3676**, 379(1999).

5) G. M. Schmid, C. Brooks, Z. Ye, S. Johnson, D. LaBrake, S. V. Sreenivasan and D. J. Resnick：Proc. SPIE 7488, Photomask Technology, 748820(2009).

6) T. Higashiki：SPIE Newsroom, 2016 ;doi: 10.1117/2.1201603.006371.

7) T. Takashima, Y. Takabayashi, N. Nishimura, K. Emoto, T. Matsumoto, T. Hayashi, A. Kimura, J. Choi and P. Schumaker：Proc. SPIE 9777, Alternative Lithographic Technologies VIII, 977706 ;doi: 10.1117/12.2219001.

8) M. Colburn, I. Suez, B. J. Choi, M. Meissl, T. Bailey, S. V. Sreenivasan, J. G. Ekerdt and C. G. Willson：*J. Vac. Sci. Technol. B*, **19**, 2685(2001).

9) S. Johnson, R. Burns, E. K. Kim, M. Dickey, G. Schmid, J. Meiring, S. Burns, C. G. Willson, D. Convey, Y. Wei, P. Fejes, K. Gehoski, D. Mancini, K. Nordquist, W. J. Dauksher and D. J. Resnick：*J. Vac. Sci. Technol. B*, **23**, 2553(2005).

10) S. Johnson, R. Burns, E. K. Kim, G. Schmid, M. Dicky, J. Meiring, S. Burns, N. Stacey, C. G. Wilson, D. Convey, Y. Wei, P. Fejes, K. Gehoski, D. Mancini, K. Nordquist, W. J. Dauksher and D. J. Resnick：*J. Photopolym. Sci. Technol.* **17**, 417(2004).

11) E. A. Costner, M. W. Lin, W.-L. Jen and C. G. Willson：*Ann. Rev. Mater. Res.*, **39**, 155(2009).

12) K. Wu , X. Wang , E. K. Kim, C. G. Willson and J. G. Ekerdt：*Langmuir*, **23**, 1166(2007).

13) M. Bender, M. Otto, B. Hadam and B. Spangenberg：*Microelectron. Eng.*, **61**, 407(2002).

14) Z. Su, T. J. McCarthy, S. L. Hsu, H. D. Stidham, Z. Fan and D. Wu：*Polymer*, **39**, 4655(1998).

15) M. Nakagawa, A. Endo and Y. Tsukidate：*J. Vac. Sci. Technol. B*, **30**, 06FB10(2012).

16) S. Ito, C. M. Yun, K. Kobayashi and M. Nakagawa：*Chem. Lett.*, **41**, 1294(2012).

17) S. Ito, C. M. Yun, K. Kobayashi and M. Nakagawa：*J. Vac. Sci. Technol. B*, **30**, 06FB05(2012).

18) S. Ito, S. Kaneko, C. M. Yun, K. Kobayashi and M. Nakagawa：*Langmuir*, **30**, 7127(2014).

19) H. Hiroshima and M. Komuro：*Jpn. J. Appl. Phys.*, **46**, 6391(2007).

20) S.-W. Youn, K. Suzuki, Q. Wang and H. Hiroshima：*Jpn, J. Appl. Phys.*, **52**, 06GJ07(2013).

21) Y. Nagaoka, R. Suzuki, H. Hiroshima, N. Nishikura, H Kawata, N. Yamazaki, T. Iwasaki and Y. Hirai：*Jpn. J. Appl. Phys.*, **51**, 06FJ07(2012).

22) H. Hiroshima：*Jpn. J. Appl. Phys.*, **47**, 8098(2008).

23) S. Matsui, H. Hiroshima, Y. Hirai and M. Nakagawa：*Microelectron. Eng.*, **133**, 134(2015).

24) H. Hiroshima：*J. Vac. Sci. Technol. B*, **27**, 2862(2009).

25) H. Hiroshima, H. Atobe and Q. Wang：*J. Photopolym. Sci. Technol.*, **23**, 45(2010).

26) H. Hiroshima：*Jpn. J. Appl. Phys.*, **47**, 5151(2008).

27) K. Kobayashi, S. Kubo, H. Hiroshima, S. Matsui and M. Nakagawa：*Jpn. J. Appl. Phys.*, **50**, 06GK02(2010).

28) Q. Wang and H. Hiroshima：*Jpn. J. Appl. Phys.*, **49**, 06GL04(2010).

29) H. Hiroshima and K. Suzuki：*Jpn. J. Appl. Phys.*, **50**, 5(2011).

30) H. Hiroshima, Q. Wang and S. W. Youn：*J. Vac. Sci. Technol. B*, **28**, C6M12(2010).

31) S. Kaneko, K. Kobayashi, Y. Tsukidate, H. Hiroshima, S. Matsui and M. Nakagawa：*Jpn. J. Appl. Phys.*, **51**, 06FJ05(2012).

32) M. Nakagawa, S. Kaneko and S. Ito：*Bull. Chem. Soc. Jpn.*, **89**, 786(2016).
33) M. Nakagawa, K. Kobayashi, A. Hattori, S. Ito, N. Hiroshiba, S. Kubo and H. Tanaka：*Langmuir*, **31**, 4188 (2015).
34) T. Uehara, S. Kubo, N. Hiroshiba and M. Nakagawa：*J. Photopolym. Sci. Technol.*, **29**, 201(2016).
35) K. Suzuki, S.-W. Youn and H. Hiroshima：*Appl. Phys. Lett.*, **109**, 143102(2016).
36) A. Tanabe, T. Uehara, K. Nagase, H. Ikedo, N. Hiroshiba, T. Nakamura and M. Nakagawa：*Jpn. J. Appl. Phys.*, **55**, 06GM01(2016).
37) T. Uehara, A. Onuma, A. Tanabe, K. Nagase, H. Ikedo, N. Hiroshiba, T. Nakamura and M. Nakagawa：*J. Vac. Sci. Technol. B.*, **34**, 06K404(2016).
38) 田辺明，大町弘毅，中村貴宏，佐藤俊一，中川勝：第63回　応用物理学会春季学術講演会，19p-S224-15 (2016).
39) T. Bailey, B. J. Choi, M. Colburn, M. Meissl, S. Shaya, J. G. Ekerdt, S. V. Sreenivasan and C. G. Willson：*J. Vac. Sci. Technol. B*, **18**, 3572(2000).
40) G.-Y. Jung, Z. Li, W. Wu, Y. Chen, D. L. Olynick, S.-Y. Wang, W. M. Tong and R. S. Williams：*Langmuir*, **21**, 1158(2005).
41) H. Schift, S. Saxer, S. Park1, C. Padeste, U. Pieles and J. Gobrecht：*Nanotechnology*, **16**, 171(2005).
42) A. Kono, N. Sakai, S. Matsui and M. Nakagawa：*Jpn. J. Appl. Phys.*, **49**, 06GL12(2010).
43) E.-S. Lee, J.-H. Jeong, K.-D. Kim, Y.-S. Sim, D.-G. Choi, J. Choi, S.-H. Park, T.-W. Lim, D.-Y. Yang, N.-G. Cha, J.-G. Park and W.-R. Lee：*J. Nanosci. Nanotechnol.*, **6**, 3619(2006).
44) S. Meskinis, V. Kopustinskas, K. Slapikas, S. Tamulevicius, A. Guobiene, R. Gudaitis and V. Grigaliunas：*Thin Solid Films*, **515**, 636(2006).
45) L. Tao, S. Ramachandran, C. T. Nelson, M. Lin, L. J. Overzet, M. Goeckner, G. Lee, C. G. Willson, W. Wu and W. Hu：*Nanotechnology*, **19**, 105302(2008).
46) F. Palmieri, J. Adams, B. Long, W. Heath, P. Tsiartas and C. G. Willson：*ACS Nano*, **1**, 307(2007).
47) W. H. Heath, F. Palmieri, J. R. Adams, B. K. Long, J. Chute, T. W. Holcombe, S. Zieren, M. J. Truitt, J. L. White and C. G. Willson：*Macromolecules*, **41**, 719(2008).
48) D. J. Resnick：Imprint Lithography, Microlithogaphy Science and Technology, ed. B. W. Smith and K. Suzuki：2007, 465-499(2007).
49) G. M. Schmid, E. Thompson, N. Stacey, D. J. Resnick, D. L. Olynick and E. H. Anderson：Proc. SPIE, 6517, 651717(2007).
50) J. Hao, M. W. Lin, F. Palmieri Y. Nishimura, H.-L. Chao, M. D. Stewart, A. Collins, K. Jen and C. G. Willson：Proc. SPIE, 6517, 651729(2007).
51) T. Uehara, S. Kubo and M. Nakagawa：*Jpn. J. Appl. Phys.*, **54**, 06FM02(2015).
52) W.-D. Li, W. Wu and R. S. Williams：*J. Vac. Sci. Technolo. B*, **30**, 06F304(2012).
53) C. Peroz, S. Dhuey, M. Cornet, M. Vogler, D. Olynick and S. Cabrini：*Nanotechnology*, **23**, 015305(2012).
54) S. Dhuey, C. Peroz, D. Olynick, G. Calafiore and S. Cabrini：*Nanotechnology*, **24**, 105303(2013).
55) M. Nakagawa, A. Nakaya, Y. Hoshikawa, N. Hiroshiba and T. Kyotani：*ACS Appl. Mater. Interfaces*, **8**, 30628(2016).
56) 伊東駿也，川崎健司，粕谷素洋，鷲谷隆太，島崎譲，栗原和枝，宮内昭浩，中川勝：第64回高分子討論会，3O01(2015).
57) J. N. Israelachvili：Intermolecular and Surface Forces, Academic Press；3 edition.
58) M. Mizukami and K. Kurihara：*Rev. Sci. Instrum.*, **79**, 113705(2008).
59) Y. Shimazaki, S. Oinaka, S. Moriko, K. Kawasaki, S. Ishii, M. Ogino, T. Kubota and A. Miyauchi：*ACS*

Appl. Mater. Interfaces, **5**, 7661(2013).

60) S. Ito, M. Kasuya, K. Kurihara and M. Nakagawa：*ACS Appl. Matar. laterfaces, accepted*(2017).

61) S. Ito, E. Kikuchi, M. Watanabe, Y. Sugiyama, Y. Kanamori and M. Nakagawa：*Jpn. J. Appl. Phys. in revision.*

62) 伊東駿也，中川勝：第64回応用物理学会春季講演会，15p-512-2(2017).

第6節　ナノインプリントリソグラフィシミュレーション技術

東芝メモリ株式会社　小林　幸子

1　はじめに

ナノインプリントリソグラフィ(NIL, NanoImprint Lithography)は接触転写プロセスである。光リソグラフィにおいては，パターンの転写は電磁波エネルギーの伝播と，それを受けたレジスト樹脂(以下，樹脂と記す)中の化学反応により行われる。これに対し，NIL ではテンプレート上に刻まれたパターンを機械的に樹脂へ写し取る。このため，にじみがすくなく明瞭なパターン形成が可能となる。半面，接触プロセス特有の課題として，テンプレート押印時のウェーハとの接触状態のばらつき，パターン転写の媒体となる樹脂の流動と充填の均一性，微細なパターンを写し取る際のテンプレートとパターン間の応力の影響を受ける。このため，これらを考慮したプロセスの構築が必須となる。これらの課題に対して，シミュレーション技術の果たす役割は大きい。

図1に，NIL プロセス段階と，段階ごとに解析に用いられるモデルを示す。解析には構造力学公式[1)]を用いる他，CAE(Computer Aided Engineering)ソフトウェアの利用が可能である。これらの解析を NIL に適用する際の課題として，巨視的な領域での物性をそのままナノスケール領域での物性に適用できない場合があること，ナノスケール領域での物性測定が困難

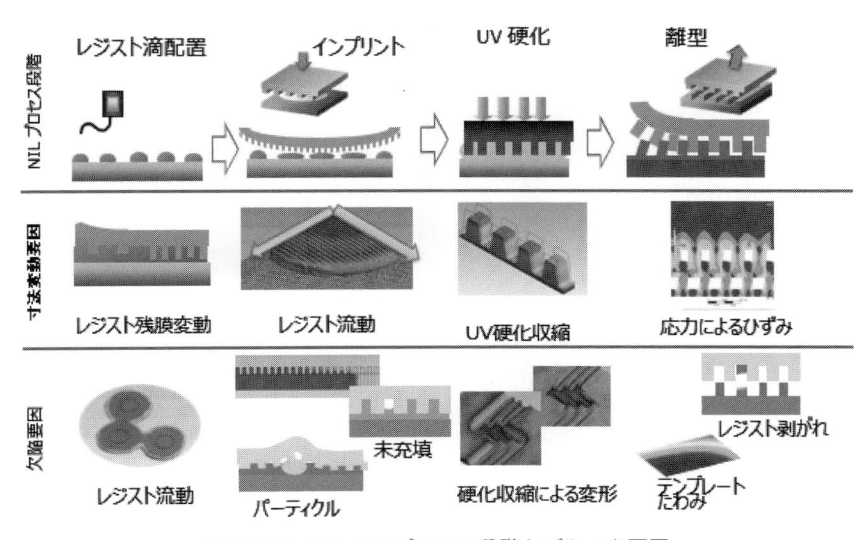

図1　NIL におけるプロセス段階とばらつき要因

であることなどが挙げられる。本稿では主に樹脂流動解析，離型解析の領域のシミュレーション技術と製造性を考慮した設計について述べる。

2　樹脂流動シミュレーション

2. 1　NIL における樹脂流動シミュレーション概要

NIL の押印プロセスにおける樹脂の挙動を表すおおよその大きさと，考慮すべきモデルを**図 2** に記した。基板上に滴下された樹脂滴は，100 ミクロン程度の大きさに広がり，テンプレート押印時に広がりながらテンプレート上のパターン凹凸を充填してゆく。微細パターンを形成する場合，テンプレート＝基板の間隔は数十～十数 nm 程度となる。さらにアライメント動作を行うときには樹脂の膜厚が 20 nm よりも小さい領域となる場合があり，テンプレートからせん断方向の力を受ける際にはナノスケールの物性を考慮する必要がある。さらに微細なパターン形成や，薄い膜厚を用いるプロセスにおいては，樹脂分子の振る舞いを予測するために，ナノスケールに対応した物性の測定と，それに基づいた分子動力学的手法が必要となっていくと考える。このような微細な現象の解析には膨大な計算量が必要となり，モデル作成における種々の工夫が求められる。

2. 2　押印時における樹脂流動解析

押印時の樹脂流動の挙動をさらに詳しく見てゆく。インクジェットノズルから滴下された樹脂は，基板上にぬれ広がり，その上からパターンを掘り込んだ石英などのテンプレートを押印する。樹脂滴はさらに濡れ広がり，融合しながらテンプレートのパターン凹凸をみたす。均一なパターン寸法を得るためには，樹脂膜厚を均一に，泡のこりや押印面からのモレがなく，パターン面を充分に均一に満たすことが必要である[2]。このとき，樹脂の濡れ広がり挙動は，テ

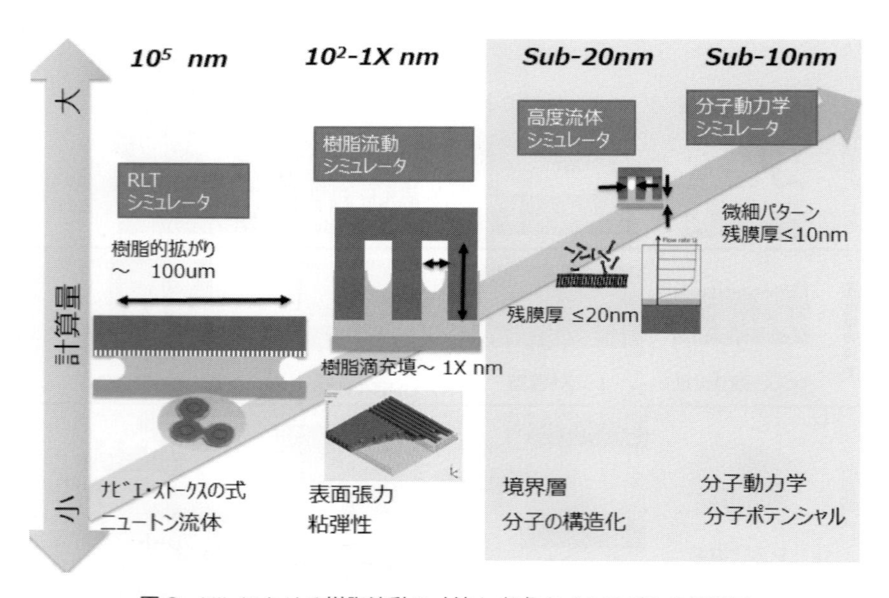

図 2　NIL における樹脂流動の寸法と考慮すべきモデルの概要図

ンプレート上に刻まれたパターン形状と押印条件に強く依存する。

パターン形状依存性を示す一例として，パターンのない平坦なテンプレート(ブランクテンプレート)を用いて押印した場合と，パターンつきのテンプレートで押印した場合との樹脂滴の挙動を，市販シミュレータ(CYBERNET 社　射出成形 CAE システム PlanetsX)を用いて比較する。ブランクテンプレートを用いて押印した場合(**図3**)には，樹脂滴はテンプレートと基板の間で等方的に広がり，隣接する樹脂と融合しながらさらに広がってゆく。これに対し，ライン・アンド・スペース形状のパターンつきテンプレートを用いた場合(**図4**)，ラインの方向に沿っての進展は，ラインと垂直方向への進展と比較して促進される。これは，テンプレートと樹脂間の表面張力，摩擦，またテンプレート上の凹凸に沿った進展距離の違いの効果によると推測される。シミュレータを用いて樹脂の挙動の予測をする場合，これらの物性を高精度に測定し，モデルに取り込むことが望ましい。実機にてパターンつきテンプレートを用いて樹脂滴の流動挙動を観測した例を**図5**に示す。本例においては，28 ナノメートルのライン・アンド・スペース状のパターンを風車状に配置したテンプレートを作成し，風車の中央部と周辺部に相当する領域にウェーハ基板上に樹脂を配置し，押印開始後1秒，4秒，10秒後にUV

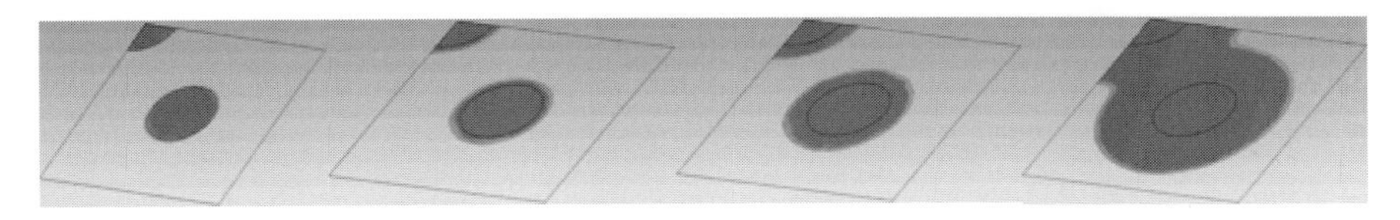

図3　ブランクテンプレートを用いた押印における樹脂流動シミュレーション例

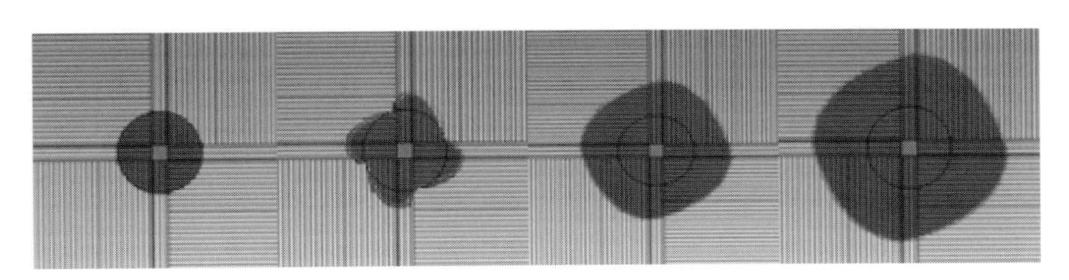

図4　ライン・アンド・スペース状パターンつきテンプレートを用いた押印における樹脂流動シミュレーション例

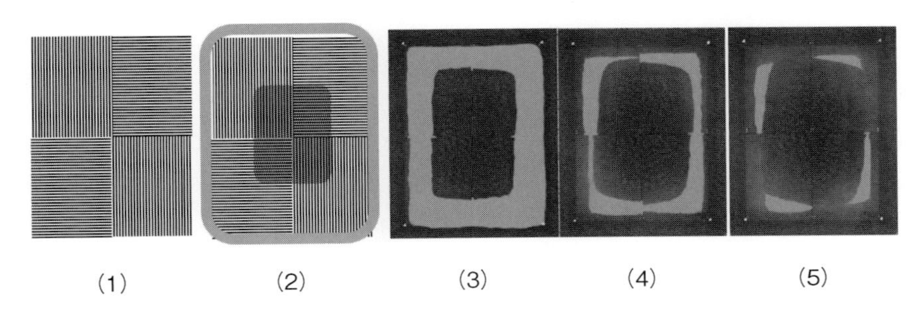

図5　ライン・アンド・スペース状パターンつきテンプレートを用いた押印におけるレジスト挙動
(1)テンプレート上に刻んだパターン　(2)樹脂滴の配置領域(灰色の部分)
(3)押印開始1秒後　(4)4秒後　(5)10秒後

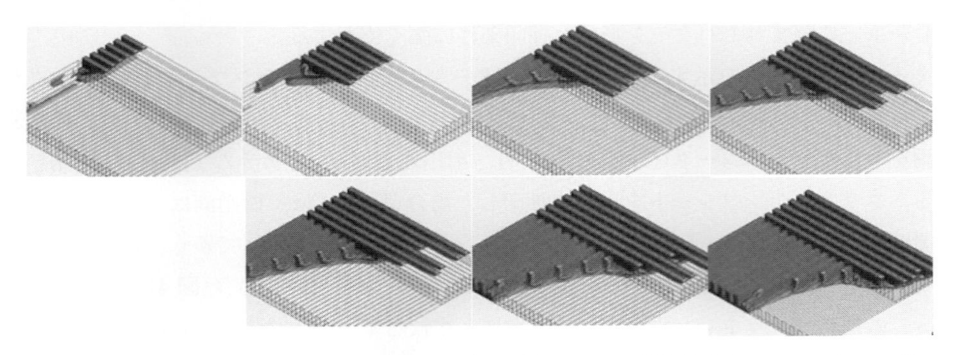

図６　テンプレート上にてラインが直交する箇所付近における樹脂流動シミュレーション例

(UltraViolet：紫外線)照射し硬化させた後，離型後に光学顕微鏡を用いて観測した。その結果，樹脂はテンプレート上のパターンに沿って広がり，シミュレーションにて示したものと同様の形状を示している。テンプレート上のパターンにおいて，ラインの方向が直交する箇所付近の樹脂の挙動を拡大した図を**図６**に示す。ラインに沿った方向に先行して樹脂が進展してゆく様子が示されている。

テンプレート上の種々のパターンの形状と，樹脂滴の広がりの異方性については，文献3)にいくつかの例が示されている。本文献例では，ブランクテンプレートやピラー状ダミーフィルパターン形成においては押印時に樹脂滴は等方的に広がり，分割ラインやライン・アンド・スペース状パターン形成においてはパターン方向に沿った広がりを示す。レイアウト毎の樹脂滴の配置設計においては，このような樹脂流動のパターン形状・方向依存性を予測し，注意深く考慮する必要がある。実機においては，樹脂の流動挙動は，パターンの形状や方向のみならず，樹脂材料物性，テンプレートの断面形状，基板の表面状態，残膜厚さ(RLT：Residual Layer Thickness)，また押印条件に大きく依存する。このため，材料，押印プロセス条件やテンプレート毎に樹脂の流動挙動を求め，樹脂滴の配置設計に反映させる作業が必要となる。樹脂流動シミュレーションはこの作業の負担を軽減させるために有効な手段となる。

上記のような樹脂流動の解析に関しては，市販の樹脂流動シミュレータやオープンソースのプログラムを用いることができる。さらに，近年では押印プロセスにおける残膜厚の推移の予測や，樹脂の充填の過不足を予測するNILプロセス専用のシミュレータが提案されている。短時間に均一な残膜厚を生成するための樹脂滴配置を求める用途への利用が期待される[4)-6)]。

2.3　薄膜化された樹脂の挙動

ナノインプリントリソグラフィで形成するパターンの微細化が進むにつれて，押印プロセスにおけるテンプレート＝基板間の樹脂の厚さのターゲットが，数十ナノメートル以下の薄膜状となる場合が増えることが予想される。押印と同時に行うアライメント動作において，薄膜化された樹脂に対してせん断方向の力を負荷することとなり，せん断応力の変動が課題となる。ここで，テンプレート＝ウェーハ間の樹脂膜の厚さを30ナノメートルから5ナノメートルまで変化させた条件下において，アライメントせん断応力を測定した例を**図７**に示す。本例では，残膜が30ナノメートル以下となる領域ではせん断力が徐々に増大し，特に十数ナノメー

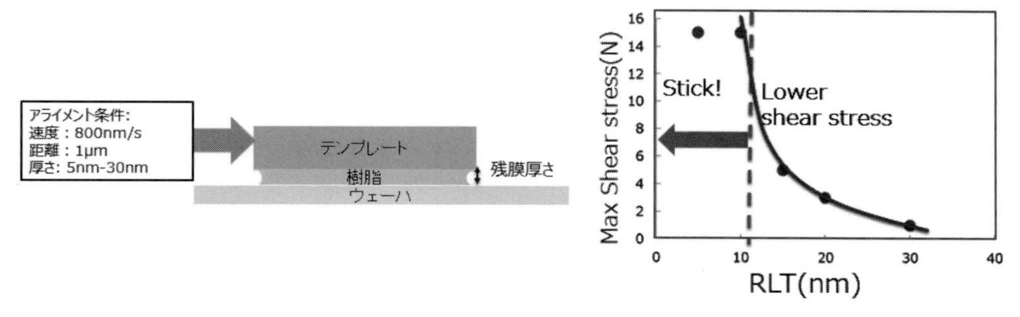

図7　テンプレート＝ウェーハ間樹脂膜厚さとせん断力

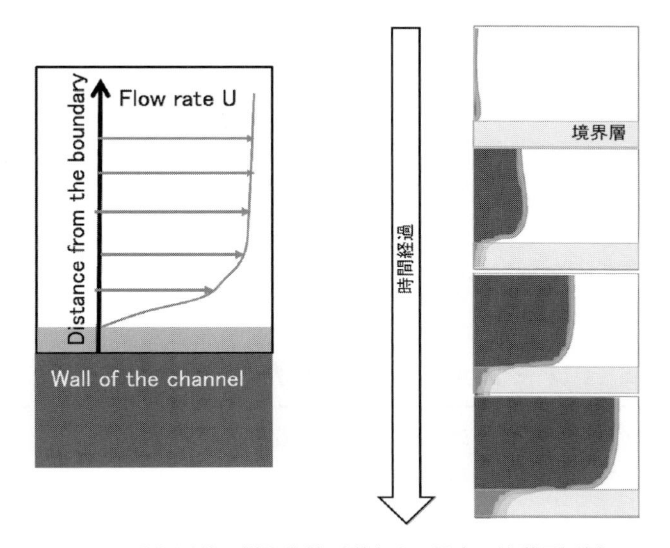

図8　基板近傍で樹脂粘性が増大する場合の流動予測例

トル以下では増大が著しいとの結果が得られた[7]。

薄膜化された樹脂は，バルク状態とは異なる挙動を示す状況があることが知られている。その原因としては，樹脂の基板近傍の部分において，境界層に相当する領域が相対的に増大する(**図8**)，基板と樹脂分子の相互作用が無視できなくなる，などのモデルが提案されている。今後，テンプレート＝基板間の閉じ込め空間における樹脂の挙動をモデル化し，計算機シミュレーションへの展開を図り，また材料設計や装置仕様への指針策定に活用してゆくためには，ナノスケールに対応した高精度な物性測定手法が必要となる。薄膜化された樹脂の物性を測定するための手法として，従来，表面力測定や原子間力顕微鏡(AFM：Atomic Force Microscopy)によるものが利用されてきた。これらに加えて，近年，トライボロジーの観点からいくつかの新規手法が提案されている。そのひとつに東北大学のグループによる共鳴ずり測定[8)9)]があり，これを用いて基板表面における樹脂の束縛挙動を示唆する結果が得られている[10]。また名古屋大学のグループによる光ファイバープローブを用いた高感度摩擦力測定(FWM：Fiber Wobbling Method)[11)12)]においては，30ナノメートル未満のギャップの樹脂の粘弾性の増大を示す結果が得られている[13]。今後の研究の発展と現象解明の進展に期待したい。

3　UV 硬化および離型挙動シミュレーション

テンプレートに充填された樹脂を UV 照射により硬化する際，モノマー架橋により収縮する現象が知られている。硬化収縮後の形状，寸法は，テンプレートの形状，寸法に依存する。ウェーハ上に形成される樹脂パターンにおいて所望の寸法を作成するためには，UV 硬化収縮分を予測し，変換差分を補正したテンプレート形状を実現することが必要となる(**図 9**)。

押印後の離型プロセスにおいて，テンプレートにしなりが生じる場合がある。このため，ショット面内，およびウェーハ面内の位置によっては，離型時に硬化された樹脂パターンがわずかに斜め上方向に引き上げられる状況が生じる。せん断方向の力がかかることにより，テンプレートの破壊や樹脂パターンのちぎれが生じる場合があり，考慮が必要である(**図 10**)。テンプレートや基板上樹脂にかかるせん断方向の力は，パターンの周期端において他部分よりも大きくなる箇所があり(**図 11**)，このような箇所では寸法ばらつきに対するプロセスマージンの不足が懸念される。そこで，実機における結果とシミュレーションを用いた予測を比較してプロセスマージン不足が懸念される箇所を特定し，該当する箇所のパターンの寸法を太める他，離型性に優れた樹脂を用いる，離型プロセスを調整してせん断方向にかかる力を低減するなどのプロセス改善策が必要となる。

4　NIL シミュレーションを利用した製造性考慮設計

以上，主に樹脂流動および離型シミュレーションに関する NIL シミュレーション技術と動向を概説した。これらの技術は，材料・プロセス設計の指針だし，製造性考慮設計，またプロセスマージン拡大へ向けて洗練され，ひいては開発期間短縮へ寄与してゆくことを期待されて

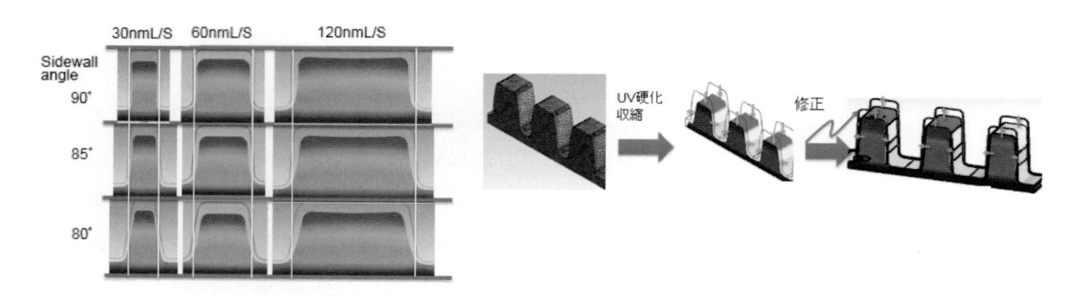

図 9　樹脂の UV 硬化収縮挙動予測とパターン補正例

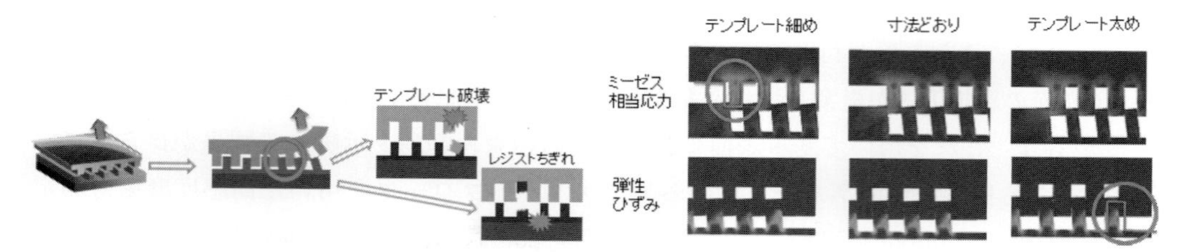

図 10　離型時のテンプレートしなりに起因する欠陥例

図 11　周期端のパターンにおける応力とひずみ

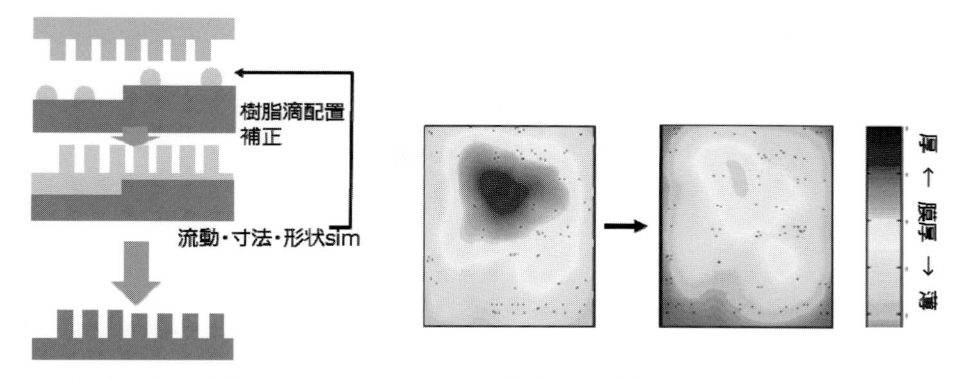

(a)樹脂滴配置補正フロー　　(b)樹脂滴配置補正後の膜厚分布例

図12　樹脂流動シミュレーションを利用した残膜厚均一化

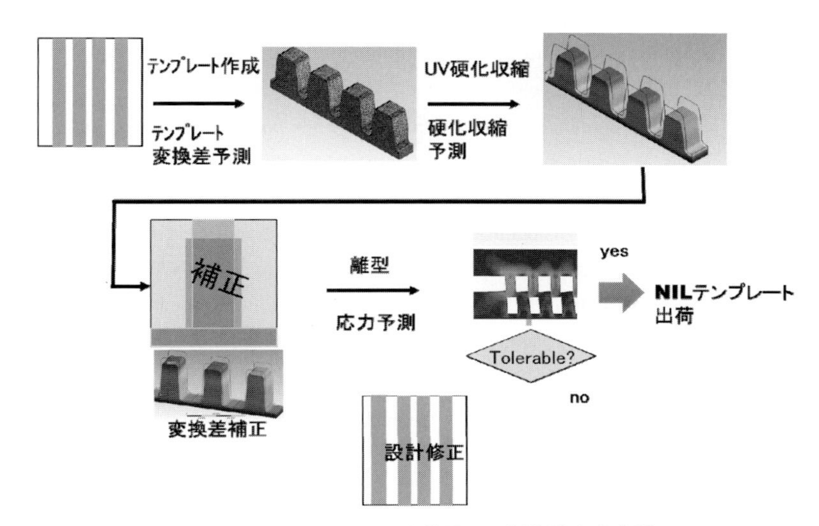

図13　NILシミュレーションを利用した製造性考慮設計フロー

いる。樹脂流動シミュレーションを利用した樹脂的配置補正の例を**図12**に示す。実機により調整を行った樹脂流動シミュレータを用いて，押印後の残膜厚分布を求め，膜厚が均一になるように樹脂滴配置補正を繰り返す(図12(a))。補正結果例を(b)に示す。膜厚変動が抑制され，濃度差が低減した様子が見て取れる。

シミュレータを用いたNILプロセス製造性考慮設計フローを**図13**に示す。プロセスステップに沿って，テンプレート作成における変換差，UV硬化収縮，離型における応力を考慮し，プロセスマージンが十分でない箇所(危険点)を抽出して設計修正を行う。設計段階で危険点を回避することにより，プロセスマージンの大きいテンプレートを入手することができる。UV硬化収縮分の補正例については文献14)に，また離型欠陥予測例については文献15)に述べられている。

NILプロセスのデバイス生産への適用へ向けて，計算機シミュレーションを活用した製造性考慮設計の展開は急務である。そのためにはプロセス段階毎の現象の詳細な理解とモデル構築，物性測定，また実機での測定結果取得とあわせこみが必要となる。今後の更なる装置・材料・テンプレートベンダーとの連携，ユーザの拡大と知見の蓄積，さらに研究機関における先端材料研究の進展に期待したい。

文　献

1) 機械工学便覧，α．基礎編，(社)日本機械学会，丸善(2007).
2) M. Hatano et al.："NIL defect performance toward High volume mass production", Proc. SPIE 9777, Alternative Lithographic Technologies VIII, 97770B(March 22, 2016).
3) W. Zhang et al.："High Throughput Jet and Flash* Imprint Lithography for semiconductor memory applications", Proc. SPIE 9777, Alternative Lithographic Technologies VIII, 97770A(March 22, 2016).
4) H. K. Taylor and D. S. Boning："Towards nanoimprint lithography-aware layout design checking," Proc. SPIE, 7641, 764129(2010).
5) H. K. Taylor："Enabling layout and process optimization with fast, full-field simulation of droplet-dispensed UV-NIL," presented at Nanoimprint and Nanoprint Technology, Napa, CA(October 2015).
6) H. K. Taylor："Defectivity prediction for droplet-dispensed UV nanoimprint lithography, enabled by fast simulation of resin flow at feature, droplet and template scales," Proc. SPIE 9777, Alternative Lithographic Technologies VIII, 97770E(March 22, 2016).
7) S. Kobayashi et al.："Design for nanoimprint lithography：Total layout refinement utilizing NIL process simulation", Proc. SPIE 9777, Alternative Lithographic Technologies VIII, 977708(March 22, 2016).
8) K. Ueno, M. Kasuya, M. Watanabe, M. Mizukami and K. Kurihara："Resonance shear measurement of nanoconfined ionic liquids", *Phys. Chem. Chem. Phys.*, **12**, 4066-4071(2010).
9) 水原雅史，栗原和江："共振ずり測定に基づく液体ナノ潤滑のモデル化"，トライボロジスト，**55**(1)，24-30(2010).
10) 伊東駿也，川崎健司，粕谷素洋，鷲谷隆太，島崎譲，栗原和枝，宮内昭浩，中川勝：「シリカ表面間と離型層修飾表面間でのヒドロキシ基含有ジアクリレートモノマーの粘度」，第64回高分子討論会，3O01(2015).
11) S. Itoh, K. Fukuzawa, Y. Hamamoto, H. Zhang and Y. Mitsuya：*Tribology Letters*, **30**, 177-189(2008).
12) 伊藤伸太郎，福澤健二：「光ファイバープローブを用いた高感度摩擦力測定装置」，トライボロジスト，**59**(9)，566-568(2014).
13) S. Itoh, K. Takahashi, K. Fukuzawa and H. Zhang："Viscoelasticity of a Photoresist Used for Nanoimprint Lithography Measured Under Confinement in Nanometer-sized Gaps", MNC(29th International Microprocesses and Nanotechnology Conference, Kyoto, Japan), 10D-6-5(2016).
14) A. Horiba, M. Yasuda, H. Kawata, M. Okada, S. Matsui and Y. Hirai："Impact of Resist Shrinkage and Its Correction in Nanoimprint Lithography", *Japanese Journal of Applied Physics*, **51**, 06FJ06(2012).
15) T. Shiotsu, N. Nishikura, M. Yasuda, H. Kawata and Y. Hirai："Simulation study on the template release mechanism and damage estimation for various release methods in nanoimprint lithography", 06FB07-1 *J. Vac. Sci. Technol.* B, **31**(6), Nov/Dec(2013).

第１節　可変成形ビーム型電子線描画装置

株式会社アドバンテスト　山田　章夫

1　はじめに

可変成形ビーム型電子線描画は，1980年代に描画方式が確立した可変矩形描画[1)-3)]を発展させた電子線描画技術であるが，2000年頃からは，電子ビームによる図形転写の実施形態の一つとして実現されるようになった。本稿では，透過開口マスク(CPマスク)を用いる図形転写描画の例として，可変矩形，図形一括転写，および可変図形転写などの描画技術を紹介する。

図1(A)および(B)はそれぞれ，ポイントビームおよび可変矩形ビームによる試料表面上への電子ビーム照射の例を示す。一度にビーム照射される領域(ショットと呼ばれる)の縦横幅の大きさは，ともに例えば数100 nm以内である。図1(A)および(B)は，このようなショットを逐次発生してそれらを繋いでいくことにより，試料表面にパターンを描画する。

図1(A)のポイントビーム，または(B)の可変矩形ビームによる電子線描画は，描画パターンがどの様な形状のパターンであっても，描画パターンをそれぞれ(A)ポイントまたは(B)矩形のショットに分割することによって所望のパターンを描画できるというパターン発生機能を有する。パターン発生機能は，図1(A)および(B)に示す描画方式のメリットではあるが，同時に，描画パターンより小さなショットを多数発生する必要があるため，必然的に処理速度が下がるという課題を伴う。例えば，図1に示すような単純なパターンを描画する場合も，(A)ポイントビームでは数10ショット，(B)可変矩形ビームでも6ショット程度の小さなショットを発生しなければならない。

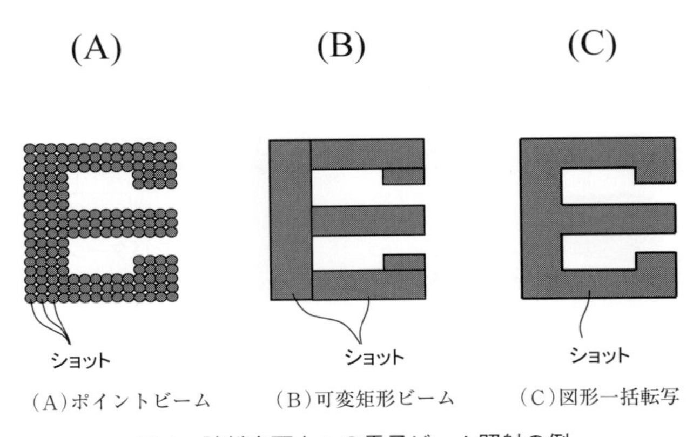

図１　試料表面上への電子ビーム照射の例

図 1(C)の図形一括転写は，透過開口マスクにあらかじめ用意した図形を一括で転写する描画方式である。図形一括転写は，電子線描画のパターン発生機能を制限することにはなるが，同じ図形が繰り返されている描画パターンでショット数の増大を抑えたり，一括で転写されるパターンの形状を安定させたりすることができる。すなわち，図 1(B)可変矩形と(C)図形一括転写との両方の機能を有する電子線描画装置は，パターン発生機能を維持しながら，特定の描画パターンに対しては一括転写のメリットを有する描画装置となる。本稿では，このような電子線描画装置の構成および特徴，ならびに実際の描画への適用例を示す。

2　電子線描画装置のカラム構成と図形転写機能

2.1　電子線カラム構成

図 2 は，電子線カラム全体の構成例(A)と，カラム内に設置される CP マスクのパターン配置の例(B)を示す[4]。図 2(A)の電子線カラムにおいて，最上部の電子源から放出された電子線は，第 1 矩形アパーチャによって断面を矩形に成形されたあと，照明レンズ L1a，b および L2a，b を通過して CP マスクを照射し，CP マスク上に第 1 矩形アパーチャの像を結像する。マスク偏向器 MD1，MD2，MD3 および MD4 は，電子ビームを偏向して CP マスク上のビーム照射位置を可変とする。

CP マスクに配置された透過開口を通過することによってビーム断面がマスクパターンの形状に成形された電子ビームは，縮小レンズ L3 によりその断面が所定のサイズに縮小される。投影レンズ L4 および L5 は，電子ビームによる透過開口の縮小像をウェハステージに載置し

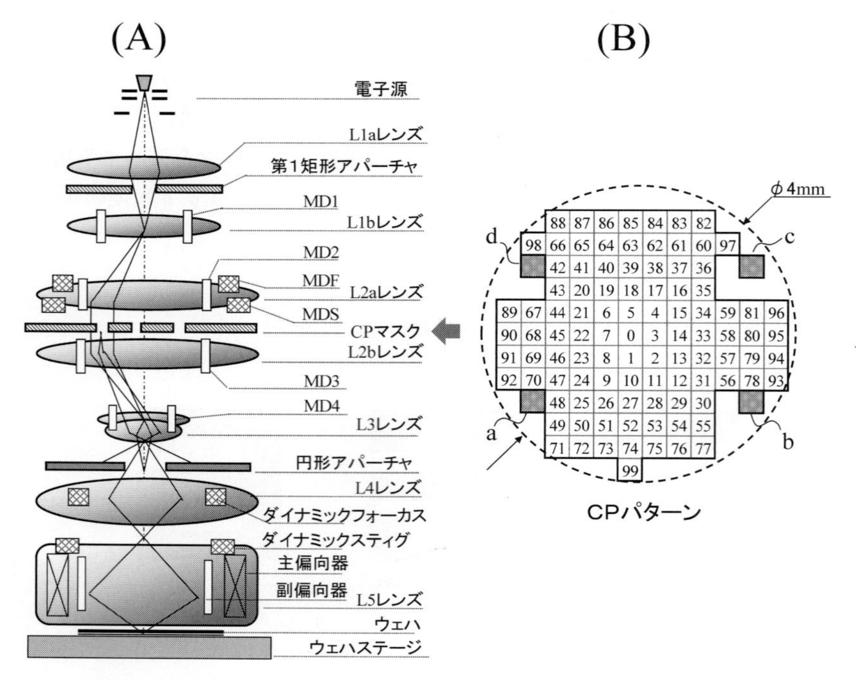

図 2　(A)電子線カラム全体，(B)カラム内に設置される CP マスクの構成例[4]

た試料ウェハ表面に投影する。円形アパーチャは，ウェハに投影される電子ビームの収束半角を決定する。

試料ウェハの表面は，CPマスク上の透過開口により所定の断面形状に成形された電子ビームで照射される。主偏向器および副偏向器は，投影レンズL4およびL5の光軸に対して，電子ビームの照射位置を試料面の偏向フィールド内で偏向する。ダイナミックフォーカスおよびダイナミックスティグは，試料面の高さ変動やビーム偏向による偏向収差を動的に補正する。図2のカラムを有する電子線描画装置は，主偏向器および副偏向器によるビーム偏向と電子ビームの照射とを逐次繰り返し，さらにそれらをウェハステージの移動で繋いでいくことにより試料ウェハの表面全体にパターンを描画する。

図2(B)のCPマスクは，マスク偏向器MD1，MD2，MD3およびMD4が電子ビームを偏向可能な範囲内に，透過開口からなる例えば100個のCPパターンを配置する。図2(B)の0～99の番号で示す位置はCPパターンの配置位置の例を示す。CPパターンは，マスク偏向器の偏向中心に対して，例えば略ϕ4 mmの範囲内に配置される。マスク偏向器は，電子ビームの偏向により，この100個のCPパターンから電子ビームを透過させるCPパターンを選択したり，選択したCPパターンに対して電子ビームの透過位置を可変したりする。MDFおよびMDSは，マスク偏向に伴うフォーカス変動や非点収差を動的に補正するマスク偏向補正器である。

2.2　図形転写機能

図3は，マスク偏向器およびマスク偏向補正器を制御する制御部の構成例を示す[5)]。図3をもとに，CPパターンの選択機能，および選択されたCPパターンに対する電子ビームの透過位置の可変機能について説明する。

CPマスクに複数個配置されたCPパターンのそれぞれは，パターン番号PNによって指定

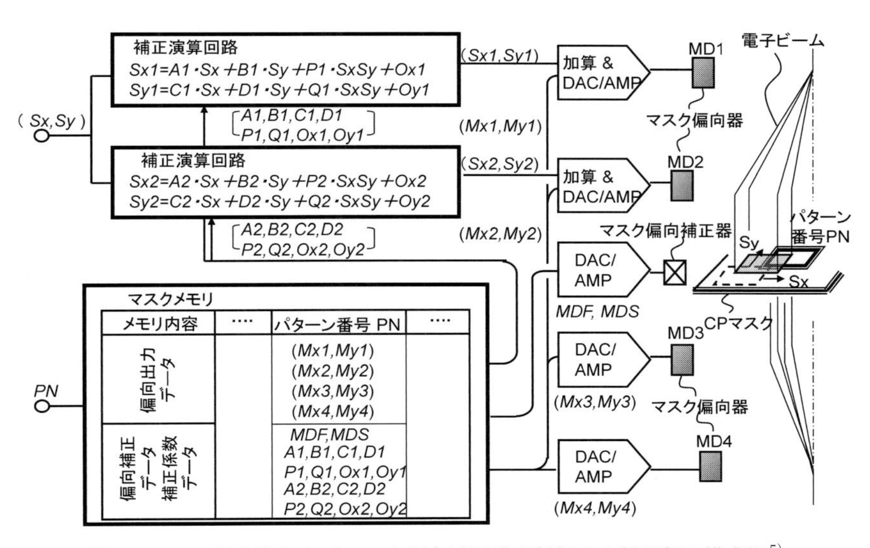

図3　マスク偏向器およびマスク偏向補正器を制御する制御部の構成例[5)]

される。パターン番号 PN で指定された CP パターンにおける電子ビームの透過位置は，データ(*Sx*，*Sy*)で記述される。パターン番号 PN および透過位置データ(*Sx*，*Sy*)は，図 3 に示された制御部の入力データである。

制御部のマスクメモリは，パターン番号 PN で指定される CP パターンを選択するマスク偏向器 MD1，MD2，MD3 および MD4 の偏向出力データ(*Mx1*，*My1*)，(*Mx2*，*My2*)，(*Mx3*，*My3*)，および(*Mx4*，*My4*)を予め計測して記憶する。制御部に対してパターン番号 PN が入力されると，パターン番号 PN で指定されるこれらの偏向出力データは，それぞれのマスク偏向器に出力され，CP マスクの指定された CP パターンを選択する。マスク偏向器 MD1，MD2 は，CP マスクの上流側で，指定された CP パターンに電子ビームを振り込む偏向を行い，マスク偏向器 MD3，MD4 は，CP マスクの下流側で，偏向された電子ビームを電子レンズの光軸に振り戻す偏向を行う。

制御部のマスクメモリはこの他に，パターン番号 PN で指定される CP パターンに対する偏向補正データ *MDF* および *MDS*，ならびに，補正係数データ *A1*，*B1*…*Ox1*，*Oy1* および *A2*，*B2*…*Ox2*，*Oy2* などを記憶する。制御部に対してパターン番号 PN が入力されると，偏向補正データ *MDF* および *MDS* は，対応するマスク偏向補正器に出力される。

同様に，補正係数データ *A1*，*B1*…*Ox1*，*Oy1* および *A2*，*B2*…*Ox2*，*Oy2* は，補正演算回路に設定され，透過位置の入力データ(*Sx*，*Sy*)から偏向データ(*Sx1*，*Sy1*)および(*Sx2*，*Sy2*)を演算するのに用いられる。偏向データ(*Sx1*，*Sy1*)および(*Sx2*，*Sy2*)はそれぞれ，偏向出力データ(*Mx1*，*My1*)および(*Mx2*，*My2*)と加算されて CP マスクの上流側のマスク偏向器 MD1 および MD2 に出力される。これにより，パターン番号 PN で指定される CP パターンの任意の位置に電子ビームを透過させることができる。

マスクメモリに記憶される偏向出力データ，偏向補正データ，および補正係数データは，描画前のビーム調整工程において計測される。図 2(B)に示す CP マスクは，偏向によって選択される CP パターンの配置領域の 4 隅に，矩形の開口パターン a，b，c，d が配置されており，これらを使ってビーム調整を行う。4 隅の矩形開口は可変矩形用の矩形開口として用いることもできる。すなわち，可変矩形ビームは，第 1 矩形アパーチャで断面が矩形に切り出された電子ビームを，パターン番号 PN で指定した CP マスクの矩形開口パターン a，b，c，d のどれかに偏向し，データ(*Sx*，*Sy*)によって当該矩形開口の透過位置を変えることによって実現される。

図 4 は，図 2 および図 3 に示す電子線描画装置が実施する図形転写を模式的に示す。(A)可変矩形(VSB)は，第 1 矩形アパーチャを通過した電子ビームと CP マスクの矩形開口のビーム通過範囲との重なりを変えることにより形成される。(B)図形一括転写(CP)は，第 1 矩形アパーチャを通過した電子ビームが，パターン番号 PN によって指定されるそれぞれの CP パターンの全体を透過することにより形成される。(C)可変図形転写(VCP)は，第 1 矩形アパーチャを通過した電子ビームが，パターン番号 PN によって指定される CP パターンの透過位置データ(Sx，Sy)が表す透過開口の範囲を通過することにより形成される。

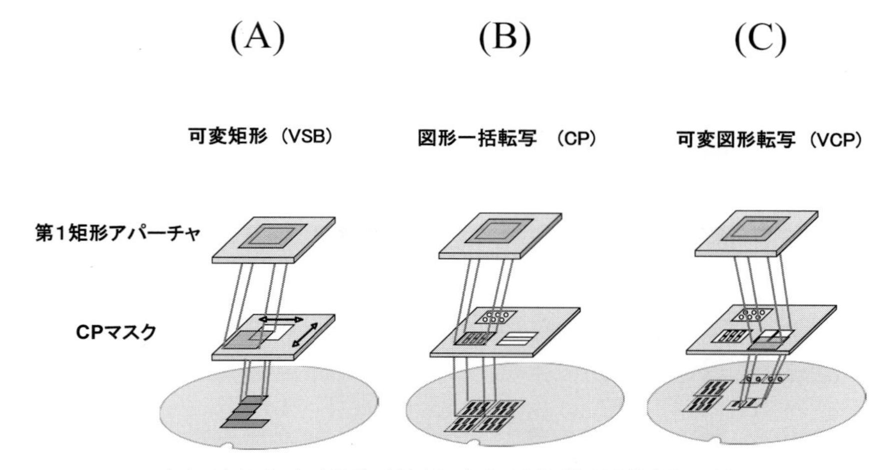

（A）可変矩形，（B）図形一括転写，（C）可変図形転写を模式的に示す

図4　電子線描画装置が実施する3種類の図形転写方式

2.3　図形転写結果とその特徴

図5は，図形転写の一例として図4(C)の可変図形転写（VCP）による描画結果の例を示す[5]。CPマスクには，縦方向31個×横方向31個（＝総数961個）の80 nm1：1ホールに相当するCPパターンを用意した。描画結果は，このホール列の一列毎に電子ビームの透過位置を変えて試料上に転写することにより描画した。図5のNxは電子ビームを透過させたホール列の数を示す。図5は，電子ビームが，パターン番号PNに対応する80 nm1：1ホール相当のCPパターンで，ホール列数Nxが指定する透過位置データ（Sx，Sy）の範囲を通過して，部分的にCPパターンを転写することを示す。CPマスクのそれぞれのCPパターンについて電子ビームを選択的に成形する可変図形転写（VCP）が指定通りに実現されていることが分かる。

電子ビームによる図形転写の特徴について述べる[4)-6)]。**図6**(A)は，CPマスクの偏向中心からCPパターンまでの偏向距離Rと，転写像の大きさ（像幅）との関係を示す測定結果である。偏向距離R（μm）を横軸，転写像の像幅の変化率（%）を縦軸に示した。転写像の大きさは，CPマスク上の偏向距離Rの略2乗に比例して変化することが分かる。CPマスク上の偏向距離2 mmに対して，転写像幅の変化率は略0.25%である。すなわち，例えば像幅1 μmのパターンを転写する場合，CPパターンをマスク上のどこに配置するかに依存して，転写像幅は最大2.5 nm程度変化する。

CPマスク上で電子ビームを偏向している場合と，偏向していない場合とを比較して，電子線カラムを通過する電子ビームの光路長は変化する。光路長が変化しても電子線カラム内の結像関係を維持するために，偏向補正器MDFでフォーカスの変動を補正する。この光路長の変化と偏向補正とが，CPマスクから試料までの転写像の縮率を変化させているものと考えられる。この縮率変化は，CPマスク上のビーム偏向距離Rに依存してCPパターンの大きさを補正すること（マスクバイアス）により修正できる。

図6(B)は，CPパターンの透過開口部の面積Sと，転写像の大きさ（像幅）との関係を示す測定結果である。透過開口面積S（μm^2）を横軸，転写像の像幅の変化率（%）を縦軸に示した。

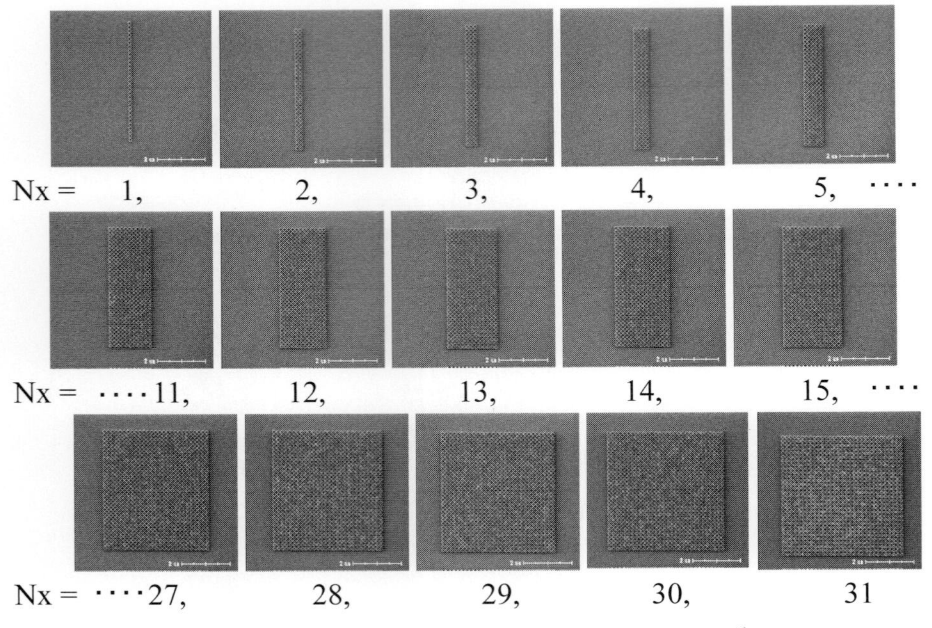

図５　図４（C）に示す可変図形転写による描画結果の一例[5)]

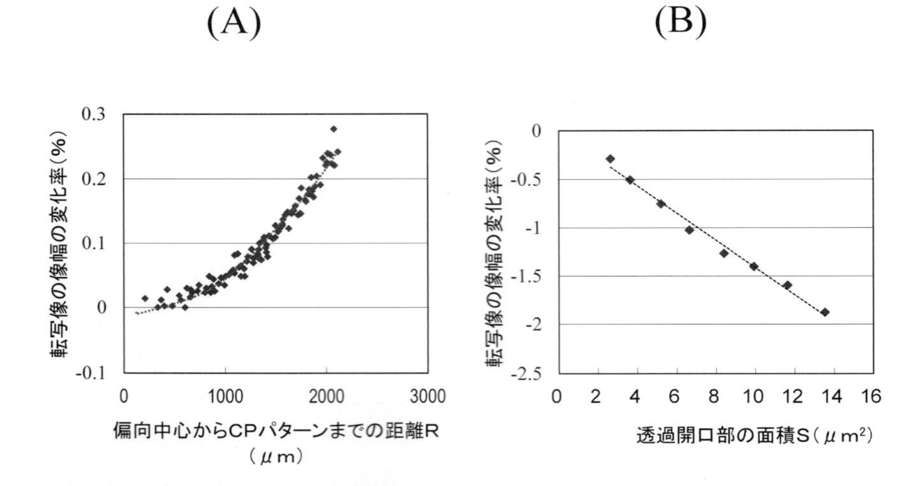

図６　（A）CP マスクの偏向中心から CP パターンまでの偏向距離 R と転写像幅との関係，（B）CP パターンの透過開口部の面積 S と転写像幅との関係の測定結果

転写像の大きさは，1 μm^2 の透過開口面積の増加に比例して，略 0.15％縮小することが分かる。すなわち，例えば像幅 1 μm の CP パターンを転写する場合，パターン全体に透過開口が設けられている場合と，ほとんど透過開口が設けられていない場合とで，転写像幅が 1.5 nm 程度変化する。

電子線カラムを通過する電子ビーム電流値は，透過開口部の面積に依存して変化する。ビーム電流値の変化によるクーロン相互作用の影響を補正するために，電流値に依存したフォーカス変動を別途補正している。電子ビームのクーロン相互作用とこのフォーカス補正とが，CP

マスクから試料までの転写像の縮率を変化させているものと考えられる。可変矩形ビームの場合，この縮率変化は，ビームサイズをビーム断面積に依存して補正することにより修正できる。

2. 4　投影部のカラム構成と解像性能

CPパターンの図形転写に用いられる電子ビームカラムの投影レンズ構成について述べる[7]。**図7**(A)は，転写像面(試料表面)に近い投影レンズの構成を模式的に示す。投影レンズは，レンズ軸の回りに巻かれたコイルと，当該コイルを軸対称に取り囲み，一部にギャップが設けられた磁性体とから構成される。コイルにレンズ軸まわりの電流を流すと，ギャップをはさんで対向した磁性体の両端は，N極およびS極に分極され，ギャップ近傍に局所的な磁場を発生する。この局所的な磁場は，レンズ軸に沿って通過する電子ビームに対して，凸レンズに相当するレンズ作用を及ぼす。図7(A)に示す投影レンズは，図中の物面に一度結像されたCPパターンの像を，加速電圧Vaccの電子ビームにより，物面・像面間距離Lだけ離れた像面に投影し転写する。2つの偏向器は，主偏向器および副偏向器(図2)である。

投影レンズの基本性能である軸上ビームのビームブラーについて説明する[8)9)]。軸上ビームとは，ビーム中心がレンズ軸上を通過して，像面でレンズ軸上に収束半角αで収束する電子ビームである。軸上ビームのビームブラーは，投影レンズによって投影される転写像の解像性の限界を決定する。軸上ビームのビームブラーは，電子ビームの加速電圧Vaccおよびその分散⊿V，ビーム電流値Ib，収束半角α，ならびに物面・像面間距離Lなどに依存する。加速電圧Vaccは50 KV，その分散⊿Vは略0.5 Vである。異なる収束半角αおよび物面・像面間

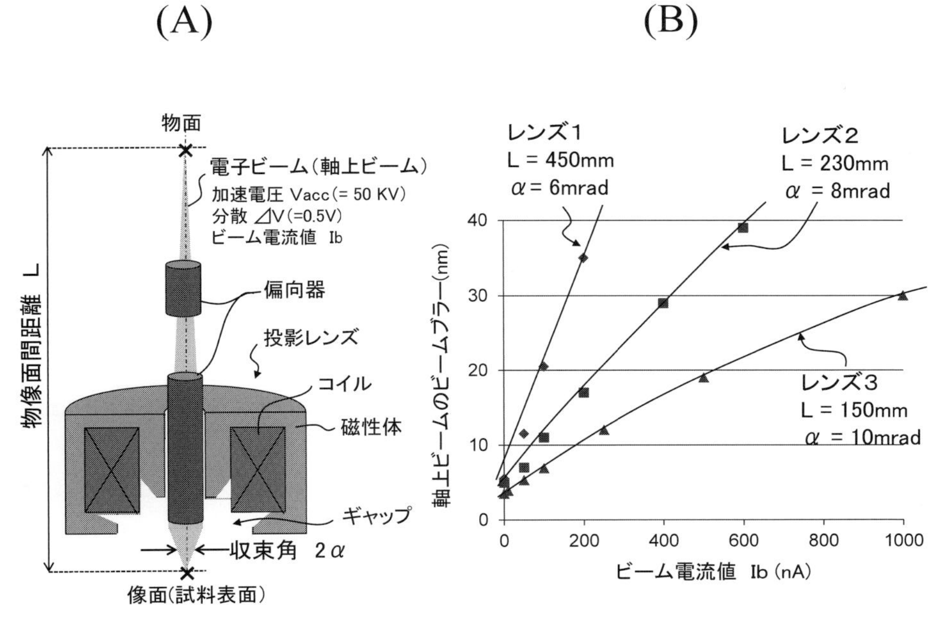

図7　(A)投影レンズ構成の模式図，(B)３種類の投影レンズに対するビームブラーのシミュレーション結果

(B)の横軸はビーム電流値Ib(nA)，縦軸は軸上ビームのビームブラー(nm)を示す[7)]

距離Lを有する3種類の投影レンズ，即ちレンズ1，レンズ2およびレンズ3，について，ビーム電流値Ibと軸上ビームのビームブラーとの関係をシミュレーションした。

図7(B)は，ビームブラーのシミュレーション結果を示す[7]。横軸はビーム電流値Ib(nA)，縦軸は軸上ビームのビームブラー(nm)を示す。ここでビームブラーは，像面に結像されるビーム強度分布の12−88%高さに対するエッジスロープ幅で定義する。このスロープ幅は，像面の一点に収束すべき電子ビームの広がりと関連する。

ビーム電流値Ibが少ないとき(Ibがゼロ付近)，3種類の投影レンズのレンズ1，レンズ2およびレンズ3は，ほぼ同じ略5 nmの軸上ビームのビームブラーの値を持つ。この部分のビームブラーを決めるのは，投影レンズの幾何収差である球面収差および色収差である。球面収差および色収差によるビームブラーは，電子ビームの結像条件に関する各種パラメータと以下の関係を有する。

$$\text{球面収差ブラー} \sim (1/2)\cdot Cs \cdot \alpha^3 \qquad (1)$$

$$\text{色収差ブラー} \sim Cc \cdot \alpha \cdot (\Delta V/Vacc) \qquad (2)$$

但し，Csは球面収差係数，Ccは色収差係数である。

レンズ1，レンズ2およびレンズ3はそれぞれ，収束半角αが6 mrad，8 mrad，および10 mradの条件でビームを収束する。収束半角αが異なってもIbゼロ付近のビームブラーがほぼ同じということは，3種類のレンズの球面収差係数Csが大きく異なることを意味する。レンズ1はCsが略36.0 mm，レンズ2はCsが略14.5 mm，レンズ3はCsが略7.5 mmの球面収差係数を持つレンズとしてそれぞれ設計した。特に，レンズ3は，投影レンズを構成する磁性体ギャップを試料面に近づけて，レンズ下面と試料面との間に強いレンズ磁場が発生するように設定した。これによりレンズ3は，収束半角αを大きくとってもビームブラーが大きくならない，つまり比較的小さいCsを持つ投影レンズとして設計された。

収束半角αは，クーロン相互作用によるビームブラー(クーロンブラー)の大きさにも関係する。クーロンブラーは，電子ビームの結像条件に関する各種パラメータと以下の関係を有する。

$$\text{クーロンブラー} \sim (Ib^{3/4})\cdot(L^{3/4})/(Vacc^{4/3})/\alpha \qquad (3)$$

クーロンブラーは，電子ビームの電子間の静電反発力に起因する。電子ビームのビーム電流値Ibが増加するとクーロンブラーの大きさも増加することは避けられないが，クーロンブラーは，電子ビーム軌道における電子の集積密度を下げたり，電子が集積する部分の長さを減らしたりすることによって抑制できる。

収束半角αを大きくとれば，投影レンズの広い範囲の電子を収束することになる。結果的に一点に収束する電子について投影レンズ内の集積密度がさがり，クーロンブラーは小さくなる。物面・像面間距離Lを小さくすれば，電子軌道そのものの長さを短く，電子が集積する部分の長さも減らすことになり，クーロンブラーは小さくなる。レンズ1はαが6 mradおよびLが450 mmであり，レンズ2はαが8 mradおよびLが230 mmであり，レンズ3はαが10 mradおよびLが150 mmである。すなわち，クーロンブラーを低減することを目指して，レンズ1→レンズ2→レンズ3の順でレンズ条件を設定した。

例えばビームブラーを13 nm以下とするためには，レンズ3を通過するビーム電流値Ibの上限は略300 nAである。この範囲でレンズ3は，12 nm1：1パターンを解像する解像性を有すると見積もられる[10)]。一方，ビームブラーを同じ13 nm以下とするためには，レンズ1およびレンズ2では，ビーム電流値Ibの上限をそれぞれ略30 nAおよび略100 nAに制限する必要がある。

ビーム電流値Ibの上限値は，電子線描画の処理能力(スループット)を決める重要な要因である。レンズ3は，レンズ1およびレンズ2などと比較して，大きなビーム電流値Ibを利用できるため，レンズ3を適用した電子線描画装置は，レンズ1およびレンズ2の描画装置と比べて，スループットを上げられる可能性がある。但し，レンズ3は，短い物面・像面間距離Lで，広い収束半角αの電子ビームを結像するため，レンズ1およびレンズ2と比べて，レンズ磁場強度を強くしなければならない。レンズ3を実現するためには，レンズコイルの発熱や磁性体の磁気飽和に対する対策が必要とされる。

3　電子線描画装置の描画例

3.1　カッテング・リソグラフィへの適用例

可変矩形，図形一括転写，および可変図形転写などの図形転写描画例を紹介する。カッテング・リソグラフィは，光露光と電子線描画とを相補的に適用することで，デバイスパターンの微細化を進めるリソグラフィ手法である[11)12)]。コンプリメンタリ・リソグラフィとも呼ばれる。カッテング・リソグラフィは，光露光を用いて予めラインパターンを形成した試料を用いる。電子ビームは，当該ラインパターンを切断するパターンまたはラインパターンにコンタクトするパターンを，ラインパターンに重ねて描画する。カッテング・リソグラフィは，電子ビームで描画されたパターンをもとにラインパターンの切断等の加工を行い，デバイスパターンを形成する[13)]。

図8(A)は，カッテング・リソグラフィの工程例を示す[14)]。SADP(Photo)工程は，光露光のダブルパターニング技術を用いて，ハーフピッチが例えば略22 nmおよびそれ以下のライン&スペースパターンを形成する。Hardmask工程は，光露光で形成したライン&スペースパターンをエッチング加工するためのハードマスク層を成膜する。Cut Litho.(EB)工程は，ハードマスク層の上に電子線描画用のレジストを塗布し，電子ビームによってカットパターンを描画し現像する。カットパターンは，ネガ型パターンまたはポジ型パターンが形成される。Etch & Clean工程は，電子線描画パターンとハードマスク層とをマスクに，光露光で形成されたライン&スペースパターンをエッチング加工し余分な膜を除去する。以上の工程により，ラインパターンが局所的に切断されたり局所的に繋がったりしたライン&スペースパターンを形成する。

図8(B)は，SADP(Photo)工程，Cut Litho.(EB)工程およびEtch & Clean工程後に形成されたパターンのSEM写真を示す[14)]。SADP(Photo)工程では，ハーフピッチが21 nm～23 nmのライン&スペースパターンが形成された。Cut Litho.(EB)工程では，ネガレジストHSQの

(A)

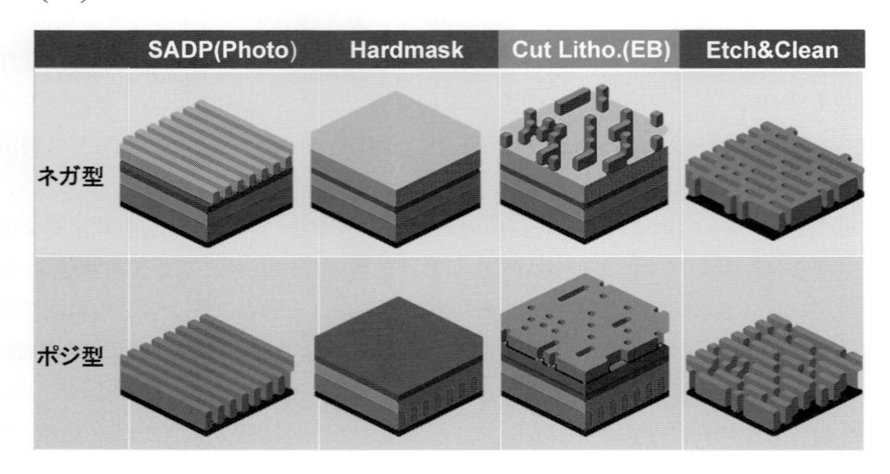

(B)

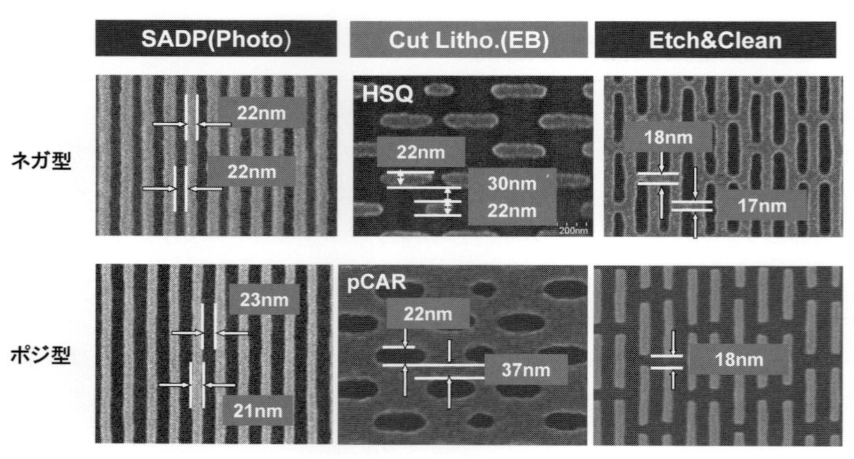

図8　(A)カッテング・リソグラフィの工程例[14]，(B)SADP(Photo)工程，Cut Litho.(EB)工程および Etch＆Clean 工程後に形成されたパターンの SEM 写真[14]

場合およびポジレジスト p-CAR の場合ともに，短辺幅(縦幅)が略 22 nm，長辺幅(横幅)が 25 nm～90 nm のカットパターンが形成された。最後に，Etch & Clean 工程では，光露光で形成したラインパターンが幅 17～18 nm のパターンによって局所的に繋がったエッチング後のパターン(ネガ型)，およびラインパターンが幅略 18 nm のパターンによって局所的に切断されたエッチング後のパターン(ポジ型)が形成された。

Cut Litho.(EB)工程のカットパターンを描画するために，電子線描画装置の可変図形転写(VCP)を適用した[14]。CP マスクには，短辺幅 22 nm のパターンを転写するスリット状の透過開口を用意した。パターン番号 PN によって当該透過開口を選択し，透過位置データ(Sx, Sy)によって転写される矩形パターンの長辺幅を可変とした(図 4(C)参照)。すなわち，カットパターンの描画に用いる矩形ビームの短辺幅は，CP パターンの透過開口幅で規定し，矩形ビームの長辺幅は，スリット開口の長手方向の電子ビームの透過位置を変えることによって規定した。これによって，電子線描画装置は，安定した短辺幅(22 nm)を有するカットパターンを描画することができた。可変図形転写(VCP)を適用することによって電子線描画装置は，デバイスにおいて重要なパターン幅であるカットパターンの短辺幅を安定に描画できることが分かる。

3.2　その他の描画例

図 9 は，図形転写によるその他の描画例を示す[15)16)]。図 9(A)および(B)は，枠で囲まれた範囲が一括転写された描画パターンである。電子線描画装置は，パターン番号 PN が指定する電子ビーム偏向によって，当該図形に相当する透過開口を選択し，試料表面に枠内の図形を一括で転写した。図 9(A)および(B)に示すパターンはともに，矩形ショットに分割すれば数 100 のショットから構成されるパターンである。図形転写描画方式を有する電子線描画装置は，図 9(A)および(B)に示すパターンを 1 ショットで描画できることが分かる。

図 9(C)は，図形転写描画による曲線パターンの描画例である。この場合，CP マスクに用意した円形の透過開口と可変矩形用の矩形開口を使用した。円形の透過開口により円形の断面形状を有する電子ビームを形成し，試料表面上で当該円形ビームの中心位置をずらしながら重ね描画することによって，パターンの外周部に滑らかな曲線パターンを描画した。円形ビームを使って描画した滑らかな外周部の曲線で囲まれたパターンの内部の領域は，可変矩形ビームによって内側の隙間を埋めるように描画した。これにより図形転写描画方式を有する電子線描画装置は，曲線パターンを全て矩形やポイントのショットで分割して描画する場合に比べて，一桁以上少ないショット数で滑らかな曲線パターンを描画できることがわかる。

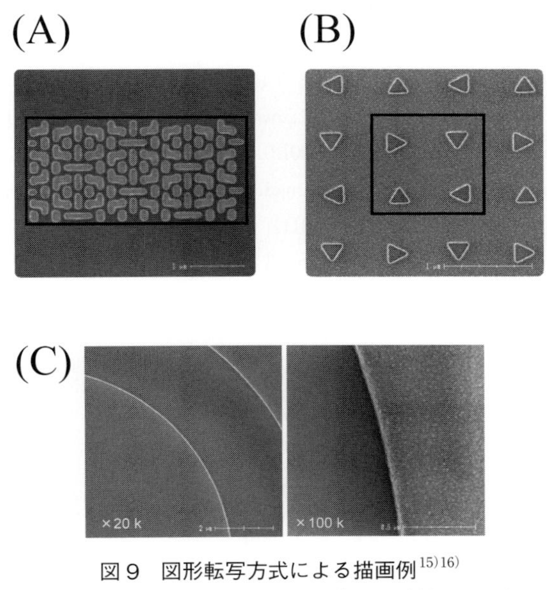

図 9　図形転写方式による描画例[15)16)]

(A)および(B)矩形の枠で囲まれた範囲が一括転写された描画パターンである。(C)曲線パターンの描画例であり，CP マスクの円形と矩形の透過開口を使用して描画した

4　おわりに

可変矩形，図形一括転写，および可変図形転写などの図形転写描画機能を有する可変成形ビーム型電子線描画装置について説明した。CPマスクに適切なCPパターンを用意することにより，パターン発生機能を維持しながら，スループットやパターン形状の安定性を向上できることが分かった。また，光露光と相補的に用いることにより，電子線描画の適用範囲が拡大することを示した。可変成形ビーム型電子線描画装置は，図形転写描画の可能性とその限界を考慮して適用することが望ましい。

文　献

1) T. R. Groves, H. C. Pfeiffer, T. H Newman and F. J. Holn：*J. Vac. Sci. Technol.*, **B6**, 2028(1988).
2) S. Hamaguchi, J. Kai and H. Yasuda：*J. Vac. Sci. Technol.*, **B6**, 204(1988).
3) F. Mizuno, M. Kato, H. Hayakawa, K. Sato, K. Hasegawa, Y. Sakitani, N. Saitou, F. Murai, H. Shiraishi, and S. Uchino：*J. Vac. Sci. Technol.*, **B12**, 3440(1994).
4) A. Yamada and T. Yabe：*J. Vac. Sci. Technol.*, **B21**, 2680(2003).
5) A. Yamada and T. Yabe：*J. Vac. Sci. Technol.*, **B22**, 2917(2004).
6) T. Yabe and A. Yamada：*Microelectronic Engineering*, **84**, 841(2007).
7) A. Yamada, H. Tanaka, T. Abe and Y. Shimizu：Proc. of SPIE, 8680, 868025(2013).
8) H. C. Chu and E. Monro：*Optik*, **61**, 121(1982).
9) IMAGE/MEBS：Commercial software provided by Munro' s Electron Beam Software Ltd.(MEBS).
10) J. Kon, T. Maruyama, Y. Kojima, Y. Takahashi, S. Sugatani, K. Ogino, H. Hoshino, H. Isobe, M. Kurokawa and A. Yamada：Proc. of SPIE, 8323, 832324(2012).
11) Y, Borodovsky：Proc. of SPIE, 6153, 615301(2006).
12) David K. Lam, Enden D. Liu, Michael C. Smayling, and Ted Prescop：Proc. of SPIE, 7970, 797011(2011).
13) H. Yaegashi, K. Oyama, A. Hara, S. Natori and S. Yamauchi：Proc. of SPIE, 8325, 83250B(2012).
14) H. Komami, K. Abe, K. Bunya, H. Isobe, M. Takizawa, M. Kurokawa, A. Yamada, H. Yaegashi, K. Oyama and S. Yamauchi：Proc. of SPIE, 8323, 832313(2012).
15) M. Kurokawa, H. Isobe, K. Abe, Y. Oae, A. Yamada, S. Narukawa, M. Ishikawa, H. Fujita, M. Hoga and Naoya Hayashi：Proc. of SPIE, 8081, 80810A(2011).
16) M. Takizawa, K. Bunya, H. Isobe, H. Komami, K. Abe, M. Kurokawa, A. Yamada, K. Sakamoto, T. Nakamura, K. Kuwano, M. Tateishi and Larry Chau：Proc. of SPIE, 8522, 85222A(2012).

第２節　マルチビーム型電子線描画装置

株式会社ニューフレアテクノロジー　中山田　憲昭　　株式会社ニューフレアテクノロジー　山下　浩

1　はじめに

半導体デバイス製造に用いられるリソグラフィ工程では，原版パターンであるマスクの性能と生産性が重要な要素となる。その重要性は ArF（フッ化アルゴン）液浸リソグラフィであっても，EUV（Extreme Ultraviolet：極紫外光）リソグラフィであっても，ナノインプリントリソグラフィであっても等しく変わらない。これまでのマスク描画には主に可変成形ビーム型電子線描画装置が使われてきたが，パターンの微細化と複雑化の進展に伴い，その生産性に限界が訪れており，飛躍的な技術革新が求められている。マルチビーム型電子線描画装置は期待される技術革新候補の１つである。ここではマスク描画機としてのマルチビーム型電子線描画装置について解説する。

2　開発の目的

マルチビーム型電子線描画装置（以下 MB 装置と呼ぶ）を開発する目的は，すなわち可変成形ビーム型電子線描画装置（以下 VSB 装置と呼ぶ）の抱える課題の解決である。**図１**を用いて MB 装置開発が望まれる理由を説明する。パターンの微細化により，パターン当たりに投入される電子の数は減少する。電子の数が減少すると，その統計的ばらつきの比率，いわゆるショットノイズが $1/\sqrt{(電子数)}$ の割合で増えるため，パターン線幅の精度が悪化する。このショットノイズの悪化問題を解決するためには，パターンサイズの縮小に応じて投入電子の数を増やすしかなく，レジストの低感度化，つまりドーズ（照射量）の増加が必要になる。同時に，電子線描画装置の方では，単位面積，単位時間あたりの投入電子数，つまり電流密度を増やすことによって，従来よりも短い時間で同じパターンを照射できるようにし，描画時間の長時間化を防がなくてはならない。また，ショットサイズを維持したまま電流密度を増加させると電流量の増加につながり，クーロン効果によりビームの分解能（ビームぼけ）が悪化するため，電流量を維持するようにショットサイズも同期して減少させる必要がある。このときパターンの微細化が一定の割合であれば，ショットサイズの減少によるショット数の増加は微細化によるパターン密度の増加率以上には起こらず，結果として描画時間の増大はある程度抑制される。しかし，ILT（Inverse Lithography Technique）などによりパターンの複雑性が著しく増加して流線形状パターン（Curvilinear pattern）が主流になると，矩形や直角二等辺三角形しか描画

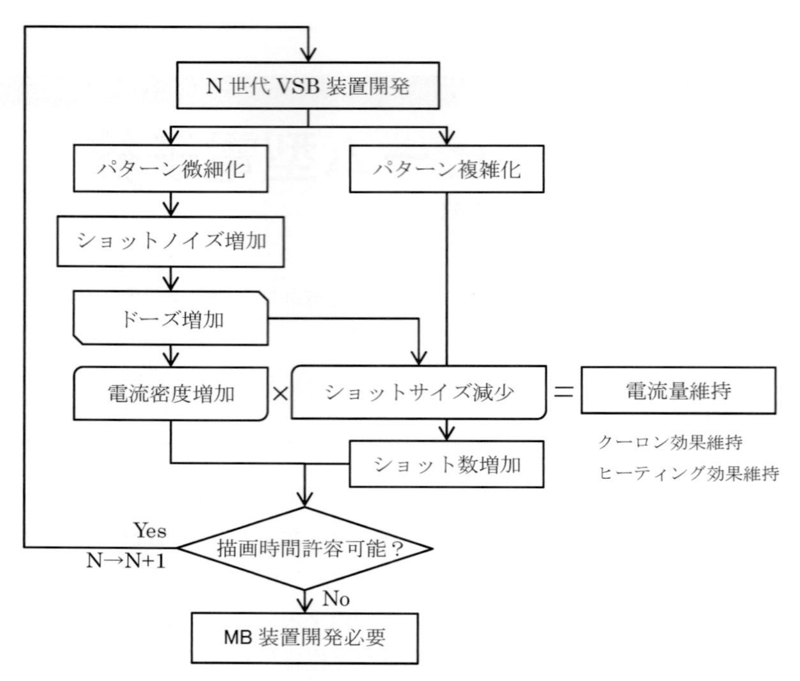

図１　マルチビーム型電子線描画装置開発の必要性判断チャート

できないVSB装置では曲線近似のための図形分割数が増え，ショット数は激しく増加する。その場合にも平均ショットサイズは減少するので，従来のように電流密度の増加によって対応することも理屈上は可能であるが，曲線近似のためのショット数の増加を上回るペースで電流密度を向上させていくのは非常に困難である。

一方で，三次元実装技術などによりパターンの微細化が停滞してもまた別の問題が起きる。微細化が止まるということはパターンの線幅は今まで以上に細くならないということであるので，電流量を維持するためのショットサイズの減少はショット数の増加に直結し，描画時間が増加してしまう。いきおいショットサイズを維持してスループットを維持しようとしても，反対に今度は電流量が増加して，前述のクーロン効果と，レジストヒーティング[1)]という別の問題を悪化させることになる。レジストヒーティングは多重度(パス数)の増加により抑制することが可能であるが，多重度の増加は描画時間の長時間化につながるので，ショットサイズを維持した効果を相殺してしまう。

MB装置は以下の利点により，VSB装置の抱える上記の問題を解決する。

① 圧倒的多数のビーム本数を持つことにより，少ない電流密度でも総電流量を維持することができる。

② VSB装置とは異なり，すべてのパターンは一定のピクセルサイズのビットマップに変換されることにより，パターンの複雑性に依らず，描画時間を一定に保つことができる。

③ 電子ビーム一本あたりの電流量が下がるため，レジストヒーティングによる温度上昇率をほとんど無視できるまでに抑えることができる。

つまり，MB装置とは，電流密度を上げる開発を不要とし，ILTによるパターン微細化が進展しても描画時間の増加は発生せず，反対に三次元実装技術によりパターン微細化が停止してもレジストヒーティングの悪化を気にせずにドーズを増やすことができるという，きわめて理想的な描画装置である。しかしこのようなMB装置のメリットを実現するにはVSB装置にはなかった別の面での技術開発が要求される。次節以降では，主にVSB装置との比較において，MB装置の新規開発項目の要点について述べる。

3　描画方式の相違点

図2にVSB装置(a)とMB装置(b)の概略図を示す。VSB装置では，電子源から放出された電子を第1成形アパーチャに照射し，第1成形アパーチャを通過した電子ビームは成形偏向器にて偏向され，第2アパーチャ上の所望の位置に照射される。第2アパーチャを通過した電子ビームは主副偏向器により試料上の所望の位置に照射される。第1と第2の成形アパーチャは，電子ビームを透過させないだけの十分な厚さを持った部材に開口部を一つだけ持つ単純な平面構造物である。照射される時間の長さは，ブランキングと呼ばれる仕組みにより制御される。ブランキング機構は図2(a)には図示されていないが，その原理はMB装置と同様であるので図2(b)を参照されたい。ブランキング電極のあいだを通された電子ビームは，電圧が印加されると偏向を受け，成形アパーチャとは別のストッピングアパーチャ上で遮蔽され，試料にまで到達しない。反対に電圧を印加しなければ電子ビームは偏向を受けず，ストッピングアパーチャ上の開口部を通過し試料に到達する。この電圧を印加しない時間が電子ビームの照射時間となる。このように照射形状と照射時間を制御された可変成形ショットと呼ばれる一照射単位をつなげていくことで，**図3**(b)のように最終的な所望の潜像パターンを形成する。

これに対してMB装置では，電子源から放出された電子は複数の開口部を持つ成形アパーチャアレイに照射される。成形アパーチャアレイを通過した電子は，一律のサイズを持った多数のビームに成形される。成形アパーチャアレイの下側には成形アパーチャの個数と同じ数の

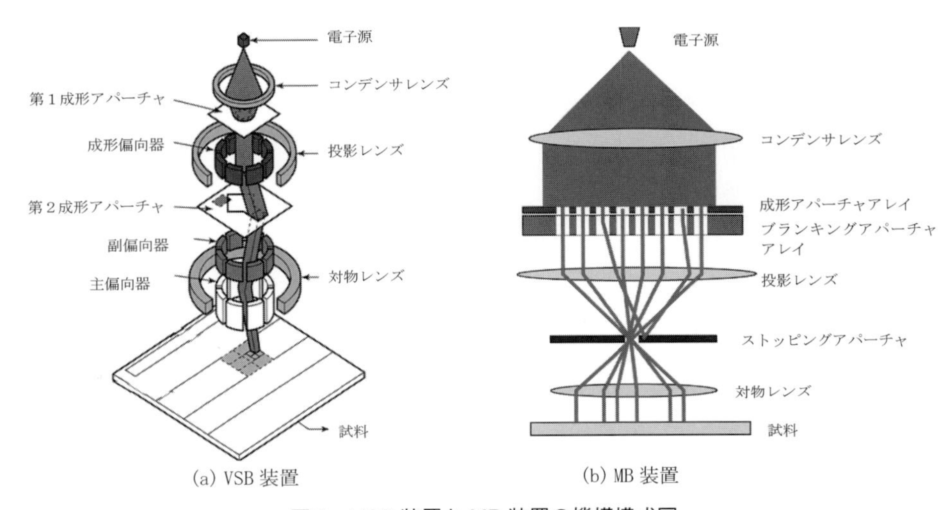

図2　VSB装置とMB装置の機構模式図

(a) 元の設計データ
（ポリゴン）

(b) VSB ショットデータ
（矩形・三角形）

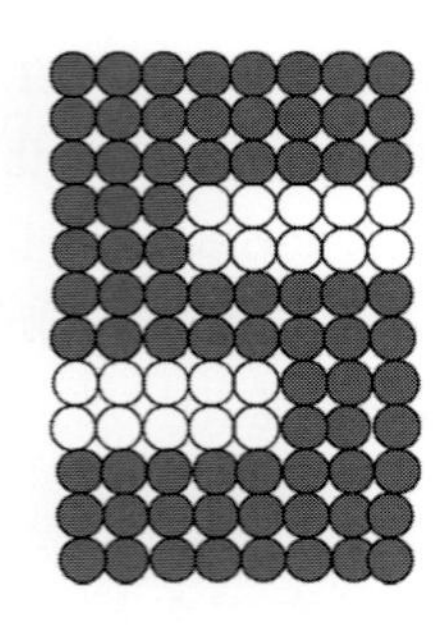

(c) MB 描画データ
（ピクセル）

図３　VSB 装置と MB 装置の描画方式・描画データの相違点

表１　VSB 装置と MB 装置の主な相違点

	VSB 装置	MB 装置
電子源	1	1
電流密度	～1200 A/cm^2	数 A/cm^2
成形アパーチャ	1 開口部×2 枚	複数（数 10 万）開口部×1 枚
成形アパーチャ照射領域	数 10 μm	数 mm
成形アパーチャ開口サイズ	10 μm 程度	数 μm
ブランキング電極	1	成形アパーチャ開口部個数に同じ
成形偏向	1 段偏向（※1）	なし
対物偏向	主副 2 段偏向（※2）	1 段ないし 2 段偏向
試料上ビームサイズ	250 nm～	10 nm～
ビーム分解能	20～30 nm	左記同等またはそれ以下

※1　ニューフレアテクノロジー社製の EBM-9000 以降の VSB 装置では 2 段偏向
※2　同じく EBM-9000 以降では 3 段偏向

ブランキング電極を配列した，ブランキングアパーチャアレイ[2]が配置される。各ビームはそれぞれに割り当てられたブランキング電極を通過し，VSB 装置と同様に，電圧の印加された電極を通るビームはストッピングアパーチャにより遮蔽され，電圧の印加されていない電極を通過したビームは試料に到達する。試料に到達するビームの全体の位置は VSB 装置同様に対物偏向器によって制御されるが，個々のビームの位置は独立には制御されない。個々のビームには必要な照射時間を独立に与えることで，最終的な所望の潜像パターンを点描方式により形成する（図 3（c）参照）。

表 1 に VSB 装置と MB 装置の主な相違点をまとめる。

4　主要開発項目

4.1　電子源

第 2 節にて述べたとおり，VSB 装置ではパターンの微細化に伴うショットサイズの減少により，より狭くなったアパーチャ開口部に，できるだけより多い電子をより短時間で通すための高電流密度化の技術開発が重要であった。MB 装置では多数の電子ビーム本数のおかげで，一本一本の電流密度は従来の数100分の1であってもかまわないが，その代わりに大きく広がった成形アパーチャアレイのすべての開口部をできるだけ均一に照射するための電子源開発が必要となる。

4.2　電子光学鏡筒

MB装置では，試料面上のビーム群は数10 μm幅の領域に照射され，成形アパーチャ部でのビーム照射領域の寸法は数mmのオーダーとなる。これはVSB装置に比べて遥かに広い。この為，MB装置で用いられる電子光学鏡筒はVSB装置とは異なり，歪収差等の大面積ビームで増大する収差が補正可能な程度にまで小さくなる様に最適化する必要がある。

4.3　アパーチャアレイ

VSB装置では，成形アパーチャの開口部は1つしかなく，開口部の角の曲率をできるだけ小さくすることが主な機械的要件であり，2枚の成形アパーチャ間の軸合わせは，投影レンズや成形偏向の光学的アライメントにより調整することが可能であった。これに対してMB装置では1本のビームのサイズを試料上でのビーム分解能にくらべて小さく設定することによって，ひとつひとつの開口形状の直角度はそれほど重要でなくなる。その代わりに，複数の各開口部の面積をどれだけ均一に形成できるかが重要な機械的要件となる。また，成形アパーチャアレイとブランキングアパーチャアレイの間には光学的な調整機構を設けることが不可能なため，どれだけ機械的に正確なアライメントを達成できるが重要になる。また，成形アパーチャアレイには上部からの電子ビームの照射という熱源があり，ブランキングアパーチャアレイにはブランキング動作を行うための能動素子(CMOS)が作り込まれているが，これによる発熱があるため，良好なアライメントを維持するためには両者の熱設計も重要である。

4.4　ブランキングアパーチャアレイ

VSB装置では高電流密度化に対応するため，特に高感度(小ドーズ)レジストに対して，より短くなった電子ビームの照射時間の制御単位をより細かくして，どれだけ正確にブランキング時間を制御できるかが重要であった。これに対してマルチビーム型電子線描画装置では，電流密度が数100分の1となり，さらに低感度(大ドーズ)レジストの採用が主に前提とされているため，照射時間の制御はそれほど高精度には要求されない。その代わりに，十数mmの領域に数10万個のブランキング電極を形成するMEMS製造技術の開発と，同じく数10万個のブランキング電極にOn/Off電圧を与えるアナログLSI実装(組み込み)技術の開発が鍵となる。

ブランキングアパーチャアレイはいわばMB装置の心臓部である。ブランキング電極にはビームを偏向するためにドライバ(通常CMOSインバータ)によって数Vの電圧が印加される。配線遅延を小さくするため，それぞれのブランキング電極近傍にドライバが配置されている。すなわち，限られた面積(数10 μmピッチ)にドライバとビームを通す開口と電極を形成しなければならない。ブランキング電極から漏洩する電界が隣接するビームの軌道に影響を与えるため，それぞれの電極から電界が漏れないような構造になっている。また，ブランキングアパーチャアレイは真空中で用いられるため発熱は極力抑えなければならない。組み込み回路は主にCMOSで構成されるが，わずかな貫通電流であっても動作周波数が高くなるほど消費電力が増加する。最も避けなければならないのは帯電である。帯電によってビームがボケるのみならずLSIの誤動作の要因にもなるからである。種々の物理現象を考慮して設計されたブランキングアパーチャアレイは構造が複雑なため高度な製造技術の開発が必要である。回路的には描画中に大量の描画データを高速にブランキングアパーチャアレイに転送するためI/Oや実装基板の設計も重要である。将来的には数100 Mbpsの転送速度が求められる。量産技術としては欠陥率の低減(歩留向上)がきわめて重要である。

4.5　偏向制御とステージ制御

偏向制御に関しては，VSB装置とMB装置のあいだに大きな相違点はない。ステージ連続移動描画方式についても基本的には同様であるが，VSB装置においてステージ速度を律速していた要因が，単位区画あたりのショット数密度であったのに対して，MB装置においては，ひとつの照射区画内におけるすべてのビームの中で最大の照射時間を持つビームによりステージ速度が律速される。例えばm本のビームを使ってひとつの照射区画を照射しているあいだは，たとえ(m－1)本の他のビームの照射が終わっていても，最大の照射時間の最後の1本のビームの照射が終わるまでは，次の照射区画へ移動することができない。したがって，ステージ速度をできるだけ速くして描画時間を短縮するためには，最大の照射時間をどれだけ小さく抑えられるかが重要になる。

4.6　データパス

図3で説明したように，VSB装置のデータパスの機能の主目的は，与えられた描画パターンを可変成形ビームで照射可能な矩形あるいは直角三角形のショット単位にまで分割することと，さらに各ショットの照射時間と照射位置に後述のさまざまな補正を加えて，ブランキング機構，成形偏向器，および対物偏向器を駆動することである。これに対して，MB装置のデータパスの機能目的は，与えられた描画パターンをショット単位ではなくてピクセル(ビットマップ)データに変換することである。このときにMB装置ではひとつひとつのビームの位置を独立に制御することはできないので，ピクセルサイズ以下の精度で描画パターンのエッジ位置制御を行うには，ピクセルデータの階調値を変化させることによって行う。この方式のことをグレイビーム描画方式[3]と呼ぶ。ピクセルデータ階調値は，原則として描画パターンが該当ピクセルを被覆する占有率によって求める。

4.7　補正機能

VSB装置で実現されていた補正機能は基本的にMB装置でも踏襲される。線幅に関する主な補正機能としては，空間的影響範囲の広いものから順に，エッチング・現像ローディング効果補正(影響範囲10 mm程度)，遠距離かぶり散乱補正(同じく1～10 mm)，後方散乱近接効果補正(同じく～10 μm)などが挙げられる。特筆すべき点としては，MB装置における後方散乱近接効果補正は，VSB装置で主流であった照射量補正方式[4]だけでなく，GHOST法[5]による補正方式とも相性がよい。VSB 装置では，後方散乱と同程度にぼかしたビームを使った反転パターン照射を追加で行う必要があったのに対して，MB 装置では，非照射部のビームにも後方散乱を反転した照射量を与えることによって，追加の描画時間を費やすことなく反転パターンの照射を行うことが可能だからである。照射量補正方式では低パターン密度領域で最大照射時間が上がりステージ速度が下がる欠点があるが，GHOST 法では最大照射時間をパターン密度に依存せず一定に維持できるという利点がある。

また，MB 装置での実現が期待される新規補正機能として，さらに極近距離の影響の線幅補正が挙げられる。VSB 装置でも実現は不可能ではなかったが，極近距離での補正を行うにはその影響範囲よりも十分に小さいショット単位での補正が必要であり，ショット数が増加してしまうため実現は困難であった。MB 装置においてはピクセル単位での照射時間の補正が可能であり，さらに，極近距離効果の補正に欠かせない細かいメッシュサイズの面積率マップデータについても，MB 装置では描画に使用する被覆率ベースのピクセルデータから追加の労力無しに入手が可能という利点がある。このような近距離効果補正の例としては，EUV マスク特有の中距離近接効果補正や，前方散乱・レジスト酸拡散・ビームぼけの補正などが挙げられる。特に後者については，エッジを強調するためにエッジ近傍のピクセルデータの階調値を増やしたり，他方でコントラストを強調するためにパターン内部のピクセルデータの階調値を減らしたりするなど，MB 装置ならではのビットマップデータの利点を最大限に活かしたきめの細かい制御方式も検討されている[6)]。その代わりに，VSB 装置では存在しなかった補正(校正)も MB 装置では必要である。たとえば，4. 1 で述べた電子源からの電子ビーム照射の不均一性や，4. 4 で触れたブランキング特性のばらつきなどを，一本一本のビームについて測定し校正する必要がある。

時間的影響を考慮した線幅補正については，レジスト引き置き効果(Post Exposure Delay：PED)補正などがあり，VSB，MB 装置ともに実現可能である(**表 2**)。ただし例外はレジストヒーティング補正である。レジストヒーティング効果については，第２節で述べたとおり，MB 装置では補正そのものを必要としない水準まで電流値を低減する設計とすることが好まし

表２　補正機能比較

対象	属性	補正項目		VSB 装置	MB 装置
線幅補正	空間的影響	エッチング・現像ローディング補正		○	○
		遠距離かぶり散乱効果補正		○	○
		後方散乱近接効果補正	照射量補正方式	○	○
			GHOST 法	×	○
		EUV 中距離近接効果補正		△	○
		前方散乱，極近距離効果補正		×	○
	時間的影響	レジスト引き置き効果補正		○	○
	時空間的影響	レジストヒーティング補正		○	不要
位置補正	空間的影響	格子点補正(レーザー曲り，マスク自重たわみ)		○	○
		膜応力補正		○	○
	時空間的影響	レジスト帯電補正		○	○
BAA 面内分布校正				不要	必要

○：可能，△：困難，×：不適

い。

位置精度補正について，VSB装置とMB装置の最大の相違点は，偏向歪みの補正である。VSB装置では一本のビームの位置を偏向位置に応じて補正することが可能であったが，MB装置では一本一本のビームの位置を独立に補正することは不可能であるため，偏向使用位置をあらかじめ想定して入力図形の位置に補正をかけるか，もしくはビットマップデータの変調によって補正する。偏向歪み以外にビーム全体に影響するような効果の補正，たとえばレーザーミラー曲りやマスク自重たわみなどの格子点補正[7)]や，エッチングによる膜応力解放歪みの補正や，レジスト帯電効果[8)]などの補正は，VSB，MB装置ともに実現可能である。

5　スループット設計

第2節で述べたように，MB装置の最大の魅力は生産性(スループット)である。電子線描画装置の理論上最大のスループット，すなわち最少の描画時間は，電子ビームの電流量と，描画されるレジスト感度(ドーズ)と，描画されるチップ全体の面積とその面積率によって決定される(式(1))。

$$\text{描画時間}[\mathrm{s}] \geq \text{チップ面積}[cm^2] \times \text{パターン面積率}[\%] \times \text{ドーズ}\left[\frac{\mu\mathrm{C}}{cm^2}\right] \div \text{電流量}[\mu\mathrm{A}] \quad (1)$$

この物理的限界は，VSB装置であってもMB装置であっても同じである。したがって，MB装置のスループットの基本設計に際しては，VSB装置で達成している電流量と同じかそれ以上の電流量を確保することがまず大事である。また，データパスのスループットは描画時間を超えない速度帯域を確保することが重要である。**表3**はVSB装置として株式会社ニューフレアテクノロジー社製のEBM-9000をベースにしたときの，MB装置のスループット基本設計の一般例である。データパスに必要とされるスループットは，1ピクセルあたりに必要とされる表現の階調値(ビット数)によっても左右されるが，ここではEBM-9000のVSB12iデータフォーマットで指定可能な1024階調を，16パスで分割した64階調(＝6 bit)で仮定してみた。

表3　VSB装置とMB装置のスループット設計比較

	VSB装置(EBM-9000ベース)	MB装置(一般例)
電流密度[A/cm^2]	800	2
ビームサイズ[nm]	250	10
ビーム本数	1	262,144(＝512×512)
総電流値[μA]	0.5	0.524
チップ面積[cm^2]	10.4×13.2＝137.28	
面積率[%]	＜100	
ドーズ[μC/cm^2]	75.0	
理論上最少描画時間[Hour]	5.7	5.5
補正階調値	10 bit(1024)	6 bit(64)
パス数	4	16
パス当たり総shot数/総pixel数	220×10^9 shot以上	137×10^{12} pixel
データパススループット	84×10^6[shot/sec] 以上	664×10^9[bit/sec]

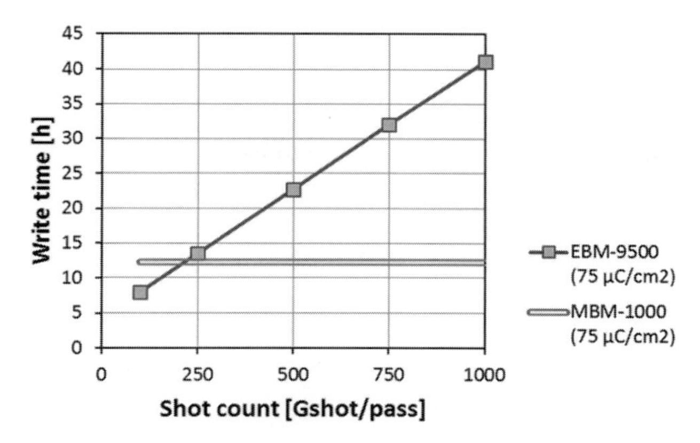

図4　EBM-9500 と MBM-1000 のスループット設計比較

図4は，株式会社ニューフレアテクノロジー社の VSB 装置 EBM-9500 と MB 装置 MBM-1000 の描画時間設計値を比較したものである[9]。VSB 装置の描画時間は照射単位であるショットの数に比例して伸びていくが，MB 装置ではパターンの複雑度には依らずに描画時間は一定となる。VSB 装置と MB 装置のスループット性能が逆転する分岐点は，VSB ショット数に換算して約 200 ギガショット付近で発生すると予想される。

6　描画結果

図5は現在株式会社ニューフレアテクノロジー社で開発中の MBM-1000 により描画された half pitch 20 nm と 16 nm の L/S の SEM 観察写真である。レジストは主鎖切断型で，レジスト感度は 160 μC/cm^2 である。VSB 装置と同等もしくはより良好な分解能が確認されている。**図6**は後方散乱近接効果補正をかけて描画された線幅 200 nm のパターンである。レジストは

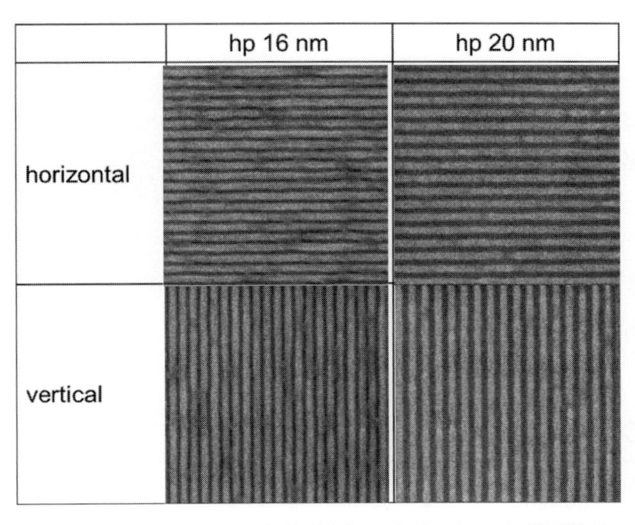

図5　Half pitch 16 nm および 20 nm L/S パターン描画結果

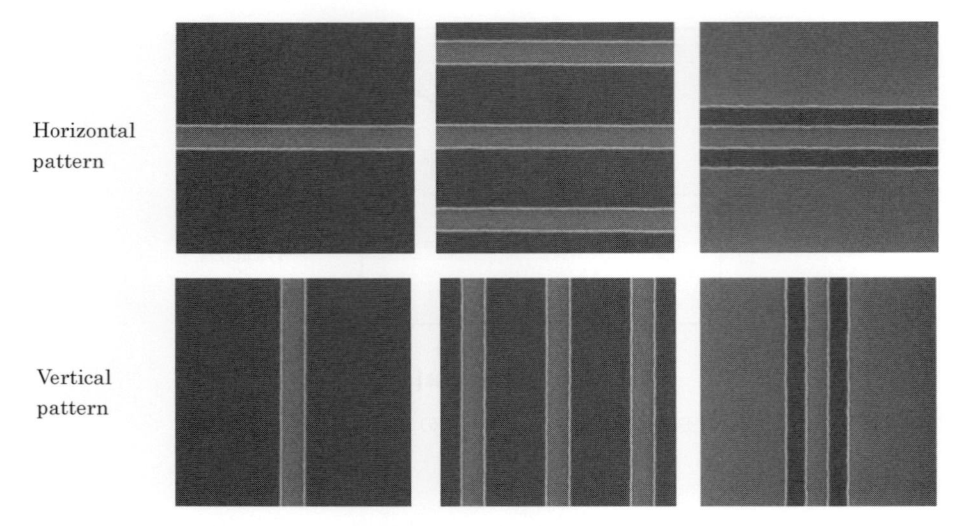

図6　200 nm パターン近接効果補正描画結果

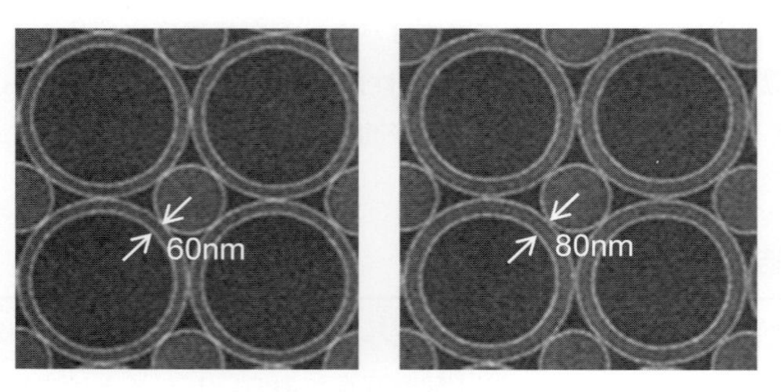

図7　円形形状パターン描画結果

化学増幅型レジストで，レジスト感度は約 20 μC/cm^2 である。従来技術と同等の補正精度が得られている。**図7**は同じく化学増幅型レジスト上にフォトニックデバイスを模擬した円形形状パターンの描画した結果である。線幅 60 nm までの良好な円形形状が確認されている。最後に**図8**は ILT の Curvilinear pattern を模擬した描画データの描画結果である。ILT パターンの詳細な Edge Placement Error（EPE）評価はこれからの課題である。

図8　ILT 模擬パターン描画結果

7　まとめ

マルチビーム型描画装置の技術的特徴について，主に可変成形型電子線描画装置との相違点に着目して解説した。従来，マルチビーム型電子線描画装置は直接描画用としていくつかの方式が提案され開発されてきたが，いずれの方式も実用化には至らなかった。昨今，マスク描画機においてその技術が実用化されようとしていることは大きな進歩である。マルチビーム型電子線描画装置は，IMS Nanofabrication AG 社から最初の実用化装置 MBMW-101[10]が 2016 年に販売開始されたばかりであるが，従来の描画データ運用やリソグラフィ応用技術に存在していたさまざまな制約を，根本から覆す潜在的破壊力を秘めた革新的技術である。これからもマスク分野に限らず，すべてのリソグラフィ技術者とユーザーを既存の制約や価値観から解放することでその恩恵が広くあまねく普及していくように，今後益々の発展に期待したい。

文　献

1) N. Nakayamada et al.：*J. Micro/Nanolith, MEMS MOEMS*, **15**(2), 021012(2016).
2) H. Yasuda et al.：*J. Vac. Sci. Technol.*, **B14**, 3813(1996).
3) F. Abboud et al.：Proc. of SPIE, 3096, 116(1997).
4) T. Abe, N. Ikeda, H. Kusakabe, R. Yoshikawa and T. Takigawa：*J. Vac. Sci. Technol.*, **B7**, 1524(1989).
5) G. Owen, P. Rissman and M. F. Long：*J. Vac. Sci. Technol.*, **B3**, 153(1985).
6) T. Klimpel et al.：Proc. of SPIE, 8522, 852229(2012).
7) T. Tojo et al.：Proc. of SPIE, 3748, 416(1999).
8) N. Nakayamada, S. Wake, T. Kamikubo, H. Sunaoshi and S. Tamamushi：Proc of SPIE, 7028, 70280C (2008).
9) H. Matsumoto et al.：Proc of SPIE, 9984, 998405(2016).
10) C. Klein and E. Platzgummer：Proc of SPIE, 9985, 998505(2016).

第１節　DSA 技術の概要

東京エレクトロン株式会社　永原　誠司

1　はじめに

紫外光リソグラフィにより，半導体デバイスの微細加工が進歩してきた。今では，ArF 液浸リソグラフィとマルチパターニング技術を駆使して，20 nm 以下の最小パターン寸法の半導体デバイスが作成されている。デバイスの微細加工をさらに進展させる技術の一つとして，誘導自己組織化(DSA：Directed Self Assembly)技術の研究開発が進んでいる[1)-22)]。

半導体 DSA 技術は，分子の自己組織化(Self-Assembly)の方向を，リソグラフィであらかじめ形成したパターンで誘導(Direct)し，半導体デバイス用パターンを基板上で形成する技術である。自然界の組織形成で見られるような分子の自己組織化を活用している。DSA 技術では，混ざり合わないポリマー(重合体)同士の反発力を駆動力として，ポリマーの自己組織化を行う。これにより，リソグラフィの解像限界を超えた微視的な相分離(ミクロ相分離)構造を塗布膜中で形成する。このミクロ相分離構造をデバイス加工用のパターンとして配向させて，エッチング時のマスクとして用いる。

本節では，半導体 DSA 技術の概要を紹介する。まず，DSA 技術に活用されるポリマーの自己組織化について述べる。つぎに，自己組織化現象を活用した DSA プロセスの基本ステップを概括する。その後，DSA プロセスの実現に重要な DSA 関連材料について紹介する。さらに，DSA 技術開発に活用されている DSA シミュレーション技術の現状について簡単に触れる。最後に，現在までの DSA 技術の評価を元に，DSA 技術の優位点や課題についてまとめる。本節の概要に引き続き，L/S DSA プロセスは第２節，ホール DSA プロセスは第３節で詳しく議論される。

2　DSA 技術に活用されるポリマーの自己組織化

2.1　DSA 技術で用いられる自己組織化材料の分類

高分子の自己組織化と DSA 技術の研究の歴史は比較的長く，すでに多くの総説や本でも詳細が解説されている[1)-22)]。ここでは，DSA 技術で用いられるポリマーが自立的に秩序構造を形成する自己組織化の概要を述べる。

図１に，DSA 技術で用いられる典型的な DSA 材料の分類を示す。もっとも典型的な DSA 材料は，ブロック共重合体(BCP：Block Copolymer)である。ブロック共重合体は，互いに混

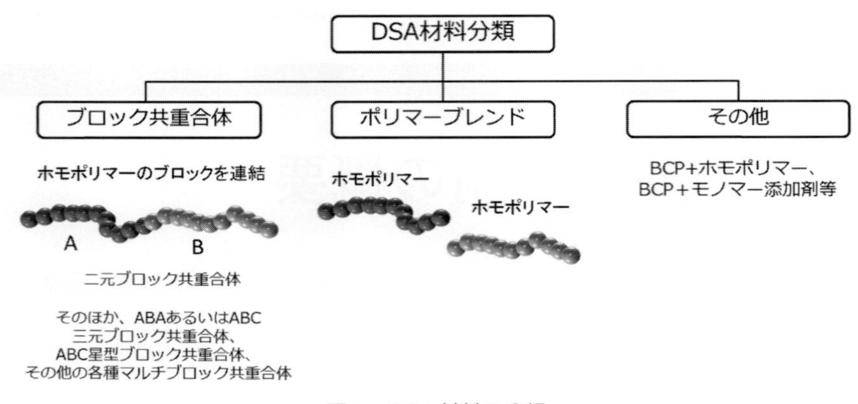

図1　DSA材料の分類

ざり合わないポリマーブロック同士を結び付けたポリマーである。ブロック共重合体を基板に塗布後，アニール処理(熱処理あるいは溶媒雰囲気処理)することで，パターンができる。パターンを形成する原動力は，極性の違うブロックポリマー間の反発力である。このミクロ相分離により，秩序性をもったパターン(秩序構造)を得る。

パターニング用のブロック共重合体の中で主流は，二つのブロック共重合体を結びつけた二元ブロック共重合体(Diblock Copolymers)である。その他，三つのブロックを結びつけた三元ブロック共重合(Triblock Terpolymers)等，マルチブロックの共重合体(直鎖，分岐状，星型等)も検討されている[1)2)]。

秩序構造は，ポリマーブレンド(図1)の相分離によっても形成できる。互いに混ざり合わない(非相溶)ホモポリマーの溶液を塗布し，ガイドパターン中で相分離することでパターンを得る。この場合は，ガイドパターンの極性に近い極性をもつホモポリマーが，ガイドパターンに沿って配向する。その中間にガイドの極性から離れた極性のポリマーが配置する。ポリマーブレンドの相分離により，ホールやトレンチのシュリンクが可能である。

ポリマーブレンドでラインアンドスペース(L/S)パターンを作成する場合，エッチング耐性をもったポリマーをコアパターン(レジストパターン)の両脇に沿って配向させる。エッチングで加工すると側壁部分がパターンになる。このL/Sの側壁プロセスの場合，ピッチを1/2にすることができる。

その他，ブロック共重合体にホモポリマーを加えたり[22)]，添加剤を加えたりして，相分離特性が改善する場合がある。

2. 2　DSA技術で用いられるミクロ相分離構造

図2に，ブロック共重合体のミクロ相分離構造を示す。このブロック共重合体の自己組織化による周期構造は，ミクロドメイン構造と呼ばれる。ミクロ相分離した状態を秩序状態(Ordered State)，ミクロ相分離していない状態を無秩序状態(Disordered State)という。図2に示すように，AB型のブロック共重合体では，AブロックとBブロックの比率を変えることで，ミクロ相分離構造が変わる。

A：Bの比率が5：5と同程度の場合，AとBのラメラ(Lamellae)(層状構造)を形成する。

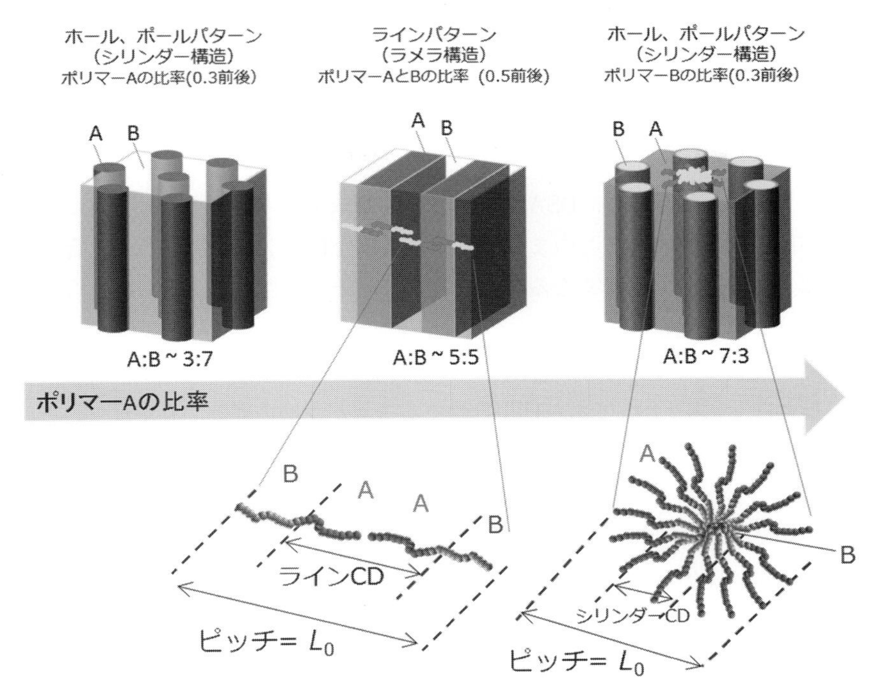

図２　ブロック共重合体のミクロ相分離構造

この場合，ＡとＢを基板に対して垂直配向(Perpendicular Orientation)させＡあるいはＢを現像で除去すると，L/Sパターンを形成できる。ＡとＢの比率が同等であれば，ABのブロックの積層は，-AB-BA-AB-BA-となり，AA，BBの層の繰り返しでラメラが形成される。

Ａ：Ｂの比率が３：７程度の場合，Ａのシリンダー(Cylinder)(柱状構造)を形成する。Ａ：Ｂの比率が７：３程度の場合，Ｂのシリンダーを形成する。比率が小さいブロックを比率が大きいブロックが取り囲んで，シリンダーができる。シリンダーを基板から上面に向かって垂直配向させてシリンダー部分を現像で除くとホールパターンになる。一方，シリンダーの周辺を現像で除くとピラー(柱)パターンになる。シリンダーは，六方格子(Hexagonal Array)上に配列する。

ＡかＢの比率がさらに小さいと，比率が小さいブロックのスフィア(Sphere)(球状構造)になる。スフィアは，位置を固定するのが難しく，スフィアの位置の固定には工夫が必要である。そのため，高い位置精度が要求される半導体デバイスパターニングでは，スフィアの評価例は比較的少ない。

2.3　DSA技術によるパターンサイズ，パターンのラフネス[1)]

図２からも分かるように，DSA技術では，分子の大きさ(AA，BBの厚み)でパターンサイズを調整する。ラメラの積層構造の周期(＝パターンのピッチ，ドメイン周期 d)(L_0)は，$L_0 \propto aN^{2/3}\chi^{1/6}$ の関係がある(高偏斥領域)。ここで，aは高分子の統計的セグメント長，Nはモノマーが重合している数(重合度)，χ(カイ)はフローリー・ハギンズ(Flory-Huggins)の相互作用パラメータである。DSA技術では，ポリマーの重合度Nがパターンのピッチと上式の相関

があるため，通常，Nを変化させてパターンのピッチを調整する。

χ値は，DSA材料で二つの物質がどれだけ互いに退け合うかを表現する際に使われる。χ値は，二つのポリマーの溶解パラメータの差が大きく，互いにより混ざりにくい場合に大きくなる。

ブロック共重合体が相分離し，DSAでパターンが形成できるかどうかは，AとBの間が退け合う力(偏斥力)χNで決まる。つまりブロック共重合体のχ値が大きく，重合度Nが大きい場合に，より相分離がしやすくなる。パターンピッチを小さくするために重合度Nを小さくした場合には，相分離をしやすくするために，χ値を上げる必要がある。つまり，微細化を進めるには，相分離の条件を満たすために，高χ材料(High　χ材料)を用いる必要がある。ラメラ構造の場合は，$\chi N > 10.5$であれば相分離することが平均場理論で導かれている。

DSAで形成する微細パターンのパターンエッジの制御は重要である。ブロックポリマー間の両成分が混ざり合った界面の幅は，$a\chi^{1/2}$に比例する。そのため，χ値を上げてAとBをより反発させシャープな界面にすることで，パターンのラフネスを減らすアプローチがとられる。DSA技術では，χ値を上げることによる界面の最小化に加え，現像を含むプロセスフロー全体で，パターンエッジのラフネスを最小化する努力が必要である。

3　DSAプロセスの基本ステップ[1)]

3.1　ガイドパターンによるDSA材料の配向

半導体DSA技術では，まず従来のリソグラフィでマスクパターンを基板に転写する。つまり，トップダウンで(上から下へ)，基板上にAまたはBのポリマーブロックに親和性のある界面のパターンを形成する。その後，下地に形成された界面パターンをきっかけにして，ボトムアップで(下から上へ)ポリマーの相分離のパターンを配向する。つまり，トップダウンとボトムアップのパターニング技術の組み合わせを使う。これにより，従来のトップダウンのリソグラフィだけではできなかった微細パターンを形成する。このような，DSA技術によるパターニング全体をDSAリソグラフィ(DSAL：DSA Lithography)と呼ぶこともある。また，相分離で形成したパターンを微細加工のレジスト材料として使用するパターニングプロセスは，ブロック共重合体リソグラフィ(BCL：Block Copolymer Lithography)とも呼ばれる。

DSA技術には大きく二つの配向手法がある。物理ガイドプロセスと化学ガイドプロセスである(本章第2節参照)。

物理ガイドプロセスは，物理的ガイド(段差上のガイド)パターンの側壁の特性を起因にして，DSA材料の配向が規則的に成長(エピタキシー)する。例えば，溝パターンの側壁の特性を利用して，溝の間にAB-BA-AB-BAと，ブロック共重合体を相分離させパターンを形成する技術である。物理ガイドプロセスは，グラフォエピタキシー(Graphoepitaxy)とも呼ばれる。

化学ガイドプロセスは，基板表面の化学的な極性の違いを利用してガイド(プレパターン)上でパターンを配置する。化学ガイドプロセスは，ケミカルレジストレーション(Chemical Registration)，ケモエピタキシー(Chemo-Epitaxy)，あるいは化学的エピタキシー(Chemical Epitaxy)とも呼ばれる。

ラインパターンもホールパターンも物理ガイドプロセスと化学ガイドプロセスの両方の方法が各種検討されている。どの方法も，ブロック共重合体の相分離後に系全体での界面の自由エネルギーが最小になるように，アニール中にポリマーブロックが動き，パターンが配向する。半導体デバイス作成に用いられる300 mmウェーハ上でのプロセスでの実証結果も多く報告されている[19)25)26)29)30)33)]。L/Sの各種DSAフローと適用実例は本章第2節，ホールのDSAフローと適用実例は本章第3節を参照されたい。

3. 2　DSA関連材料の塗布

DSA関連材料を塗布は，スピンコート法で行う。リソグラフィで形成したガイドパターン上に，溶剤に溶かしたDSA関連材料を吐出し，基板を回転(スピン)させ基板上に塗り広げ，不要な溶媒を揮発させる。その結果，基板上に均一な膜厚のDSA材料を塗布できる。

また，中性膜，極性膜，非極性膜など(本節4.参照)のモノレイヤー(単一層)膜を形成する際には，ブラシ塗布を行うこともある。ブラシ塗布とは，ポリマーの末端に水酸基(OH基)のような基板と吸着する置換基を接続したポリマーブラシを塗布し，モノレイヤー膜を形成する塗布手法である。スピンコート法でブラシ剤を塗布し，ポリマーブラシを基板表面からはやし，モノレイヤーを形成する。その後，モノレイヤー上に積層している不要なポリマーブラシを，基板を回転しつつ有機溶媒をかけて(リンスし)洗い流す。結果として，基板に絨毯のように吸着したポリマーブラシのモノレイヤーが残る。

3. 3　DSA材料のアニールによる相分離

DSA材料の塗布後，熱あるいは溶媒によるアニール(DSA材料の内部ひずみを取り除く処理)を行う。アニール中に偏斥力でポリマーを動かし，膜中の異なるブロックポリマー同士を反発させる。これにより，ブロック共重合体を相分離させる。また，アニール中に，ガイドパターンの表面エネルギーが近い部分にDSA材料のブロックの片方を吸着させ，配向させる。その後，アニールを終了し，DSAの相分離構造を膜中で固定する。

熱アニールは，ホットプレート上に基板を置き，ベーク処理でブロック共重合体の相分離を誘発する処理である。通例120℃から350℃程度の温度で熱処理を行う。ブロック共重合体は，高温下では酸素によってダメージを受けパターンの配向不良を引き起こす。そのため，熱アニールは通常，低酸素雰囲気下で行われる。アニール時間は，枚葉処理の場合，量産時のスループットを考慮すると5分以下が理想的である。短時間アニールを実現できる材料とプロセスを準備することが望ましい。

溶媒アニール処理は，溶媒雰囲気に基板をおいて，溶媒を基板表面に吸着させ，ブロック共重合体の相分離を誘発する処理である[22)]。例えば，トルエン雰囲気，アセトン雰囲気，ヘキサン雰囲気などが用いられる。熱アニールと組み合わせても良い[23)]。溶媒アニールを用いると，相分離に用いる温度を下げることができる。溶媒アニールは，特に高χ材料で用いられる。溶媒アニール中に，ポリマーの実効的なχ値を下げて分子の運動を容易にさせる効果もある。また，溶媒雰囲気を調整することで，DSA材料が垂直配向しやすくなる。ただし，デバイスの製造プロセスとしては，溶媒アニールはプロセスが複雑になるので，溶媒アニールを用いない材料開発が望まれている。

ミクロ相分離にかかる時間は，分子量が大きくなりパターンサイズが大きいほど長くなる。そのため，DSA 技術は大きいパターンには適していない。DSA 技術は，分子の配向時間が現実的な短さになる 20 nm 以下の微細パターンでの実用化が期待されている。また，χ 値が高くなるほど配向に必要なアニール時間が長くなる。そのため，χ 値は必要以上にあげない材料アプローチがとられている[24)]。

3. 4　DSA 材料の現像

ブロック共重合体を相分離した状態では，A と B のポリマーが分離しているだけで半導体加工に用いるパターンになっていない。A か B のブロックポリマーのどちらかを除く必要がある。ブロックポリマーの一方を除くプロセスを DSA 材料の現像という。その方法として，ドライ現像とウェット現像がある。

ドライ現像は，ドライエッチングによる現像である。エッチング速度の差を利用して，パターンを形成する。

一方，ウェット現像は，溶媒処理による現像である。A と B のポリマー間の DSA 材料のウェット現像は，ブロックポリマー間の溶媒への溶解度を利用して，パターンを形成する。ウェット現像時のブロック間の溶解性の違いが大きければ，高い選択比が実現できるメリットがある。

3. 5　DSA 材料をマスクにした下地加工

DSA 材料をマスクにした下地加工には，高選択比エッチング技術が必要である。ブロック共重合体の現像後のパターンの高さは，20 nm 以下で低いことが多い。そのため，DSA パターンをマスクにしたエッチング時の選択比を向上するための試みがなされている[25)26)]。

エッチング時の選択比を上げる方法として，ブロック共重合体の片方のブロック重合体に金属を選択的に浸潤してドライ現像の選択性をあげる方法も提案されている[27)]。金属の浸潤の副次的な効果として，パターンの浸潤時の応力でラフネスが低減する場合がある。

3. 6　DSA 材料のプロセス装置

DSA 材料のプロセス処理は，DSA 向けのプロセス装置を用いて行われる。アニール処理，ウェット現像処理，表面の極性改質処理などは，リソグラフィで用いられる塗布現像装置に特殊モジュールを掲載したプロセス装置で行われることが多い。例えば，東京エレクトロン株式会社の CLEAN TRACK™ LITHIUS Pro™ Z に DSA プロセス用の特殊モジュールを掲載したものが使用されている。エッチングは，DSA の高速択比エッチングが可能なエッチング装置で行われる。

4　DSA関連材料[20]

DSAプロセスは，相分離をする材料(DSA材料)と，相分離したブロックポリマーをうまく配向させるための材料(ピンニング膜，中性膜など)を組み合わせることで実現される。ここでは，各材料の要求特性をまとめる。

4.1　DSA材料

DSA材料に要求される特性は，安定して相分離をすること，現像ができること，DSA起因のパターン欠陥が安定して発生しないこと等である。以下に，典型的なブロック共重合体のDSA材料を紹介する。

4.1.1　PS-*b*-PMMA

半導体デバイス向けのDSA材料として，もっとも精力的にデバイス応用で検討されているブロック共重合体は，PS-*block*-PMMA(PS-*b*-PMMA)である。PS-*b*-PMMAは，ポリスチレン(PS)とポリメチルメタクリレート(PMMA)が共重合したブロック共重合体である。リビングアニオン重合など制御性の高い重合法を用いて，分子量やブロックの組成比を制御している。

PS-*b*-PMMAは，170℃から300℃で熱アニールすると相分離する。PSとPMMAは，表面張力が似ており，大気中で熱アニールしても，PSとPMMAの両方を大気面に接する形でパターンを形成できる。パターン上面の配向を整えるために，トップコートや溶媒アニールなど特殊条件を用いることなくDSAパターンが形成できるのが強みである。

PS-*b*-PMMAのχ値は，0.04[28]前後で，12 nmから16 nm程度までのパターンまでの実用検討が進んでいる[19)21)25)26]。それ以下のパターンも可能であるが，実用上，相分離の特性が不十分と考えられている。

PS-*b*-PMMAを用いると，PMMAを選択的に現像で除去できる。例えば，酸素系のドライエッチングでPMMAを選択除去可能である(ドライ現像)。また，短波長の紫外線(UV)でPMMAを分解し，有機溶媒でPMMAを選択的に現像(ウェット現像)することもできる[29)30]。

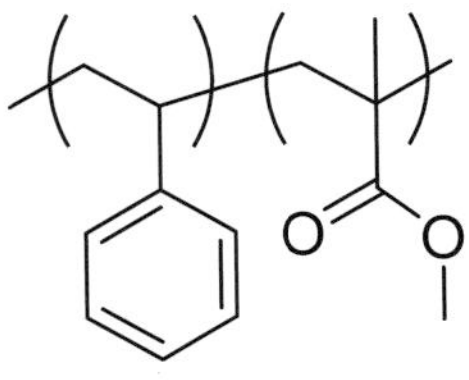

PMMAが除去しやすいのは，PMMAがUVや放射線に対して開裂しやすい第四級炭素をポリマー主鎖に含むためである。PS側は，主鎖に不安定な第四級炭素がなく，芳香環を含み安定性が高いため分解しにくい。そのため放射線やUVに対して耐性が高く，除去されにくい。その結果，PMMAとPS間で，エッチング時のプラズマ耐性やUV耐性に差ができ，選択的に，PMMAを除去できる。

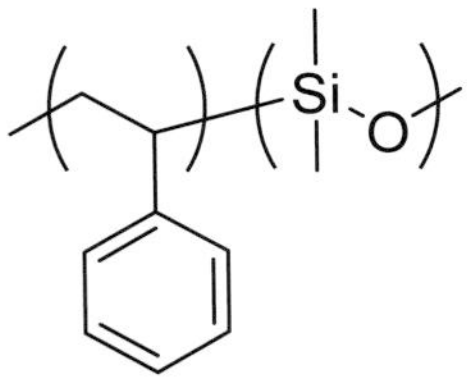

PS-*b*-PMMAでは，パターン倒れがおきやすいL/Sパターンではドライ現像，パターン倒れが気にならないホールパターンでは

PS-*b*-PMMA

PS-*b*-PDMS

ウェット現像と使い分けるのが選択肢になる。

4.1.2　高χ材料

解像力をあげ，ラフネスを低減するために，高χ材料も検討もされている。

高χ材料として広く評価されてきた例は，PS-*b*-PDMSである。PS-*b*-PDMSは，PSとポリ(ジメチルシロキサン)(PDMS)の共重合体である。χ値は0.26[31]と報告されている。PS-*b*-PMMAよりも，χ値が一桁近く高く，高い解像性(～8 nm)が実証されている。

PS-*b*-PDMSは，PDMSの含有比率を下げて，PDMSのシリンダーを形成するのに使われる。例えば，シリンダーを寝かせて(パラレルシリンダーとして)L/Sパターンを形成することができる。PSとPDMSの表面張力の差が大きいのでラメラ構造を形成するのには向かない。

PS-*b*-PDMSは，PDMSが-Si-O-の骨格を持つために，エッチャーで酸素プラズマ処理を行うとSiOxを生成し，強いエッチングマスクになる。一方，PSなど有機物部分は，酸素プラズマに対して，SiOxに比較してエッチング速度が速い。そのため，PS-*b*-PDMSの異方性エッチングを行うことで，PDMS部分を残留させてL/Sパターンをドライ現像で形成できる。

その他の有機-無機タイプ高χブロック共重合体も広く評価されている。例えば，PMMA-*b*-PMMAPOSS，MH-*b*-PTMSS，PS-*b*-PFS等である。

また，有機-有機タイプ高χブロック共重合体も広く開発されている。例えば，PS-*b*-PDLA，PS-*b*-PLA，PS-*b*-PEO，PS-*b*-PHOST等である。

DSA技術に使用できる材料に関しては，学術的にも多くの研究例がある。DSA関連材料の構造も含め総説に詳しく掲載されているので，参照されたい[20]。

4.2　中性膜

中性膜(Neutral Layer)(あるいは中性化膜(Neutralization Layer))は，DSA材料の極性の異なる各ポリマーブロックのそれぞれの中間的(中性な)な極性をもち，どちらともなじみがいい膜である。中性膜を用いると，相分離後にどちらのブロックもウェーハ基板面に接地できる。つまり，基板表面にブロック共重合体を垂直配向できる。一般に，各ポリマーブロックの組成のモノマーをランダムに重合した膜が用いられる。PS-*b*-PMMAに対する中性膜の典型例は，PS-*random*-PMMA(PS-*r*-PMMA)である。

中性膜の成膜は，スピンコート法で行うことが多い。プロセスフローによっては，中性膜をポリマーブラシとして塗布したもの(中性ポリマーブラシ)を使用する場合もある。

中性の度合いは，ブロックA，Bの比率を変えるなどで調整する。ブロック共重合体の垂直配向がもっとも安定して行える組成比を用いるのが望ましい。

無機材料を中性化膜として使用することも可能である。その場合は，中性膜をエッチング中に除去する必要がなく，プロセスが単純化される。ただし，基板の表面特性を安定して維持する必要がある。

4.3　ピンニング膜

ピンニング膜(Pinning Layer)は，ブロック共重合体の一方のポリマーに強く親和性をもつ膜(極性膜，あるいは非極性膜)である。中性膜と同じく，スピンコート法による塗布や，ブラシ塗布で成膜する。

ピンニング膜は，ブロック共重合体の一方の成分をポリマーの組成として使うことが多い。ピンニング膜を加工してピンニングパターンを形成する。一方のブロックポリマーを，ピンニングパターンで吸着することで，ブロックポリマーの位置を固定する(ピンニングする)。ピンニングパターン間に中性膜のパターンを形成することで，ピンニングパターンのピッチがゆるくても，ブロックポリマーの繰り返しにより，密パターンを形成できる。

4.4　トップコート膜

DSA用のトップコート膜は，DSA材料の上部に塗布する中性膜である。極性の違うブロックポリマーの中間的な特性をもち，どちらのブロックポリマーともよくなじむ。ブロック共重合体中のブロックポリマー同士の表面エネルギーの差が大きい場合(主に高χ材料)でも，トップコートと組み合わせることで，相分離構造を垂直に立てることができる。つまり，溶媒アニールのかわりに大気中でアニールを行っても，トップコートがあれば，DSA材料の上面を中性化できる。

DSA用のトップコート膜は，DSA材料の下面に塗布して成膜する中性膜と違って，DSA材料上に成膜する必要がある。DSA材料を溶かさないようにするために，塗布システム(溶媒，プロセス等)に工夫が必要である。塗布時には水溶液でDSA材料にダメージを与えないで成膜でき，その後化学反応で中性膜に変わるものも提案されている[32)]。DSA材料の相分離後の現像時には溶解するものであれば，十分な塗布膜厚で成膜しても問題がない。

トップコートを用いるとプロセスが複雑になるため，トップコートなしのシンプルなプロセスが実現できる高χ材料の検索も続いている[24)33)]。

4.5　DSA用レジスト

DSAプロセスのガイドパターンに用いられるレジスト材料の解像力，寸法ばらつき，感度などのリソグラフィ特性は，必要なレベルで満たしている必要がある。欠陥を誘発しないレベルに寸法のばらつきを抑えることは重要である。

その上で，プロセスごとにDSA特有の要求がある。

物理ガイドプロセスに使用されるレジストに要求される特性は，プロセスごとに多岐にわたる。物理ガイドレジストとして使用される際には，DSA材料の塗布時の溶媒により溶解しない特性が必要である。そのため，DSA材料塗布前にハードベークでレジストを固めることも選択肢になる。また，DSA材料のアニール時にレジストがだれたり，DSAの配向に悪影響を及ぼしたりするようなダメージを受けないことも重要である。

化学ガイドプロセスに使用されるレジストに要求される特性も，プロセスごとにさまざまな要求がある。DSAのプロセスフロー中に除去されるレジストの場合は，除去性も重要になる。中性膜やピンニング膜などの機能性膜上でパターニングされる際には，エッチング加工をした後にレジストを除去することもある。その場合は，エッチングにより，溶媒リンス液への溶解が阻害されない必要がある。また，レジスト剥離後の下地膜は，DSAフローを実現するための特性(中性あるいは極性)を維持しないといけない。

DSA用レジストは上記のような特殊ニーズがあるため，プロセスフロー全体が実現できるように，要求特性を満足するレジストを注意深く選定する必要がある。

5　DSAのプロセスシミュレーション[1)34)]

DSAのフロー設計，材料設計，欠陥低減などDSAプロセス最適化に，DSAシミュレーションが活用できる。DSAのシミュレーションには精度とスピードのトレードオフがあるため，導き出す結果に応じて，使い分けされている。

近年，半導体デバイス向けDSAプロセスのシミュレーションとして広く用いられるようになったのは，密度汎関数法(DFT：Density Functional Theory)である[35)-38)]。比較的広範囲のパターンでも，計算負荷が小さい。密度汎関数法は，PS-*b*-PMMAの系でプロセスの再現性が大変良いことが実証されている。

その他，自己無撞着場法(SCFT：Self-Consistent Field Theory)，散逸分子動力学(DPD：Dissipative Particle Dynamics)法，分子動力学(MD：Molecular Dynamics)法，モンテカルロ(MC：Monte Carlo)法も使用されている。DSAシミュレーションで，欠陥の低減の手法を模索するなどプロセス改善にシミュレーションが活用されるようになっている[1)]。

DSA時のガイドパターンの光近接効果補正に用いるDSAの高速シミュレーション法も提案されている[39)]。

6　DSA技術の優位点と課題[1)19)25)-26)]

DSA技術により微細なパターン形成を実現する研究開発が半導体メーカーや研究機関で行われ，DSA技術の優位点や，実用化へ向けて配慮すべき課題・制約も明確になってきている。

次世代パターニング技術としてのDSA技術の優位点を以下にまとめる。

・リソグラフィの限界を超える微細なパターンを形成できる。リソグラフィのパターンピッチを何分の1にも縮小できる。

・DSAによりマスク数を減らし，低コスト化ができる場合。

・物理ガイドプロセス

　　-ホールガイドパターンのラフネスを低減できる。
　　-ホールガイドパターンのCD均一性を改善できる。
　　-L/Sパターン寸法ばらつきを改善できる場合もある。

・化学ガイドプロセス

　　-L/Sガイドパターンのラフネスが，DSAパターン界面の効果でスムージングされる。
　　-ブロック共重合体の分子サイズで寸法が決まるので，寸法均一性よく加工できる。
　　-均等ピッチで繰り返しパターンを形成できる（ピッチウォーキングが起こらない）。
　　-L/Sガイドパターンの欠陥を修復できる場合がある。
　　-ホールガイドパターンの欠陥を修復できる場合がある。

次に，実用化へ向けてDSA技術特有の配慮すべき課題をピックアップする。実プロセス上の課題を対策して，安定なプロセスを構築することが求められている。

・デバイスの量産の要求レベルでの安定した低欠陥。特に相分離不良欠陥がないこと。
・DSA材料・プロセスの量産安定性(材料の分子量，組成，不純物，中性特性，ピンニング特性等)。
・ガイドパターンに対するDSA後のパターンの位置ずれが十分小さいこと。
・ガイドパターンのリソグラフィ寸法ばらつきが，DSAに影響しないレベルで小さいこと。
・段差ガイド上塗布の場合には，材料塗布膜厚のウェーハ面内での十分な均一性と塗布膜厚安定性。
・DSA材料の配向特性・ピッチを考慮したデバイスパターンレイアウト。
・DSA影響を考慮したアライメントマーク戦略。
・DSA影響の考慮した重ね合わせマーク設計，重ね合わせ誤差計測戦略。
・DSA材料の相分離後の相分離状態の確認や寸法の計測戦略。
・DSAのフィンガープリント(パターン端部など)のライン端部をカットするトリムマスク戦略。

7　まとめ

DSA技術により，リソグラフィの限界を広げる新たな可能性が生まれようとしている。DSA技術の量産適用には，多面的な最適化や改善活動が必要である。そのため，半導体デバイスへのDSA技術の適用に当たって，半導体業界，材料業界，装置業界，研究機関で連携して，継続的な開発が必要である。デバイスメーカーを中心とした応用開発に加え，EIDEC(日本)，imec(ベルギー)，CEA-Leti(フランス)など世界のコンソーシアムや大学で，短期的な視野ではなく，長期的で着実な開発が，精力的に続けられている。分子の自己組織化の神秘の力を活用したDSA技術が実現し，将来のデバイスがさらに進展することを期待している。

文　献

1)　竹中幹人，長谷川博一：ブロック共重合体の自己組織化技術の基礎と応用，シーエムシー出版(2013).
2)　渡辺順次：分子から材料までどんどんつながる高分子，169-208, 丸善出版(2009).
3)　木原尚子：自己組織化リソグラフィ技術，東芝レビュー，**67**(4), 44(2012).
4)　平岡俊郎，浅川鋼児，喜々津哲：ナノテクノロジーテラビット磁気記録媒体を実現する新しいナノ加工技術，東芝レビュー，**57**(1), 13(2002).
5)　早川晃鏡：シングルナノパターニングに向けた高分子自己組織化リソグラフィと材料設計，機能材料，**33**(5), 26(2013).
6)　浅川鋼児：自己組織化高分子薄膜を利用した電子デバイスの超微細加工，高分子，**63**(2), 102(2014).
7)　山口徹，山口浩司，16 nm技術ノードへ向けたブロック共重合体リソグラフィ，NTT技術ジャーナル 2007. **2**, 9(2007).
8)　真辺俊勝：自己組織化リソグラフィ～より高性能で低コストな半導体の実現を目指して～，Nanotech

Japan Bulletin, **6**(5), 1(2013).

9) C. T. Black et al.：*IBM J. Res. & Dev.*, **51**(5), 605(2007).

10) F. S. Bates and G. H. Fredrickson：*Annu. Rev. Phys. Chem.*, **41**, 525(1990).

11) W. Li and M. Müller：*Prog Plym Sci*(2015), http://dx.doi.org/10.1016/j.progpolymsci.2015.10.008.

12) A. Nunns et al.：*Polymer*. **54** 1269(2013).

13) M. J. Fasolka and A. M. Mayes：*Annu. Rev. Mater. Res.* **31**, 323(2001).

14) W. Hinsberg et al.：Proc. of SPIE, 7637, 76370G-1(2010).

15) M. P. Stoykovich and P. F. Nealey：*Materials Today*, **9**(9), 20,(2006).

16) S.-J. Jeong et al.：*Materials Today*, **16**(12), 468(2013).

17) C. Harrison et al.：Lithography with Self-Assembled Block Copolymer Microdomains, in Developments in Block Copolymer Science and Technology(ed I. W. Hamley), John Wiley & Sons, Ltd, Chichester, UK. doi：10.1002/0470093943.ch9(2004).

18) G. A. Ozin, et al.：*Materials Today*, **12**(5), 12(2009).

19) R. Gronheid et al.：*J Photopolym Sci Technol*, **26**(6), 779,(2013).

20) S. Minegishi et al.：*J Photopolym Sci Technol*, **26**(6), 773,(2013).

21) T. Azuma：*J Photopolym Sci Technol*, **29**(5), 647,(2016).

22) M. P. Stoykovich et al.：*Science*, **308**(5727), 1442-6(2005).

23) Kevin W. Gotrik and C. A. Ross：*Nano Lett.*, **13**(11), 5117(2013).

24) Shih-wei Chang et al.：Proc. SPIE, 8680, 86800F(2013).

25) B. Rathsack et al.：Proc. SPIE, 8323, 83230B(2012).

26) M. Somervell et al.：Proc. SPIE, 9051, 90510N(2014).

27) Arjun Singh et al.：Proc. of SPIE, 9425, 94250N(2015).

28) T. P. Russell et al.：*Macromolecules*, **23**, 890(1990).

29) M. Muramatsu et al.：*J. Micro/Nanolith. MEMS MOEMS.* **11**(3), 031305(2012).

30) Y. Seino et al.：*J. Micro/Nanolith. MEMS MOEMS.* **12**(3), 033011(2013).

31) T. Nose, *Polymer*, **36**, 2243(1995).

32) Christopher M. Bates et al.：*Science*, **338**(6108), 775(2012).

33) Eri Hirahara et al.：Proc. of SPIE, 9425, 94250P(2015).

34) H. Morita：*J Photopolym Sci Technol*, **26**(6), 801,(2013).

35) T. Ohta and K. Kawasaki：*Macromolecules*, **19**, 2621(1986).

36) T. Ohta and K. Kawasaki：*Macromolecules*, **24**, 2621(1986).

37) K. Yoshimoto：*J Photopolym Sci Technol*, **26**(6), 809,(2013).

38) M. Muramatsu et al.：Proc. SPIE, 9777, 97770F(2016).

39) K. Lai：Proc. of SPIE, 9052, 90521A(2014).

第2節　ラインアンドスペース対応DSA技術

株式会社先端ナノプロセス基盤開発センター　東　司

1　はじめに

ブロック共重合高分子BCP(Block Copolymer)を用いたDSA(Directed Self-Assembly)技術は，ハーフピッチ15 nm以細レベル，特にシングルナノレベルの微細化を目指すシリコン半導体デバイス量産技術を低コストで実現できるNGL(Next Generation Lithography)の一つとして注目されている[1)-14)]。従来からのArF液浸リソグラフィやEUVリソグラフィのように，露光光源の短波長化によってレジストパターンの微細化を実現するアプローチとは異なり，DSA技術は高分子の自発的で規則的な配列を制御することによって微細化を実現するアプローチである。BCPの分子量と組成比に応じてパターンサイズとパターン形状がシングルナノレベルのオーダーで制御できることや，新規の半導体製造装置の開発を必要とせず，現在のシリコン半導体デバイス量産工場のリソグラフィ工程やエッチング工程で使われているArF液浸露光装置，レジスト塗布装置，エッチング装置などの継続利用が可能なことから，既存の半導体製造装置を延命できるばかりではなく，ハーフピッチ15 nm以細レベルのシリコン半導体デバイスを低コストで製造できるプロセスとして期待されている微細加工技術である。本稿では，ラインアンドスペース対応DSA技術の現状と課題について報告する。

2　物理ガイドプロセスと化学ガイドプロセス

物理ガイド(Physical Epitaxy，あるいはGrapho-Epitaxy)を利用したラインアンドスペース対応DSA技術を**図1**に示す[15)]。現在のシリコン半導体デバイス量産工場のリソグラフィ工程やエッチング工程で使われている露光装置，レジスト塗布装置，エッチング装置などを使って，物理ガイドと呼ばれる基板表面の溝を形成後，レジスト塗布装置を使って溝の中にBCP溶液を塗布し，アニール処理により物理ガイドの溝に沿ってBCPのミクロ相分離現象を利用した自己組織化を誘導する。

現在，ラインアンドスペース対応DSA技術において，最も実用化に向けた技術開発が進んでいるラメラ構造のPS-*b*-PMMA(Polystyrene-*block*-poly(methyl methacrylate))を用いた，化学ガイド(Chemical Epitaxy，あるいはChemo-Epitaxy)によるPS(Polystyrene)ラインアンドスペースパターン形成プロセスを**図2**に示す[15)]。本プロセスでは垂直形状のラメラパターンを形成するために，親水性のPMMA(Poly(methyl methacrylate))と疎水性のPSの2成分

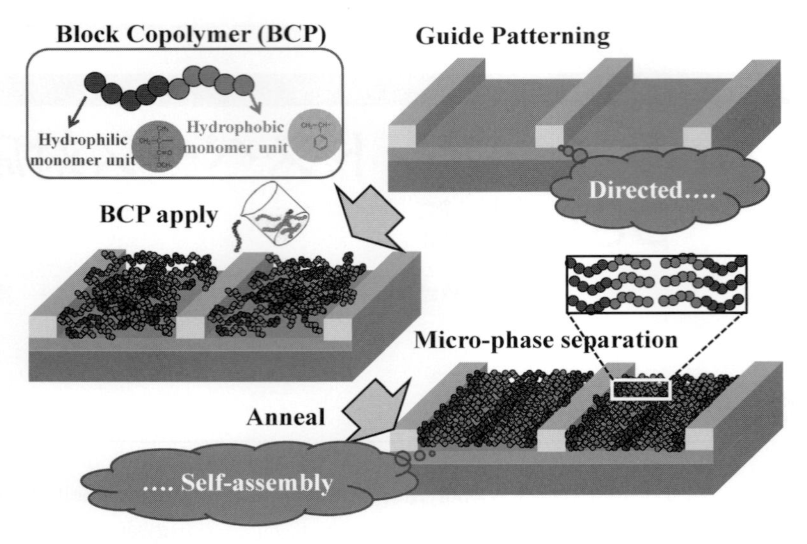

図１　物理ガイドを利用したラインアンドスペース対応 DSA 技術[15]

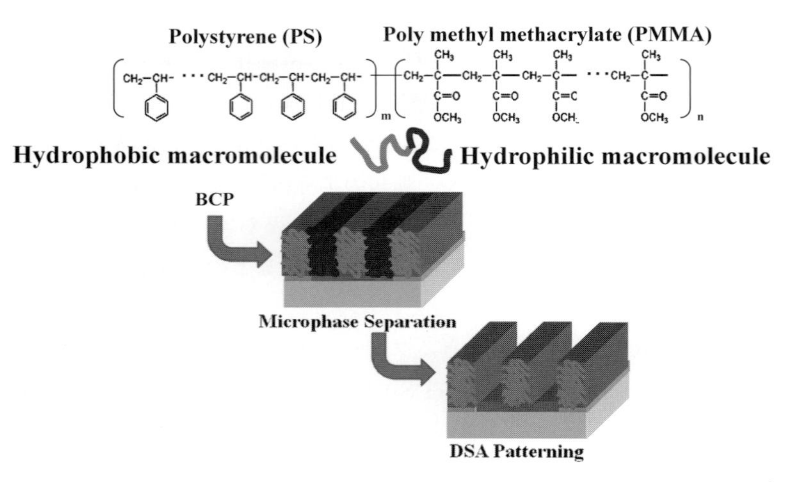

図２　PS-*b*-PMMA を用いた PS ラインアンドスペースパターン形成プロセス[15]

がランダムに共有結合した中性化膜 PS-*r*-PMMA を使って基板表面を処理している。エッチング装置やウェット装置により垂直形状のラメラパターンの PMMA 部分を選択的に除去することで PS ラインアンドスペースパターンを形成する。

ガイドパターンを利用したラインアンドスペース対応 DSA 技術は，実用化に向けて現在までに多数の事例が報告されており，特に基板表面の物理的な溝を利用する物理ガイド[16]や，基板表面の化学的な標識を利用する化学ガイドが広く知られている[17]。物理ガイドを利用したラインアンドスペース対応 DSA 技術では，基本的に物理ガイド間の溝にのみラインアンドスペースパターンが形成され，物理ガイド直下の領域ではラインアンドスペースパターンを形成することができない。一方，化学ガイドを利用したラインアンドスペース対応 DSA 技術では，基本的に基板全面にラインアンドスペースパターンを形成することができるという特徴がある。ガイドパターンを利用したラインアンドスペース対応DSA技術では，垂直ラメラ構造にBCPの自己組織化を誘導する方法として，BCPと同じく親水性(Hydrophilic)と疎水性(Hydrophobic)の2成分がランダムに共有結合した中性化膜RCP(Random Copolymer)を使って基板表面を処理することが重要となる。化学ガイドを利用したラインアンドスペース対応DSA技術は，様々なプロセスフローが報告されており，実用化に向けた検討が進められている。化学ガイドを利用したラインアンドスペース対応DSA技術における代表的なプロセスフローを**図3**に示す[18]。

LiNe Processは，Univ. WinsonsinのP. Nealeyグループ(現在はUniv. Chicago)がラメラ構造のPS-*b*-PMMAを用いて開発した最初の化学ガイドによるラインアンドスペース対応DSAプロセスフローである[19]。ArF液浸リソグラフィ工程で形成されたポジ型レジストパターンと架橋型PS膜をエッチング工程により同時にスリミング加工後に，ポジ型レジストパターンのみを剥離することによって，所望のラインアンドスペースのハーフピッチサイズ($L_0/2$)のストライプ状の架橋型PSパターンを形成する。次に，ストライプ状の架橋型PSパターン間の溝をRCPで選択的に埋め込むことによって，ストライプ状の架橋型PSパターンが基板表面に選択的な疎水性の標識を形成する。更に，基板全面にラメラ構造のPS-*b*-PMMA溶液を所定の膜厚に塗布後に，200から300℃程度のアニール工程を経てPS-*b*-PMMAのミクロ相分離現象を利用した自己組織化を誘導する。このときにPS-*b*-PMMAの疎水性のPSブロックはストライプ状の架橋型PSパターン上に選択的に誘導されることによって，基板上の特定の位置にラインアンドスペースパターンを配置することができる。

SMART™ Processは，AZ Electronic Materials Corp.(現在はEMD Performance Materials (Merck KGaA))のグループがラメラ構造のPS-*b*-PMMAを用いて開発した化学ガイドによるラインアンドスペース対応DSAプロセスフローである[20]。ArF液浸リソグラフィ工程で形成

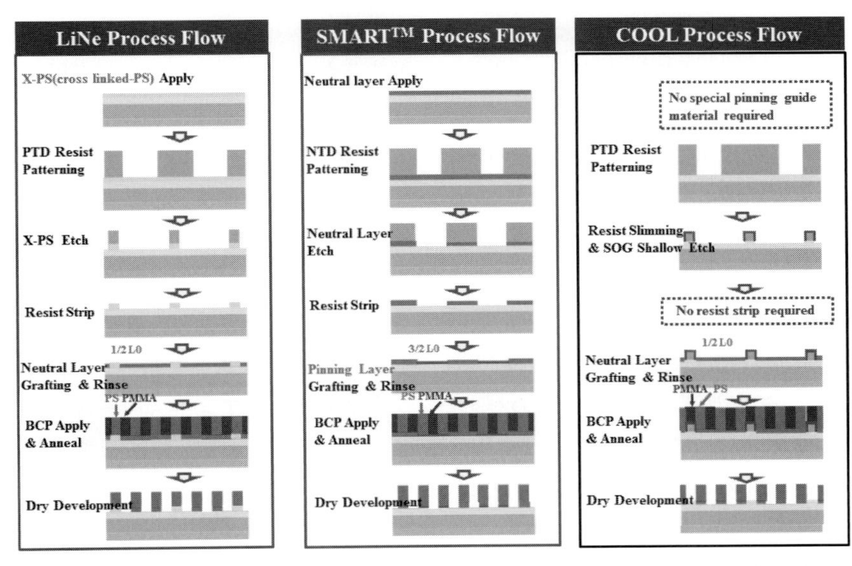

図3　化学ガイドを利用したラインアンドスペース対応DSA技術における代表的なプロセスフロー[18]

されたネガ現像型レジストパターンおよびRCPをエッチング工程により同時にスリミング加工後に，ネガ現像型レジストパターンのみを剥離することによって，所望のラインアンドスペースの3/2ピッチサイズ($3L_0/2$)のストライプ状のRCPパターンを形成する。次に，ストライプ状のRCPパターン間の溝を架橋型PS膜で選択的に埋め込むことによって，ストライプ状のRCPパターンが基板表面に選択的な疎水性の標識を形成する。更に，基板全面にラメラ構造のPS-*b*-PMMA溶液を所定の膜厚に塗布後に，200から300℃程度のアニール工程を経てPS-*b*-PMMAのミクロ相分離現象を利用した自己組織化を誘導する。このときにPS-*b*-PMMAの疎水性のPSブロックはストライプ状のRCPパターン上に選択的に誘導されることによって，基板上の特定の位置にラインアンドスペースパターンを配置することができる。

COOL(Coordinated Line Epitaxy)Processは，EIDECのDSA研究グループがラメラ構造のPS-*b*-PMMAを用いて開発した化学ガイドによるラインアンドスペース対応DSAプロセスフローである[18)21)]。ArF液浸リソグラフィ工程で形成されたポジ型レジストパターンおよびArF液浸リソグラフィ用反射防止膜の一部である塗布型SiO_2膜SOG(Spin-on-Glass)をエッチング工程により同時にスリミング加工することによって，所望のラインアンドスペースのハーフピッチサイズ($L_0/2$)のストライプ状のポジ型レジストパターンおよびSOGパターンを形成する。次に，ストライプ状のポジ型レジストパターンおよびSOGパターン間の溝をRCPで選択的に埋め込むことによって，ストライプ状のポジ型レジストパターンおよびSOGパターンが基板表面に選択的な親水性の標識を形成する。更に，基板全面にラメラ構造のPS-*b*-PMMA溶液を所定の膜厚に塗布後に，200から300℃程度のアニール工程を経てPS-*b*-PMMAのミクロ相分離現象を利用した自己組織化を誘導する。このときにPS-*b*-PMMAの親水性のPMMAブロックはストライプ状のポジ型レジストパターンおよびSOGパターン上に選択的に誘導されることによって，基板上の特定の位置にラインアンドスペースパターンを配置することができる。

LiNe ProcessとSMART™ Processでは，ストライプ状のピン留め(Pinning)パターン表面がBCPの特定のブロックを選択的かつ正確に誘導するためには，エッチング工程によるスリミング加工後のレジストパターンのみをきれいに剥離することが重要である。ストライプ状のピン留めパターン表面のレジストパターンの剥離が十分でない場合には，レジストパターン残渣が欠陥発生の原因となる。一方，COOL Processでは，ストライプ状のピン留めパターン表面のレジストパターンの剥離を必要としないという特徴がある。LiNe ProcessとCOOL Processでは，ストライプ状のピン留めパターンを所望のラインアンドスペースのハーフピッチサイズ($L_0/2$)にエッチング工程によりスリミング加工する必要があり，特にシングルナノレベルの微細化を目指す場合には，寸法制御性や形状制御性が課題となる。一方，SMART™ Processでは，ストライプ状のピン留めパターンを所望のラインアンドスペースの3/2ピッチサイズ($3L_0/2$)にエッチング工程によりスリミング加工することから，寸法制御性や形状制御性において有利である。更に，SMART™ ProcessとCOOL Processでは，ストライプ状のピン留めパターンが断面構造上凸型の段差を形成しており，化学ガイドの効果に加えて物理ガイドの効果も期待できることから，位置ずれや欠陥に対しても有利であると考えられる。

3　ハーフピッチ 15 nm ラインアンドスペース対応 DSA 技術

EIDEC の DSA 研究グループが開発した COOL Process によるハーフピッチ 15 nm パターン形成プロセスフローを**図４**に示す[21]。被加工膜 SiO_2，パターン転写用ハードマスクのアモルファスシリコン，塗布型カーボン膜 SOC(Spin-on-Carbon)，SOG を積層した 300 mm シリコンウエハ基板上に，ArF 液浸リソグラフィ工程でピッチ 90 nm のラインアンドスペースのポジ型レジストパターンを形成する。次に，ポジ型レジストパターンおよび SOG 膜をエッチング工程により同時にスリミング加工することによって，ハーフピッチ 15 nm のストライプ状のポジ型レジストパターンおよび SOG パターンを形成する。ストライプ状のポジ型レジストパターンおよび SOG パターン間の溝を RCP で選択的に埋め込むことによって，ストライプ状のポジ型レジストパターンおよび SOG パターンが基板表面に選択的な親水性の標識を形成する。更に，基板全面にラメラ構造の PS-*b*-PMMA 溶液を所定の膜厚に塗布後に，200 から 300℃程度のアニール工程を経て PS-*b*-PMMA のミクロ相分離現象を利用した自己組織化を誘導する。このときに PS-*b*-PMMA の親水性の PMMA ブロックはストライプ状のポジ型レジストパターンおよび SOG パターン上に選択的に誘導されることによって，基板上の特定の位置にラインアンドスペースパターンを配置することができる。ストライプ状のポジ型レジストパターンおよび SOG パターンが基板表面に選択的な親水性の標識を形成することによって，PS-*b*-PMMA の親水性の PMMA ブロックがストライプ状のポジ型レジストパターンおよび SOG パターン上に選択的に誘導され，基板上の特定の位置にラインアンドスペースパターンが配置されていることを示す断面 STEM(Scanning Transmission Electron Microscope)像を**図５**に示す。断面 STEM 像のコントラストを向上させるために，図中の断面 STEM 像では重金属酸化物により PS ブロックを選択的に染色している(PS-*b*-PMMA 膜中の黒色領域が PS ブロック)。

COOL Process によるハーフピッチ 15 nm パターンのハードマスク加工後欠陥分類を**図６**に示す。欠陥検査装置は Die-to-Database アルゴリズムの電子ビーム欠陥検査装置 NGR3520

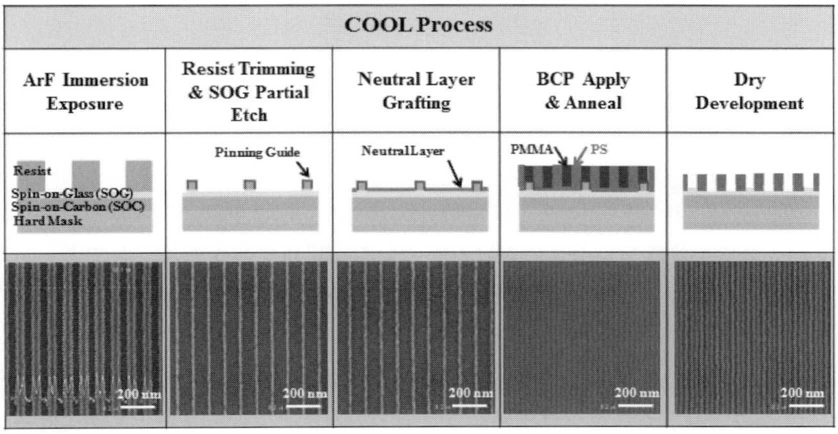

図４　COOL Process によるハーフピッチ 15 nm パターン形成プロセスフロー[21]

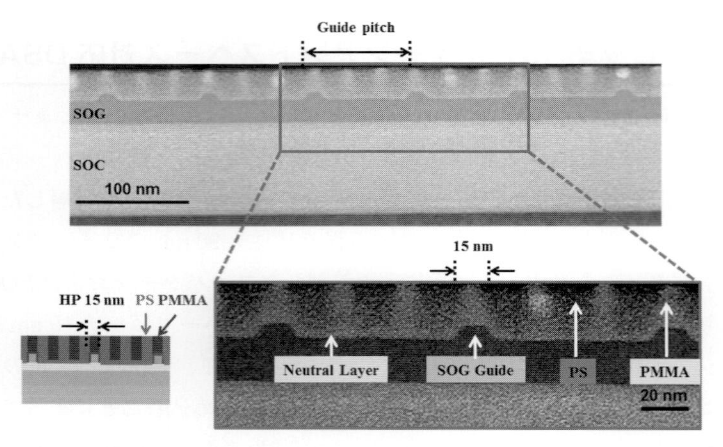

図5　COOL Process によるハーフピッチ 15 nm パターンの断面 STEM像[21)]

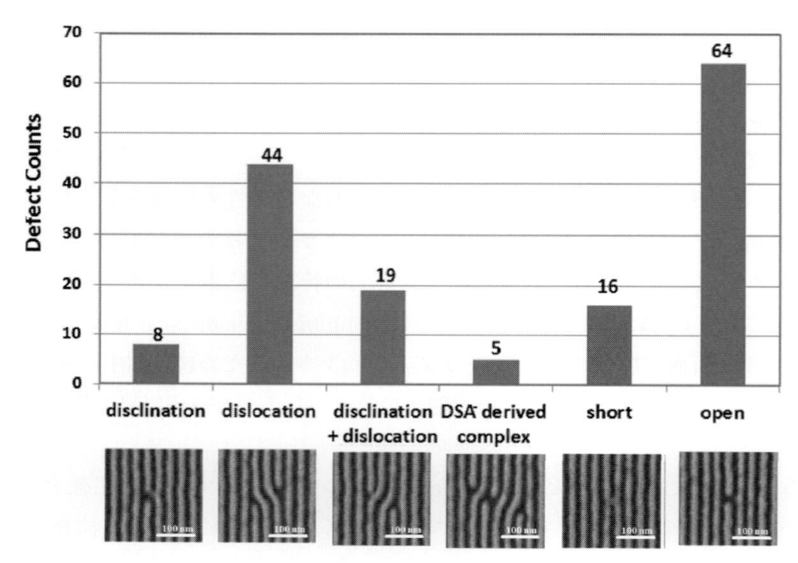

図6　COOL Process によるハーフピッチ 15 nm パターンの
ハードマスク加工後欠陥分類[21)]

(株式会社 NGR)を使用した。欠陥分類結果から，オープン(Open)欠陥に分類されるラインパターンの断線が最も多く，次に DSA 特有欠陥として分類される転位(Dislocation)欠陥や回位(Disclination)欠陥が多いことがわかる。DSA 特有欠陥として分類される転位欠陥や回位欠陥の多くは，ガイドパターンの局所的寸法変動，ラフネス，位置ずれ，欠陥などに起因する PS-*b*-PMMA のミクロ相分離プロセスにおける不十分な自己組織化が原因として考えられる。一方，オープン欠陥やショート欠陥の多くは，エッチング装置による PMMA 部分の選択的除去やハードマスク加工などに起因する不十分なパターン転写プロセスが原因として考えられる。これらの欠陥をシリコン半導体デバイス量産レベルにまで低減するためには，ガイドパターンの高精度化ばかりではなく，ミクロ相分離プロセスやパターン転写プロセスのより一層の高精度化が求められている。

化学ガイドを利用したラインアンドスペース対応DSA技術の実用化検証として，COOL Processによるハーフピッチ15 nmパターンを使ったシリコン半導体デバイス金属配線回路の試作プロセスを**図7**に示す[22]。本試作プロセスでは，SiO_2膜などの絶縁層に微細な金属配線層を埋め込み形成する象嵌的手法であるダマシンプロセス(Damascene Process)を使って，ハーフピッチ15 nmのラインアンドスペースパターンで形成されたオープン金属配線回路とショート金属配線回路を試作した。COOL Processによるハーフピッチ15 nmパターンを使って試作したシリコン半導体デバイス金属配線回路の断面SEM像を**図8**に示す。ハーフピッチ15 nmの金属配線回路が，(a)パッド(Pad)パターン，(b)ラインアンドスペースパターンともに良好に形成されていることがわかる。

COOL Processによるハーフピッチ15 nmパターンを使って試作したシリコン半導体デバイス金属配線回路の導通検査による欠陥物理解析結果を**図9**に示す。ラメラ構造のPS-*b*-PMMAの規則配列だけから形成されたハーフピッチ15 nmのシリコン半導体デバイス金属配線回路が長さ700 μmにわたって欠陥もなく繋がっていることが確認できたが，一方で良好な

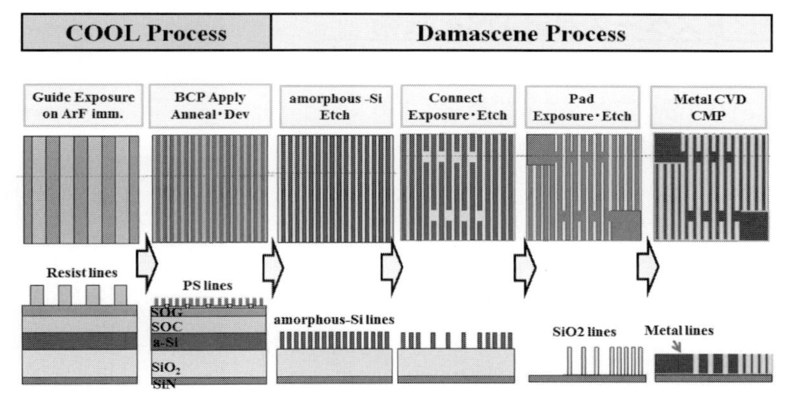

図7　COOL Processによるハーフピッチ15 nmパターンを使ったシリコン半導体デバイス金属配線回路の試作プロセス[22]

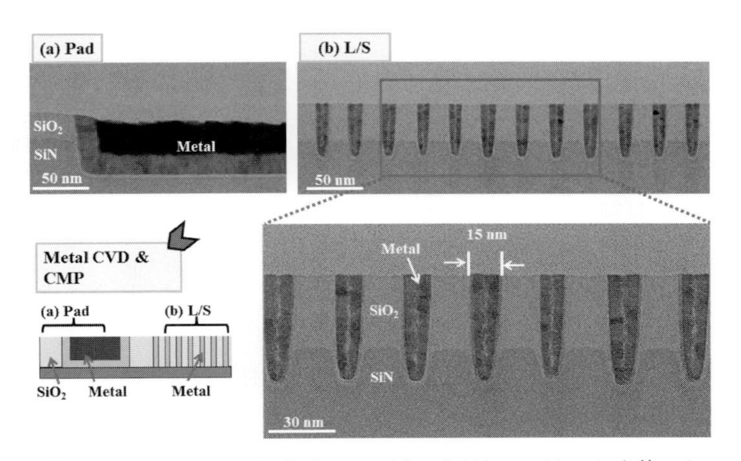

図8　COOL Processによるハーフピッチ15 nmパターンを使ったシリコン半導体デバイス金属配線回路の断面SEM像[22]

導通結果が得られなかった金属配線回路の不良原因を調査することはDSA技術の実用化に向けて非常に重要である。欠陥物理解析にはEBAC(電子ビーム吸収電流：Electron Beam Absorbed Current)解析手法を使って，良好な導通結果が得られなかった金属配線回路の不良原因を調査した。図中では，長さ700 μmのハーフピッチ15 nmの金属配線回路の1ヶ所で長さ15 nm程度の断線を特定できたことを示している。SiO_2絶縁層に金属配線層を埋め込み形成するダマシンプロセスは反転パターンプロセスであることから，金属配線回路の断線は図6のショート欠陥に起因していると考えられる。

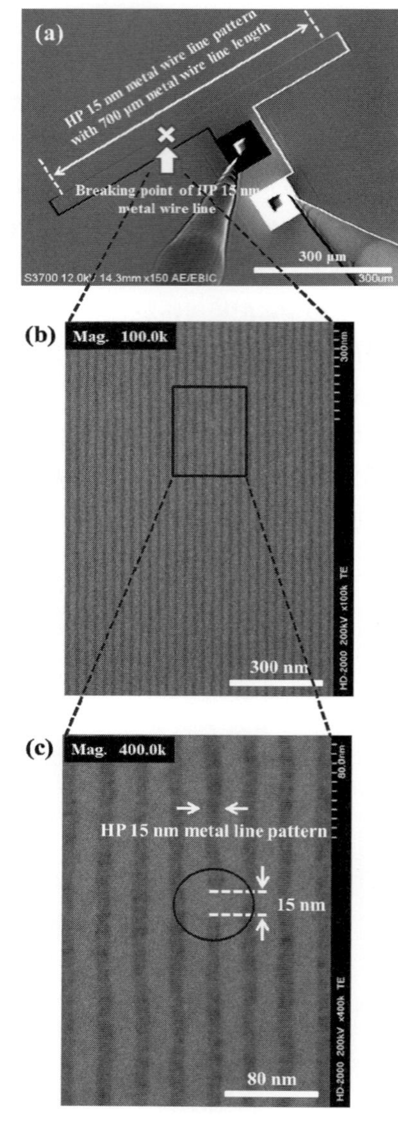

図9　COOL Processによるハーフピッチ15 nmパターンを使って試作したシリコン半導体デバイス金属配線回路のEBAC検査による欠陥物理解析結果[22)]

4　ハーフピッチ10 nm以細ラインアンドスペース対応DSA技術

DSA技術によりシングルナノレベルの微細化を目指すためには，お互いのブロック間に働く斥力あるいは引力が非常に強いBCPを開発する必要がある。高分子溶液の熱統計力学理論であるFlory-Hugginsの平均場理論では，高分子間の相互作用の強さを無次元パラメーターχ(chi)と定義しており，お互いのブロック間に働く斥力あるいは引力が非常に強い高χ BCPは，分子量が小さい場合でもミクロ相分離による自己組織化が可能となり，より微細なパターン形成が実現できる[23)-25)]。現在，最も実用化に向けた技術開発が進んでいるPS-*b*-PMMAは$\chi=0.03$程度であり，ハーフピッチ10 nm以細レベルに対応する小さなPS-*b*-PMMAの分子量ではお互いのブロック間に働く斥力あるいは引力が弱いために，ミクロ相分離による自己組織化が進まないという問題がある。したがって，ハーフピッチ10 nm以細レベルのパターン形成技術開発に向けて，ハーフピッチ10 nm以細レベルに対応する小さな分子量でもお互いのブロック間に働く斥力あるいは引力が非常に強い高χ BCP開発が活発化している[26)-28)]。

EIDECのグループがラメラ構造の高χ BCPを使って開発した物理ガイドプロセスによるハーフピッチ10 nmパターン形成プロセスフローを**図10**に示す[29)30)]。被加工膜SiO_2，パターン転写用ハードマスクのアモルファスシリコン，ガイドパターン膜SiO_2，塗布型カーボン膜SOC，SOGを積層した300 mmシリコンウエハ基板上に，ArF液浸リソグラフィ工程でスペー

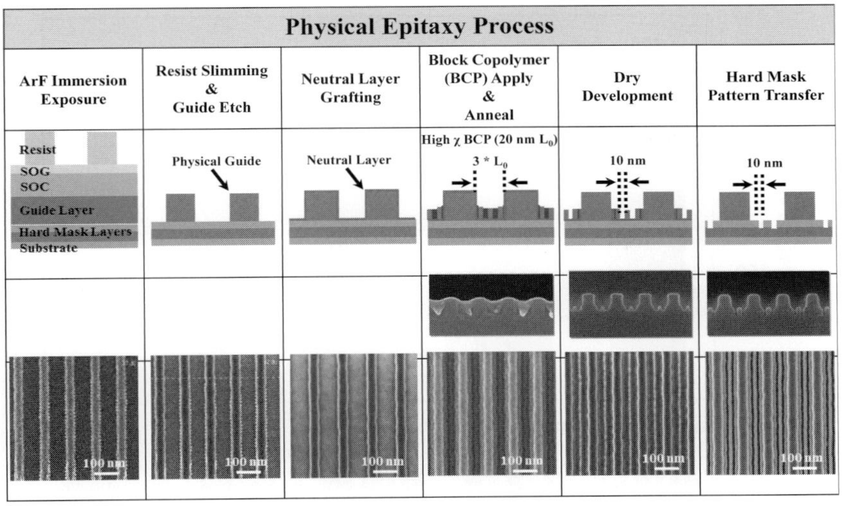

Physical Epitaxy Process					
ArF Immersion Exposure	Resist Slimming & Guide Etch	Neutral Layer Grafting	Block Copolymer (BCP) Apply & Anneal	Dry Development	Hard Mask Pattern Transfer
Resist SOG SOC Guide Layer Hard Mask Layers Substrate	Physical Guide	Neutral Layer	High χ BCP (20 nm L_0) 3 * L_0	10 nm	10 nm
100 nm	100 nm	100 nm	100 nm	100 nm	100 nm

図10　物理ガイドプロセスによるハーフピッチ10 nmパターン形成プロセスフロー[29]

ス幅60 nmのラインアンドスペースのポジ型レジストパターンを形成する。次に，ポジ型レジストパターンをSOG膜およびSOC膜を介してエッチング工程によりスペース幅60 nmのラインアンドスペースのガイドパターンを形成する。更に，ラインアンドスペースのガイドパターン表面をRCPで処理した後で，ガイドパターン間の溝にラメラ構造の高χ(chi)BCP溶液を所定の膜厚に埋め込み，200℃程度のアニール工程を経て高χBCPのミクロ相分離現象を利用した自己組織化を誘導する。このときに高χBCPの疎水性ブロックがガイドパターンの溝の側壁に配置するように，ガイドパターンのスペース幅と高χBCP溶液の膜厚が調整されている。

物理ガイドプロセスによるハーフピッチ10 nmパターンのハードマスク加工後欠陥分類を**図11**に示す。欠陥検査装置はDie-to-Databaseアルゴリズムの電子ビーム欠陥検査装置NGR3520を使用した。欠陥分類結果から，ショート(Short)欠陥に分類されるラインパターン間のブリッジが最も多く，次に物理ガイドパターンの倒れやダストが多いことがわかる。DSA特有欠陥として分類される転位欠陥や回位欠陥は検出されなかった。ショート欠陥の多くは，エッチング装置による親水性ブロック領域の選択的除去やハードマスク加工などに起因する不十分なパターン転写プロセスが原因として考えられる。これらの欠陥をシリコン半導体デバイス量産レベルにまで低減するためには，ミクロ相分離プロセスやパターン転写プロセスのより一層の高精度化が求められている。

物理ガイドプロセスによるハーフピッチ10 nmパターンのハードマスク加工後CD-SEM(Critical Dimension-Scanning Electron Microscope)測定結果を**図12**に示す。CD-SEM測定はCG5000(株式会社日立ハイテクノロジーズ)を使用した[31]。図中のSpace 1，Space 2ともにスペースパターンのCDは9 nm，スペースパターンのLWR(Line Width Roughness)は2 nm以下，スペースパターンの位置ずれは2 nm以下であった。シリコン半導体デバイス量産レベルでは，スペースパターンのLWRや位置ずれは1 nm以下に改善する必要があることから，

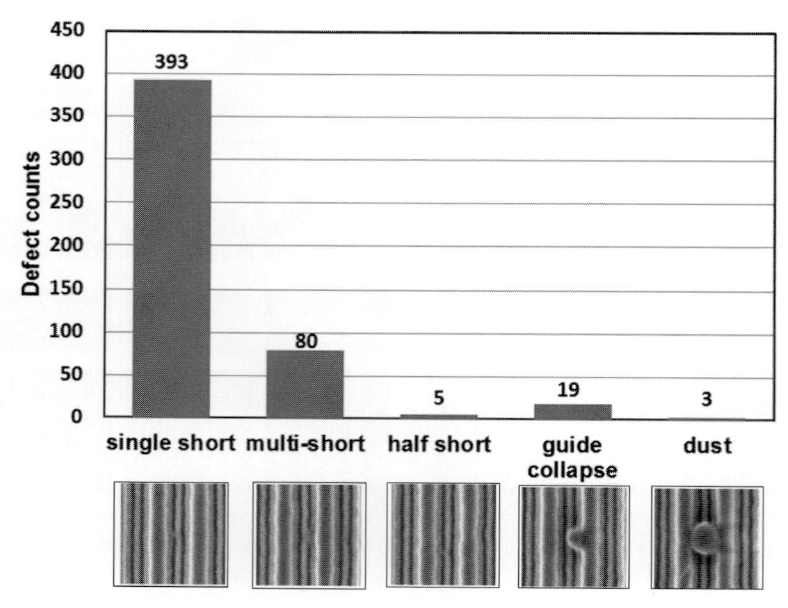

図11　物理ガイドプロセスによるハーフピッチ10 nmパターンのハードマスク加工後欠陥分類[29]

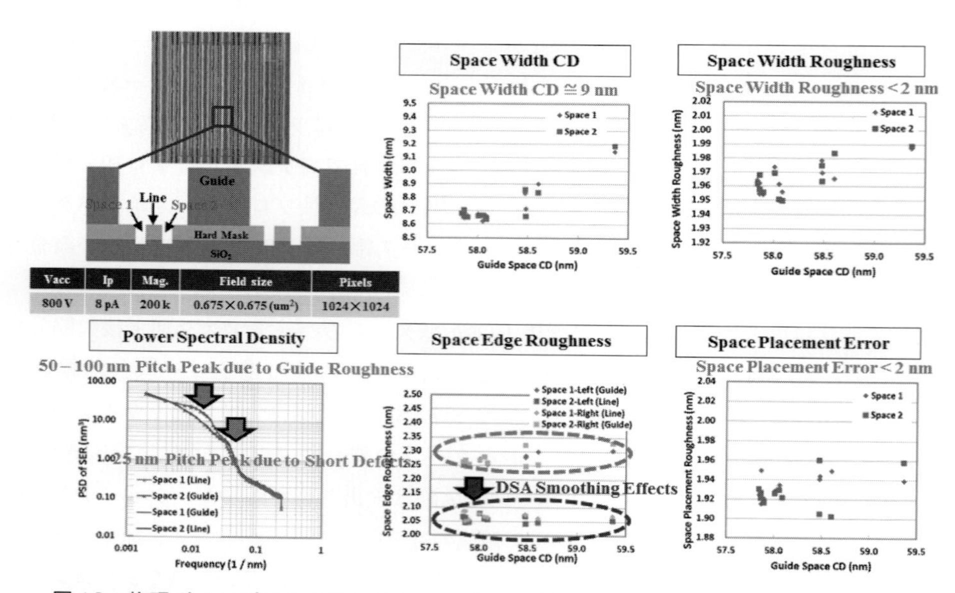

図12　物理ガイドプロセスによるハーフピッチ10 nmパターンのハードマスク加工後CD-SEM測定結果[29]

ガイドパターン，ミクロ相分離プロセス，パターン転写プロセスのより一層の高精度化が求められている。一方，図中のガイドパターンから遠い側(Line側)のSpace 1およびSpace 2のLER(Line Edge Roughness)は，ガイドパターンに近接する側(Guide側)のSpace 1およびSpace 2のLERよりも0.2 nm程度良くなる傾向があり，DSA特有の自己修復効果の影響と考えられる。また，図中のSpace 1およびSpace 2のLERのパワースペクトル密度PSD(Power Spectral Density)解析から，比較的短周期の25 nmピッチのショート欠陥に起因すると考えられるピーク，比較的長周期の50 nmから100 nmピッチのガイドパターンのラフネスに起因すると考えられるピークがそれぞれ存在することがわかった。前者を改善するためにはミクロ相分離プロセスやパターン転写プロセスのより一層の高精度化，後者を改善するためにはガイドパターンのより一層の高精度化が求められている。

物理ガイドを利用したラインアンドスペース対応DSA技術の実用化検証として，物理ガイドプロセスによるハーフピッチ10 nmパターンを使ったシリコン半導体デバイス金属配線回路の試作プロセスを**図13**に示す[32]。本試作プロセスでも，ダマシンプロセスを使ってハーフピッチ15 nmラインアンドスペースパターンで形成されたオープン金属配線回路とショート金属配線回路を試作した。ハーフピッチ9 nmの金属配線回路が，(a)パッドパターン，(b)ラインアンドスペースパターンともに良好に形成されていることがわかる。

物理ガイドプロセスによるハーフピッチ10 nmパターンを使って試作したシリコン半導体デバイス金属配線回路の導通検査による欠陥物理解析結果を**図14**に示す。欠陥物理解析にはEBAC解析手法を使って，良好な導通結果が得られなかった金属配線回路の不良原因を調査

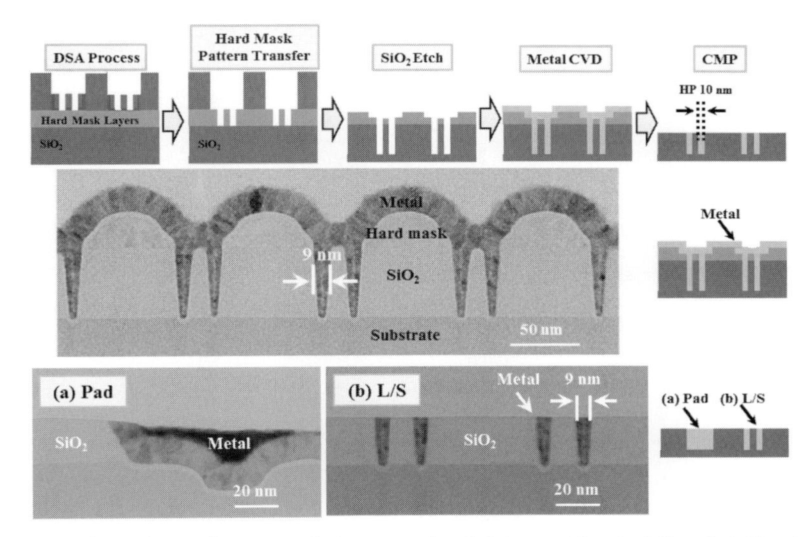

図13　物理ガイドプロセスによるハーフピッチ10 nmパターンを使ったシリコン半導体デバイス金属配線回路の試作プロセス[32]

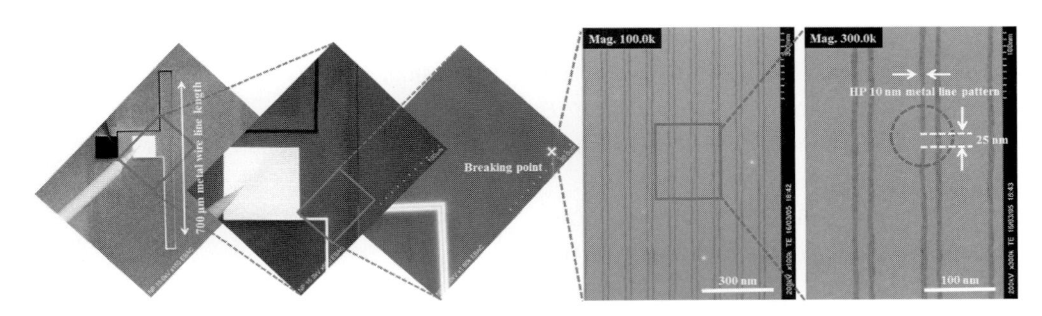

図14　物理ガイドプロセスによるハーフピッチ10 nmパターンを使って試作したシリコン半導体デバイス金属配線回路のEBAC検査による欠陥物理解析結果[32]

した。図中では，長さ700 μmのハーフピッチ10 nmの金属配線回路の1ヶ所で長さ25 nm程度の断線を特定できたことを示している。SiO_2絶縁層に金属配線層を埋め込み形成するダマシンプロセスは反転パターンプロセスであることから，金属配線回路の断線は図11のショート欠陥に起因していると考えられる。

5　まとめ

ハーフピッチ15 nm以細レベルのシリコン半導体デバイスパターンを低コストで解像できる製造プロセスとしてラインアンドスペース対応DSA技術は非常に有望である。ラインアンドスペース対応DSA技術をシングルナノレベルのシリコン半導体デバイス量産に適用するためには，ガイドパターン形成プロセス，ミクロ相分離プロセス，パターン転写プロセスそれぞれのより一層の高精度化により，寸法変動，ラフネス，位置ずれ，欠陥などを実用レベルに低減することが必要である。また，高χ BCPやRCPなどのDSA材料のより一層の改良による高精度化も必要である。更に，BCPの組成比に応じたミクロ相分離による自己組織化で誘導できる規則的な構造を，多種多様なシリコン半導体デバイス回路に効率的に対応できるようにするモデリング手法やEDA(Electronic Design Automation)ツールの整備も重要な課題である。

謝　辞

本稿の報告内容の一部は，独立行政法人新エネルギー・産業技術総合開発機構（NEDO）の支援を受けて実施したものである。

文　献

1) T. Russell et al.：*Macromolecules*, **23**, 890(1990).
2) M. Park et al.：*Science*, **276**, 1401(1997).
3) F. Bates and G. Fredrickson：*Phys. Today*, **52**, 32(1999).
4) J. Chen et al.：*ACS Nano.*, **4**(8), 4815(2010).
5) C. Bencher et al.：Proc. SPIE, 7970, 79700F-1(2011).
6) M. Muramatsu et al.：*J. Micro/Nanolith., MEMS, MOEMS*, **11**(3)031305(2012).
7) Y. Seino et al.：Proc. SPIE, 8323, 83230B(2012).
8) H. Yonemitsu et al.：MRS Fall Meeting and Exhibit, S9-04(2012).
9) Y. Seino et al.：*J. Micro/Nanolith., MEMS, MOEMS*, **12**(3)033011(2013).
10) H. Kato et al.：*J. Photopolym. Sci. Technol.*, **26**(1), 21(2013).
11) C. Liu et al.：Proc. SPIE, 9049, 9049-8(2014).
12) R. Gronheid et al.：Proc. SPIE, 9049, 9049-4(2014).
13) K. Kodera et al.：Proc. SPIE, 9049, 9049(2014).
14) H. Sato et al.：MRS Fall Meeting and Exhibit, KK06-04(2014).
15) T. Azuma：EIDEC Symposium, http://www.eidec.co.jp/conference/index_j.php(2015).
16) R. Segalman et al.：*Adv. Mater.*, **13**, 1152(2001).

17) S. Kim et al.：*Nature*, **424**, 411(2003).
18) Y. Seino et al.：40th Micro and Nano Engineering, B2L-A, 8076(2014).
19) C. Liu et al.：*Macromolecules*, **46**, 1415(2013).
20) J. Kim et al.：*J. Photopolym. Sci. Technol.*, **26**(5), 573(2013).
21) Y. Seino et al.：Proc. SPIE, 9423, 9423(2015).
22) T. Azuma et al.：*J. Vac. Sci. Technol.*, B33, 06F302(2015).
23) P. Flory：*J. Chem. Phys.*, **10**, 51(1942).
24) M. Huggins：*J. Phys. Chem.*, **46**, 151(1942).
25) A. N. Somenov：*Sov. Phys. JETP*, **61**(4), 733(1985).
26) T. Hirai et al.：*Macromolecules*, **41**, 4558(2008).
27) S. Chang et al.：Proc. SPIE, 8680, 86800F-1(2013).
28) N. Kihara et al.：Proc. SPIE, 9049, 9049-31(2014).
29) Y. Seino et al.：Proc. SPIE, 9777, 9777-64(2016).
30) Y. Kasahara et al.：Proc SPIE, 9782, 9782-24(2016).
31) T. Kato et al.：Proc. SPIE, 9778, 9778-40(2016).
32) T. Azuma et al.：*J. Photopolym. Sci. Technol.*, **29**(5), 647(2016).

第3節　ホール対応DSA技術

東芝メモリ株式会社　清野　由里子

1　はじめに

本稿ではDirected self-assembly(DSA)リソグラフィ技術の一つである，DSAホールシュリンクプロセスについて説明する。物理ガイドホールにブロックコポリマー(Block copolymer(BCP))材料を塗布し，熱による相分離の自己組織化現象を利用すると，塗布・アニール・現像の簡単なプロセスで，ArF液浸リソグラフィ解像限界以下の微細ホールを形成可能である。この物理ガイド方式でのホールシュリンクプロセス技術を，実際に300 mmウェハでの半導体デバイス製造プロセスに適用し，電気的歩留まり検証を行ったので紹介する。

ホールシュリンク技術には，他のリソグラフィ手段や加工による方法もあるが，DSAは単純にホール径を小さくする[1)2)]以外に，ピッチシュリンク可能という特徴がある。ピラー物理ガイドに六方最密配置のDSAパターン形成方法[3)-5)]，一つの物理ガイドホールに複数ホールを形成するマルチホールプロセス[6)-8)]やシングルホールとの組み合わせ[9)10)]，化学ガイド方式で六方最密配置のホールパターンを形成する方法など[11)-14)]，ここ数年でもいろいろな手法が盛んに検討されている。またDSAは自己修復効果として，ガイドパターン崩れの修復，ラフネス改善，真円度向上など，DSA特有の利点を出せる可能性もある。一方で，従来のリソグラフィ技術に比べ，BCP材料でパターン種類やサイズが一種類のみに決まり，決まったサイズの真円以外，例えば楕円や同時に粗密ホールを形成しにくい，大きいホール径では相分離しにくい，などの難点もある。本節では，まず半導体デバイス製造適用への足掛かりとして，シングルホールのホールシュリンクプロセスを検討している。

はじめに各工程でのプロセス条件の最適化と，所望のDSAホール径になるガイドホール径を評価し，プロセスフローを開発した。更に実験とシミュレーションを用いて，ガイド内部での相分離状態を三次元構造で調べ，またガイド親和性やBCP材料を検討しプロセスを改善した。次に半導体デバイスのビア工程にDSAを適用し，作成した二層メタル配線のビアチェーン歩留まりを検証した。これらを通し，DSAのデバイス適用での課題について議論したい。

2　DSAホールシュリンクプロセス技術

2.1　プロセスフロー開発[14)]

図1の上図は，DSAホールシュリンクのプロセスフロー概略図である。①では物理ガイド

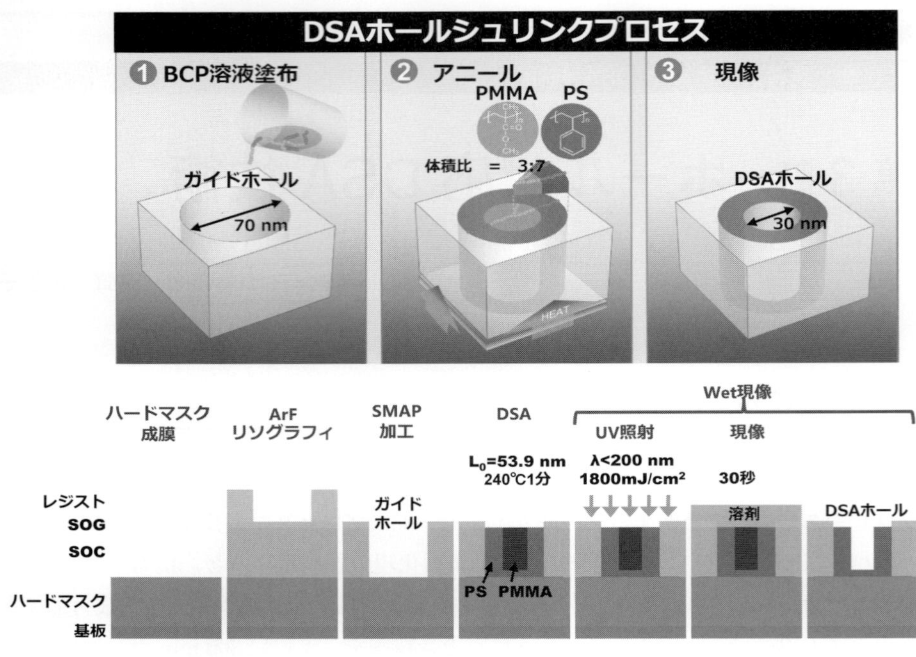

図1　DSA ホールシュリンクプロセスのフロー概略(上)と詳細(下)

ホールに，ポリスチレン-ポリメタクリル酸メチルブロック共重合体(Polystyrene-*block*-Polymethyl methacrylate copolymer：PS-*b*-PMMA)，シリンダー型ポリマー体積組成比 PS：PMMA＝7：3の BCP 溶液を塗布する。②の加熱でミクロ相分離を行うと，ガイドホール中心にシリンダー状 PMMA 相，外側に PS 相が偏析する。③で PMMA 相を除去すると，物理ガイド側に PS 相が残り，シュリンクした DSA ホールパターンが形成される。

図1の下図に，各工程のプロセス最適化を行った，詳細なプロセスフローを示す。基板上に加工転写用ハードマスク成膜後，反射防止性能を有する Spin-On Carbon(SOC)と Spin-On Glass(SOG)，レジストからなる，従来の Stacked-mask process(S-MAP)の三層レジストプロセスを用いて，ArF 露光にてレジストホールパターンを形成する。Reactive Ion Etching (RIE)を用いて，順次 SOG 層と SOC 層へ加工転写し，SOC の物理ガイドホールを形成した。回転塗布法でホール内に PS-*b*-PMMA を埋め込み，加熱で PMMA 相と PS 相に相分離させる。その後，UV 照射にて PMMA 主鎖切断し有機溶剤可溶化させ，PMMA を有機溶剤で除くウェット現像方式にて，DSA ホールパターンを形成した。

DSA ホール径は BCP 材料の分子量による周期長 L_0 で既定され，**図2**の左図は DSA ホール径 30 nm の BCP 材料を用いて，物理ガイドホール径を評価した結果である。露光量でガイドホール径を振り，DSA ホールの形成され方を Critical Dimension Scanning Electron Microscope(CD-SEM)で観察した。ガイドホール径が小さいと BCP はガイドから溢れ，適切な径では真円形状，大きいと楕円形状になる。BCP 溢れや楕円形状の場合，現像後のハードマスク転写で，ホール未開口の欠陥になってしまう。観察数に対する開口ホール数の割合からホール開口率を算出し，狙いのガイドホール径は 70±5 nm となった。図2の右図は，ホール

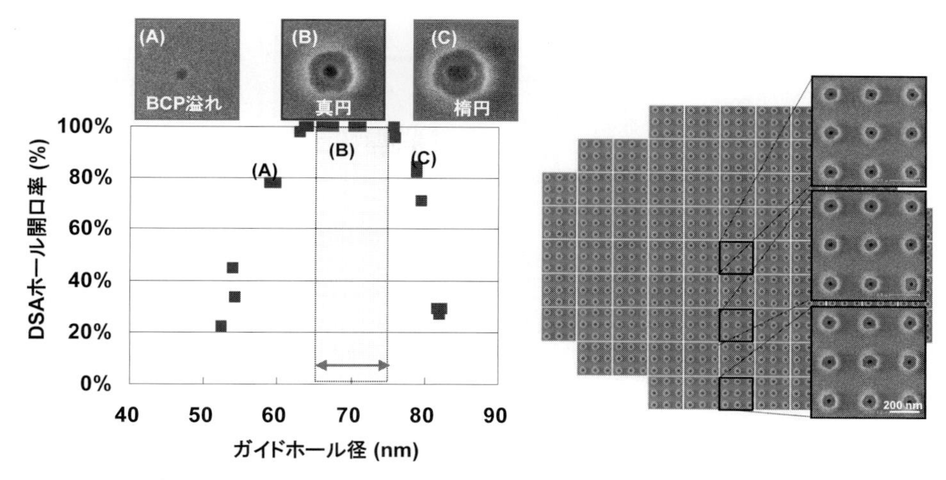

図２　ガイドホール径のプロセス最適化(左)と 300 mm ウェハでの DSA ホール形成(右)

開口率 100%条件でのウェハ検証結果である。ウェハ全面で真円形状の DSA ホールが形成され，以上のように，所望寸法の DSA ホールシュリンクのプロセスフローを開発することができた。

2.2　実験と DSA シミュレーション利用による，プロセス改善[15)16)]

真円 DSA ホールを形成するためには，ガイド内の PMMA シリンダーを垂直に，ホール中心から位置ずれなく形成することが必要である。それにはガイド内部での相分離形状の，三次元構造解析が不可欠である。実験とシミュレーションを併用して，PMMA シリンダーを上面と断面から観察しプロセスを改善した。シミュレーションには BCP のモノマー数ユニットを一つとみなして分子動力学計算を行う，粗視化分子動力学シミュレーションを用いた[17)-19)]。シリンダー型ポリマー体積比 PS：PMMA＝7：3 で近似した。DSA は BCP 材料組成比で，シリンダー，ラメラ，球状のパターンが決まる他に，ガイドがブロックのどちらに親和性があるかで，表面自由エネルギー的に安定な BCP の並び方が決まる。PS は疎水性，PMMA は親水性であり，実験で用いたガイドと下地は共に親水性で PMMA 親和性である。シミュレーションでは，ホール上部の空気を疎水性と設定した。

はじめに実験とシミュレーションの相関確認として，ガイドホール径を振り，DSA ホール形成を上面と断面で観察した。**図３**の上面観察では，ガイドと DSA ホール径相関と相分離形状は，実験とシミュレーションでよく一致している。ガイドホール径が小さいと DSA ホールは形成されず，ガイド径を大きくすると，真円は少し大きくなり，楕円形状の後，最終的にドーナツ形状となる。**図４**の断面形状も合わせて考えると，BCP サイズに適切なガイドホール径では，PMMA 縦シリンダーが垂直に形成されるが，大き過ぎると形状が崩れ，斜めシリンダーや二重円横シリンダーになる。

断面観察で気付く問題点としては，PMMA シリンダー下にあるホール底面にある，PS 相の存在である。ホールのハードマスク加工転写時に PS 相が存在すると，転写前にホール底面の PS 相の除去が必要になり，加工マスクであるガイド側面の PS 膜厚が減ってしまう。従って

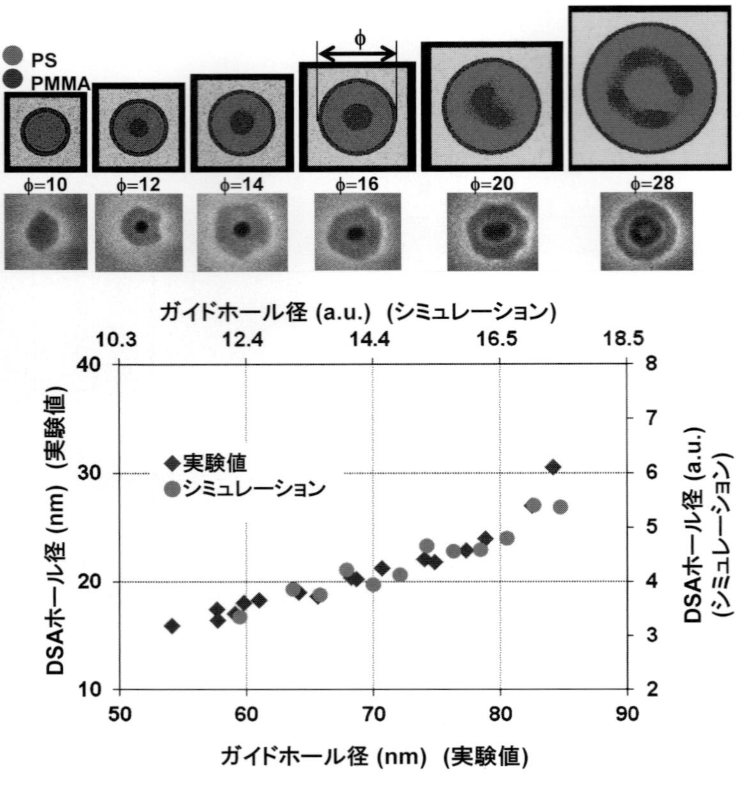

図３　上面 SEM 観察によるガイドと DSA ホール径の相関
（実験とシミュレーションの結果）

加工の観点から，ホール底面の PS 相を無くすことは重要なポイントとなる。図 4 のシミュレーションでの PS 残膜をみると，ガイドホール径が小さいと厚く，網掛け部の範囲で薄くなり，楕円ホールで再び厚くなる。PS 残膜が薄い範囲は，先の図 2 で真円形状のホール開口率 100％に相当し，上面で真円形状だと三次元構造的に垂直な PMMA 縦シリンダーを形成していることが理解できる。

PS 残膜ゼロにするために，ガイド親和性と BCP 材料を検討した結果を紹介しよう。**図 5** はガイド側壁と底面の親和性を，親水性，中性，疎水性に設定した，シミュレーション結果である。実験で用いたガイドは，SOC 側壁と酸化膜下地で共に親水性で PS 残膜は厚く，底面が中性ではゼロ，疎水性では PS 残膜はあるが薄い。これは図中の単純化したポンチ絵のように，PMMA シリンダーと底面の間での BCP の並び方で説明できる。中性では PS と PMMA 両ブロックに親和性があり，ポリマー鎖は横配列で PS 残膜はゼロになる。親水性では BCP は縦配列し，PS ブロック 2 個分の PS 残膜が形成され厚い。疎水性では PS ブロック 1 個分で，PS 残膜は薄くなる。同様にガイド側壁の親和性を考えると，親水性では側壁と PMMA シリンダーの間は PS ブロック 2 個分，疎水性では 1 個のみで，したがって親水性側壁の方がガイドホール径を大きくしなければならない。

実際のプロセスでの，ガイド親和性の制御方法について述べる。PS 残膜ゼロとなる，親水

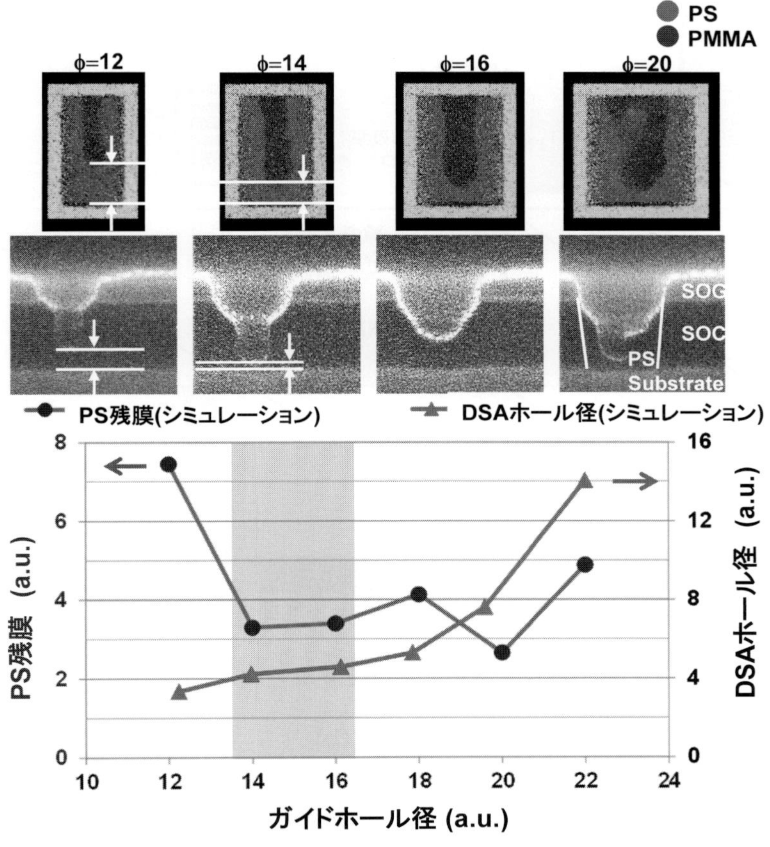

図4　断面SEM観察によるガイドとDSAホール径の相関
(実験とシミュレーションの結果)

性側壁と中性底面のプロセスとしては，ハードマスク上に中性化膜材料を反応させ，その上にホール露光で親水性のレジストガイドを形成する方法がある。また底面を疎水性にしてPS残膜を薄くするには，ハードマスク上にPSブラシ膜材料を反応させる，疎水化手法が一般的に行われる。

本実験のPS残膜が厚いガイド親和性条件でも，BCP材料のみを制御して，PS残膜ゼロを検証できたのが**図6**である[20]。BCPのみでは，予想とおりに厚いPS残膜が観察される。ところがBCP組成比と，片側ブロックのホモポリマー添加による材料最適化を行うと，PS残膜ゼロを実証できた。

このように，ガイド内に垂直のPMMAシリンダーをPS残膜なく制御して形成するには，ガイド径や親和性，BCP材料のサイズや組成といった，材料とプロセスの合わせ込みが重要である。

3　DSA適用ビアチェーンの電気的歩留まり検証[21)22)]

DSAを半導体デバイス製造に適用するには，多くの要求性能を満たす必要がある。例えば，

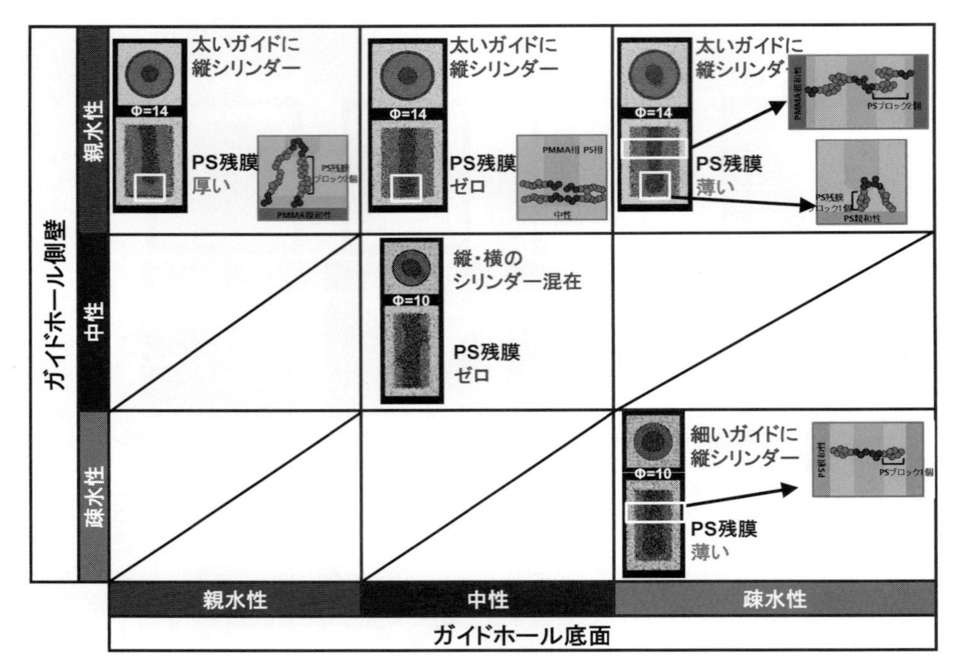

図５　ガイド側壁・底面の親和性が及ぼす，DSA ホール形状への影響

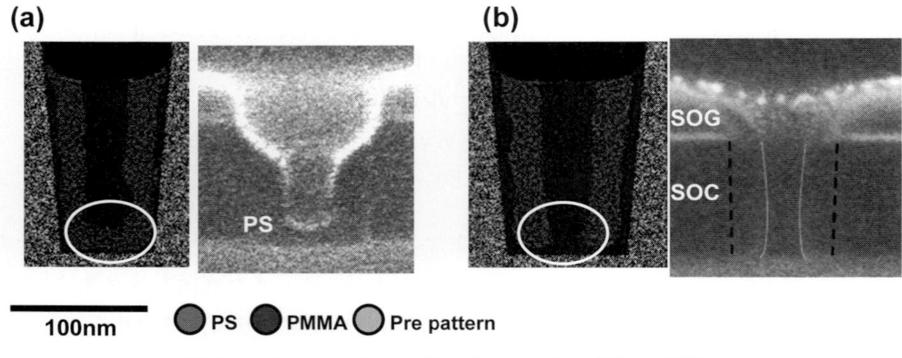

図６　シミュレーション利用による BCP 材料の最適化
(a) BCP のみ，厚い PS 残膜　(b)ホモポリマー添加，PS 残膜ゼロ

DSA リソグラフィと加工のプロセス裕度，欠陥，ホール位置ずれ，ホール径やホールエッジラフネスの寸法ばらつき，DSA 処理後に合わせ露光可能，などである。特に欠陥については，量産時はホール何千万，何億個のうち欠陥は数個レベルで要求され，厳しい課題となる。そこで DSA プロセスをビア工程に適用した二層メタル配線モジュールを形成し，歩留まり検証を行った。

3. 1　DSA 適用のビアチェーンのデザイン設計とその製造工程

図７の左図に，ビアチェーンのデザイン設計を示す。上下メタル配線重なり部の中心に DSA 適用のビアを形成し，隣接ビアピッチが広い，かなり疎なパターンである。図７の右図

は，その製造工程の断面フローを示す。上下層メタル配線の形成は，従来のリソグラフィとタングステンダマシンプロセスを使用している。DSA ホールシュリンクプロセスは，先の 2. で述べた方法で行った。今回の現像はウェット現像方式ではなく，酸素ガスで PMMA が PS より加工され易いことを利用する，RIE によるドライ現像方式を用いた。ビア形成は，DSA ホールを酸化膜に加工転写後，ホールにタングステンを Chemical Vapor Deposition(CVD) で埋め込み，Chemical Mechanical Polish(CMP) で平坦化して行った。

ビアと上層メタルとの合わせ露光では，DSA 処理のアライメントマークへの影響を懸念したが，DSA 処理有無で合わせ精度に有意差が無く問題はなかった。電気特性評価は，単体ビアとビアチェーン規模が２万個から 36 万個について行った。**図８**は DSA 処理有無でのホー

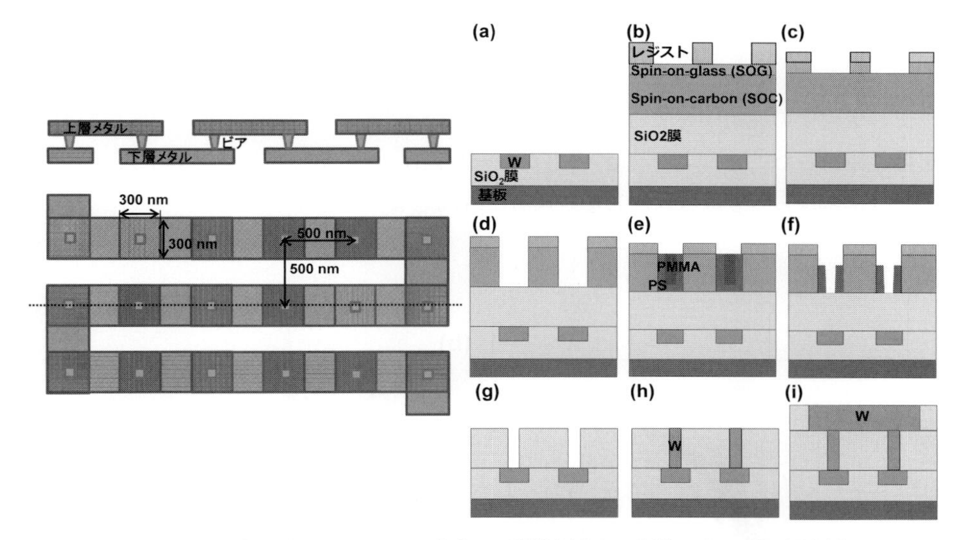

図７　DSA 適用ビアチェーンのデザイン設計(左)と，製造工程の断面図(右)

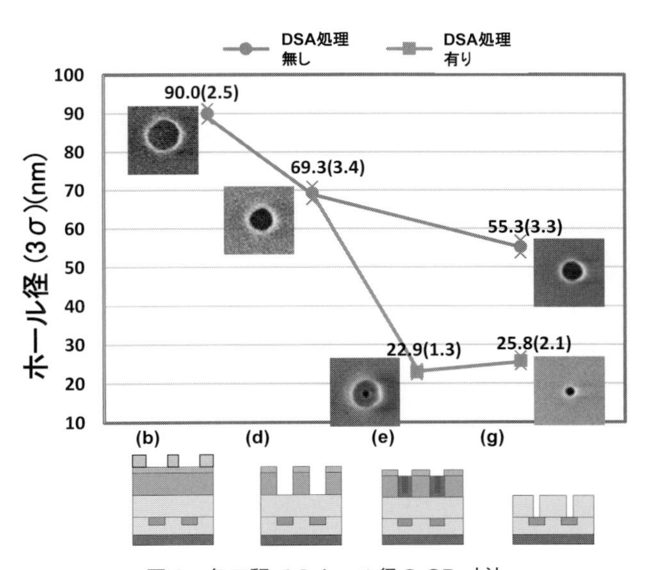

図８　各工程でのホール径の CD 寸法

ル径の工程トレースで，ウェハ面内のCD寸法ばらつきは問題ない程度である。

3.2　ウェハ面内の単体ビア抵抗測定による，プロセス条件の最適化

図9はプロセス条件を振って，単体ビア抵抗値をウェハ全面78チップで測定した結果である。累積確率分布のプロット傾きが垂直である程，ウェハ全面でばらつきなくビア形成できていることを示す。プロセス条件振りは，相分離アニール雰囲気，ドライ現像時間，酸化膜の加工時間について行った。

相分離アニール雰囲気については，窒素と空気で有意差はなく，空気雰囲気下でもBCP酸化による加工性能劣化は，殆ど起こっていないと思われる。ドライ現像時間の検討では，プロセスマージンが12秒から14秒と非常に狭い。10秒では酸化膜加工時にビアのボトム径が小さくなり，16秒ではマスクとなるPS残膜不足でホール径が大きくなり，抵抗値がばらついたものと考えられる。このようにドライ現像は，PMMA除去時にPSも削られるため，ホールではウェット現像の使用が好ましい。酸化膜の加工時間振りで，転写時でのPS残膜の加工マスク耐性を確認した。22秒より29秒の方がホール径は1 nm広く抵抗値は若干低いが，プロット傾きの抵抗値ばらつきはほぼ同じで，両者とも問題なく転写できた。

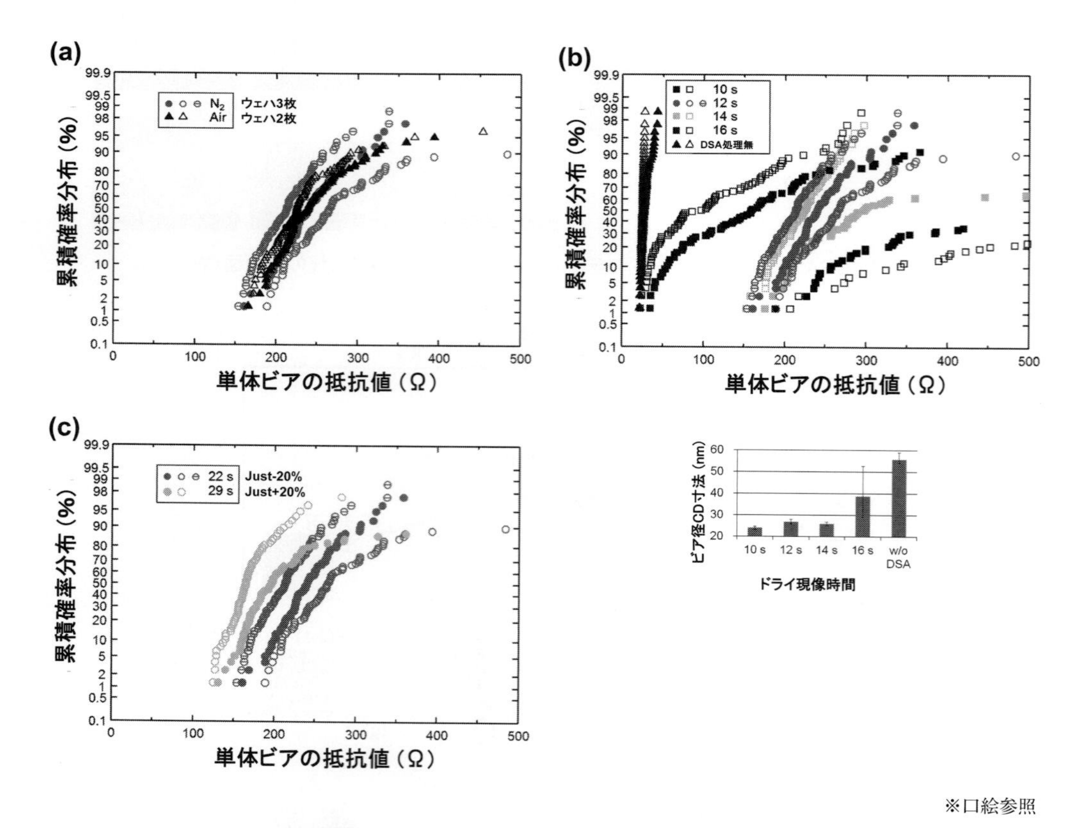

※口絵参照

図9　ビア抵抗値のウェハ面内ばらつき評価による，プロセス条件の最適化
(a)相分離アニール雰囲気の影響　(b)ドライ現像時間の影響とビア径比較　(c)酸化膜の加工時間の影響

3.3　ビアチェーンの歩留まり評価

図 10 はビア径２種類の，各ビアチェーン規模での歩留まり結果である。ウェハ全面 78 チップ測定で，抵抗値 300(Ω/unit)以下を良品とし，単体ビアでは歩留まり 100％である。大きいビア径の方がどの規模でも高い歩留まりを示し，ビアチェーン規模 2,300 個で 74％，45,200 個で 15％，90,400 個で 3.8％であった。また 358,000 個ビアチェーンでも，良品１チップを取得することができた。不良チップの物理不良解析は，電子ビーム吸収電流分析法を用いた。断線や高抵抗部では，メタル配線間に照射し吸収された電子ビームが分流してコントラストに変化を生じ，不良箇所を検出できる。**図 11** の不良箇所の断面 Scanning Transmission Electron Microscope(STEM)観察から，酸化膜加工時に加工ストップが起きていることが分かった。DSA 処理無しでも同様な加工ストップが見つかり，歩留まり改善には更なる酸化膜の加工最適化が必要である。

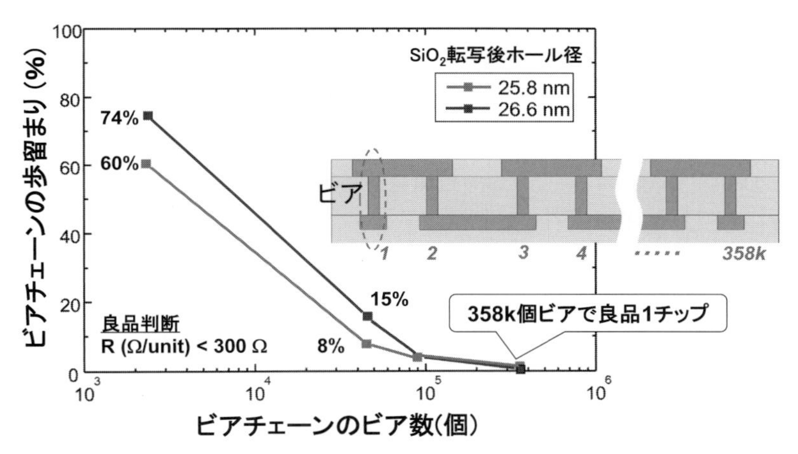

図 10　各ビアチェーン規模での歩留まり結果
(酸化膜転写後のホール径，２条件)

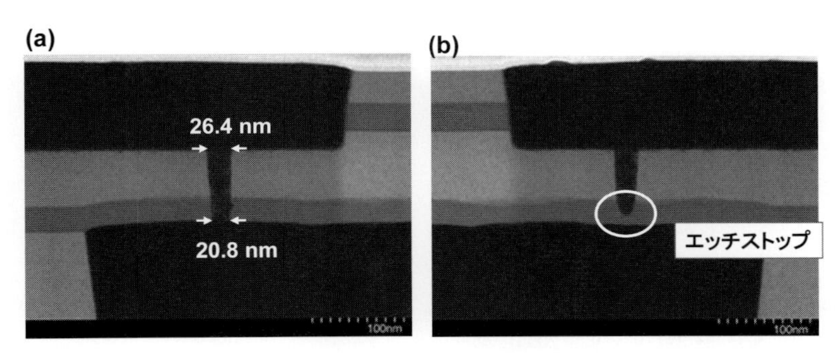

図 11　物理不良解析の断面観察結果
(a)正常箇所　(b)不良箇所

4　まとめ

各工程のプロセス条件の最適化と，所望のDSAホール径になるガイドホール径を求め，DSAリソグラフィを用いたホールシュリンクプロセスフローを開発した。また実験とシミュレーションを用いて，ガイド内部での相分離状態を三次元構造で調べ，プロセスを改善した。DSAを適用したビアチェーン歩留まり検証では，単体ビアでプロセス条件の最適化後，ビアチェーン規模2,300個で74％，45,200個で15％，358,000個でも良品1チップを取得することができた。

DSAリソグラフィを300 mmウェハで半導体デバイス製造プロセスに適用した，この世界初の歩留まり検証を通して，DSA技術が次世代リソグラフィとして期待できる，最初の第一歩は示せた。しかしここ数年の更なる検討で，数億個に1個の欠陥レベルや，寸法や位置ばらつきに数nmレベルが要求される，半導体デバイスの量産製造プロセス適用には，課題が多いのも分かってきた。DSA自己修復効果と言いながらも，厳密にはガイド影響を受け，位置ずれやラフネス低減には精密なガイド形成が要求される[23)]。物理ガイド特有の課題としては，パターン粗密によるBCP塗布性ばらつきがあり，ダミーパターン追加[24)]，相分離後エッチバック[25)]，ガイド構造工夫が検討されている。材料開発では，材料自体の欠陥低減は勿論，BCP材料によるDSAと加工性能追求，BCPとセットである中性化膜やピニング材の周辺材料[26)]も重要である。DSAでは加工技術も合わせた開発が必須であり，PMMAシリンダー下の数nmのPS相ゼロ化や，現像はドライ現像よりもウェット現像が好ましく処理装置が必要となる。欠陥検査・位置ずれ測定また三次元内部構造解析[27)]といった，DSA用の検査・計測とシミュレーション技術も欠かせない。欠陥や位置ずれ，ラフネス，CD寸法ばらつきに影響する要因を調べ，各工程の改善を積み上げていくことが，材料・プロセス開発には大切だと思われる。

以上のように，DSAリソグラフィには加工技術も含めた材料・プロセス技術，露光やDSAの処理装置，シミュレーション，検査・計測と多岐にわたる開発が必要である。これらを駆使し最終的に，いかに適切にDSAをデバイス適用できるかが大きな課題であり，現在検討を進めているところである。

文　献

1)　J. Cheng et al.：*ACSNano*, **4**(8), 4815(2010).
2)　B. Rathsack et al.：Proc. SPIE, 8323-10(2012).
3)　I. Bita et al.：*Science*, **321**, 939-943(2008).
4)　C. A. Ross et al.：Proc. SPIE, 7637, 76370H-1(2010).
5)　T. Okino et al.：Proc. SPIE, 8323, 83230S-2(2012).
6)　S. Xiao et al.：*Science*, **321**, 936-939(2005).
7)　D. Millward et al.：Proc. SPIE, 9423, 942304-1(2015).
8)　M. Somervell et al.：Proc. SPIE, 9425, 94250Q-1(2015).
9)　L. Chang et al.：*IEEE*, **10**, 752-755(2010).
10)　H. Yi et al.：*Adv. Mater*, **24**, 3107-3114(2012).

11) R. Ruiz et al.：*Science*, **321**, 936-939(2008).
12) Y. Tada et al.：*J. Photopolymer Sci. and Tech.*, **22**(2), 229(2009).
13) A. Singh et al.：Proc. SPIE, 9777, 97770P-1(2016).
14) Y. Seino et al.：*J. Micro/Nanolithography, MEMS, and MOEMS*, **12**(3), 033011(2013).
15) H. Yonemitsu et al.：2012 MRS Fall Meeting and Exhibit, S9.04,(2012).
16) 清野由里子, 加藤寛和, 米満広樹, 佐藤寛暢, 菅野正洋, 小林克稔, 川西絢子, 東司：電気学会論文誌 A(基礎・材料・共通部門誌), **133**(10), 532(2013).
17) R. Groot and P. Warren：*J. Chem. Phys.*, **107**, 4423(1997).
18) 青柳岳司, 澤史雄, 本田隆, 佐々木誠, 西尾祐三：日本レオロジー学会誌, **30**(5), 247(2002).
19) K. Kodera et al.：Proc. SPIE, 8680, 8680-40(2013).
20) H. Sato et al.：SPIE, 8680, 8680-55(2013).
21) H. Kato et al.：*Microelecrtonic Engineering*, **110**, 152(2013).
22) H. Kato et al.：*J. Photopolymer Sci. and Tech.*, **26**(1), 21(2013).
23) S. Wuister et al.：Proc. SPIE, 9049, 90491O-1(2014).
24) 清野由里子, 加藤寛和, 米満広樹：日本国特許第5902573号(2016.03.18)
25) P. Barros et al.：Proc. SPIE, 9428, 94280D-1(2015).
26) T. Seshimo et al.：Proc. SPIE, 9049, 90490X-1(2014).
27) K. Okabe et al.：Proc. SPIE, 9423, 942318(2015).

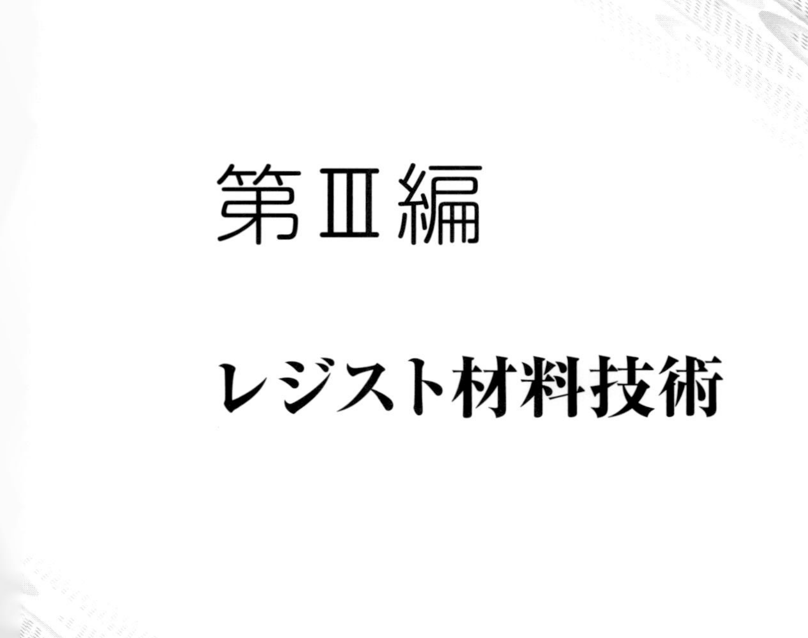

第Ⅲ編

レジスト材料技術

第１章　レジスト材料の開発動向

信州大学　上野　巧

1　はじめに

LSI（Large Scale Integrated circuits）は驚異的進展を遂げ，LSI は様々な電子機器に搭載されるようになった。LSI の進展に伴いスマートフォンに代表される新たな電子機器も登場し，生活も大きくかわった。LSI の進展を支えたのがリソグラフィ技術である。リソグラフィの進展に伴い，その露光装置，プロセスに対応したレジストが開発されてきた。最近のレジストの開発動向はそれぞれ詳細の解説が行われるのでここでは過去 40 年ほどの大きな流れを考察してみる。

2　リソグラフィ・レジストの転換点

リソグラフィ・レジストの開発動向について解像度の向上に従う変化を主にレジストの材料の立場からまとめたものを**図１**に示す（以前示した動向[1]を修正してある）。丸で囲んだものは

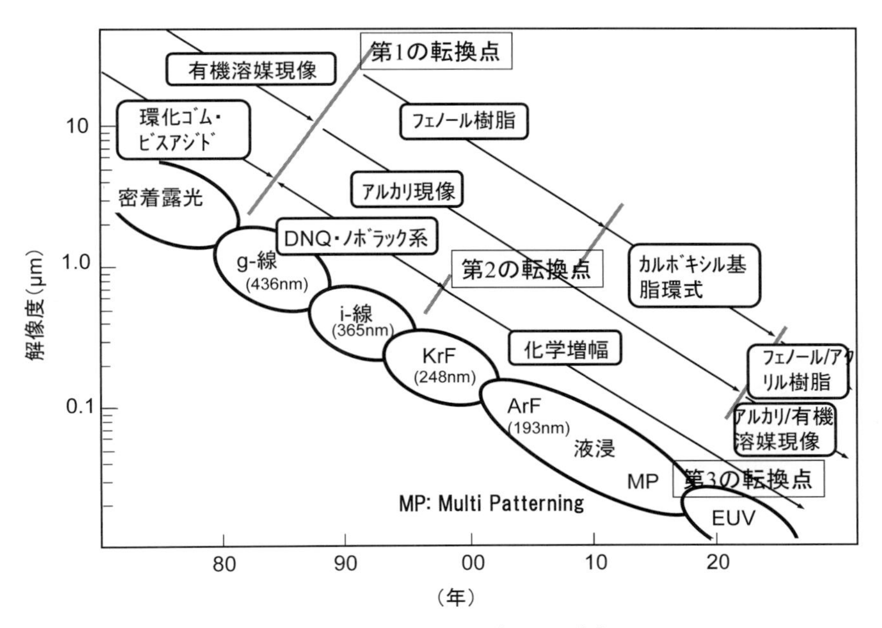

図１　レジスト・リソグラフィ動向

露光装置に変遷を表すもので波長のみのところは縮小投影露光装置を表す。その上のラインがレジストの種類，その上のラインは現像方法，さらにその上のラインはレジストを構成するポリマーを表す。リソグラフィ・レジストの技術動向を3つの大きな転換点でとらえている。

第一の転換点では露光方式が密着露光から縮小投影露光へ変更された。レジストはネガ型からポジ型へ，現像液が有機溶媒現像からTMAH(Tetra-Methyl Ammonium Hydroxide)水溶液を用いたアルカリ水溶液現像へと変更された。

密着露光装置の課題はマスクへのダメージと合わせ精度向上であった。投影露光方式にすることによりマスクとレジストと密着することがなくなり，マスクへのダメージはなくなった。従来の一括露光からチップサイズレベルへの露光により，露光のたびにマスクとウエハの位置合わせをチップレベルで行うことで合わせ精度も向上した。縮小投影露光装置では光学部品の透過率，色収差補正のための分散調整などの要求から露光波長はg線(436 nm)を用いざるをえなかった。

この露光波長の制約によりビスアジド-環化ゴム系のネガ型レジストから436 nmにも感度を示すジアゾナフトキノン(DNQ)-ノボラック樹脂系ポジ型レジストへ変わることになった。ビスアジド-環化ゴム系レジストは解像度が不足しているという問題もかかえていた。これは現像中における露光部(パターンを残すところ)の膨潤が解像性を劣化させることであり，4. 現像液の変遷の項で詳しく述べる。DNQ-ノボラック樹脂系ポジ型レジストではTMAH水溶液現像が用いられることになり，解像性が向上した。これ以降NTD(Negative tone development)が用いられるまでアルカリ現像液の利用が変わることはなかった。このように第一の転換点では露光装置，感光機構，現像液において変化し，大きな転換点であったことは注目すべきである。

第二の転換点では，露光装置の光源が超高圧水銀ランプからKrFエキシマーレーザー(248 nm)へ，レジストはDNQ-ノボラック樹脂系から化学増幅系へと変わった。短波長化による解像度向上がはかられるなか，水銀ランプの300 nm以下の発光強度はg線，i線に比べて低く。強度の期待できるKrFエキシマーレーザーを用いる必要がでてきた。しかし，KrFエキシマーレーザーを用いてもウエハ上での露光強度はi線縮小投影露光装置に比べて一桁近く下がってしまった。このため，高感度のレジストが要求されることとなり[2]，化学増幅系レジストが開発された。

第三の転換点はこれから登場するEUVリソグラフィが用いられるときと考えている。もちろんArFリソグラフィに変わった時点を転換点とすることもできる。露光装置ではArFエキシマーレーザーの開発や193 nmに透過率の高い光学材料の開発などを含む露光装置の開発に相当の努力がなされた。また，レジストにおいても露光波長の光吸収の問題からTMAHアルカリ現像に適したフェノール樹脂がベースポリマーとして利用できなくなり，カルボン酸のアルカリ可溶性を利用したメタクリル系ポリマーの開発がなされた。これらのことを考えると大きな転換点ともいえる。ただ，露光装置は縮小投影露光装置であり，レジストが化学増幅系レジストであることから，ここではEUVリソグラフィへの転換点のほうが以下に述べる技術的変化が大きいと考えた。EUVリソグラフィ用の露光装置は反射型縮小投影露光装置であり，光源も特殊なプラズマからの発光を用いる。また，レジストにおいては従来の化学増幅系レジストを利用するものの，後述するように，g線からArFエキシマーレーザー(193 nm)までの感光機構とは異なる。

3 露光波長の短波長化とレジストの光吸収

図1に示すように，リソグラフィの動向は解像度向上を目指した露光波長の短波長化が大きな流れであった。露光装置は1970年代後半からg線(436 nm)縮小投影露光装置が用いられ，現在量産ではArFエキシマーレーザー(193 nm)を光源とする露光装置が用いられている。露光波長の短波長化により露光装置の開発でも大変な努力がなされてきた。レジストは露光波長に合わせて開発されており，レジストにおいても大きな課題があった。特に大きな課題は露光波長の短波長化に伴いマトリックスポリマーの光吸収を減らすことであった。

レジスト材料において露光の役割は，露光領域における光化学反応およびその後続反応によって生成される化合物が現像液に対する溶解性の変化を起こすことである。感光剤の光吸収が重要であり，光吸収量に比例して光化学反応は進む。一方，マトリックスポリマーはレジスト膜内で占める割合が多いので，感光剤の光吸収を邪魔しないようにできるだけ光吸収は小さいほうがよい。

代表的なマトリックスポリマーであるフェノール樹脂，ポリスチレン，ポリメタクリル酸メチル(PMMA)の光吸収スペクトルを**図2**に示す。g線(436 nm)とi線(365 nm)ではフェノール樹脂のなかでノボラック樹脂がマトリックスポリマーとして用いられた。g線用レジストをi線で用いると，感光剤の吸収が問題となった。DNQそのものよりも感光剤のバラストの吸収が問題であった。g線用感光剤はバラストと呼ばれる骨格となるテトラヒドロキシベンゾフェノンのDNQスルホン酸エステルである。ベンゾフェノンはi線に吸収をもつことからi線に吸収をもたない多価フェノールをバラストとするDNQ感光剤が用いられるようになった[3)]。

KrFエキシマーレーザー(248 nm)を光源とするリソグラフィではノボラック樹脂およびDNQ感光剤の光吸収が大きいことが問題となった。KrFリソグラフィ用にはフェノール樹脂のなかでポリヒドロキシスチレンをベースポリマーとして用いることとなった。図2に示すように，幸運にもフェノール樹脂は248 nm付近に光吸収の谷である光吸収の弱い領域をもっていた。また，化学増幅型レジストの場合，ポリヒドロキシスチレンの水酸基を保護することによっても248 nmにおける吸光度は低くなり，レジストの透過性は改善した。

ArFエキシマーレーザー(193 nm)の光源とするリソグラフィの利用ではフェノール樹脂の

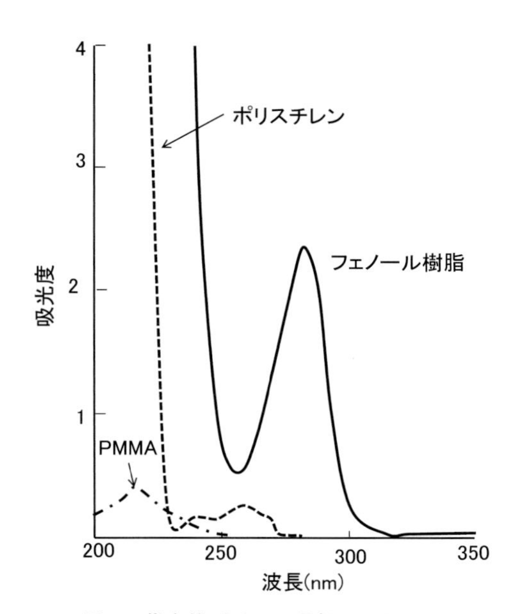

図2　代表的ポリマー吸収スペクトル

光吸収は大問題となった。図2には193 nmの吸光度は示していないが，フェノール樹脂やポリスチレンの吸収スペクトルの延長から想像できるように光吸収は大きい。この強い吸収はポリマーのベンゼン環などの芳香族の吸収帯（$\pi-\pi^*$許容遷移）が193 nmに重なっていることに基因する。ポリマーに光吸収があると化学増幅系レジストにおいては酸発生剤の光吸収に影響し，特にレジスト膜の下部において酸発生の効率に悪影響を与える。そこでArFリソグラフィのレジストは193 nmに光吸収の小さいアクリル系をベースとするポリマーが用いられるようになった。

ベースポリマーの透過率向上が課題となったのはArFリソグラフィまでである。EUVリソグラフィでは一転してレジストの光吸収増大する努力が行われている。g線リソグラフィからArFリソグラフィ（193 nm）までの光の波長では，光吸収が化学結合に関わる分子軌道の電子が高い分子軌道へ遷移することによって起こるものであった。一方，EUVの波長13.5 nmのX線領域においては，EUVはポリマーや化学物質を構成する原子と相互作用し，光電子放出を伴いEUVエネルギーが吸収される。構成する原子と波長の原子吸光係数によりレジストの13.5 nmにおける吸収は決まってしまう。EUVリソグラフィではEUV光源の強度が不足しているため，レジストに対する高感度の要求もあり，金属含有レジストなどのEUVのより吸収を強めようとする努力が行われているわけである。

4　現像液の変遷

図1に示すように第一の転換点から一貫してTMAH2.38％のアルカリ現像液が用いられてきた。NTD（Negative Tone Development）において有機溶媒現像が利用されていることについてはあとで議論することとし，TMAHが用いられた背景を述べる。

第一の転換点でアルカリ現像液が用いられた背景は解像度向上が目的である。ビスアジド-環化ゴム系のネガ型レジストの問題は，現像中の膨潤による解像度劣化である。ゲル化理論によれば重量平均分子量当たり1個の架橋が形成されるとゲル化（不溶化）がはじまるといわれる[4]。架橋反応の数はポリマー中のモノマー分子の数に対して1個という非常に少ない架橋でもゲル化が起こるということであり，露光部の化学変化は小さい。このことは現像液（有機溶媒）に対する親和性は露光部と未露光部であまり変わらないことを意味する。このため露光部は架橋によって溶けないが，膨潤が起こる。**図3**に示すように，ラインとスペースのパターンでピッチが狭くなると，露光部のラインがこの膨潤により膨れ，ライン同士が接触することになる。また，長いラインでは膨潤の行き場がなくなり蛇行する。現像後溶媒を飛ばして乾燥するとラインの間に残渣やラインが蛇行がみられる場合がある。これが解像性向上のネックとなった。

現像中に膨潤しない高解像性のレジストが必要となり，DNQ-ノボラック系レジストが用いられることになった。ベースポリマーであるノボラック樹脂をシリコンウエハに1 μm程度塗布してベーク後TMAH現像液に浸漬するとその溶解挙動が観測できる。現像液の上から観察するとノボラック樹脂が溶解するに従い干渉色の変化がみえる。干渉色が観察できる理由は，**図4**に示すようにレジスト表面からの反射光とレジストの底にあるウエハからの反射光が干

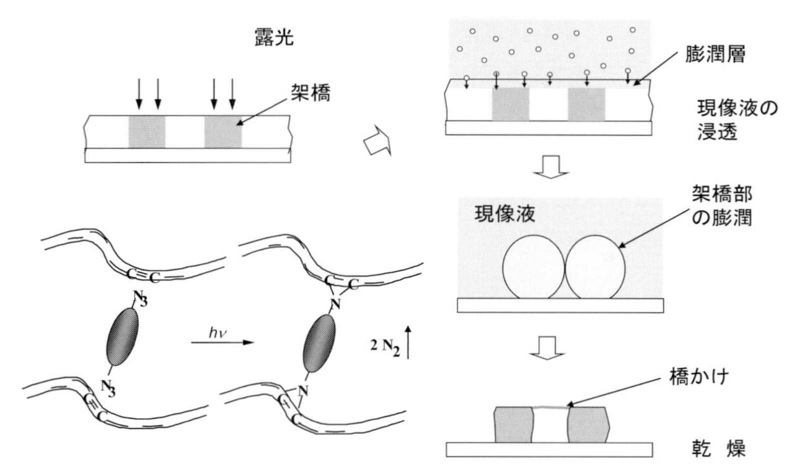

図3　環化ゴム系レジストの膨潤の問題

渉するからである。時間によって干渉色が変化するのはノボラック樹脂が現像液に溶解して膜厚が変化することにより干渉を起こす光路差が変化するからである。干渉色の変化が観察できることは，現像中レジスト表面が現像液と区別でき，光学的に平坦で膨潤層がない(もしくは無視できるほど小さい)ことを意味する。非膨潤現像が高解像度の理由である。この高解像性の溶解挙動を示すDNQ系フォトレジストがLSIの製造に広く用いられるようになった。ポリマーがどのように溶解しているかは推定の域をでないが，ポリマーに水酸イオンが浸透してある割合のフェノール水酸基がフェノラートになると膜からタイルが離れるように溶解していると考えている。その想像図を**図5**に示す。

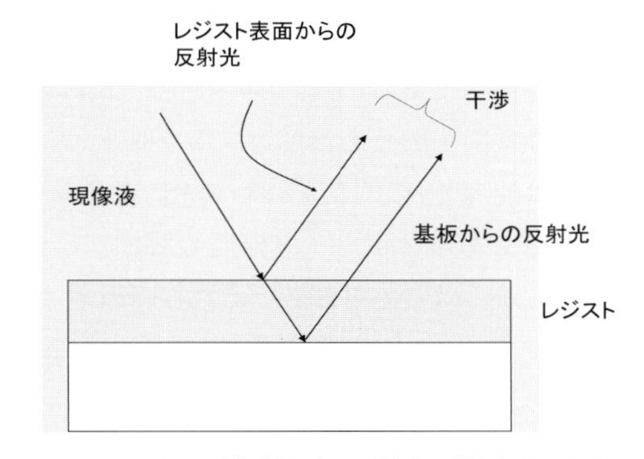

図4　レジスト膜溶解時の干渉色が発生するとき

ArFリソグラフィでは高解像度化にためArFレジストを有機溶媒現像によるNTD(Negative tone development)が用いられる場合がある[5]。なぜ，有機溶媒現像に回帰するようなことが起きたのか考えてみる。NTDではTMAHアルカリ現像液ではArF用ポジ型化学増幅系レジストを有機溶媒で現像する方法が用いられた。NTDが有効なのは以下の二つの条件がみたされるときである。一つは，LSI製造上のパターンにおいてネガのパターンの方が，像コントラストがいい場合，二つめは，TMAHアルカリ現像液でパターン形成を行う場合に比べて有機溶媒で現像するときの膨潤が少ないこと，である。EIDECの井谷らのグループで開発された高速AFM[6]でEUV化学増幅系レジストの溶解挙動を調べると，ポジ型の現像(2.38% TMAH)では現像初期のときに膨潤が見られるのに対して，ネガ型現像(有機溶媒現像)では膨潤が少ない結果が示された[7]。

アルカリ現像液が利用されるようになった理由について現像中に膨潤がないこと(あるいは少ないこと)を述べた。ノボラック樹脂で小さい膨潤層が形成されるかはAFMでの測定による確認が必要である。ここで非膨潤現象といっているのは当時の解像度がi線リソグラフィを用いて波長レベルすなわち0.35 μmレベル場合である。NTDを必要とする解像度は40 nm以下の解像度で膜厚が50 nm近傍の場合であり，非膨潤に議論では解像度や膜厚，ベースポリマーの種類の違いに注意が必要である。

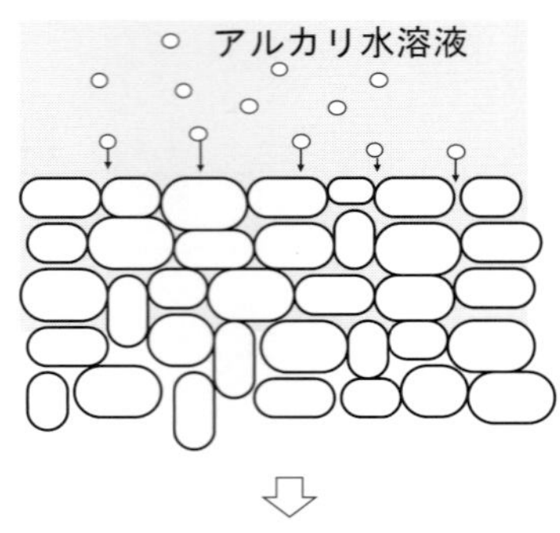

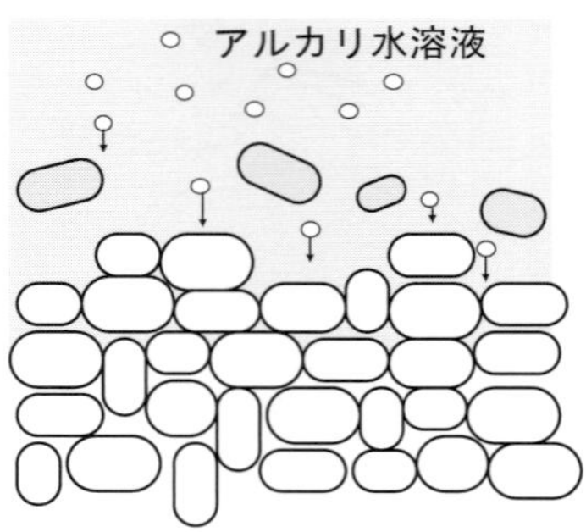

図５　ノボラック樹脂膜の溶解

5　レジスト感光機構の変遷およびコントラスト向上

第一の転換点におけるg線(438 nm)，i線(365 nm)で用いられたDNQ-ノボラック樹脂系において感光機構は逐次反応型とよばれる。DNQは露光によってインデンカルボン酸に変わることによって露光部がアルカリ現像液に溶解するようになる。光吸収によって光化学反応が逐次起こる系である。i線リソグラフィ用レジストにおいては解像度向上のため溶解コントラスト(露光部と未露光部の溶解速度差)の改良が行われた。改良はマトリックスポリマーであるノボラック樹脂の解像性に関わる因子を探ることからはじめられた。それらの因子は分子量，分子量分布，クレゾールの異性体，結合様式などで，それらを変えたノボラック樹脂を用いて露光による溶解速度の変化を調べた。溶解速度の変化から未露光部におけるノボラック樹脂とDNQの相互作用による溶解抑止効果，露光部の溶解促進効果から溶解コントラストと上記因子との関係を導き出し，コントラストを改善した[3]。

KrF用，ArF用レジストでは化学増幅型レジストが用いられた。化学増幅型において露光では後続する酸触媒反応を起こすための酸を発生させる。後続の酸触媒反応では反応生成物ができると酸が再生され，この酸によって酸触媒反応が繰り返される。酸の量にくらべて酸触媒反応生成物は圧倒的に多い量となり，化学増幅型とよばれた。溶解コントラストは露光部に未露光部とは現像液に対する溶解性の異なる官能基を大量に形成することによって得られている。DNQ-ノボラック樹脂系においては未露光部における溶解抑制，露光部における溶解性促進することによって露光部と未露光部の溶解速度の差を利用する系である。これに対して化学増幅型は酸触媒反応によって溶解性が大きく変わることから溶解性反転型ともよばれる。

EUVリソグラフィにおいてもEUV光源の強度が不十分であることから化学増幅型レジストを利用することになる。しかし，その感光機構はg線(436 nm)，i線(365 nm)，KrF(248 nm)，ArF(193 nm)の露光の場合とは全く異なる。g線(436 nm)からArF(193 nm)までの露光の場合，感光剤であるDNQや酸発生剤が光を吸収によって励起し，インデンカルボン酸や酸を発生する。いずれもマトリックスポリマーは光吸収プロセスには関与しない。一方，13.5 nmのEUV露光ではレジストを構成する原子にEUVが吸収されると光電子が発生し，それ以降は電子に誘起される反応を経て酸が発生する。EUV吸収にはマトリックスポリマーも

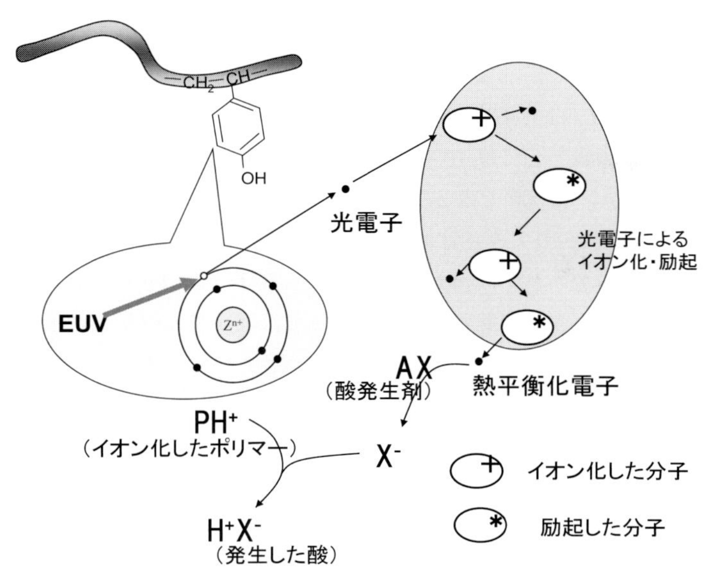

図6　EUV照射による酸発生機構

関与する。また，436 nm から 193 nm までの波長の露光ではレジストを構成する分子はイオン化しないが，EUV（13.5 nm）露光ではイオン化が起こる。このことが決定的に異なることである。報告されている文献[8]をもとにEUV照射により酸発生の機構を**図6**に示す。光電子発生のプロセスで1個の原子を対象にしているが，そのプロセスはレジストを構成するすべての原子に可能性がある。EUV光源強度が不十分であることからEUVの吸収を向上させ，感度向上をはかる開発も大きなポイントとなった。

露光波長の短波長化では露光量と露光フォトン数に注意が必要である。露光量は mJ/cm^2 などの単位面積当たりのエネルギーで表される。露光波長が短波長化すると同じ露光量でもフォトン数が減る。たとえばEUV（13.5 nm）のフォトンエネルギーはArF（193 nm）の14倍ほどある。このためEUV照射とArF露光で同じ照射量の場合，EUVのフォトン数はArFフォトン数の1/14になってしまう。EUVリソグラフィ用高感度化のレジストを狙うときには照射されるフォトン数に注意が必要である。

6　解像限界と分子サイズの考察

将来の微細化については，10 nm や 7 nm 世代も議論されるようになってきた[9]。このレベルの解像度ではレジストを構成するポリマーサイズの考察が必要となってくる。現状においてもLWR（Line Width Roughness）の課題は分子の大きさやその集合体の大きさを認識させるものである。ポリマーの大きさの推定では自由鎖モデルに基づくような計算や分子動力学などの計算も考えられる。ここでは，ポリマーの分子量がGPCで測定されることから，GPC測定の際分子量の標準として用いられるポリスチレンの大きさを考えることにする。

ポリスチレンの大きさ（平均二乗慣性半径 s_0）は

$$(<s_0^2>)^{1/2} = 2.75 \times 10^{-1} \times \sqrt{M_W} \text{Å} \quad (1)$$

と表される[10)]。ここで M_W は分子量である。s_0 と M_W の関係を**図7**に示す。EUV レジストを構成するポリマーの分子量としては1000から10,000の間と想定される。1000とすれば平均二乗慣性半径として8.7 Å，10,000では27.5 Åとなる。それぞれ直径は17.4 Å（1.7 nm），55 Å（5.5 nm）となる。ポリマーの大きさは溶液中での見積りなので実際膜にしたときの大きさはそれより小さくなると予想される。溶媒中でまるまったポリマーが塗布されたとき様子を**図8**に示す。塗布直後の溶媒を含む状態とベークによって溶媒が飛んだ状態が示してある，溶媒が飛んだあとにポリマーサイズが小さくなり，膜厚が小さくなってポリマー間にからみが生じている様子も示してある。いずれにしても10 nmレベルの解像度を目指す場合はポリマーの大きさを考慮することは当然のことである。

レジスト膜構造は塗布プロセスによって形成され，露光によって生じる酸やその後の酸触媒反応，ポリマーの溶解に関わる現像プロセスにおいて，分子レベルでの考察が必要である。ここでは簡単なモデルよって現像プロセスを考えてみる。ポリマーと感光剤，その他添加剤など

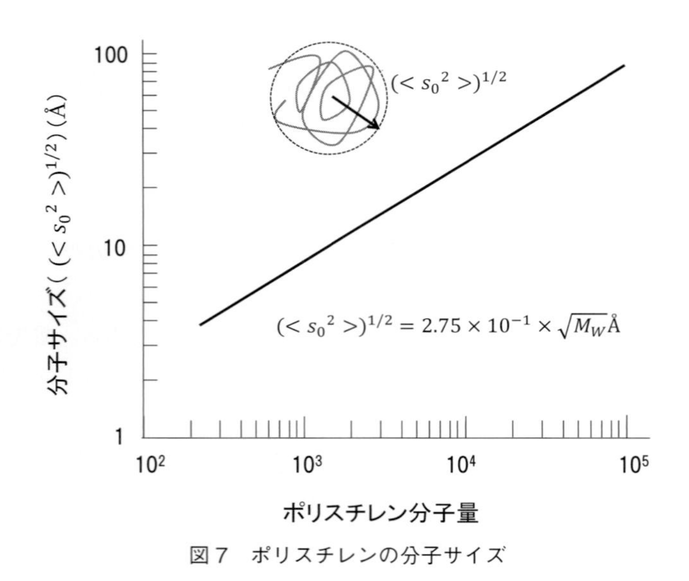

図7　ポリスチレンの分子サイズ

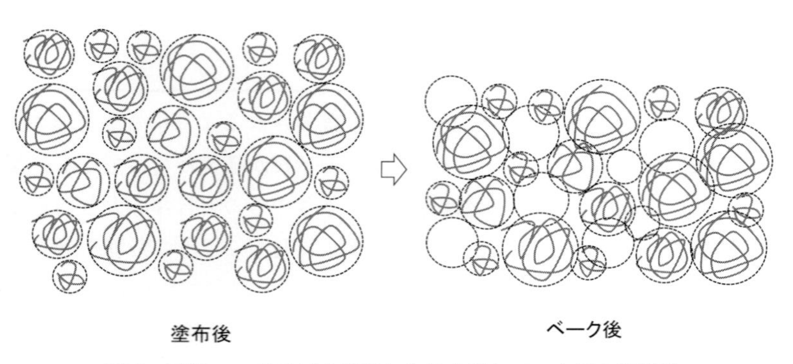

図8　ポリマーサイズを考慮した塗布後とベーク後の膜構造

によって形成されるレジスト膜として，三つの構造が考えられる(**図9**)。それらは“石垣モデル”のようにポリマーを固まりとして組み立てる構造(a)，ポリマーがひも状になって絡まっている構造(c)，それらの中間の構造(b)が考えられる。ここではポリマーのみを示し，感光剤やその他添加剤は省いてある。

レジストの現像プロセスに関わる溶解機構については十分解明されている状況ではないが，石垣モデルに近い構造のときの溶解機構を考えてみる(**図10**)。この図ではアルカリ親和性のあるカルボン酸やフェノール性水酸基が存在するポリマーの膜であるとする。アルカリ水溶液現像では現像液がレジスト膜に浸透することで水酸化イオン(OH^-)がフェノールの水酸基やカルボン酸をイオン化し，イオンがポリマー中に点在するような構造が想像できる。それに沿って水や水酸化イオン，カチオンが浸透していき，現像液浸透チャネルができあがり溶解すると考えられる。このときの溶解プロセスは，ポリマー1個ごとに溶解する場合，ポリマー集団の塊として溶解する場合，が考えられる。1個ずつ溶解したとしてもチャネルが疎水性部分を残すと，残ったポリマーの溶解性が不十分でも崩れるように現像液に拡散する可能性もあるし，そのまま膜に残る可能性もある。一方，集団で溶解するときは中心部分が溶解には不十分でも浸透チャネルに囲まれた部分が溶解するときに引きずられて溶解することも考えられる。ポリマー集団で溶解する想像図を図10の右に示してある。

このような集団で溶解する現象は膜を構成するポリマーの分子量を小さくした場合や分子レジストを用いたとしても起こりうる。LWRの観点からするとポリマー1個ずつ溶解する場合にくらべて，溶解が集団で起こるとするとLWRは大きくなってしまう。レジストを構成するポリマーの大きさを小さくしたとしても溶解機構によっては解像度やLWRに大きく影響することが推察できる。

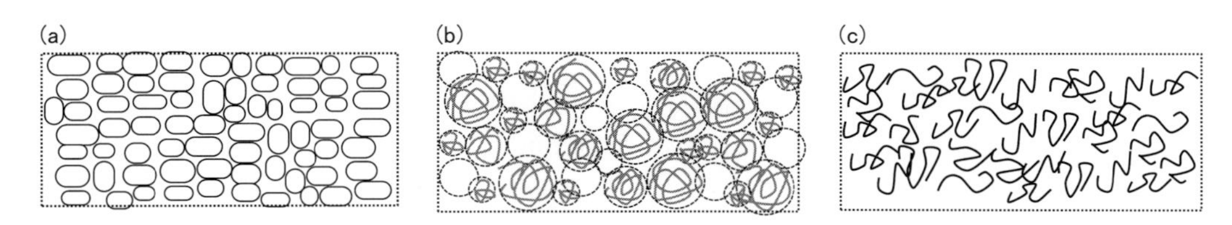

図9　ポリマー膜構造モデル
(a)石垣モデル型，(b)石垣モデルとひもモデルの中間，(c)ひもモデル

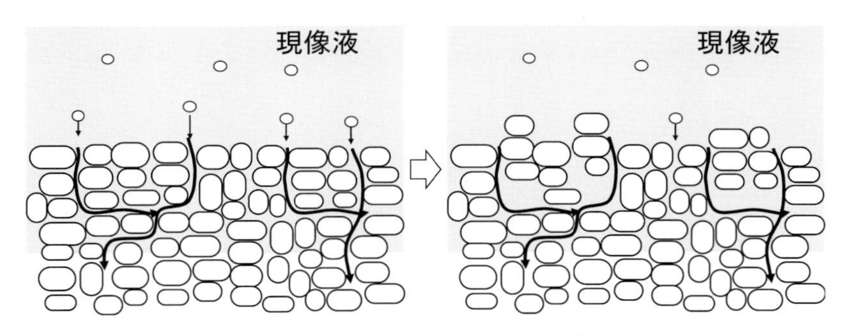

図10　石垣モデル型ポリマー溶解機構

図8に示したベーク後の膜のように一部ポリマーのからまりがある場合は，溶解チャネルができたとしてもこの絡まりによって溶解するには不十分な場合があるかもしれない。一方，溶解部分が溶けやすい状態で溶解が優先する場合は回りを引き連れて溶解することも考えられる。現像プロセスはレジスト膜構造や現像液に対する親和性部分の分布に大きく依存すると理解できる。今後のレジストの開発ではこのようなポリマーサイズに関わる現像プロセスを考慮した開発が行われることを期待したい。

7　まとめ

EUV リソグラフィの開発は最終段階にきており，実用化されるとき EUV の波長よりも小さい解像度であり，超解像技術を組み合わせた技術となると予想される。EUV の感光機構に基づくレジストの開発とともに，分子サイズレベルの考察に基づく感度，解像度の向上，LWR の改善に向けた開発がなされると考えられる。一方で LSI のトータルパフォーマンス向上に向けて 3D パッケージなどの複数チップの組み合わせたパッケージなどパッケージ技術との連携を進めた開発も合わせて行われるであろう。

文　献

1) 岡崎，鈴木，上野：「はじめての半導体リソグラフィ技術」，工業調査会，229(2003).

2) 岡崎，鈴木，上野：「はじめての半導体リソグラフィ技術」，工業調査会，102(2003).

3) 花畑：「半導体・液晶ディスプレイフォトリソグラフィ技術ハンドブック」，石橋，上野，鵜飼，嘉代，田中　編集：リアライズ理工センター，126(2006).

4) A. Charlsby："A theory of network formation in irradiated polyesters", *Proc. Roy. Soc.*, A241, 495(1957).

5) S. Tarutani, K. Fujii, K. Yamamoto, K. Iwato and M. Shirakawa：*J. Photopolym. Sci. Technol.*, **25**, 109 (2012).

6) J. J. Santillan and T. Itani：In situ Analysis of the EUV Resist Pattern Formation during the Resist Dissolution Process, *J. Photopolym. Sci. Technol.*, **26**, 611(2013).

7) T. Fujimori, T. Tsuchihashi and T. Itani：Recent Progress of Negative-tone Imaging Process and Materials, *J. Photopolym. Sci. Technol.*, **28**, 485(2015).

8) T. kozawa and S. Tagawa：Radiation Chemistry in Chemically Amplified Resists, *Jpn. J. Appl. Phys.*, **49**, 030001(2010).

9) http://eetimes.jp/ee/articles/1609/21/news035_2.html

10) 五十嵐，塩見，手塚：高分子サイエンス One Point-1「高分子の分子量」，共立出版，31(1992).

第１節　DUV リソグラフィー用対応フォトレジスト材料技術

富士フイルム株式会社　下畠　孝二

1　はじめに

フォトレジストを使用した微細加工は，主に露光光源波長の短波化により支えられてきた。具体的には超高圧水銀ランプの g 線(436 nm)から，紫外領域の i 線(365 nm)，更に遠紫外領域である KrF エキシマレーザー(248 nm)，ArF エキシマレーザー(193 nm)等への変遷である。この際フォトレジスト材料に求められる第一の特性は各露光光源に対する透明性とエッチング耐性である。本稿では，露光光源別に開発されてきたポジ型レジストの中で化学増幅レジスト技術開発を整理した。

2　ポジ型化学増幅レジスト―KrF エキシマレーザー用―

2. 1　ポジ型化学増幅レジスト構成成分

ポジ型化学増幅レジスト構成成分を g 線，i 線レジストと比較して示す(**図 1**)。

KrF エキシマレーザー用ポジ型化学増幅レジスト組成物例を下記に示した(**図 2**)。

光酸発生剤とは露光により酸を発生する化合物であり，スルフォニウム塩化合物等が代表的である。酸分解性樹脂，酸分解性溶解阻止剤はともにアルカリ可溶性樹脂及び低分子化合物の酸基の一部または全てを酸分解性基で保護したものである。光酸発生剤から発生した酸により

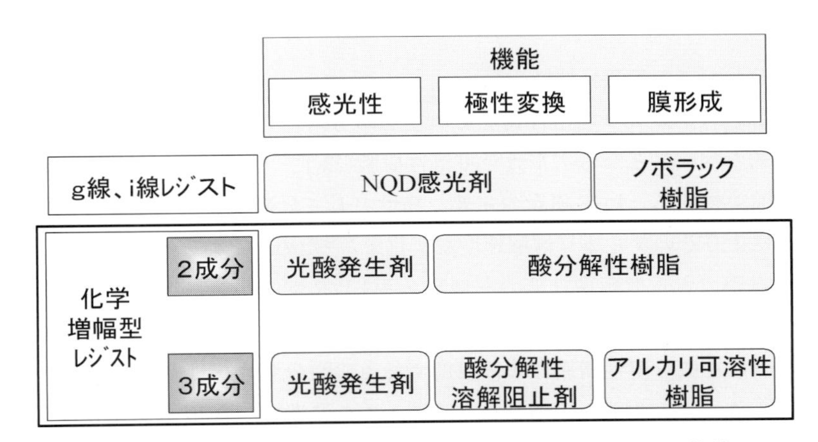

図１　ポジ型化学増幅レジストの構成成分―g/i 線レジストとの比較―

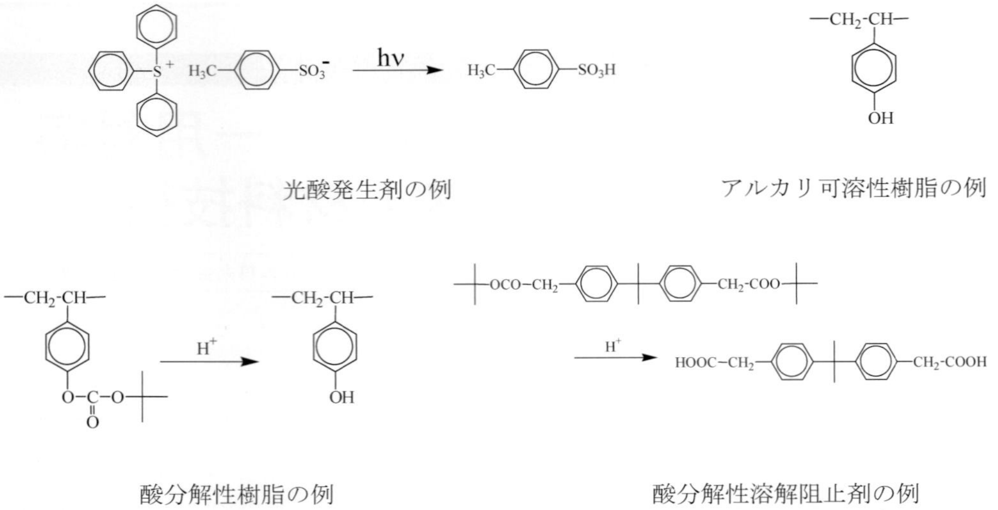

図２　KrF エキシマレーザー用ポジ型化学増幅レジスト組成物例

保護基が分解し，アルカリ可溶性酸基が生成することで現像性の on-off を発現する。KrF 用途にノボラック樹脂が適用できない理由は 248 nm での透過率が低い為である。

2. 2　光酸発生剤

化学増幅型レジストの場合，発生する酸量は触媒量であるため，酸はある程度拡散する必要が有る。

J. Cameron[1] らは発生酸サイズが拡散性に影響を及ぼし，結果として画像性能に影響を及ぼしていることを報告した。発生酸が必要以上に拡散すると本来の光学潜像コントラストを低下させるため，解像性能が低下する。また，酸の強度も画像性能に影響を及ぼすことを報告した。酸強度がより弱ければ，脱保護反応に有効な衝突と有効でない衝突を区別できるため，見かけの酸分解コントラストが向上すると考えられる。

これまでに開発されてきた代表的な光酸発生剤を**図 3** に示した。

2. 3　KrF2 成分レジスト用酸分解性樹脂

酸分解性樹脂とはアルカリ可溶性樹脂の酸基を酸分解性の保護基でキャップしたものである。最も代表的なベースとなるアルカリ可溶性樹脂(以下，ベース樹脂)はポリ p-ヒドロキシスチレン(p-PHS)である。PHS 樹脂の重要な物性として分散度を挙げることができる。PHS 樹脂は分子量によりそのアルカリ溶解速度が変化する[2]ため，その分散度が大きいとアルカリ溶解速度に分布ができ重要画像性能の一つである LWR 性能が低下すると考えられ狭分散化(単分散化)のニーズが高まった(**図 4**)[3]。

前記ベース樹脂を酸分解性樹脂にする目的で種々の酸分解性保護基が開発された。H. Ito[4] らは t-ブトキシカルボニル基(t-BOC)でフェノールを保護した PHS 樹脂を報告した。t-BOC は熱的に安定で，保存性の懸念も少ない保護基である[5]。フェノール性水酸基の保護基として

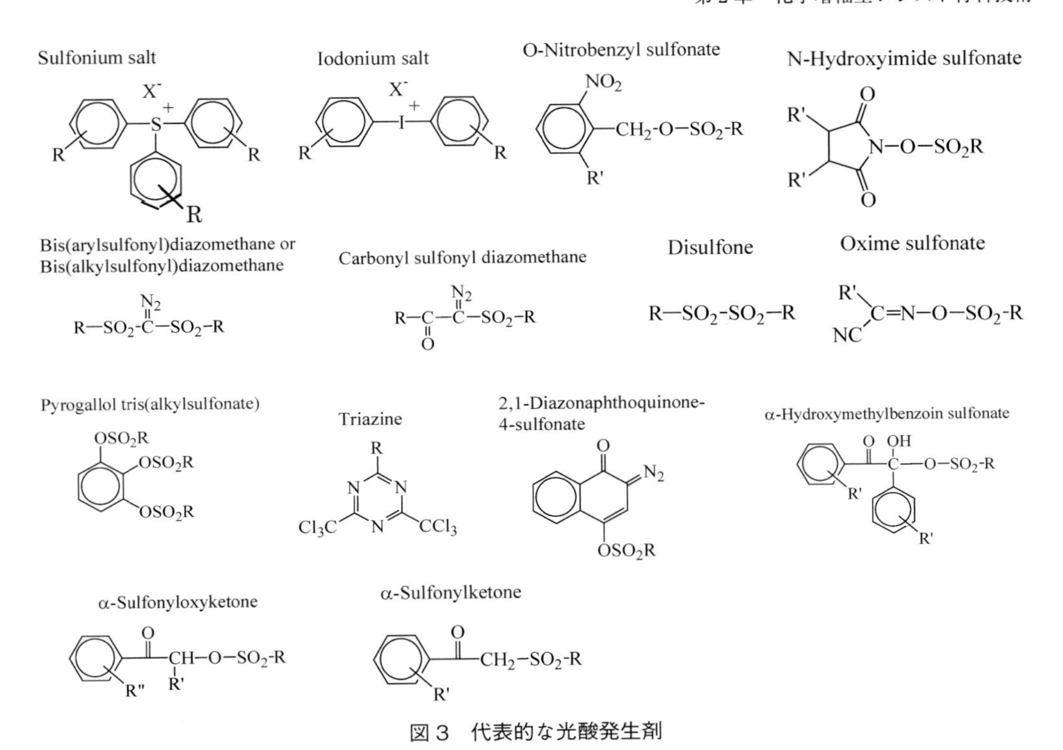

図３　代表的な光酸発生剤

はt-ブチルエーテル[6]やt-BOCより安定性の高いイソプロピルオキシカルボニル基[7]等が報告された。これに対し，脱保護反応の活性化エネルギーが低い点を重視した，シリルエーテル[8]やテトラヒドロピラニルエーテル[9]等のアセタール基が開発された。特にアセタール系は多くのメーカーが使用していた代表的な保護基である。C. Mertesdorfらはアセタールと共にケタール系も検討したが不安定で適用困難と結論づけた。また，アセタール基の中でもエチルアセタールはt-ブチルアセタールより熱的に安定であると報告した[10]。下記に代表的な保護基構造を示す(**図５**)。

これに対し保護基サイズに着目したのがS. Malik[11]らの「バルキーアセタール」である。バルキーアセタールとは，アセタール基(**図６**のR)のサイズが嵩高いものを意味する。バルキーアセタールのメリットは①エッチング耐性が高い，②アウトガスが少ない，③疎水性が高く，インヒビションが大きい点を挙げることができる。

sBuLi
M_n = 6,400
M_w = 6,800
D = 1.06

AIBN
M_n = 8,400
M_w = 14,500
D = 1.72

図４　ポリマー分散度―リビングアニオン重合 vs. ラジカル重合―

次にPHS以外の樹脂の代表的な報告例を紹介する。H. Ito[12]らはヒドロキシスチレンとアクリル酸の共重合体を提案した。アクリル酸部位を保護した樹脂を使用したレジストはESCAPレジスト(Environmentally Stable Chemical Amplification Positive resist)と称され実用化さ

t-BOC　t-Bu ether　i-POC　Si ether　THP ether　Acetal

図5　代表的な保護基構造

れている。K. J. Przybillaらはフェノール性水酸基と同程度のpKaを有する酸基としてヘキサフルオロイソプロパノール基を置換したヘキサフルオロイソプロパノールスチレン(Hexa Fluoro Iso Propanol Stylene＝HFIPS)の適用を報告した[13]。

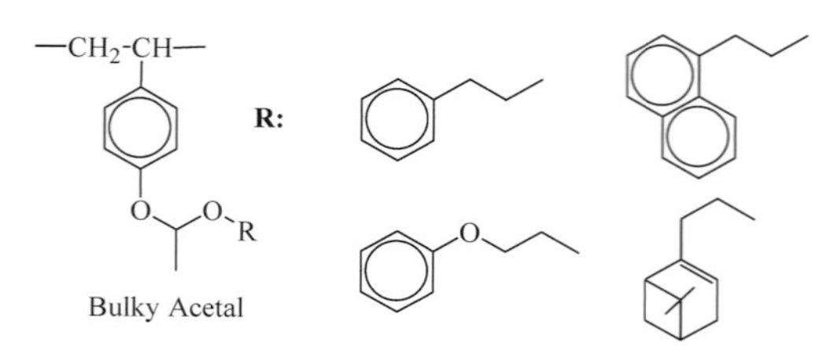

図6　バルキーアセタールの例

2. 4　塩基性化合物

化学増幅型レジストの固有問題としてPED[14](Post Exposure time Delay)の問題がある。露光後にレジスト膜を直ちに加熱せずに放置した場合，感度低下や，プロファイル劣化(T-top形状化，**図7**)等の問題を引き起こす現象である。

このPED対策として最も一般的に使用されている方法は，あらかじめ塩基成分をバッファー剤として添加する方法[15]である。例えばレジスト中にアミン化合物を添加することにより，外部からレジスト膜中に進入してきた別の塩基成分が系中の酸を消費した場合，レジスト中のアミン共役酸からプロトンが放出され，系中の酸濃度低下を抑制してくれる。

15 min in filtered air

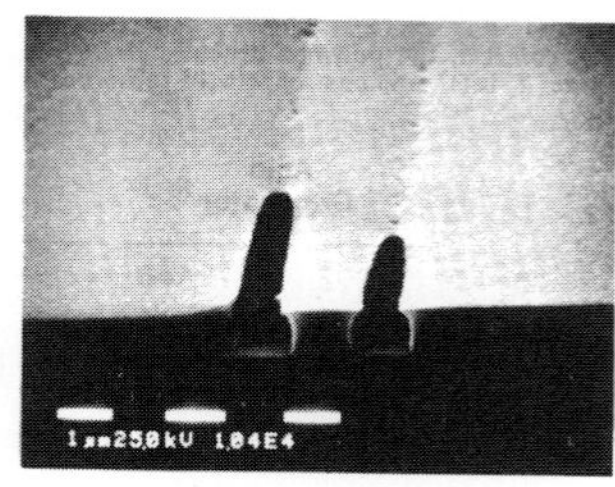

15 min in 10 ppb
NMP before exposure

図7　PEDの影響
(塩基性分雰囲気との比較)

3　ポジ型化学増幅レジスト—ArFエキシマレーザー用—

3. 1　ArF2成分レジスト用酸分解性樹脂—ドライエッチング耐性と透明性の両立化—

ArFレジストに関してはKrFレジスト以上の高感度化が求められた為，化学増幅のケミストリーが引き続き検討された。しかし，ArFレーザー波長である193 nmに対し，KrFのフェノールケミストリーを適用した場合，ベンゼン環$\pi-\pi^*$遷移に相当する吸収により十分な膜透過率が確保できない問題があった(**図8**)。この為，ArFレジストでは使用する素材を従来の

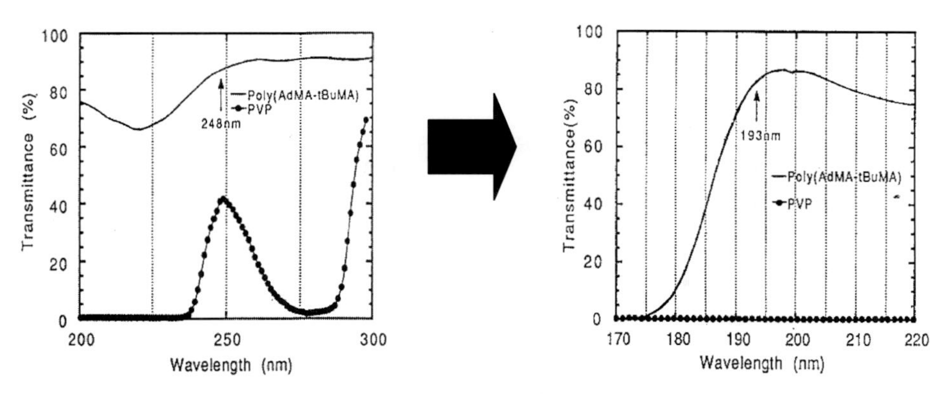

図８　透過率—PVP vs. Poly(AdMA-tBuMA)

ノボラック樹脂やPHS樹脂から変更する必要が生じた。

また，従来のノボラック樹脂やPHS樹脂が有するベンゼン環はドライエッチング耐性に有効かつ，フェノール性水酸基はpKaが約10でレジストの標準現像液(2.38%TMAH水溶液)に対し最適な溶解速度を与えてくれる。Ohnishiらや Kunzらは，この様な背景に基づき，それぞれOhnishiパラメータ[16)](**図9**)とRingパラメータ[17)](**図10**)を提案した。

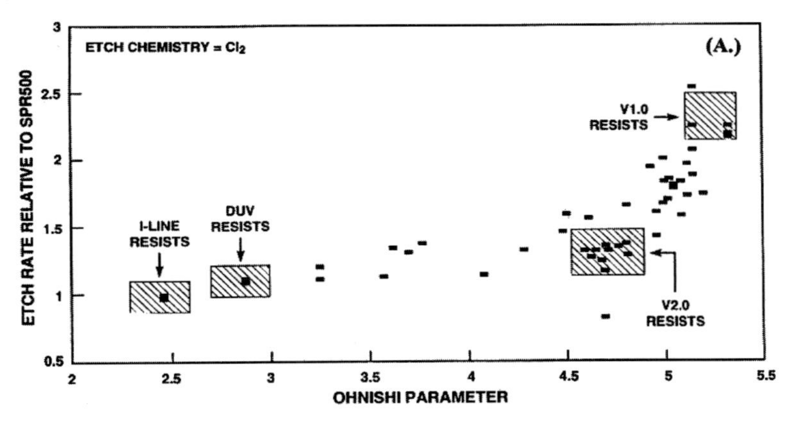

図９　相対エッチング速度 vs. Ohnishiパラメータ

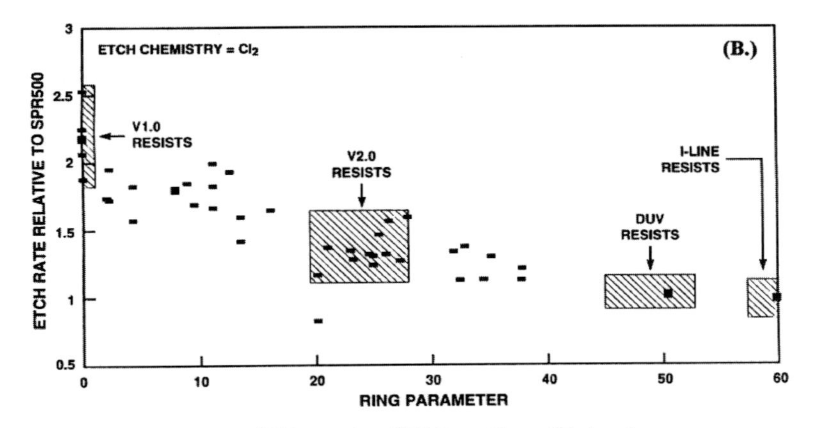

図10　相対エッチング速度 vs. Ringパラメータ

Ohnishi パラメータ＝全原子数 /(炭素原子数－酸素原子数)　　(1)

Ring パラメータ＝環状炭素の重量 / 全重量　　(2)

Ohnishi パラメータの場合は，ヘテロ原子に基づく結合がエッチング時に切断されやすいこと，Ring パラメータの場合は，環状の炭化水素化合物が気化可能な低分子に至るまでの切断すべき結合が多いことを反映しているものと思われる。これらを背景に ArF レジストのエッチング耐性を確保するための化合物としては，脂肪族の環状炭化水素化合物[18]とナフタレン化合物[19]が提案された。

脂環化合物は前記透過率曲線が示すように(図 8)193 nm において十分な透明性を有する。また，ナフタレン化合物は T. Ushirogouchi らが報告しているように，ベンゼン環より λmax が長波長シフトするため 193 nm での透過率が良好である。更に，フェノール性水酸基に代わるアルカリ可溶性基としてはカルボン酸基が一般的である[20]。但し，フェノール性水酸基と同程度の pKa(≒7～11)を有する酸基を適用すべきとの報告もある[21]。ArF レジスト用樹脂のほとんどは脂肪族炭化水素基(以下，脂環基)あるいはナフタレン構造が導入されている。その導入法としては，ポリマー側鎖にペンダントする方法とポリマー主鎖に導入する方法が検討され，それぞれ側鎖型，主鎖型と呼ばれている(**図 11**)。

脂環基(あるいはナフタレン残基)に加え，ArF レジスト樹脂開発の重要なポイントは親水基の選択である。ArF レジスト樹脂ではフェノール性水酸基に代わる親水基が必要だが，必要特性として透明性が高く，インヒビション低下により膜減りを生じないことを両立する親水基の選択肢は狭いことが分かっている。両方の特性を満たす親水基は，アルコール性水酸基，ラクトン残基，シアノ基，スルフォンアミド基程度である。特に，ArF レジスト樹脂では 193 nm に対する透明性やドライエッチング耐性の観点より脂環基が多用される為，疎水性が高くなりすぎ現像液であるアルカリ水溶液をはじいてしまうためそれを補う親水化技術がキーとなった。

富士通の M. Takahashi[22]らが新たに着目したのはメバロニックラクトンである[23](**図 12**)。バロニックラクトンは高価な材料で実用化は困難と考えられた。しかし，親水性と酸分解性を同時に有するメバロニックラクトンは，酸分解アダマンタンモノマーとの共重合で初めて 130 nm を解像し注目を浴びた。

また，住友化学の Y. Uetani[24]らは α-ヒドロキシ γ ブチロラクトンエステルを使用してメバロニックラクトンより高解像力を達成した。彼等は α-ヒドロキシ γ ブチロラクトンエステル

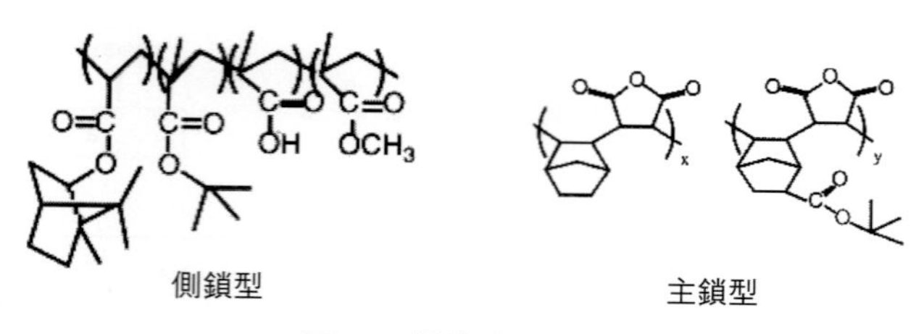

図 11　側鎖型と主鎖型

の機能をアルカリ現像液中での加水分解による現像促進と報告した(**図13**)。

ラクトンモノマーを共重合することで現像液の濡れ性，現像性は大幅に改善された。しかし，これらラクトンの場合，酸素原子数が多い為前記Ohnishiパラメータに依存したエッチング耐性が低下する問題が残った。この為，エッチング耐性を両立化するラクトンモノマーの開発が行われた。S. Iwasa[25]らはノルボルナンとラクトンが縮環した(メタ)アクリレートモノマーを，東芝，ダイセルは協働でアダマンタンとラクトンが縮環した(メタ)アクリレートモノマーを報告した(**図14**)。

水酸基が置換した脂環モノマーも数多く提案されている。特に，NECのE. Hasegawa[25]らは多くの脂環アルコールモノマーの合成例を示した。一方，現在多くのメーカーで実用化されたのがヒドロキシアダマンタンである(**図15**)。また，酸分解性基の先に水酸基を置換した化合物もある(**図16**)。

3.2　液浸用ArFレジスト

レジストの解像性を高めるため，水の屈折率を利用し実効波長を短波側にシフトさせることと同等の性能を持つ液浸用ArF露光装置が開発された。現在，最先端デバイスの超微細化プロセスの主流となっている露光装置である。これに対応すべく液浸用ArFレジストについて簡単に述べる。基本的なレジストの構造は，ArFレジストの項目にて述べた通りであるがウェハーへのレジスト塗布後の膜表面を水滴が移動することが可能になり，またレジストから水滴への抽出をさせないという仕掛けが必要になった。

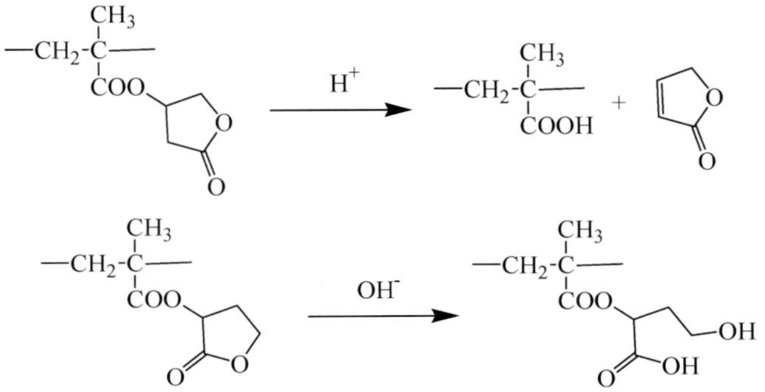

図13　ブチロラクトンの反応
(上：βラクトン，下：αラクトン)

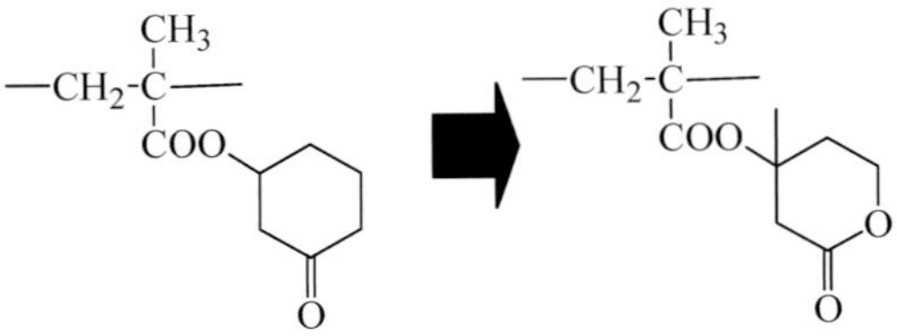

図12　親水性と酸分解性の両立化

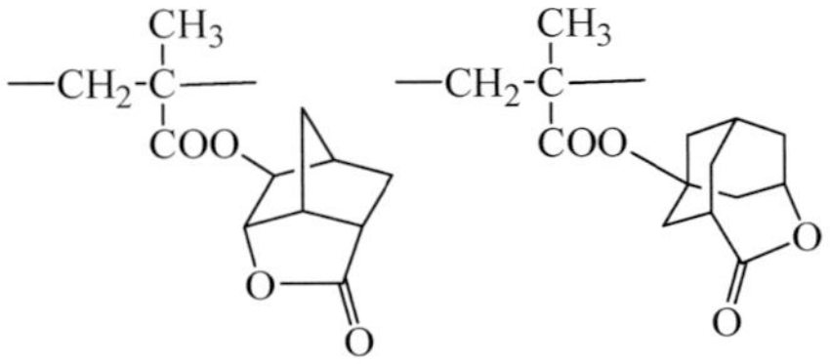

図14　アダマンタンとラクトンが縮環した(メタ)アクリレートモノマー

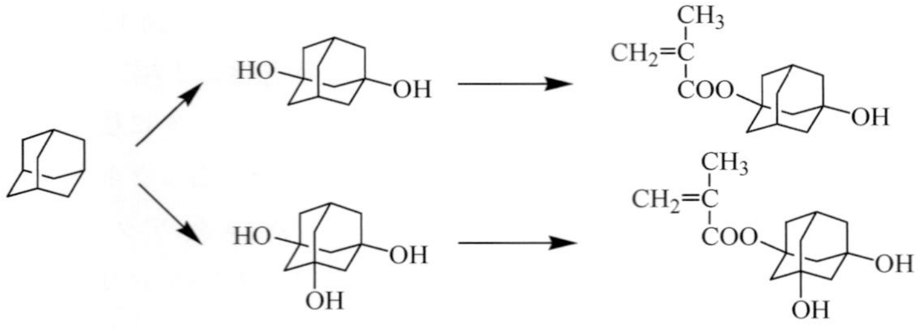

図 15　ヒドロキシアダマンタン

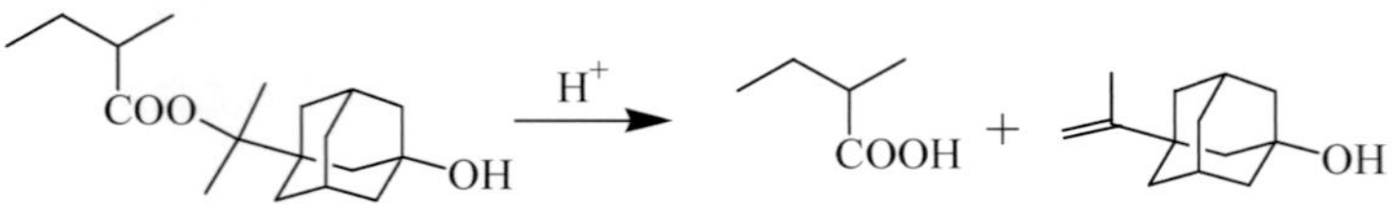

図 16　酸分解性基の先に水酸基を置換した化合物

レジスト塗布後，疎水的な膜を塗布する方式(トップコート方式)とレジスト液に疎水成分を混合させ膜表面に偏在化させる方式である(ノントップコート方式)。レジスト組成としては，後者が関わってくることになる。数%の疎水性化合物を添加することで膜表面から数 nm の疎水層が形成される。このメカニズムにより表面自由エネルギーをコントロール，水滴の前進/後退接触核の調整を行うことができる技術である。

4　ArF レジスト―ネガ画像形成方式―

水系有機アルカリ現像液を用いた従来のポジ現像による画像形成方法は，高マスク被覆率パターン形成に対して，原理的に光学コントラストの面で不利である。そこで，より高い光学コントラストを得られる露光領域の多い低被覆率マスクを適用し，イメージ反転により所望のパターンを形成する，有機溶剤現像によるネガトーン現像方法が開発された(**図 17**)[26]。

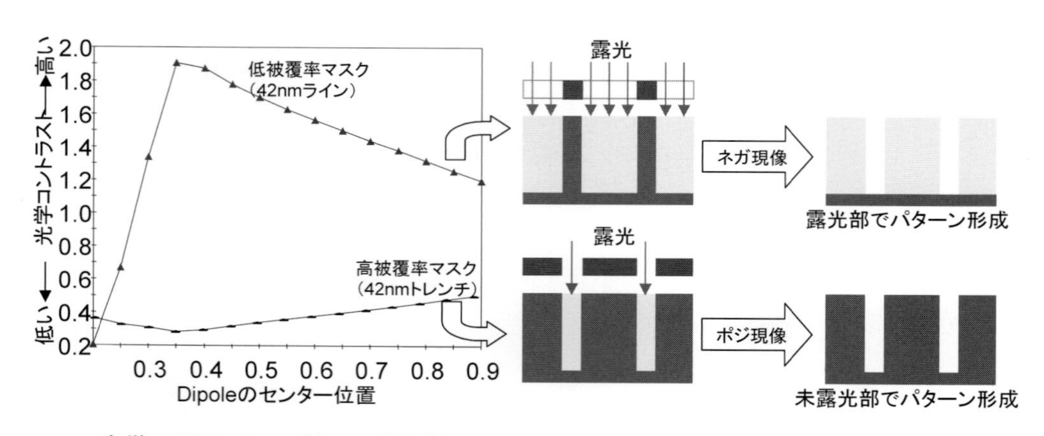

図 17　ネガトーン画像形成

5　おわりに

フォトリソを使った半導体プロセスにおけるパターン形成は，使用するポリマーの透明性とエッチング耐性の両立が主課題であった。回折により生じた光のひずみを化学の力で是正し，パターンを矩形化，さらなる微細化が進められてきたが，これらのプロセスは限界にきたようである。今後の微細化は，レジストではEUV，プロセスではダブルパターニング，ナノインプリントに引き継がれることを期待したい。

文　献

1) J. F. Cameron et al.：Proc. SPIE, 3678, 785(1999).
J. F. Cameron et al.：*J. Photopolym. Sci.Technol.*, **12**(4), 607(1999).
2) T. Long et al.：Proc. SPIE, 1466, 188(1991).
3) H. Ito et al.：Proc. SPIE, 1672, 2(1992).
4) H. Ito et al.：*Polym. Eng Sci.*, **23**, 1012(1983).
5) J. Fahey et al.：Proc. SPIE, 2438, 125(1995).
6) T. Aoai et al.：*J. Photopolym. Sci. Technol.*, **3**(3), 389 (1990). M. Murata et al.：Proc. SPIE, 1262, 8(1990).
7) O. Nalamasu et al.：Proc. SPIE, 1262, 33(1990).
8) D. A. Conlon et al.：*Macromolecules* **22**, 509(1989).
9) N. Hayashi et al.：ACS Polym. Mater. *Sci. Eng.*, **61**, 417(1989). T. Hattori et al.：Proc. SPIE, 1925, 146 (1993). T. Hattori et al.：*J. Photopolym. Sci. Tech.*, **6**(4), 497(1993).
10) C. Mertesdorf et al.：Proc. SPIE, 2438, 84(1995).
11) S. Malik et al.：Proc. SPIE., 3678, 388(1999).
S. Malik et al.：*J. Photopolym. Sci. Technol.*, **13**(4), 591(1999).
12) H. Ito et al.：Proc. SPIE, 2438, 53(1995).
13) K. J. Przybilla et al.：Proc. SPIE, 1672, 500(1992).
K. J. Przybilla et al.：*J. Photopolym. Sci. Tech.*, **5**(1), 85(1992).
14) H. Roeshert et al.：Proc. SPIE, 1672, 33(1992).
15) Y. Kawai et al.：*Jpn. J. Appl. Phys.*, **33**, 7023(1994). Y. Kawai et al.：*J. Photopolym. Sci. Tech.*, **8**(3), 535 (1995). T. Ushirogouchi et al.：Proc. SPIE, 2438, 609(1995).
16) H. Gokan et al.：*J. Electrochem. Soc.*, **130**(1), 143(1983).
17) R. R. Kunz et al.：Proc. SPIE, 2724, 365(1996).
18) S. Takechi et al.：Proc. SPIE, 1672, 66(1992). M. Takahashi et al.：*J. Photopolym. Sci. Technol.*, **7**(1), 31 (1994). R. D. Allen et al.：Proc. SPIE, 2438, 474(1995). K. Yamashita et al.：*J. Vac. Sci. Technol.*, B**11**(6), 2692(1993).
19) T. Ushirogouchi et al.：Proc. SPIE, 2195, 205(1994).
T. Ushirogouchi et al.：*J. Photopolym. Sci. Technol.*, **7**(3), 423(1994).
M. Nakase et al.：Proc. SPIE, 2438, 445(1995).
20) R. R. Kunz et al.：Proc. SPIE, 1925, 167(1993).
21) 特開平9-120162号
22) M. Takahashi et al.：*J. Photopolym. Sci. Technol.*, **7**(1), 31(1994).
N. Abe et al.：*J. Photopolym. Sci. Technol.*, **8**(4), 637(1995).

23）　S. Takechi et al.：Proc. SPIE, 3049, 519（1997）.
S. Takechi et al.：*J. Photopolym. Sci. Technol.*, **8**（4）, 637（1995）.
24）　Y. Uetani et al.：Proc. SPIE, 3333, 546（1998）.
Y. Uetani et al.：Proc. SPIE, 3678, 510（1999）.
25）　S. Iwasa et al.：*J. Photopolym. Sci. Technol.*, **12**（3）, 487（1999）.
K. Nakano et al.：*J. Photopolym. Sci. Technol.*, **14**（3）, 357（2001）.
26）　JEI September 2009＃27

第２節　EUVリソグラフィ用フォトレジスト技術

JSR株式会社　成岡　岳彦　　JSR株式会社　中川　恭志

1　はじめに

極紫外線リソグラフィ(EUVL)は，13.5 nmの極端紫外線を用いることで，20 nmhp以降の解像度を１回の露光で達成することができるため，ArF液浸リソグラフィの次世代を担う露光技術として注目されている。

EUVLに用いられる13.5 nmの極端紫外線は，従来のArFやKrFと比較して，光子１個当たりが持つエネルギーは増加するが，パターニングに使用できる光子の数は減少する。使用できる光子の数は，パターンサイズが小さくなればより少なくなるため，EUVLによる微細パターニングにおいては，光子の統計学的ばらつきによるショットノイズの影響を強く受けることになり，これは解像性とLERの悪化を招く。ショットノイズは，露光量の増大により低減可能であるが，高露光量はEUV露光プロセスにおけるスループットの低下を招く。そのため，EUVLの量産化に向けて露光のスループットを考慮した場合には，EUVリソグラフィ用のレジストには，低露光量でもパターニング可能であること，すなわち高感度であることが強く求められている。EUVレジストにとって大きな課題は，EUVLが適用される微細パターンにおいて，解像性(Resolution)と低Line Edge Roughness(LER)を高感度(Sensitivity)の条件にて，すべてを同時に達成することであり，この困難さはRLSトレードオフと呼ばれている。RLSトレードオフの克服に向けては，様々なレジストプラットフォームにて検討が盛んに行われているが，本稿では，化学増幅型のEUVレジストについてその技術内容を紹介する。

2　有機ポリマーをマトリクスにした化学増幅型EUVレジスト

化学増幅型EUVレジストにおいて，もっとも多く研究されてきているのが，有機ポリマーをマトリクスに用いたものである。一般的に有機ポリマーとしては，EUVでは光吸収の制約を受けないことからPHSなどフェノール系ポリマーを使用することが多く，酸の作用による脱離性を持った置換基が導入される。通常はポリマーのマトリクスに対して，光酸発生剤(Photo Acid Generator, PAG)を添加することで，露光により生じた酸がポリマーの脱保護反応を引き起こして溶解性のコントラストを発現させる。化学増幅型EUVレジストには，これに加えて酸拡散の制御のための塩基成分(クエンチャー)やその他の添加剤が含まれている。EUVレジストの性能改良への取り組みについて，これらEUVレジストの構成成分に分けて紹介していく。

2.1　ポリマーからの改良

EUV レジストの課題である感度および LER の同時改善に向けては，化学増幅型レジストにおける酸触媒による脱保護反応の制御が重要であると考えられている。脱保護反応の制御に向けては，酸拡散長の制御に向けた取り組みが多く報告されている。

Sakai らは，ポリマーの Tg を上げることによって酸の拡散長を制御できると考え，ポリマーの Tg とレジストの LWR の関係について報告している[1]。Sakai らの報告によると，**図 1** に示すように 22 nmhp LS においてポリマーの Tg を 13％上昇させることで，LWR が 5.9 nm から 3.9 nm へと改善している。この時，酸拡散長の抑制により感度は若干低感度化しているが，Z-factor に代表される総合的なレジスト性能は改善しているとしている[2]。

また，Tsubaki らは低活性化エネルギーをもつ保護基を含んだポリマーに対して，15～18 nmHP におけるパターンの一部断線した欠陥の発生挙動を検討し，ポリマーの Tg が post exposure bake（PEB）温度よりも 40℃以上高い場合にこれらの欠陥が抑制される結果を報告している[3]。ポリマー中の化学構造の観点からは，Tanagi らにより様々な極性基を持ったアダマンチル基を有するポリマーの EB リソグラフィによる LER の比較検討が報告されている[4]。報告によると，長鎖のアルキル連結基と 2 つのヒドロキシル基を有する置換基が，良好なレジスト性能を示している。これは，ヒドロキシル基の高いプロトン受容性と長鎖アルキル基が効果的に酸拡散を制御していることに由来すると考えられる。

ポリマーの溶解性に関係するパラメータとして，ポリマーの疎水性と限界解像度に関する研究が Tarutani らにより報告されている[5]。疎水性ポリマーでは，現像時の Capillary force を低減することができるため，20 nmhp 以下の微細パターンにおいても解像することが報告されている。ただし，同時に現像時の blob 欠陥抑制のためには，親水性のレジスト表面が求められる。これら解像度と欠陥の両立に向けては，疎水性のポリマーをマトリクスとして，表面のみ親水化させるような新規な添加剤を用いることで実現している。

EUV レジストの重要な課題の 1 つである高感度化に向けたポリマーからの改良の取り組み

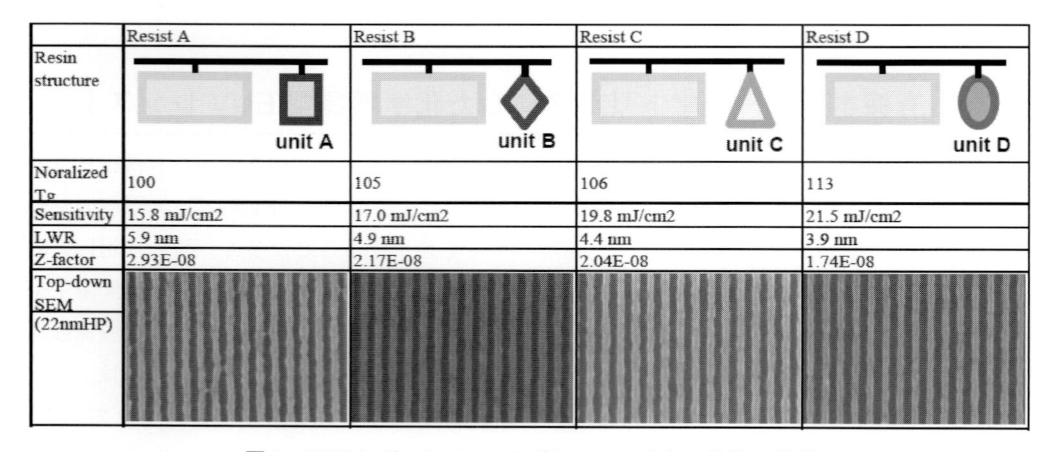

	Resist A	Resist B	Resist C	Resist D
Resin structure	unit A	unit B	unit C	unit D
Noralized Tg	100	105	106	113
Sensitivity	15.8 mJ/cm2	17.0 mJ/cm2	19.8 mJ/cm2	21.5 mJ/cm2
LWR	5.9 nm	4.9 nm	4.4 nm	3.9 nm
Z-factor	2.93E-08	2.17E-08	2.04E-08	1.74E-08
Top-down SEM (22nmHP)				

図 1　EUV レジストにおけるポリマー Tg とリソ性能の関連

として，Fujii らはプロトンソースとなるユニットに着目した検討を報告している[6)]。EUV リソグラフィにおける酸発生機構においては，ポリマーからのプロトン供給が重要であることが報告されている[7)]。Fujii らの報告ではポリマー中において，プロトンソースとなるユニットの比率を上昇させることで，PAG からの酸発生の量子収率が向上することがわかり，EUV レジストの性能改良に向けてプロトンソースを多く含んだポリマーを活用している。

ここまで述べてきたのは，すべて TMAH を用いたポジ型現像の化学増幅型レジストに関するものであるが，有機溶剤を用いたネガ型現像，Negative tone imaging（NTI）を用いた EUV レジストの検討が Tarutani らにより報告されている[8)9)]。NTI プロセスは，ArF 液浸リソグラフィでも適用されているように，特に C/H や Trench のパターニングにおいてポジ型現像と比較して高い光学コントラストを示すことや，TMAH と比較して有機溶剤では現像時の膨潤が抑制されることに起因する優位性を示す。Tarutani らは，EUV レジストにおいて一般的に用いられるヒドロキシスチレンを保護した置換基と比較して，NTI プロセスにおいて脱保護時の極性変化が大きいと考えられる 2-メチルアダマンチル-メタクリレート（2-methyladamanthyl-methacrylate（AD-MA））を用いた場合の検討を行っている。その結果，現像液として n-ブチルアセテート（n-butyl acetate（nBA））を用いた場合に，20 nm 孤立 trench パターンを 6.25 mJ/cm^2 という低露光量で解像することに成功している。Tsubaki らは，さらに NTI レジストの改良を進めており，ASML の量産向けの EUV 露光機である NXE3300 を用いて NTI プロセスによる 14 nmhpLS のパターニングを 37.0 mJ/cm^2 で達成したことを報告している[10)]。

ポリマー主鎖構造に関しては，その他にも多くの研究例が報告されており，星形の構造を持つポリマーもその１つである。たとえば Wieberger らはサッカロース（Saccharose）をコアとして GBLMA/MAMA をブロックポリマーとしてもつ星形のポリマーを合成し，その感度が同一構成成分を持つランダムな星形ポリマーと比較して高感度であることを報告している[11)]。また，Iwashita らは酸開裂型のコアをもつ PHS の星形ポリマーを，PHS のリニアなポリマーと比較して感度と LWR に関して 30 nmhp LS において良好な値を示すことを報告している[12)]。そのほか，高感度化に向けて主鎖切断型の溶解コントラストを発現する目的で，ポリエステルを含むレジストが Cardineau らによって報告されている[13)]。

2.2　PAG からの改良

EUV レジストの課題解決に向けては，高感度化に関しては酸発生効率の増大が，解像度および LER 改善には酸拡散長の制御が重要と考えられる。そのため，化学増幅型レジストにおける PAG は，レジスト性能に大きく影響する重要な構成物質であり，その分子デザインからの改良の重要性も高い。Maruyama らは PAG のアニオン構造に着目し，立体的に嵩高いものを導入するおよび極性基を導入することによりその拡散長を制御した時のレジスト性能の影響について報告している[14)]。**表１**に異なるアニオン構造を持った PAG の拡散長について示す。酸拡散長の制御には，立体的に嵩高い置換基の導入や極性期の導入が効果的であることがわかった。

これらの PAG を用いた時の EUV リソグラフィ性能について**図２**に示す。酸拡散長を低減

表１　PAGのアニオン構造違いによる酸拡散長

PAG	Anion classification	Acid diffusion coefficient D(nm^2/s)
PAG-OTf	Small	110
PAG-ONf	Middle	80
PAG-Y	Bulky	50
PAG-Z	Middle with polar unit	20

Resist	Resist B	Resist C	Resist D	Resist E
PAG	PAG-OTf	PAG-ONf	PAG-Y	PAG-Z
Profile (45nm hp)				
LWR	6.4 nm	5.8 nm	6.0 nm	4.8 nm

図２　PAGのアニオン構造違いによる45 nmhp LS SEM画像およびLWR

していくに従い，得られるパターンのLWRも改良していることが示された。

Horiらは同様に拡散長が制御されたPAGを用いたさらに微細パターンへの適用について報告している[15]。22 nmhp LSという微細パターンにおいても，短拡散長を示すPAG-Bを用いた場合に，拡散長が長いPAG-Aと比較して，LWRおよび解像度の改善が観測された。また，**図3**に示したようにこのような短拡散長PAGを用いた新規化学増幅型レジストを用いることで，BerkleyにあるEUVのMicro Exposure Tool(MET)により13 nmhpの解像度を達成したことを報告している。

PAGの拡散長制御の手法として立体的に嵩高い置換基を導入することが有効であると考えられるが，本コンセプトを発展させたのが，PAGユニットをポリマー側鎖に導入したPAG Polymer Bound(PAG)である。PAGへの嵩高い置換基の導入は，PAGの溶解性を低下させ，レジスト中におけるPAGの凝集などを引き起こす可能性があるが，PBPにすることで樹脂マトリクス中への均一な分散が期待できる。PBPを用いたレジストとしては，Thackerayら，およびOngayiらは，さらにフッ素など電子豊富な元素を導入することで，17 nmHP LSを14.5 mJ/cm^{2}で達成したことを報告している[16)17]。

EUVにおける酸発生機構には，PAGへの電子移動の過程が含まれることから，PAGの電子受容性はEUVレジストにおける酸発生効率に大きな影響を与えると考えられる。電子受容性に関しては，Tsubakiらにより，PAGの還元電位と酸発生効率に相関関係があることが報告されている[18]。Fujiiらは，電子受容性の高いPAGに加えて，ポリマーの項で述べたプロトンソースとして働くユニットを多く含む樹脂を用いることで，Paul Scherrer Institute(PSI)におけるEUV露光にて36.1 mJ/cm^{2}で12 nmhp LSを解像し，15 nmhp LSにおけるLWRが3.9 nmである化学増幅型レジストについて報告している[6]。

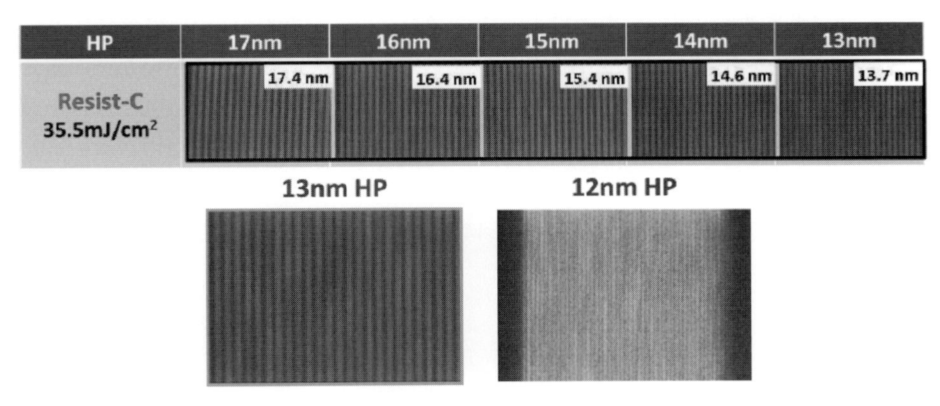

図3　新規高解像度化学増幅型レジストによる13 nmhp LSパターン

3　低分子化合物を用いた化学増幅型EUVレジスト

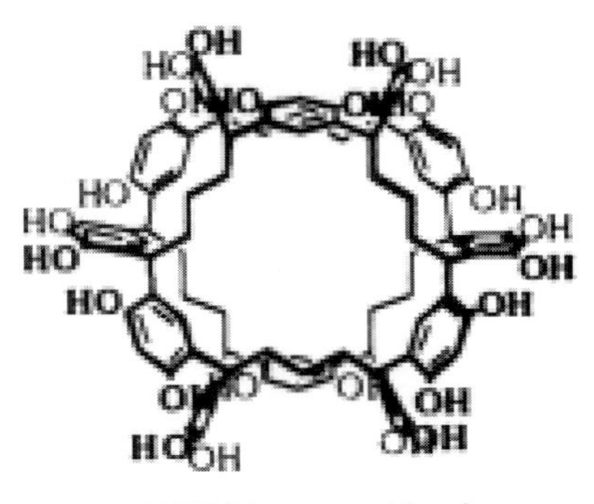

NORIA (Unprotected form)

図4　NORIA

ポリマーを含まず，低分子化合物のみで構成された分子レジストは，ポリマーと比較してその小さな分子サイズや，分散がないことによる均一性からレジストにおけるLWRの改良に有効であると考えられており，多くの研究例が報告されている。Echigoらにより，2-メチル-2-アダマンチルオキシカルボニルメトキシ(2-methyl-2-adamantyloxycarbonylmethoxy) 基を保護基として含むカリックスアレーン誘導体(MGR110P)に関して，低分子レジストへの応用が報告されており，ポジ型の化学増幅レジストとしてEB露光において40 nmhp LSを28 uC/cm^{2}で解像する[19]。

またToidaらは，キサンテンジオール(xanthendiol)誘導体(MGR203)を用いたネガ型の化学増幅型レジストについて検討しており，EB露光にて20 nmhp以下のパターンを高感度で解像することを報告している[20]。

Nishikuboらによって報告されている剛直な三次元構造をもつNORIA(**図4**)は，剛直性に由来する高いTgと保護基を容易に導入できることから，低分子レジストとしての応用が期待される[21]。NORIA誘導体に関しては，Kudoらによる保護基の違いによるリソ性能への影響の報告や[22]，Maruyamaらによる20 nmhP LSパターニングが報告されている[14]。

4　EUVレジストの高感度化に向けた新規プロセス

Tagawaらによって EUVレジストの高感度化に向けたphotosensitized chemically amplified resist(PS-CAR)と呼ばれる新規コンセプトが提案された[23]。本プロセスに用いるレジストには，Photosensitizer Precursor(PP)と呼ばれる物質が添加されている。PSCARプロセスにおいては，最初に低露光量のEUV露光によって，露光部においてPAGからの酸発生と，この生じた酸によりPPからphotosensitizer(PS)を発生させる。次にUV光を用いた全面露光により生成したPSを励起し，励起状態のPSからPAGへの電子移動によってPAGからの酸を発生させることで，最終的に低EUV露光量においても，解像度の劣化なしでのパターニングを実現する。Nagaharaらは，本プロセスを用いることで，UV光を用いた全面露光により16 nmhp LSにおいてLWRの大きな劣化なしに15%の高感度化を達成したことを報告している[24]。

5　まとめ

本稿で述べてきたように化学増幅型EUVレジストに関しては，数多くの研究グループから様々なアプローチで，RLSトレードオフの打破に向けた取り組みがなされており，大きな性能向上が達成されてきた。しかし，EUVLの実用化に向けてレジストに要求される性能，特に20 nmhp以下の微細パターンにおける感度およびLERの両立に関しては未達であり，今後も大きなブレークスルーとなる材料およびプロセスの開発が強く望まれている。EUV露光装置の改良によるEUV露光機会の増加や，各種分析によるEUV素反応への理解を通じてレジスト開発のさらなる加速が期待されている。

文　献

1) K. Sakai, M. Shiratani, T. Fujisawa, K. Inukai, K. Sakai, K. Maruyama, K. Hoshiko, R. Ayothi, A. Santos, T. Naruoka and T. Nagai：*J. Photopolym. Sci. Tech.*, **27**, 639(2014).
2) T. Wallow, C. Higgins, R. Brainard, K. Petrillo, W. Montgomery, C.-S. Koay, G. Denbeaux, O. Wood and Y. Wei：Proc. SPIE, 6921, 69211F(2008).
3) H. Tsubaki, S. Tarutani, T. Fujimori, H. Takizawa and T. Goto：Proc. SPIE, 9048, 90481E(2014).
4) H. Tanagi, H. Tanaka, S. Hayakawa, K. Furukawa, H. Yamamoto and T. Kozawa：Proc. SPIE, 9051, 905125(2014).
5) S. Tarutani, H. Tsubaki, H. Takizawa and T. Goto：*J. Photopolym. Sci. Tech.*, **25**, 597(2012).
6) T. Fujii, S. Matsumaru, T. Yamada, Y. Komuro, D. Kawana and K. Ohmori：Proc. SPIE, 9776, 97760Y(2016).
7) T. Kozawa and S. Tagawa：*Jpn. J. Appl. Phys.*, **49**, 030001(2010)
8) S. Tarutani, W. Nihashi, S. Hirano, N. Yokokawa, and H. Takizawa：*J. Photopolym. Sci. Tech.*, **26**, 599(2013).
9) S. Tarutani, H. Tsubaki, T. Fujimori, H. Takizawa and T. Goto：*J. Photopolym. Sci. Tech.*, **27**, 645(2014).
10) H. Tsubaki, W. Nihashi, T. Tsuchihashi, K. Yamamoto and T. Goto：Proc. SPIE, 9776, 977608(2016).
11) F. Wieberger, T. Kolb, C. Neuber, C. K. Ober and H-W. Schmidt：Proc. SPIE, 9051, 90510G(2014).
12) J. Iwashita, T. Hirayama, I. Takagi, K. Matsuzawa, K. Suzuki, S. Yoshizawa, K. Konno, M. Yahagi, K. Sato, S. Tagawa, K. Enomoto and A. Oshima：Proc. SPIE, 7972, 79720L(2011).
13) B. Cardineau, P. Garczynski, W. Earley and R. L. Brainard：*J. Photopolym. Sci. Tech.*, **26**, 665(2013).
14) K. Maruyama, K. Inukai, K. Nishino, T. Fujisawa and T. Kimura：*JSR Technical Review*, 118(2011).

www.jsr.co.jp/pdf/rd/tec118-2.pdf

15) M. Hori, T. Naruoka, H. Nakagawa, T. Fujisawa, T. Kimoto, M. Shiratani, T. Nagai, R. Ayothi, Y. Hishiro, K. Hoshiko and T. Kimura：Proc. SPIE, 9422, 94220P(2015).

16) J. K. Thackeray, J. F. Cameron, M. Wagner, S. Coley, V. P. Labeaume, O. Ongayi, W. Montgomery, D. Lovell, J. Biafore, V. Chakrapani and A. Ko：*J. Photopolym. Sci. Tech.*, **25**, 641(2012).

17) O. Ongayi, V. Jain, S. Coley, D. Valeri, K. Amy, D. Quach, M. Wagner, J. Cameron and J. Thackeray：Proc. SPIE, 8679, 867907(2013).

18) H. Tsubaki, T. Tsuchihashi, K. Yamashita and T. Tsuchimura：Proc. SPIE, 7273, 72733P(2009).

19) M. Echigo and D. Oguro：Proc. SPIE, 7273, 72732Q(2009).

20) T. Toida, A. Suzuki, N. Uchiyama, T. Makinoshima, M. Takasuka, T. Sato and M. Echigo：Proc. SPIE, 9425, 94251L(2015).

21) (a) H. Kudo, R. Hayashi, K. Mitani, T. Yokozawa, N. C. Kasuga and T. Nishikubo：*Angew. Chem. Int. Ed.*, **45**, 7948(2006). (b) T. Nishikubo, H. Kudo, Y. Suyama, H. Oizumi and T. Itani：*J. Photopolym. Sci. Tech.*, **22**, 73(2009).

22) H. Kudo, N. Niina, T. Sato, H. Oizumi, T. Itani, T. Miura, T. Watanabe and H. Kinoshita：*J. Photopolym. Sci. Tech.*, **25**, 587(2012).

23) S. Tagawa, S. Enomoto and A. Oshima：*J. Photopolym. Sci. Tech.*, **26**, 825(2013).

24) S. Nagahara et al.：Proc. SPIE, 9776, 977607(2016).

第3章　金属含有型レジスト材料技術

境界科技研　鳥海　実

1　初期の金属含有型レジスト

初期の金属含有型レジスト材料は，Bell Laboratories がスパッタリング法などで作製した酸化鉄(iron oxide) Fe_2O_3 である[1]。電子線描画後，塩酸(hydrochloric acid)水溶液で現像しネガ型パターンを作製した。従来の有機材料を用いたレジストに対して，無機レジスト(inorganic resist)と呼んでいる。

回転塗布可能な金属含有型レジストとして，㈱日立製作所がポリタングステン酸系レジストを報告している[2]。非晶質のペーオキソヘテロ(カーボン)ポリタングステン酸(peroxohetero (carbon) polytungstic acid：HPA)を合成した。ニオブ(niobium：Nb)添加した HPA を金属含有型レジストとして，電子線照射すると，希硫酸(dilute sulfuric acid)で現像してネガ型パターンを形成した。電子線照射のパターン形成露光量は 10 μC/cm^2 で，線幅 300 nm のパターンを形成した。

ゾルゲル法を用いた金属含有型レジストも発表されている。近畿大学は化学修飾したジルコニウム(zirconium：Zr)やチタン(titanium：Ti)の金属アルコキシドを紫外線照射して，金属酸化物パターンを作製している[3]。β-ジケトンで安定なキレート環を形成し，金属酸化物のゲル膜を作製した。波長が 365 nm の紫外線照射で，β-ジケトンを分解させ，硝酸(nitric acid)水溶液で現像して，ネガ型パターンを作製した。

2　EUV リソグラフィ用金属含有型レジストの特徴

最近，次世代リソグラフィ技術である極紫外(extreme ultraviolet：EUV)リソグラフィ用レジスト材料として金属含有型レジストが注目されている。**図1** に示すように，多くの金属原子は EUV の光吸収断面積が大きく[4]，高感度の EUV レジストを開発できる可能性がある。金属酸化物がエッチング耐性を有するために，レジスト膜を薄膜化できる。パターンのアスペクト比が小さくなるので，現像リンス時にパターン倒れが軽減され，解像性の向上も期待されている。

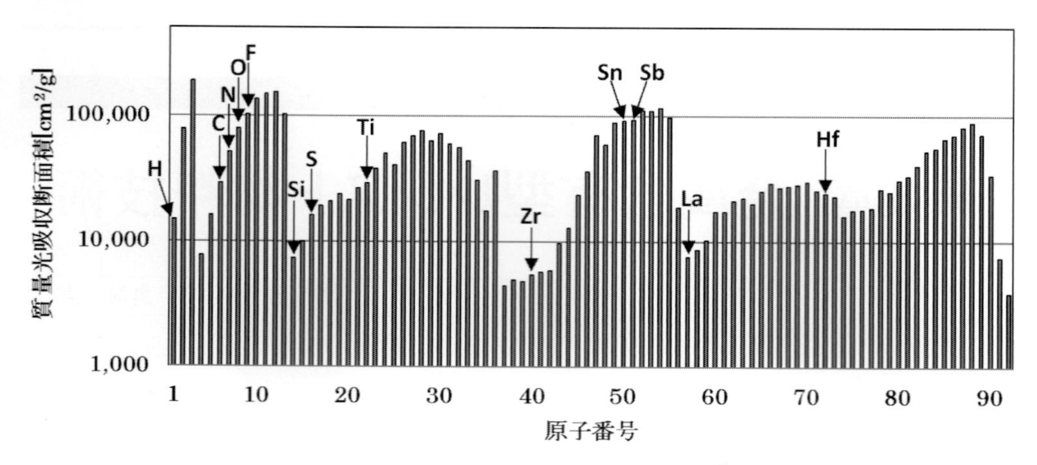

図1　質量光吸収断面積の原子番号依存性[4)]

3　Cornell University, The University of Queensland, ㈱EUVL基盤開発センターの金属含有型レジスト

Cornell Universityは，ArF液浸リソグラフィの高屈折率レジストや液浸溶媒の研究[5)]に用いた金属酸化物ナノ粒子をEUVリソグラフィに適用した。金属アルコキシドなどの溶液を加水分解および縮重合反応させ，ゾルのコロイド溶液とし，さらに反応を促進させて固体のゲルを形成させるゾルゲル法で金属酸化物ナノ粒子を合成した。具体的には，ハフニウムアルコキシドとカルボン酸から，ハフニウム酸化物(hafnium oxide：HfO_2)をコアとし，カルボン酸をシェル分子とするナノ粒子を合成した。この金属含有型レジストを，KrF，電子線あるいはEUVで露光している。有機溶媒で現像するとネガ型レジストとして働き，露光後加熱(PEB)後にアルカリ水溶液を用いて現像するとポジ型レジストとして働く[6)]。

金属含有型レジストはドライエッチング耐性に優れている。例えば，メタクリル酸(methacrylic acid：MAA)配位子で安定化させたHfO_2のナノ粒子は，SF_6/O_2プラズマエッチングに対してポリ(ヒドロキシスチレン)(poly(hydroxystyrene)：PHOST)の1/25のエッチング速度を示し，良好なドライエッチング耐性を有する[7)]。これ以降，このようなレジスト成分をHfO_2-MAAのように記し，錯体の配位子やレジスト添加物の分子構造と略号を，4. 2および4. 3に示す。ZrO_2-MAAもCF_4及びSF_6/O_2プラズマエッチングに対してPHOSTよりも6倍と14倍の優れたドライエッチング耐性を示した[7)]。

高感度の金属含有型レジストも報告している[8)]。ZrO_2-DMAあるいはHfO_2-DMAに非イオン系の光酸発生剤(PAG)であるHNITfを添加したレジストをLawrence Berkeley National LaboratoryのEUV露光装置を用いて，約2 mJ/cm²の露光量でEUV露光し，20 nmのパターンを作製した。

金属含有型レジストの反応機構が研究されている[9)]。EUV露光前後のHfO_2-MAAやZrO_2-MAAレジストの赤外スペクトルを測定し，シェル分子MAAの二重結合のピーク強度がEUV露光量に依存しないことから，二重結合による架橋反応は起こらないことを確認した。遊離していたPAG陰イオンが，露光後に配位する一方，配位していたカルボン酸イオンが露光後に遊離し，この変化が露光量やPEB時間に依存することが示された。これより，EUV露光により配位子の置換反応が起こるとしている。

置換反応に加えて，ナノ粒子の凝集によるネガ化も指摘されている[10]。HfO_2-DMA，HfO_2-MAA，HfO_2-BAレジストに254 nmの紫外線を照射し，動的光散乱で粒径解析した。その結果，照射量の増大と共に粒径寸法が増大することを確認した。照射により表面配位子が変化し，ナノ粒子の表面電荷が変わり，ナノ粒子の凝集が起こると主張している。The University of Queenslandも，ゾルゲル法で金属含有型レジストを合成し，レジストの経時変化を動的光散乱で観察し，凝集によりレジスト特性が劣化し，現像残渣やLERの増大に関係することを示している[11]。

ゾルゲル法で作製されたナノ粒子は金属オキソ酸のコアと有機分子のシェルからなるコアシェル構造である。㈱EUVL基盤開発センター（EIDEC）は図２のようにゾルゲル法で作製した金属含有レジストを報告している[12]。EIDECは国立研究開発法人産業技術総合研究所と共に，このコアシェル構造を走査型電子顕微鏡（scanning transmission electron microscopy：STEM）で直接観察し，電子エネルギー損失分光法などを併用してレジスト成分を同定した[12)-14)]。**図３**(a)のZrO_2-MAAレジスト膜の観察結果で，白い輝点のZr原子がコアを形成し，その周辺を灰色にぼやけたMAAが取り込んで，薄膜状態でもコアシェル構造を維持していることが分かる。この集合状態はコアやシェルの化学種に依存し，TiO_2-MAA系レジストではTiO_2コアが凝集することが確認されている[12)13)]。また，STEM観察はコア寸法の直接的な計測になるが，動的光散乱の測定値がSTEM測定の結果と異なることもあり，動的光散乱による粒径計測の難しさが指摘されている[14]。図２よりゾルゲル法で合成した金属酸化物コアは結晶ではなく，アモルファス構造であり[12)-14)]，X線散乱計測からもアモルファス

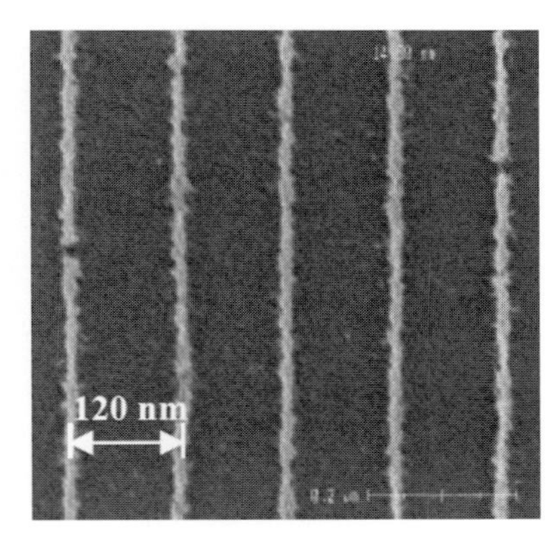

図２　EIDECの金属含有型レジストパターン[12]

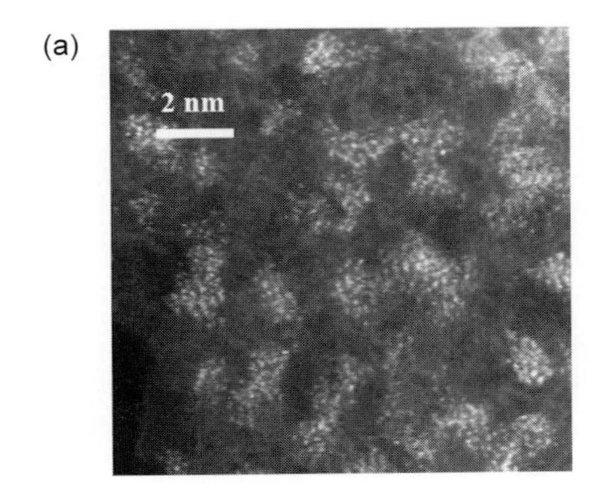

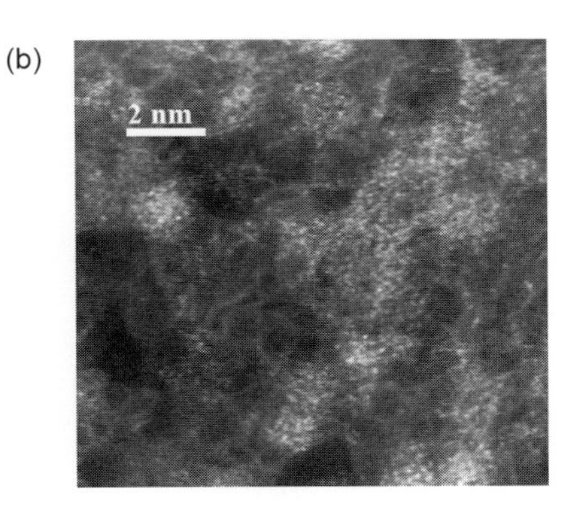

図３　(a)ZrOx-MAAと(b)TiOx-MAAレジストのSEM像[12]

構造であることが確認されている[11)12)]。

EIDECはゾルゲル法で金属含有ナノ粒子を合成し，PAGなどの添加物を加えて，金属含有型レジストESMRを開発し，プロセスを最適化させた[15)]。その結果，17 nmのパターンを7 mJ/cm^{2}の露光量で解像し，LWRは5.6 nmであった。ESMR/SOCの二層プロセスで線幅20 nmの良好なパターン転写を行っている。

4　金属含有型レジストとして評価された化合物

4. 1　金属含有型レジストで評価されている金属原子

金属含有型レジストで評価されている金属原子としては，Ti[12)-14)16)]，Zr[7)-9)11)-13)17)]，Hf[6)-12)14)17)-20)]，ランタンLa[17)]，スズSn[21)22)]，アンチモンSb[23)]などがある。これらは，上述のように複数の金属原子を含む多核錯体があるが，単核の錯体も評価されている。

4. 2　金属含有型レジストで評価されている配位子

コアは上述のようにアモルファス状態の金属オキソ酸などであり，それに対する対イオンとして，シェル分子の配位子はカルボキシラート(RCOO$^-$)のようなアニオン状態もありうる[6)]。金属含有型レジストで評価されている化合物を**図4**に略号と共に示すように，メタクリル酸(methacrylic acid：MAA)[7)10)12)-14)]，2,3-ジメチルアクリル酸(2,3-dimethylacrylic acid：DMA)[8)10)]，安息香酸(benzoic acid，BA)[9)10)14)]，イソ酪酸(isobutyric acid：IBA)[11)]，3-トリメトキシメチルシリルプロピルメタクリラート(3-(trimethoxysilyl)propyl methacrylate：TSM)[14)]，4-ビニル安息香酸(4-vinylbenzoic acid：4VBA)[23)24)]，ベンゼン(benzene：Ph)[23)]，

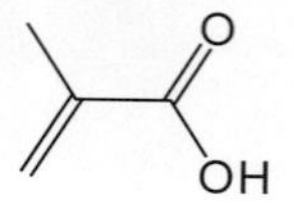

メタクリル酸
(methacrylic acid：MAA)

2,3-ジメチルアクリル酸
(2,3-dimethylacrylic acid：DMA)

安息香酸
(benzoic acid：BA)

イソ酪酸
(isobutyric acid：IBA)

3-トリメトキシメチルシリルプロピルメタクリラート
(3-(trimethoxysilyl)propyl methacrylate：TSM)

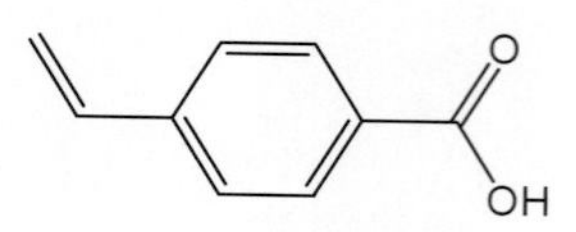

4-ビニル安息香酸
(4-vinylbenzoic acid：4VBA)

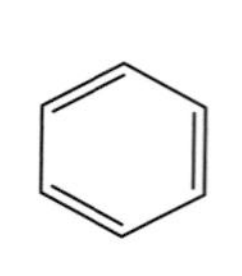

ベンゼン
(benzene：Ph)

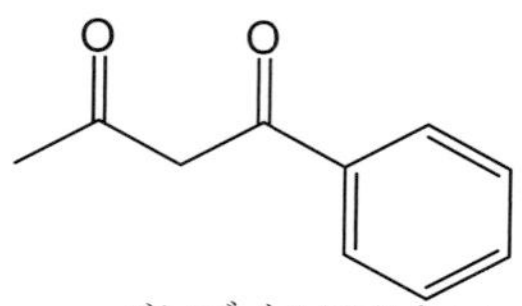

ベンゾイルアセトン
(benzoylacetone：BzAc)

図4　金属含有型レジストで評価されている配位子

ベンゾイルアセトン(benzoylacetone：BzAc)[16]などがある。これら以外にも錯体の配位子であるヒドロキソ(hydroxo)OH^{-}[17)-19)]，ペルオキソ(peroxo)O_2^{2-}[17)-19)]，硫酸イオン(sulfate)SO_4^{2-}[17)-19)]，亜硫酸イオン(Sulfite)SO_3^{2-}[9)]などが評価されている。

4.3　金属含有型レジストで評価されている添加材料

コアシェル成分以外にも金属含有型レジストに種々の化合物が添加されている。**図5**にそれらの化合物を示す。PAGとして，N-ヒドロキシナフタルイミドトリフラート(N-hydroxynaphthalimide triflat)HNITf[10)]，トリフェニルスルホニウムトリフルオロメタンスルホナート(triphenylsulfonium trifluoromethanesulfonate)TPS-Nf[11)]が，光ラジカル発生剤として，2,2-ジメトキシ-2-フェニルアセトフェノン(2,2-dimethoxy-2-phenylacetophenone)DPAP[10)]などが評価されている。

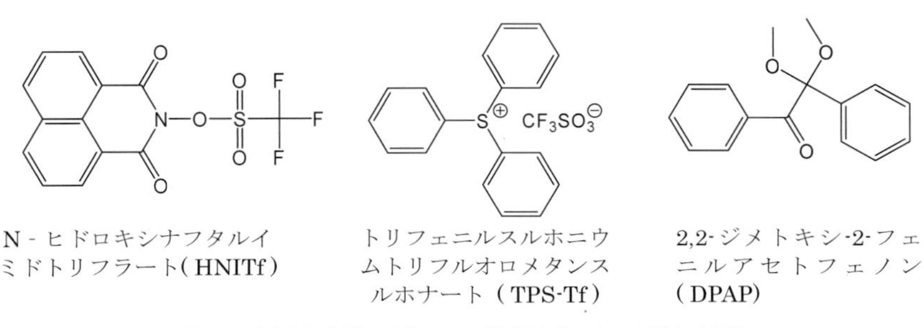

図5　金属含有型レジストで評価されている添加材料

5　Oregon State University，Inpria，Interuniversity Microelectronics Centreの金属含有型レジスト

Oregon State University(OSU)は水溶性の酸化金属硫酸塩を合成し，誘電体材料を研究していた[17)25)]。この金属酸化物クラスター技術を利用して，スピンオフしたベンチャー企業InpriaはEUVリソグラフィ用レジストを研究開発している。Inpriaの金属含有型レジストは，金属亜酸化物陽イオン，過酸化物系配位子，多原子陰イオンからなる水溶液である[26)]。過酸化物系配位子が金属陽イオンを安定性化すると共に，EUV照射すると過酸化物の官能基が分解し，オキソ結合で三次元ネットワークを形成し，ネガ型レジストとして動作する[27)]。

OSUは，Inpriaの金属含有型レジストに類似していると思われる$Hf(OH)_{4-2x-2y}(O_2)_x(SO_4)_y \cdot qH_2O$(HafSOx)を合成して，HafSOxのパターン形成機構を電子刺激脱離法で調べている[18)]。その結果，過酸化物配位子から酸素分子が脱離することを示した。分光計測から，過酸化物配位子の約75%が分解するとレジストの溶解性が変化することを示した[19)]。なお，HafSOxは4～6個のHf原子を含むクラスターである[28)]。

Inpriaの金属含有型レジストXE15IBをPaul Scherrer Institute(PSI)のEUV干渉露光装置で，200 mJ/cm^2露光して25%水酸化テトラメチルアンモニウム(tetramethylammonium hydroxide：TMAH)水溶液で現像し，8 nm L/Sパターンを解像し，高い解像性を示した[29)]。しかし，感度が低いこと，高濃度の現像液を使用すること，安定性が劣ることなどの問題があった。

Inpriaは感光性配位子の構造などを検討し，第二世代の金属含有型レジストを開発した[21]。Snなどの金属亜酸化物陽イオンと過酸化物系配位子にカルボキシラートなどの有機配位子も用いた。有機配位子を導入することにより，有機溶媒に対する溶解性やリソグラフィ特性が向上し，保存安定性も改善した[30]。第二世代の金属含有型レジストであるYシリーズレジストは，PSIのEUV干渉露光装置を用いて48 mJ/cm^{2}露光し，有機溶媒で現像すると，解像限界である11 nmL/Sを解像し，LWRは1.7 nmであった。金属含有型レジストの吸光度は20 μm^{-1}と通常の高分子系レジストの吸光度4-5 μm^{-1}より大きい為に，ショットノイズの影響も小さく，解像性が高い[31]。標準現像液2.38 wt％TMAHで現像してポジ型パターンを形成できる[30]。

初期膜厚24 nmのYF-AAレジストをASMLの量産用EUV露光装置NXE：3300Bを用いて39 mJ/cm^{2}露光して，13 nm hpパターンを作製した。LWRは4.0 nmであった。初期膜厚を20 nmにすると13 nm hpパターンを35 mJ/cm^{2}露光で作製した[31]。

YシリーズレジストＹを下層のSOC層にO_2/N_2ドライエッチング転写する時の選択比は，40：1と優れたドライエッチング耐性を示した[31]。第二世代レジストでは有機配位子を使用しているが，ドライエッチング耐性に悪影響はない。

HfO_2系金属含有型レジストは2週間安定であった[20]。3週間経過すると，スペースに残渣が生じた。カルボン酸アニオンにより安定化していたHfO_2コアが，レジスト内に残存する少量のH_2OとH^+により，加水分解してHfO_2コアにヒドロキシル基を生じ，脱水縮合で凝集するという劣化機構を指摘している。

Yシリーズレジストはメタルコンタミネーションがないことを確認している。第二世代レジストでは有機配位子を使用しているが，アウトガスは問題ないことを示した[31]。リワークも評価しており，低濃度HF/O_3および硫酸／過酸化水素(sulfuric acid/hydrogen peroxide mixture)SPMのウェット洗浄で効率よく除去できることを確認している[23]。

欧州のコンソーシアムInteruniversity Microelectronics Centre(imec)はInpriaの金属含有型レジストを，7 nm多層配線工程(BEOL)モジュール作製に適用した[22]。ArF液浸リソグラフィーでL/Sパターンを作製して，EUVリソグラフィでInpriaのネガ型レジストを用いて，21 nmのメタルピラーパターンを作製した。ドライエッチング耐性の高いネガ型レジストであるために，ダークフィールドマスクでフレアの影響を抑え，ポジ型レジストの場合に必要な反転プロセスも不要であり，通常の有機レジストよりも簡単な低コストのプロセスで製造できることを示した。

6　その他の金属含有型レジスト

imecは2014年からナノスケールデバイス製造のために新規金属含有型レジストの研究開発を行っている。上述のInpria以外に，東京応化工業㈱，JSR㈱，富士フイルム㈱，信越化学工業㈱，Merck Performance Materialsなどの金属含有型レジスト関連材料やプロセスを評価している。その結果，最高の金属含有型レジストは，16 nm L/Sパターンを作製し，LWRは

5.0 nmであった。プロセスの最適化により，パターン形成露光量が54 mJ/cm^{2}から30 mJ/cm^{2}に向上した。18.7 nm L/Sパターンを3.4 nmのLWRで作製している[32]。更に，量産エッチングプロセスにおけるクロスコンタミネーションも問題なかった。

State University of New Yorkは，各種金属錯体を用いたレジストであるMORE（Molecular Organometallic Resists for EUV）を研究している[23]。その結果，トリフェニルアンチモンジアクリラート（triphenylantimony diacrylate）がPSIの干渉露光で36 nm L/Sを解像し，露光量は5.6 mJ/cm^{2}と高感度であったが，SEM観察するとパターンが消失し，電子線でアブレーションが起こっているのではないと記している。大きな配位子を用いたトリフェニルアンチモンジ-4-ビニル安息香酸塩（triphenylantimony di-4-vinylbenzoate）はSEM安定性が良く，22 nm L/Sを解像し，露光量は15 mJ/cm^{2}であった。

University of Cambridgeがβ-ジケトンで安定化させたTiO_2レジストを発表している。電子線描画で線幅8 nmのパターンを作製しているが，照射量が300 mC/cm^{2}と低感度であった[16]。

金属化合物を増感剤とした化学増幅レジストも発表されている[32]。金属含有増感剤の添加により，化学増幅レジストは22 nmコンタクトホールパターン形成露光量が50.2 mJ/cm^{2}から44 mJ/cm^{2}と高感度化したが，LCDUは2.7 nmから3.8 nmに40%悪化した。

7　金属含有型レジストの高機能化

金属含有型レジストはEUV光吸収断面積が大きいという点で有利であるが，実際には，吸収断面積があまり大きくないZr材料が評価されていることを見ると，吸収断面積でだけでは材料を決められないというレジスト材料開発の難しさが分かる。EUVレジストがEUV光を吸収すると光イオン化が起こり，生じた光電子はレジストにエネルギー付与する。付与エネルギーが材料のイオン化エネルギーより大きい間はイオン化を繰り返し，二次電子が生じる。高感度レジスト材料を開発するためには，これらの二次電子がレジストにエネルギーを付与する過程が重要である。実際にどのようなエネルギー分布の二次電子が生じるかを理論的に計算することは難しい。imecは相対的全電子収率の露光波長依存性を計測した[32]。92.5 eVのEUV光を入射した時には，通常の有機材料からなる化学増幅レジストに対して，5倍程度多い二次電子を発生する金属含有型レジストがあった。これは発生した二次電子の総量を比較した結果であるが，実際にレジストの感度を議論するためには，二次電子の減速スペクトル（degradation spectra）[33][34]や反応機構の情報が必要になる。二次電子の減速スペクトルは二次電子の拡散距離も反映しており，解像度やLERと密接に関連する[33][34]。これらの基礎研究が次世代レジストの高機能化の開発指針を与えると期待されている。

文　献

1）G. W. Kammlott et al.：*J. Electrochem. Soc.*, **121**（7）, 929（1974）.
2）T. Kudo et al.：*J. Electrochem. Soc.*, **134**（10）, 2607（1987）.

3） N. Tohge et al.：*J. Sol-Gel. Sci. Technol.*, **2**(1-3), 581(1994).
4） B. L. Henke et al.：*At. Dota Nucl. Data Tables*, **54**(2), 181(1993).
5） W. J. Bae et al.：Proc. of SPIE 7273, 727326(2009).
6） M. Trikeriotis et al.：Proc. of SPIE 7639, 76390E(2010).
7） C. Y. Ouyang et al.：Proc. of SPIE 8682, 86820R(2013).
8） S. Chakrabarty et al.：Proc. of SPIE 9048, 90481C(2014).
9） S. Chakrabarty et al.：Proc. of SPIE 8679, 867906(2013).
10） L. Li et al.：*Chem. Mater.*, **27**(14)5027(2015).
11） M. Siauw et al.：Proc. of SPIE 9779, 97790J(2016).
12） M. Toriumi et al.：Proc. of SPIE 9779, 97790G(2016).
13） M. Toriumi et al.：*Appl. Phys. Express*, **9**, 031601(2016).
14） M. Toriumi et al.：*Appl. Phys. Express*, **9**, 111801(2016).
15） T. Fujimori et al.：Proc. of SPIE 9776, 977605(2016).
16） M. S. M. Saifullah et al.：*Nano Lett.*, **3**(11), 1587(2003).
17） J. T. Anderson et al.：*Adv. Funct. Mater.*, **17**(13), 2117(2007).
18） R. T. Frederick et al.：Proc. of SPIE 9779, 9779 0I(2016).
19） J. M. Amador et al.：Proc. of SPIE 9051, 90511A(2014).
20） M. Krysak et al.：Proc. of SPIE 9422, 942205(2015).
21） A. Grenville："Metal Oxide Photoresists：The Path from Lab to Fab," 2014 International Symposium on Extreme Ultraviolet Lithography, Washington D.C., October 27, 2014.
22） J. Stowers et al.：Proc. of SPIE 9779, 977904(2016).
23） J. Passarelli et al.：Proc. of SPIE 9425, 94250T(2015).
24） M. E. Krysak et al.：Proc. of SPIE 9048, 904805(2014).
25） R. P. Oleksak et al.：*ACS Appl. Mater. Interfaces*, **6**(4), 2917(2014).
26） 米国特許番号 US 8,415,000.
27） J. K. Stowers et al.：Proc. of SPIE 7969, 796915(2011).
28） R. E. Ruther et al.：*Inorg. Chem.*, **53**(8)4234(2014).
29） Y. Ekinci et al.：Proc. of SPIE 8679, 867910(2013).
30） 米国特許出願番号 US2016/0216606.
31） A. Grenville et al.：Proc. of SPIE 9425, 94250S(2015).
32） D. De Simone et al.：*J. Photopolymer Sci. Technol.*, **29**(3), 501(2016).
33） M. Toriumi：Proc. of SPIE, 7273, 72732X(2009).
34） M. Toriumi：Proc. of SPIE 7639, 76392N(2010).

第Ⅳ編

マルチパターニング技術

第１章　マルチパターニングの技術動向

東京エレクトロン株式会社　八重樫　英民

1　マルチパターニングの分類と特徴

縮小投影法を用いた光リソグラフィ技術は半導体デバイスの微細化要求に対応して発展を続け，その進歩を支えてきた。193 nm 液浸技術に変わる次世代技術として EUV(13.5 nm)露光技術が最有力候補であり，現在量産装置の量産移行の準備段階に入っている。193 液浸技術から EUV への移行に予想以上の時間を要しているものの，デバイス加工の微細化は着実に進んでいる。その状況の中，193 液浸技術の延命策として採用されたのがマルチパターニングであり，メモリーデバイスからロジックデバイスへと広く用いられるようになった。この技術は大きくパターン分割型(LLE，LELE など)[1]と自己整合型(SADP，SAQP など)[2]に大別され 193 液浸技術の限界解像度である 40 nm hp 以細の微細化を達成している。

1.1　自己整合型マルチパターニング

この技術は，**図１**に示す通り芯材となるパターン上に段差被服性の高い膜を形成した後，芯材側部の膜だけを残すことで芯材パターンの両側に１対のパターンを形成し，狭ピッチ化を図るもので，スペーサ型マルチパターニングとも呼ばれている。繰り返しのラインパターンの狭ピッチ化に適した技術であることから，メモリーデバイス，特に NAND フラッシュ向けにいち早く量産技術に取り入れられた。この技術は同じ処理工程を繰り返すことで，理論的には 2，4，8 倍と無限大の狭ピッチ化が可能である。従来リソグラフィが微細化の主導的技術であったが 193 液浸技術の延命による微細化進展においては，エッチング，および成膜技術が基軸の技術になっている。特にスペーサを形成するための成膜技術には，高い段差被服性と膜厚制御性が要求され，ALD(Atomic Layer Deposition)技術を取り入れるのが一般的である。特出すべき技術的課題は，Pitch-walking(ピッチウォーキング)と呼ばれるスペース部 CD が揺らぐ

図１　自己整合型マルチパターニングの処理フロー

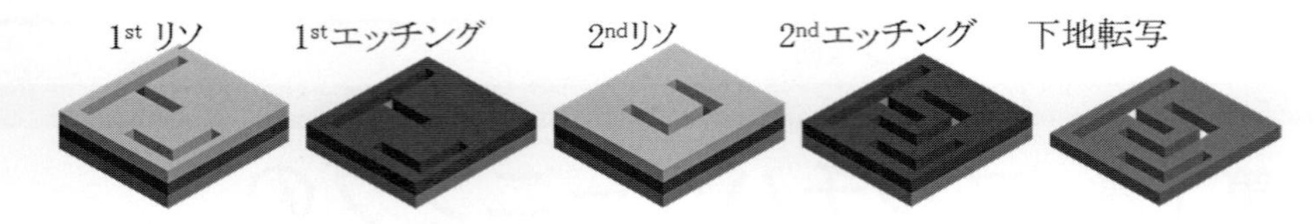

図２　パターン分割型マルチパターニングの処理フロー例

現象である。この問題の挙動と対策については次項で後述する。

1. 2　パターン分割型マルチパターニング

前述の自己整合型技術が繰り返しパターンに適したものであるのに対して，パターン分割型の技術はランダム配列の狭ピッチ化に適しており，ロジックデバイスの配線工程やホールパターン形成工程に採用されている。本技術はマスク分割が前提であるため，パターン分割・継ぎ合わせ技術や露光機の重ね合せ度に高い精度が求められる(**図２**)。また，パターン記憶層などエッチング転写層の多層化が必要であることも課題の一つである。一般的には，ホール・ショートトレンチなどの抜き型のパターンに適した技術である。

2　マルチパターニングの解像実証結果と技術課題

本稿では，193 液浸技術の延命策として進化してきたマルチパターニング技術の自社内にて取得した解像実証の結果を紹介する。

2. 1　自己整合型(スペーサ型)マルチパターニング

本技術はコア(芯材)またはマンドレルと呼ばれる基準パターンとその上層に形成されるスペーサパターンによって構成される。この２つのパターンにはエッチング加工に十分な選択性を有することが基本条件となり，多くの場合，コアパターンにシリコン膜，スペーサパターンにシリコン酸化膜が用いられる。前述の通り，この自己整合型のマルチパターニング技術は，複数回同じ処理を繰り返すことで，理論的には無限大の狭ピッチ化が図れ，実際に 1/8 のを行った結果を**図３**に示す[3)]。

本技術のプロセス制御上の重要課題として，LER(ライン・エッジ・ラフネス)や Pitch-walking が挙げられる。微細加工が進むにつれて CD ばらつきの制御が厳しくなりウェハ全面に渡って観察する手法に加えて，微小領域内(例えば数 100 nm 画角内)での CD ばらつきを観察するようになるにつれ，LER/LWR への注目度が高まっている。**図４**に示す通り，SADP プロセスを通じた場合，LWR(ライン・ウィズス・ラフネス)が大きく改善されているにも関わらず，PSD(Power Spectral Density)チャート上の LER 分布が不変であることが分かる。この現象はスペーサ形成時に非常に段差被覆性・膜厚制御性の高い ALD(Atomic Layer Deposition)を用いていることに由来する。つまりスペーサパターンの線幅(CD)は成膜時の膜厚分布に依存するため，理論上限りなく“ゼロ”に近づくのに対して，芯材上の LER がスペーサパターンに忠実に転写されるため，LER は不変であるということである。ゆえにスペーサー

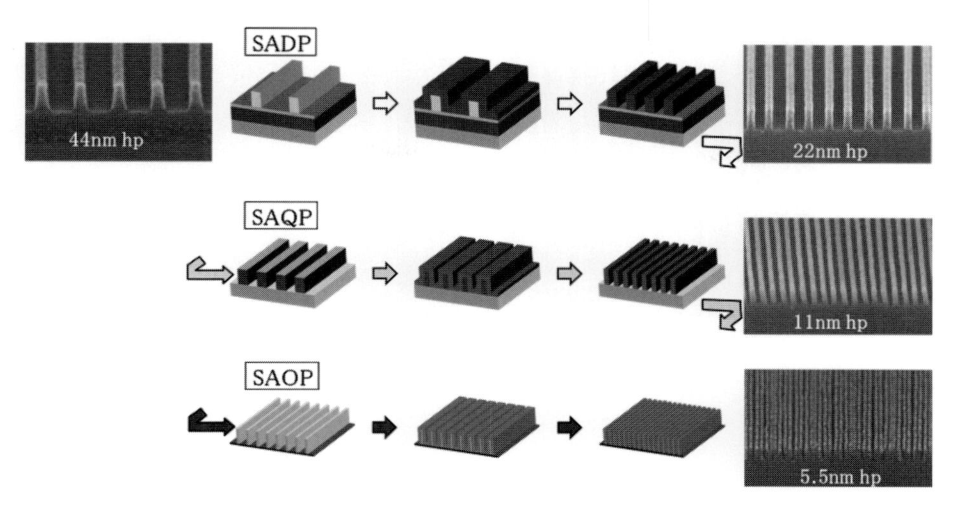

SADP : Self-aligned Double patterning, SAQP : Self-aligned Quadruple patterning
SAOP : Self-aligned Octuple patterning

図3　自己整合型技術による狭ピッチ化の実証例

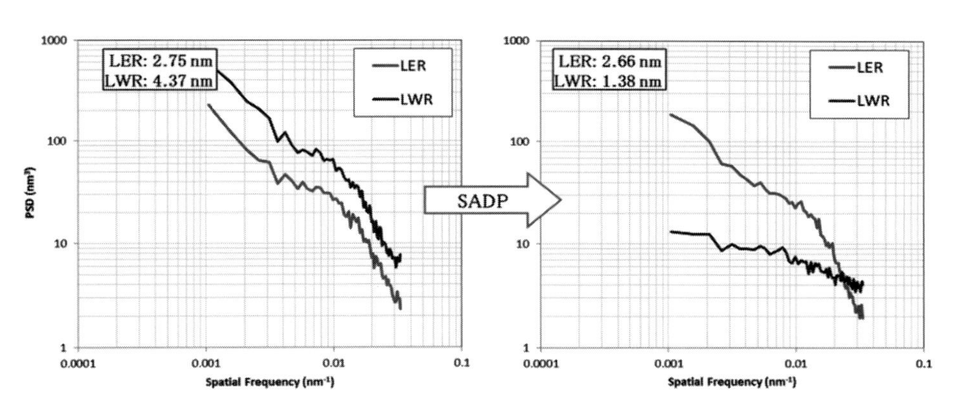

図4　SADP フローでの LER/LWR の変化

パターン上の LER を低減させるためには，芯材パターン上の LER を低減させることが重要で，特に PSD チャート上の低周波数領域を含めた全体的な LER 低減が可能なスムージング手法を用いるのが良い。スムージング手法は種々紹介されているがレジストパターンを対象として行うのが良策で一例を**図5**に示す[4)]。

また，Pitch-Walking に関して述べる上で認識すべき SADP プロセス上のパターン名称を参考として**図6**に，またその挙動の概念図を**図7**に示す。形成工程の異なる2種類のスペース CD(コア部スペース・ギャップ部スペース)間の CD 差が生じる問題で，SADP フロー中のコア(芯材)CD を調整することで解決できる(**図8**)。

また，SADP を経た場合のライン CD/ スペース CD それぞれの挙動が**図9**のように定義されている。この式から，ライン CD のバラツキ(Std(Line))関係は比較的単純に示せるが，スペース CD(S1，S2，S3，S4)はそれぞれ異なる複雑な変動因子を持つことがわかる。

（左図：リソ後，右図：スムージング後）

図５　スムージング手法による LER 低減効果

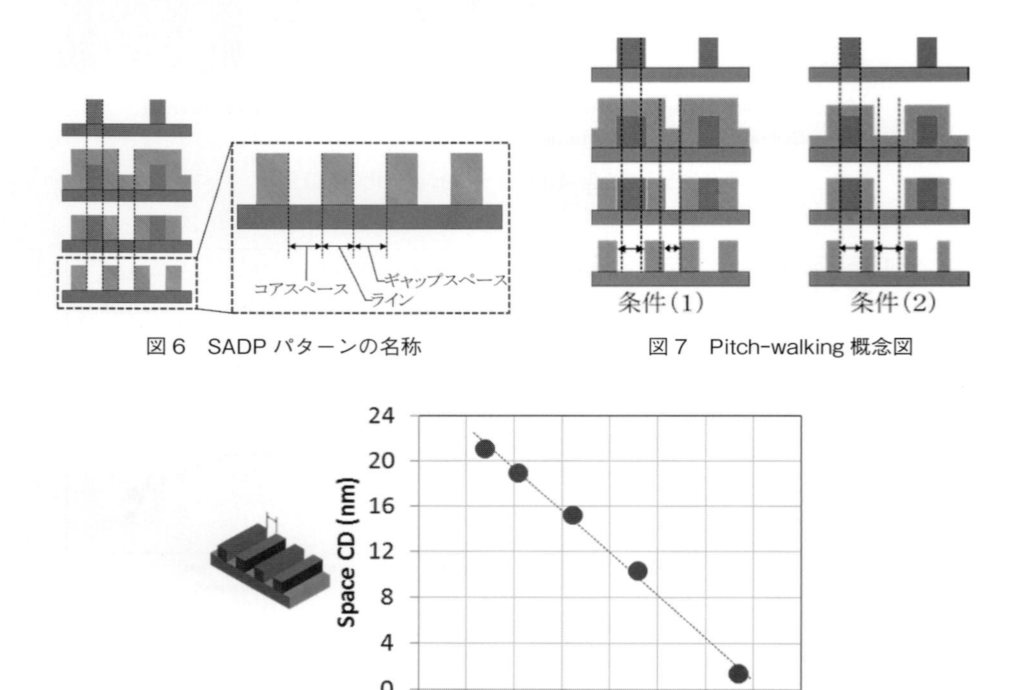

図６　SADP パターンの名称

図７　Pitch-walking 概念図

図８　SADP での Pitch-walking 補正例

2. 2　パターン分割型マルチパターニング

本技術は端的には従来通りのリソ・エッチを繰り返し記憶層に転写する手法であるが，CD バイアス制御が伴うところが特殊な点である。CD バイアス制御技術とはホール，ショートトレンチパターンの CD(スペース部)を細線化するもので，一般的には「ホールシュリンク技術」と呼ばれている。代表的な例を**表１**にまとめた(ラインパターンに対しては，トリミング，ス

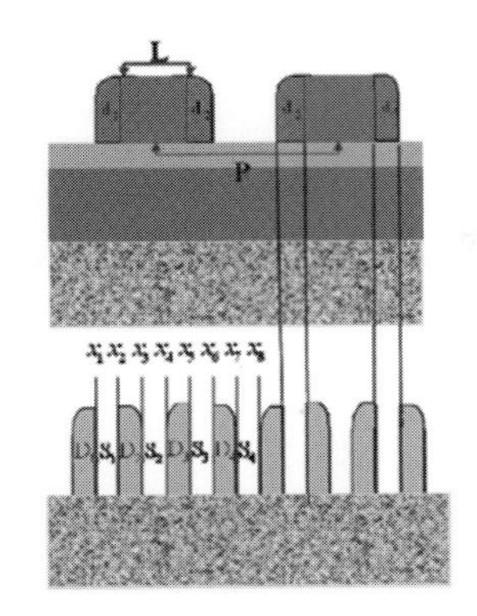

$$\mathrm{Std(Line)} = \mathrm{Std(D)}$$
$$\mathrm{Std}(S_1) = \mathrm{Std}(S_3) = \mathrm{Std(d)}$$
$$\mathrm{Std}(S_2) = \sqrt{\mathrm{Std(L)}^2 + 2 * \mathrm{Std(D)}^2}$$
$$\mathrm{Std}(S_4) = \sqrt{\mathrm{Std(L)}^2 + 2 * \mathrm{Std(D)}^2 + 2 * \mathrm{Std(d)}^2}$$

図9　SAQP を経た場合の CD のばらつき定義[5)]

表1　ホールシュリンク技術の代表例

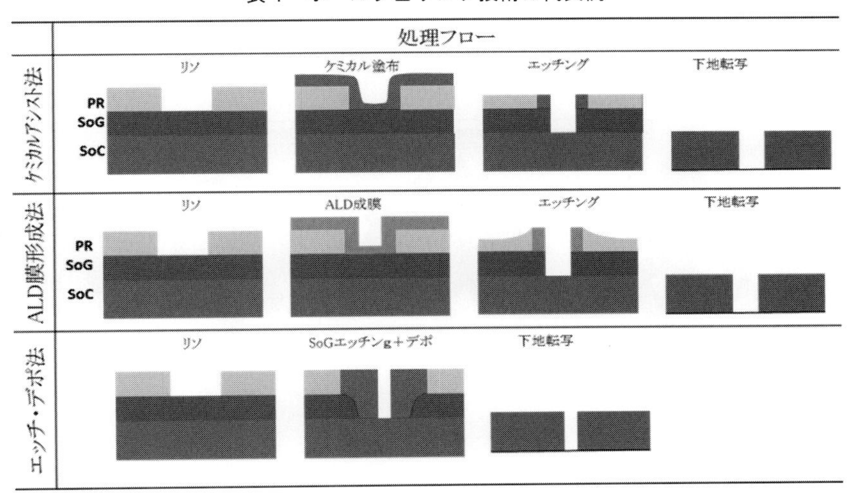

	処理フロー			
ケミカルアシスト法	リソ	ケミカル塗布	エッチング	下地転写
ALD膜形成法	リソ	ALD成膜	エッチング	下地転写
エッチ・デポ法	リソ	SoGエッチンg＋デポ	下地転写	

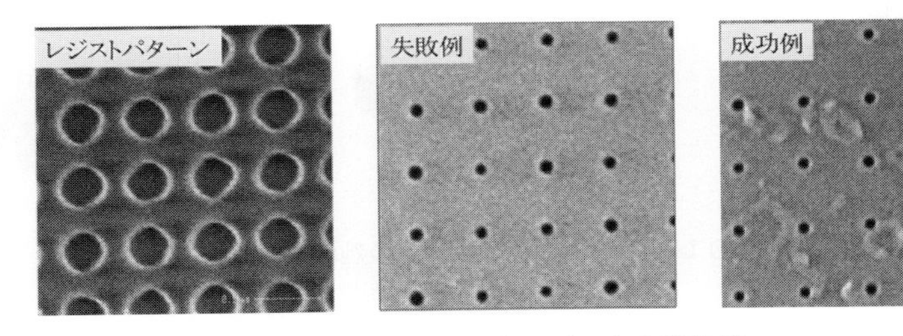

図10　ホールシュリンクの実施例

リミングと呼ばれる)。

ホールシュリンクで重要な点は，処理後の寸法が設計寸法に達していること，また縮小したパターン寸法と形状が下地に転写した後に寸法変換差が少ないことで，失敗例・成功例それぞれを**図10**に示す。下地転写時の寸法変換差が均一であるか，また開口不良を誘発していないかが処理手法を選択する主眼となる。図10中央写真にCDばらつきが表れているのがわかる。

3　マルチパターニングの応用技術

加工技術の発展と並行してデバイス設計側でも微細化に伴う弊害を緩和する試みがなされている。これは一般的に1D(Single directional)レイアウト[6]と呼ばれるもので，デバイスの全てのパターンが同一寸法・一方向性の形状で構成されているというもので，パターン種の多様化(寸法，形状等)によるデバイス特性バラツキの問題が緩和できる(**図11**)。

この1Dレイアウトパターンは**図12**のような処理フローを用いてパターン形成される。まず下地となる等ピッチの繰り返しラインパターン形成にはSADP，SAQPなどの自己整合型のマルチパターニングが用いられるのが一般的である。続いてラインパターン上の任意の点をショートトレンチパターンを用いてカットする工程に移るが，この場合もカット幅の調整が必要で，例えば7 nmノード世代では32 nmピッチのラインパターンを凡そ20 nm幅でカットすることが要求される。193 nm液浸技術で解像可能なショートトレンチの細密ピッチは120 nm程度であるから，40 nm程度の大幅な寸法調整が必要である(**図13**)。ショートトレン

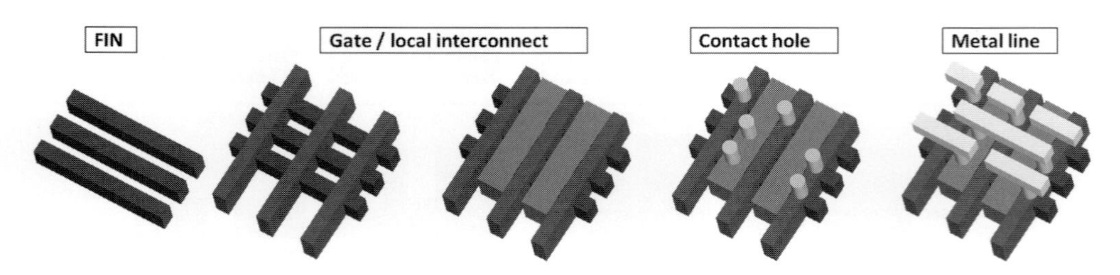

図11　1Dレイアウトを用いたデバイス構成の概念図

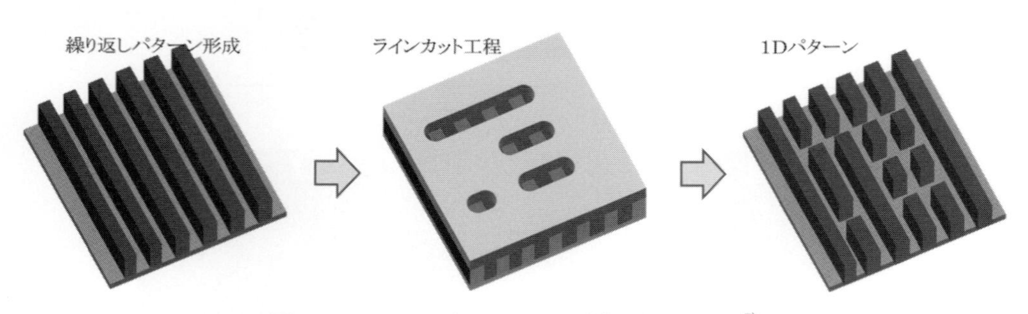

図12　1Dレイアウトパターン形成の処理フロー[7]

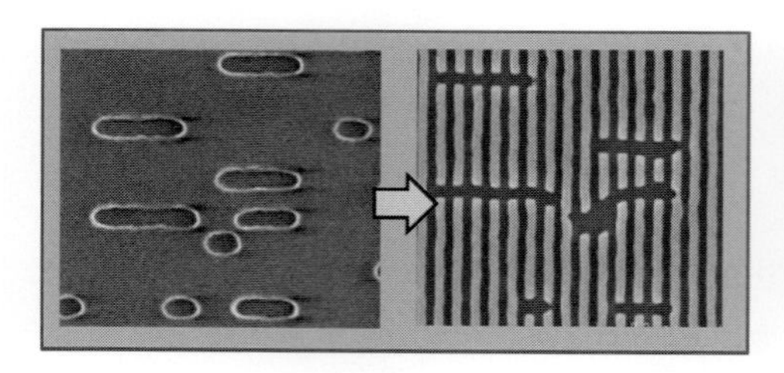
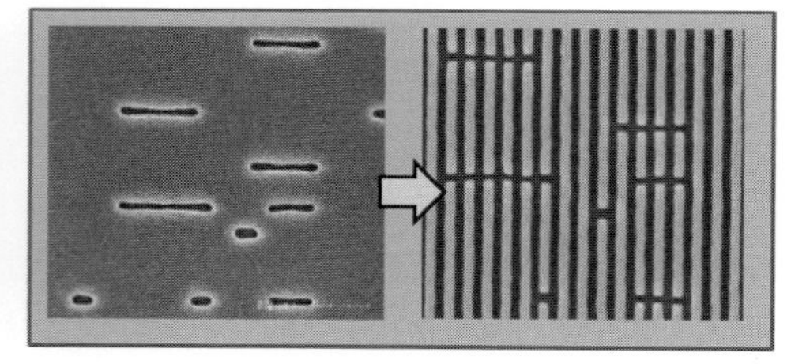

左図：カット幅制御不良の例，右図：設計通りのカット制御例

図13　ショートトレンチパターンを介してラインカットの実証例

チパターンの線幅縮小技術に対しても，前述のホールシュリンク技術を用いることができる。1D レイアウトパターン形成時に用いられるショートトレンチパターン上で短径(カット幅に相当する寸法)は設計上一定であるが，その反面長径寸法は多種存在するため，シュリンク技術を用いる場合には長・短径寸法変換差の少ない手法を選択するのが良い。

この 1D レイアウトデザインは，ロジック系の IDM やファンダリーではまず 14 nm ノード世代からフロントエンド工程で採用され，10 nm 世代以降はバックエンド(配線)工程でも採用されることとなった。各微細工程での 1D パターン解像実証例を**図 14** に示す。

一方，メモリーデバイスの製造工程では DRAM の記憶素子部に代表されるように狭ピッチ

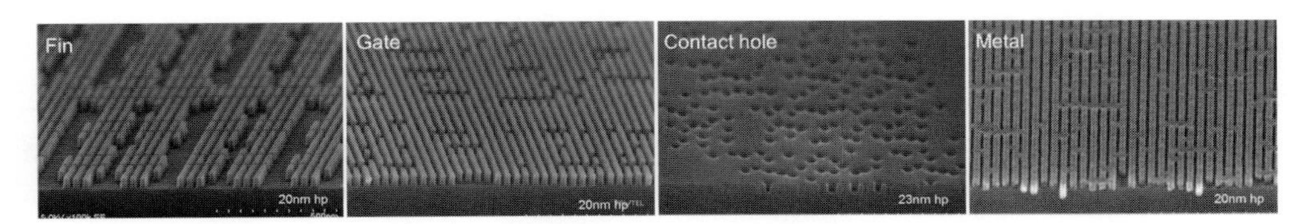

図 14　各微細工程でのパターン解像実証例

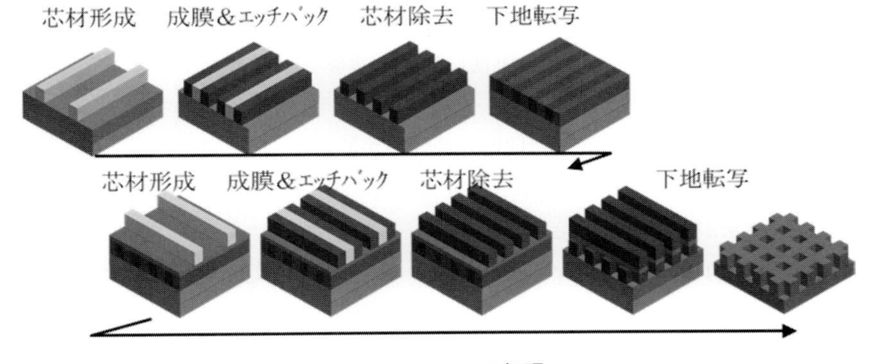

図 15　クロス SADP の処理フロー

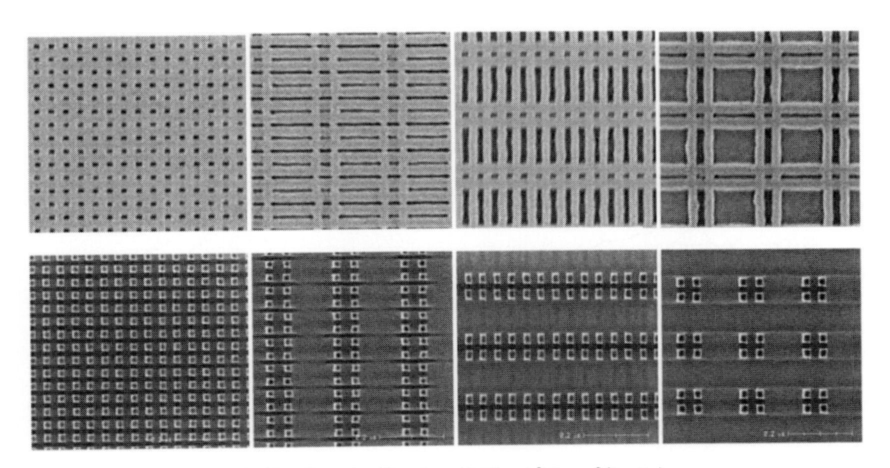

(上段：ホールパターン，下段：ピラーパターン)

図 16　クロス SADP の解像実証例

ホールパターンの高集積化が求められ，ここでもマルチパターニングが用いられる。その代表例としてクロスSADPを紹介する。本技術は前述のSADP処理を直行させた形で積層することにより格子状のエッチングマスクを形成し，格子の開口部を介してホールパターンを形成するものである(**図15**)[8]。上層SADPを介して下層SADPをエッチングする際，エッチング対象を代えるとピラーパターンを形成させることも可能で，MRAMなどの不揮発性メモリー製造に適応できる。本技術はホールパターンのMultiplication技術としては露光回数が2度必要である弊害があるもののパターン位置精度が安定している処に利点がある。実証例を**図16**に示す。

4　マルチパターニングに関連した周辺技術

微細化に伴いパターニング制御精度もより微視的になり数100 nmレベルの領域内での観察へと移行している。その中でより注目されているのがLERやチップ内のローカルなCD均一性である。本稿では，それぞれの課題と対処策について述べる。

4.1　LER低減技術

過去多くのLER低減(スムージング)手法が研究・提案されてきたが，課題として下記3点が挙げられる。

① PSDチャート上の極低周波数領域の低減効果が低い。

② スムージング処理後エッチングによる下地転写時，LERが再度増加する。

③ LER低減効果が期待値を満たしていない。

まず，①の問題についてPSDチャート図を用いて説明する。**図17**右図に示すようなスムージング手法では，0.01 nm^{-1}以上の中高周波領域のLER(つまり細かな荒れ)は低減されているものの0.001 nm^{-1}以下のLER(緩やかなうねり)は低減できておらず，LER低減としては十分ではない。一方左図手法では空間周波数全体に渡って低減効果が見出せる[9]。

次に②の問題について述べる。レジストパターン上で十分なLER低減効果が得られても続

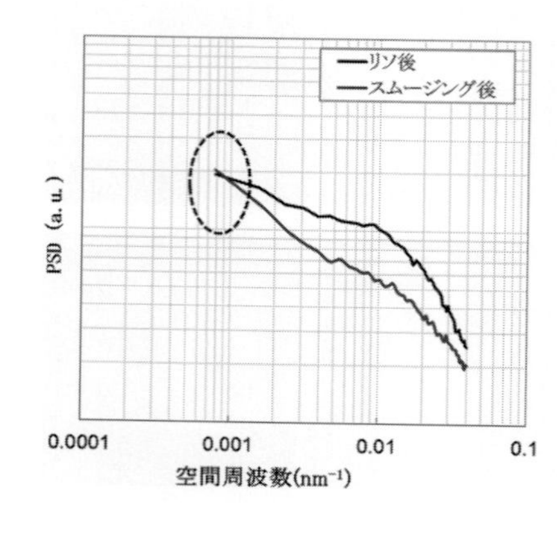

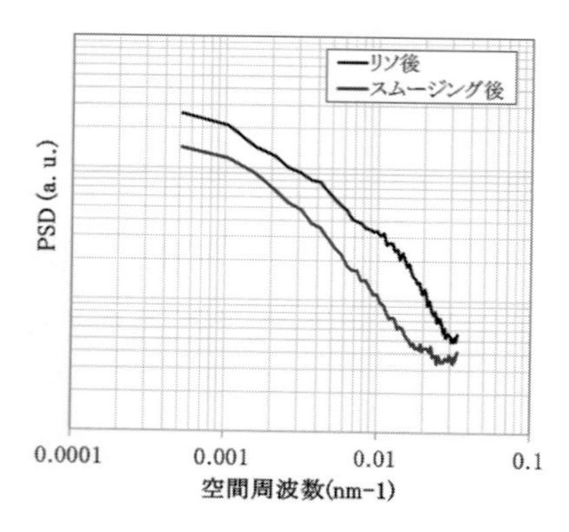

※口絵参照

図17　PSDチャート上のスムージング効果の比較

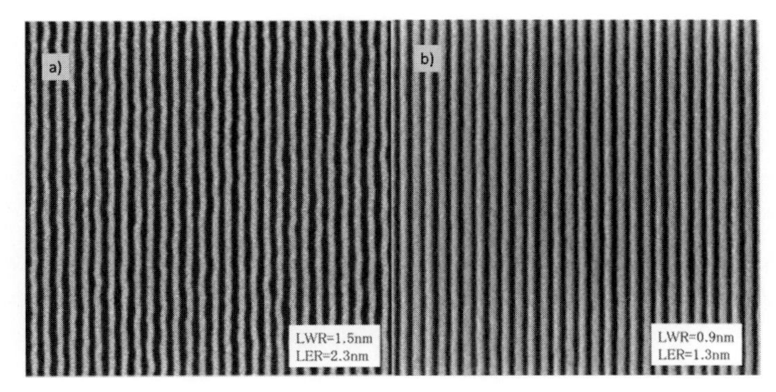

a）スムージング処理なし，b）スムージング処理有り

図19　SAQP パターン上の LER 比較

くエッチング処理後に再度 LER が増加してしまう場合がある。**図18** に示す結果は，レジストパターン上の LER 低減処理を行った後，レジスト下層の SoG/SoC に転写した LER 挙動を示したものである。一端スムージングされたパターン表面がエッチング中のダメージで表面荒れが生じ，LER 増加として現れた結果である。この問題を解決するためにはエッチング反応のダメージに耐えうるハードニング処理を用いた方が良い。今回示した実証例では，シリコン膜をパターン表面に施しており，レジスト上のLER 低減効果が下地転写後も維持できていることを示している(図18黒い線，スムージング＋ハードニング)。

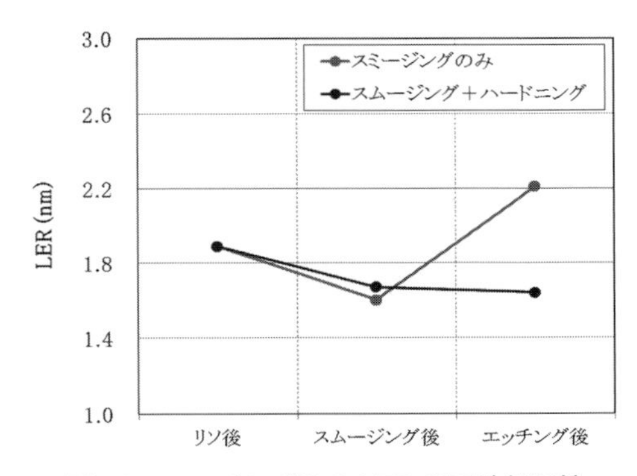

図18　エッチング時の LER の下地転写性

図4を用いて前述した通り，SADP に代表される自己整合型のマルチパターニングでは芯材パターン上の LER が第2のパターン(スペーサパターン)に忠実に転写されるため，マルチパターニング技術のプロセス制御においては，大きな比重を占める問題である。LER 低減処理の有無によって SAQP パターンの仕上りの違いを**図19** に示す。図19中芯材上の LER 低減処理の有無を比較したものであるが，LWR が双方とも十分に低減できているにも関わらず，LER に大きな差異が見られる[10)]。

③の LER 限界値の問題に関しては，レジストの解像性能のみならず，マスク精度，計測精度も含めて検討しなければならない課題である。

4.2　ローカル CD 均一性

本稿で述べるローカル CD 均一性の定義は，露光フィールド内での CD のバラツキを指して言うことにする。1D レイアウトデザインではパターン形状が画一化されたといえども Via ホールのようにランダムな配置を持ったパターンは未だ存在しており，**図20**a)に示すような

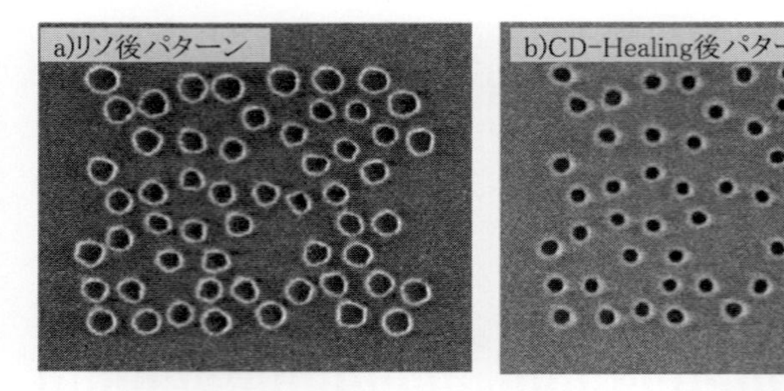

図 20 ホールパターンの形状・寸法比較

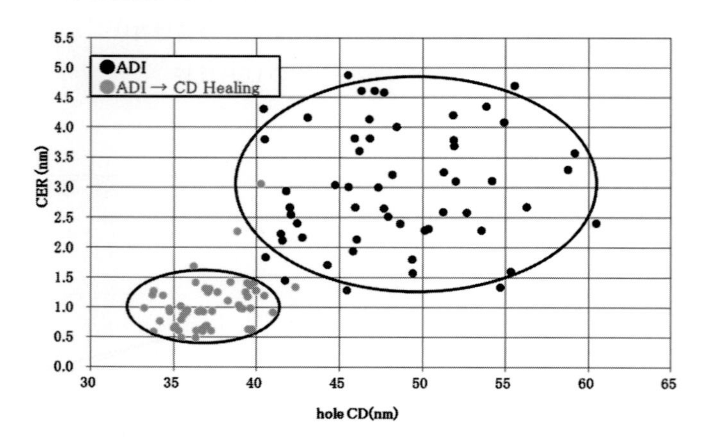

図 21 CD-Healing によるローカル CD 均一性の改善効果

形状・寸法のばらつきが明確に表れる。これは，193 nm 液浸技術を解像限界付近で用いているのが大きな要因で，確率的に起こるランダムな溶解挙動が起因していると考えて良い。図 20b) に示した結果は CD-Healing と呼ばれる形状・寸法の改善処理を用いたもので，十分に効果が表れているのが分かる。CD-Healing という技術は，下地エッチング（この場合は SoG エッチング）の際に導入されるもので，「Etching Yield」，「Micro-loading」それぞれの効果を同時に用いた結果である。「Etching Yield」効果とは，ラジカル入射角度によっておこるエッチング量の変化のことで，パターン表面の平滑化に寄与している。また「Micro-loading」効果とは開口部の面積による立体角の違いによって反応量が異なる現象で，エッチングとデポを同時に行うことで寸法の均一化を図っている。定量的な比較結果（**図 21**）を見ても CER（Circle Edge Roughness）と CD 均一性に改善効果が見られる[3)]。

5 まとめ

マルチパターニングは 193 液浸技術の延命策として，微細化をけん引する有効な手段でありその限界解像度を超えた微細パターンの形成に大きく貢献してきた。しかし反面，処理工程数が急増するという問題を抱えている。処理工程数の増加は半導体デバイス製造コストを高騰させるだけでなく処理工程の複雑化によって加工精度の劣化も招いている。次世代技術である

EUV露光技術が商業化することが有効な手段であるがマルチパターニングで見出された種々の周辺技術は今後の微細化・精度向上にも十分利用可能であろう。つまりリソグラフィだけでなく，エッチングや成膜技術の特異性を融合させることが肝要である。

文　献

1) M. Maenhoudt et al.："Patterning scheme for sub-0.25 k1single damascene structures at NA＝0.75, λ＝193 nm," Proc. SPIE, 5754, 1508-1518(2005).
2) Woo-Yung Jung et al.："Patterning with spacer for extending the resolution limit of current lithography tool," Proc. SPIE, 6156(2006).
3) K. Oyama et al.："Extended scalability with self-aligned multiple patterning", MNC2013(2013).
4) K. Narishige et al.："EUV resist curing technique for LWR reduction and etch selectivity enhancement" Proc. of SPIE, 8328(2012).
5) Ping Xu et al.："Sidewall spacer Quadruple patterning for 15 nm halh-pitch" Proc. of SPIE, 7973-61(2011).
6) Michael C. Smayling et al.："Low k1 logic design using gridded design rules" Proc. of SPIE, 6925(2008).
7) Y. Borodovsky："Lithography 2009：Overview of Opportunities," SemiCon West(2009).
8) K. Oyama et al.："The enhanced photoresist shrink process technique toward 22 nm node" Proc. of SPIE, 7972(2011).
9) M. Yamato et al："Roughness Controllability using Photoresist Smoothing and Hardening", MNC(2013).
10) H. Yaegashi et al.："Overview：Continuous evolution on double-patterning process" Proc. of SPIE, 8325(2012).

第2章　マルチパターニングにおけるデポジション技術とエッチング技術

ラムリサーチ株式会社　野尻　一男

1　マルチパターニングにおけるデポジション技術とエッチング技術の役割

現在実用化されている最も微細なパターンを形成できるリソグラフィ技術は，ArF 液浸リソグラフィ技術である。ArF 液浸リソグラフィ技術は 32 nm ノードの LSI 製造工程で実際に生産に使われている。しかしながら，22 nm ノード以下ではこの ArF 液浸リソグラフィ技術をもってしてもパターン形成は難しい。次世代のリソグラフィ技術として EUV リソグラフィ技術が有望視されているが，数多くの課題があり，実用化が大幅に遅れている。そこで登場したのがマルチパターニング技術である。ここではまず最初にマルチパターニングの代表的なプロセスフローについて述べ，そのフローの中でデポジション技術とエッチング技術がどのように用いられているか解説する。

1. 1　LELE

マルチパターニングの最もシンプルな形は2回露光2回エッチングである。これは LELE(Litho Etch Litho Etch)ダブルパターニングと呼ばれている。**図1**にプロセスフローを示す。第一のレジストパターンをリソグラフィ技術で形成した後，エッチング技術で下層のハードマスクに転写する。次にもう一度リソグラフィ技術で第二のレジストパターンを第一のパターンにアライメントして形成し，エッチング技術でハードマスクに転写する。こうすることにより，オリジナルのパターンの2倍の密度のパターンを形成することができる。

1. 2　SADP

最近注目されているダブルパターニングの方式は，セルフアラインスペーサー方式である。これは異方性エッチングの特性を巧みに応用した微細マスクパターン形成技術である。この方式においては，あらかじめ形成したコアパターンの側壁に，スペーサーをデポジションとエッチングプロセスで形成する。次

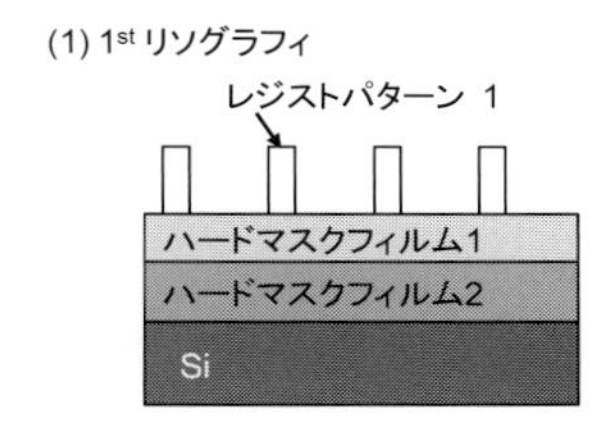

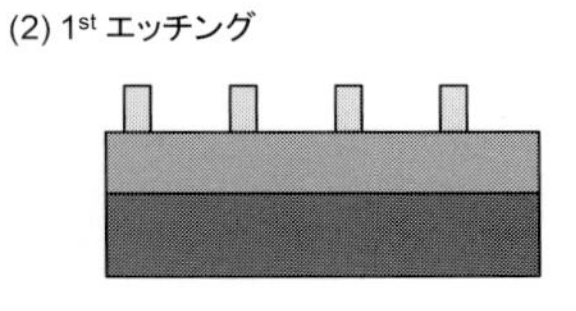

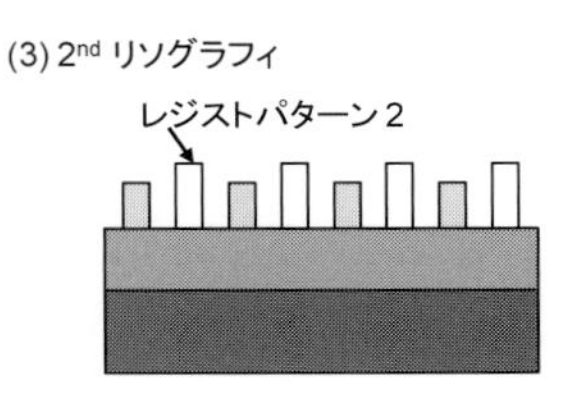

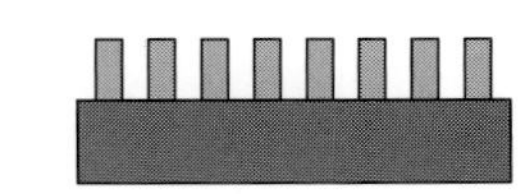

図1　LELE ダブルパターニングのプロセスフロー

にコアパターンを追加のエッチングステップで除去する。その結果スペーサーのみが残り，このスペーサーが所望の最終構造を決めるのに使われる。各々のコアパターンの両側に2つのスペーサーがあるため，パターン密度は2倍になる。この方式はSADP(Self-Aligned Double Patterning)と呼ばれている。この方式の利点は，リソグラフィ工程が一回で済むことと，LELEダブルパターニングで起こり得るマスクのミスアラインメントを避けることができる点である。

図2にSADPのプロセスフローを示す。①まずSi基板上にハードマスクフィルム，コアフィルムをデポジションし，その上にリソグラフィ技術でレジストパターンを形成する。②次にコアフィルムをエッチングしてコアパターンを形成する。③コアパターンをサイドエッチングしパターンを細らせる(トリミング)。④コアパターン上に側壁フィルムをデポジションする。⑤異方性エッチングで側壁フィルムをエッチングすると側壁スペーサーが形成される。ここでは**図3**に示すように，パターンの側壁部では縦方向に見たフィルムの膜厚bが平坦部の膜厚aより厚いため，側壁部の膜がエッチングされずに残るという異方性エッチングの特性を巧みに利用している[1]。⑥コアパターンを除去して側壁スペーサーを残す。このとき，側壁スペーサーのピッチは①のレジストパターンのピッチの1/2になっていることが分かる。すなわち，①のレジストパターンのピッチが80 nm(40 nmライン/40 nmスペース)の場合，⑥で得

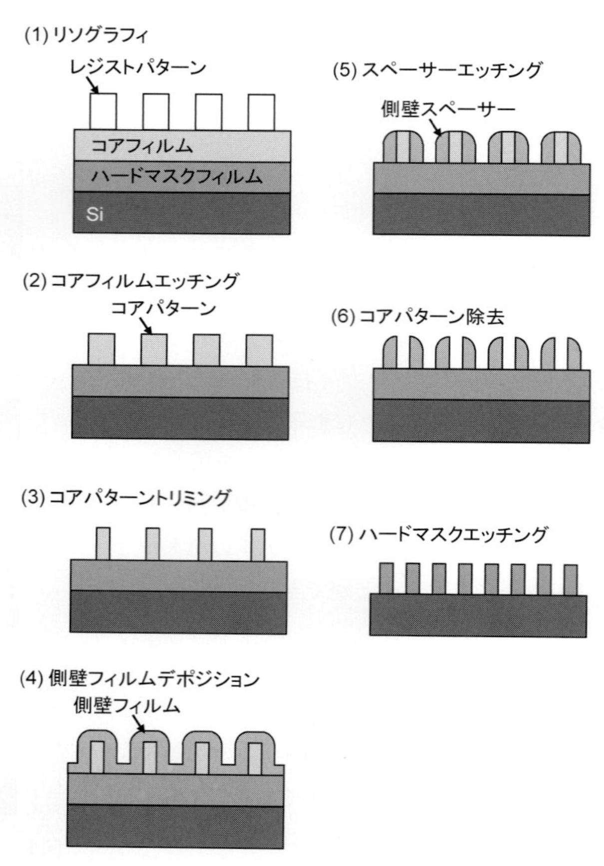

図2　SADPのプロセスフロー

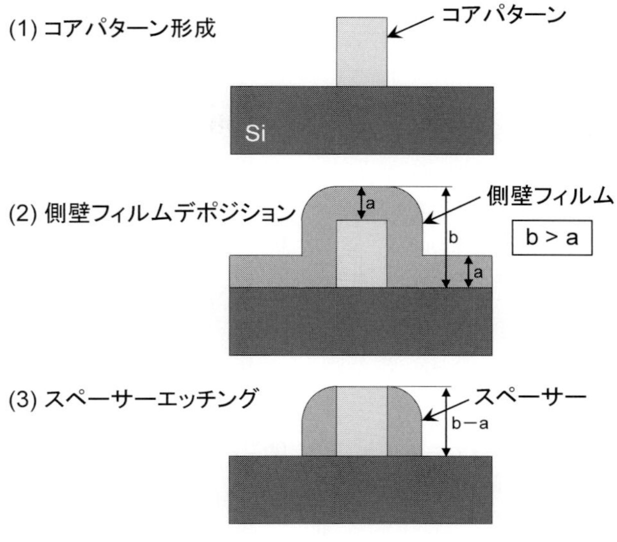

図3　スペーサーエッチングプロセス

られた側壁スペーサーのピッチは40 nm (20 nm ライン/20 nm スペース)になる。⑦この側壁スペーサーをマスクに，下地のハードマスクフィルムをエッチングするとオリジナルのパターンの1/2のピッチのパターンが得られる。このようにSADPではリソグラフィの解像限界の1/2のラインアンドスペースパターンを形成することができる。

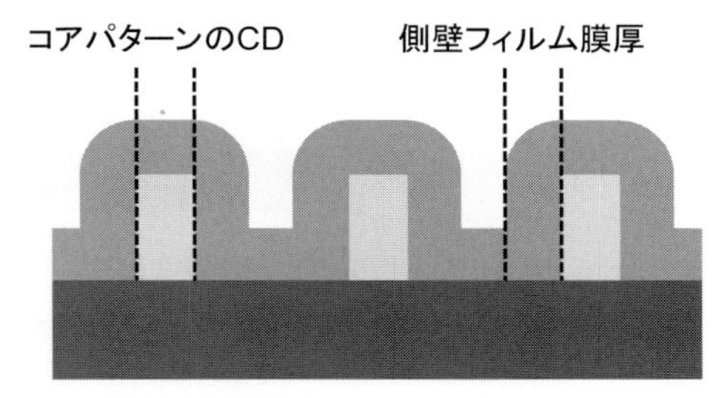

図4　SADPではエッチング寸法とデポジション膜厚が仕上り寸法(CD)を決定する

コアフィルムおよび側壁フィルムの材料は，コアパターンを除去するときにスペーサーとの選択比を十分取れるように，かつ下地膜との選択比を考慮して選ばれる。たとえば，コアフィルムにSiO_2，側壁フィルムにアモルファスSiの組み合わせ，あるいはコアフィルムにレジスト，側壁フィルムにSiO_2，などの組み合わせが用いられる。コアパターンがレジストの場合，レジストは耐熱性が弱いため，側壁フィルムのSiO_2は低温で形成する必要がある。

以上示したプロセスフローから分かるように，SADPでは仕上がり寸法(CD：Critical Dimension)はコアパターンの形成およびスペーサー形成で決定されるため，スペーサーフィルムのデポジションおよび各ステップでのエッチングの制御が非常に重要である(**図4**)。

1. 3　SAQP

セルフアラインスペーサー方式の一つの特徴は，原理的に，スペーサー形成とパターン転写ステップを繰り返すことにより，パターン密度を限りなく2倍にできることである。例えば，ダブルパターニングを2回繰り返すことにより，ピッチを元の1/4にすることができる。これはSAQP(Self-Aligned Quadruple Patterning)と呼ばれている。**図5**にプロセスフローを示

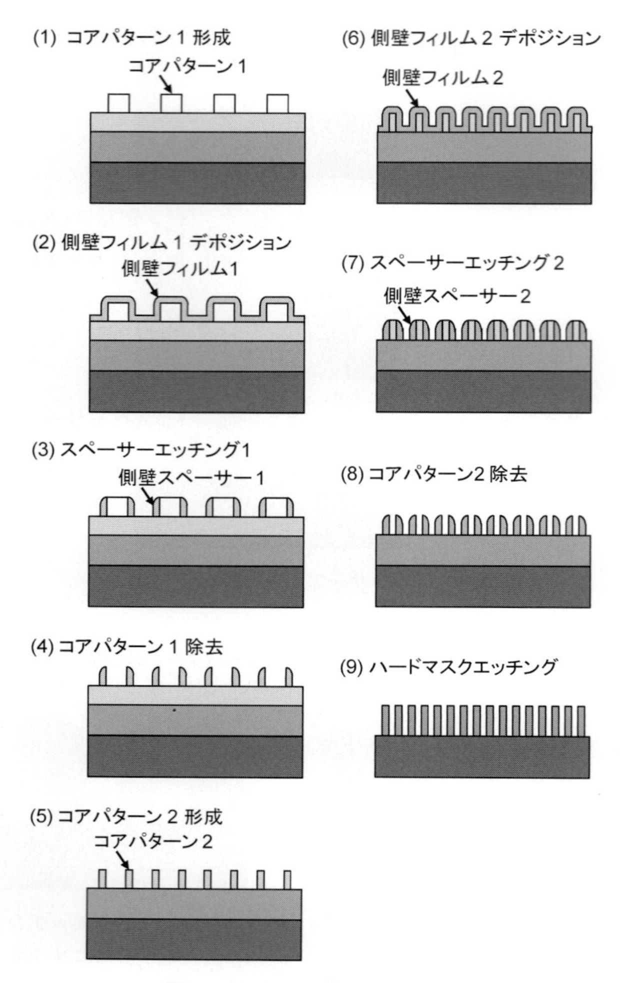

図 5　SAQP のプロセスフロー

す。①まずコアパターン 1 を形成する。②次にコアパターン 1 上に側壁フィルム 1 をデポジションする。③異方性エッチングで側壁フィルム 1 をエッチングし，側壁スペーサー1 を形成する。④コアパターン 1 を除去して側壁スペーサー1 を残す。⑤この側壁スペーサー1 をマスクに下地膜をエッチングし，コアパターン 2 を形成する。⑥コアパターン 2 上に側壁フィルム 2 をデポジションする。⑦異方性エッチングで側壁フィルム 2 をエッチングし，側壁スペーサー2 を形成する。⑧コアパターン 2 を除去して側壁スペーサー2 を残す。⑨この側壁スペーサー2 をマスクに，下地のハードマスクフィルムをエッチングするとオリジナルのパターンの 1/4 のピッチのパターンが得られる。

193 nm の ArF 液浸リソグラフィ技術を使った場合，**図 6** に示すように，SADP は 40 nm ピッチ(20 nm ライン /20 nm スペース)のパターン形成が可能であるのに対し，SAQP は 20 nm ピッチ(10 nm ライン /10 nm スペース)のパターン形成が可能である。SADP や SAQP は，例えば FinFET のフィン，多層配線のラインアンドスペース，メモリデバイスのビットラインやワードライン形成などに使われる。SAQP を mid-1x nm のフラッシュメモリーの

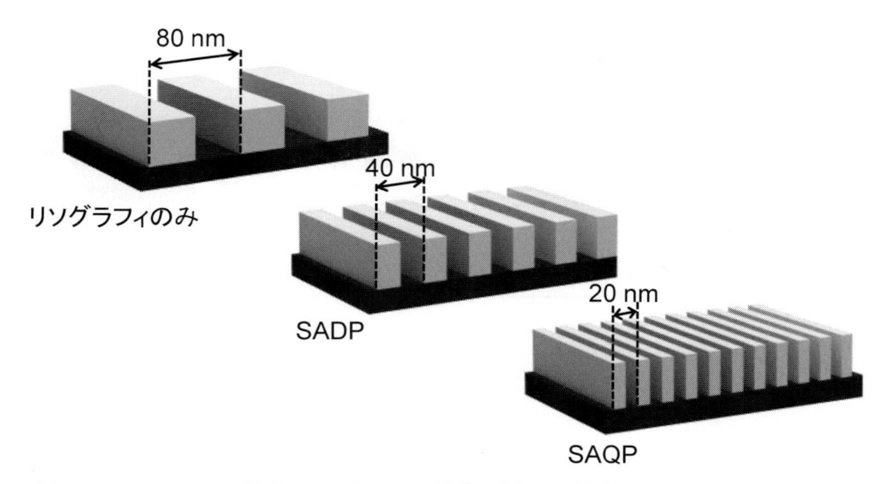

図6　193 nm の ArF 液浸リソグラフィ技術を用いた場合，SAQP により，20 nm ピッチ(10 nm ライン /10 nm スペース)のパターン形成が可能である

ワードライン形成に適用した例が報告されている[2]。

SADP や SAQP では，前述したようにスペーサーフィルムのデポジションおよび各ステップでのエッチングが仕上がりの CD を左右する。従って，CD のばらつきを抑えるためには，デポジションとエッチングステップの変動を最小に抑えることが重要である。以下の節ではこの2つのキーテクノロジーについて述べる。

2　デポジション技術

上述したように，SADP や SAQP でパターン寸法を左右するスペーサの形成において，デポジション工程は非常に重要である。そのために被覆性が良く，極めて均一で高品質な膜を成膜することが要求される。例えば 20〜30 nm の膜厚に対して許容されるウェハ面内の膜厚変動は数Åである。これを実現するために原子レベルで反応を制御するデポジション技術，即ち ALD(Atomic Layer Deposition)が用いられている。

図7 に SiO_2 ALD の反応モデル図を示す。SiO_2 ALD のデポジションは以下の4つのステップからなっている。① Si 成分を含む原料ガス A(プリカーサ)をチャンバー内に導入し，基板表面に吸着させる。②パージし，余剰なガスをチャンバーから取り除く。③酸化剤をチャンバー内に導入したのちプラズマを発生させ，A を酸化する。これによって一層目の SiO_2 膜を形成する。④パージし，余剰な酸化剤をチャンバーから取り除く。この4ステップを1サイクルとし，これを繰り返すことにより SiO_2 膜を成膜して行く。ALD 技術を用いると非常に段差被覆性の良いコンフォーマルな SiO_2 膜の形成が可能である。また反応にプラズマを用いることにより低温化が可能であり，レジストのような有機膜のコアパターンへのデポジションも可能である。**図8** にコアパターン上に成膜した ALD SiO_2 の断面 SEM 写真を示す。段差被覆性の良好な ALD SiO_2 膜が成膜されていることがわかる。

今後，更なる微細化が進むに連れ工程数は増え続け，その結果，プロセス時間，コスト，複

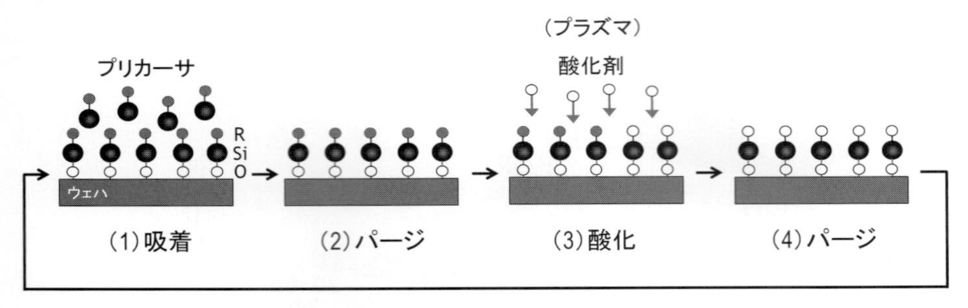

図7　SiO_2 ALDの反応モデル図

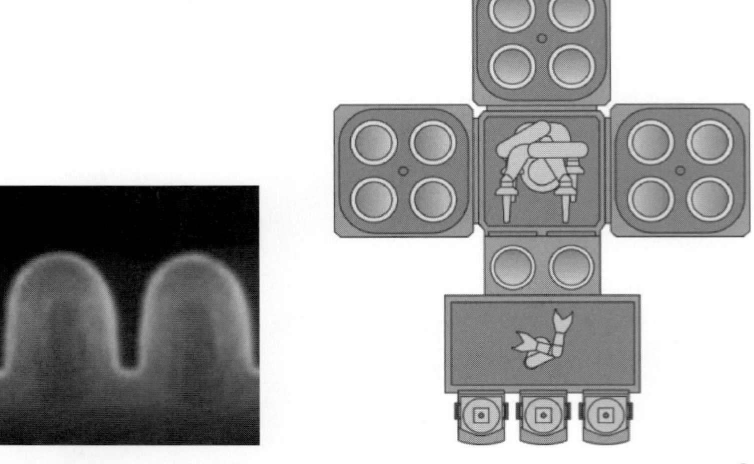

図8　コアパターン上に成膜したALD SiO_2 の断面SEM写真

図9　ALDシステム(ラムリサーチVECTOR® ALD Oxide)

雑性が増して行くことが予想される。ALDの成膜装置は高い生産性によりこれらの次世代プロセスの要求に応えて行く必要がある。ALD成膜装置の例として，ラムリサーチの最新システムVECTOR® ALD Oxideの装置概要を**図9**に示す。4ステーションのモジュールは4枚のウェハを同時に処理することができるようになっており，高いスループットを得ることができる。このコンパクト設計により，設置面積当たりの生産性は非常に高い。

3　エッチング技術

LELE，SADP，SAQPいずれのマルチパターニング方式においても，エッチングがくり返し用いられるが，**図10**に示すようにエッチングのパスが増えるほどCDのばらつきは大きくなる。また仮にデポジションやエッチングの個々のユニットプロセスの均一性が良くても，組み合わせるとばらつきが大きくなることがある。その場合，プロセスフローのどこかで相殺する必要がある。ドライエッチングはこのレベルのコントロールが可能である。例えば，あるステップでセンターのCDが周辺より大きい場合，ドライエッチングはこれを相殺して均一性を改善することができる。

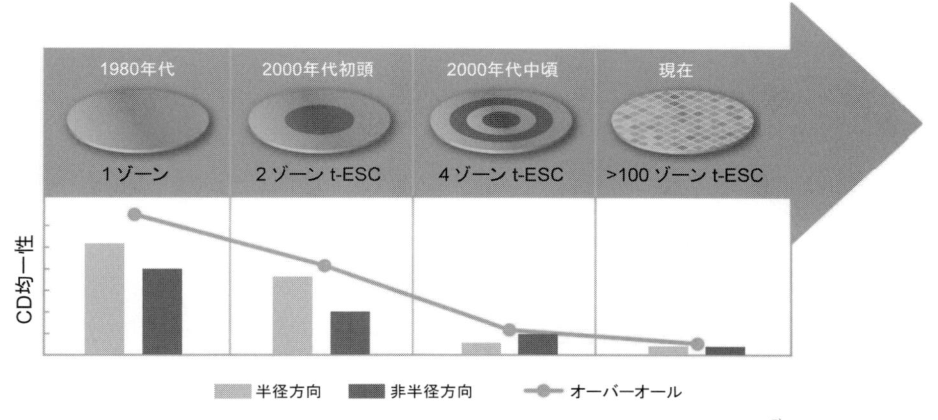

図11　チューナブルESC(t-ESC)の進展とCDの均一性の改善[5)]

CDのウェハ面内均一性は反応生成物のパターンへの再付着に強く影響される[3)]。CDの均一性を支配するキーパラメータはウェハの温度分布である。ウェハの温度が低い部分では反応生成物の付着確率が大きくなり，温度が高い部分では小さくなる。その結果，CDはウェハ温度が低い部分で大きく，ウェハ温度が高い部分で小さくなる[4)]。このように，CDのウェハ面内ばらつきを抑え，良好な均一性を得るには，ウェハ面内の温度分布を調整できる静電チャック(ESC：Electrostatic Chuck)を装備したエッチャーが必要である。ESCはエッチャーの下部電極として用いられ，静電気の力を使ってウェハを密着させることによりウェハを保持するとともに，エッチング中のウェハの温度を一定に保つ役割をするものである[1)]。ウェハ面内のCDを精密に制御できるように，ESCに加熱あるいは冷却のゾーンを追加したチューナブルESCが，2002年にラムリサーチにより実用化された。**図11**にチューナブルESCの進展とCDの均一性の改善を示す[5)]。半径方向のCD均一性を改善するために，温度コントロールできるゾーンは2ゾーンから4ゾーンへと増加されてきた。そして現在では100ゾーン以上の温度を独立にコントロールできるようになっており，半径方向のみならず，非半径方向の不均一性も改善できるようになっている。これに伴いCD均一性は著しく改善されていることが分かる。

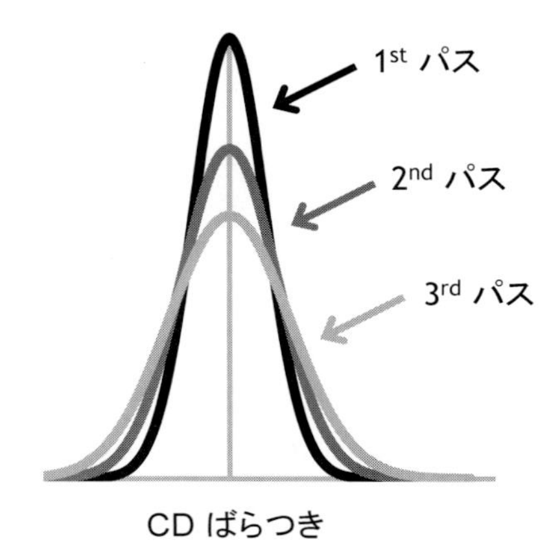

図10　マルチパターニングにおいて，エッチングのパスが増えるほどCDのばらつきが増す

温度コントロールできるゾーン数がこのように100ゾーン以上に増加すると，エッチング前のCDの分布を補正して所望のウェハ面内均一性を得るために，マニュアルで全ゾーンの温度を適切に設定するのは非常に難しい。この問題を解決するために，システムが自動的に各ゾーンのヒーターを制御するような，温度補正用のアルゴリズムが開発されている[5)]。さらには要求されるプロセス均一性を達成するための温度マップを決定する高度なソフトウェアアルゴリ

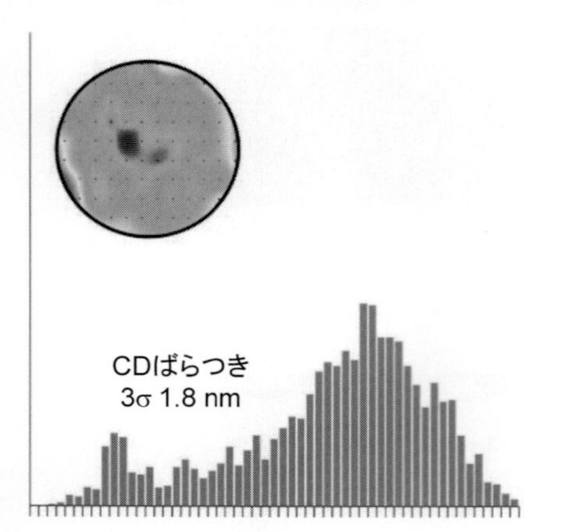

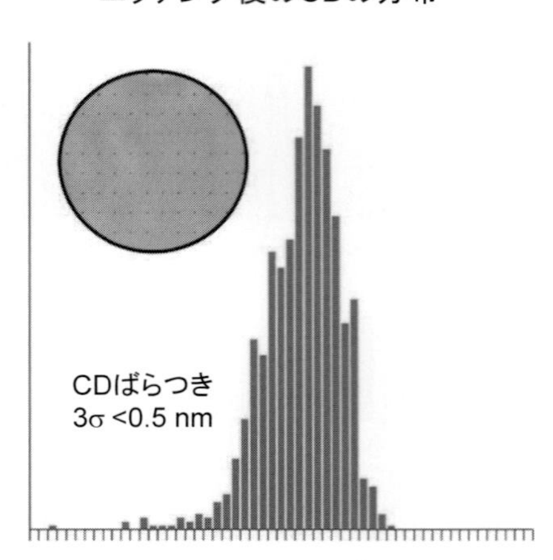

図12　＞100ゾーンチューナブルESCによるCD均一性の改善[5]

ズムも開発された。このアルゴリズムはプロセストレンド，チャンバーキャリブレーションデータ，エッチング前のCD情報を用い，自動的に適切な温度マップを作り出す[5]。この機能を使い，**図12**に示すように，リソグラフィ後に1.8 nm(3σ)であったCDの不均一性をエッチング後に0.5 nm(3σ)以下に改善できた[5]。

4　おわりに

マルチパターニング技術は，現在の液浸露光世代や次世代のEUV露光世代においても，プロセスに変革をもたらす戦略的な技術であり続けるであろう。マルチパターニング技術はムーアの法則を延命させると言っても過言ではない。セルフアラインスペーサー方式におけるデポジション技術では，原子レベルで反応を制御するALDが既に導入されているが，エッチング技術においても原子レベルで反応を制御するALE(Atomic Layer Etching)[6]などの技術の導入も必要となってくるであろう。またセルフアラインスペーサー方式はプロセスのステップ数が多いがゆえに生産コストが問題となる。デポジションやエッチングのプロセス性能の向上はもとより，これからは，より生産性の高い装置の開発も大きな課題である。

文　献

1)　野尻一男："はじめての半導体ドライエッチング技術"，技術評論社(2012).

2)　J. Hwang et al.：*Tech. Dig. Int. Electron Devices Meet.*, 199(2011).

3)　S. Tachi, M. Izawa, K. Tsujimoto, T. Kure, N. Kofuji, R. Hamasaki and M. Kojima：*J. Vac. Sci. Technol.*, A**16**, 250(1998).

4)　C. Lee, Y. Yamaguchi, F. Lin, K. Aoyama, Y. Miyamoto and V. Vahedi：Proc. Symp. Dry Process, 111(2003).

5)　S. Hwang and K. Kanarik：*Solid State Technol.*, **16**, July (2016).
6)　K. Kanarik et al.：*J. Vac Sic. & Technol.*, A **33**, 020802 (2015).

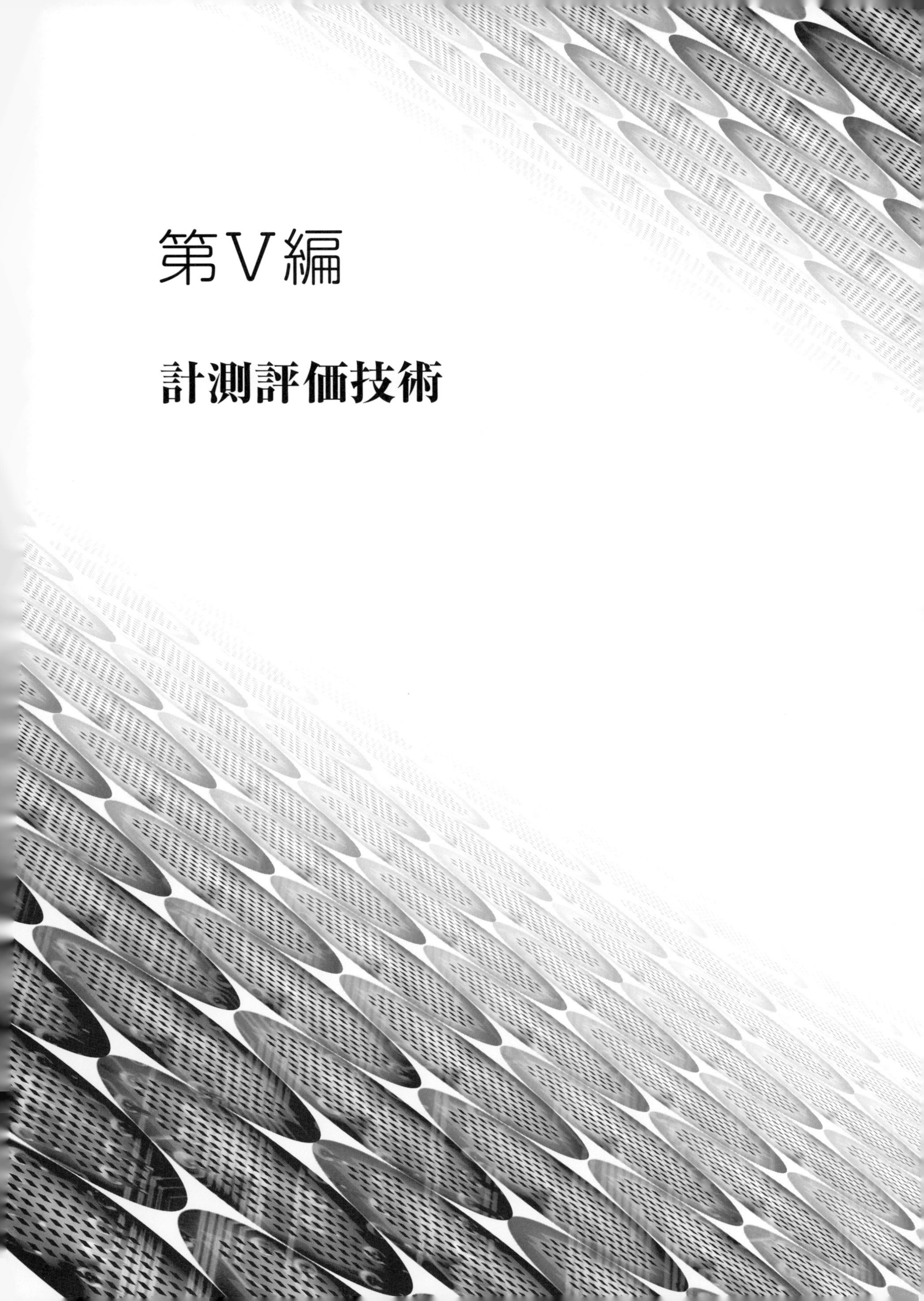

第Ⅴ編

計測評価技術

第1章　CD-SEM技術

株式会社日立ハイテクノロジーズ　杉本　有俊

1　はじめに

集積回路の中核となるMOSトランジスタが形状寸法の縮小化を一つの指標とした技術革新を続けているため，半導体プロセスにおいて形状寸法の計測やモニタリングは最重要な計測技術である。形状寸法がナノメートルオーダーであるため，この測定には通称CD-SEM(CDはCritical Dimensionの略，又は測長SEMとも称す)を用いる。

CD-SEMは走査型電子顕微鏡(SEM：Scanning Electron Microscope)を半導体プロセス内でのインライン計測に応用した，ウエーハやレチクル上の形状寸法を高速高精度に測定するための専用装置で，汎用のSEMから以下を進化させている。

① 測定のためのウエーハやレチクルへの前処理が不要，非破壊。
② ウエーハ/デバイスと電子線の相互作用を最小にする制御。
③ 振動や磁場等設置環境に劣る半導体クリーンルームでの使用を前提としたハード設計。
④ 測定位置への搬送・収差補正・焦点合わせ等を自動化し誰でも容易に操作でき，属人性を排した計測を可能とする自動計測システム。
⑤ 半導体プロセス用途の豊富な計測アプリケーション。

1984年に登場[1)]して以来30年以上にわたり，先端半導体プロセスの技術革新と共に進化し続け，微小寸法測定の標準計測機としてプロセスの微細化を支えてきた。

近年では，半導体プロセス内の装置としては初めてLSIのレイアウト図面を取込んだアプリケーションが可能となり，OPC(Optical Proximity Correction)用データの取得や転写したパターンの検証が可能になっている。

本稿では，ウエーハ用CD-SEM技術の現状を解説する。

2　CD-SEM計測の対象と目的

CD-SEM計測の目的は，第1にMOSトランジスタのゲート長(L)とゲート幅(W)という形状寸法がMOSトランジスタ性能の主要パラメータ[2)]であることから，ゲート長(L)とゲート幅(W)の計測管理である。MOSトランジスタのドレイン電流がW/Lに比例し，動作周波数は$1/L^2$に比例する[2)]に留まらず，Pelgromら[3)]はMOSトランジスタのばらつき要因を詳細に解析した結果，MOSトランジスタの主要な性能である閾値電圧V_{th}のばらつきもMOSゲート面積に依存し(1/LW)$^{1/2}$に比例することを報告，また，平面型MOSトランジスタの短チャネル効果もゲート長Lに依存している。MOSトランジスタの形状寸法の計測管理はMOSLSI製造プロセスの基本である。

第2に，製造プロセスにおいてマスク/レチクル上の設計パターンをウエーハに転写する際の転写精度の主要な評価指標が形状寸法である。この形状寸法の計測値を用いて，露光条件，焦点位置等の転写時のプロセス余裕の最大化を図り，転写寸法を安定化させる必要がある。又，エッチング後の寸法を計測し，或いは，露光後寸法とエッチング後寸法の管理，それらのばらつき程度の配分，さらに，OPCのための基礎データ，或いは，検証を行う。現在のCD-SEMはこの目的を果たすためのアプリケーションを多数用意している。ここではこれらの一部を紹介する。

第3の目的は，度量衡システムに関するものである。半導体製造産業は，設計と製造の分業化のみならず，プロセス開発においては，半導体製造会社，装置提供会社，材料提供会社が関係し，企業の枠を超え，或いは国境を越えて分業化，協業化しているため，標準化された計測が必要となる。CD-SEM計測システムは，これに適する計測システムとして位置づけられている。度量衡システムについては，SI単位系と国際度量衡局(BIPM：Bureau International des Poids et Mesures)により定義される用語[4)]がある。これらの下にISO規格があり，実務上は米国業界団体であるSEMI(Semiconductor Equipment and Materials International)が規定するSEMIスタンダードで用語や用法の定義[5)]が行われているので参考にしていただきたい。

3　CD-SEM計測技術の概要

3. 1　CD-SEMの特徴と測定原理

CD-SEMは走査型電子顕微鏡(SEM)を半導体プロセスの高精度計測を目的とする半導体ウエーハやレチクル(本章では扱わない)を計測する専用装置である。

図1に示すように，電子銃からコンデンサレンズ，対物レンズを通り，ウエーハに入射した一次電子から二次電子と反射電子が生成される。二次電子は比較的弱いエネルギーの電子で，ウエーハ表面の段差で多く生成(エッジ効果による表面形状コントラスト)し，反射電子は比較的高いエネルギーの電子で，生成量はウエーハ上の材料で異なる(材料コントラスト)[6)]。計測には主として分解能の高い二次電子を用いる。入射角と検出器は計測対象パターンで生じる陰影の影響を避ける配置にする(SEM像は，電子銃が目に，検出器が光源に相当する見え方をする)。

計測は，二次電子の輝度変化から計測対象のエッジを検出し，入射電子のエッジ間の走査距離を測定する。より具体的には，予め測定するウエーハとその測定点座標，測定条件をCD-SEMに入力し，作成したレシピを実行すると，ローディング，位置出し，焦点合わせを自動で行った後，計測し，次の測定点に移動し位置出し以降を繰り返す。

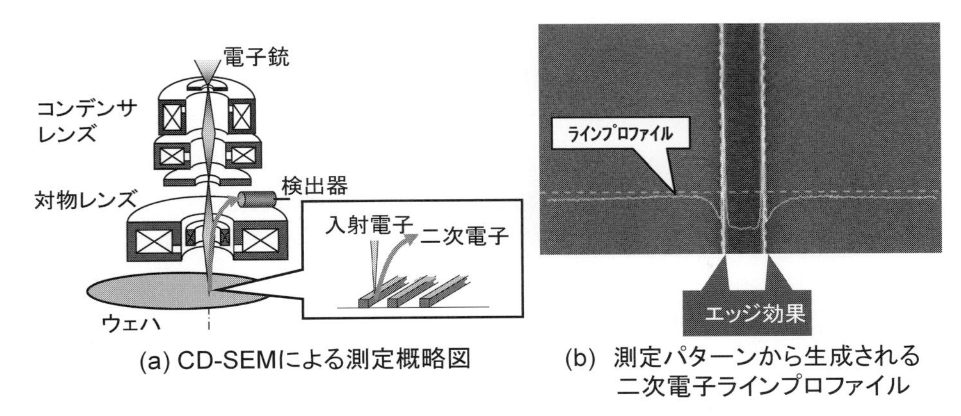

図1　CD-SEM の測定原理

(a) 電子銃から電子レンズと偏向器を通った一次電子はウエーハ上の計測領域を走査し入射，これにより生成された二次電子を検出器で捕獲する。

(b) 二次電子の捕獲量を輝度としてラインプロファイルを形成する。二次電子検出のエッジ効果により，パターン端部でラインプロファイルに変化が生じる現象を捉えて，これを計測する。

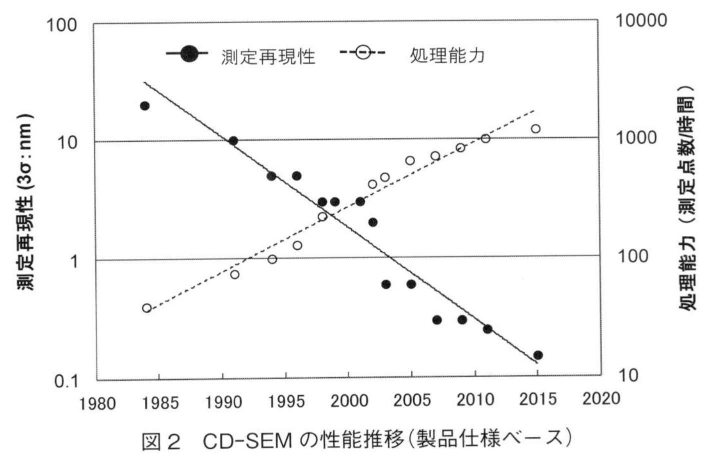

図2　CD-SEM の性能推移(製品仕様ベース)

CD-SEM の性能は，先端半導体の微細化のトレンドに先行して向上し，2016 年時点では，測定再現性 0.15 nm，処理能力 1200 点 / 時間である。
今後も先端微細化の標準計測方法として期待されている。

3. 2　CD-SEM の基本性能

計測器としての CD-SEM の基本性能は，測定再現性と計測処理能力である。日立ハイテクノロジーズが提供する CD-SEM を例に測定再現性と計測処理能力の進化を**図2**に示す。パターンの微細化に同期先行して，測定精度が向上し，合わせて処理能力も向上していることがわかる。2016 年時点で，先端半導体向け CD-SEM の計測再現性は 0.15 nm(3σ)，処理能力は 1200 測定点 / 時間である[7]。なお，本章では取り扱わないが，パワー半導体や MEMS が使用する 200 mm 以下ウエーハ用 CD-SEM の最新機種の計測精度は 1 nm である。

測定の不確かさ(Total Measurement Uncertainty)は，装置の不確かさと測定対象の不確かさの成分からなる。微細半導体パターンはライン端にマイクロラフネスが認められる場合が多いので，測定対象の不確かさの評価が難しい。そこで，ラインエッジラフネスが無視できる程度に小さいパターンを装置メーカーが用意し，この項をゼロとした測定装置の不確かさを評価することが一般的である。又，CD-SEM は多くの場合，複数の CD-SEM を並行して用いて測定するため，機差(tool matching)も重要な指標となる。機差の測定方法は標準化されていないが，再現性と同様に十分に微細プロセス用途に応える精度が得られている。

3.3　トレーサビリティ

度量衡として計測値を扱う場合，トレーサビリティの保証が必要になる。CD-SEM の場合，倍率の保証を行うため，**図3**に示す通り，国立研究開発法人産業技術総合研究所と㈱日立ハイテクノロジーズが共同で開発した最小のものさし「マイクロスケール」を，一般財団法人日本品質保証機構による校正証明書と共に提供している。倍率補正の具体的方法は，SEMI スタンダード P-36 を参照されたい。

3.4　ウエーハ上のパターン / デバイスと電子線との相互作用と対応

CD-SEM は電子線を加速してウエーハに入射させるため，ウエーハ表面で，CD-SEM 測長に必要な二次電子生成をはじめ，様々な相互作用を生じる。現時点では，これらの相互作用によるウエーハ上のパターンやデバイスへの負の影響を最小にする測定条件と後処理が CD-SEM 利用者を含めて合意されており，先端半導体プロセスでは CD-SEM による計測が標準計測になっている。しかし，今後新たな材料や構造を検討する場合を想定し，CD-SEM の利用上の注意として纏める。

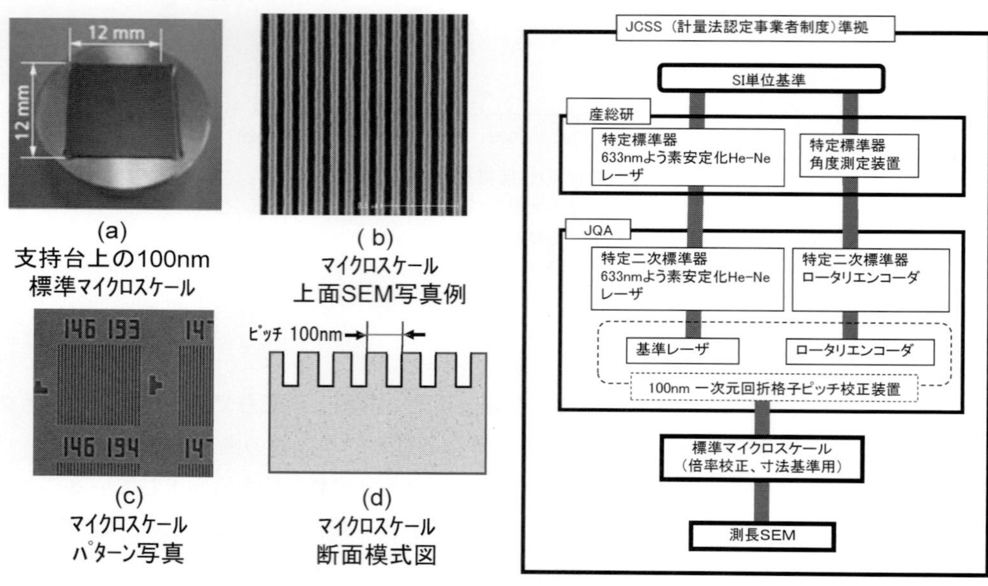

図3　倍率校正用 100 nm 標準マイクロスケールとトレーサビリティ

個々のマイクロスケール(a)には一般財団法人日本品質保証機構からそれぞれの計測結果と JCSS 校正証明書が添付されているので，これを使用してトレーサビリティを保証できる。
CD-SEM 内に搭載し，倍率を校正する(詳細は SEMI スタンダード P36 を参照のこと)。

CD-SEMが通常使用する範囲の電子線照射ではデバイスへの影響は無視できる程度である[8]。Yamadaは入射エネルギー200 KeVのSEMによるMOSFETのVth，Junction Leak，TDDBとホットキャリア耐性の劣化を調査し，照射直後のダメージは400℃H_2アニールもしくは900℃N2アニールで回復したことを[9]，Matsuiらは入射電流量に関して，電子線外観装置によるMOSキャパシタのC-V特性を評価し，電流量が通常の電子線外観装置の10倍でかつ入射エネルギーが3 KeV以上で，C-V特性が変化したことと，これをN_2で10分アニールすると回復したことを報告している[10]。

ハイドロカーボンコンタミネーションとはCD-SEMの一次電子ビームが試料を走査するとき，真空(および試料)からの分子および原子が活性化され，強制的に移動され，通常の条件下で試料の表面に堆積される現象である[11]。この堆積物の計測への影響を無視できるようにするため，位置合わせや焦点合わせを測定点近傍にして，電子線未照射の測定点を測定する。なお，堆積物はエッチングやO_2プラズマ処理で除去できる。Tortoneseら[12]は，3. 3に記載の倍率構成サンプルと同様なNIST認証の100 nmピッチサンプルについて，ハイドロカーボンコンタミネーションの影響を調査し，ピッチ測定に関してハイドロカーボンコンタミネーションの影響はCD-SEMが許容されている不確かさの範囲にあることを確認した上で，同一箇所測定は250回以下とすること，又，10ピッチの平均計測をすることを提言している。

シュリンク現象はホトレジストの寸法計測時に，ホトレジストの寸法が縮小する現象で，特にArFレジストの登場で顕在化し，多くの研究者が詳細な研究報告をしている[13)-17]。Sullivanら[16]は，ArFレジストのシュリンク量が，材料の成分と，CD-SEMの入射加速電圧に依存していること，特に初回の電子線照射によるシュリンク量が大きいことを報告し，電子線照射回数とシュリンク量のモデル式を提案，Bundayらは電子線照射回数依存のデータから，電子線照射前の寸法を推定する方法を提案[17]し，川田らは電子線照射前の寸法を推定する自動計測アルゴリズムをCD-SEMに実装した[18]。なお，シュリンク現象はレジストだけでなく，Low-K材料でも確認されている[19]。

4　Line Edge Roughness(LER)の計測

4. 1　計測の観点からのLERの理解

今日の先端半導体微細パターニング技術開発の課題の一つが，**図4**(a)に示す配線端が平滑にならないLine Edge Roughness(LER)の低減であり，デバイスメーカー，材料メーカー及び装置メーカーがLER低減の開発を行っている。LERの計測は開発過程のモニタリングと度量衡としての計測システムが求められる。

LERの計測のためにはLERの全体像を理解する必要があり，粗さ計測の一つの手法であるパワースペクトル密度(Power Spectral Density，以下PSD)がこの理解を助ける。図4(b)に示す長い配線パターンのLERのPSDの例は，LERの周波数成分が低周波から高周波に及んでいることがわかる。LER計測では，この低周波成分を計測するのに必要十分な長さのLER測定用のパターンで計測することが重要である。

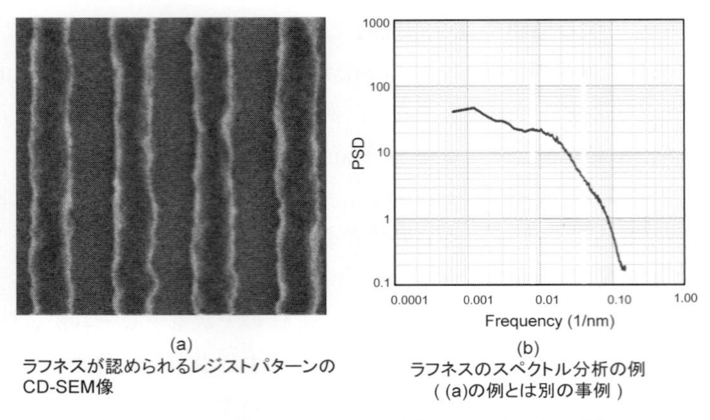

(a)
ラフネスが認められるレジストパターンのCD-SEM像

(b)
ラフネスのスペクトル分析の例
((a)の例とは別の事例)

図4　Line Edge Roughness の例と LER の PSD 事例

4. 2　LER 計測の標準化

PSD が示す LER の周波数成分を完全に計測できる計測装置は現時点では存在せず，近似的に測定できる最良の装置の1つが CD-SEM である。SEMI のマイクロパターニング標準化委員会と ITRS(International Technical Roadmap for Semiconductor)Metrology Group は合同で CD-SEM を前提とした LER の計測方法を検討し，関係者全員の合意で SEMI スタンダード P-47 を制定した。ここでは，LER の計測をある一定の長さの連続的なパターンエッジを不連続なエッジ点の系列のデータセットとして表現することにし，2つの主要パラメータ，計測するラインの評価する長さ(評価)L とラインに沿って計測される不連続なエッジ点間のサンプリング間隔⊿y が提示され，⊿y の間隔で測定される線幅のそれぞれのエッジ端の座標(y_i, x_i)のデータセットから最小二乗法で得られるエッジ中心線を求めた後に，LER を求めることにしている。Yamaguchi らが示した度衡量システムの目的で LER を計測する場合のガイドラインでは，L を 2 μm 以上，⊿y を 10 nm 以下とする条件を推奨している[20]。なお，CD-SEM には，画面の水平方向と垂直方向の倍率を変えることができる機能がある。最新の CD-SEM では，測定視野内の測定数を最大 4096 にすることができ，⊿y は L/4096 になる。

4. 3　PSD による評価

LER の評価方法については，現在も多くの研究者が精力的に検討をしている。Hirasawa[21][22]らは，PSD からラフネスの統計的なバラツキを導くことを検討し，Mack はこれを更に詳細に検討している[23][24]。Mack は，PSD による LER 解析の難しさと注意点を挙げた上で，PSD を度量衡の補足資料とする意図がある場合，少なくともばらつきσ，自己相関長ζとハースト指数 H を表記することを提案している。Mack の提案を含めて，PSD による LER 評価の標準化の検討は喫緊の課題である。

5　Design Based Meteorology

CD-SEM の取得画像にデバイスのレイアウト図を重ね合わせる技術を開発した[25]。デバイ

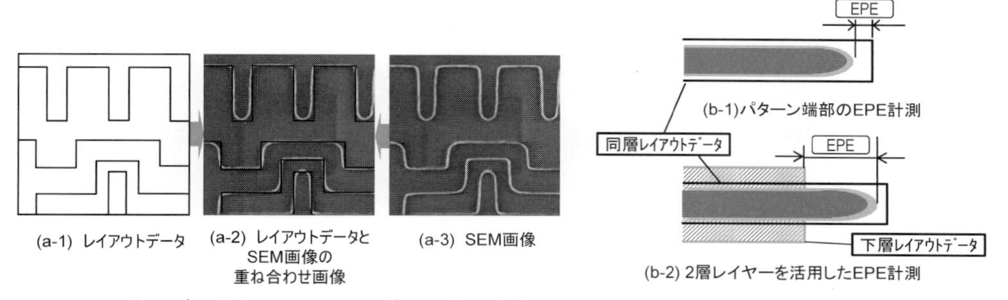

(a) レイアウトデータとCD-SEM画像の重ね合わせ (b) Edge Placement Error (EPE) 計測

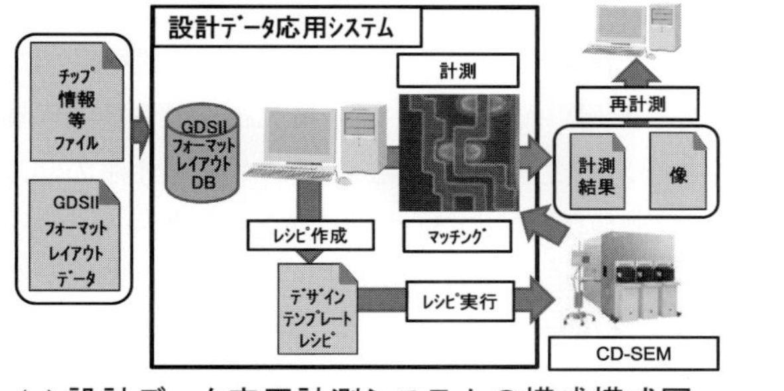

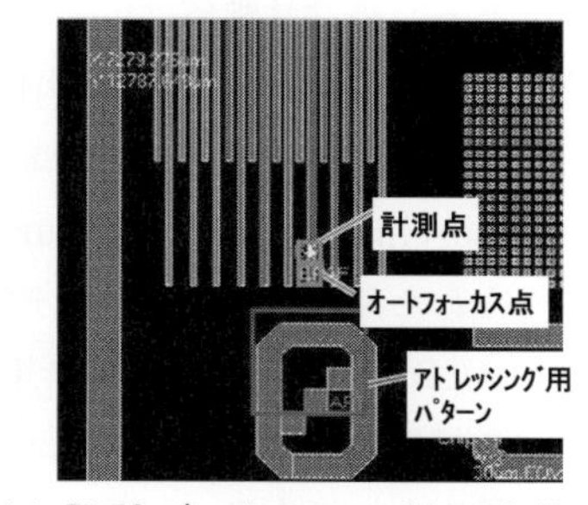

(c) 設計データ応用計測システムの構成模式図　　(d) 設計データ上での計測点指定

図5　Design Based Metrology の概要

スのレイアウト図は，原則としてOPC処理前の設計データ(現時点ではGDS II (Graphic Database System II)ストリームフォーマットデータを利用する。SEM像とレイアウト図の重ね合わせの事例を**図5**(a)と図5(b)に示す。半導体プロセスの現場にデバイスのレイアウト図を持ち込むことは，全く新しい応用を産み出した。

この技術をDesign Based Metrology(DBM)と呼ぶ。DBMを支える設計データ応用計測システムの概要を図5(c)に示す。

5. 1　DBMのアプリケーション

実際のパターンとレイアウト図を重ね合わることで，実際のパターンが図面に対してどのような配置になっているかを評価できる。これをEdge Placement Error(EPE)評価という。EPE評価は，同層のレイアウト図と転写パターン比較(図5(b-1))はもちろん，図5(b-2)に示すように下層，または，上層のレイアウト図とのEPE評価も可能である。実際にレイアウト図とSEM像を重ね合わせ，又，その差分を数値評価するためには，SEM像の輪郭を抽出して，レイアウトと同じフォーマットで数値を返す。このアプリケーションはOPCの評価に貢献した[26]。

また，CD-SEMで自動計測するには，予め測定点の座標を登録する必要がるが，従来はこの登録を実ウエーハの計測パターンをCD-SEMの視野に入れて登録していた。このため，試作品の初ロットの進行を遅らせる一因にもなり，又，少量多品種を扱うラインでは，座標登録のためのCD-SEM占有時間の長時間化もCD-SEMの利用効率を落とす一因であった。DBMでは図5(d)に示すように座標指定にレイアウトデータを利用する。CD-SEMのレシピ作成に実ウエーハもCD-SEM実機も不要となる。これは，特にOPC評価のような多計測点計測の効率を飛躍的に向上させた。TaberyらはOPC評価のためのCD-SEMレシピ作成時間が20.3時間から4.4時間に短縮できたこと[27]を，又，Bundayらは200ポイント/チップのCD-SEMレシピ作成とこれを5チップ計1000ポイント計測した場合の時間が従来に比べて約1/6に軽減したこと[28]を報告している。

5.2　DBMを支える代表的な技術

DBMの一つの目的と効果がOPC評価によるレイアウトや補助パターン設計へのフィードバックであるため，計測値は十分な信頼性が必要になる。ここではDBMを支える代表的な技術を紹介する。第一に，輪郭線抽出技術がある。輪郭線抽出のアルゴリズムの特徴は**図6**(a)に，抽出した輪郭線はCD-SEMの測長アルゴリズムを用いている[25]。この輪郭線を計測値基準輪郭線(Measurement Based Contour，MBC)と呼ぶ。従って，MBCではパターン寸法の詳細評価や得られた輪郭線を利用したEPE計測の計測値はCD-SEMの計測値と互換性をもつ。

第二は，CD-SEM画像からの帯電の影響の排除である。CD-SEMはウエーハへの帯電に対して様々な対策を施している[29]が，特に，輪郭線抽出では通常のCD計測では問題にならないローカル帯電も対策する。入射電子で誘起される二次電子のウエーハへの再入射によるローカル帯電を電子線のスキャン方法を工夫することで対策した。図6(b-1)は従来のスキャン方法によるSEM像で，スキャン方向である水平方向に着目すると，パターンエッジのコントラストが垂直方向に比べて劣化し，又，本来はパターンがないパターンとパターンの間にわずかに

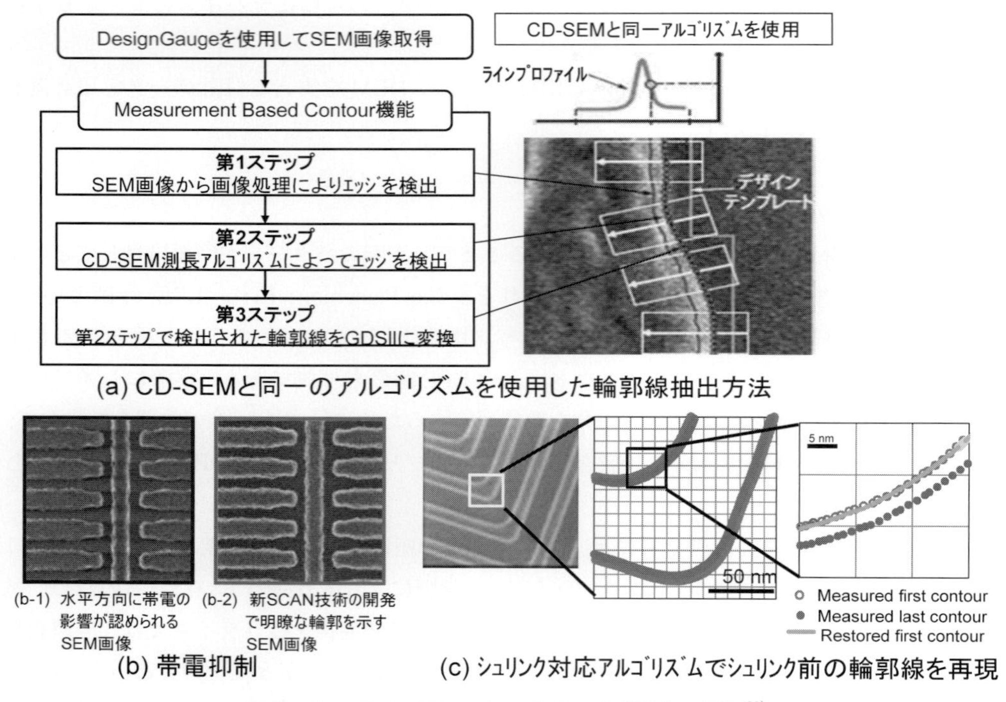

図6　Data Based Metrologyとその基礎技術の概要[33]

黒い帯が観察できる。正確な輪郭線抽出のために開発されたスキャンを用いた図6(b-2)の画像では，上記の帯電の影響が認められないクリアな画像となっている。

第三は，レジストパターンの輪郭線抽出に関する技術である。3. 4ウエーハ上のパターン/デバイスと電子線との相互作用と対応で記載したとおり，レジストに電子線を照射するとパターンがシュリンクする。レジストパターンの輪郭線抽出においても，通常のCD計測と同様にシュリンクの影響を低減させる技術を開発した[29]。図6(c)に，L字パターンコーナーの繰り返し電子線走査の影響と，これをシュリンク対策アルゴリズムにより，最初に取得した輪郭線を再現させた例を示す。輪郭線をMBCで取得しているのでシュリンク低減アルゴリズムを用いることが可能となり，L字パターンコーナーのレジストの形状を再現できた。SEM写真の画像処理で輪郭線抽出する方法(Image Based Contour)では，このような対応ができないことに留意する必要がある。

これらの技術を基盤としたDBMは先端半導体パターンの評価に不可欠な技術となっている。

6　CD-SEMの高速化が拓く新しいアプリケーション

6. 1　CD Uniformity 評価

ウエーハ内のCDの均一性を評価するGlobal CD Uniformity(GCDU)計測の例を**図7**(a)に示す。この例では，1000ポイントの測定点を25分で計測した。GCDU計測の目的はウエーハ内の寸法分布の傾向をモニタリングすることにあり，それぞれの測定点の測定精度が高いことが望まれる。そこで，高速かつ高精度計測する方法として，個々の測定領域内の複数の類似パターンの計測値を平均化する方法[30]を使用した。CD-SEMの平均化計測は，測定対象を識別し測定するため，例えば，SADP(Self-Aligned Double Patterning)の格子状配線を隔本でそれぞれ平均化することもでき，又，ホールのサイズ別の平均化も可能である。装置の高速化と高速平均化計測で，CD-SEMによる多点計測が容易になった。

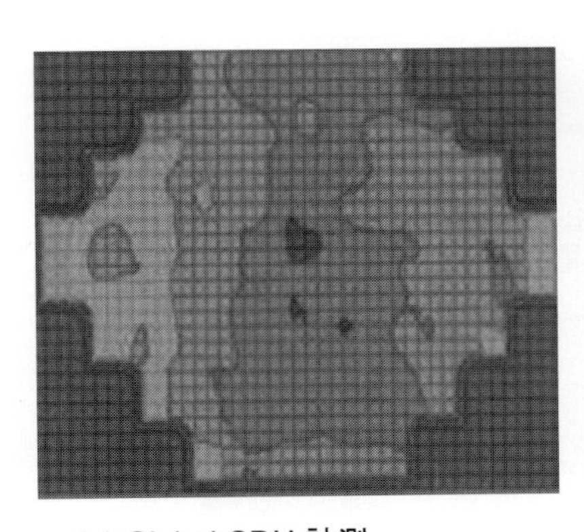

(a) Global CDU 計測

平均化計測技術と装置の高速化により
25分で1000点/ウエーハのCD計測例

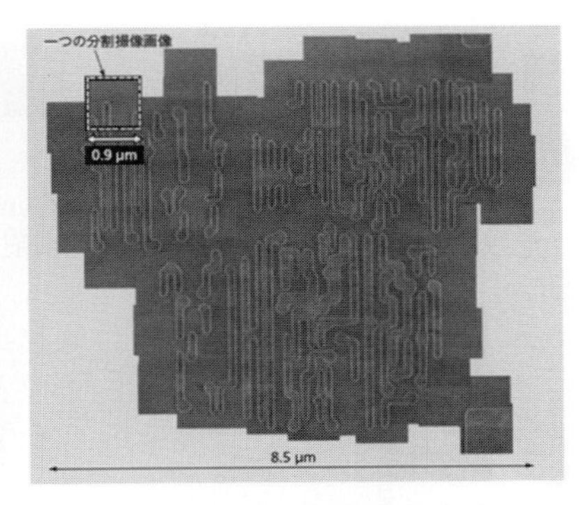

(b) 高精度大面積画像の形成

パターンの出来栄え評価を目的として，
低歪高精度画像を連続的に取得し，パノラマ画像処理。原理的には任意の面積の画像を生成できる

図7　CD-SEMの高速化が拓く新しいアプリケーション

6.2　大面積の出来栄え評価

半導体パターンの微細化に伴い，パターン線幅などの局所的な寸法評価に加えて，パターンの巨視的な露光ずれ(パターンシフト)や形状変形を評価する必要がある。しかし，計測に十分な画像分解能を維持したうえで，パターンの大きな変形を捉える広視野な，かつ，低歪のSEM像を得ることは困難である。そこで，所望の視野を分割撮像した複数枚のSEM像をつなぎ合わせることで1枚の広視野画像を得るパノラマ合成技術を開発した[31]。パターンレイアウトの設計データを用いることで隣接する二つの画像間の連結関係を求めることができ，この連結関係から全画像間の連結可否を求めることができる。この手法によって決定した分割撮像位置のSEM像を合成したパノラマ画像を図7(b)に示す。この例では，視野0.9 μm角の分割画像を90枚組み合わせることによって，視野が約8.5 μm□の高分解能画像が得られた。この画像からパターンの輪郭線を抽出することで，大面積パターンの形状評価を実現する。

7　おわりに―CD-SEMの展開―

パターンの微細化は途切れることなく進んでいる。これに対応できる寸法計測装置は，様々提案されているものの，少ない制限でナノメートルオーダーの寸法計測が可能な手法は電子線応用がなお有力候補である。一方で，デバイスは微細化と共に3次元化，薄膜の積層化が進んだ。又，LELE(Litho-Etch Litho-Etch)，SADP，SAQP(self-aligned quadruple patterning)といった複数回露光プロセスはオーバーレイの管理が難しいため，従来のチップ端のオーバーレイ管理では不十分でインチップのオーバーレイ評価が期待されている。デバイスの新しい課題を計測するには従来のCD-SEMの単純な延長ではなく，新しいイノベーションを必要とす

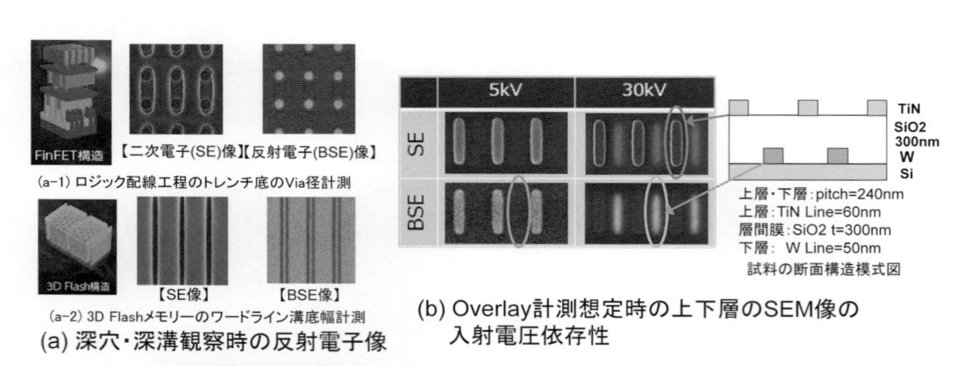

(a) 深穴・深溝観察時の反射電子像
(b) Overlay計測想定時の上下層のSEM像の入射電圧依存性

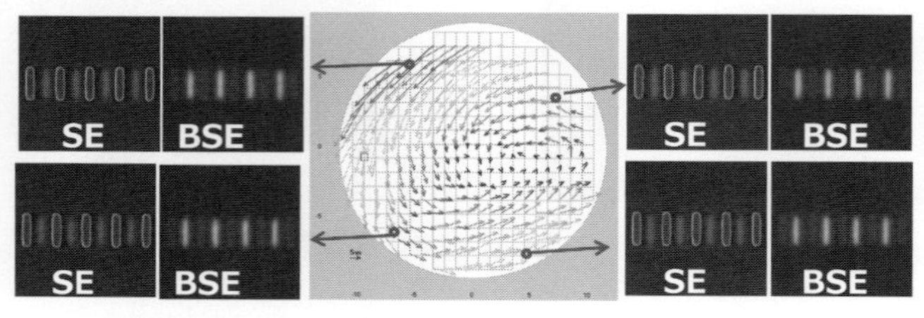

(c) SEMによるOverlay計測の例　(「CV5000」事例:加速電圧30KeV)

図8　CD-SEMの新しい技術　深穴・深溝・Overlay評価

る。ウエーハへの入射電圧を高く，かつ，容易に電圧を切り替えができ，又，反射電子を低ノイズで検出する技術を搭載した新しいCD-SEMを開発した。

例えば，**図8**(a)に示すような，トレンチ底のVIA形状を観察或いは計測する場合や3DNANDの溝底のワード線の寸法を計測するような場合は反射電子像を用いて観察や計測をすることが有効であることがわかる。深溝内や深穴底の形状や寸法を計測する場合，反射電子モードが推奨できる。オーバーレイ計測の特徴は，上層だけではなく，下層も同時にかつ高精度に見えなくてはならない。

ウエーハへの入射電圧を高くし，電子線が試料内部まで入射することを検討，又，従来の光学式合わせ検査装置との相関性が十分であること，下地が埋め込みパターンの場合の検出可能性等を検討した[32]。図8(b)に示すように入射電圧5 KeVと30 KeVを評価すると，30 KeVを用い，上層を二次電子で下層を反射電子で検出すると両層のエッジを同時に計測することができることがわかる。この条件を用いて，オーバーレイ評価を行った結果が図8(c)。高加速型CD-SEMでは，2 μm□程度の小型合わせマークで計測できること，実パターンでのEPE計測が可能なことなど，複雑な合わせ状態を解析することが可能である。

5 nmプロセスの開発準備をしているメンバとの議論で，5 nmプロセス時代の寸法計測はCD-SEMとその発展形になるであろうことを確信した。今後も先端微細パターニング技術者の期待に応えていきたい。

文　献

1） T. Otaka et al.：Proc. SPIE, 565, 205-208(1985).
2） 例えば，S. M. SZE 著：南日康夫他訳：半導体デバイス-基礎理論とプロセス技術，208-219，産業図書(1987).
3） M. J. Pelgrom et al.：*IEEE J. Solid State Circuits*, **24**, 1433(1989).
4） The JCGM member organizations JCGM_200_2012 International vocabulary of metrology-Basic and general concepts and associated terms(VIM)3rd edition, Bureau international des poids et mesures(2012).
5） Semiconductor Equipment and Materials International, SEMI スタンダード P35-1106, SEMIジャパン(2011).
6） B. Su, E. Solecky and A. Vaid：Introduction to Metrology Applications in IC Manufacturing, Tutorial Text in Optical Engineering, TT101, 110-112, SPIE PRESS(2015).
7） 例えば，㈱日立ハイテクノロジーズ：CG6300カタログ.
8） Wei-Chih Wang and Jian-Shing Luo：Proc. 39th ISTFA, 228(2013).
9） S. Yamada et al.：Proc. SPIE, 2439, 374(1995).
10） M. Matsui et al.：Proc. SPIE, 6152, 61521S(2006).
11） R. Egeerton et al.：*Micron*, **35**, 399(2004).
12） M. Tortonese, Y. Guan and J. Prochazka：Proc. SPIE, 5038, 711(2003).
13） T. Kudo et al.：Proc. SPIE, 4345, 179(2001).
14） A. Habermas et al.：Proc. SPIE, 4689, 92(2002).
15） G. Sundaram et al.：Proc SPIE, 5375 675(2004).

16) N. Sullivan et al.：Proc. SPIE, 5038, 483(2003).
17) B. Bunday et al.：Proc. SPIE, 6922, 69221A(2008).
18) 川田洋輝他：日立評論, **85**, 23(2003).
19) Zh. H. Cheng et al.：Proc. SPIE, 5375, 665(2004).
20) A. Yamaguchi et al.：*JJAP*, **44**, 5575(2005).
21) A. Hirasawa and A. Nishida：*J. Appl. Phys.*, **106**, 074915(2009).
22) A. Hirasawa and A. Nishida：*J. Appl. Phys.*, **108**, 034908(2010).
23) C. A. Mack：*J. Micro/Nanolith. MEMS MOEMS*, **12**, 033016(2013).
24) C. A. Mack：*J. Micro/Nanolith. MEMS MOEMS*, **14**, 033502(2015).
25) H. Morokuma et al.：Proc. SPIE, 5752, 575253(2005).
26) 例えば, P. Cantu et al.：Proc. SPIE, 5252, 1341(2005).
27) C. Tabery et al.：Proc. SPIE, 5252, 1424(2005).
28) B. Bunday et al.：Proc. SPIE, 6152, 61521B(2006).
29) T. Ohashi et al.：Proc. SPIE, 9050, 90500J(2014).
30) 川田勲他：日立評論, **89**, 26(2007).
31) R. Matsuoka et al.：Proc. BACUS 2010, 7823, 66(2010).
32) O. Inoue et al.：Proc. SPIE, 9778, 97781D(2016).
33) 腰原俊介ほか：日立評論, **90**, 36(2008).

第２章　スキャトロメトリ(光波散乱計測)

玉川大学　白﨑　博公

1　はじめに

表面形状は，表面加工や処理により変化するので，表面処理のプロセス状況を調べることは重要である。そのため，ISO25178-6「製品の幾何特性仕様-表面性状測定方法の分類」(2010)で，表面形状を測定する方法が規格化されている[1]。特に形状が，結晶の格子間隔に近づくナノメータ(10^{-9} m)になると，光の波長よりはるかに小さいので，一般的な光学顕微鏡で表面を観察することはできなくなる。ナノスケールでの表面形状測定方法として，微分干渉顕微鏡，白色光共焦点顕微鏡，白色光干渉粗さ計，AFM(Atomic Force Microscopy：原子間力顕微鏡)，STM(Scanning Tunneling Microscope：走査型トンネル顕微鏡)，TEM(Transmission Electron Microscope：透過型電子顕微鏡)，SEM(Scanning Electron Microscope：走査型電子顕微鏡)などが用いられている。また，表面粗さや表面の欠陥を測定するために，光散乱を利用した角度分解散乱(Angle Resolved Scatter)や全積分散乱(Total Integrated Scatter)を用いたものがある。これらの手法の中で，最適な測定方法を選ぶ条件として，①表面材料の硬度や光学特性，②測定時間，③測定する範囲の広さ，④表面粗さや欠陥測定，もしくは構造や形状寸法まで測定するのか，などを考慮する必要がある。

半導体製造でのリソグラフィ(Lithography)工程では，ナノスケールの回路パターンの限界寸法(CD：Critical Dimension)計測を行うことが必須になっており，測長SEM(CD-SEM：Critical Dimension SEM)やAFMなどが用いられる。しかし，より迅速にプロセスへのフィードバックを行うためは，in-situ(インサイチュ：原位置での)計測が望まれる。このために，非破壊，非接触，そしてリアルタイムで，光波を用いて限界寸法を計測する方法として，OCD(Optical Critical Dimensin)計測がある。これは，スキャトロメトリ(Scatterometory：光波散乱計測)とも呼ばれる計測手法である[2][3]。

本稿では，まず半導体リソグラフィの微細化の進歩に応じたCD計測での要求性能とスキャトロメトリとの関係について述べる。次に，スキャトロメトリの歴史や原理，実用例などについて述べる。そして，筆者が開発したスキャトロメトリシミュレータを用いた数値解析結果について，考察を行っている。

2　半導体リソグラフィ技術

ここでは，半導体リソグラフィでの限界寸法計測への要求特性について述べる。

2.1　ムーアの法則

IC(Integrated Circuit)の誕生以来，集積度向上の技術開発が絶えず続けられてきた。ゴードン・ムーアは，「半導体の性能と集積は，18ヶ月ごと2倍になる」という法則を1965年に唱えたが，現在もなおこのムーアの法則(Moore's law)は続いている。最近では，微細化の極限を追求するMore Mooreや半導体デバイス上に異種機能素子(例：MEMS，センサ等)を融合集積化するMore than Mooreという用語も用いられている。この高集積化を可能にしてきたのは，半導体リソグラフィ技術の進歩にある。この技術では，デバイス・パターンの解像性(Resolution)のみならず，限界寸法や重ね合わせ(OL：Overlay)の精度がデバイス特性より要求される。

2.2　ITRSロードマップ

ITRS(The International Technology Roadmap for Semiconductors)[4]は，今後15年間にわたる半導体技術ロードマップを取り扱い，研究機関および業界では信頼性ある指針として利用されてきた。このITRSによる2013年度版半導体プロセス技術の予測によると，Flash 1/2ピッチ計測に要求される線幅は，2020年に10 nm，2022年に8 nmとなっている。このITRSは，現在ITRS 2.0[5]という名称になり，2015年度版では，2022年に7 nm，2025年に5 nmとなっている。

さらに，多数の位置ずれ計測をすることによる計測時間の要求項目として，計測から次の計測までの繰り返し時間を示す，Move Acquire Measure Time(MAM時間)がある。位置ずれ計測では，計測−移動(移動時間中に計測演算)−計測を繰り返すが，この1周期がMAM時間である。これは，現在の1秒から，2020年では0.5秒を要求している。

3　反射散乱光を利用した測定技術

反射型測定器の構成図を，**図1**に示す。平坦膜の測定を行う測定器には，レフレクトメータ(Reflectometer)，エリプソメータ(Ellipsometer)，ポラリメータ(Polarimeter)がある。さらに，周期構造をもった表面溝パターンの測定を行うスキャトロメータ(Scatterometer)がある。反射測定が広帯域でなされるときは，分光(Spectroscopic)を名前の前につける。すなわち，それぞれの測定法は，分光レフレクトメトリ(SR：Spectroscopic Reflectometry)，分光エリプソメトリ(SE：Spectroscopic Ellipsometry)，分光ポラリメトリ(SP：Spectroscopic Polarimetry)，分光スキャトロメトリ(SS：Spectroscopic Scatterometry)と呼ばれる。

レフレクトメトリでは，反射率を測定する。p偏光の複素反射係数をr_pとすると，反射率$R_p = |r_p|^2$と表される。s偏光の複素反射係数をr_pとすると反射率$R_s = |r_s|^2$で表される。図1での入射角θ_iは，垂直と斜めの場合を考慮する。平坦な膜の場合，垂直入射の場合は，p偏光

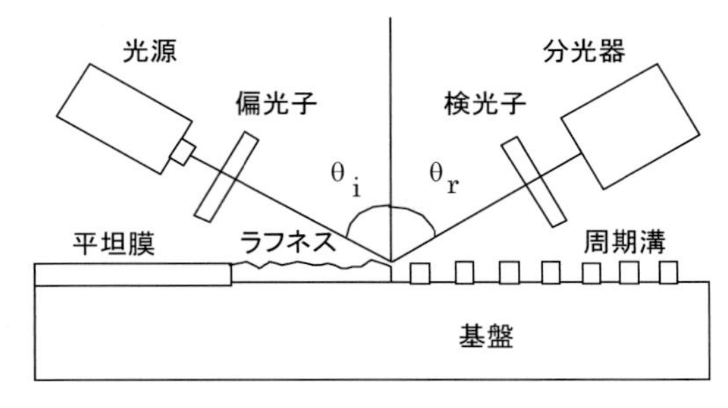

図1　反射散乱光を利用した測定器の構成

とs偏光の複素反射係数 r_n は同じになり，反射率 $R_n=|r_n|^2$ となる。図1に示す表面の粗さ(ラフネス)があると，絶対反射強度を求めるのが難しくなるのが欠点である。

エリプソメトリでは，偏光状態を考慮し，反射強度の絶対値は測定しない。エリプソメトリでは，s偏光とp偏光の反射係数の比を用いる。入射角は，ブリュースタ角(図1で θ_i が70度付近)を用いる。斜め入射では，s偏光とp偏光で，位相のずれと反射率の違いがあるため，この変化は次式で定義される。

$$\rho = r_p/r_s = \tan\Psi e^{i\Delta} \qquad (1)$$

Δ はs偏光とp偏光の複素反射係数の位相差，$\tan\Psi$ はs偏光とp偏光の反射振幅比である。通常は(Ψ, Δ)として表され，この値を用いて，膜厚dや物質の光学定数(複素屈折率N=n-ik)を計算することができる。そして，最終的に各層の膜の屈折率nや消衰係数kが求められる。エリプソメトリでは，図1に示す表面の粗さ(ラフネス)がある場合でも，有効媒質近似(Effective Medium Approximation：EMA)を用いると解析できる。すなわち，ラフネスを均質膜に置き換えることにより，複素屈折率などを比較的簡単に解析できる。

ポラリメトリは，レフレクトメトリとエリプソメトリの両方の特徴を持ち，反射強度と位相を調べる。よって，多くの情報を得ることができるが，エリプソメトリより装置が難しくなる。

スキャトロメトリは，レフレクトメトリやエリプソメトリの発展技術として開発されており，垂直測定方式と斜め測定方式がある。スキャトロメトリの測定原理については，次節で詳細に述べる。

4　スキャトロメトリ

4.1　歴　史

最初に回折光を用いて半導体計測を行ったのは，Kleinknecht と Meier(1978)[6]である。彼らは，SiO_2 層の上にある，フォトレジスト溝のエッチング速度をモニタするのに用いた。しかし，スカラー回折理論を用いた解析のため，彼らの方法は特定の溝形状測定に限定された。周期溝に対するベクトル回折理論は，Moharam と Gaylord によって，1980年代前半に確立された[7]。これは，RCWA(Rigorous Coupled Wave Analysis：厳密結合波解析)と呼ばれ，現在でも，回折に基づいた光波散乱計測に重要な役割を果たしている。

1991年に，ニューメキシコ大学の McNeil と Naqvi 等によって，スキャトロメトリという用語が使われた[8]。彼らの方法は，まず図1の入射角を固定して，レーザ光線を照射し，反射側の回折強度を測定する。そして，RCWA法によって得られるデータベースと，実測値を比較することで周期溝の形状を求めた(固定角スキャトロメトリ)。しかし，当時でも線路幅が狭く，回折次数はあまり現れないため，変動角スキャトロメトリ，すなわち，入射角の関数として回折効率を測定する変動角2-Θスキャトロメトリが提案された[9]。また，メモリーアレイやコンタクトホールなど，3次元空間での2D回折パターン構造を測定するドームスキャトロメトリが考えられた。この方法では，半球状のドームの真上からレーザ光を2次元の周期溝に照射して，ドーム状のスクリーンに回折光パターンを映し出し，これをCCDカメラで解析する。最初は，16 MBのDRAMアレーのトレンチ深さを測定するために使われた[10]。この方法は，高次回折光が存在するピッチの場合に適用される。

4. 2　測定原理

表面形状を解析する方法は，レーザ光散乱(Laser Light Scattering：LLS)とスキャトロメトリに分けられる。レーザ光散乱は，図1の表面ラフネスのように周期ピッチがなく，表面が比較的滑らかな場合，すなわち深さが1 Å程度($\ll \lambda$：λは波長)の表面荒さの形状を調べる場合に用いられる。スキャトロメトリは，周期構造で深さが1 μm程度($\sim \lambda$)の深さの形状を調べる場合に用いられる。

スキャトロメトリには，単一波長-多入射角光波散乱計測と，多波長-単一入射角光波散乱計測の2方式がある。ここでは，現状で主に用いられている，図1の入射角と出力角を固定した多波長-単一入射角スキャトロメトリによる形状解析について述べる。この解析は，2つのステップで行われる。最初に，様々な溝パターンに対応する分光特性のライブラリを求めておく。表面パターンからの回折光強度分布は，RCWA法で数値計算することができる。

次に，分光特性の実測値と，あらかじめ求めておいたライブラリと比較を行う(ライブラリ方式)。そして，一致する分光パターンが見つかれば形状が求められることになる。半導体製造ラインで用いる場合，ライブラリ方式はオフラインで大量の計算データを蓄えておく必要があるが，オンラインでは検索処理のみなので，高いスループットを実現できる。しかし，このライブラリ方式は，内部モデル形状の刻み幅でしか形状を測定できないため，分解能を上げるためには膨大な数の形状モデルと回折光強度分布の数値計算が必要となる。形状が複雑になると，さらに数値計算時間がかかり，データ量も増えるため，ライブラリを事前に準備する時間が増える欠点がある。この方式の代わりに，形状を変えながら実時間で数値計算を行って最適化により形状を探す方法がある。この方法では，事前にライブラリを用意しなくて良い利点がある。最近の進歩では，シミュレーションにより生成したライブラリを使用しなくとも，CDやラインパターン形状を特定できる精度に達している。しかし，この方法は高速計算を行える計算機が必要なことや，解が収束しない危険性がある。それで，ライブラリ方式と併用する方式も考えられている。

4. 3　実用例

スキャトロメトリで実用的に用いられているのは，ライン＆スペースの2次元形状計測である。測定できるのは，**図2**に示すように上部及び底部の線幅，高さ，側壁のテーパ角などで，SEMで困難な多層膜ごとの線幅や高さ，そして逆テーパも測定できる。測定はウェーハ上に作成した，周期構造のテストパターンで行う。測定には周期構造が必要なため，孤立ラインの

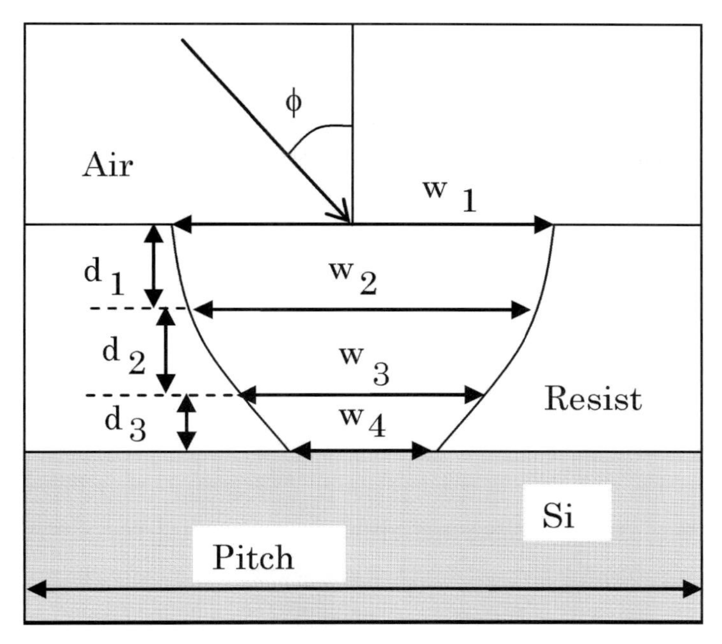

図2　周期レジスト溝解析モデル

測定には適さない。また，微細化に伴って，ラインエッジラフネス(LER：Line Edge Roughness)のトランジスタ特性への影響が問題になっている。スキャトロメトリでは，観測のビームスポット内での平均により，線幅測定を行うため，個別の線路でのLERの測定はできない。これらの制約はあるが，光波散乱特性を用いた計測は，小型化が可能で高速であり，非破壊，非接触で行えるため，既にオンライン計測として用いられている。すなわち，半導体プロセスの処理前後でCDを測定し，プロセス条件の微調整を行っている。トレンチホールや3次元構造の計測も可能である。しかし，3次元RCWA解析は，数値計算時間がかかり，また大きなメモリも必要とするので，ライブラリ作成に時間がかかることがネックとなる。

4.4　校　正

スキャトロメトリの計測モデルは，ラインパターンや下地の材質の光学的な性質が均一であることを仮定している。表面異常や不均一なドーパント分布は，スキャトロメトリの計測結果に影響を及ぼす可能性がある。よって，スキャトロメトリのモデルでは，校正や定期的な検証が不可欠である。スキャトロメトリはテストパターンを用いて計測を行うので，SEM，AFM，またはTEMなどの他のCD計測技術を用いて，スキャトロメトリ用テストパターンのCDと回路中のパターンのCDとの相関を取る必要性がある。

また，2回に分けて露光されるダブルパターニングでは，各パターンに対して，CD，側壁角，ラフネス，ピッチ(合わせずれ)など，それぞれの分布を別個に計測し，制御していくことが必要となる。

4.5　最新の手法

最近，ミュラー行列を用いたミュラー行列エリプソメトリ（Mueller Matrix SE）や，ミュラー行列スキャトロメトリ（Mueller Matrix SS）が開発されている。また，X線を用いた散乱計測方法として，小角X線散乱（CD-SAXS：Small Angle X-ray Scattering）が開発されている[4)]。CD-SAXSでは，ラインパターン構造の試料にX線を照射し，その透過X線情報を解析することで，測定試料の平均CD，側壁の平均テーパ角度およびラフネス，さらには，各線幅のバラツキも計測することができる。そして多層構造の複雑なパターンについても計測が可能である。

5　最適化手法

結果から原因を求める問題は，逆問題と言われる。逆問題では，解の一意性や，存在が保証されない場合も多く，解を求めるのが困難な問題である。スキャトロメトリも，光波散乱特性から，可能な限りその結果をもたらす形状を求める逆問題である。この場合，解の満足度をもたらす関数を設定して，それを最大化するような設計パラメータの値を制約条件に基づいて求める最適化問題を解く必要がある。最適化手法には，様々な手法があるが，ここでは，共役勾配法と遺伝的アルゴリズムについて説明する。

5.1　共役勾配法

最急勾配法（Steepest Gradient Method）は，関数の傾きから，関数の局大値や極小値を探索する勾配法の1つである。傾き，すなわち一階微分のみしか見ないので手法として簡便である。しかし，最適な点に向かって直線的に向かわず，ジグザグに向かうので収束が遅い。そこで，今まで進んできた方向も考慮して，最適な点に向かって進むように工夫している共役勾配法（CG法：Conjugate Gradient Method）がある。しかし，この方法は勾配法のため，初期地点によっては，評価の良い地点にたどり着いても，別の場所にもっと良い評価の地点がある場合がある。すなわち，局所的な最小値に捉まり易いのが欠点で，大域的な最小値を求めるのは困難である。それを回避するために，複数の初期値から探索を行うなどの対策が必要である。

5.2　遺伝的アルゴリズム

遺伝的アルゴリズム（GA：Genetic Algorithm）は，生物の進化の過程をまねて作られたアルゴリズムで，解の候補データを遺伝子で表現した個体を複数用意し，適応度の高い個体を優先的に選択して交叉や突然変異などの操作を繰り返しながら最適解を探索する方法である。GAによる探索は，初期集団から選択と交叉の組み合わせにより並列的に山登り探索をし，突然変異によりときどきランダムな変化を起こす。複数の解について並列的に調べていくため，最急勾配法のような局所解には陥りにくく，もし局所解に陥っても，突然変異によってそこから抜け出すことができる。この方法は，離散的な関数や多峰性関数に適応可能な手法である。しかし，確率的な多点探索であるため多くの関数評価を必要とすること，局所解への初期収束，交差や突然変異の比率など色々なパラメータの調整などの問題が存在する。

6　スキャトロメトリ解析の実例[11)12)]

6.1　解析モデル

図2には，3つの台形で近似した解析モデルを示した。シリコン基板上に，レジストの溝がある。入射角は，ϕ[度]である。高さは，上から d_1, d_2, d_3 である。溝幅は，w_1, w_2, w_3, w_4 で，3つの台形で近似する。実際の溝幅は，n乗コサイン形状で変化していると仮定する。以下では，溝の高さ($=d_1+d_2+d_3$)は400 nm，ピッチは200 nmとする。溝の入り口の幅 $w_1=100$ nm，底面の幅 $w_4=60$ nmとする。溝の形状を決める各パラメータは，GAとCG法によって最適化する。さらに，4つの台形で近似した数値解析例も示す。

6.2　3台形近似による溝の最適化

図3(c)で，実線で示されている2乗コサイン形の溝形状を，スキャトロメトリにより，3台形近似で解析する。解析をスタートする最初の台形の高さは，それぞれ，$d_1=50$ nm，$d_2=250$ nm，$d_3=100$ nmである。溝幅は，$w_1=100$ nm，$w_2=80$ nm，$w_3=70$ nm，$w_4=60$ nmである。スタート形状は，図3(c)に○で示されている。また，スタート形状から得られたTE波(s偏光)とTM波(p偏光)の反射率は，図3(a)に破線で示されている。5節で述べたように，CG法では，局所解に落ちる場合があるが，細かい精度で値を求めることができる。GAは大域的に最適解を探すことができるが，遺伝子から求められる離散的な値でしか最適解を求めることができない。よってここでは，最初にGAで20世代探索し，その後CG法で20回探索することにする。また，特に断らない限り，遺伝子の長さは25，交叉比率 cross=0.15，突然変異率 mutation=0.02とする。高さと横幅の変数は，同時に最適化している。

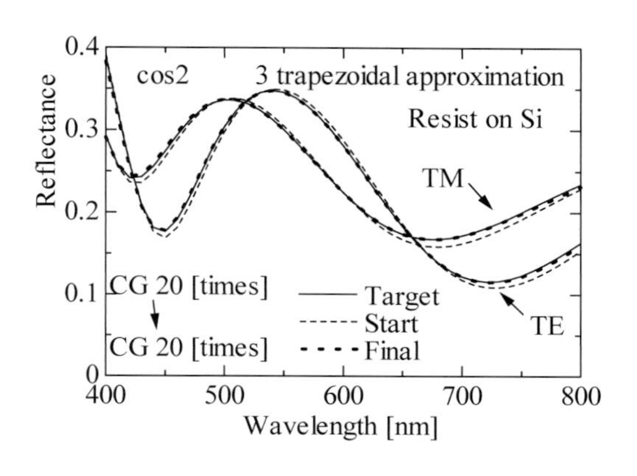

(a) 反射率

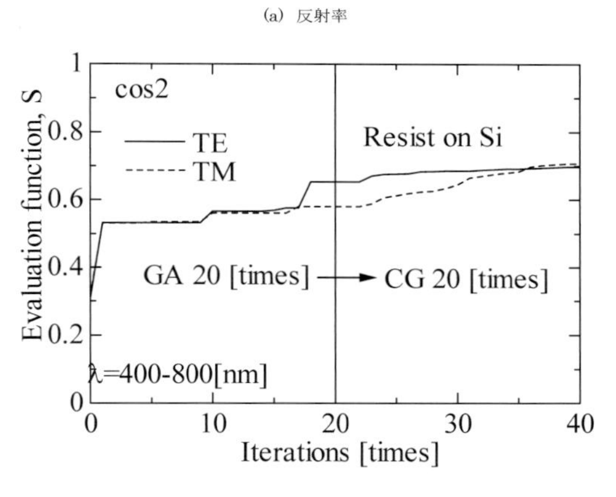

(b) 評価関数

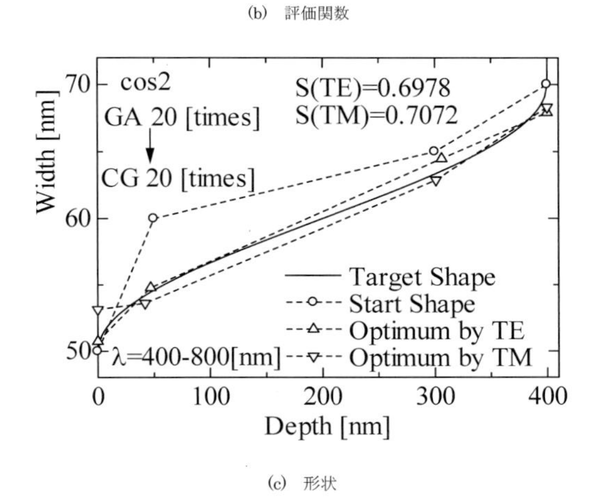

(c) 形状

図3　収束特性(2乗コサイン形状，3台形近似)

図3(b)に，評価関数Sの収束の様子を示した。S=1が，完全に形状一致の状態である。評価関数の収束の様子は，TE波とTM波で異なっている。最適化終了時の反射率は，図3(a)の点線で示されている。形状は，図3(c)で，TE波は△で，TM波は▽で示されている。この結果，TE波では，溝の入口と出口で，目的の形状に近づいている。しかし，TM波では，入口で溝幅のずれが大きい。このため，次項では，4台形近似で最適化を行うことにする。

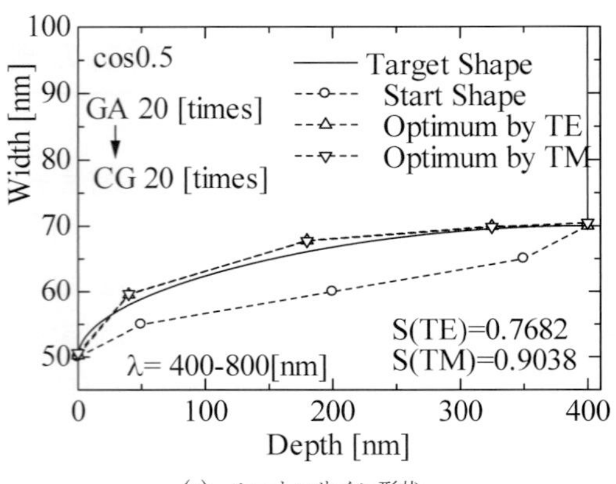

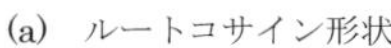
(a)　ルートコサイン形状

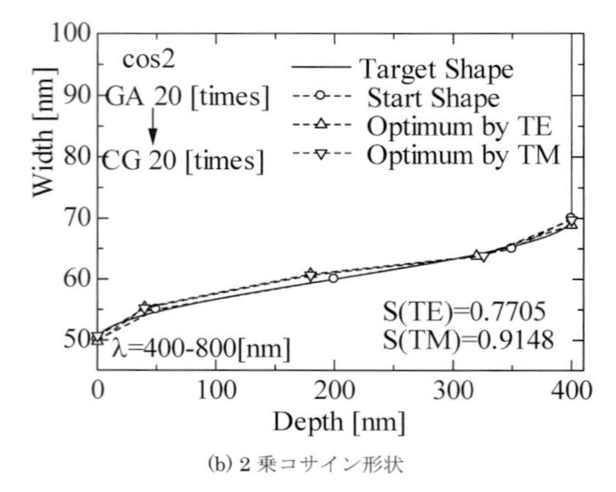

(b) 2乗コサイン形状

図4　収束特性(4台形近似)

6.3　4台形近似による溝の最適化

3台形近似では，時々溝の最適化に不十分な場合があるので，ここでは，4台形近似を用いて解析を行う。**図4**では，(a)ルートコサイン形，(b)2乗コサイン形の溝を調べている。深さは，$d_1=50$ nm，$d_2=150$ nm，$d_3=150$ nm，$d_4=50$ nm，溝幅は，$w_1=100$ nm，$w_2=90$ nm，$w_3=80$ nm，$w_4=70$ nm，$w_5=60$ nmから出発している。図3と同様に探索を行った結果，ほとんどターゲットの形状に収束することがわかった。

スキャトロメトリは，光学顕微鏡のように実際の形状を見るわけではないので，形状が本当に求められているのかが確認できなく不安になる場合がある。しかし，ここで示したスキャトロメトリシミュレータを用いることで，実際の形状がうまく求まるかどうかを事前に検証することができるので便利である。

7　あとがき

今後，ウェーハ表面の水平方向の微細化が進むにつれ，垂直方向にも微細化が進む。すなわち，トランジスタの設置面積を縮小し，トランジスタを積み重ねて複数の層を作ることで，従来のムーアの法則トレンドを超えて，トランジスタの集積密度が上がっていく。スキャトロメトリでは，測定値との比較を行うために，反射分光特性の計算や最適化の計算を必要とする。このため，複雑な構造の3次元解析に対するスキャトロメトリシミュレーションに用いられる数値解析手法全体の計算時間を，GPUサーバなどを用いた並列計算で高速化していくことが必要である[11)12)]。

ここでは解説できなかったが，孤立溝やラインエッジラフネスなどの解析には，FDTD法を用いた解析[13][14]も必要である。しかし，FDTD 法は，RCWA 法に比べて計算時間がかかりすぎる欠点がある。筆者は現在，RCWA 法に，完全吸収境界層（PML：Perfectry Matched Layer）を導入することで，２次元の孤立ラインや３次元の孤立構造の山を計測する試みを行っている[15-17]。

最後に，執筆の際，内外の多数の文献を参考にさせて頂いたので，ここでお礼を申し上げる。

文　献

1) http://www.iso.org/iso/home.htm
2) 白崎博公：“分光エリプソメーターによる形状計測”，O plus E, 27.3, 294-299（2005）.
3) 白崎博公：“光 CD 計測の計測原理と関連技術”，精密工学会誌，78.2, 127-131（2012）.
4) Semiconductor Industry Association：“Metrology roadmap 2013”（2013）.
5) http://www.itrs2.net/
6) H. P. Kleinknecht et al.：“Optical monitoring of etching of SiO_2 and Si_3N_4 on Si by the use of grating test pwtterns,” J. Electrochem. Soc.：*Solid-State Sci. Tech.*, **125**（5）, 798-803（1978）.
7) MG Moharam et al.：“Rigorous coupled-wave analysis of planer grating diffraction,” *J. Opt. Soc. Amer.* **71**（7）, 811-818（1981）.
8) K. P. Bishop et al.：“Grating line shape characterization using scatterometry”, Proc. SPIE, 1545, 64-73（1991）.
9) J. R. McNeil et al. “Satterometry applied to microelectronic processing,” Microlithography World, 1-. 5, 16-2（1992）
10) Z. R. Hatab et al.：“Sixteen-megabit dynamic random access memory trench depth characterization using two-dimensional diffraction analysis,” *J. Vac. Sci.*, B, **13**. 2, 174-182（1995）.
11) H. Shirasaki：“Scatterometry simulator for multi-core CPU,” Proc. SPIE, 7638, 76382V1-76382V6（2010）.
12) H. Shirasaki：“Scatterometry simulator using GPU and Evolutionary Algorithm,” Proc. SPIE, 7971, 79711T1-79711T7（2011）.
13) H. Shirasaki：“3D Anisotropic Semiconductor Grooves Measurement Simulations（Scatterometry）using FDTD Methods.,” Proc. SPIE, 6518, 65184D1-65184D8（2007）.
14) H. Shirasaki：“3D Semiconductor Grooves Measurement Simulations（Scatterometry）using Nonstandard FDTD Methods,” Proc. SPIE, 6922, 69223T1-69223T9（2008）.
15) H. Shirasaki：“Isolation mounts scatterometry with RCWA and PML,” Proc. SPIE, 9050, 90502K1-90502K7（2014）.
16) H. Shirasaki：3D isolation mounts scatterometry with RCWA and PML,” Proc. SPIE, 9424, 9424211-942421 7（2015）.
17) H. Shirasaki：“Oblique Incidence Scatterometry for 2D/3D Isolation Mounts with RCWA and PML,” Proc. SPIE, 9778, 9778211-9778217（2016）.

第3章　走査型プローブ顕微鏡技術

株式会社島津製作所　大田　昌弘

1　はじめに

近年，半導体デバイスの微細化・高集積化が進むに伴い，従来技術では対応することができないナノスケールでの表面構造の計測・評価に関するニーズがいっそう高まっている。

走査型プローブ顕微鏡(Scanning Probe Microscope：SPM)は，先端を尖らせた微小な針(探針：プローブ)を用いて，物質の表面をなぞるように動かし，表面構造を高分解能で三次元計測することができる顕微鏡の総称である(**図1**)。光学顕微鏡は光，電子顕微鏡は電子線を使って物質の表面を観察するのに対し，SPMはビームやレンズを使用せず探針を使って表面を観察する。

SPMは1980年代に発明された新しい顕微鏡である。1981年にIBMチューリッヒ研究所のBinnig，Rohrerらが走査型トンネル顕微鏡(Scanning Tunneling Microscope：STM)[1)]を用いてシリコン表面の再配列原子像の観察に成功し[2)]，1986年にノーベル物理学賞が授与されると，STMは原子を直接観察することができる手法として非常に注目されることとなった。STMでは先端が鋭く尖った金属探針を試料表面の極近傍(数nm以下)の距離まで近づけ，バイアス電圧を印加すると，トンネル効果によりトンネル電流が流れる。そのトンネル電流は探針–試料間距離に対応して敏感に変化するため，その状態で探針を試料に沿って走査するとnmレベルの分解能を得ることができる。しかしSTMは検出物理量として探針–試料間に

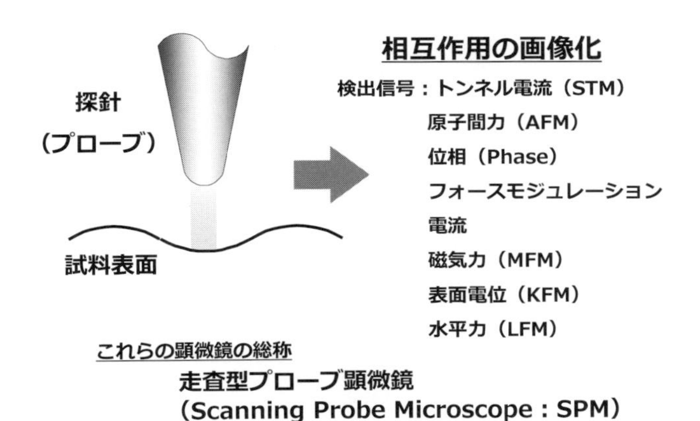

図1　走査型プローブ顕微鏡(SPM)の概要

流れるトンネル電流を利用するため導電性のない試料は観察できないという欠点を有する。一方，1986年にBinningとQuateらによって発明された原子間力顕微鏡(Atomic Force Microscope：AFM)は[3]，探針-試料間に働く力(原子間力)を利用するためセラミックス，高分子，生体材料などの絶縁体でも観察することができる。そのため，STMでは導電性試料に限られていた適用範囲が飛躍的に広がった。さらにAFMは表面形状の観察だけでなく，表面の局所的な水平力(摩擦力)[4]，磁気的[5]・電気的特性[6]，機械的特性などを計測する様々な物性測定技術が発展し，現在ではSPMの中で最も汎用的に使われる手法となった。本稿では，AFMを中心に原理・構成を概説したのち，各種SPM手法・特長について応用例を交えて紹介する。

2　AFMの原理

典型的なAFMの基本構成を**図2**に示す。通常，AFMでは探針が先端に形成されたカンチレバーを使用し，探針と試料表面との間に微小な力(原子間力)が作用した際に生じるカンチレバーの反りや振動の変化を，変位検出系により感度良く検出する。変位検出系としては，装置構成が簡単なことから図2に示すような光てこ方式が多く採用されている。光てこ法とは，レーザー光をカンチレバー背面に照射し，その反射光の角度変化をフォトディテクター(位置検出センサー)で検出することにより，カンチレバーの変位(たわみ)を検出する方式である。フォトディテクターは二分割または四分割されており，カンチレバーの変位(たわみ)により変化する反射光の角度を，各ディテクターの入射光の相対値として検出する。文字通り光の反射方向が梃子のように拡大されることを利用した方式で，簡単な装置構成で高感度が得られることから高性能SPMの定石手法となっている。

SPMの動作方式としては，大別すると，①探針を試料表面に接触させ，そのときに生じるカンチレバーの変位を直接検出することで表面形状を観察する方式(コンタクトモード)，②カンチレバーを振動させた状態で，探針を試料表面に接近させ，その振動の変化から表面形状を

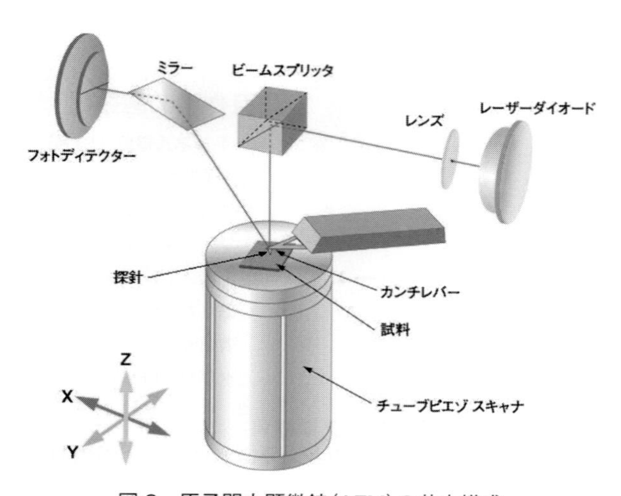

図2　原子間力顕微鏡(AFM)の基本構成

観察する方式(ダイナミックモード)がある。

コンタクトモードでは，カンチレバーを試料表面に近づけた際の静的な原子間力を検出する。原理的にシンプルであり従来はAFMで最も標準的に用いられたモードである。しかし，大気中では，探針が試料表面の吸着水膜(コンタミ層)に浸かっている状態で走査していることが多い。このため，カンチレバーは試料からの斥力以外に凝着力(メニスカスフォース)が働き，探針全体が受ける力が引力であっても探針の最先端部には数nN以上の斥力が作用している。このような状態では探針先端は試料表面と強く接触していることとなり，走査による引きずりの影響を強く受けるため注意が必要である。コンタクトモードは粒子のような動きやすい材料，高分子・生体分子など柔らかい表面の観察には適さないが，逆に，この力を利用して摩擦や凝着の研究に用いられることもある。

一方，ダイナミックモードでは，カンチレバーをその機械的共振周波数付近で十分な振幅で振動させる。探針が試料表面から十分に離れている場合は，探針は試料表面とは相互作用がない状態で一定の振幅で振動する。探針が試料に接近すると，探針が試料表面と周期的に接触し，カンチレバーの振幅が変化する。この振幅変化を測定し，カンチレバーの振幅が一定になるようにフィードバック制御を行ないながら試料表面を走査することで表面形状の画像を得ることができる。ダイナミックモードでは探針-試料間に働く力の影響が非常に少なくなることから，走査時に探針が試料を引っかくことが少ない。ダイナミックモードは動きやすい試料や吸着性のある試料に向いており，最近ではAFMの標準的なモードとなっている。また，ダイナミックモードでは振動しているカンチレバーの周波数を検出する方式のAFM(周波数変調方式AFM：FM-AFM)もある。特に超高真空中で動作するFM-AFMは半導体表面や絶縁体表面，有機分子などの様々な材料における高分解能観察手法として広く用いられている。さらに近年，大気中・液中環境下でのFM-AFMの発展は目覚しく，液中環境での原子・分子観察のほか，固液界面における液体層構造の直接観察結果も報告されている。

AFMで使用されるカンチレバーは空間分解能や力の検出感度を決め，観察結果を左右する重要な構成要素である。その特性としては以下が求められる。

① 力の検出感度を高めるために，バネ定数は小さい(柔らかい)こと。

② 探針に働く力の変化に敏感に反応し，高速な走査を実現するとともに，外部振動の影響を受けにくくするために，機械的共振周波数は高いこと。

③ 試料表面を高分解能で観察するために，探針の先端部は曲率半径が小さく非常に先鋭であること。

バネ定数が小さく，機械的共振周波数が高いカンチレバーを実現するためには，カンチレバーをできるだけ小さく作る必要がある。実際には光学顕微鏡で十分観察できる程度の大きさで，長さが100～200 μm程度のカンチレバーが一般的となっている。**図3**に示すように，カンチレバーは柔らかくて小さな片持ち梁の先端に半導体プロセ

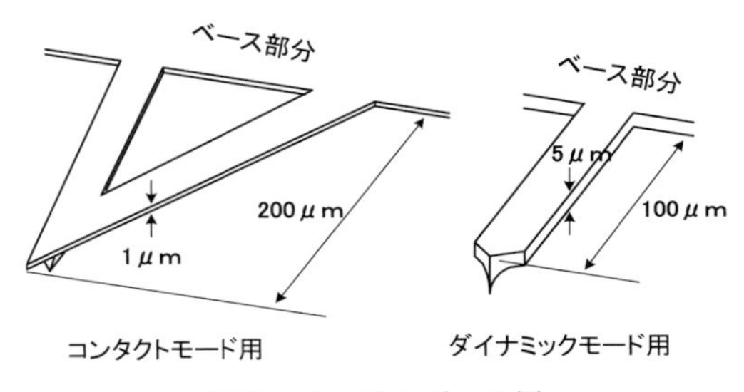

図３　カンチレバーの例

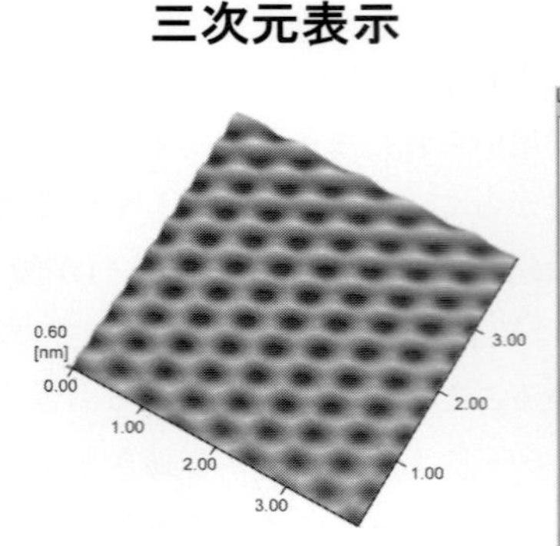

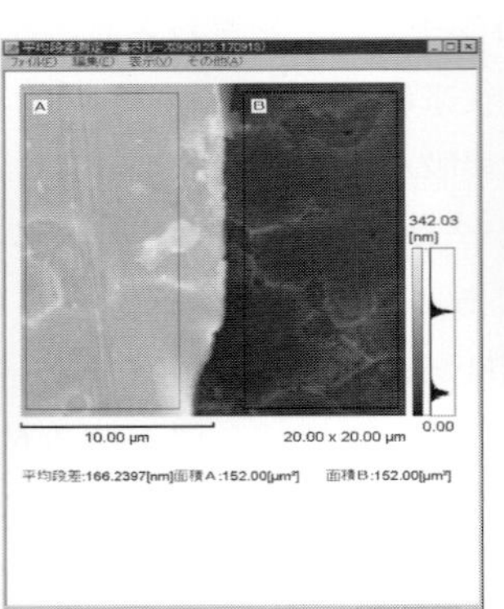

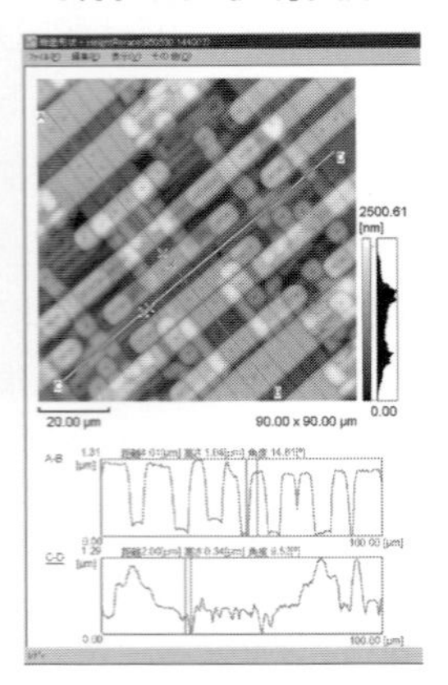

図４　AFMの典型的な出力例

ス工程を応用して探針が一体形成されている。形状としては短冊形が代表的であり，他には中抜き三角形のカンチレバーがある。材料は窒化シリコン(SiN)や単結晶シリコン(Si)が多く用いられている。典型的な値として，カンチレバーは長さが100～200 μm，厚さが1～5 μmであり，その先端の探針は長さが数μm，探針先端の曲率半径は20 nmといった大きさである。また，用途に合わせて様々な探針形状があり，電磁気特性や耐久性を持たせるために探針に磁性体や金属膜，DLC(ダイヤモンドライクカーボン)などがコーティングされているものもある。

コンタクトモードでは検出したカンチレバーの変位が一定になるように，ダイナミックモードではカンチレバーの振動の変化が一定になるように，試料表面からの距離：Z(高さ)を精密にフィードバック制御する。同時にピエゾ素子等を用いたスキャナにより探針を試料表面に沿ってXY方向に走査し，それぞれの位置(X，Y座標)に対応したZ軸のフィードバック量(スキャナへの出力電圧)を取り込み，三次元画像として処理することにより，試料表面の三次元凹凸像(試料表面の形状観察像)を得ることができる。凹凸像は，濃淡表示や疑似カラー表示，三次元鳥瞰図で表現され，画像解析処理で，任意の断面形状を解析したり，面の粗さ解析を行なうことができる。例として，**図４**にAFMの典型的な表示・解析結果として，三次元表示，断面形状解析，段差計測の各出力を示す。

3　各種SPM手法

SPMではカンチレバーの変位信号を処理したり，プローブの種類を替えることによって，探針-試料に働く様々な相互作用力を検出し，表面形状像(凹凸像)と同時に，電流や電位，硬さや粘弾性といった試料表面の物性情報を反映した信号の画像を取得することができる。大別すると，力学的な相互作用を画像化する手法(位相，フォースモジュレーション，フォースカーブ)，電気的な試料物性を検出する手法(電流，表面電位)，磁気的な試料物性を検出する手法(磁気力)があり，いずれも，表面形状観察と同視野で位置を特定しながら，SPMの分解能を生かした詳細な物性分布像が得られることに特長がある[3]。

以下に代表的な観察モードを示す。

3.1　位相モード

ダイナミックモードにおいて，カンチレバーの振動を検出している信号の位相が，カンチレバーを振動させている加振信号の位相に対してどれだけ遅れたかを検出する。例えば，表面が硬い場合は位相の遅れが小さくなり，表面が軟らかい場合は位相の遅れは大きく検出される。つまり，この位相の遅れは，試料表面の粘弾性や吸着性のような物性変化に高感度に応答するため，試料表面の特性の違いを画像化することが可能である。**図5**は位相モードで観察したブレンドポリマーである。表面形状像では不明瞭であるが，位相像では素材による物性の差が明瞭に相分離して観察されている。

3.2　電流モード

コンタクトモードにおいて，導電性を有する探針と試料との間にバイアス電圧を印加，その間に流れる電流を検出し，その面内分布を形状と同時に画像化する。コンダクティブ AFM (Conductive Atomic Force Microscope：C-AFM) とも呼ばれる。導電性探針は Si や SiN 製のカンチレバーに金や Pt などの金属をコーティングしたものが用いられる。試料の局所的な抵抗率を反映した画像が得られる。**図6**は電流モードで観察したカーボン抵抗体である。表

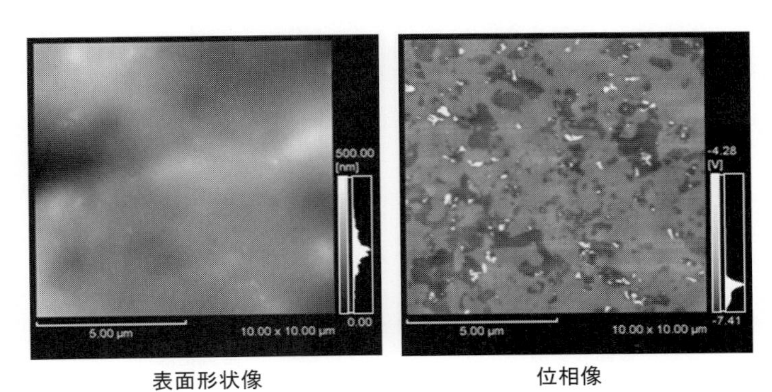

図5　ブレンドポリマーの表面形状と位相の観察例

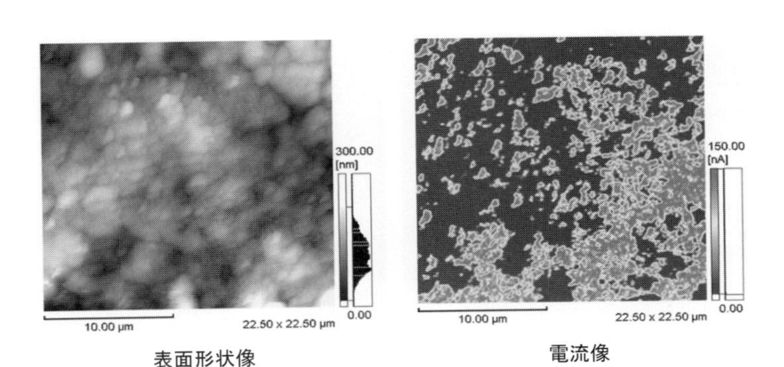

図6　カーボン抵抗体の表面形状と電流分布の観察例

面形状像と同時に，電流が流れやすい場所と流れにくい場所の差が明瞭に観察されている。

3. 3　磁気力モード

ダイナミックモードにおいて，カンチレバーに磁性体をコーティングし，それを磁化して探針として使用する。試料から一定の距離だけ離れた位置を走査した時，試料表面からの漏洩磁場により，探針は斥力または引力を受け，カンチレバーの「振幅」および「位相」が変化する。この変化量を検出することで試料表面の磁気情報を画像化する。この手法は磁気力顕微鏡（Magnetic Force Microscope：MFM）[5]と呼ばれる。**図7**は磁気力モードで観察したハードディスクである。表面形状では研磨痕が観察されており，同時に観察した磁気力像では記録された磁気情報が観察されている。

3. 4　表面電位モード

ダイナミックモードにおいて，導電性のカンチレバーに非共振周波数の交流電圧を印加し，探針と試料との間に働く静電気応答を検出することにより，試料表面の電位を測定する。この観察法は一般にケルビンプローブ原子間力顕微鏡（Kelvin Probe Force Microscopy：KPFM）[6]または電気力顕微鏡（Electric Force Microscope：EFM）と呼ばれる。試料表面の電位・電荷分布，接触電位差などを反映した画像が得られる。**図8**は表面電位モードで観察した高分子

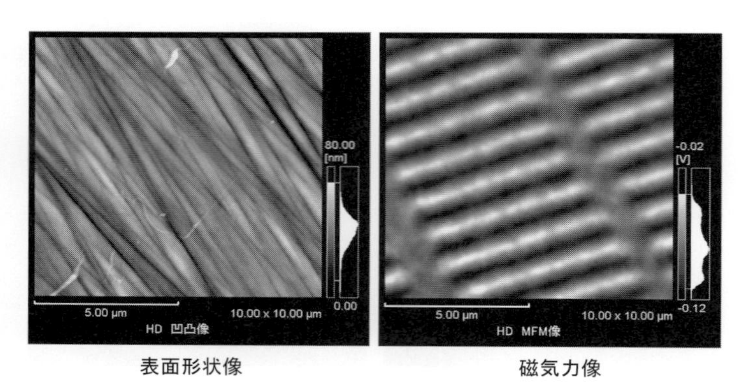

図7　ハードディスクの表面形状と磁気力分布の観察例

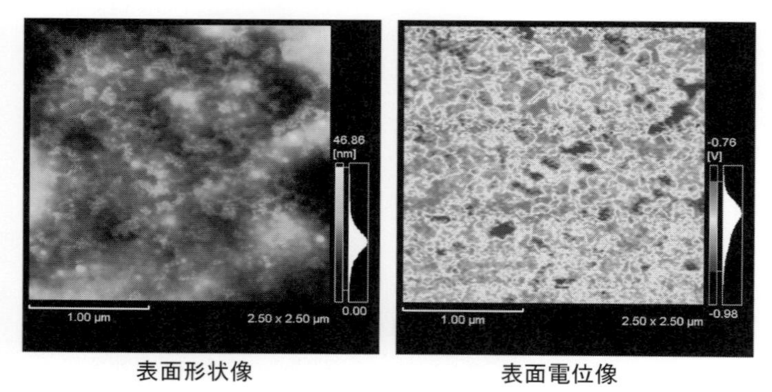

図8　高分子材料中の分散材の表面形状と表面電位分布の観察例

材料中の分散材である。表面電位像では，表面形状では見られない材料の違いによる電位差が観察されている。

4　SPMの特長

SPMの特長として，次が挙げられる。

① 大気中での高倍率三次元観察。
② 絶縁性の試料をそのままで観察。
③ 試料の高さ方向の精密計測。
④ 環境を選ばず，大気中，溶液中，雰囲気中，真空中で観察可能。
⑤ 形状と同時に電気，磁気，粘弾性，硬度などの物性測定。
⑥ 探針先端をツールとして利用した加工への応用。

SPMは原理的に大気中での動作が可能である。このため，装置構成や設置条件が簡単になり保守も容易である。次に，SPMは絶縁体でも観察できる。試料に導電性コーティングなどの前処理が不要で，迅速にあるがままの試料表面が観察できる。三つめに，試料の高さ方向の定量化が可能である。段差，表面粗さの測定が得意で三次元精密粗さ計としての用途に有効である。試料と目的によっては，大気中だけでなく，溶液中，雰囲気中，真空中でも観察可能である。特に溶液中で高分解能観察が可能な顕微鏡はSPM以外にはなく，In-situ SPMとしての発展を促す大きな利点である。また，探針を用いたナノリソグラフィーなど加工や材料試験への応用もその範疇である。

一方，SPMで観察を行う場合の留意点として，次が挙げられる。

① 広大な試料面積から物を探すのは苦手である。
② 基板から浮いてくる試料や動きやすい試料は観察しにくい。
③ 得られた画像はアーティファクトがあり得る。

SPMでは質量を持つカンチレバーまたは試料を走査することから，走査速度には限界がある。一般的に観察速度は，一画面／数分である。また，SPMに用いられているピエゾ素子は大面積を走査することができない。そのため，SPMだけで異物や欠陥などの特定箇所を探して観察することは困難であり，視野の特定に補助的に光学顕微鏡が用いられることが多い。次に，走査時に試料が転がる，引きずるという現象が避けられない場合がある。試料と探針の相互作用は非常に小さい力ではあるが，力はZ方向だけでなく水平方向にも働くため，基板から浮いてくる試料や動きやすい試料は観察できない場合や分解能が低下することがある。換言すると，試料固定がSPMにとっての重要な前処理技術となる。また，SPMのデータは試料表面と探針表面のConvolution（重畳）データであり，特にアスペクト比の大きい試料では問題となる。他のSPM手法も表面形状やお互いの信号の混入があり得る。他の顕微鏡と同様に，本来の情報でない信号（アーティファクト）を見てそのまま解釈してしまうことには注意が必要である。重要なことは，SPMの原理の優れている点と限界をよく知った上で，データを丁寧に処理・解釈することであり，そうすればSPMは汎用性に優れた強力な表面の観察装置として有用な装置となる。

5 SPMの応用例

SPMは以下のような幅広い分野で使用されおり，その応用例は非常に多岐にわたる。

① 金属，半導体，セラミックス，ガラスなどの工業材料の表面観察，粗さの精密測定。

② 液晶，高分子，樹脂，結晶，触媒，LB膜などの観察。

③ 生体膜，微生物，細菌，細胞，タンパク質，DNAなど生体試料の観察，検査。

④ 潤滑膜，摩耗表面，腐食面，破断面などの観察，実験。

⑤ 雰囲気ガス中，加熱冷却，湿度制御，化学反応中などのリアルタイム観察。

本稿ではそれらの詳細は省略するが，興味のある方は引用先を参照頂きたい[7]。

図9にSPMによる高分解能観察例を示す。(a)はマイカ(白雲母)へき開面をコンタクトモードで観察した例であり，表面の結晶構造を反映した格子周期が観察されている。マイカはへき開しやすく，容易に原子的平坦面を得られることから，SPMで原子分解能観察が可能である。(b)は環状のプラスミドDNAを大気中，ダイナミックモードで観察した例である。このプラスミドDNAは約3000塩基対からなり，画像上から計測される約1 μmの周囲長は，X線回折等による解析から良く知られている基本単位長(0.34 nm/塩基対)からの計算した値と良く一致する。

6 まとめ

SPMは発明からまだ30年余りしか経っていないが，その手法の進歩，応用の拡がりには目を見張るものがある。これからもSPMは，「ものを拡大して見る」という基本的な科学・工学的手段を飛躍させる可能性のある装置として，幅広い技術や理論を巻き込んで，さらに発展を続けていくことが期待される。

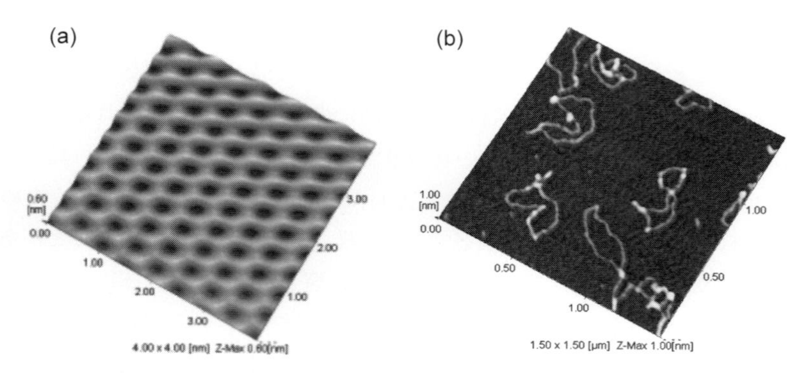

(a)マイカへき開面（4 nm×4 nm）(b)プラスミドDNA（1.5 μm×1.5 μm）

図9　SPMによる高分解能観察例

文　献

1) G. Binnig, H. Rohrer, Ch. Gerber and E. Weibel：*Phys. Rev. Lett.*, **49**, 57(1982).
2) G. Binnig, H. Rohrer, Ch. Gerber and E. Weibel：*Phys. Rev. Lett.*, **50**, 120(1983).
3) G. Binnig, C. F. Quate and Ch. Gerber：*Phys. Rev. Lett.*, **56**, 930(1986).
4) G. Meyer and N. M. Amer：*Appl. Phys. Lett.*, **57**, 2089(1990).
5) Y. Martin and H. K. Wickramasinghe：*Appl. Phys. Lett.*, **50**, 1455(1987).
6) M. Nonne nmacher, M.P.O' Boyle and H. K. Wickramasinghe：*Appl. Phys. Lett.*, **58**, 2921(1991).
7) 例えば，秋永広幸(監修)，秦信宏(編著)：走査型プローブ顕微鏡入門，オーム社(2013).

第４章　X 線小角散乱法を用いた寸法および形状計測技術

株式会社リガク　伊藤　義泰

1　はじめに

半導体デバイスの微細化は，リソグラフィ工程の革新的な進歩によってもたらされてきた。今後も革新的な露光技術が半導体デバイスの性能や集積度向上に欠かすことができないと考えられる。一方で，回路の微細化が進むにしたがって，微細パターンの加工形状を高精度にコントロールする必要がある。マスクパターンしかりレジストパターンしかりデバイスパターンしかりである。このことは，裏を返せば加工形状を高精度に測定できる計測技術が必要であることを意味する。

ラウエがX線の回折現象を発見しておよそ100年経つが，この間，結晶内部の原子の周期的な配列を決定する結晶構造解析の分野でX線が中心的な役割を果たしてきた。また，最近では，ナノ材料の合成(ナノ粒子，ナノドット，ナノワイヤ，ナノチューブなど)が精力的に研究されているが，これらの寸法や形状を計測する手法としてX線小角散乱法が注目されている[1)2)]。X線小角散乱法は，散乱角度の小さい領域に観測されるナノ構造体からの散乱X線を用いて寸法や形状を評価する手法である。上記に列挙したナノ材料の多くは配向性も弱く，また，寸法や形状のばらつきも大きい。一方，微細パターニングの分野で対象となるナノ構造体(ラインパターン，ピラー/ホールパターンなど)は寸法や形状もかなり制御されており，また，単結晶のように極めて高い配向性を持つ。したがって，ナノ構造体からの小角散乱は，回折X線として観測される。この小角領域の回折X線に着目すると微細パターンの格子構造や寸法および形状を決定することができる。X線の特徴として，①波長λが0.1 nm程度と計測対象に対して十分短いこと，②特性X線を用いると波長の不確かさが小さいこと($\Delta\lambda/\lambda<10^{-4}$)，③透過性が高いため内部構造を含め非破壊で計測できること，などが挙げられる。

2　X線散乱

2.1　基本原理

X線の散乱現象は極めて明快であり，多くの場合，一回散乱近似(ボルン近似)で散乱現象を説明できる。**図1**に示すように，波数ベクトル$\boldsymbol{k}$の入射X線が電子数密度

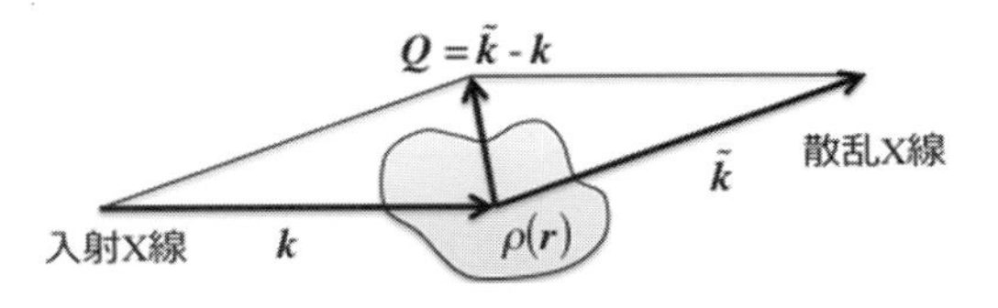

図1　電子数密度分布$\rho(r)$によるX線散乱

分布$\rho(\boldsymbol{r})$によって$\tilde{\boldsymbol{k}}$方向に散乱されるとする($|\boldsymbol{k}|=|\tilde{\boldsymbol{k}}|=2\pi/\lambda$)。入射X線(始状態)および散乱X線(終状態)の波動関数をそれぞれ$\psi_i(\boldsymbol{k},\boldsymbol{r})=e^{i\boldsymbol{k}\cdot\boldsymbol{r}}$および$\tilde{\psi}_f(\tilde{\boldsymbol{k}},\boldsymbol{r})=e^{i\tilde{\boldsymbol{k}}\cdot\boldsymbol{r}}$で記述すると，散乱振幅A($\boldsymbol{Q}$)および散乱強度$I(\boldsymbol{Q})$は式(1)で与えられる。$\boldsymbol{Q}$は散乱ベクトルで$\boldsymbol{Q}=\tilde{\boldsymbol{k}}-\boldsymbol{k}$と定義される。

$$A(\boldsymbol{Q})=\langle\tilde{\psi}|\rho(\boldsymbol{r})|\psi\rangle=\int_V\rho(\boldsymbol{r})e^{-i\boldsymbol{Q}\cdot\boldsymbol{r}}d\boldsymbol{r}$$
$$I(\boldsymbol{Q})=|A(\boldsymbol{Q})|^2 \tag{1}$$

式(1)を見るとわかるように，散乱振幅は電子数密度分布のフーリエ変換で与えられ，散乱強度は散乱振幅の絶対値の二乗で与えられる。仮に，散乱振幅を観測できれば，逆フーリエ変換によって電子数密度分布を直接決定することができる。しかしながら，X線で観測できるのは散乱強度のみで，散乱振幅の位相を知ることができない。これはX線の位相問題と呼ばれるもので，X線計測で常に直面する問題である。位相問題を解決する方法は主に二通りある。一つは位相を解いて電子数密度分布を直接決定する方法である。最近，位相回復アルゴリズムが提案され，位相を回復しながら電子数密度分布を再構成する研究が行われている[3)4)]。しかしながら，コヒーレンス性の良い高輝度なX線源が必要で，ほとんどの実験が放射光やX線自由電子レーザーを用いて行われており，実験室系のX線源では実現できていない。もう一つの方法は位相を解かず電子数密度分布をモデリングすることによって空間的な配置と寸法および形状を決定する方法である。電子数密度分布を適当なパラメータを持つ関数で記述すると散乱強度をシミュレーションすることが可能で，シミュレーションと実験データが一致するようにモデルパラメータを最適化すれば電子数密度分布が得られる。この手法は実験室系のX線源で適用可能で，すでにインライン計測にも展開されている[5)]。本稿では後者のモデルベースを用いた手法について解説する。

2.2　微細パターンの周期構造のモデル化と回折条件

半導体分野における微細パターンの場合，マスクパターンが高精度に設計されているためピッチなどの格子構造が設計値からずれることはまずないが，X線の回折条件から格子構造を決定することができる。**図2**(a)に示すように，ピッチa，bおよび格子角度γを用いて単位格子をモデル化した場合，散乱振幅$A(\boldsymbol{Q})$を単位格子内の散乱振幅$F(\boldsymbol{Q})$と繰り返し周期関数$S(\boldsymbol{Q})$の積で記述できる。

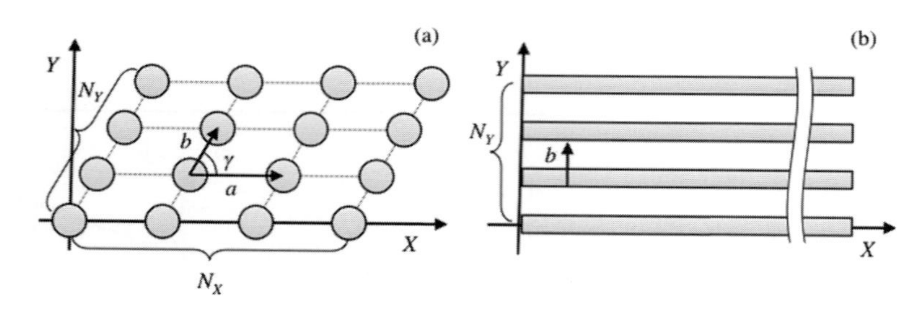

図2　(a)表面二次元格子と(b)表面一次元格子の格子構造のモデル化の例

$$F(\boldsymbol{Q})=\int_{\text{Unit cell}}\rho(\boldsymbol{r})e^{-i\boldsymbol{Q}\cdot\boldsymbol{r}}d\boldsymbol{r}$$

$$S(\boldsymbol{Q})=\sum_{j=0}^{N_X-1}\sum_{k=0}^{N_Y-1}e^{-i(Q_XX_j+Q_YY_k)}=\frac{\sin(N_XQ_Xa/2)\sin(N_Y(Q_X\cos\gamma+Q_Y\sin\gamma)b/2)}{\sin(Q_Xa/2)\sin((Q_X\cos\gamma+Q_Y\sin\gamma)b/2)} \tag{2}$$

単位格子内の散乱振幅 $F(\boldsymbol{Q})$ はパターン形状のみに依存するため形状因子(Form factor)と呼ばれ，繰り返し周期関数 $S(\boldsymbol{Q})$ は単位格子の格子構造のみに依存するため構造因子(Structure factor)と呼ばれる。ここで，構造因子の分母が0になるときに回折条件が与えられる。具体的には式(3)のように記述される。

$$Q_X=2\pi\frac{h}{a},\qquad Q_Y=2\pi\left(-\frac{h}{a\tan\gamma}+\frac{k}{b\sin\gamma}\right) \tag{3}$$

ここで h および k は $(h\ k)$ 反射の反射指数である。単位格子のパラメータは a, b, γ の3つであるため3種類以上の方位の異なる回折X線を観測すれば単位格子を決定できる。図2(b)に示すようなピッチ b の表面一次元回折格子に対しては，$a\rightarrow\infty$, $\gamma\rightarrow 90°$ の極限で構造因子ならびに回折条件を計算できる。

2.3　微細パターン形状のモデル化

微細パターンの形状を評価するためには，トップビューのライン幅／スペース幅やピラー径／ホール径だけでは不十分で，深さや側壁形状の情報が不可欠である。したがって，これらの形状パラメータを用いて微細パターンをモデル化する必要がある。**図3**は深さ方向の形状をモデル化した例である。側壁形状パラメータとして側壁角度とラウンド半径を導入している。図3中の $Z=z(X,\ Y)$ はモデルパラメータで記述される形状関数である。微細パターンの電子数密度が一様に ρ_0 であった場合，式(2)の形状因子を式(4)のように形状関数の関数で記述できる。

$$F(\boldsymbol{Q})=\rho_0\int_{\text{Unit cell}}\frac{e^{-iQ_Zz(X,Y)}-1}{-iQ_Z}e^{-i(Q_XX+Q_YY)}dXdY \tag{4}$$

このようにX線散乱強度は微細パターンの形状を反映しており，散乱ベクトル $\boldsymbol{Q}$ を変化させたX線散乱強度データから寸法および形状を決定することができる。

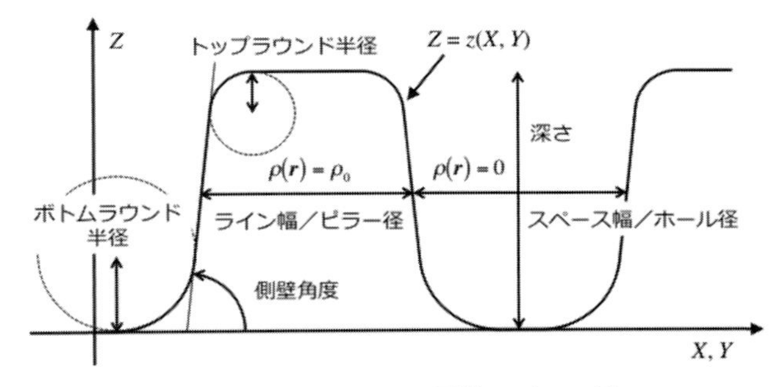

図3　微細パターンの形状モデルの例

図3はかなり単純化した形状モデルであるが，よりロバスト性の高いモデルを提案することも可能である。例えば，

① ナノインプリントで転写したレジストパターンはパターンの倒れが生じる場合があるので，左右非対称なモデルを用いる。

② ダブルパターニング等で加工したデバイスはミラー対称の対称性を持つので，ミラー対称のモデルを用いる。

その他にも，パターン内部を多層膜化したモデルやバリアメタル構造のように被覆層を考慮したモデルも考えられる。

2.4　乱れの計測

X線は電子顕微鏡のような局所観察でなく，広視野の統計平均を計測する。それと同時に，統計揺らぎ(乱れ)も計測している。

2.4.1　パターン位置の乱れ

図2に示した格子構造の例ではパターン位置が理想的な格子点にあるとしているが，実際のパターンでは理想的な格子点の位置から乱れている。X方向およびY方向のパターン位置の乱れをそれぞれ標準偏差$\sigma_{P,X}$および$\sigma_{P,Y}$のガウス分布で近似すると，構造因子$S(\boldsymbol{Q})$は，乱れのない構造因子$L(\boldsymbol{Q})$(ラウエ関数)とDebye-Waller型の減衰因子$B(\boldsymbol{Q})$の積で表される。パターン位置の乱れが大きくなるにしたがって，高次の回折線強度が指数関数的に減衰することを示す。

$$S(\boldsymbol{Q}) \rightarrow \frac{1}{2\pi\sigma_{P,X}\sigma_{P,Y}} \sum_{j=0}^{N_X-1} \sum_{k=0}^{N_Y-1} \iint e^{-\frac{1}{2}\left(\left(\frac{\Delta X}{\sigma_{P,X}}\right)^2+\left(\frac{\Delta Y}{\sigma_{P,Y}}\right)^2\right)} e^{-i(Q_X(X_j+\Delta X)+Q_Y(Y_k+\Delta Y))} d(\Delta X)\, d(\Delta Y)$$

$$L(\boldsymbol{Q}) = \sum_{j=0}^{N_X-1} \sum_{k=0}^{N_Y-1} e^{-i(Q_X X_j+Q_Y Y_k)} = \frac{\sin(N_X Q_X a/2)\sin(N_Y(Q_X\cos\gamma+Q_Y\sin\gamma)b/2)}{\sin(Q_X a/2)\sin((Q_X\cos\gamma+Q_Y\sin\gamma)b/2)} \qquad (5)$$

$$B(\boldsymbol{Q}) = e^{-\frac{(Q_X\sigma_{P,X})^2+(Q_Y\sigma_{P,Y})^2}{2}}$$

2.4.2　ピッチウォーク

ダブルパターニングに代表されるような多重露光で微細パターンを加工すると，芯材のライン幅や側壁材の側壁幅に応じてピッチウォークが発生する。ピッチ幅が$b+\Delta b$，$b-\Delta b$の繰り返しパターンであった場合，構造因子はラウエ関数$L(\boldsymbol{Q})$とピッチウォーク関数$P(\boldsymbol{Q})$の積で表される。ピッチウォークが発生する場合，$2b$が単位格子となるため，2倍超格子回折線が観測される。回折強度は，ピッチウォーク関数を反映して周期関数的に変化し，その周期よりピッチウォーク量Δbが求まる。

$$S(\boldsymbol{Q}) = \sum_{k=0}^{N_Y/2-1} (1+e^{-iQ_Y(b+\Delta b)})\, e^{-2iQ_Y kb} = L(\boldsymbol{Q})\, P(\boldsymbol{Q})$$

$$P(\boldsymbol{Q}) = \frac{\cos(Q_Y(b+\Delta b)/2)}{\cos(Q_Y b/2)} \tag{6}$$

四重露光の場合は，$4b$ を単位格子として同様に計算することが可能である。この場合，四倍超格子回折線が観測され，回折強度依存性から3種類のピッチウォーク量が求まる。

2. 4. 3　深さの乱れ

式(4)で記述した形状因子は，Z 方向について0から $z(X,\ Y)$ まで積分した式となっているが，Z 方向の積分範囲を Δ_Z から $z(X,\ Y)$ とし，Δ_Z を標準偏差 σ_D のガウス分布で畳み込めば，深さの乱れ σ_D を考慮した形状因子として次のように記述できる。

$$F(\boldsymbol{Q}) = \int_{\text{Unit cell}} \rho_0 \frac{e^{-iQ_Z z(X,Y)} - e^{-\frac{1}{2}Q_Z^2\sigma_D^2}}{-iQ_Z} e^{-i(Q_X X + Q_Y Y)} dXdY \tag{7}$$

深さの乱れが大きくなるにしたがって，Q_Z の大きい領域で形状因子の干渉縞の振幅が小さくなる。すなわち，Q_Z 方向の干渉縞の振幅の減衰から深さの乱れが求まる。

2. 4. 4　*X*-*Y* 面内の寸法の乱れ

X-Y 面内の局所的な寸法の乱れは，深さの乱れと同様に，形状因子と分布関数の畳み込み積分で計算できる。ただし，次の点に注意する必要がある。X 方向および Y 方向の寸法の乱れをそれぞれ標準偏差 $\sigma_{S,X}$ および $\sigma_{S,Y}$ のガウス分布で近似した場合，形状因子は，平均寸法の形状因子と減衰項 $e^{-(Q_X^2\sigma_{S,X}^2+Q_Y^2\sigma_{S,Y}^2)/8}$ の積で与えられる。この減衰項は，式(5)の減衰因子 $B(\boldsymbol{Q})$ と同様の指数関数で（まとめると $e^{-(Q_X^2(\sigma_{P,X}^2+\sigma_{S,X}^2/4)+Q_Y^2(\sigma_{P,Y}^2+\sigma_{S,Y}^2/4))/2}$），パターン位置の乱れと局所的な寸法の乱れを区別できないことを意味する。ラインパターンの場合（$Q_X=0$），ラインエッジラフネスを σ_E とすると幾何学的には $\sigma_E^2 = \sigma_{P,Y}^2 + \sigma_{S,Y}^2/4$ の関係があるため，ラインエッジラフネスを計測していることになる。このような背景があり，X-Y 面内の寸法ばらつきは，局所的なものでなく巨視的なものを対象とすることが多い。X線照射野がX線可干渉距離（数10 μm程度）より大きい場合，全散乱強度は各可干渉領域の散乱強度の算術和で与えられる。したがって，巨視的な寸法の分布関数と散乱強度の畳み込みで全散乱強度を記述し，巨視的な寸法ばらつきを評価する。

2. 5　微小角入射X線小角散乱における歪曲波ボルン近似法

X線小角散乱を測定する手法の一つに微小角入射X線小角散乱法がある。X線の波長に対する物質の屈折率 $n(=1-\delta+i\beta,\ \delta\sim10^{-5},\ \beta\sim10^{-6})$ が1よりわずかに小さいため，表面すれすれにX線を入射したときに全反射が観測される。このとき薄膜内部は屈折や多重反射を満足した場となっている。このような場を基底状態として散乱を取り扱う方法として歪曲波ボルン近似法がある。散乱過程はやや複雑になるがおおむね以下の点を考慮すれば良い。

① フレネルの式に基づいて界面における透過波と反射波を考慮する。

② 深さ方向の散乱ベクトル Q_Z に屈折の効果を取り入れる。

詳細は引用文献を参考にされたい[6)7)]。

3　X線小角散乱の測定法

3. 1　X線小角散乱の測定配置

X線小角散乱を測定する配置として，透過配置と微小角入射配置がある。透過配置は試料表面垂直方向からX線を入射し，透過した散乱X線を計数する[8)]。透過配置のメリットとして，①微小なエリアを測定できる，②ミクロンスケールの深溝を計測できる，などが挙げられる。しかしながら，厚い基板を透過させる必要があり，散乱強度は極めて弱く，放射光に匹敵するX線源が必要になる。微小角入射配置は試料表面すれすれにX線を入射し，表面すれすれに出射してくる散乱X線を計数する。X線入射方向の照射幅が $1/\sin\alpha$ 倍に広がるが（α は入射角度），それに比例して散乱シグナルも増加する。また，基板を透過させる必要がないため，透過配置と比較して1000倍以上の散乱強度が得られる。本稿では微小角入射X線小角散乱について解説する。

3. 2　微小角入射X線小角散乱のデータ取得法とデータの解釈

図4に微小角入射X線小角散乱の実験配置を示す。入射角度 α は全反射臨界角度近傍に設定する。全反射臨界角度近傍でX線を入射すると，X線侵入深さは数ナノメートルから数十ナノメートルで，表面の構造を感度良く測定できる。X線入射方位は，測定したい断面に直交

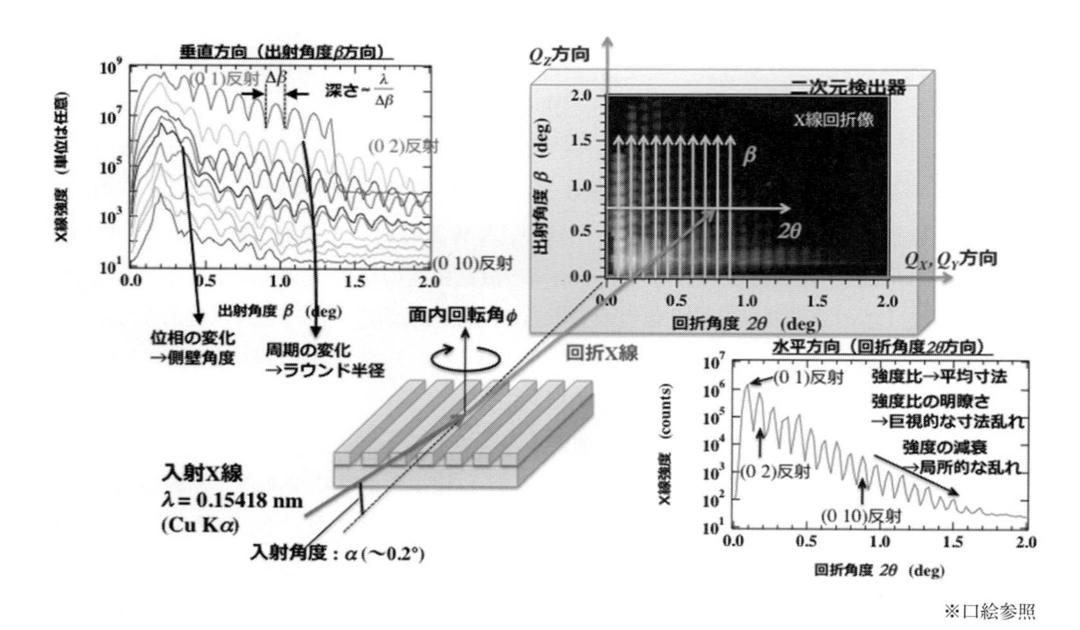

※口絵参照

図4　微小角入射X線小角散乱の測定配置と取得データの解釈

する方向とする。つまり，ラインパターンであれば入射X線とラインが平行になるようにする。ピラーパターンやホールパターンのように計測対象が三次元であれば，形状の対称性に応じて入射方位を複数選択する。深さ方向の形状を得るためにはQ_Z方向(出射角度β方向，$Q_Z \approx 2\pi(\sin\alpha+\sin\beta)/\lambda$)の散乱パターンを取得する必要がある。これは，面内回転角度ϕを水平面内の回折条件からさらに回転することで取得できる。X線回折像は，面内回転角度を走査しながら二次元検出器で取得する。

図4の右下のグラフはX線回折像を水平方向に切り出したもので，格子構造に対応した回折X線が示されている(回折角度を2θとしている。$\sqrt{Q_X^2+Q_X^2}=4\pi\sin(2\theta/2)/\lambda$)。回折線の強度比は水平面内の形状因子を反映しており，X-Y面内の平均寸法が得られる。例えば，ライン幅とスペース幅の比が最小公倍数$L:S$のラインパターンの場合，$(L+S)$の倍数の回折線が弱くなる特徴がある。巨視的な寸法乱れが大きくなるとこの特徴が失われ，強弱比が不明瞭になる。高次線の回折強度の減衰はパターン位置の乱れや局所的な寸法乱れに対応する。

図4の左上のグラフは各回折線を出射角度方向に切り出したもので，深さ方向の形状因子を反映した特徴的な干渉縞が示されている。これらの干渉縞の周期や位相は反射指数に大きく依存する。一次の回折線の干渉縞の周期$\Delta\beta$はパターンの深さ$(\approx\lambda/\Delta\beta)$に対応し，振幅の減衰が深さの乱れに対応する。低出射角度領域に着目すると，高次線になるにしたがって位相が変化している。この位相変化量は側壁角度に対応し，側壁角度が90°からずれるにしたがって位相変化量が大きくなる。高次線の高出射角度領域に着目すると位相だけでなく周期も変化している。周期の変化はラウンド半径に対応し，ラウンド半径が大きいほど周期の長い干渉縞へと変化する。このように，回折像は逆空間の情報ではあるが，直感的に実空間情報を把握できる。実際の解析では，実験波形と計算波形が一致するように形状パラメータならびに乱れのパラメータを最適化する。

4　測定例

4.1　ナノインプリント用SiO_2テンプレートの形状計測[9)]

次世代の露光技術の1つとしてナノインプリントリソグラフィが注目されている。レジストに転写されるパターン形状は，テンプレートのパターン形状を大きく反映し，また，転写回数や転写条件によってはテンプレートが劣化することも予想される。したがって，テンプレートのパターン形状を管理することは品質の安定性の観点から重要である。**図5**は，スペース幅および側壁形状の異なる三種類のテンプレートに対して，透過電子顕微鏡(TEM)と微小角入射X線小角散乱法でそれぞれ測定した結果を示している。また，**図6**は出射角度方向の干渉縞の波形を解析した結果を示している。解析では，側壁の直線部を二台形で近似し，また，上部および底部のラウンド形状を半径の異な二種類の楕円で近似したモデルを用いている。図6のフィッティング結果は実験データを良く再現している。図5中の白色のグラフで示したX線の測定結果は最適化されたパラメータに基づく断面形状で，スペース幅や深さだけでなく，上部のわずかな逆テーパー形状や詳細なラウンド形状までTEM観察の結果と非常に良く一致している。

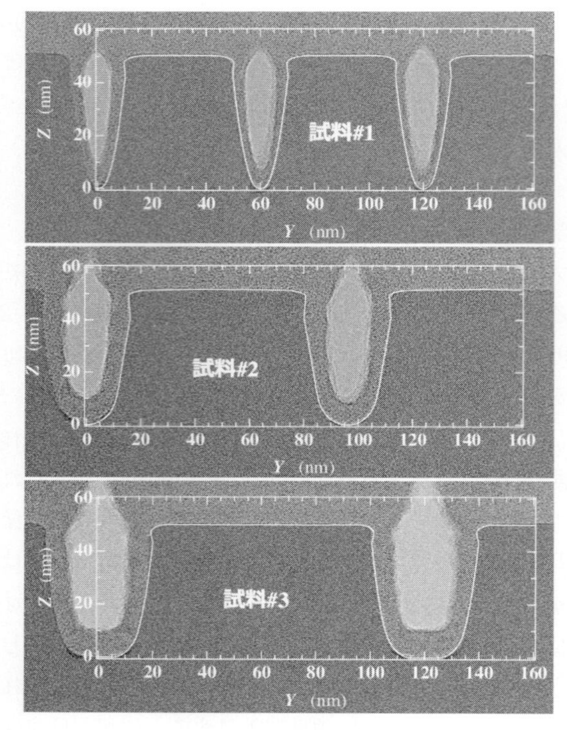

図５　SiO_2 テンプレートの TEM 観察と微小角入射Ｘ線小角散乱の測定結果の比較

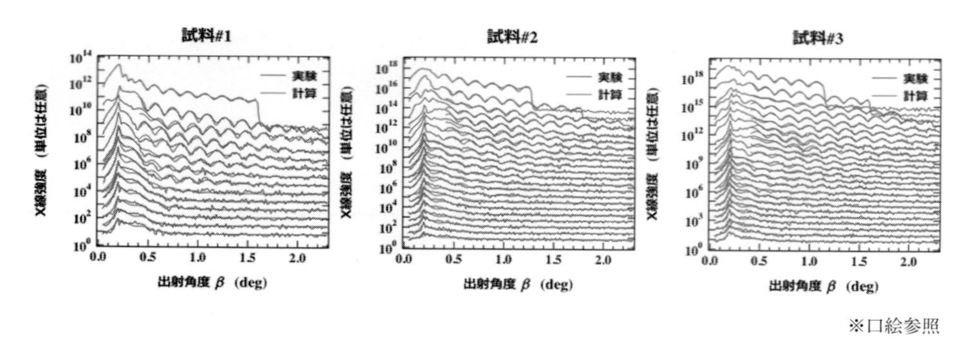

※口絵参照

図６　SiO_2 テンプレートの出射角度方向の微小角入射Ｘ線小角散乱の解析

4. 2　レジストホールパターンの形状計測[10)]

レジストのパターン形状は，露光条件だけでなく，レジスト材に含まれる添加剤の量や粘度などの極微量変化に対して敏感である。一方で，レジストに電子線を照射すると電子線ダメージが問題となる。したがって，非破壊でパターン形状を管理できる計測法が必要となる。**図７**は意図的に露光条件振りして作成した２種類のホールパターンの CD-SEM 観察，断面 SEM 観察ならびに微小角入射Ｘ線小角散乱の測定結果である。単位格子は，$a=b=90$ nm，$\gamma=90°$ の正方格子である。断面 SEM 観察の結果を見ると，試料＃1 は側壁角度が 90° に近い円筒形状を，試料＃2 は底部で逆テーパーが顕著な形状を示している。CD-SEM 観察像を見ると，面内異方性は小さく，ホール形状はおおむね円である。また，試料#1と比較すると試料#2の方がパターン位置の乱れや局所的な寸法の乱れが大きい。**図8**は，微小角入射X線小角散乱の水平方向の回折パターン(上段)および出射角度方向の干渉縞(下段)を示している。X線の測定でフル3D形状計測するためには面内回転を360°測定する必要があるが，X-Y面内の形状の対称性が高いため，入射方位を［1 0］と［1 −1］のみとし，面内異方性のないモデルで解析している。図8の下段のグラフにおいて，高次線の低出射角度領域の干渉縞に明瞭な差が認められる。このことは試料間で側壁形状に差があることを意味する。X線で得られた断面形状は，断面SEM観察で得られた側壁形状の特徴および形状差を良く再現している。干渉縞の振幅の減衰率に差はなく，深さの乱れに大きな差はない(試料#1と試料#2でそれぞれ

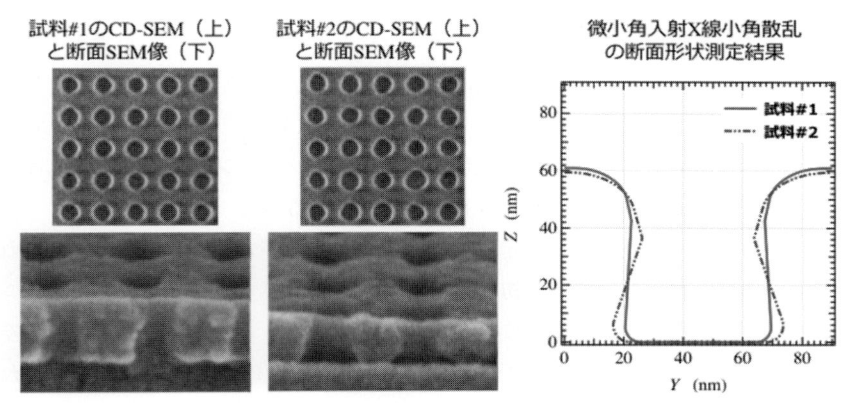

図7　レジストホールパターンのCD-SEM観察，断面SEM観察および微小角入射X線小角散乱による断面形状の測定結果

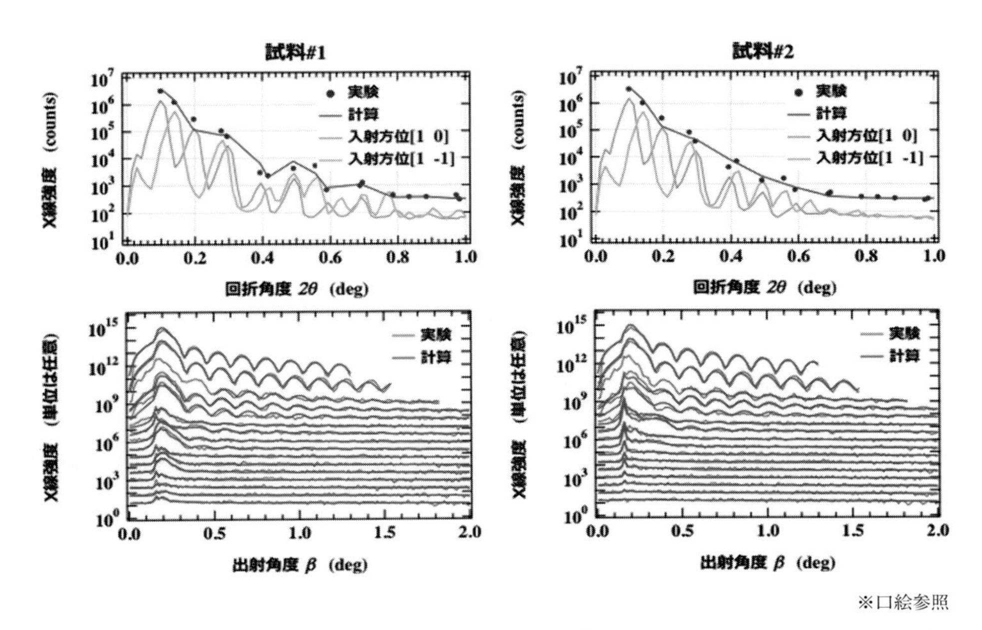

※口絵参照

図8　レジストホールパターンの微小角入射X線小角散乱解析（上段：水平面内の回折強度データ，下段：出射角度方向の干渉縞）

0.4 nm, 0.5 nm)。図８の上段のグラフは，水平方向の回折強度依存性を示している。試料＃1の強度比は試料＃2の強度比より明瞭に観測されており，試料＃1の方が巨視的な寸法ばらつきが小さいことを示す(試料＃1と試料＃2でそれぞれ，1.1 nm，3.0 nm)。また，高次線における回折強度の減衰は試料＃2の方が顕著で局所的な乱れが大きいことを示す。局所的な乱れ($=\sigma_{P,Y}^2+\sigma_{S,Y}^2/4$)は，試料＃1と試料＃2でそれぞれ3.3 nm，4.1 nmで，CD-SEM観察の傾向と定性的に一致している。

5　まとめと今後の展望

X線計測は，長さの基準となる波長が十分短く，また，波長の不確かさが小さいため，標準試料を用いなくても非破壊で寸法および形状微差を感度良く計測することができる。また，平均情報だけでなく乱れの計測も可能である。これらの有効性から，形状管理の厳しいテンプレートや電子線ダメージが問題となるレジストパターンに対して利用が進められている[9)-12)]。また，X線計測のロバスト性の高さも立証されており，インライン計測におけるスキャトロメトリの検証ツール(verification tool)としても利用されている[5)]。

一方で，将来的にはより複雑な三次元形状を持つデバイスが登場することが予想される。このような三次元形状計測においては，初期モデルの推定も重要であり，位相回復型アルゴリズムを用いたモデルフリーの形状計測の重要性が高まってくると考えられる。また，逆空間ではなく実空間を直接観測できるような高分解能のX線顕微鏡の登場も考えられる。これらには多くの課題が予想されるが，X線計測の新しい歴史を拓く上で大きな試金石の１つになるものと考えられる。

文　献

1) K. Omote, Y. Ito and S. Kawamura : *Appl. Phys. Lett.*, **82**, 544(2003).

2) J. M. Mane, C. S. Cojocaru, A. Barbier, J. P. Deville, B. Thiodjio and F. L. Normand : *Phys. Stat. Sol.(a)*, **204**, 4209(2007).

3) J. Miao, P. Charalambous, J. Kirz and D. Sayre : *Nature*, **400**, 342(1999).

4) Y. Takahashi, A. Suzuki, N. Zettsu, Y. Kohmura, K. Yamauchi and T. Ishikawa : *Appl. Phys. Lett.*, **99**, 131905(2011).

5) H. Abe, Y. Ishibashi, C. Ida, A. Hamaguchi, T. Ikeda and Y. Yamazaki : Proc. of SPIE, 9050, 90501L(2014).

6) S. K. Sinha, E. B. Sirota, S. Garoff and H. B. Stanley : *Phys. Rev. B*, **38**, 2297(1988).

7) K. Omote, Y. Ito and Y. Okazaki : Proc. of SPIE, 7638, 763811(2010).

8) R. L. Jones, T. Hu, E. K. Lin, W. L. Wu, R. Kolb, D. M. Casa, P. J. Bolton and G. G. Barclay : *Appl. Phys. Lett.*, **83**, 4059(2003).

9) E. Yamanaka, R. Taniguchi, M. Itoh, K. Omote, Y. Ito and K. Ogata : Proc. of SPIE, 9984, 99840V(2016).

10) Y. Ito, A. Higuchi and K. Omote : Proc. of SPIE, 9778, 97780L(2016).

11) K. Omote, Y. Ito, Y. Okazaki and Y. Kokaku : Proc. of SPIE, 7488, 74881T(2009).

12) Y. Ishibashi, T. Koike, Y. Yamazaki, Y. Ito, Y. Okazaki and K. Omote : Proc. of SPIE, 7638, 763821(2010).

第Ⅵ編

その他応用技術

第1章　MEMS技術の微細パターニングへの応用

東北大学　江刺　正喜　東北大学　戸津　健太郎　東北大学　鈴木　裕輝夫
東北大学　小島　明　東北大学　池上　尚克　東北大学　宮口　裕　東京農工大学　越田　信義

1　はじめに

半導体微細加工を用いて回路だけでなくセンサや構造体，あるいは運動機構などをSiチップ上に形成できるMEMS(Micro Electro Mechanical Systems)は，微細パターニングにも使われている。最新の縮小投影露光装置では，フォトマスクのパターンに合わせてその照明を最適化するため，1000程の可動鏡を配列したミラーアレイが用いられている[1]。また256×256のミラーアレイに波長248 nmのエキシマレーザ光を反射させ，1/160に縮小し描画する装置も実用化されている[2]。本稿では極端紫外光(EUV(Extreme Ultra Violet)光)の光源に用いるフィルタ，および超並列電子線露光用のアクティブマトリックス電子源への，MEMS技術応用について述べる。

2　EUV光源用フィルタ

次世代の微細リソグラフィのため，短波長(波長13.5 nm)のEUV光源が研究されている。その実用化では光源の強度を高めることが要求されている。EUV光を発生させるには，**図1**のようなLPP(Laser Produced Plasma)とよばれる方法がある。これではSn液滴に赤外(IR)光のCO_2レーザ(波長10.6 μm)を照射し，生じるプラズマからEUV光を発生させる。IR光を

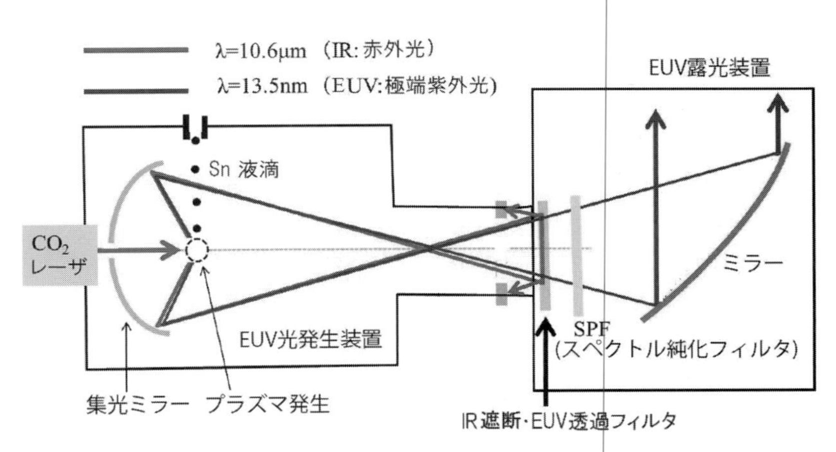

図1　EUV光源中で使われるIR遮断・EUV透過フィルタ

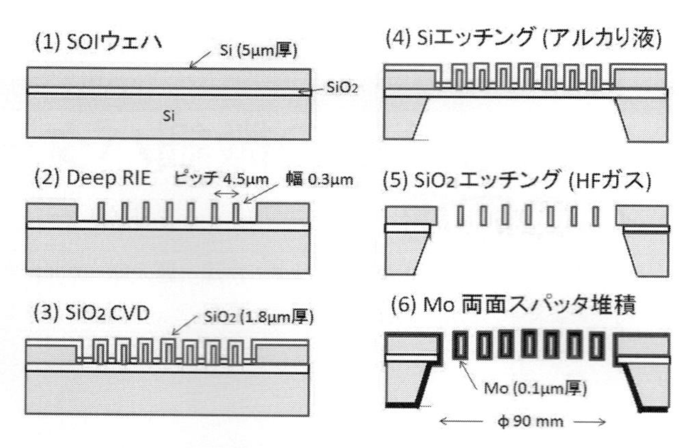

図２　IR 遮断・EUV 透過フィルタの製作工程

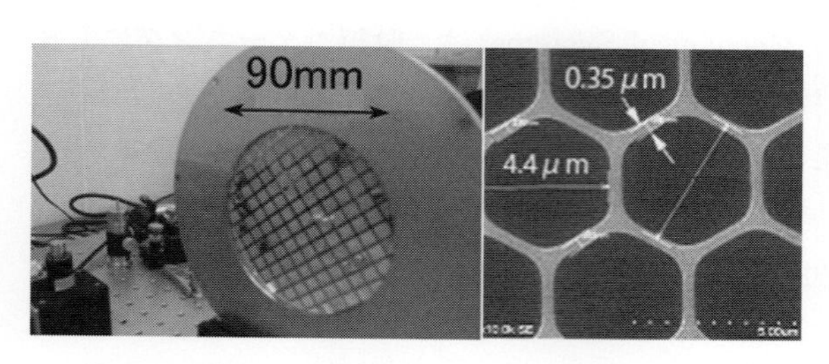

図３　IR 遮断・EUV 透過フィルタの写真（右 拡大）

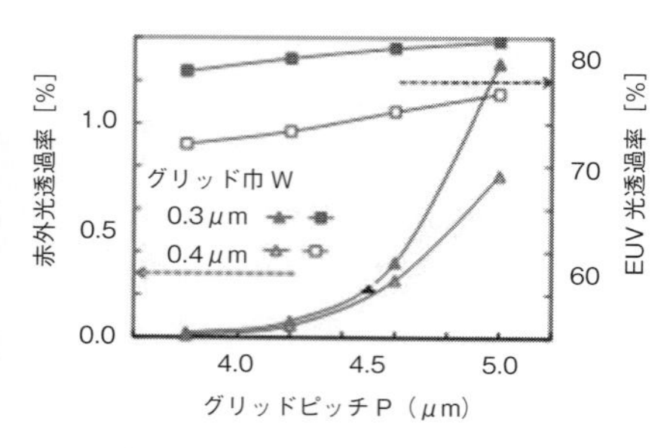

図４　IR 遮断・EUV 透過特性

遮断して，必要となる EUV 光だけを透過させるフィルタが，この目的で開発されている[3]。**図２**に製作工程，**図３**に写真，**図４**にそのフィルタ特性を示してある。4.5 µm のピッチを持つ Mo（モリブデン）による自己支持格子構造を用い，IR 光透過率が 0.25％で，EUV 光透過率が 78％のフィルタが得られている。

3　アクティブマトリックス nc-Si 電子源による超並列電子ビーム描画

LSI のディジタルファブリケーションにあたるマスクレス露光を目的に，スループットの大きな並列電子線描画装置の開発が行われている[4)-6)]。この並列電子線描画の目的で各種電子源の開発を行ってきた[7)8)]。アクティブマトリックス電子源を用いた超並列電子線描画装置を開発している[9)10)]。その概念を**図５**に示す。ウェハ上に１兆（10^{12}）個のパターンを形成する場合，１万（10^4）本の並列電子線では，１億（$10^8=10^{12}/10^4$）回ほど描画する必要がある。高スループットには並列電子線の本数を多くすることが必要とされるが，アクティブマトリックス電子源にする場合に，電子源の駆動電圧を低くできないとトランジスタの大きさを小さくできないため，マトリックスを構成するセルが大きくなってしまい，並列電子線の本数を大きくできない。このため東京農工大学の越田信義教授や㈱クレステックが開発してきた，ナノクリスタルシリコン（nc-Si）電子源を用いた。これを用いると 10 V ほどの低電圧で電子を放出できる。

以下では，この nc-Si 電子源，これを用いた平面型電子源およびピアース型電子源，100×

100マトリックスの駆動LSI，および露光実験結果について述べる。

3.1　ナノクリスタル(nc)-Si電子源

nc-Si電子源とその特性を**図6**に示す。HF(フッ化水素)中でSiを陽極酸化して形成した多孔質シリコンを酸化し，トンネル接合のカスケード構造にしてあり，加速した電子が表面の薄いAuを透過し10Vほどの低電圧で電子を放出できる[11]。

3.2　平面型nc-Si電子源

貫通配線を形成した平面型nc-Si電子源の製作工程を**図7**に示す[12]。カラム状に形成した

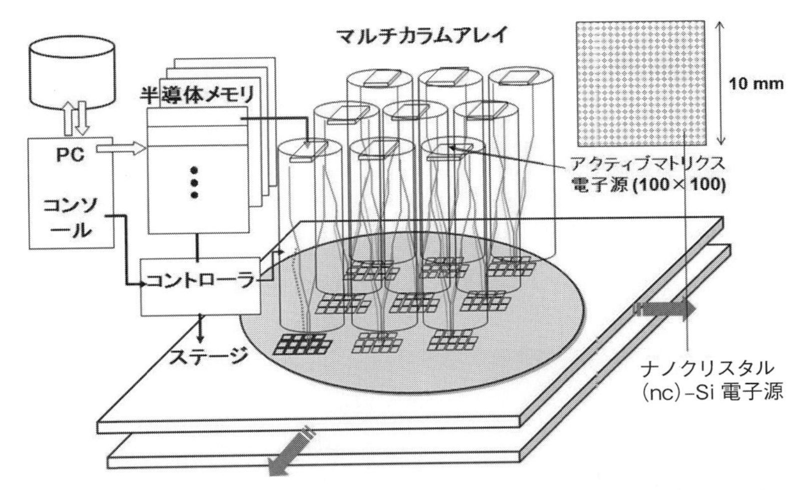

図5　アクティブマトリックスnc-Si電子源による超並列電子線描画の概念

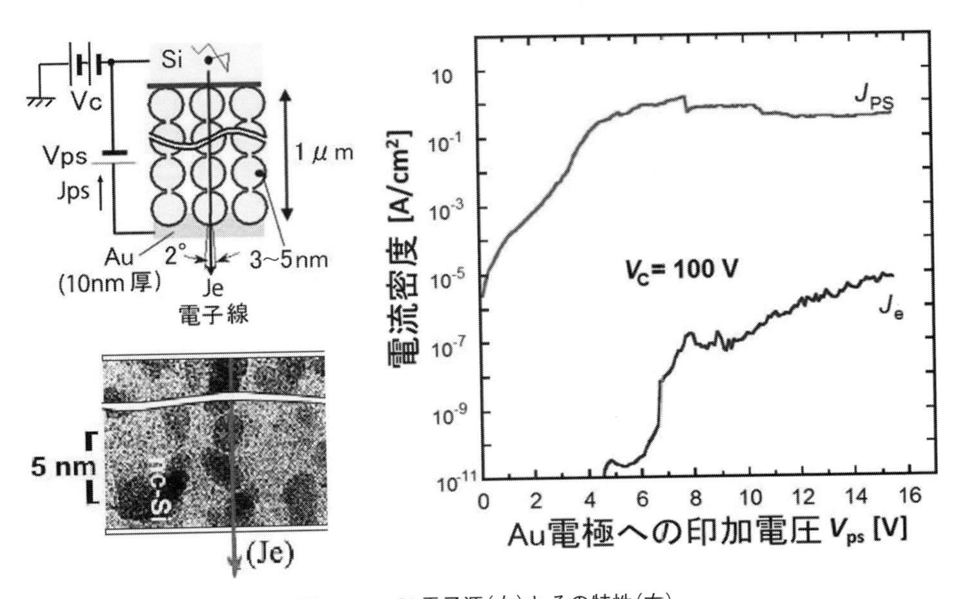

図6　nc-Si電子源(左)とその特性(右)

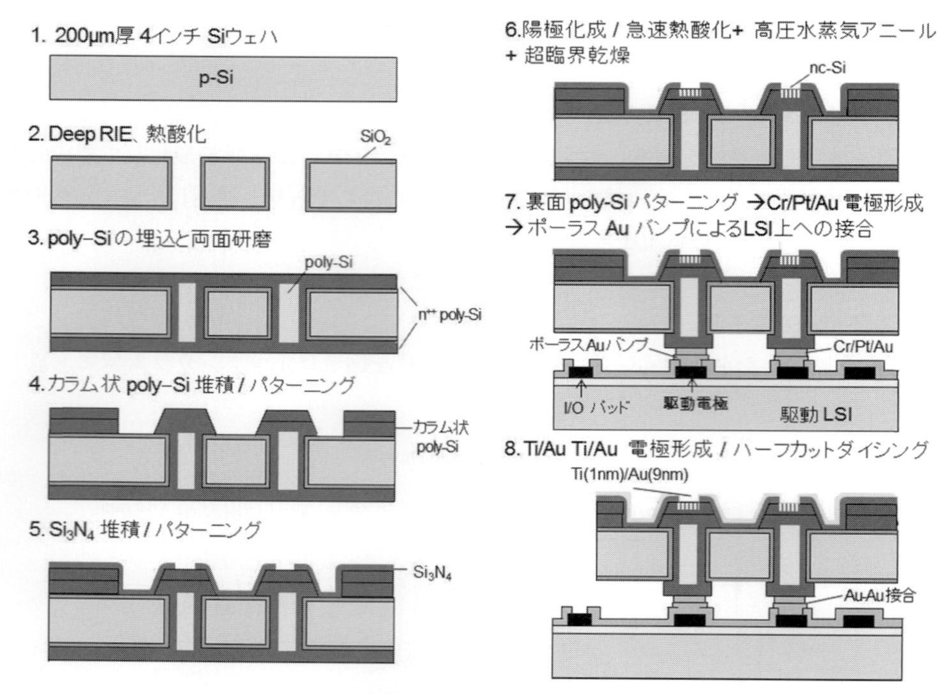

図７　平面型 nc−Si 電子源の製作工程

図８　平面型 nc−Si 電子源の断面

poly−Si に nc−Si を形成してあり，配線は裏面に取り出して駆動 LSI につながる(**図 8**)。

3. 3　ピアース型 nc−Si 電子源

図 9 にピアース型とよばれる湾曲構造にした電子源の構造を示す[13]。マトリックスを構成する各電子源の裏面から駆動 LSI に接続され，次節で述べる駆動 LSI には貫通配線が形成されている。**図 10**(a)はこの電子源の写真である。また図 10(b)には電子軌道のシミュレーション結果を示してあるが，電子は引出電極により，高密度で細くて平行な電子線になるように作ら

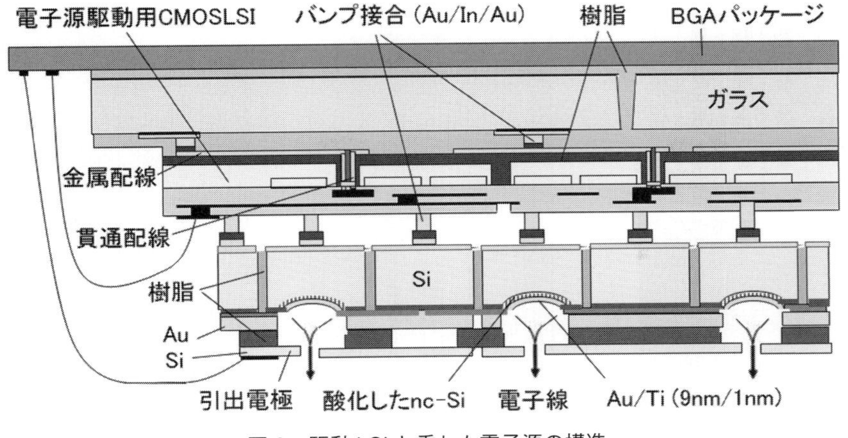

図9　駆動LSIと重ねた電子源の構造

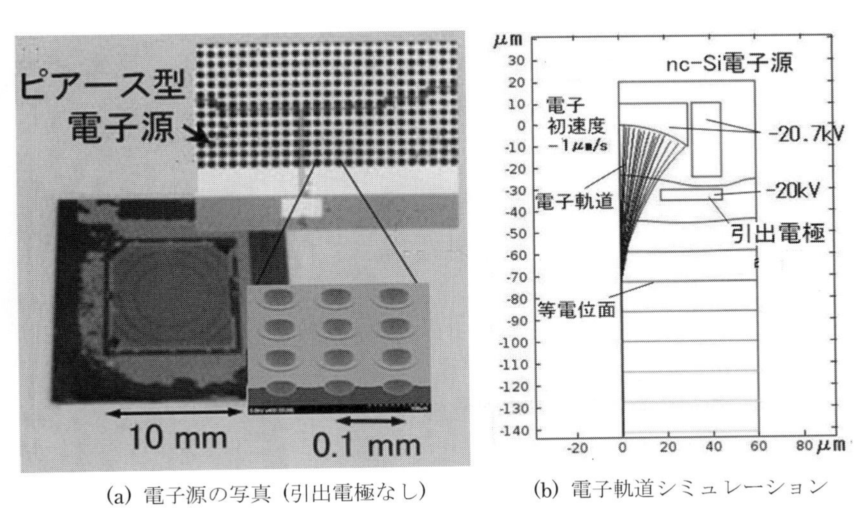

(a) 電子源の写真（引出電極なし）　(b) 電子軌道シミュレーション

図10　ピアース型nc-Si電子源

れている。

3.4　駆動LSI

図11は100×100電子源に用いるアクティブマトリックス用駆動LSIのチップ写真と，各電子源を駆動するセル回路で，LSIの動作を確認している[14]。写真で同心円状に電気的に分離されているのは，**図12**のようにオフセット電圧で電子的に収差補正するためである。

3.5　露光実験

電子線を磁場で集束させる**図13**のような等倍露光装置を用いて，レジストを露光させた実験結果が**図14**である。電子線照射で露光したレジスト部分（写真の白い部分）が露光されるべき部分に対応しており，平面型電子源とピアース型電子源の両方で露光が可能であることが確認できた。

駆動LSIとnc-Si電子源を重ねて接続した状態での動作は確認できていないが，17×17の

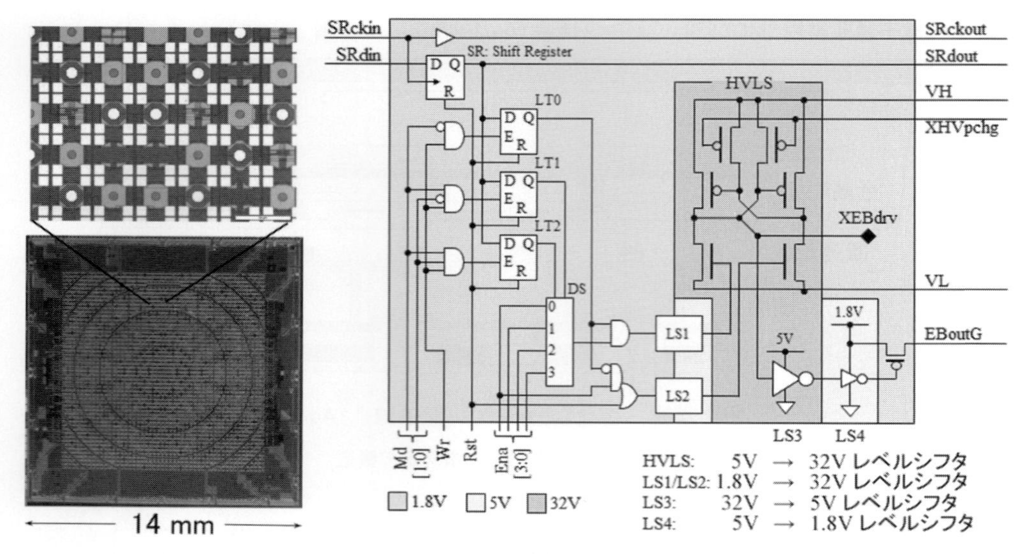

図 11　駆動 LSI
（左：チップ写真，右：セル回路）

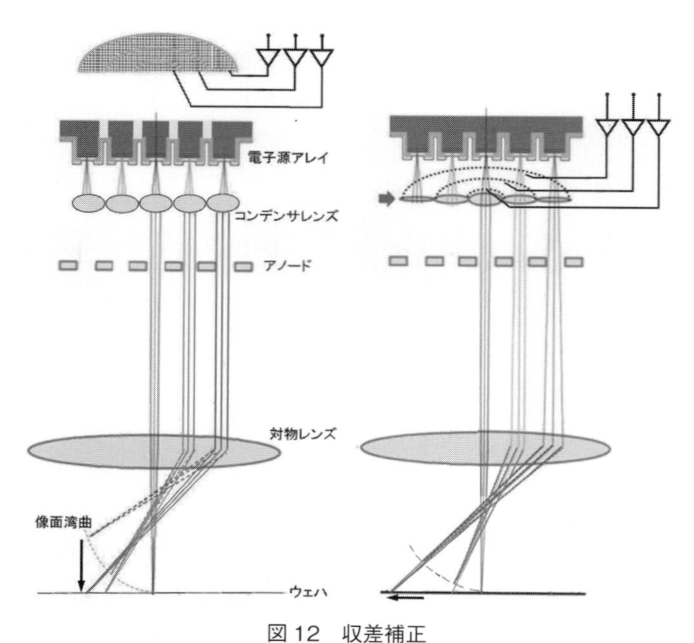

図 12　収差補正
（左：像面湾曲収差，右：歪曲収差）

平面型 nc-Si 電子源を用い市販 IC でアクティブマトリックス露光を行うことができた[15)]。図 13 に示した露光実験装置を使用してレジストを露光した実験の様子とその結果が**図 15** である。電子線照射で露光したレジスト部分（写真の白い部分）が露光されるべき四角部分に対応しており，アクティブマトリックス動作が確認された。等倍でなくて 1/100 に縮小して露光する実験装置も製作されており，今後その実験も進める予定である。

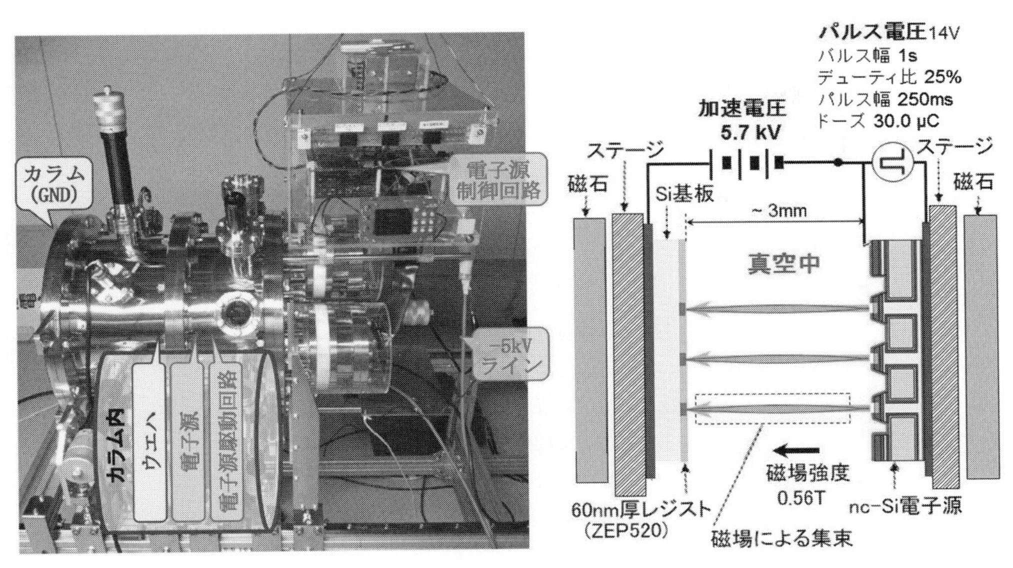

図13　等倍露光装置

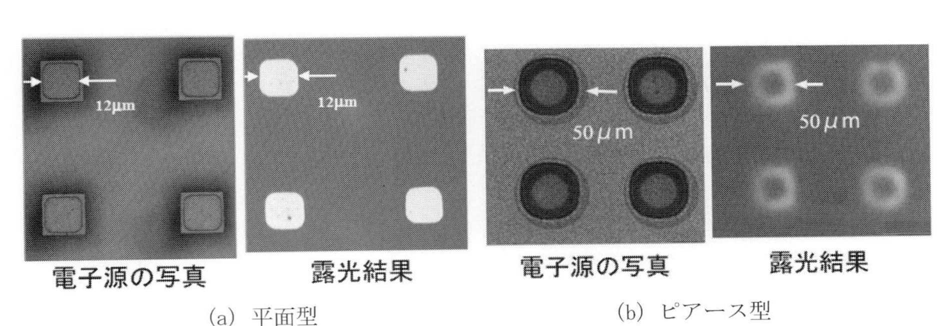

(a) 平面型　(b) ピアース型

図14　nc-Si電子源の写真と露光結果

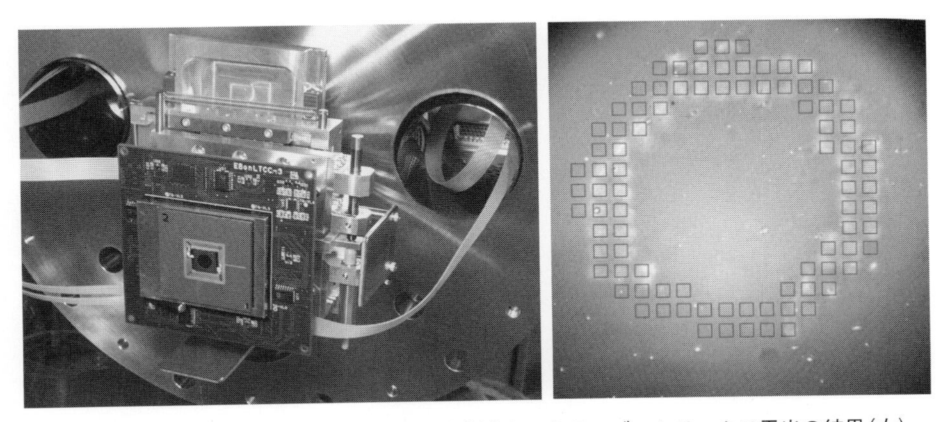

図15　17×17平面型nc-Si電子源の写真（左）とアクティブマトリックス露光の結果（右）

4　おわりに

MEMS技術の微細パターニングへの応用ということで，EUV光源用に製作したEUV光だけを取り出すフィルタ，および超並列電子線描画のためのアクティブマトリックスnc-S電子源について述べた。本研究は国立研究開発法人科学技術振興機構の先端融合領域イノベーション創出拠点形成プログラムの支援を受けて行われた。

文　献

1） W. Endendijk et al.：Transducers 2013, 2564(2013).
2） J. Aman et al.：SPIE Proc., 5256, 684(2003).
3） Y. Suzuki et al.：*Sensors & Actuators A. Physical*, **231**, 59(2015).
4） M. J. Wieland et al.：SPIE Proc., 7271, 72710O(2009).
5） C. Klein et al.：SPIE Proc., 7637, 76370B(2010).
6） P. Petric et al.：*J. Vac. Sci. Technol.* B, **28**(6), C6C6(2010).
7） J. Ho, T. Ono, C. -H. Tsai and M. Esashi：*Nanotechnology*, **19**, 365601(2008).
8） Y. Tanaka, H. Miyashita, M. Esashi and T. Ono：*Nanotechnology*, **24**, 015203(2012).
9） M. Esashi, A. Kojima, N. Ikegami, H. Miyaguchi and N. Koshida：*Microsystems & Nanoengineering*, **1**, 15029(2015).
10） 江刺正喜 他：金属，**83**(9), 751(2013).
11） A. Kojima et al.：SPIE Proc., 8680, 868001(2013).
12） 池上尚克 他：電気学会論文誌E, **135**(6), 221(2015).
13） 西野仁 他：電気学会論文誌E, **134**(6), 146(2014).
14） 宮口裕 他：電気学会論文誌E, **135**(10), 374(2015).
15） 宮口裕 他：第32回「センサ・マイクロマシンと応用システム」シンポジウム，28am2-A-5(2015).

第2章　最近の超先端エッチング技術の概要
―原子層レベル超低損傷高精度エッチング―

東北大学　寒川　誠二

1　はじめに

半導体デバイス製造においては微細加工，表面改質，薄膜堆積などのキープロセスで反応性プラズマが多く用いられており，今や原子層レベルの加工精度や分子レベルの構造を制御できる堆積精度が要求されている。しかしながら，プラズマプロセスを用いると今後の主流となるナノオーダーの極微細デバイスにおいては，**図1**に示すようにプラズマから放射される電子やイオンの蓄積による絶縁膜破壊や異常エッチング，真空紫外光などの照射により数十 nm 深さの表面欠陥生成が深刻な問題となる[1)-4)]。特にナノデバイスでは表面の割合がバルクに対して大きくなるので，従来では問題にならなかった紫外線照射による表面欠陥生成によってデバイスの電気的および光学的特性に大きな影響を与えるようになってきた。さらに，今後のナノデバイスにおいては3次元ナノ構造の原子層レベルでの寸法制御が必要不可欠であるため，原子層レベルでの選択的で高精度な表面化学反応制御が必要不可欠となってきている。これらの

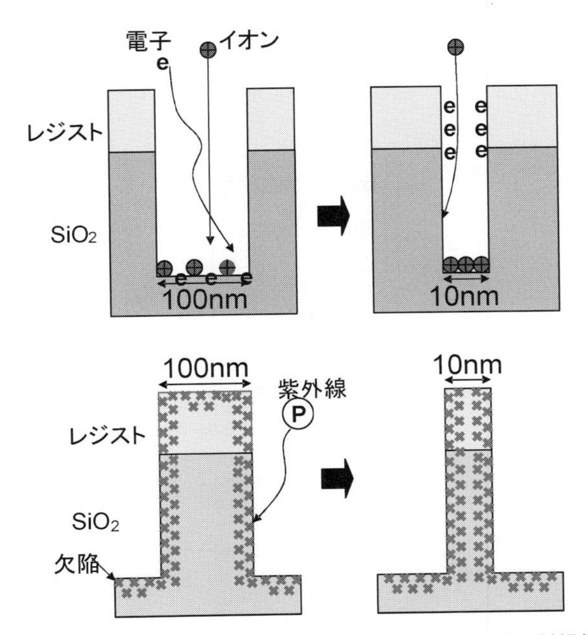

図1　プラズマエッチングにおける電荷蓄積や紫外線照射損傷によるエッチング形状異常や表面欠陥生成の概要

問題を解決する手段として，私どもが開発した“中性粒子ビームプロセス技術”が注目を集めている[5)-9)]。中性粒子ビームは荷電粒子や放射光の基板への入射を抑制し，運動エネルギーを持った中性粒子のみを照射できるので，原子層レベルでの欠陥生成を制御して表面化学反応を高精度に制御したプロセスが可能な超高精度ナノプロセスである。本稿では，筆者らが開発した中性粒子ビーム生成手法を紹介し，最近精力的に行われているナノプロセス・デバイスへの応用について述べる。

2　中性粒子ビーム生成装置

1992年に寒川（当時NEC）によって発明された数十μ秒周期のパルス時間変調プラズマ[10)]は，現在，半導体デバイス製造におけるプラズマエッチング市場の約半分近くを占めている。寒川はこのパルス時間変調プラズマを更に発展させて，高効率に中性粒子ビームを生成できる手法を2000年に提案した（**図2**）。

プラズマ生成手法としては誘導結合プラズマ源を用い，その石英チェンバの上下にイオン加速用のカーボン電極が設置されている。ガスは上部電極からシャワー状に導入され，プラズマから電界で加速されたイオンは下部電極中に形成されたアスペクト比10以上のカーボン製アパーチャーを通過する過程で，アパーチャー側壁に衝突することで電荷交換プロセスが生じて中性化される。μ秒オーダーパルス時間変調プラズマでは電界OFF時間中に電子が大幅にエネルギーを失うため，電子親和力の大きいハロゲン系のガス（塩素，弗素，臭素）に効率よく電子が解離性付着をする。その結果，電子が負イオンに変換され，正負イオンで構成されるプラズマが生成する。この時，プラズマに正負電界を印加することで塩素プラズマ中の正負イオンそれぞれのビームをアパーチャーを通過させて中性化率を測定すると，負イオンはほぼ100%が中性化されるが，正イオンは約70～80%の中性化率に留まっていることが発見された[11)]。

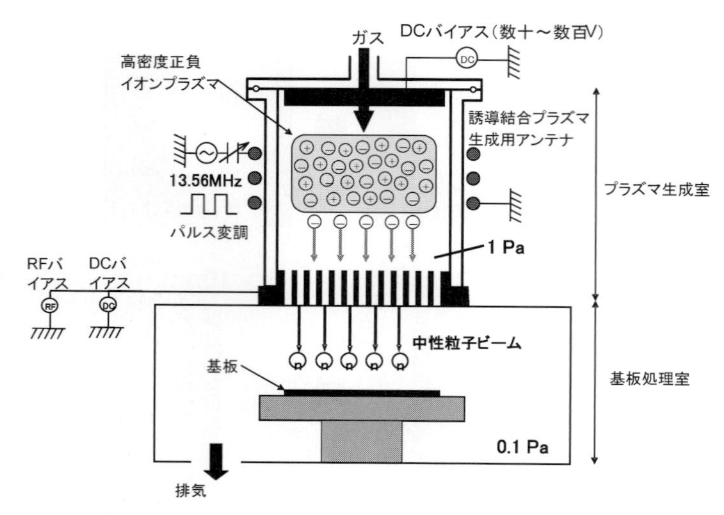

図2　新たな発想で開発された中性粒子ビーム生成装置

パルス変調プラズマにより効率よく生成される正負イオンを用いることで初めて実用的な中性化率およびエネルギーを実現できた。

時間依存 Kohn-Sham 方程式を用いて詳しく中性化機構を解析した結果，負イオンはカーボンとエネルギー的に近い軌道間での共鳴遷移により高確率に電子が遷移することで高確率な中性化となることがわかった[12]。一方で，正イオンではエネルギー的に遠い軌道間での多段階的なオージェ遷移により低確率に電子が遷移することで低確率の中性化となる[12]。そこで，パルス時間変調プラズマを用いて主に負イオンの中性化によって形成された中性粒子ビームは正イオンを用いたものに比べて高効率・高密度・低エネルギー中性粒子ビームが生成できることを初めて示した。

既に各種 sub-25 nm 先端デバイスへの適用が行われており，従来では実現できなかったプロセスおよびデバイス特性を実現している。本稿では特にサブ 22 nm 世代における 3 次元フィン型トランジスタにおける加工[7]，バイオテンプレート加工による量子ドット形成[13)-15]および原子層レベルでの重合反応制御による Low-k 膜堆積技術[16]，原子層レベルでの錯体反応制御による遷移金属，磁性体エッチング技術[17]に関して紹介する。

3　22 nm 世代以降の縦型フィントランジスタへの応用

通常のプレーナー型バルク MOS トランジスタでは，動作オフ時のリーク電流を完全に遮断することが極めて難しくなるため，22 nm 以降のデバイスでは超高集積化に限界があるとされる。そこで，起立したチャネルを持った，フィン型ダブルゲート MOS トランジスタのような 3 次元構造の素子が有望視され，世界的規模で開発が行われている。しかし，3 次元構造を有する起立チャンネルは加工時のダメージや加工形状異常を受け易く，加工面が荒れたことでキャリアの移動度が劣化する等，極微細化に大きな障害を抱えていた。このような背景の下，極微細加工の課題を解決することが強く求められている。そこで，欠陥生成を完全に抑制できる中性粒子ビーム加工を起立チャンネル加工に適用し，そのトランジスタ特性の改善について実際のデバイス上で検討を行った。

試作した起立型（フィン型）ダブルゲート MOS トランジスタの概略図を**図 3** に示す。同図に示すように，このトランジスタはチャンネルがシリコン基板に垂直にそそり立つ 3 次元フィン構造になっている。従来のプラズマエッチングでは，この極微細なフィン側壁部をプラズマから放射される高エネルギーの紫外光が傷つける等で，極微細かつ高性能なフィントランジスタを実現できなかった。筆者らは，電気的に中性で，しかも運動エネルギーが小さなソフトな中性粒子ビーム技術を，フィン型ダブルゲート・トランジスタの作製に初めて適用し，トランジスタの動作に成功した。**図 4** は，実際に試作したフィン型ダブルゲート・トランジスタの SEM 写真を示したものである。また，**図 5** は試作したフィン型トランジスタのチャネル部分の断面の TEM 写真である。中性粒子ビームにより加工した場合には電子が通るチャネルが原子レベル（黒い丸がシリコン原子）で平坦になっており，プラズマエッチングの場合比べて圧倒的にシリコン基板を殆ど傷つけずに加工している事がわかる[7]。

図 6 は試作した 3 次元フィン型トランジスタのチャンネル内電子移動度を求めたものである。チャンネル内の電子の動きやすさを表す電子移動度は，トランジスタ性能を表す大切な指標であり，この値が大きければ，性能を落さずに低電圧でトランジスタを動作できる。した

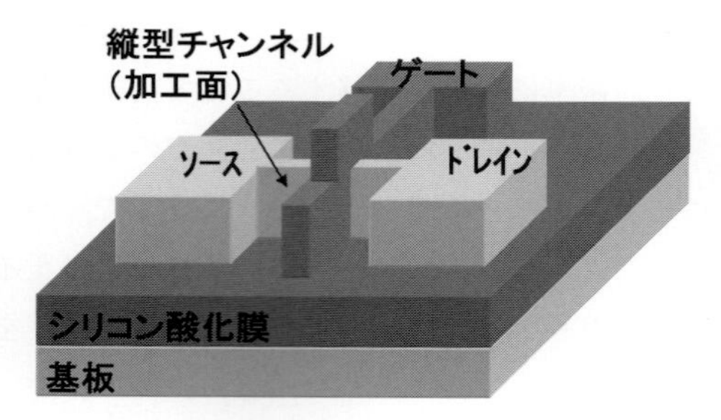

図３　FIN 型ダブルゲート MOSFET の概略図

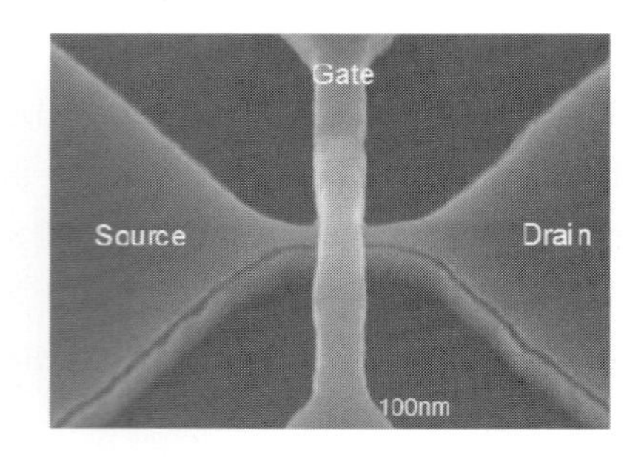

図４　試作した FIN 型トランジスタ SEM 像

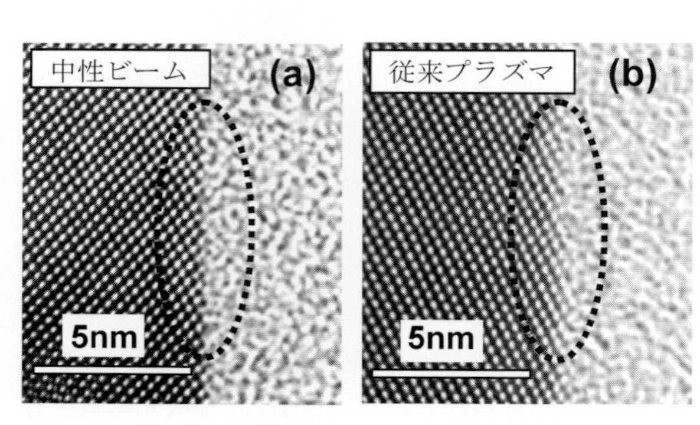

図５　エッチング後のシリコン側壁の断面 TEM 写真

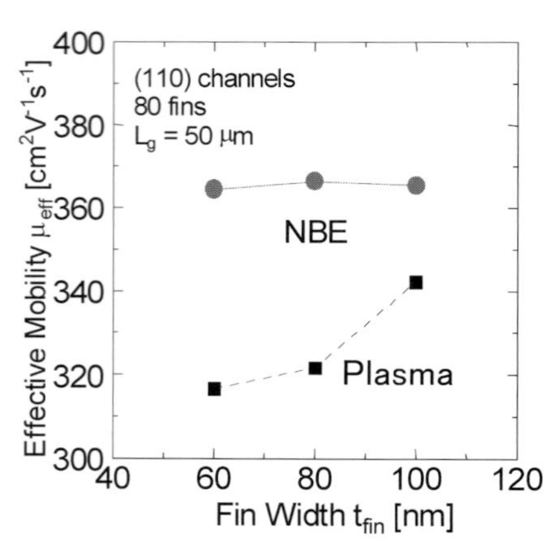

図６　起立チャネルエッチング方法による電子移動度の FIN 幅との関係

がって超高集積回路で問題になっている素子の発熱を小さくできるため，集積回路の開発では重要な指標の１つとなっている。今回中性粒子ビームを用いて試作したトランジスタは，従来のプラズマエッチングで加工した３次元フィン型トランジスタに比べて，電子移動度が約30％向上しており，電子移動度の理想値にほぼ近い値を達成できていることがわかる[7)8)11)]。

起立型ダブルゲート・トランジスタは，トランジスタの微細化限界を打破する究極のトランジスタとして注目され，世界的に極微細な素子開発が進められている。電気的に中性で運動エネルギーを制御できる中性粒子ビームを自在に使うことにより，ダブルゲート・トランジスタの特性を理想に近い状態まで大幅に向上させることができた[7)8)11)]。これは中性粒子ビームにより，シリコン基板表面に欠陥を作らず，表面の平坦性も１ナノメートル以下と極めて優れている究極のダメージレス加工が実現できたためであり，今後の 22 nm 以下のデバイスでは原子層レベルでの平坦性が実現できるトップダウン加工が必要不可欠であることが示され，技術的に難しいとされていた 22 nm 以降の超微細デバイスの開発に向けて大きく前進できたと言える[7)8)11)]。

4　無欠陥ナノ構造の作製とその特性

2020年までにはムーアの法則の破綻やトランジスタ動作の物理的限界に到達すると指摘されている。そこで量子効果を利用した新しい原理のナノデバイスの開発が進められている。量子効果デバイスにおいては原子層レベルの精度で欠陥がなくナノ構造（ドット，ワイア）を形成することが大きな鍵になる。従来，量子ナノドットの形成にはプラズマエッチング等を用いたトップダウン方式と分子線エピタキシー技術等を用いた自己組織化技術を利用したボトムアップ方式の両面で検討が行われてきている。しかし，プラズマを用いたトップダウン加工では紫外線が放射され，また，電荷が蓄積することから，マスクや下地に対する選択性が低く，加工表面に深く高密度の欠陥を残留させるために，数十nm程度の加工が限界である。一方，ボトムアップ方式では損傷などの問題は少ないものの格子間歪による成長なので，ナノドット配列や構造の不均一性，応力ひずみなどの問題を抱えており，限定的な材料や構造においてのみ量子効果を実現できている。ナノデバイスに展開するためにはより精度の良い材料に依存しないナノ構造の作製がポイントとなる。

そこで，低エネルギーで無欠陥プロセスが実現できる中性粒子ビームを用いたトップダウン加工による10 nm以下の量子ナノドットの形成方法が提案された。トップダウン加工の利点は材料種類や組み合わせを問わず，均一で配置制御可能なナノ構造が形成できることである。光リソグラフィに代わる数nmドットの加工マスクとしては，山下らが提案しているバイオナノプロセス[13)]を用いている。**図7**に示すように生体超分子（蛋白質）であるフェリティンは直径12 nmで内部が7 nmの空洞となっている。この空洞内部は負の電荷を帯びており，鉄イオンが溶けた溶液中にフェリティンを導入すると鉄イオンがフェリティン内部に静電力で引き込まれ，空洞内で酸化鉄（鉄コア）の結晶を作製する。この鉄コアの直径は7 nmである。この鉄内包のフェリティンをその自己組織化能を用いてシリコン酸化膜上に選択的に2次元配列した後UVオゾン処理あるいは熱処理で蛋白質を除去し，鉄コアだけを位置を保ったまま基板上に配置してエッチングマスクとするプロセスである[14)]。このプロセスを用いてサイズおよび配置制御された量子ナノ円盤（ディスク）超格子構造を使った量子効果デバイスの開発を行っている。

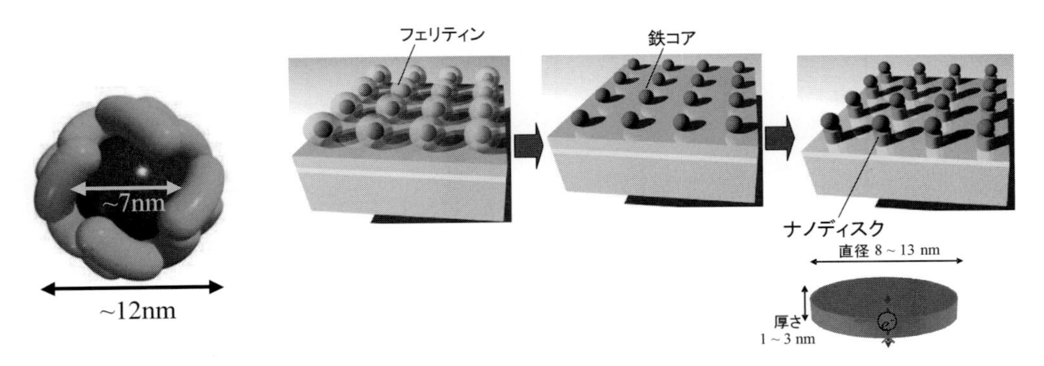

図7　生体超分子（蛋白質），フェリティンの自己組織化能による2次元結晶化とフェリティン内包鉄コアをエッチングマスクとした中性粒子ビームエッチングプロセス
直径7 nmの鉄コアをマスクにエッチングすることで10 nm以下の超微細構造が損傷フリーで形成できる。

ナノディスクとは，高さ(厚さ)が直径よりも小さいナノ円盤構造を示している。**図8**に実際に作製したシリコン，ゲルマニウム，ガリウムヒ素，グラフェンの直径10 nm程度のナノディスク構造を示す。サブ10 nmの量子ナノディスクが高密度に均一に等間隔にアレイ状に形成されていることがわかる。これら材料が異なるナノディスクアレイ構造において，直径を10 nm一定として厚さだけを変化させた場合のバンドギャップエネルギーの高精度制御とGaAs/AlGaAs量子ドットからのフォトルミネッセンスを**図9**に示す。材料とサイズでバンドギャップが高精度に広範囲に制御できることがわかる。このようにフレキシブルにバンド構造制御(バンドエンジニアリング)が可能な量子ドット作製手法は他にはない。また，この時，

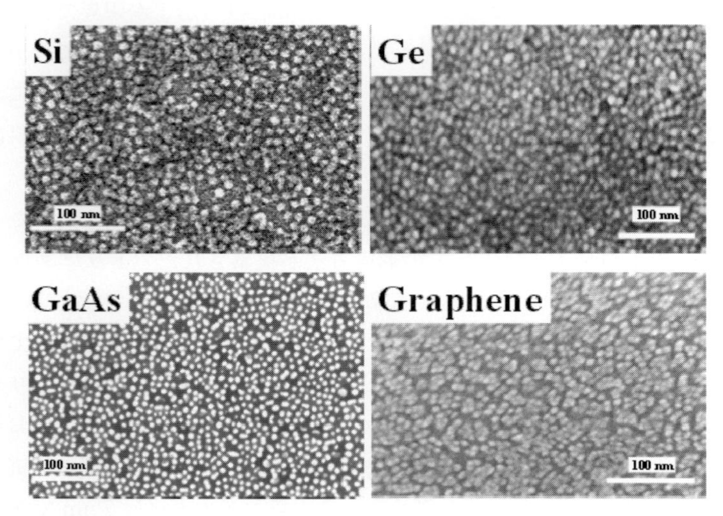

図8　直径7 nmのフェリティン鉄コアをマスクに加工したシリコン，ゲルマニウム，ガリウムヒ素，グラフェンナノ円盤構造の電子操作顕微鏡像
均一高密度規則配置されたナノ構造が欠陥生成なく形成されている

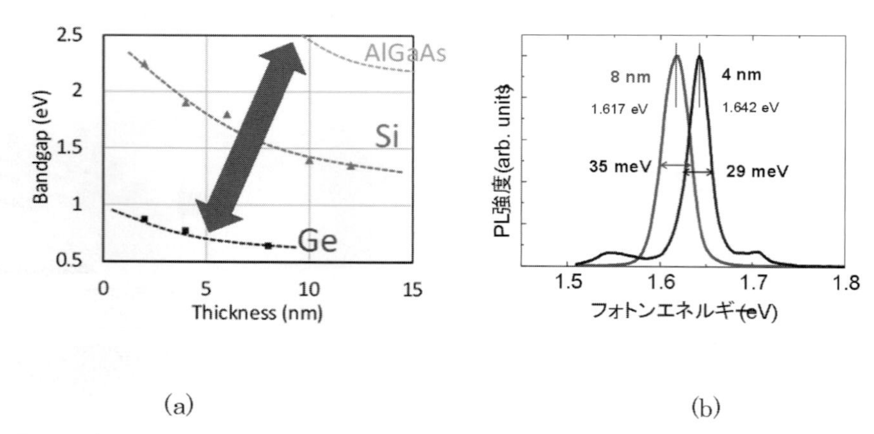

図9　(a)シリコン，ゲルマニウム，グラフェン，アルミニウムガリウムヒ素ナノ円盤構造における円盤厚さによるバンドギャップエネルギーと(b)ガリウムヒ素ナノ円盤構造におけるフォトルミネッセンス

トップダウン加工で作製したGaAs量子ドットとしては，初めてフォトルミネッセンスが観察され，その時間分解測定からは欠陥由来ではなく量子ドットそのものからの発光であることが確認されている[15)]。これらの結果は，中性粒子ビームによって形成されたサブ10 nm量子ドットの表面界面では欠陥が十分に抑制されていることを示しており，材料を問わないというトップダウンプロセスの利点を生かして，現在，バンド構造をフレキシブルに設計した革新的量子ドット太陽電池や量子ドットレーザーの開発を行っている。

5　原子層レベル表面化学反応の制御

5.1　低誘電率膜成長における分子構造制御

高速処理デバイスの実現を目指して半導体集積回路の微細化が進むにしたがって，その半導体素子の配線間の寄生容量が大きくなる。これにより半導体デバイス信号が配線の影響で遅延してしまう問題が顕著になった(RC遅延)。配線間の寄生容量を低減するためには，層間絶縁膜の低誘電率化および配線金属の低抵抗化を行えばよい。特に，層間絶縁膜としてシリコン酸化膜にカーボンを添加したSiOCHが材料として使用され，さらに低誘電率化するために膜中にポアと呼ばれる空隙を導入している。しかし，ポア導入により膜機械強度が劣化することが知られており，これにより配線工程で膜が剥離する問題が深刻である。さらに配線工程からのプラズマダメージによる誘電率の上昇や加熱プロセスからの金属拡散による絶縁性の劣化など様々な問題があり，実用化が困難な状況にある。このことから，いかにポアを作らずに膜中の誘電率を下げるかが重要になる。私どもは中性粒子ビームを用いて，高精度に分子構造を制御することで，ノンポーラスな低誘電率化を目指した。小規模のSiOCH分子において対称性の高い構造(**図10**(a))と低い構造(図10(b))の2種類の分子の持つ双極子モーメントを理論計算した結果を示す。分子の双極子モーメントの総和が分極率として反映されるので，小規模分子の双極子モーメントを知ることで最適なSiOCHの分子構造への知見を得ることができる。計算は第一原理計算の密度汎関数法の一つであるB3LYP，分子軌道として6-31G(d)を用い，分子の構造最適化および振動数解析を行い双極子モーメントを算出した。図6の結果から対称性の高い構造の場合，低い構造と比較して7分の1程度も双極子モーメントを低減することができた。さらに，対称性を高くしたSiOCH分子の持つ理論的な誘電率を計算した。図10(c)に示されるように計算された誘電率は分子構造を大きくしても2程度と低くなることが示唆された。これらの検討から，SiOCHで膜中分子構造の対称性を高くすることができれば，ノンポーラスで誘電率を下げることができると予想される。

薄膜において分子構造を制御するためには，材料ガスの分子構造を膜中にそのまま反映させながら重合を行う必要がある。本研究では，ノンポーラスSiOCHを製膜するためにAr中性粒子ビームによる表面反応励起手法を用いる[16)]。通常，プラズマ中の材料ガスは，そのUVや荷電粒子により気相や表面で過剰分解されガスの分子構造を維持することが非常に困難である。そのため，表面の化学反応を制御することが難しく，堆積膜の分子構造の制御は不可能である。一方，Ar中性粒子ビームを用いることで，下部成膜室に導入される材料ガスの分子構造を維持しながら，Ar中性粒子ビームの運動エネルギーで材料ガスを励起および重合させる

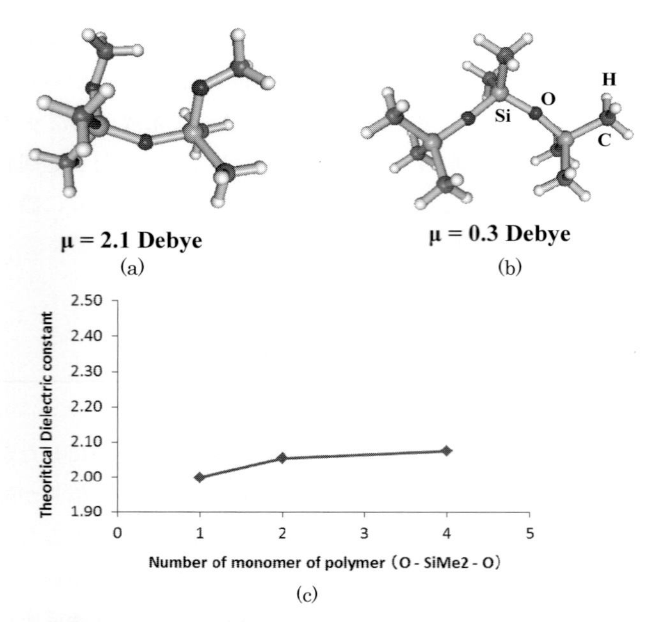

図10　分子構造による双極子モーメントの違いと理論的な誘電率の計算結果
(a) SiOCH 分子において対称性の高い構造，(b) SiOCH 分子において対称性の低い構造，
(c) SiOCH 分子構造における理論的な誘電率

ことができる。また，対称性の高いSiOCH分子構造を得るため，材料ガスとしてDMOTMDSを用いた。DMOTMDSはO-Si-O鎖をもち，側鎖に$Si-CH_3$構造と，終端として$Si-O-CH_3$構造を持つ。$Si-CH_3$結合と$O-CH_3$結合は，それぞれの結合エネルギーが14 eVと8 eVであることが知られている[13]。

ここでAr中性粒子ビーム運動エネルギーを10 eV程度に制御することで，$O-CH_3$結合のみを切断し，O-Si-O重合を促進させ，SiOCH薄膜をシリコンウエハ上に形成した。中性粒子ビームCVDにより製膜されたSiOCH(NBECVD SiOCH)と比較するために，一般的なPECVD法で作成されたSiOCH(PECVD SiOCH)を用意した。**表1**にNBECVD SiOCHとPECVD SiOCHの薄膜物性の比較を載せる。電気特性は水銀プローブ法，膜中ポアは小角散乱X線法，機械強度はナノインデンター法，膜密度はXRRを用いて各々評価した。特筆すべきこととして，NBECVD SiOCHにおいてポアが検出されなかったにもかかわらず誘電率の値がPECVD SiOCHよりも低い。また，ポアがないことにより機械強度や膜密度も上昇している[13]。

表1　プラズマ気相成長法と中性粒子ビーム励起SiOCH膜の物性比較

	Metric	Porous SiCO by PECVD	Non-porous SiCO by NBECVD
k-value	Hg-probe	2.6	2.2
Modulus (Gpa)	Nano-indenter	6.0	11.7
Density (g/cm^3)	XRR	1.27	1.54
Pore size (nm)	SAXS	1.2	No detected

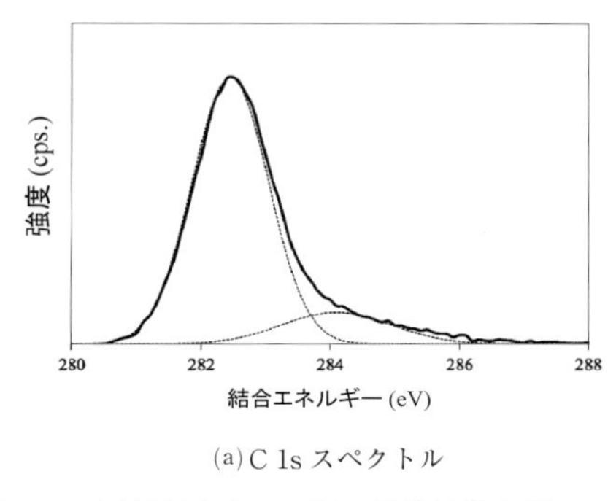

(a) C 1s スペクトル

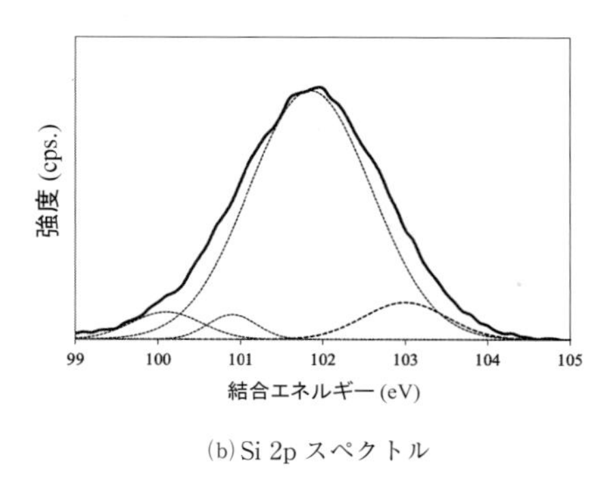

(b) Si 2p スペクトル

図 11　中性粒子ビーム励起堆積技術を用いて堆積した超低誘電率膜における XPS スペクトル

さらに，詳細な膜構造を XPS により評価した。Polymethylsilaxane 構造(PMS)を持つとき膜中の炭素 / シリコン比および酸素 / シリコン比は 2 および 1 である。XPS により膜中の組成を調べた結果，NBECVD SiOCH は，炭素 / シリコン比が 2，酸素 / シリコン比が 1.5 であった[16)]。一方，PECVD SiOCH では，炭素 / シリコン比が 0.6，酸素 / シリコン比が 1.6 であった。これらの結果より NBECVD SiOCH 膜中で PMS が成長していることが示唆される。しかし酸素比から PMS だけではなく，これらの鎖状分子が酸素リッチなシリコン原子により，ネットワーク化していることも示唆されている。さらに NBECVD SiOCH において，その分子構造詳細を炭素およびシリコンの結合状態を C 1s スペクトル(**図 11** (a))および Si 2p スペクトル(図 11 (b))から解析した[16)]。C 1s スペクトルは，Si-C 結合による 282.3 eV ピークおよび C-C 結合による 284.5 eV が測定された。C-C 結合からシリコンに結合したメチル基同士がクロスリンクしていることがわかる。また，Si 2p では，複数のピークが観測され，各々 101.5 eV，102.5 eV，103.5 eV は SiO_2-C_2，SiO_3-C，Si-O_4 と帰属される。Si 2p を構成するピークとして 102.5 eV が最も大きく観測されたことから，PMS が膜中に成長していることがわかった。これらの結果から，NBECVD SiOCH の膜構造として，主に PMS が鎖状成長し，その鎖状分子同士が Si-O や C-C により網目構造をとる。これによりノンポーラスにもかかわらず低誘電率な SiOCH が得られ，且つ高い機械強度を持つ。このように，中性粒子ビームは従来難しかった分子構造を制御できる理想的な重合反応を真空中でしかも低温で実現できるという画期的な薄膜堆積技術である。

5. 2　錯体反応による遷移金属，磁性体エッチング

フラッシュメモリ，DRAM など従来のメモリがメモリセル内の電子を用いて記録を行っているのに対し，MRAM は記憶媒体にハードディスクなどと同じ磁性体を用いたメモリ技術である。原子数個程度の厚さの絶縁体薄膜を 2 層の磁性体薄膜で挟み，両側から加える磁化方向(磁石の磁力線の向き)を変化させることで抵抗値が変化する「TMR 効果」を応用している。MRAM は，アドレスアクセスタイムが 10 ns 台，サイクルタイムが 20 ns 台と DRAM の 5 倍程度で SRAM 並み高速な読み書きが可能である。また，フラッシュメモリの 10 分の 1 程度の低消費電力，高集積性が可能などの長所がある。このため，SRAM や DRAM の置き換えになるのと同時に省エネや瞬停にも対応する汎用性の高いデバイスとして期待されている。しか

し，そのMRAMデバイスにおける最も大きな問題の1つに，その記憶媒体に使われる遷移金属や磁性体膜の加工の困難さがある。MRAMの作製にはタンタル(Ta)，ルテニウム(Ru)，白金(Pt)等の遷移金属を数nmの精度で重ねる必要がありますが，これらの物質は揮発性に乏しく，物理的なエネルギーでスパッタリングする以外に加工できないため，垂直な加工形状が得られず，側壁にエッチング生成物が堆積する現象がみられ，デバイスの微細化・高集積化に限界がある。更に，揮発性を向上させるために高温でプラズマエッチングを行うことで磁性体の磁気特性が劣化するという課題も抱えている。

通常のプラズマエッチングプロセスは，既に半導体プロセスで用いられる多くの材料に対して適用されており，その反応メカニズムも明らかにされている。しかし，遷移金属および磁性体に関しては，プラズマエッチングプロセスで通常用いられるハロゲン系の反応メカニズムでは，エッチング処理後に残留ハロゲン化物による金属腐食が発生する，反応生成物を蒸発させるために高い基板温度が必要であり，その熱履歴で磁気特性が劣化するなどのダメージが発生することがわかっている。一方，アルゴンイオンの物理的スパッタリング現象を用いた加工方法(イオンミリング)は，マスクとの選択性が低く，エッチング側壁にスパッタリングされた原子が付着するために，そもそも微細化が難しいという問題がある。そこで，これらの問題を解決し，低温でしかも効率の良い化学反応を実現できる方法として，理想的な表面反応を実現できる中性粒子ビームプロセスにおいて計算科学に基づいて従来の化学反応とは全く異なる酸化・金属錯体反応を提案した。

このプロセスのキーポイントは，第一原理計算の密度汎関数法の1つであるB3LYP，分子軌道として6-31G(d)を用い金属錯体反応を実現するために，遷移金属や磁性体に配位子を供給する前に表面を酸化させることを予測したことにある[17]。通常，金属固体表面では密に充填された結晶構造をとるため，配位子がアクセスする空間的な広がりがなく，固体表面からの直接金属錯体反応は非常に起きづらいことがわかっている。一方，酸化金属の結合長は，結晶の格子定数よりも大きく，また，密度が下がるため，配位子がアクセスできる空間的な余裕を持たせることができると考えられる。但し，遷移金属や磁性体の酸化に通常の熱プロセスを用いると300～800℃の温度が必要であり，特にPtなどはそれでも酸化されないことが知られている(Ta，Ruの熱酸化活性化エネルギー：0.15 eV, 0.17 eV)。

そこで，既に金属や半導体に照射することで，低温にて良質な酸化物を形成できることが実証されていた酸素中性粒子ビームによる酸化プロセスを用いて，金属錯体反応を進行させる配位子(エタノールなど)を同時に供給して，酸化および金属錯体反応を一貫して実現できる中性粒子ビームエッチング装置を開発した。運動エネルギーを持った酸素中性粒子ビームは遷移金属および磁性体の表面を室温で効率よく酸化するとともに(Ta，Ru，Ptの中性粒子ビーム酸化活性化エネルギー：0.015 eV，0.015 eV，0.023 eV)，金属酸化物表面にはプラズマを介さずに直接エタノールなどの配位子を供給して解離することなく吸着させることで酸化・金属錯体反応が進行する。この時，中性粒子ビームプロセスではUVや電子などの金属錯体反応を阻害するエネルギー粒子は完全に遮断されているため，酸素中性粒子ビームの運動エネルギーにより基盤温度が室温でも金属錯体反応が進行するという原理である。**図12**にTa，Ru，Ptなどの遷移金属の酸化・錯体反応によるエッチング形状を示す[14]。通常酸化が難しいPtにおいて

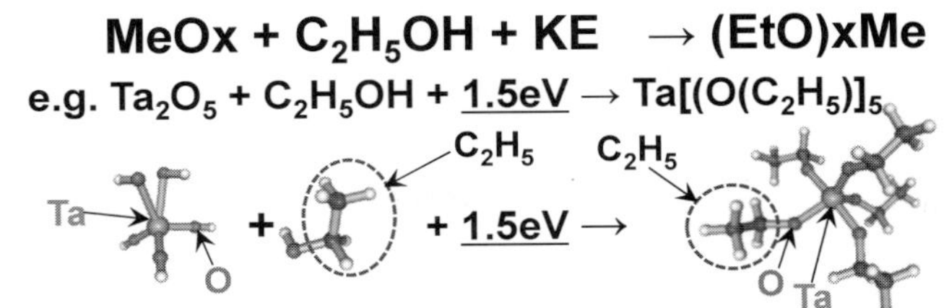

物質	Ta	$Ta[O(C_2H_5)]_5$
蒸気圧@23ºC(Torr)	$0.3@TaCl_5$	43.1

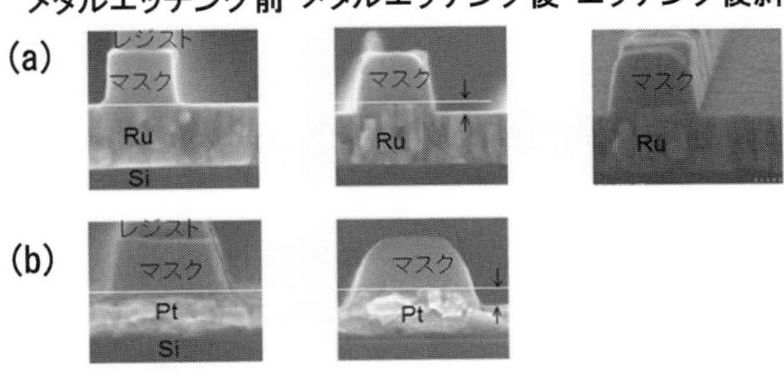

図12　酸化・金属錯反応による遷移金属エッチングメカニズムと実際の Ru および Pt エッチング形状

も酸化・金属錯体反応が進行し，マスク通りに理想的な形状が実現できていることから，提案した中性粒子ビームによる酸化・金属錯体反応が実現できていることが実証されている。さらに，中性粒子ビームによる酸化・錯体反応エッチングにより加工された磁性体の磁気特性においてはプラズマエッチングで観測された磁気特性の劣化現象を完全に抑制できることもわかった。

6　まとめ

本稿では新たな発想による中性粒子ビームを用いた先端ナノデバイスの研究に関して紹介した。今後の先端ナノデバイスでは表面欠陥の生成を極力抑制して原子層レベルの理想的な表面反応が必要不可欠となる。中性粒子ビームプロセスではプラズマから照射される紫外線や電荷を完全に抑制することで，デバイス特性劣化を防ぐとともに計算による解析に対応した理想的な表面反応が実現できるインテリジェントナノプロセスである。現在，エッチング，極薄膜形成や無損傷表面改質プロセスへの適用も検討しており，将来の革新的ナノデバイスの開発実用化に大きく貢献する技術であると考えられる。

文　献

1)　T. Nozawa and T. Kinoshita：*Jpn. J. Appl. Phys.*, **34**, 2107(1995).

2)　J-P. Carrere, J-C. Oberlin and M. Haond：Proc. Int. Symp. on Plasma Process-Induced Damage, 164 (AVS, Monterey, 2000).

3)　T. Dao and W. Wu：Proc. Int. Symp. on Plasma Process-Induced Damage, 54(AVS, Monterey, 1996).

4)　M. Okigawa, Y. Ishikawa, Y. Ichihashi and S. Samukawa：*Journal of Vacuum Science and Technology*, **B22**(6), 2818-2822(2004).

5)　S. Samukawa, K. Sakamoto and K. Ichiki：*J. Vac. Sci. Technol.*, **A20**(5), 1566(2002).

6)　S. Noda, H. Nishimori, T. Iida, T. Arikado, K. Ichiki, T. Ozaki and S. Samukawa：*Journal of Vacuun Science and Technology*, **A22**(4), 1506-1512(2004).

7)　K. Endo, S. Noda, M. Masahara, T. Kubota, T. Ozaki, S. Samukawa：*IEEE Transcation on Electron Devices*, **53**, 8, 1826-1833(2006)

8)　K. Endo, S. Noda, M. Masahara, T. Ozaki, S. Samukawa, Y. Liu, K. Ishii, H. Takashima, E. Sugimata, T. Matsukawa, H. Yamauchi, Y. Ishikawa and E. Suzuki：IEDM Tech Dig. (Washington, 2005).

9)　Y. Ishikawa, T. Ishida and S. Samukawa：*Appl. Phys. Lett.*, **89**, 123122(2006).

10)　S. Samukawa：*Applied Surface Science*, **192**, 216(2002).

11)　S. Samukawa：*Japanese Journal of Applied Physics*, **45**, 2395(2006).

12)　T. Kubota, N. Watanabe, S. Ohtsuka, T. Iwasaki, K. Ono, Y. Iriye and S. Samukawa：*J. Phys. D：Appl. Phys.*, **45**, 095202(2012).

13)　山下一郎：応用物理，**71**(8), 1014(2002).

14)　T. Kubota, T. Baba, H. Kawashima, Y. Uraoka, T. Fuyuki, I. Yamashita and S. Samukawa：*Journal of Vacuum Science and Technology*, B**23**, 534(2005).

15)　Y. Tamura, T. Kaizu, T. Kiba, M. Igarashi, R. Tsukamoto, A. Higo, W. Hu, C. Thomas, M. E. Fauzi, T. Hoshii, I. Yamashita, Y. Okada, A. Murayama and S. Samukawa：*Nanotechnology*, **24**, 285301(2013).

16)　Y. Kikuchi, A. Wada, T. Kurotori, M. Sakamoto, T. Nozawa and S. Samukawa：*J. Phys. D：Appl. Phys.*, **46**, 395203(2013).

17)　X. Gu, Y. Kikuchi, T. Nozawa and S. Samukawa：Digest of 2014 Symposium on VLSI Technology, 62 (IEEE, Honolulu, 2014).

索 引

英 数・記 号

あ行

か行

さ行

た行

な行

は行

ま行

や行

ら行

わ行

半導体微細パターニング
限界を超えるポスト光リソグラフィ技術

発行日	2017年4月10日　初版第一刷発行
監修者	岡崎　信次
発行者	吉田　隆
発行所	株式会社 エヌ・ティー・エス 〒102-0091 東京都千代田区北の丸公園 2-1　科学技術館 2 階 TEL.03-5224-5430　http://www.nts-book.co.jp
印刷・製本	倉敷印刷株式会社

ISBN978-4-86043-467-0